建筑与市政工程施工现场专业人员培训教材

建筑施工知识

龚江红　黄展东　编

中国环境出版社·北京

图书在版编目（CIP）数据

建筑施工知识/龚江红，黄展东编. —4 版. —北京：中国环境出版社，2013.1（2015.4 重印）
建筑与市政工程施工现场专业人员培训教材
ISBN 978-7-5111-1282-8

Ⅰ. ①建… Ⅱ. ①龚…②黄… Ⅲ. ①建筑工程—工程施工—技术培训—教材 Ⅳ. ①TU74

中国版本图书馆 CIP 数据核字（2013）第 009386 号

出 版 人 王新程
策划编辑 易 萌
责任编辑 张于嫣
责任校对 扣志红
封面设计 马 晓

出版发行 中国环境出版社
（100062 北京市东城区广渠门内大街 16 号）
网 址：http://www.cesp.com.cn
电子邮箱：bjgl@cesp.com.cn
联系电话：010-67112765（编辑管理部）
出版电话：010-67112739（建筑图书出版中心）
发行热线：010-67125803，010-67113405（传真）
印 刷 北京市联华印刷厂
经 销 各地新华书店
版 次 2013 年 1 月第 4 版
印 次 2015 年 4 月第 4 次印刷
开 本 787×1092 1/16
印 张 23
字 数 545 千字
定 价 45.00 元

建筑与市政工程施工现场专业人员培训教材

编审委员会

出版说明

住房和城乡建设部2011年7月13日发布，2012年1月1日实施的《建筑与市政工程施工现场专业人员职业标准》（JGJ/T 250—2011），对加强建筑与市政工程施工现场专业人员队伍建设提出了规范性要求。为做好该《职业标准》的贯彻实施工作，受贵州省住房和城乡建设厅人事处委托，贵州省建设教育协会组织贵州省建设教育协会所属会员单位10多所高、中等职业院校、培训机构和大型国有建筑施工企业与中国环境出版社合作，对《建筑企业专业管理人员岗位资格培训教材》进行了专题研究。以《建筑与市政工程施工现场专业人员职业标准》和《建筑与市政工程施工现场专业人员考核评价大纲》（试行2012年8月）为指导，面向施工企业、中高职院校和培训机构调研咨询，对相关培训人员及培训授课教师进行回访问卷及电话调查咨询，结合贵州省建筑施工现场专业人员的实际，组织专家论证，完成了对该培训教材的编审工作。在调查研究中，广大施工企业和受培人员及授课教师强烈要求提供与大纲配套的培训、自学教材。为满足需要，在贵州省住房和城乡建设厅人教处的领导下，在中国环境出版社的大力支持下，由贵州省建设教育协会牵头，组织建设职业院校、施工企业等有关专家组成教材编审委员会，组织编写和审定了这套岗位资格培训教材供目前培训所使用。

本套教材的编审工作得到了贵州省住建厅相关处室、各高等院校及相关施工企业的大力支持。在此谨致以衷心感谢！由于编审者经验和水平有限，加之编审时间仓促，书中难免有疏漏、错误之处，恳请读者谅解和批评指正。

建筑与市政工程施工现场专业人员培训教材编审会

2012年9月

目　　录

第一章　土　方　工　程

任何建筑物或构筑物，都是由土方工程开始施工。它包括场地平整、土石方挖掘、运输、填筑、降排水、土壁支撑、基坑（槽）的回填土等内容。

土方工程施工的特点是工程量大、施工面广；人力施工时，劳动强度大、效率低，劳动力消耗多且工期长；施工条件复杂，受土的种类、地下水文、地质情况、气候条件的影响。因此，施工前应根据工程、水文地质条件、施工期间的气候等特点，制定合理的施工方案。土方工程施工不论挖方或填方都要求标高、截面准确，土体有足够的强度和稳定性。

第一节　土的分类及工程性质

一、土的工程分类

在工程上，土根据开挖难易程度分为八类：分别为松软土、普通土、坚土、砂砾坚土、软石、次坚石、坚石和特坚石。

土的工程分类见表 1-1。其中：1～4 类土为土，5～8 类土为岩石。表中列出土的工程分类直观的鉴别方法，就是根据开挖的难易程度和开挖中使用不同的工具和方法来进行分类。

土的开挖难易程度直接影响土方工程的施工方案、劳动量消耗和工程费用。土越硬，劳动量消耗越多，工程成本越高；土的软硬情况不一样，采用的施工方法也就不同。松软土、普通土，一般能用铁锹直接开挖或用铲运机、推土机、挖土机等施工；坚土与砂砾坚土主要用镐或撬棍开挖或机械施工，其中以铲运机、推土机及部分挖土机械施工以前，预先松土，以提高机械的生产效率；岩石土多用爆破法施工。

二、土的工程性质

土在天然埋藏条件下是由矿物颗粒（固相）、水（液相）和空气（气相）三部分组成。三者之间的相互作用以及它们之间在数量上的比例关系反映出土的疏松或紧密、干燥或潮湿，从而可大致判断土的工程性质。

（一）土的三相物质

土的三相物质是混合分布的，为了研究阐述方便，一般用三相图（图 1-1）表示，把土的固体颗粒、水、空气各自划分开来。

各部分的体积和质量用下列符号表示：

m ——土的总质量（$m = m_s + m_w$）（kg）；

m_s——土的固体颗粒质量（kg）；

m_w——土中水的质量（kg）；

V ——土的总体积（$V = V_a + V_w + V_s$）（m^3）；

表 1-1　土的工程分类

土的分类	土　的　名　称	开挖方法及工具	可松性系数	
			K_s	K'_s
一类土（松软土）	砂；亚砂土；冲积砂土层；种植土；泥炭（淤泥）	能用锹、锄挖掘	1.08 ~ 1.17	1.01 ~ 1.03
二类土（普通土）	亚粘土；潮湿的黄土；夹有碎石卵石的砂、种植土、填筑土及亚砂土	用锹、锄挖掘，少许用镐翻松	1.20 ~ 1.30	1.03 ~ 1.04
三类土（坚　土）	软及中等密实粘土；重亚粘土；粗砾石；干黄土及含碎石卵石的黄土、亚粘土；压实的填筑土	主要用镐、少许用锹、锄挖掘，部分用撬棍	1.14 ~ 1.28	1.02 ~ 1.05
四类土（砂砾坚土）	重粘土及含碎石、卵石的粘土；粗卵石；密实的黄土；天然级配砂石；软泥灰岩及蛋白石	整个用镐、撬棍，然后用锹挖掘，部分用楔子及大锤	1.24 ~ 1.30	1.04 ~ 1.07
五类土（软石）	硬石炭纪粘土；中等密实的页岩、泥灰岩、白垩土；胶结不紧的砾岩；软的石灰岩	用镐或撬棍、大锤挖掘，部分使用爆破方法	1.26 ~ 1.32	1.06 ~ 1.09
六类土（次坚石）	泥岩；砂岩；砾岩；坚实的页岩、泥灰岩；密实的石灰岩；风化花岗岩、片麻岩	用爆破方法开挖，部分用风镐	1.33 ~ 1.37	1.11 ~ 1.15
七类土（坚石）	大理岩；辉绿岩；玢岩；粗、中粒花岗岩；坚实的白云岩、砂岩、砾岩、片麻岩、石灰岩；风化痕迹的安山岩、玄武岩	用爆破方法开挖	1.30 ~ 1.45	1.10 ~ 1.20
八类土（特坚石）	安山岩；玄武岩；花岗片麻岩；坚实的细粒花岗岩、闪长岩、石英岩、辉长岩、辉绿岩、玢岩	用爆破方法开挖	1.45 ~ 1.50	1.20 ~ 1.30

注：K_s——最初可松性系数；

k'_s——最后可松性系数。

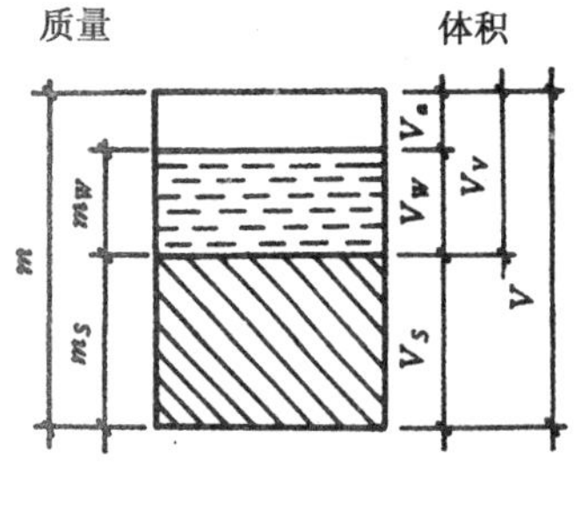

图 1-1　土的三相简图

V_a——土中空气体积（m^3）；

V_s——土中固体颗粒体积（m^3）；

V_w——土中水所占的体积（m^3）。

土的主要工程性质有：

（一）土的天然含水量

它是指土中水的质量与土颗粒质量之比，以百分率表示。表达式为：

$$W = \frac{m_w}{m_s} \times 100\% \qquad (1—1)$$

式中：W ——土的天然含水量（%）；

m_w——土中水的质量（kg）；

m_s——土中固体颗粒质量（kg）。

土的含水量表示土的干湿程度，土的含水量在5%内称为干土，在5%～30%称为潮湿土，含水量大于30%时称为湿土。土的含水量超过25%～30%就不能使用机械施工，含水量超过20%会造成运土汽车的打滑或陷车，甚至影响挖土机的使用，回填土压实含水量过大的土会产生橡皮土，因此，对含水量过大的土，施工时应采取排水措施。

（二）土的天然密度和干密度

天然状态下土的单位体积质量称为土的密度。表达式为：

$$\rho = \frac{m}{V} \tag{1—2}$$

式中：ρ——土的天然密度（kg/m^3）；

m——土的总质量（kg）；

V——土的体积（m^3）。

干密度是土的固体颗粒质量与总体积的比值。表达式为：

$$\rho_d = \frac{m_s}{V} \tag{1—3}$$

式中：ρ_d——土的干密度（kg/m^3）；

m_s——土中固体颗粒质量（kg）；

V——土的体积（m^3）。

土的密度愈大，土愈坚硬，愈难挖掘。一般粘土密度约1 800～2 000kg/m^3，砂土约为1 600～2 000kg/m^3。

（三）土的密实度

土的密实度，就是土的压实系数，即施工时的填土干密度与实验所得的最大干密度之比值。表达式为：

$$\lambda_c = \frac{\rho_d}{\rho_{\max}} \tag{1—4}$$

式中：λ_c——土的密实度（即压实系数）为小于1的系数；

ρ_d——施工填土干密度；

$\rho_{\max}$——最大干密度。

当回填土夯实后作为地基土用时，必须强调回填土的密实度，它是衡量回填土质量的重要指标。设计规范规定了各种结构类型、各种填土部位的压实系数值，如砖石承重结构和框架结构在地基主要持力层范围内的填土压实系数λ_c应大于0.96，而地基主要持力层下，则为0.93～0.96。

（四）土的可松性

它是指自然状态下的土开挖后，其体积增大，以后虽经回填夯实，仍不能恢复成原来的体积的性质。土的可松性程度可用最初可松性系数K_s和最后可松性系数K'_s表示。表达式为：

$$K_s = \frac{V_2}{V_1} \tag{1—5}$$

$$K'_s = \frac{V_3}{V_1} \tag{1—6}$$

式中：K_s、K'_s ——为最初、最后可松性系数；

V_1 ——土在自然状态下体积（m^3）；

V_2 ——土挖出后的体积（m^3）；

V_3 ——土经夯实后的体积（m^3）。

由于土具有可松性，土经开挖后土体松散破坏了原土结构，承载力下降，故未经处理的回填土上不能建造建筑物，另外，土的可松性对土方的平衡调配、计算弃土或取土数量，确定挖土和运输机具数量等有直接的影响。最初可松性系数是计算装运车辆及挖土机械的重要参数，最后可松性系数是计算填方所需挖土数量的重要参数。各类土的可松性系数见表 1-1。

（五）土的渗透性

它是指土体被水透过的性质。土的渗透性用渗透系数表示，即单位时间内水穿透土层的能力，一般由实验确定，表 1-2 可供参考。渗透系数是计算水井出水量和降低地下水时重要参数。根据土的渗透性不同，可分为透水性土（如砂土）和不透水性土（如粘土）。在透水性土中挖方时，由于地下水量多，在挖方前应做好排水措施。

表 1-2　含水层内土的渗透系数经验近似值

含水层土的类别	渗透系数 K（m/昼夜）	含水层土的类别	渗透系数 K（m/昼夜）
漂石（无砂质充填）	500 ~ 1 000	粉　砂	0.5 ~ 1
卵　石	100 ~ 500	黄　土	0.25 ~ 0.5
砾　石	50 ~ 150	粘 性 土	0.1 ~ 0.5
粗　砂	20 ~ 50	轻质粘土	0.05 ~ 0.1
中　砂	5 ~ 20	重质粘土	0.001 ~ 0.05
细　砂	1 ~ 5	粘　土	< 0.001

第二节　场地平整与基槽（坑）土方施工

一、场地平整

场地平整就是将自然地面改造成所要求的设计地面。场地平整的程序是：确定场地的设计标高；计算挖填方工程量；确定挖方、填方土方平衡调配方案；根据工程规模、施工期限、现有机械设备条件来选择土方机械，拟订施工方案。

（一）土方量计算

场地平整土方量计算有方格网法和断面法两种。当场地地形比较平坦时宜采用方格网法，当地形比较复杂或挖填深度较大，断面又不规则时，宜采用断面法。下面仅介绍方格网法计算方法和步骤：

1. 划分方格　在地形图上根据平整场地范围划分方格，方格边长 a 根据地形复杂情况取 10 ~ 50m，地形复杂取小值，地形平坦的取大值，但一般取 20m。

2. 确定方格角点标高　当精度要求较高时，用水平仪直接测定各方格角点的地面标高，当精度要求不太高时，用插入法在地形图上求出方格角点的地面自然标高。同时，根据设计要求的坡度及给定的起始标高，算出各角点的设计标高。把设计标高和自然标高注在相应的各角点上。由设计标高减去自然标高所得的差值，即各角点的施工高度（挖或填），并习惯以“+”号表示填方，以“-”号表示挖方，标注在方格网各角点处，如图 1-6。

3. 确定零线　当一个方格内同时有填方或挖方时，要先求出有关方格边线上的零点（不挖不填的点），把相邻的零点连接起来，即为零线，它是填方区与挖方区的分界线（图 1-5）。

零点位置按下式计算：

如图 1-2。设 h_1 为填方角点的填方高度，h_2 为挖方角点的挖方高度，0 为零点位置，由两个相似三角形可求得零点至计算基点的距离 x。

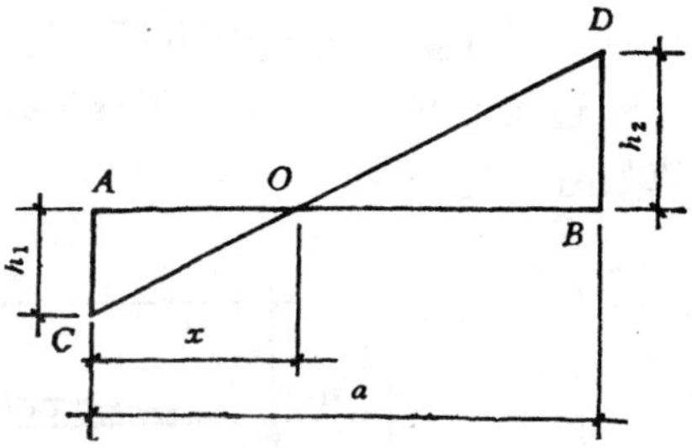

图 1-2　零点位置计算示意图

$$x = \frac{ah_1}{h_1 + h_2} \qquad (1—7)$$

式中：　　x ——零点至计算基点（某角点）的距离；

h_1、h_2 ——该方格边两端角点的挖填高度，均用绝对值代入，h_1 为填方角点的填方高度，h_2 为挖方角点的挖方高度；

a ——方格边长。

4. 计算各方格的土方量

（1）当方格四个角点全部为填或全部为挖时（图 1-3）。

$$V = \frac{a^2}{4}\left(h_1 + h_2 + h_3 + h_4\right) \qquad (1—8)$$

式中：　　V ——填方或挖方体积（m^3）；

a ——方格边长（m）；

h_1、h_2、h_3、h_4 ——方格四个角点的填或挖高度(m)。

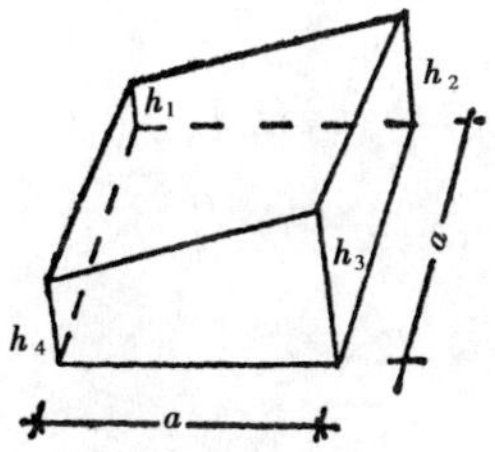

图 1-3　方格四个角点全部为填（或挖）时计算示意图

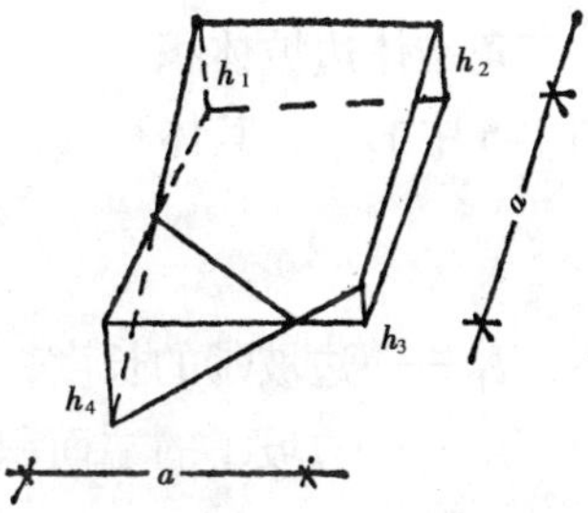

图 1-4　方格四个角点部分是填，部分是挖时计算示意图

（2）当方格四个角点部分是填方、部分是挖方时（图 1-4）。可用下列近似公式计算，当方格中地面不平时误差较大，但计算简单。人工计算土方量时多用此法。

$$V_{填} = \frac{a^2}{4} \cdot \frac{(\sum h_{填})^2}{\sum h} \tag{1—9a}$$

$$V_{挖} = \frac{a^2}{4} \cdot \frac{(\sum h_{挖})^2}{\sum h} \tag{1—9b}$$

式中：$\sum h_{填(挖)}$——方格角点中填（挖）方施工高度的总和，取绝对值（m）；

$\sum h$ ——四个角点施工高度总和，均用绝对值代入（m）；

$V_{填(挖)}$ ——部分填（挖）方体积。

5. 边坡土方量计算　为了保证场地四周土壁的稳定，必须设置边坡，边坡土方量计算如图 1-5。

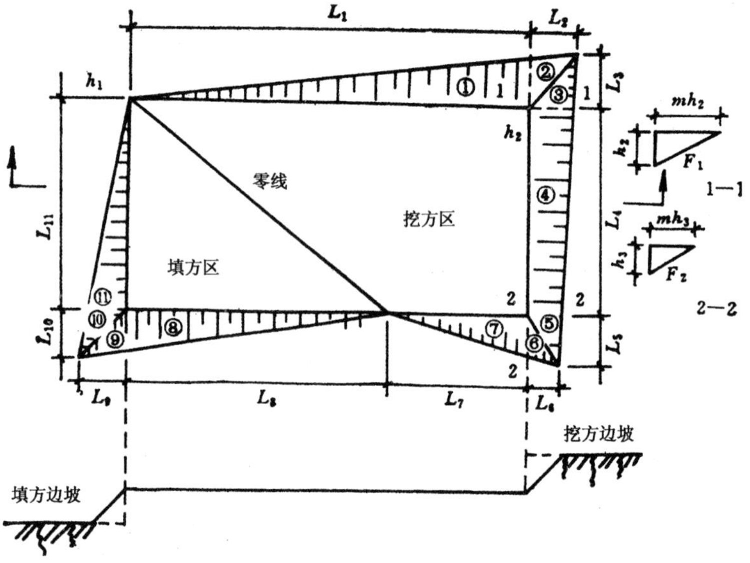

图 1-5　边坡土方量计算示意图

从图 1-5 可知，场地平整边坡基本上分成两种类型，即三角锥体（如体积①～③，⑤～⑪）和三角棱柱体（如体积④）。

(1) 三角锥体边坡体积

如图 1-5 中的①，其体积为：

$$V_1 = \frac{1}{3} A_1 l_1 \tag{1—10}$$

式中：l_1 ——边坡①的长度；

A_1——边坡①的端面积，即：

$$A_1 = \frac{h_2 \ (mh_2)}{2} = \frac{mh_2^2}{2}$$

h_2——角点的挖土高度；

m ——边坡的坡度系数，$m = \frac{宽}{高}$。

(2) 三角棱柱体边坡体积

如图 1-5 中的④，其体积为：

$$V_4=\frac{A_1+A_2}{2}l_4 \qquad (1—11)$$

当两端横断面面积相差很大情况下，则：

$$V_4=\frac{l_4}{6}\left(A_1+4A_0+A_2\right) \qquad (1—12)$$

式中：l_4——边坡④的长度；

A_1、A_2、A_0——边坡④两端及中部的横断面面积。

6. 计算土方总量　将挖方区（或填方区）所有方格计算的土方量和边坡土方量汇总，即得该场地挖方和填方的总土方量。

例：如图 1-6 所示，为某场地方格网的一部分，方格边长为 20m，各角点设计标高及自然地面标高图中均已注出，试计算方格Ⅰ、Ⅱ、Ⅲ的填、挖土方量。

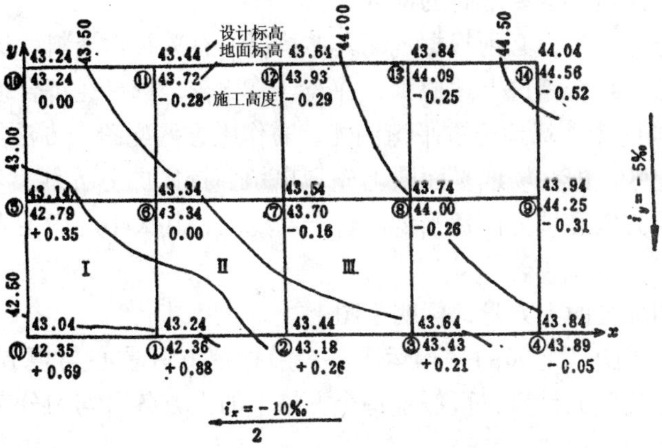

图 1-6　某场地方格网一部分

解：先求出各方格角点的施工高度并注于图上。

如：角点⑪施工高度 = 设计标高 43.44 − 自然地面标高 43.72 = −0.28m

方格Ⅰ全为填方

$$V_{\text{I}}=\frac{a^2}{4}\left(h_1+h_2+h_3+h_4\right)=\frac{20^2}{4}\left(0.69+0.88+0+0.35\right)=100\times\left(1.92\right)$$
$$=192\text{m}^3$$

方格Ⅱ为部分填方、部分挖方

$$V_{\text{II填}}=\frac{a^2}{4}\cdot\frac{(\sum h_{填})^2}{\sum h}=\frac{20^2}{4}\cdot\frac{(0.88+0.26)^2}{(0.88+0.26+0.16+0)}=100\times\frac{1.2996}{1.3}$$
$$=100\text{m}^3\ (+)$$

$$V_{\text{II挖}}=\frac{a^2}{4}\cdot\frac{(\sum h_{挖})^2}{\sum h}=\frac{20^2}{4}\cdot\frac{0.16^2}{1.3}=2\text{m}^3\ (-)$$

方格Ⅲ也是部分填方、部分挖方

$$V_{\text{III填}}=\frac{a^2}{4}\cdot\frac{(\sum h_{填})^2}{\sum h}=\frac{20^2}{4}\cdot\frac{(0.26+0.21)^2}{(0.26+0.21+0.26+0.16)}=25\text{m}^3\ (+)$$

$$V_{\text{III挖}}=\frac{a^2}{4}\cdot\frac{(\sum h_{挖})^2}{\sum h}=\frac{20^2}{4}\cdot\frac{(0.26+0.16)^2}{(0.26+0.21+0.26+0.16)}=20\text{m}^3\ (-)$$

（二）土方调配

土方调配就是在场地挖、填土方工程量计算之后，对挖出的土方如何利用或堆弃和填土的取得三者之间的关系进行综合协调处理。

1. 土方调配原则

（1）应力求达到挖方与填方基本平衡和就近调配，使之挖方量与运距的乘积之和尽可能为最小，亦即使土方运输量和费用最小；

（2）土方调配应考虑近期施工与后期利用相结合的原则；应考虑分区与全场相结合的原则；应尽可能与大型地下建筑物的施工相结合原则。使土方运输无对流和乱流的现象；

（3）合理布置挖、填方分区线，选择恰当的调配方向、运输路线，使土方机械和运输车辆的功能得到充分发挥；

（4）好土用在回填质量要求高的地区。

总之，进行土方调配，必须根据现场具体情况、有关技术资料、进度要求、土方施工方法与运输方法，综合考虑上述原则，并经计算比较，选择经济合理的调配方案。

2. 编制土方调配图　场地土方平衡调配，需作土方调配图，方法如下：

（1）划分调配区。即在场地平面图上先划出填、挖区的分界线（零线），并根据地形地理条件，在挖方区和填方区适当划出若干调配区，其大小应满足土方机械的操作要求。

（2）计算各调配区的土方量，标明于图上。

（3）求出每对调配区之间的平均运距。一般指挖方区重心与填方区重心之间的距离。为简化求重心位置的计算，可假定每个方格上的土方各自均匀分布，可用图解法求出形心位置以代替重心位置。

（4）绘出土方调配图。根据以上计算，在图中标出调配方向、土方数量及运距。图1-7为某场地内挖填平衡与有弃土借土的土方调配示意图。

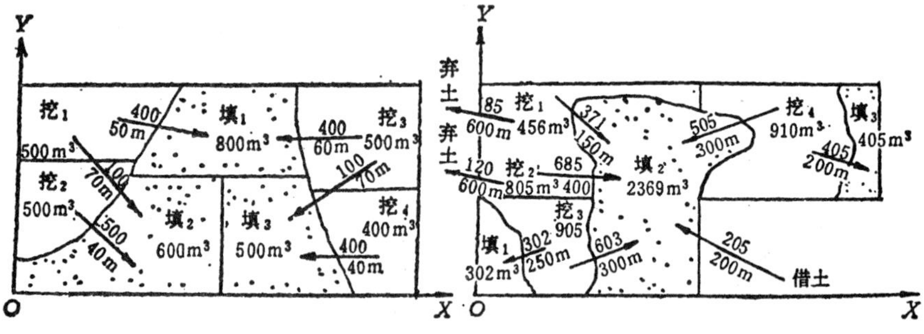

图 1-7　土方调配示意图

（a）场地内挖填平衡调配图；（b）有弃土和借土的调配图

（三）场地平整施工

1. 场地平整的施工准备

（1）拆迁障碍物。将施工区内旧有建筑物、坟墓、管道、通讯、电力设备、树木等拆除或搬迁。

(2) 排除地面水。场地内低洼地区的积水必须排除，同时要阻止地区雨水流入施工区。地面水的排除一般采用排水沟、截水沟、挡水土坝等措施。

(3) 修筑临时设施。修筑临时道路及供水、供电等临时设施。

(4) 作好设备试运转。对进入场地的土方机械设备进行维修检查、试运转，并运往现场。

2. 场地平整的施工方法　场地平整施工是由挖土、运输、填筑、压实等单一施工过程所组成的综合施工过程。其中土方开挖是主导施工过程。大面积的场地平整，宜采用大型土方机械，如推土机、铲运机和正铲挖土机等进行施工。

(1) 推土机施工。推土机是一种自行式挖土运土机械，运距在 100m 以内进行移挖作填，尤其运距在 30 ~ 60m 之间，更为有效。图 1-8 所示是液压操纵的推土机外形图。

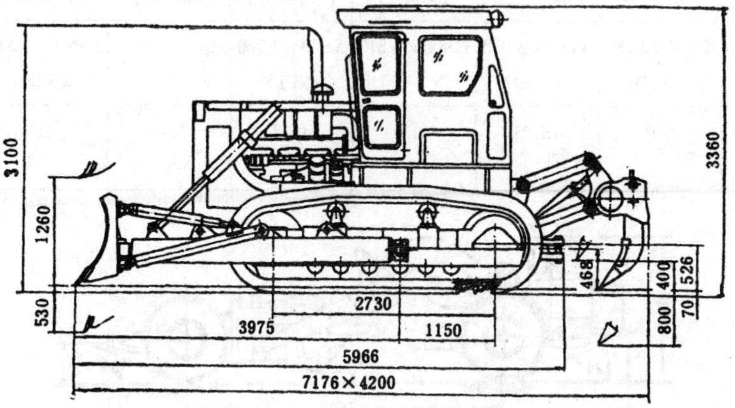

图 1-8　*T*—180 型推土机外形图

为了提高推土机的生产率，必须增大铲刀前土的体积，减少推土过程中土的散失，缩短切土、运土、回程等每一工作循环的延续时间，可以采用以下几种推土方法：

A. 下坡推土　推土坡度不宜超过 15°。

B. 并列推土　在大面积平整场地时，可采用二三台推土机并列推土，以减少土的散失。推土时，两铲刀相距 15 ~ 30cm，倒车时，分别按先后次序退回。

C. 分批集中　一次推送，以缩短运土的时间。

D. 槽形推土　即利用前次已推过土的原槽再次推土，可以减少土从铲刀两侧的散失。

E. 铲刀两边附加侧板，以增加铲刀前土方体积。

推土机技术性能参见表 1-3。

(2) 铲运机施工。铲运机是一种能综合完成挖土、运土、卸土的土方机械，可用于平整场地、开挖基坑、建造路基等。一般适用于松土、普通土作业。当场地地形起伏不大，坡度在 20°以内的大面积场地平整，土的含水量不超过 27%，平均运距不超过 1 000m时较为合适。铲运机按行走方式分为自行式铲运机和拖式铲运机两种，图 1-9 为自行式铲运机外形图。

铲运机的运行路线，对提高生产率影响很大，应根据挖填方区的分布情况并结合当地具体情况进行合理选择。一般有以下几种形式：

表 1-3 部分国产推土机工作性能表

项　目	机　　型						
	T_2—60	T_1—100	T_2—100	T_2—120	T_2—160	T—180	DY_2 - 100
铲刀（宽×高）（mm）	2 280×788	3 030×1 100	3 810×860	3 760×1 000	3 856×977	4 200×1 100	3 750（推土）2 000（松土）
最大切土深度（mm）	290	180	650	350	350	530	460（推土）500（松土）
最大牵引力（N）	360	900	900	1 180			900
额定功率（kW）	44.1（60 马力）	73.5（100 马力）	73.5（100 马力）	88.2（120 马力）	117.6（160 马力）	132.3（180 马力）	73.5（100 马力）
外形尺寸（mm）（长×宽×高）	4 214×2 280×2 300	5 000×3 030×2 992	6 900×3 810×3 060	5 340×3 760×3 100		5 980×4 200×3 060	6 900×3 810×3 060
重　量（t）	5.9	13.43	16.0	16.2	17.5	21	16

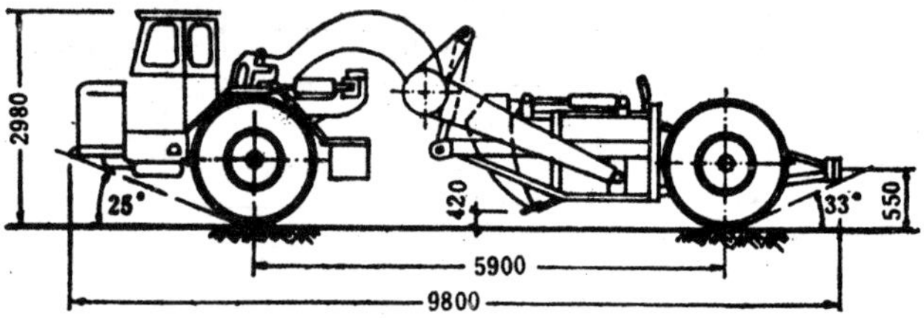

图 1-9 CL_7 型自行式铲运机外形图

A. 环形路线　对于施工地段较短，地形起伏不大的挖填工程，适宜采用环形路线如图 1-10（a）、1-10（b）。当挖、填交替且挖、填之间距离又短时，则可采用大环形路线，如图 1-10（c）。其优点是一个循环能完成多次铲土和卸土，从而减少转弯次数，提高工效。

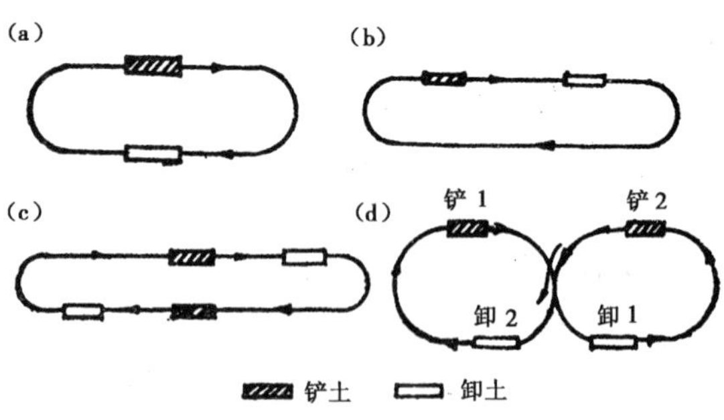

图 1-10 铲运机开行路线
（a）、（b）环形路线；（c）大环形路线；（d）8 字形路线

B.8 字形路线　对于挖、填相邻而地形起伏较大，且工作地段较长的情况下，可采

用8字形路线，如图1-10（d）。铲运机行驶一个循环可完成两次作业。每次铲土只需转弯一次，比环形路线可缩短运行时间，提高生产效率。同时，一个循环中两次转弯方向不同，机械的磨损也较均匀。

铲运机应避免在转弯时铲土，否则，铲刀受力不均易引起翻车事故。

表1-4为部分国产铲运机工作性能。

表1-4 部分国产铲运机工作性能表

项目	拖式			自行式	
	C_6—2.5	C_5—6	C_1—6	C_3—6	C—7
铲斗容量（m^3）	2.5	6	6.4	6	7
堆尖容量（m^3）	2.75	8		8	9
铲刀宽度（mm）	1 900	2 600	1 800	2 600	2 700
切土深度（mm）	150	300	350	300	300
操纵形式	液压	钢绳	液压	液压及钢绳	钢绳
发动机功率（kW）	44.1（60马力）	73.5（100马力）	121.3（165马力）	88.2（120马力）	117.6（160马力）
外形尺寸（mm）（长×宽×高）	5 600×2 440×2 400	8 770×3 120×2 540		10 392×3 076×3 065	9 700×3 100×2 800
重量（t）	2.0	7.3	20.5	14	14

（3）正铲挖土机施工。在丘陵地带，挖土高度较大，运距超过1 000m，且工程量大而集中时，宜采用正铲挖土机配合自卸卡车施工，在卸土区配以推土机推土整平。正铲挖土机作业要求在基坑土方施工中讲述。

3. 场地填土与压实

（1）土料的选择与填筑方法。凡含水量过大或过小的粘土、含有机物质（腐烂物）超过8%的土、含有5%以上的水溶性硫酸盐的土、杂土、垃圾土、冻土等均不能作为回填土。

填土应分层进行，每层厚度应根据所采用的压实机具及土的种类而定。同一填方工程应尽量采用同类土填筑；如采用不同土填筑时，必须按类分层铺填，并将透水性大的土层置于透水性小的土层之下。当填方位于倾斜的地面时，先将斜坡挖成阶梯状，然后分层填土，防止土的滑动。

（2）填土压实方法。填土压实有夯实、碾压、振动压实等方法，对于较小面积的填方工程，一般用夯实机具进行夯实。对大面积填方工程，多采用碾压法或振动压实法。

A. 夯实法　这种方法是利用夯锤下落的冲击力压实土壤，适用于夯实粘性较低的土壤。有人工夯实和机械夯实两种 。人工夯实用木夯或石夯；机械夯实用夯锤、内燃夯土机和蛙式打夯机等。

B. 碾压法　这种方法是以沉重的滚轮碾压土壤表面，使土壤在静压力作用下压实，适用于碾压粘性和非粘性土壤。碾压机械有平碾和羊足碾等。平碾是一种以内燃机为动力的自行式压路机，重量为 6～15t，对砂类土和粘性土均可压实。羊足碾靠拖拉机牵引，有单筒、双筒两种，由于它与土接触面小，单位面积压力大，故压实效果好，适用于碾压粘性土。羊足碾如图 1-11。

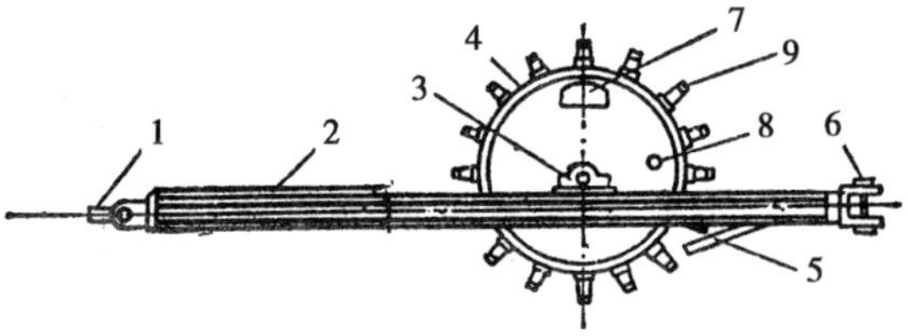

图 1-11　单筒羊足碾构造示意图

1. 前拉头；2. 机架；3. 轴承座；4. 碾筒；5. 铲刀；6. 后拉头；7. 装砂口；8. 水口；9. 羊足头

C. 振动压实法　这种方法是利用重锤振动，使土壤颗粒发生相对位移以达到密实状态。此法适用于非粘性土。

(3) 填土压实的影响因素。

A. 土的含水量　太干、太湿的土都不易被压实，只有土具有适当的含水量时，土颗粒间的摩阻力由于水的润滑作用而减小，土才易被压实。使填土压实获得最大密实度时的土含水量，称为土的最佳含水量，最佳含水量由试验确定。

为了保证填土压实的最佳含水量，太干的土要适当加以润湿；太湿的土要翻松、晾晒、均匀掺入干土等措施。

B. 铺土厚度　压实机具对土的压实作用随土层的厚度增加而逐渐减小。各种压实机械的影响深度与土的性质、含水量有关。填方每层土虚铺厚和压实遍数，可参考表 1-5 选用。

表 1-5　填方每层的铺土厚度和压实遍数表

压实机具	每层铺土厚度（mm）	每层压实遍数（遍）
平碾	200～300	6～8
羊足碾	200～350	8～16
蛙式打夯机	200～250	3～4
人工打分	不大于 200	3～4

注：人工打夯时，土块粒径不应大于 5cm。

C. 压实遍数　土在开始压实时的密实度急剧增加，而到接近极限密实度时，即使增加压实遍数，土的密实度也增加很小。所以，对不同的土，以及压实后的密实度要求不同，各类压实机械的压实遍数也不同。

填土压实后，要对每层填土质量进行检验。一般采用环刀法取样测定土的干密度。取样及试验等要求按土方与爆破工程施工及验收规范执行。

二、基槽（坑）土方施工

基槽（坑）的土方施工包括定位、放灰线、抄平、降排水、土方挖运、验槽及地基的局部处理等。

（一）定位与放线

基槽（坑）土方开挖以前，要作好建筑物的定位放线工作。

1. 建筑物定位　建筑物定位就是将建筑物外轮廓的轴线交点测定到地面上，用木桩标定出来，桩顶钉小钉指示点位，这些桩叫做角桩，如图 1-12。然后根据角桩进行细部测设。

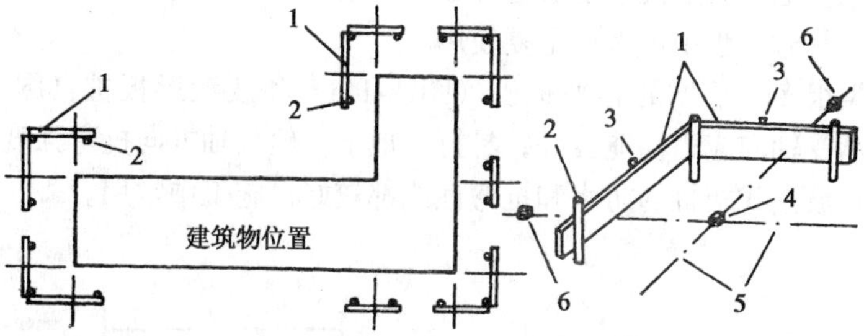

图 1-12　建筑物定位示意图

1. 龙门板；2. 龙门柱；3. 轴线钉；
4. 轴线桩（角桩）；5. 轴线；6. 控制桩（引桩、保险桩）

为了方便地恢复各轴线位置，要把主要轴线延长到安全地点并做好标志，称为控制桩，为便于开槽后施工各阶段中确定轴线位置，把轴线位置引测到龙门板上，用轴线钉标定。龙门板顶部标高一般定在 ±0.00m，主要是便于挖基槽和基础施工时控制标高。

2. 放线　放线就是根据定位确定的轴线位置，用石灰划出基槽（坑）开挖的边线。基槽（坑）上口尺寸的确定应根据基础的设计尺寸和埋置深度、土壤类别及地下水情况，确定是否留工作面和放坡等，实际工作中常遇到以下几种情况：

（1）不放坡也不加挡土支撑。当基础埋置不深，土质较均匀且地下水低于基底，表 1-6 规定的范围内的各类土可不放坡，不加支撑。基础底边尺寸就是放线尺寸。

表 1-6　直立壁不加支撑的挖土方深度表

土 类 名 称	挖土深度（m）
在堆填的砂土和卵石土内	1.0
在亚砂土和亚粘土内	1.25
在粘土内	1.5
在特别密实的土内	2.0

（2）不放坡留工作面。浇灌基础混凝土时，有时需要在基底尺寸外边立模板，要占用一定的坑底面积，这部分面积称为工作面。对于钢筋混凝土桩基，基坑底在地下水以上时，每边应留出工作面的宽度一般为 30cm。

（3）留工作面和加支撑。当基础埋置较深，场地又狭窄，不能放坡，必须加挡土支撑，以防止土壁坍塌发生事故。支撑的方法很

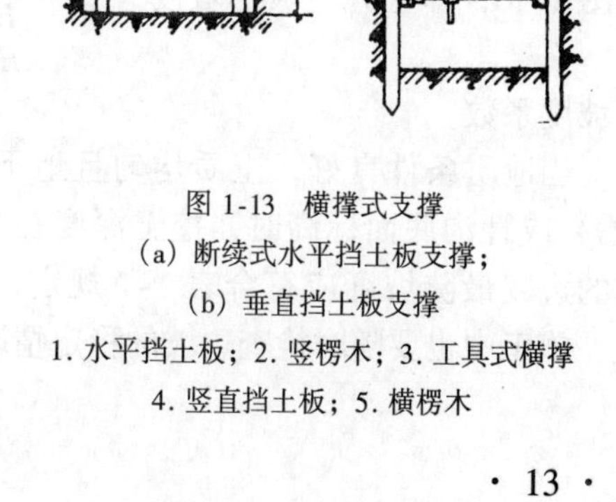

图 1-13　横撑式支撑

（a）断续式水平挡土板支撑；
（b）垂直挡土板支撑

1. 水平挡土板；2. 竖楞木；3. 工具式横撑
4. 竖直挡土板；5. 横楞木

多，此处仅介绍横撑式支撑和板桩支撑。

横撑式支撑分为水平挡土板式（图 1-13a）和垂直挡土板式（图 1-13b）两类，前者挡土板的布置又分断续式和连续式两种。湿度小的粘土，挖土深度小于 3m 时，可用断续式水平挡土板支撑；松散、湿度大的土可用连续式水平挡土板支撑，挖土深度可达 5m。对松散和湿度很高的土可用垂直挡土板式支撑，挖土深度可超过 5m。

板桩支撑适用于有地下水或流砂，而又不能采用人工降低地下水位的基槽、坑。板桩有木板桩、钢板桩、钢筋混凝土板桩等数种。钢板桩除用钢量大之外，其它性能优于别的板桩。且在临时工程中可多次重复使用。

钢板桩种类很多，常见的有平板桩（图 1-14a）和波浪形板桩（图 1-14b）两类。平板桩防水和承受轴向应力性能良好，易打入地下，但长轴方向抗弯强度较小，建筑工程施工中少用。波浪式板桩的防水和抗弯性能都较好，施工中常用。

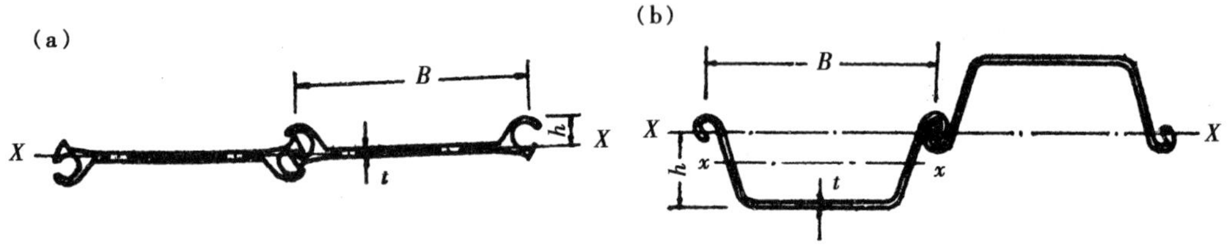

图 1-14　常用的钢板桩

(a) 平板桩；(b) 波浪形板桩

留工作面和加支撑在放线时，除基础底板外边留出工作面尺寸之外，还要加上支撑结构所需要的尺寸，一般每边加 10cm，见图 1-15。

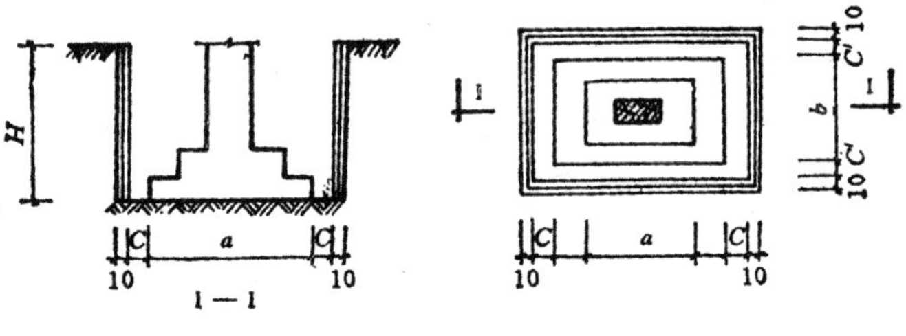

图 1-15　留工作面和加支撑示意图

(4) 放坡。土方边坡的坡度以 H 与 B 之比值表示，如图 1-16，即土方边坡的坡度 $= \dfrac{H}{B} = \dfrac{1}{\dfrac{B}{H}} = 1:m$，$m$ 称为坡度系数。

当地质条件良好，土质均匀且地下水位低于基坑（槽）或管沟底面标高时，挖土深度在 5m 以内不加支撑的边坡最陡坡度应符合表 1-7 规定，即使按规定放坡，施工中也要随时检查边坡的稳定情况。

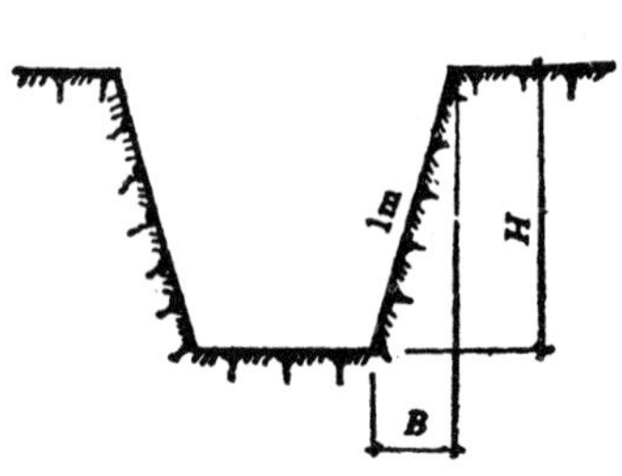

图 1-16　土方边坡

表 1-7　深度在 5m 内的基坑（槽）、管沟边坡的最陡坡度（不加支撑）

土 的 类 别	边坡坡度（高:宽）		
	坡顶无荷载	坡顶有静载	坡顶有动载
中密的砂土	1:1.00	1:1.25	1:1.50
中密的碎石类土（充填物为砂土）	1:0.75	1:1.00	1:1.25
硬塑的粉土	1:0.67	1:0.75	1:1.00
中密的碎石类土（充填物为粘性土）	1:0.50	1:0.67	1:0.75
硬塑的粉质粘土、粘土	1:0.33	1:0.50	1:0.67
老黄土	1:0.10	1:0.25	1:0.33
软土（经井点降水后）	1:1.00	—	—

注：1. 静载指堆土或材料等，动载指机械挖土或汤车运输作业等。静载或动载距挖方边缘的距离应保证边坡和直立壁的稳定，堆土或材料应距挖方边缘 0.8m 以外，高度不超过 1.5m。

2. 当有成熟施工经验时，可不受本表限制。

3. 基槽（坑）开挖中的深度控制　基槽（坑）开挖时，严禁扰动基层土层，要加强测量，以防超过。控制方法为：在距设计基底标高 30～50cm 时，及时用水准仪抄平，打上水平控制桩，以作为挖槽（坑）时控制深度的依据。当开挖不深的基槽（坑）时，可在龙门板顶面拉上线，用尺子直接量开挖深度；当开挖较深的基坑时，用水准仪引测槽（坑）壁水平桩，一般距槽底 30cm，沿基槽每 3～4m 钉设一个，如图 1-17。

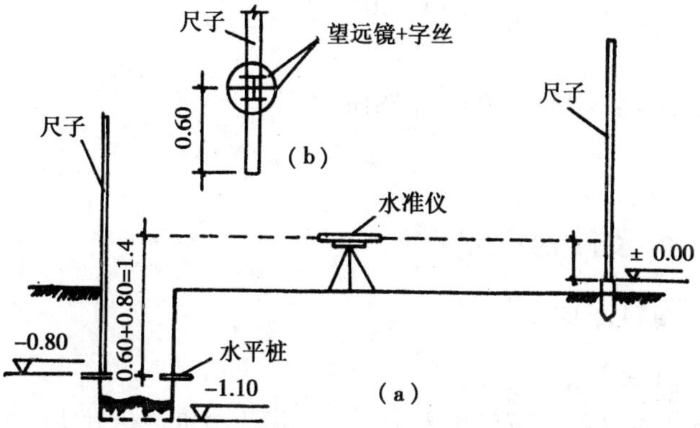

图 1-17　用水平仪抄平示意图

(a) 水平桩测设示意图；(b) 读数方法示意图

（二）基槽（坑）土方量计算

基槽（坑）土方量计算可近似按下面的拟柱体积公式计算，如图 1-18。

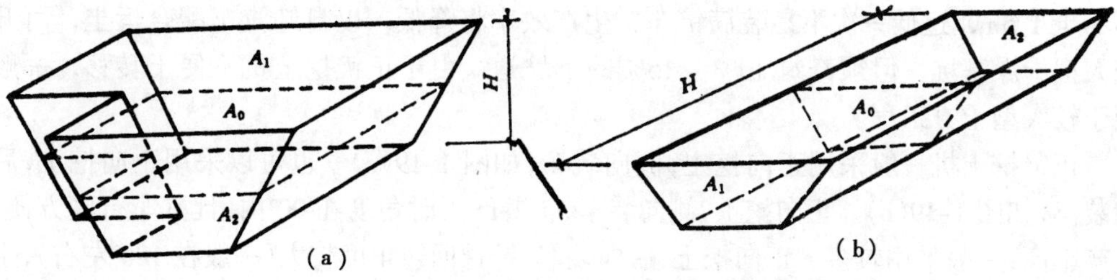

图 1-18　基槽（坑）土方量计算示意图

(a) 基坑土方量计算；(b) 基槽土方量计算

$$V=\frac{H}{6}\left(A_1+4A_0+A_2\right) \tag{1—13}$$

式中：V——挖土体积（m^3）；

H——基坑深度或基槽的分段长度（m）；

A_1、A_2 ——基坑上下两底面积或基槽两端横截面积（m^2）；

A_0 ——基坑中$\frac{1}{2}$深度处横截面积或基槽$\frac{1}{2}$长度处的横截面积（m^2）。

例：某基坑底面边长为 10×10m，挖深 4m，按 1∶0.5 放坡，最初可松性系数 K_s = 1.20，挖出的土用装载量为 $4m^3$/每车的汽车运走，求需要运输的车次。

解：放坡宽度 $B = mH = 0.5\times4 = 2m$

则上口边长为：$10+2\times2=14m$

$$V=\frac{H}{6}\left(A_1+4A_0+A_2\right)$$

其中：$H = 4m$

$$A_1 = 14\times14 = 196m^2$$

$$A_2 = 10\times10 = 100m^2$$

$$A_0=\left(\frac{14+10}{2}\right)^2=12^2=144m$$

则：$V=\frac{4}{6}\left(196+4\times144+100\right)=581m^3$

由 $K_s=\frac{V_2}{V_1}$

$V_2 = K_sV_1 = 1.20\times581 = 697.2m^3$

$\frac{697.2}{4}=174.3\approx174$ 车次

（三）基槽（坑）土方施工方法

基槽（坑）土方的开挖，可采用人工、半机械化与机械化方法施工。除量小分散不适宜机械施工以外，应尽量采用机械施工，可减轻劳动强度，加快工程进度，降低成本，缩短工期。下面着重介绍单斗挖土机的施工方法。

单斗挖土机有正铲、反铲、拉铲和抓铲等几种。常见的起重挖土机可以使用同一机身，将工作装置换装成正铲、反铲、拉铲和抓铲。也可以换装成起重机和打桩机。

1. 正铲挖土机施工　它适用于开挖停机面以上的一～四类土方，一般工作面高度不小于 1.5m，过低一次不易装满铲斗，生产效率将降低，以自卸汽车配合运土，可开挖大型干燥基坑，但须修筑 10%～15% 的下坡道。由于正铲挖土机不便于转移，一般用于较大型土方工程。

正铲挖土机一般采用正向挖土，侧向装车，如图 1-19(a)。也可以采用正向挖土，后向装车，如图 1-19(b)。正向挖土，侧向装车，铲臂卸土时角度在 90°内，且汽车行驶方便，生产率高，一般采用较多。正向挖土，后向装车，铲臂回转角度较大(一般在 180°左右)，生产率降低，仅用于开挖工作面狭小且深的基坑(槽)、管沟和路堑等工程。

正铲挖土机的工作性能见表 1-8。

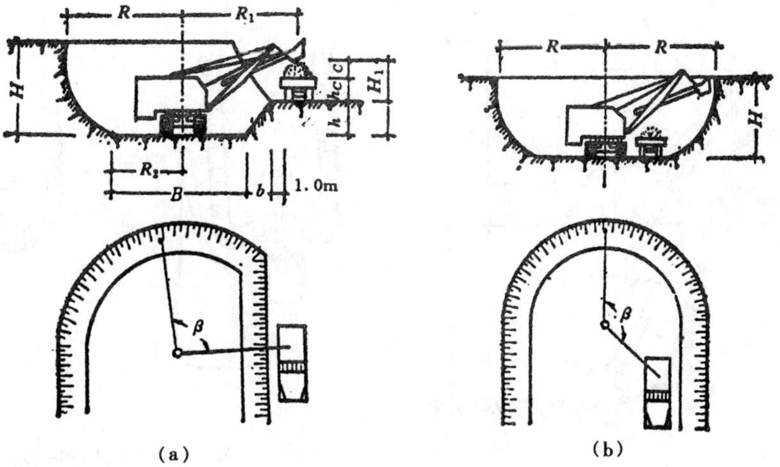

图 1-19　正铲挖土机工作情况

(a) 正向挖土侧向装车；(b) 正向挖土后向装车

2. 反铲挖土机施工　它是挖掘停机面以下的土方，适于开挖砂土或粘土类的大型柱基。带形基础的基槽和管沟等，也可以挖掘深度不超过 4m 的地下室。

反铲挖土机施工不用设上下坡道。受地下水影响较小。反铲挖土机挖土情况见图 1-20。

反铲的开挖方法有沟端开挖和沟侧开挖两种，如图 1-21。沟端开挖挖掘宽度不受机械最大挖掘半径限制，同时可挖到最大深度。沟侧开挖，铲臂回转角度小，能将土弃于距沟边较远的地方，但边坡不好控制，一般用于横挖土层和需将土方卸到离沟边较远的距离时使用。

表 1-8　部分国产正铲挖土机工作性能表

项　目	单　位	机械型号							
		W_3—0	W_1—50		W_4—60	W_1—100		W_1—200	
斗容量	m^3	0.3	0.5		0.6	1.0		2	
行驶方式		轮　胎	履　带		轮　胎	履　带		履　带	
发动机功率	(kW)	33.1 (45 马力)	55.1 (75 马力)		58.8 (80 马力)	88.2 (120 马力)		183.8 (250 马力)	
动臂长度	m	4.9	5.5			6.8		8.6	
斗杆长度	m	2.3	4.5			4.6		6.1	
动臂倾角	(°)		45	60		45	60	45	60
最大挖土高度	m	6.2	6.5	7.9	5.8	8	9	9	10
最大挖土半径	m	5.9	7.8	7.2	6.46	9.8	9	11.5	10.8
最大卸土高度	m	4.3	4.5	5.6	3.38	5.5	6.8	6	7
最大卸土半径	m	5.4	7.1	6.5		8.7	8	10	9.6
工作时机器重量	t	12	20.5		13.5	41		77.5	

反铲挖土机的工作性能见表 1-9。

3. 拉铲挖土机施工　拉铲可以开挖大型基坑、沟渠及地下室，特别适于挖掘水中的泥土，也适用于筑填路基和修筑堤坝等。

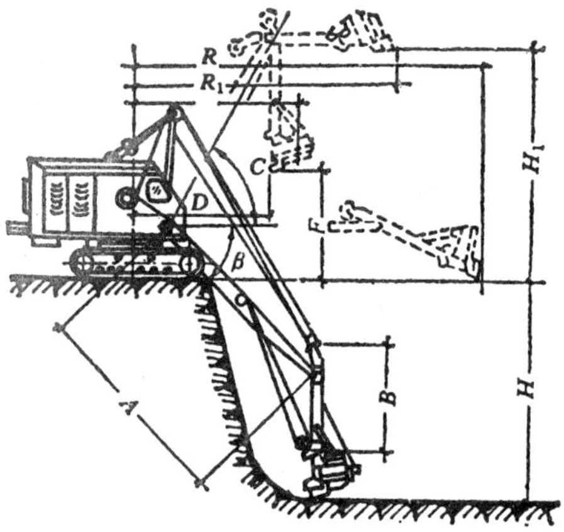

图 1-20　反铲挖土示意图

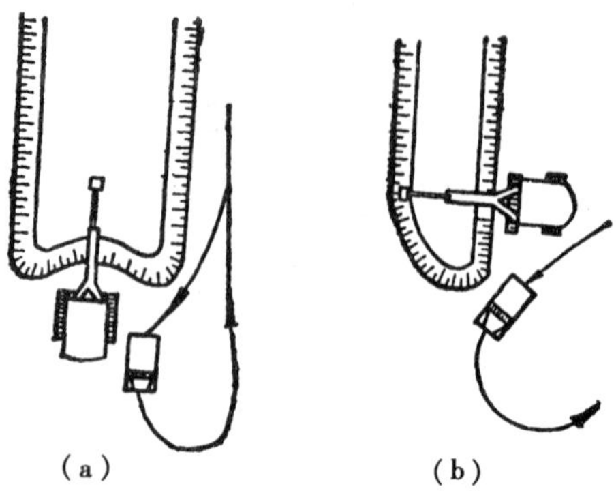

图 1-21　反铲的开挖方法

（a）沟端开挖；（b）沟侧开挖

表 1-9　部分国产反铲挖土机性能

技术性能	单　位	机　械　型　号			
		W_3-30	W_1-50	W_4-60	W_1-100A
斗容量	m^3	0.3	0.5	0.6	1.2
最大挖土深度 H	m	4	5.56	4.63	6.8
最大挖土半径 R	m	7.8	9.2	8.3	12
最大挖土高度 H_1	m	5.6	6.14	—	6.3
最大卸土半径 R_1	m	6.8	8.1	—	10.2

注：开挖基坑时，反铲挖土机离坑边有一段安全距离，因此挖掘深度要小于最大挖土深度。

拉铲的开挖方法应尽量采用沟端开挖（正向开挖）。这样便于两面出土运输，装车方便。

拉铲挖土机的外形如图 1-22，其工作性能见表 1-10。

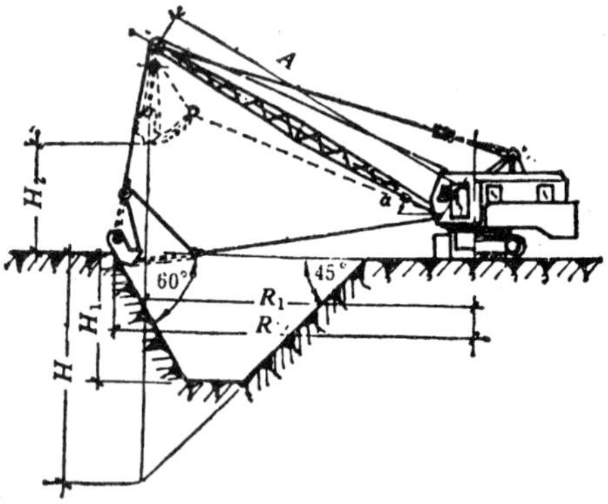

图 1-22　拉铲挖土机的外形

4. 抓铲挖土机施工　抓铲挖土机适用于一、二类土，开挖深坑基础，疏通旧有渠道以及挖取水中淤泥等。挖淤泥时，抓斗易被淤泥吸住，应避免用力过猛，以防翻车。抓铲施工，一般均需加配重。抓铲挖土机的外形如图 1-23。

（四）验槽及地基的局部处理

基槽（坑）开挖到设计标高清槽后，施工单位应会同勘察设计、建设单位共同进行验槽工作，其主要内容如下：

1. 观察验槽　主要是检查基槽（坑）的位置、尺寸、标高和边坡是否符合设计要求；检查基底土质是否与地质资料相符。

2. 钎探　对基槽底以下 2～3 倍基础宽度的深度范围内，土的变化和分布情况，以及是否有空穴或软弱土层，需要用钎探明。

表 1-10 国产拉铲挖土机工作性能

技术性能	单位	机械型号								
		W_3—30	W_1—50		W_1—100		W_1—200			
斗容量	m^3	0.35	0.5		1		2		1.5	
动臂长度 A	m	10.5	13		16		15		20	
动臂倾角 α	(°)	—	30	45	30	45	30	45	30	45
最大挖土深度 H	m	7.6	10	7.8	12.2	9.6	12	9.6	16.3	13.1
侧面挖土深度 H_1	m	5.3	6.6	5.9	8	7.1	7.4	6.5	10.7	9.4
最大挖土半径 R	m	—	14.3	13.2	17.5	16.2	17.4	15.8	22.4	20.3
最大卸土高度 H_2	m	6.3	5.3	8	5.7	9	4.8	7.9	8	12.2
最大卸土半径 R_1	m	10	12.5	10.4	15.4	12.9	15.1	12.7	19.4	16.3

打钎分人工和机械两种方法。人工打钎时，钎杆直径为 ϕ25，钎头直径为 ϕ40 且呈 60°尖锥状，长 1.8～2.0m。大锤重 8～10 磅，举锤高度为 50～70cm。用打钎机打钎时，其锤重约 10kg，落距 50cm，钢钎直径为 ϕ25，长 1.8m。每贯入 30cm，记录锤击数一次，并填入规定表格中。一般每钎分五步打（每步为 30cm），钎顶留 50cm，以便拔出。钎探点的记录编号应与注有轴线尺寸和编号顺序的钎探点平面布置图相符，以确定特硬或较软点位置，以便于分析处理。钎孔布置可参考表 1-11 所列方式。

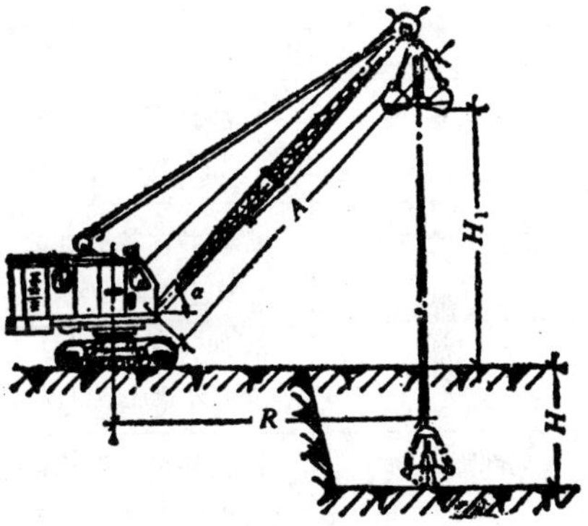

图 1-23 抓铲挖土机外形

表 1-11 钎 孔 布 置

槽 宽	排 列 方 式	间 距 (m)	钎探深度 (m)
<0.8m	一排孔  一	1～2	1.2
0.8～2.0m	两排错开  二	1～2	1.5
>2.0m	梅花形 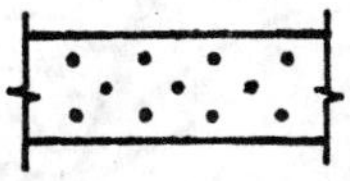 三	1～2	2.0
柱 基	梅花形  四	1～2	≥1.5m，且不小于短边的长度

3. 地基的局部处理 根据查明的局部异常地基，均需妥善处理，以保障建筑物建造后各部位沉降量趋于一致。具体处理方法可根据地基情况、工作性质和施工条件而有

所不同,可以概括为“挖”、“填”、“换”等处理方法。局部异常地基处理方法见表1-12。

表 1-12　局部异常地基处理方法

名　　称	处　　理　　方　　法
松土坑 （填土、软土）	1. 将土坑中松软土挖除，见天然土为止，回填压缩性相近土料或3:7灰土，分层夯实，每层厚度不大于20cm；如坑的范围较大时，则应将此部分基础加深，基坑土作成1:2台阶边坡回填 2. 为避免不均均下沉，在防潮层下可设钢筋混凝土或钢筋砖圈梁
橡皮土	1. 如果是含水量饱和的粘性土时，应避免直接打夯，可采用晾槽或掺石灰粉的办法降低含水量 2. 地基已成颤动的橡皮土，可采用掺碎石或小块石、卵石将土挤紧，或将橡皮土挖去，再分层填灰土、砂土或级配砂石夯实
古墓（墓穴）	1. 将墓穴中松土杂物挖出，分层回填原土或3:7灰土 2. 如古墓中有文物，应及时报当地主管部门处理
古井（土井）	1. 如井在基槽中间，井内填土已较密实，可将井壁砖石拆除到基底以下1m，再用3:7灰土或土石混合物分层回填夯实至基底 2. 如井直径大于1.5m时，可做地基梁或在墙内配筋跨越；如井在基础的转角，除按1项处理外，还应在基础部位增设钢筋混凝土圈梁或挑梁加强
局部障碍物	1. 当基底下有旧墙基、砖石构筑物、老灰土、树根、管道等，应尽量挖除拆掉至天然土为止，然后回填与基底天然土压缩性相近的材料或3:7灰土，分层回填夯实 2. 如障碍物挖除困难，可在两侧设支承墙、柱，其上设一道钢筋混凝土梁跨越，并与障碍物上部保持一定空隙；或在障碍物上部做一层软性垫层（土、砂混合物），以调整沉降

第三节　施工排水与降水

在地下水位以下开挖基坑（槽）时，要排除地下水和基坑中的积水，保证挖方在较干状态下进行。一般采用明沟排水法和人工降低地下水法。

一、明沟排水法（集水井降水法）

明沟排水法是在基坑开挖时，在坑底设置集水井，并沿坑底的周围或中央开挖排水沟，使水流入集水井中，然后用水泵排走。抽出的水应引到施工场地以外。抽水工作应持续到基础工程施工完毕进行回填土后才能停止。明沟排水如图1-24所示。

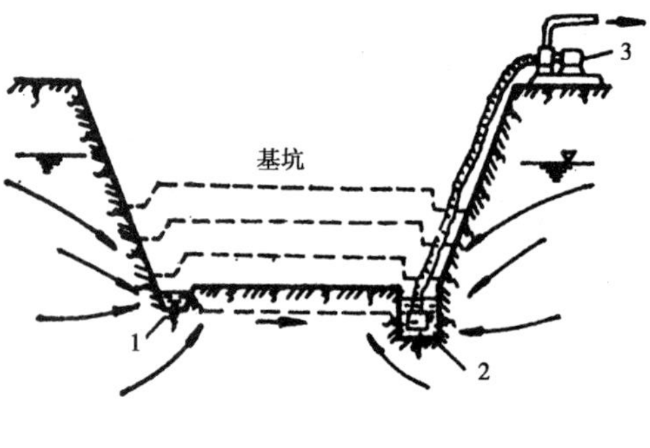

图 1-24　集水井降水

1. 排水沟；2. 集水井；3. 水泵

（一）水泵的性能与选用

在建筑工地上，基坑抽水用的水泵主要有离心泵、潜水泵和软轴水泵等。水泵的主要性能包括流量、扬程和功率等。流量是指水泵单位时间内的出水量；扬程是指水泵扬水高度。选择水泵主要根据流量与扬程而定，水泵的流量应满足基坑涌水量的要求。离心泵的扬程主要考虑容许吸上真空高度是否够，如果不够，则可另选水泵或将安水泵位置降低至坑壁台阶。

（二）集水井设置

集水井应该设置在基坑范围以外、地下水流的上游。根据地下水量、基坑平面形状及水泵性能，集水井每隔 20～40m 设置一个。集水井直径或宽度一般为 0.7～0.8m。其深度随挖土的加深而加深，要始终低于挖土面 0.8～1m。井壁可用竹、木等简易加固。当基坑挖至设计标高后，井底应低于坑底 1～2m，并铺设 0.3m 碎石滤水层，以免在抽水时将泥砂抽出，并防止井底土被搅动。

（三）排水沟的设置

排水沟一般设置在基坑周围或基槽的一侧或两侧，基坑排水沟常用断面如表 1-13。

表 1-13　基坑排水沟常用断面图

基坑面积（m^2）	断面符号	亚粘土			粘　土			图　　示
		地下水以下的深度（m）						
		4	4～8	8～12	4	4～8	8～12	
10 000 以上	a	1.0	1.2	1.5	0.6	0.8	1.0	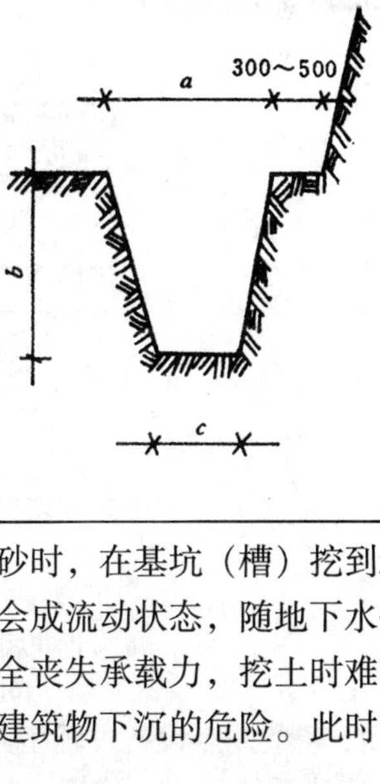
	b	1.0	1.5	1.5	0.6	0.8	1.0	
	c	0.4	0.4	0.5	0.3	0.3	0.4	
5 000～10 000	a	0.8	1.0	1.2	0.5	0.7	0.9	
	b	0.8	1.0	1.2	0.5	0.7	0.9	
	c	0.3	0.4	0.4	0.3	0.3	0.3	
5 000 以下	a	0.5	0.7	0.9	0.4	0.5	0.6	
	b	0.5	0.7	0.9	0.4	0.5	0.6	
	c	0.3	0.3	0.3	0.2	0.3	0.3	

明沟排水法设备简单，采用广泛。但当土为细砂或粉砂时，在基坑（槽）挖到地下水位以下，而又采用坑内抽水时，有时坑底下面的粉砂土会成流动状态，随地下水一起涌进坑内，此现象称做流砂现象。发生流砂现象时，土完全丧失承载力，挖土时难以立足，砂土边挖边冒，难以挖到设计深度，甚至会引起附近建筑物下沉的危险。此时常采用人工降低地下水法。

二、人工降低地下水位

人工降低地下水位，就是在基坑开挖前，预先在基坑四周埋设一定数量的滤水管（井），利用抽水设备从中抽水，使地下水位降落到坑底以下，同时在基坑开挖时仍不断抽水。这样，可使基坑部位的土保持干燥状态，从根本上防止流砂现象发生，改善工作条件；同时，由于土内水分排出，动水压力减小，边坡可以陡一些，减少了挖土数量；由于渗流向下，动水压力作用加强重力，增加土颗粒间的压力，可使坑底土层更为密实。

人工降低地下水方法有轻型井点、喷射井点、管井井点、深井泵及电渗井点等。可根据土的渗透系数，要求降低水位的深度、工程特点及设备条件等，参照表 1-14 选用。

井点降水施工方案主要内容：井点平面布置图和高程布置图；井点结构和地面排水管路图；井点降水深度要求和降水干扰计算书；抽水设备规格、数量以及电源等。

表 1-14　各类井点的适用范围

项　　次	井点类别	土层渗透系数（m/d）	降低水位深（m）
1	单层轻型井点	0.1～50	3～6
2	多层轻型井点	0.1～50	6～12（由井点层数定）
3	喷射井点	0.1～20	8～20
4	管井井点	20～200	3～5
5	电渗井点	<1.0	根据选用的井点定
6	深井井点	10～250	>15

（一）轻型井点

轻型井点降低地下水位，是沿着基坑周围以一定的间距埋入井点管，在地面上用水平铺设的集水总管将各井点管连接起来，当开动水泵房内真空泵和离心泵后，地下水在真空吸力作用下，经滤管进入井点管，然后经集水总管排出，这样便将原有的地下水降至坑底以下，如图 1-25。

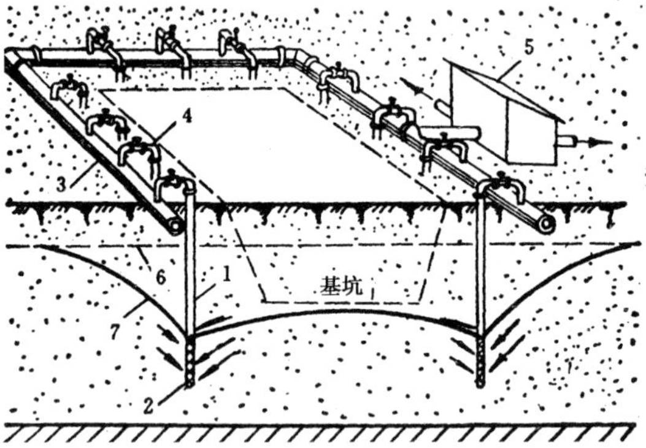

图 1-25　轻型井点布置图

1. 井点管；2. 滤管；3. 总管；4. 弯联管；5. 水泵房；

6. 原有地下水位线；7. 降低后地下水位线

1. 轻型井点设备　轻型井点设备由管路系统和抽水设备组成。

管路系统包括：滤管、井点管、弯联管及总管等。

滤管（图 1-26）为进水设备，长 1.0～1.2m，为直径 38mm 或 51mm 的无缝钢管，管壁钻有 ϕ12mm 的星棋排列滤孔，滤孔面积为滤管表面积的 20%～25%。骨架管外面包两层孔径不同的生丝布或塑料布滤网。为使流水畅通，骨架管与滤网之间可用塑料管隔开。滤网外面再绕一层粗铁丝保护网，滤管下端为一铸铁塞头。滤管上端与井点管连接。

井点管为直径 38mm 或 51mm、长 5～7m 钢管，可整根或分节组成。井点管上端用弯联管与总管相连。

集水总管为直径 100～127mm 的无缝钢管，每段长 4m，其上装有与井点管联结的短接头，间距 0.8m 或 1m。

抽水设备是由真空泵、离心泵和水气分离器（集水箱）等组成，如图 1-27 所示，真空泵和离心泵分别由电动机带动。其工作原理为：开动真空泵 13，使土中的水分和空气受真空吸力经管路系统向上流到水气分离器 6 中，然后开启离心泵 14，在水气分离器内水和气向两个方向流去：水经离心泵由出水管 16 排出；空气则集中在水气分离器上部由真空泵排出。如水多，来不及排出时，浮筒 7 浮上，由阀门 9 将通往真空泵的通路关住，保护真空泵不使水进入缸体。副水气分离器 12 的作用是滤清从空气中带来的少量水分，使其落入该器下层放出，使水不被吸入真空泵内。压力箱 15 用以调节出水量和阻止空气窜入水气分离器。过滤箱 4 是防止由水带来的细砂磨损机械。真空调节阀用以调节真空度，使其适应水泵的需要。

2. 轻型井点的布置　轻型井点布置，根据基坑大小与深度、土质、地下水位高低与流向、降水深度要求等而定。

(1) 平面布置。当基坑或沟槽宽度小于 6m，且降水深度不超过 5m 时，一般可采用单排井点，布置在地下水流的上游一侧，其两端的延伸长度一般以不小于坑（槽）宽为宜，如图 1-28。

当基坑（槽）宽度大于 6m 或土质不良。则宜采用双排井点。当基坑面积较大时，宜采用环形井点，如图 1-29。

井点管距离基坑壁一般不宜小于 0.7 ~ 1.0m，以防局部发生漏气。井点管间距应根据土质、降水深度、工程性质等确定，一般采用 0.8m、1.2m、1.6m。

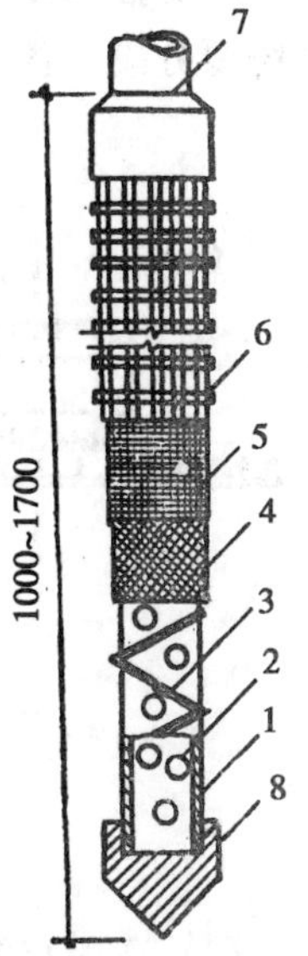

图 1-26　滤管构造图

1. 钢管；2. 管壁上小孔；3. 缠绕的塑料管；4. 细滤网；5. 粗滤网；6. 粗铁丝保护网；7. 井点管；8. 铸铁头

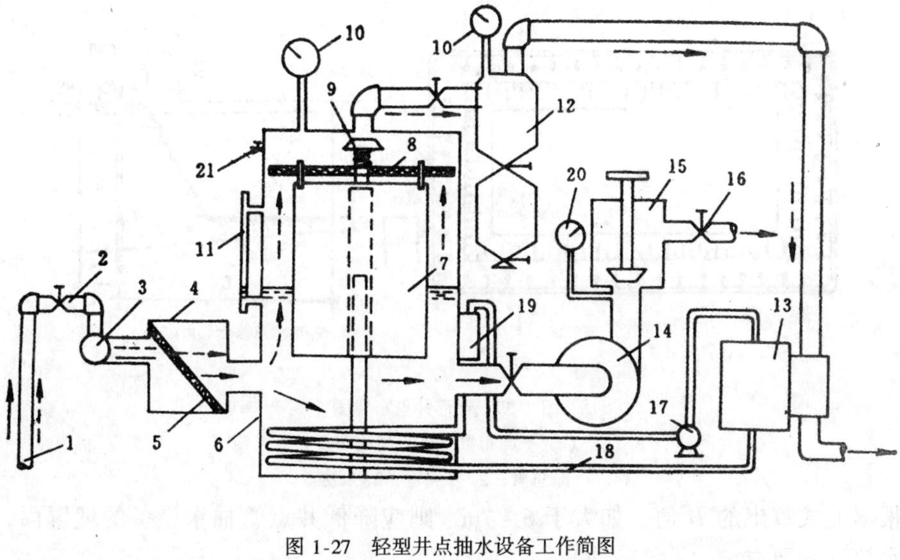

图 1-27　轻型井点抽水设备工作简图

1. 井点管；2. 弯联管；3. 总管；4. 过滤箱；5. 过滤网；6. 水气分离器；7. 浮筒；8. 挡水布；9. 阀门；10. 真空表；11. 水位计；12. 副水气分离器；13. 真空泵；14. 离心泵；15. 压力箱；16. 出水管；17. 冷却泵；18. 冷却水管；19. 冷却水箱；20. 压力表；21. 真空调节阀

一套抽水设备能带动的总管长度，一般为 100～120m。采用多套抽水设备时，井点系统要分段，各段长度大致相等。

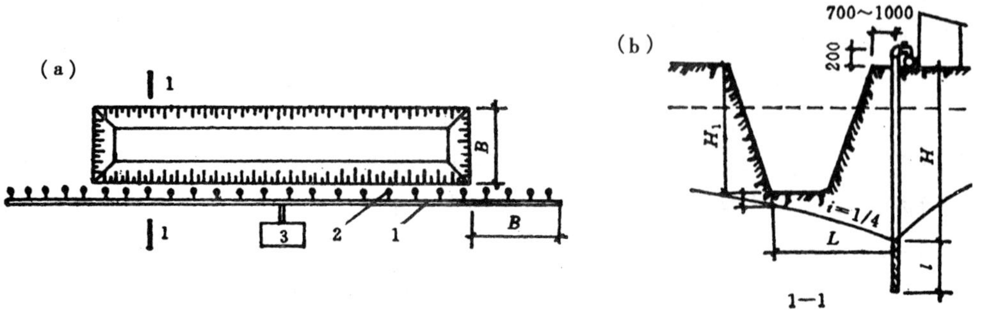

图 1-28　单排线状井点的布置图

(a) 平面布置；(b) 高程布置

1. 总管；2. 井点管；3. 泵房

(2) 高程布置。井点降水深度，在管壁处一般可达 6～7m。井点管需要的埋设深度 H（图 1-29）按下式计算：

$$H = H_1 + h + iL \text{（m）} \qquad (1—14)$$

式中：H_1——井点管理设面至基坑底面的距离（m）；

h——基坑底面至降水后的地下水位线的距离，一般取 0.5～1.0m；

i——水力坡度，根据实测：环形井点为$\frac{1}{10}$左右，单排井点为$\frac{1}{4}$～$\frac{1}{5}$；

L——井点管至基坑中心的水平距离（m）。

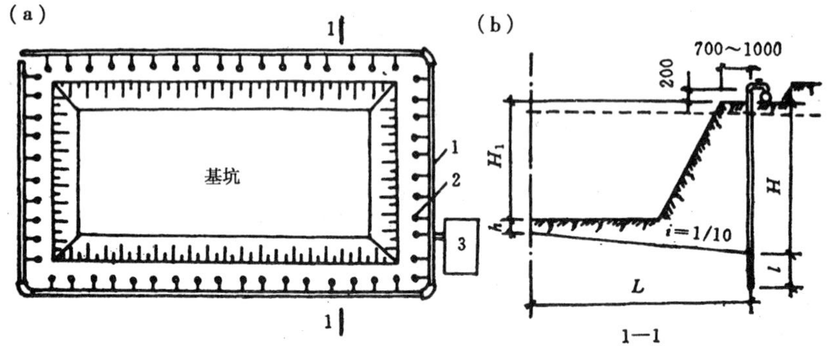

图 1-29　环形井点布置图

(a) 平面布置；(b) 高程布置

1. 总管；2. 井点管；3. 泵房

根据上式算出的 H 值，如大于 6～7m，则应降低井点管抽水设备的埋置面，以适应降水深度的要求。

当一级轻型井点达不到降水深度要求时，可采用二级井点。

3. 井点管埋设　井点管的埋设一般用冲孔管冲孔，先将高压水泵的射水高压胶管连接在冲孔管上，冲孔管可用滑车组悬挂在人字架上，利用高压水经冲孔管头部的三个喷水小孔以急速的射水速度冲刷土壤，形成孔洞。孔洞要垂直，孔径一般为 300mm，冲孔深度应比滤管底深 0.5m 左右。也可以钻孔后再将井点管沉放，或以带套管的水冲法、振动水冲法下沉。

井孔冲成后，随即拔出冲管，插入井点管。井点管与孔壁之间应立即用粗砂灌实，距地面 1.0m 深处，应用粘土填塞严密，防止漏气。向井点管与孔壁之间填砂时，如管内水面上升，则认为该管埋设合格。

轻型井点安装程序是：先排放总管，再埋设井点管，然后用弯联管将井点管与总管连通，最后安装抽水设备。安装完毕后，需要进行试抽，以检查有无漏气现象。轻型井点使用时，一般应连续不断地抽水，以免引起滤孔堵塞和边坡塌方等事故。

（二）管井井点

当土壤渗透性能强，地下水丰富的土层，降低地下水用轻型井点难以解决时，可用管井井点方法，如图 1-30。

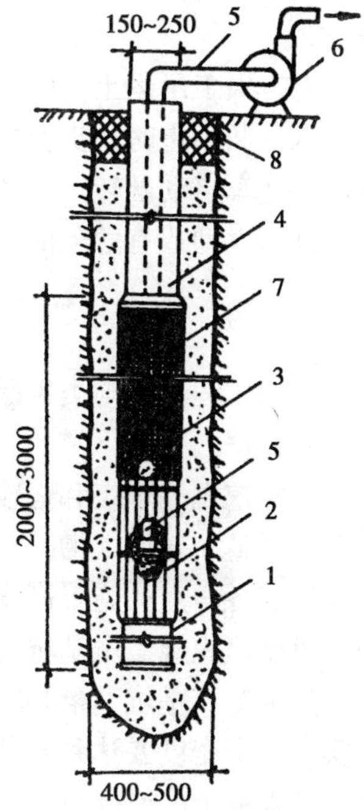

图 1-30　管井井点

1. 沉砂管；2. 钢筋焊接骨架；3. 滤管；4. 管身；5. 吸水管；6. 离心泵；7. 小砾石过滤层；8. 粘土

管井井点布置，沿基坑外围每隔一定距离设置一个井管，每一管井埋设滤水井管，单独用一台水泵，不断地抽水来降低地下水位。滤水井管的埋设采用泥浆护壁套管的钻孔法，钻孔直径比滤水井管外径大 150～250mm。井管下沉前进行清孔，保持滤网畅通，管与土壁之间用 3～15mm 砾石填充作为过滤层。滤水井管的过滤部分可用钢筋焊接骨架外包孔眼为 1～2mm 的滤网，长 2～3m。井管宜用直径 150～300mm 的钢管。吸水管宜用直径为 50～100mm 的胶皮管或钢管，其底部装有逆止阀，吸水管插入滤水井管，长度应大于抽水机械抽吸高度，同时应沉入管井内抽水时的最低水位以下。管井的间距和深度根据降水面积和深度及含水层渗透系数而定，最大埋深可达 10m，管井的间距 10～50m。

第四节　土方工程的安全技术

一、土方施工前，必须对场地内的地上和地下管道、电缆及高压水管等情况了解清楚。在特殊危险的地区中，工程必须在仔细的技术观测下设专人负责进行，挖土应用人工方法进行。

二、基坑开挖时，人工开挖两人操作间距应大于 2.5m，多台机械开挖，挖土机间距应大于 10m。挖土应自上而下，逐层进行，严禁先挖坡角或逆坡挖土。

三、沟坑处应设防护，跨过沟槽的通道应搭设渡桥，并设扶手栏杆，夜间须设照明灯火。

四、基坑（槽）开挖应严格按要求放坡或支撑护坡。操作时应随时注意土壁变动情况，如发现裂纹或部分坍塌现象，应及时进行支撑或放坡。坑上堆土或堆物要离坑边

1m 以外。

五、挖土方不得在危岩、孤石的下边或贴近未加固的危险建筑物的下面进行。

六、机械多台阶同时挖土，应验算边坡的稳定。挖土机离边坡应有一定的安全距离，以防坍方，造成翻机事故。在机械挖土的工作范围内，不许闲人通行或进行其它工作。

七、人工吊运土方时，应检查起吊工具、绳索是否牢靠，吊斗下面不得站人。

八、回填土时，支撑的拆除应与坑槽回填的进行配合进行。用手推车运土回填，不得放手让车自动翻转。

九、大型或有危险的土方工程，要编制可靠的安全技术措施。

小　　结

土的工程性质与类别是确定土方工程施工方法、土方工程机械选择、降排水方法等的主要依据之一。

土的挖掘、填筑和运输等是土方工程的主要施工过程。建筑工程的基础土方工程包括场地平整、基坑（槽）开挖、基础土方的回填夯实等施工项目。场地平整应根据设计要求确定各角点的施工高度，计算土方量，确定挖方、填方的土方调配方案，合理选择施工机械组织施工。基坑（槽）土方施工包括定位、放灰线、抄平、挖掘、验槽及地基局部处理等。基坑（槽）土方施工要求土体稳定、截面尺寸和标高准确。土方的回填土夯实后的干密度要达到规范规定的要求，影响填土密实程度主要取决于机具能量、夯实遍数、虚铺土的厚度及土的含水量等。大面积场地平整，大型基坑（槽）的土方开挖，宜采用推土机、铲运机和挖土机等大型机械进行施工。推土机是自行式的挖土运土工具，运距在 100m 以内进行以挖作填，尤其运距在 30～60m 之间，更为有效。铲运机是一种能综合完成挖土、运土、卸土的土方工程机械，平均运距在 1 000m 以内时，特别是运距在 600m 以内更为合适。单斗挖土机根据工作装置不同，分正铲、反铲、拉铲、抓铲等几种，广泛用于修筑路基、开挖建筑物基坑、管沟等土方施工。

土壁放坡与支撑、降排水是土方工程主要辅助施工过程。土方施工要严格按要求放坡，以保持土壁稳定，防止坍塌、溜坡。在场地狭小地段施工不允许放坡时，一般可采用支撑护坡，以保证施工顺利和安全，也可以减少对邻建筑物或地下设施的不利影响。为保证基坑（槽）土方施工正常进行，防止边坡塌方和地基承载力下降，必须做好基坑（槽）降排水工作。首先应选用明沟排水法，它设备简单，应用广泛。当会产生流砂现象时，应选用人工降低地下水方法进行施工。

保证土壁稳定，防止坍塌是土方工程施工安全的主要措施。同时要防止机械事故、高处坠落和物体打击。

复习思考题

1. 土的工程分类是按什么划分的？土的工程分类一般都有哪些用途？

2. 什么是土的可松性，何时使用土的可松性？

3. 试述土的含水量对施工的影响。

4. 场地平整的程序有哪些？

5. 试述用方格网法计算土方量的方法步骤。
6. 试述土方调配的原则。
7. 土方边坡用什么方法表示？什么是土方边坡系数？影响土方边坡的因素有哪些？
8. 常用的坑壁支撑有哪些类型？应用范围是什么？
9. 试述基坑（槽）放线工作的步骤。
10. 基槽抄平是如何进行的？
11. 打钎验槽要求是什么？
12. 如何选择土方工程施工机械？
13. 回填土施工有哪些要求？
14. 影响填土密实的因素是什么？
15. 试述明沟排水的施工方法。
16. 轻型井点系统的组成和布置原则是什么？
17. 试述流砂现象及其防治措施。
18. 提高推土机的生产率有哪几种推土方法？
19. 单斗挖土机有哪些种类？在何种条件下选用正（反）铲挖土机？
20. 基坑（槽）土方量是如何计算的？
21. 土方工程有哪些主要的安全措施？

第二章 桩 基 工 程

建筑物的全部荷载是通过基础传给地基的。当建筑物荷载较大，而建造地点地基的软弱土层很厚，采用浅埋基础不能满足变形要求，经过方案比较，采用其它深基础型式建造没有条件或不经济时，常采用桩基础。

桩基础通常是由若干根单桩组成，在单桩的顶部用承台把它们联结成一个整体，构成桩基础，如图 2-1。

桩按荷载传递的方式不同，可分为端承桩和摩擦桩两种。端承桩是穿过软弱土层而达到坚实土层的一种桩，上部结构荷载主要由桩尖阻力来承受，桩侧摩擦力较小，施工时以控制贯入度为主，桩尖进入持力层的深度或桩尖标高可作参考。摩擦桩只打入软弱层一定深度，上部结构的荷载由桩身周围与土之间的摩擦力及桩尖阻力共同承受，施工时以控制桩尖设计标高为主，贯入度可作参考。

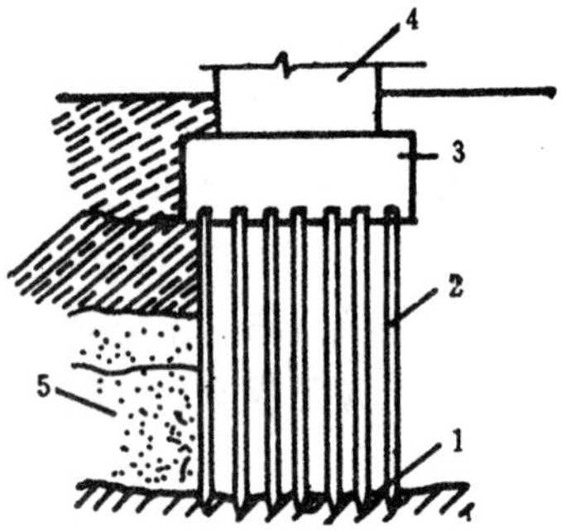

图 2-1 桩基础示意图

1. 持力层；2. 桩；3. 承台；4. 上部建筑物；5. 软弱层

目前桩基广泛采用混凝土或钢筋混凝土材料制作，钢桩采用不多。按照桩的施工方法不同，可分为钢筋混凝土预制桩和混凝土现场灌注桩两大类。预制桩是在工厂或施工现场预制，然后用打桩机打入土层中。灌注桩是在施工现场桩位上先成孔，然后在孔内灌注混凝土或钢筋混凝土而成。

第一节 钢筋混凝土预制桩施工

钢筋混凝土预制桩分实心桩与管桩两种。为了便于预制，实心桩一般做成方形断面，断面尺寸一般为 200 × 200mm ~ 500 × 500mm（图 2-2）。单根桩的最大长度，根据打桩架的高度而定，目前一般在 27m 以内，如需打设 30m 以上的桩，则将桩预制成几段，在打桩过程中逐段接长。管桩多为外径 400 ~ 550mm 的空心圆柱形截面，是在工厂内采用离心法制成，它与实心桩相比，可大大减轻桩的自重。钢筋混凝土预制桩一般的施工程序见图 2-3。

一、桩的预制、起吊、运输和堆放

（一）桩的预制

较短的桩一般在预制厂制作，较长的桩一般在施工现场附近露天预制。制作预制桩有并列法、间隔法、重叠法、翻模法等。现场预制桩多用重叠法施工，重叠层数不宜超过四层，层与层应涂刷隔离剂，上层桩或邻桩的灌筑，应在下层桩或邻桩混凝土达到设

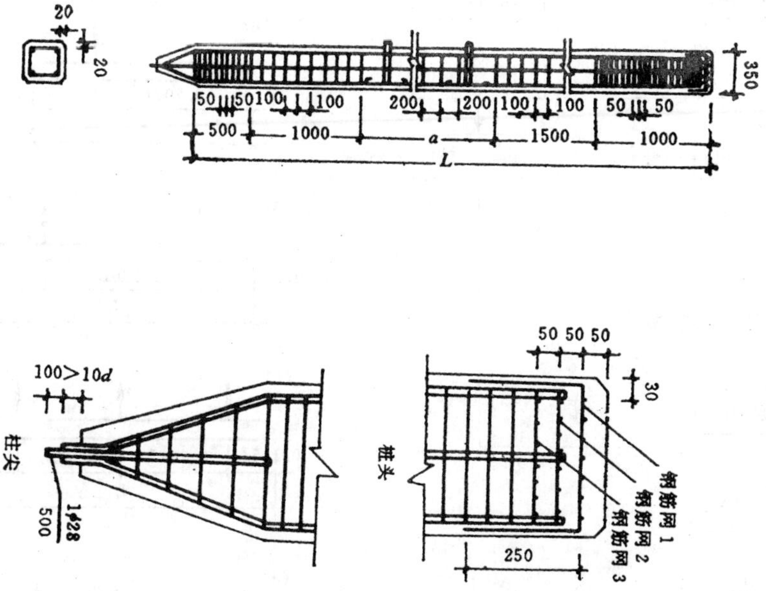

图 2-2 钢筋混凝土预制桩

计强度的 30% 以后方可进行。预制场地应平整坚实。

钢筋混凝土预制桩的钢筋骨架的主筋连接宜采用对焊，且几根主筋接头位置应相互错开。桩尖一般用钢板制作，在绑扎钢筋骨架时就把钢板桩尖焊好。钢筋骨架的偏差应符合有关规定。

预制桩的混凝土宜用机械搅拌、机械振捣，由桩顶向桩尖连续浇筑捣实，一次完成，严禁中断。制作完后，应洒水养护不少于 7 天。桩的制作偏差应符合有关规定。制桩时，应按规定要求做好灌筑日期、混凝土强度、外观检查、质量鉴定纪录，以供验收时查用。

（二）桩的起吊及运输

预制桩的起吊和搬运，应在混凝土达到设计强度 100% 后方可进行。若需提前起吊，必须作强度和抗裂度验算。起吊时，桩上若无吊环，设计又未作规定时，按图 2-4 捆绑。钢丝绳与桩间应加衬垫，以免损坏棱角。起吊时应平稳提升，吊点同时离地，不得使桩产生附加应力。

桩的运输方式，在现场预制的桩，当运距不大时，可在桩的下面垫以滚筒，滚筒与桩之间应放有托板，用卷扬机拖动桩身前进；若长距离运输，可采用平板拖车，而桩下要设置活动支座。经过搬运的桩，必须进行外形复查，如质量不符合要求，应视具体情况与设计单位共同研究处理。

（三）桩的堆放

桩的堆放场地必须平整坚实，垫木间距应根据吊点确定，并应设在同一垂线上，最下层的垫木应加强，堆放不宜超过四层。堆放管桩，应在垫木上加三角水，防止管桩滚动。不同规格的桩，应分别堆放。

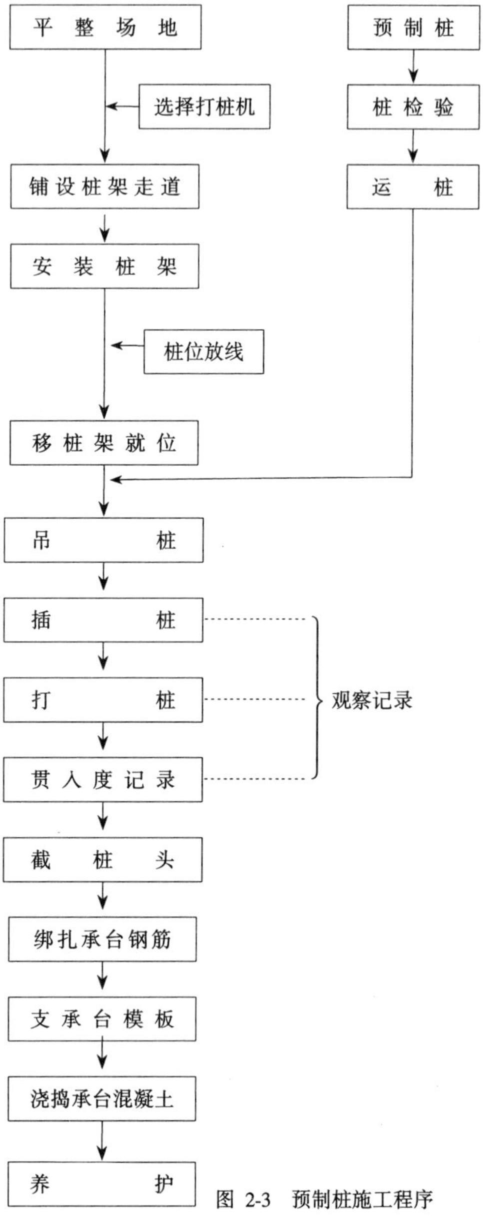

图 2-3 预制桩施工程序

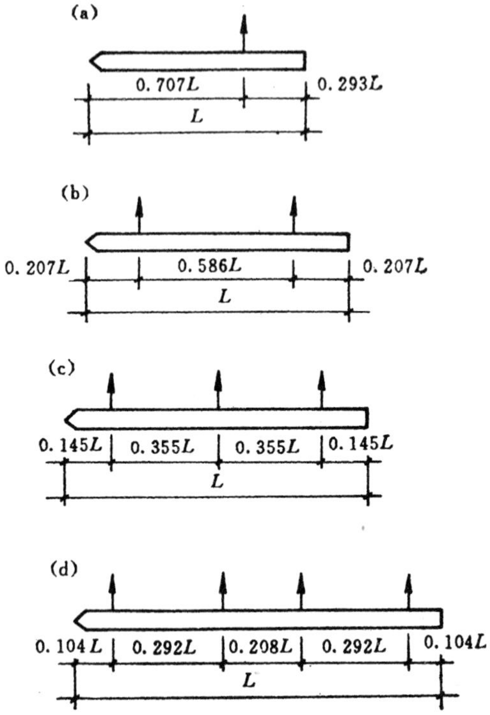

图 2-4 吊点合理位置

(a) 1个吊点；(b) 2个吊点；

(c) 3个吊点；(d) 4个吊点

二、打桩设备及选择

打桩所用的机械设备，主要包括桩锤、桩架及动力装置三部分。

(一) 桩锤的选择

桩锤有落锤、单动汽锤、双动汽锤、柴油锤和振动锤五种。

1. 落锤　落锤亦称自落锤，一般是生铁铸成，利用锤的本身重量自高处落下产生的冲击力，将桩打入土内。落锤一般重 1 ~ 2t。为了搬运方便，适应桩锤重量的变化，可以分片铸成，用螺栓把各片连接起来，但装配螺栓易受振动而断裂。落锤可以用卷扬机来提起，利用脱钩装置或松开卷扬机刹车放落，使桩锤自由落到桩头上，桩便逐渐打入土中。如图 2-5 所示。

落锤构造简单，使用方便，冲击力较大，可在普通粘土和含砾石较多的土中打较重的桩，每分钟约 6 ~ 20 次。

2. 单动汽锤　单动汽锤如图 2-6 所示，冲击部分为汽缸，动力为蒸汽或压缩空气。其动作原理：由蒸汽或压缩空气推动，升起汽锤达到顶端位置，排出气体，汽锤即下落到桩上，把桩打入土中。单动汽锤重 3 ~ 15t，冲击力大，每分钟冲击次数为 60 ~ 80 次。

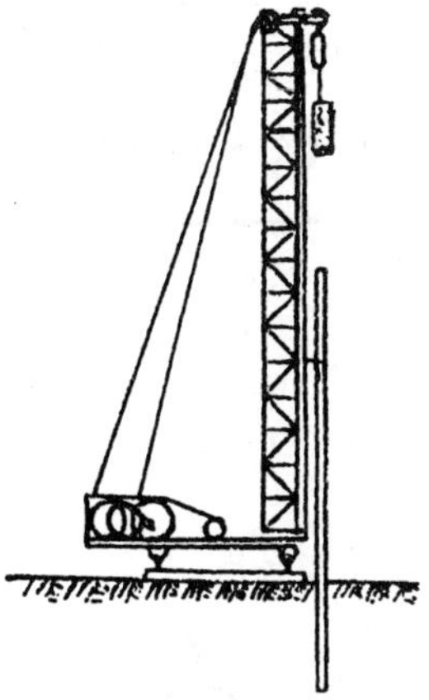

图 2-5　落锤打桩示意图

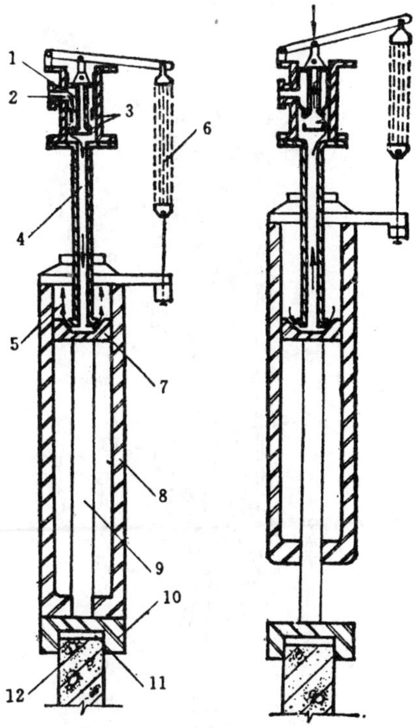

图 2-6　单动蒸汽桩锤构造示意图

1. 活塞；2. 进气孔；3. 缸套；4. 锤芯进排气管；5. 汽室；6. 拉簧；7. 活塞；8. 锤壳；9. 顶杆；10. 桩帽；11. 桩垫；12. 桩

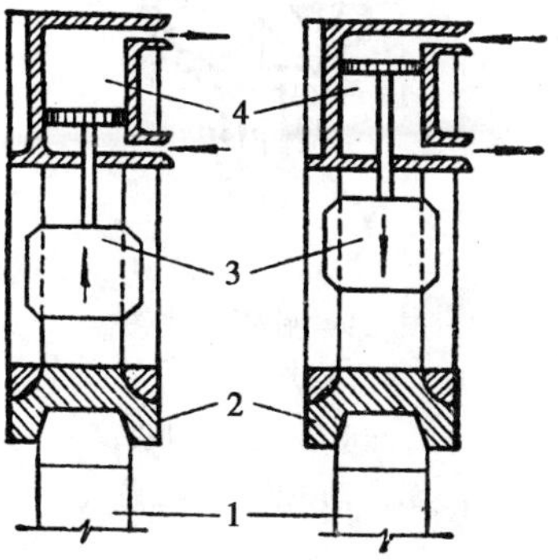

图 2-7　双动汽锤构造示意图

1. 桩；2. 垫座；3. 冲击部分；4. 蒸汽缸

3. 双动汽锤　双动汽锤如图 2-7，它的冲击部分为活塞杆。它与单动汽锤的区别是当汽锤冲击时，不仅利用活塞杆的自重，而且还借蒸汽或压缩空气的压力向下推动活塞杆。双动汽锤打桩时，是固定在桩顶上，不与桩头脱离。蒸汽或压缩空气由汽锤外壳的调节阀进入活塞下部，推动活塞杆升起，当活塞杆升到最上部位置时，调节汽阀在压盖的作用下自动改变位置，蒸汽或压缩空气改变方向进入活塞上部，下部汽体排入大气。活塞杆向下冲击垫座时，不仅有活塞杆自身重量，而且受到活塞杆上部汽体向下的压力作用，这个压力超过活塞重量的 3 ~ 10 倍。双动汽锤活塞冲程短，每分钟锤击次数可达 100 ~ 300 次，锤重 5 ~ 7t，工作效率高。桩锤的冲击力可通过调节供气压力调整，因此，一般工程都可使用，并可用于拔桩。

4. 柴油锤　柴油锤分导杆式和筒式两种，图 2-8 为导杆式柴油打桩锤。锤重 0.6 ~ 1.8t，以柴油在汽缸内燃烧，推动冲击体向上运动，其反作用力传给桩头，将桩打入土中。冲击体自由落下，工作循环继续进行。柴油锤本身附有桩架、动力等设备，不需要外部能源，机架轻，移动方便，打桩快，燃料消耗少。但桩架高度低，遇硬土或软土不宜使用。

5. 振动桩锤　振动桩锤的工作原理是将振动桩锤固结在桩头上，产生高频率振动，并传给周围土层，土层受振后颗粒间排列状况改变，组织渐形密集，体积开始收缩，因而减少了土与桩表面间摩擦阻力，桩在自重作用下下沉。图 2-9 为刚式振动沉桩锤示意图。

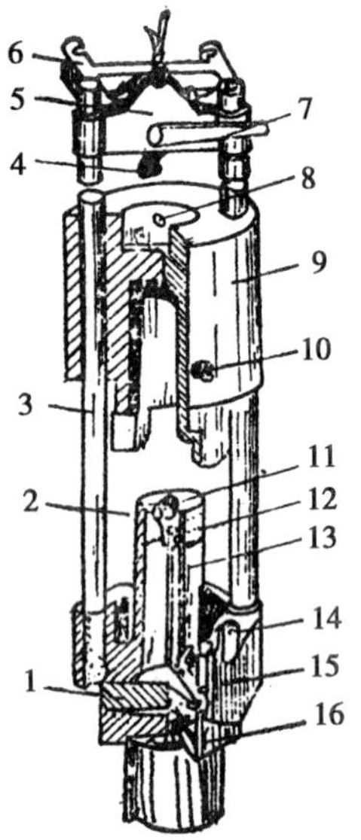

图 2-8　导杆式柴油打桩锤
1. 锤底；2. 活塞；3. 导杆；4. 钩；5. 吊架；6. 顶横梁；7. 杠杆；8. 销轴；9. 汽缸；10. 压销；11. 喷油嘴；12. 活塞上部；13. 油路；14. 摇臂；15. 油泵；16. 桩帽

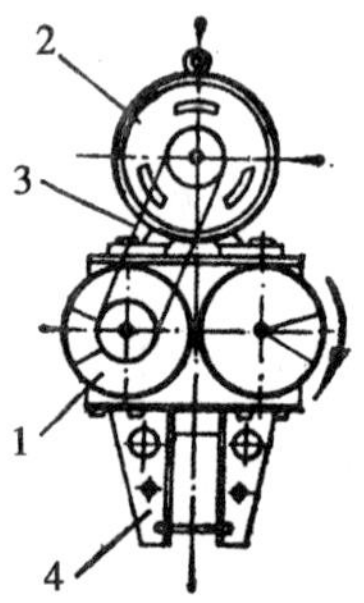

图 2-9　刚式振动沉桩锤示意图
1. 振动器；2. 电动机；3. 传动机构；4. 桩夹

桩锤可根据工程地质条件、桩的类型、结构、密集程度及施工条件等参考表 2-1 选用。

表 2-1　桩锤适用范围参考表

项次	桩锤种类	适　用　范　围	优　缺　点
1	落　锤	1）适宜于打木桩及细长尺寸的混凝土桩 2）粘土含砾石的土和一般土层均可使用	构造简单、使用方便，冲击力大，能随意调整落距，但锤打速度慢（每分钟均 6 ~ 20 次）效率较低
2	单动汽锤	1）适宜于打各种桩 2）最适宜于打就地灌筑混凝土桩	结构简单，落距短，对设备和桩头不易损坏，打桩速度及冲击力较落锤大，效率较高
3	双动汽锤	1）适宜于打各种桩 2）可用于打斜桩 3）适宜于水下打桩，可兼做拔桩机用 4）可吊锤打桩	冲击次数多，冲击力大，工作效率高，可不用桩架打桩，但设备笨重，移动较困难

续表

项次	桩锤种类	适用范围	优缺点
4	柴油桩锤	1）打木桩、钢板桩最适宜 2）在软弱地基打12m以下的细长尺寸的混凝土桩	附有桩架，动力等设备，机架轻、移动便利，打桩快，燃料消耗少；但桩架高度低，遇硬土及软土不宜使用
5	振动桩锤	1）适宜于打钢板桩，打入式灌筑桩，长度在15m以内 2）不适宜于打斜桩 3）宜用于亚粘土、松散砂土、黄土和软土，不宜用于岩石、砾石和密实的粘性土地基	沉桩速度快，适应性大、施工操作简易安全；能打各种桩并能帮助卷扬机拔桩

桩锤类型选定之后，还应确定桩锤的重量，宜选用重锤低击。锤重可根据锤击应力或锤重与桩重之比值按表2-2选用。

表 2-2 锤重与桩重比值

锤类别 / 土状态 / 桩类别	单动汽锤		双动汽锤		导杆式柴油锤		落锤	
	硬土	软土	硬土	软土	硬土	软土	硬土	软土
钢筋混凝土预制桩	1.4	0.4	1.8	0.6	1.5	1.0	1.5	0.35
木桩	3.0	2.0	2.5	1.5	3.5	2.5	4.0	2.0
钢板桩	2.0	0.7	2.5	1.5	2.5	2.0	2.0	1.0

注：1. 锤重系指锤体总重，桩重包括桩帽重量；

2. 选用锤重时不宜小于上列之比值；

3. 桩的长度一般不超过20m。

（二）桩架的选择

桩架是用于将桩吊起就位、悬吊桩锤，并在打桩过程中引导桩锤和桩的方向使桩不致于偏移。桩架选择应考虑桩锤类型、桩的长度和施工条件等因素。桩架高度，一般按桩长+滑轮组高+桩锤高度+桩帽高度+起锤移位高度（取1~2m）等决定。

桩架的形式很多，常用的有多功能桩架及履带式桩架两种。

1. 多功能桩架　多功能桩架如图2-10所示，它由立柱、斜撑、回转工作台、底盘及转动机构组成。它的机动性和适应性很大，水平方向可以回转360°，立柱可以前后倾斜，底盘装有铁轮，可以在轨道上行走。缺点是机构较庞大，现场组装和拆卸比较麻烦。

2. 履带式桩架　履带式桩架如图2-11，它以履带式起重机为底盘，只增加由导杆和斜撑组成的导架，导架与起重机身和吊臂相连系，行走、旋转和所有卷扬机构均利用起重机装置，性能很灵活，移动方便，适用范围较广。

（三）动力装置

打桩机中的动力装置及辅助设施，主要根据所选用的桩锤性质决定。选用蒸汽锤，则需要配备蒸汽锅炉等动力装置。用压缩空气来驱动则要配备空气压缩机。用电源作动力，则要考虑变压器容量和位置、电缆规格和长度、现场供电情况等。

三、打桩前的准备工作

打桩前应熟悉有关图纸资料，制定桩基工程施工技术措施，做好施工现场的准备工作。

（一）定桩位

应根据基础施工图确定的桩基础轴线，并将桩的准确位置测设到地面上，桩位可用石灰点或钉桩标出，桩基轴线偏差不得超过 20mm，单排桩的轴线偏差不得超过 10mm。桩位标志应妥善保护。

（二）确定打桩顺序

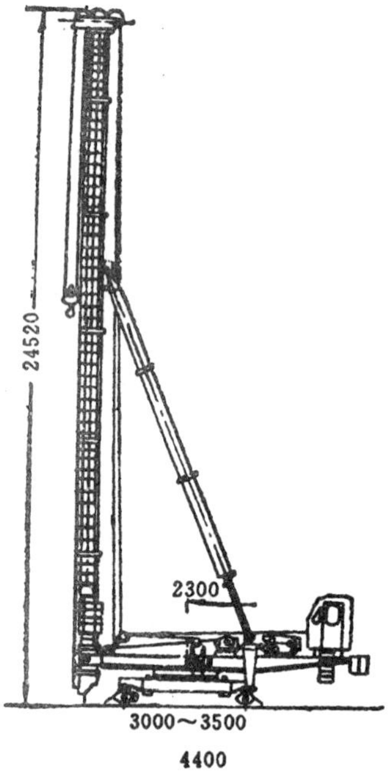

图 2-10　多功能桩架

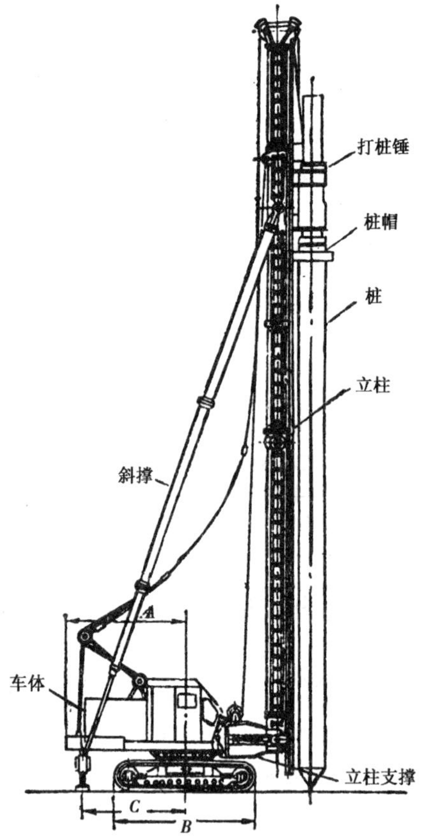

图 2-11　履带式桩架

预制桩打入土层时，都会挤压周围的土，一方面能使土体密实，但同时在桩距较近时会使桩相互影响，或造成后打的桩下沉困难，或后打的桩挤压先打的桩使其上浮或偏移。所以桩群施工必须按一定顺序进行。打桩的顺序一般有四种：逐排打设、自边沿向中央打设、自中央向边沿打设、分段打设等，如图 2-12。在粘土类土层中，若逐排打设，则土体向一个方向挤压，使地基土挤压的程度不均匀，这样可能使桩打入深度逐渐减少，会引起以后建筑物产生不均匀下沉；若边沿向中央打设，则中间部分土层挤压密实，使桩不易打入，并且打中间各桩时，已打的外侧各桩可能受挤而浮升。经验证明，打桩顺序，以中央向边沿打设和分段打设为好。但桩距大于或等于 4 倍桩的直径（或边长）时，则于打桩顺序关系不大。

（三）设置水准点

为了检查桩的入土深度，在打桩现场附近设水准点，其位置应不受打桩影响，数量不得少于 2 个。同时，桩在打入前应在桩的侧面画上标尺，或在桩架上设置标尺，以便观测桩身入土深度。

（四）垫木、桩帽和送桩

桩锤与桩帽之间应放垫木，以减轻桩锤对桩帽的直接冲击，垫木应用硬杂木制作。为增加其锤击次数，垫木上配置一道钢箍。垫木下为桩帽，其内孔尺寸视桩截面而定，一般要大于桩截面尺寸 1～2cm，深为$\frac{1}{2}$～$\frac{1}{3}$桩的边长或直径。若桩顶要打到桩架导杆底端以下，或打入土中，则需打送桩，送桩一般用钢材制作，其长度和截面尺寸应视需要而定。

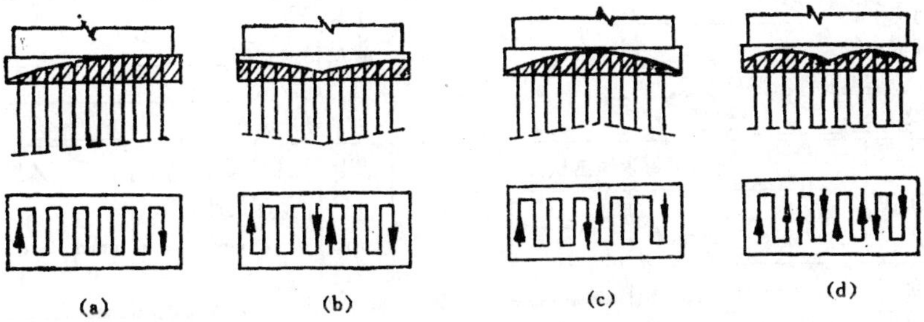

图 2-12　打桩顺序和土的挤密情况

（a）逐排打设；（b）中央向边沿打设；（c）自边沿向中央打设；（d）分段打设

（五）其它准备工作

打桩前，现场高空、地面和地下障碍物要妥善处理；架空高压电线距离打桩架不得小于 10m；上下水道应当拆迁；树根和旧基础应予清除；施工现场应平整并作好排水措施。复查桩位；做好技术交底；铺设水电管网，机械设备的进场和安装；桩的供应；准备好桩基工程施工纪录和隐蔽工程验收纪录表格等。

四、打桩

（一）定锤

打桩机就位后，先将桩锤和桩帽吊升起来，其锤底高度应超过桩顶，并固定在桩架上，以便进行吊立桩身。

（二）吊桩

利用桩架上的钢丝绳和卷扬机将桩吊成垂直状态送入龙门导杆内，使桩尖对准桩位，然后使桩插入土中一定深度，待下沉停止，再全面检查，校正合格后，即开始打桩。

（三）打桩

打桩起始几锤应控制锤的落距（短距轻击），一般为 0.5～0.8m，待桩入土一定深度稳定以后，再以全落距施打。这样可以保证桩位准确，桩身垂直。打混凝土管桩时，最大落距不得大于 1.5m；打混凝土实心桩时，不得大于 1.8m，桩的施打原则应是“重锤低击”、“低提重打”，以尽量减小对桩尖的冲击力，不损坏桩顶，加快桩的下沉。桩的入土深度控制，对承受轴向荷载的摩擦桩，以标高为主而以贯入度作为参考；端承桩则以贯入度为主，以标高作为参考。

施工时，贯入度的纪录，对于落锤、单动汽锤和柴油锤取最后 10 击的入土深度；对于双动汽锤取最后一分钟内桩的入土深度。贯入度值应符合设计要求。

测量和记录桩的贯入度应在下列条件下进行：桩顶没有破坏；锤击没有偏心；锤的落距符合要求；桩帽和桩垫工作正常。

（四）打桩测量和记录

打桩系隐蔽工程施工，应作好打桩记录，如表 2-3，作为工程验收时鉴定桩的质量依据之一。

表 2-3　钢筋混凝土预制桩施工记录

施工单位________　　工程名称________

打桩小组________　　桩规格及长度________

桩锤类型及冲击部分重量______　　自然地面标高________

桩帽重量_______气候_______　　桩顶设计标高________

编号	打桩日期	桩入土每米锤击次数				落距（mm）	桩顶高出或低于设计标高（m）	最后贯入度（mm/10 击）	备　注
		1	2	……	……				

工程负责人______________　　　　记录______________

如用落锤、单动汽锤打桩，在开始打桩时，即应测量记录桩身每沉落 1m 所需要的锤击次数以及桩锤落距的平均高度。在桩下沉接近设计标高时，应在规定的落距下，每一阵（每 10 击为一阵）后测量其贯入度，当其数值达到或小于按设计所要求的贯入度时，打桩即行停止。

如用双动汽锤和振动锤，开始即应测量纪录桩身每下沉 1m 所需要的工作时间。当桩下沉接近设计标高时，应测量记录每分钟沉入的数值，以保证桩的设计承载能力。

（五）打桩中应注意事项

在打桩过程中应经常用线锤及水平尺检查打桩架，如垂直度偏差超过 1%，必须及时纠正，以免把桩打斜。要随时注意分析桩的贯入度变化，当贯入度骤减，桩锤突然发生较大回弹，此时应将锤击的落距减小，加快锤击，若还有这种现象，即说明桩尖遇到障碍，应停止锤击，研究遇阻的原因进行处理。如果继续施打，出现贯入度突然增加，表明桩尖或桩身可能已遭破坏。

表明桩身可能破坏的现象是：桩锤回弹，贯入度突增，锤击时桩弯曲、倾斜、颠动，桩顶破坏加剧等。

打桩入土的速度应均匀，锤击间歇时间不要太长，应随时观察桩锤回弹情况，如经常回弹较大，说明桩锤太轻，不能使桩下沉，此时应更换重的桩锤。

打桩中常遇问题的防止与处理方法如表 2-4。

（六）拔桩

在打桩过程中，打坏的桩须拔掉。拔桩方法很多，要视桩的种类、大小和打入土中的深度来选用。一般较轻的桩或打入松软土壤中的桩；或深度在 1.5 ~ 2.5m 以内的桩，都可以用一根圆木杠杆来拔出；较长的桩，可用三角架架立在要拔的桩位上，钢丝绳通过顶端滑轮将桩顶拉牢，然后借卷扬机力量将桩拔起，也可以用千斤顶拔桩；如拔桩阻力较大，可采用专门拔桩机进行拔桩。

表 2-4　打（沉）桩常遇问题的防止与处理方法

常遇问题	产生原因	防止措施及处理方法
桩头打坏	桩头强度低；保护层过厚且不平；锤与桩不垂直；落锤过高；锤击过久；遇坚硬土层	按产生原因分别纠正
桩身扭转或位移	桩尖不对称；桩身不正直	可用棍撬慢锤低击纠正
桩身倾斜或位移	桩头不平，桩尖倾斜过大；桩接头破坏，一侧遇石块等障碍物；土层有陡的倾斜角；桩帽与桩身不在同一直线上	偏差过大，应拔出移位再打；入土不深（< 1m）偏差不大时，可利用木架顶正，再慢锤打入；障碍物不深，可挖出回填后再打
桩身破裂	桩质要不符合设计要求	木桩可用 8 号镀锌铁丝捆绕加强，混凝土预制桩可加钢夹箍用螺栓拉紧后焊固补强
桩涌起	遇流砂或较软土	将浮起量大的重新打入，静荷载试验，不符合要求的进行复打或重打
桩急剧下沉	遇软土层，土洞，接头破裂或桩尖劈裂；桩身弯曲或有严重的横向裂缝，落锤过高，接桩不垂直	将桩拔起检验改正重打，或靠近原桩位作补桩处理
桩不易沉入或达不到设计标高	遇旧埋设物，坚硬土夹层；或砂夹层；打桩间歇时间过长，摩擦阻力增大；定错桩位	遇障碍物或硬土层，用钻孔机钻透后再打入；根据地质资料正确确定桩长
桩身跳动，桩锤回弹	桩尖遇树根或坚硬土层；桩身过曲，接桩过长；落锤过高	检查原因，采取措施穿过或避开障碍物，如入土不深，应拔起避开或换桩重打

（七）质量要求

打桩质量必须满足贯入度或标高的设计要求；垂直偏差不应大于桩长的 1%；钢筋混凝土桩打入后在平面上与设计位置的允许偏差应符合表 2-5 规定。

表 2-5　预制桩位置的允许偏差

项　　次	项　　　　目	允许偏差
1	上面盖有基础梁的桩： 1. 垂直基础梁的中心线 2. 沿基础梁的中心线	 100mm 150mm
2	桩数为 1 ~ 2 根或单排桩基中的桩	100mm
3	桩数为 3 ~ 20 根桩基中的桩	1/2 桩径或边长
4	桩数大于 20 根桩基中的桩： 1. 最外边的桩 2. 中间的桩	 1/2 桩径或边长 一个桩径或边长

注：由于地质、降水、基坑开挖和送桩深度超过 2m 等原因产生的位移，不包括在本表内。

在锤重与桩重比值符合规定的前提下，在打桩过程中如发现桩头被打碎，最后贯入度过大，桩尖标高达不到设计要求，桩身被打断，桩位偏差过大，桩身倾斜等严重质量问题，都应当会同设计单位研究，采取有效措施加以处理。

第二节　混凝土和钢筋混凝土灌注桩施工

灌注桩是直接在桩位上就地成孔，然后浇筑混凝土或钢筋混凝土而成。广泛应用于中高层建筑的基础工程中。灌注桩的施工过程中，成孔是关键工序之一，而成孔机械类型较多，各具特点和相应的适用范围。常见的有泥浆护壁成孔、干作业成孔、套管成孔及爆扩成孔，其适用范围见表 2-6。

表 2-6　灌注桩适用范围

项次	项目		适用范围
1	泥浆护壁成孔	冲抓 冲击 回转钻	碎石土、砂土、粘性土及风化岩
		潜水钻	粘性土、淤泥、淤泥质土及砂土
2	干作业成孔	螺旋钻	地下水位以上的粘性土、砂土及人工填土
		钻孔扩底	地下水位以上的坚硬、硬塑的粘性土及中密以上的砂土
		机动洛阳铲（人工）	地下水位以上的粘性土、黄土及人工填土
3	套管成孔	锤击振动	可塑、软塑、流塑的粘性土，稍密及松散的砂土
4	爆扩成孔		地下水位以上的粘性土、黄土、碎石土及风化岩石

一、泥浆护壁成孔灌注桩

它是先用钻孔机械进行钻孔。在钻孔过程中为了防止土壁坍塌，在孔中注入泥浆以保护孔壁。钻孔达到要求深度后，进行清孔，然后安放钢筋骨架，进行水下灌注混凝土成桩。

（一）成孔机械和成孔方法

1. 潜水钻机成孔　开钻前要做好准备工作，包括平整场地，放线定桩位，挖泥浆池，沉淀池或排浆沟，确定钻机移位路线和方法，接通水、电源，安装水泵设备、轨道和桩架，埋设护筒（土质较好时可不埋设），准备必要数量的粘土（根据地质情况而定），制配适合浓度要求的护壁泥浆。当准备就绪后，用第一节钻杆接好钻机，另一端接上钢丝绳，吊起潜水电钻对准护筒中心，徐徐放下至土面，先空转，然后缓慢钻入土中，至整个潜水电钻基本入土内，观察检查正常后才正式开始钻进，每钻进一节吊杆，即接下一节以便迅速继续钻进，直至符合要求深度为止。潜水钻机钻孔如图 2-13 所示。

2. 冲击机成孔　通过卷扬机悬吊冲锤的冲击力把碎石土、风化岩层等破碎成孔，泥渣部分挤入孔壁，大部分用掏渣筒掏出。图 2-14 为简易冲击钻孔机示意图，冲孔开始前孔口应埋设护筒，开孔时，冲击钻头应低提密冲，若为淤泥、细砂等软土，要及时投入小石片和粘土块，以便冲击造浆，并使孔壁挤压密实，直到孔深达护筒底以下 3～4m 后，才可加大冲击钻头的冲程，提高钻进效率。在各类土层中冲击成孔要选择适宜的冲程和泥浆稠度，孔内被冲碎的石渣，一部分会随泥浆挤入孔壁内，其余较大的石渣用抽渣筒（图 2-15）掏出。如果冲孔发生偏斜，应抛入 20～30cm 厚块石，使孔底表面略平，然后低锤快击使成一紧密平台后，再正常冲击。

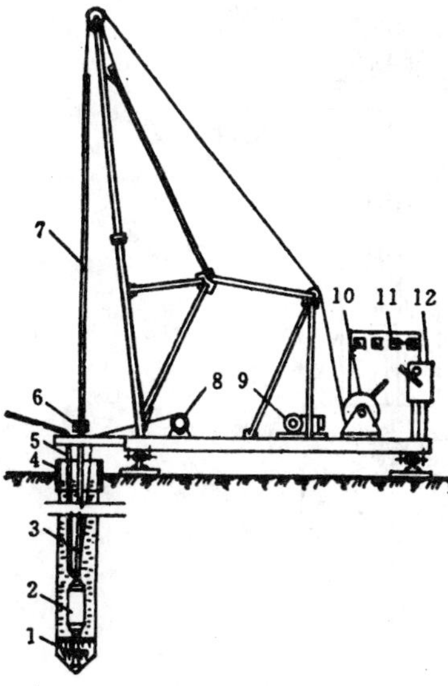

图 2-13　潜水钻机钻孔示意图
1. 钻头；2. 潜水钻机；3. 电缆；4. 护筒；5. 水管；6. 滚轮；7. 钻杆；8. 电缆盘；9.5kN 卷扬机；10.10kN 卷扬机；11. 电流电压表；12. 起动开头

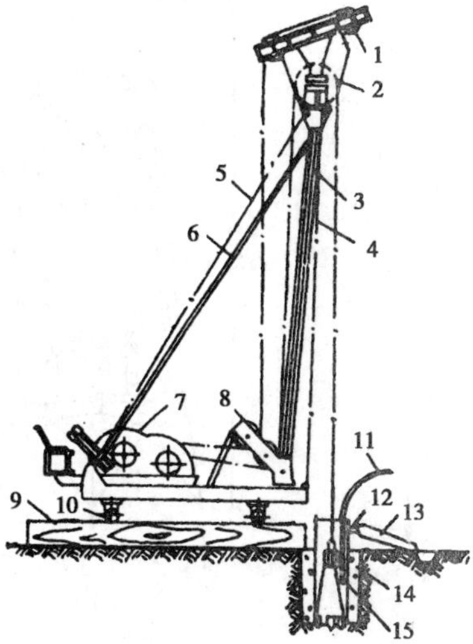

图 2-14　简易冲击钻孔机示意图
1. 副滑轮；2. 主滑轮；3. 主杆；4. 前拉索；5. 后拉索；6. 斜撑；7. 双滚筒卷扬机；8. 导向轮；9. 垫木；10. 钢管；11. 供浆管；12. 溢流口；13. 泥浆渡槽；14. 护筒回填土；15. 钻头

3. 冲抓锥成孔　先在现场放线定桩位，埋设护筒，然后桩机就位，将冲抓锥钻头对准护筒中心，松开卷筒刹车，钻头即张开抓片自由下落冲入土中，再开动卷扬机提起钻头，这时抓片闭合抓土和钻头整体提升到地面将土屑卸出，依次循环成孔。冲抓锥钻机及冲抓锥如图 2-16 和图 2-17 所示。

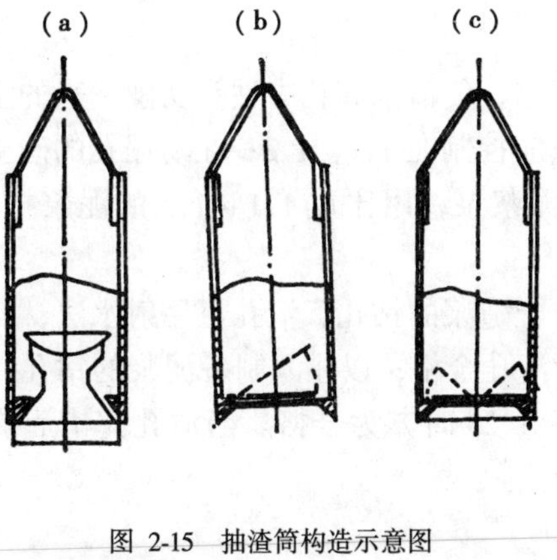

图 2-15　抽渣筒构造示意图
(a) 碗形活门；(b) 单扇活门；(c) 双扇活门

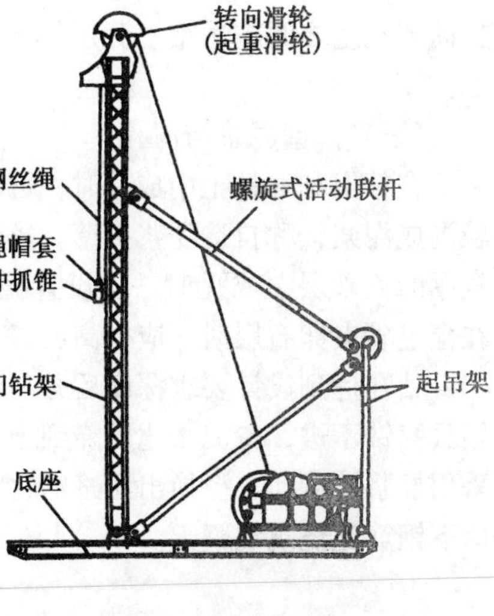

图 2-16　冲抓锥钻机

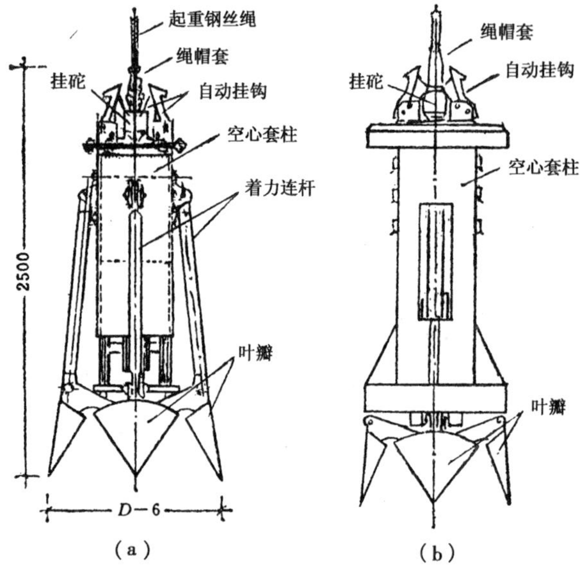

图 2-17　冲抓锥
(a) 外着力连杆冲抓锥；
(b) 内着力连杆冲抓锥

（二）埋设护筒

护筒的作用是固定桩孔位置，保护孔口，提高孔内水位，防止地面水流入，增加孔内静水压力以维护孔壁稳定，并兼作钻进导向。护筒可用混凝土预制或钢板卷制，要求有足够的刚度。

护筒内径应大于钻头直径。护筒埋设深度，根据土质和地下水位而定。在护筒顶部应开设 1～2 个溢浆口。护筒埋设方法，混凝土护筒常用挖埋法，钢护筒适用打入法。筒一般宜高出地面 30～40cm，或高出地下水位 1.5m 以上，使孔内泥浆面保持高于孔外水位或地面，并须使孔内水头经常稳定以利护壁。施工中应保持护筒位置正确、稳定。护筒与孔壁之间应用粘土分层填实。当灌注桩混凝土达到设计强度 25%以后，方可拆除护筒。

（三）护壁泥浆与清孔

在粘土和亚粘土中成孔时，可用水泵喷射清水，使清水和孔中钻头切削下来的土颗粒混成泥浆，称自造泥浆护壁。排渣泥浆的比重应控制在 1.1～1.2；在易塌孔的砂土和较厚的夹砂层中成孔时，应设置循环泥浆泥和泥浆泵，用比重 1.1～1.3 的泥浆护壁；在穿过砂夹卵石层时，应提高泥浆比重至 1.3～1.5。

钻孔达到设计要求深度后必须清孔。以原土土造浆的钻孔，清孔可用射水法，同时钻具只钻不进，待泥浆比重降到 1.1 左右即认为清孔合格；以注入制备泥浆的钻孔，可采用换浆法清孔，至换出泥浆的比重小于 1.15～1.25 时方为合格。当清孔完毕后应立即下钢筋笼浇筑混凝土。

二、干作业成孔灌注桩

它是先用螺旋钻在桩位上进行钻孔，然后在桩孔内放入钢筋骨架，再灌注混凝土而成桩。

（一）螺旋钻成孔灌注桩

它宜用于地下水位以上的一般粘性土、砂土及人工填土地基，不宜用于地下水位以下的上述各类土及碎石土、淤泥和淤泥质土地基。

螺旋钻机利用动力旋转钻杆，钻杆带动钻头的螺旋叶片旋转切土，削下的土由于钻头旋转而沿螺旋叶片上升排出孔外。螺旋钻机有长螺旋式（钻杆长度在 10m 以上）及短螺旋式（钻杆长度 3 ~ 5m），图 2-18 为整体式长螺旋钻孔机。一般工业与民用建筑工程桩基成孔多用长螺旋式钻机，而短螺旋式钻机多用于扩底桩和爆扩桩的桩身成孔。

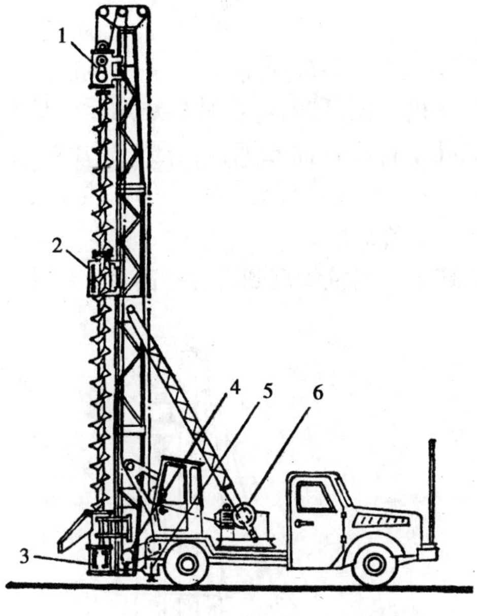

图 2-18 整体式长螺旋钻孔机

1. 机头；2. 中间导向器；3. 导向器；
4. 滑轮组；5. 支腿；6. 卷扬机

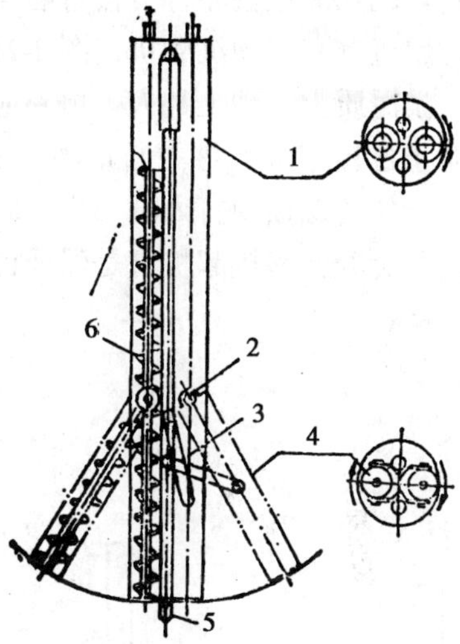

图 2-19 钻扩机钻杆构造示意图

1. 外管；2. 万向节；3. 张开装置；
4. 扩刀；5. 定位尖点；6. 输土螺旋

钻孔时，根据不同土层选用不同类型的钻头，长螺旋式钻机的钻头外径分别为 ϕ400mm、ϕ500mm 和 ϕ600mm，钻孔深度相应为 12m、10m 和 8m。当桩孔钻到预定深度以后，先在原处空转清土，然后停转提起钻杆。

桩孔钻成并清孔后，采用压力灌浆法，把水泥浆压入孔底虚土，使其硬结成抗压强度高的垫层。压力灌浆后，即可吊放钢筋骨架，然后浇筑混凝土。浇筑时应随浇随振，每次灌注高度不得大于 1.5m。

（二）钻孔扩底灌注桩

为提高单桩承载力，用钻孔机钻出带扩大头的桩孔，大头的直径一般为桩身直径的 2.5 ~ 3.5 倍。扩孔使用如图 2-19 所示钻扩机进行。

钻扩桩施工程序分三部分，即钻直孔、扩孔和灌注混凝土。

扩底时要控制钻扩速度，一般不宜大于 50cm/min。一次扩孔达不到设计要求直径时，可二次或多次扩孔。

扩底完毕后应继续空转几圈，才能收拢扩刀，待扩刀完全收拢且钻机停钻后，才能提升钻杆，钻杆提出孔口之前应将孔口附近虚土清除干净。

钻孔、扩底完毕，应清除孔底虚土和积水，随即灌注混凝土。混凝土灌到扩大头高度约$\frac{1}{2}$处，即应安装钢筋骨架，然后继续灌注混凝土，而且应分层振捣密实。直桩部分的混凝土灌注与螺旋钻成孔灌注桩相同。

三、套管成孔灌注桩

它是用锤击或振动方法将桩管（钢管）沉入土中成孔。为了防止土进入桩管，在桩管下端设置预制钢筋混凝土桩尖（桩靴）或活瓣桩尖。当桩管打到要求深度后，放入钢筋骨架，边浇灌混凝土，边拔出桩管而成桩。

套管成孔灌注桩亦称打拔管灌注桩，其施工过程如图 2-20 所示。

常用机械有振动沉管机（图 2-21）或锤击沉管机（图 2-22）。这种桩适用于一般粘性土、淤泥质土、砂土和人工填土地基。由于成孔不排土，而靠沉管壁把土挤压密实，因此对于群桩基础或桩中心距小于 3～3.5 倍桩径时，应制订保证不影响邻桩质量的技术措施。如类似预制打入桩一样，应选择合理的打拔管顺序。

浇注混凝土和拔起桩管是保证桩质量的重要环节。当桩管沉到设计标高后，停止振

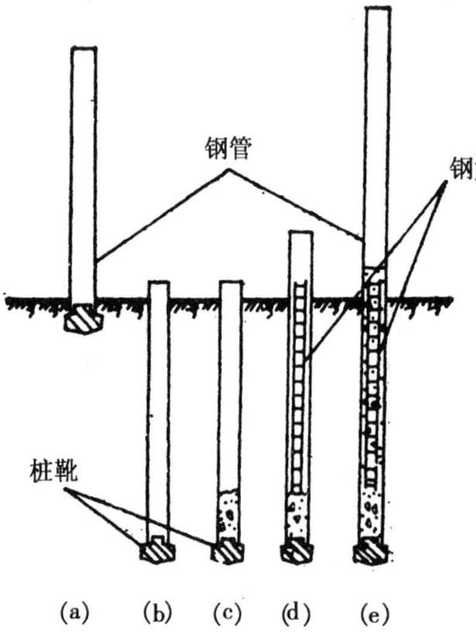

图 2-20　套管成孔灌注桩施工
(a) 就位；(b) 沉钢管；(c) 开始灌注混凝土；(d) 下钢筋骨架继续浇筑混凝土；(e) 拔管成型

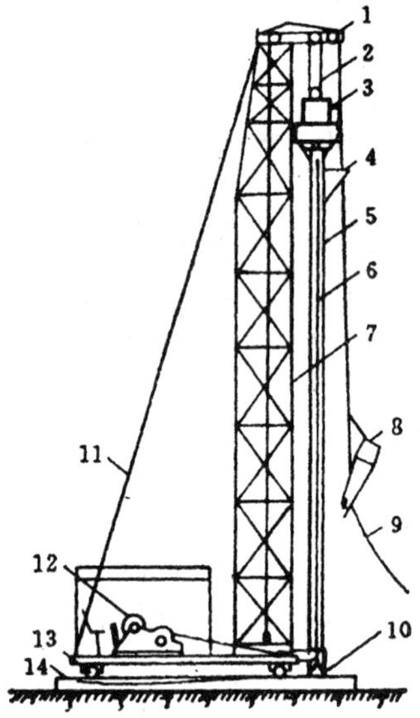

图 2-21　振动沉管机示意
1. 导向滑轮；2. 滑轮组；3. 激振器；4. 混凝土漏斗；5. 桩管；6. 加压钢丝绳；7. 桩架；8. 混凝土吊斗；9. 回绳；10. 活瓣桩靴；11. 缆风绳；12. 卷扬机；13. 钢管；14. 枕木

动或锤击，在管内放入钢筋骨架，用上料斗将混凝土灌入钢管内。然后开始拔管，拔管时必须边振（打）边拔，以确保混凝土振捣密实。拔管时，管内混凝土高度不少于 2m，同时必须控制拔管的速度。当采用锤击沉管时，宜控制在 0.8～1.2m/min；当采用振动沉管时，且为预制桩尖者，不宜大于 4m/min，如采用活瓣桩尖者，不宜大于 2.5m/min。图 2-23 和图 2-24 分别为钢筋混凝土预制桩尖和活瓣桩尖示意图。钢筋混凝土预制桩尖其混凝土强度等级不得低于 C_{30}，由于桩尖将留在桩的底部，从而增加了桩基费用，桩尖和钢管之间要垫缓冲材料，防止冲碎桩尖而造成失效。活瓣桩尖，它与冲孔的钢管联结为一体，可以随钢管拔出，属于冲孔钢管整体的一部分。但是由于反复插入土层，它必须具备足够的刚度，活瓣与钢管的连接要牢固而灵活，瓣与瓣之间要严密，避免碎石进入或卡住。这种桩尖容易断裂，也容易途中撑开使套管下沉困难。

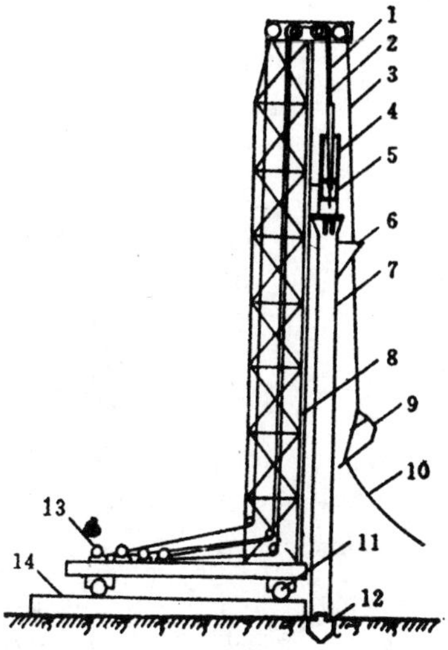

图 2-22　锤击沉管机示意

1. 桩锤钢丝绳；2. 滑轮组；3. 吊斗钢丝绳；4. 桩锤；5. 桩帽；6. 漏斗；7. 桩管；8. 桩架；9. 混凝土吊斗；10. 回绳；11. 行驶用钢管；12. 预制桩靴；13. 卷扬机；14. 枕木

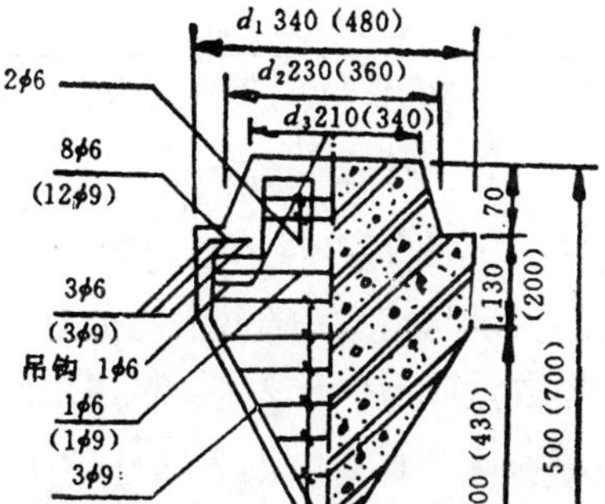

图 2-23　钢筋混凝土预制桩尖示意图

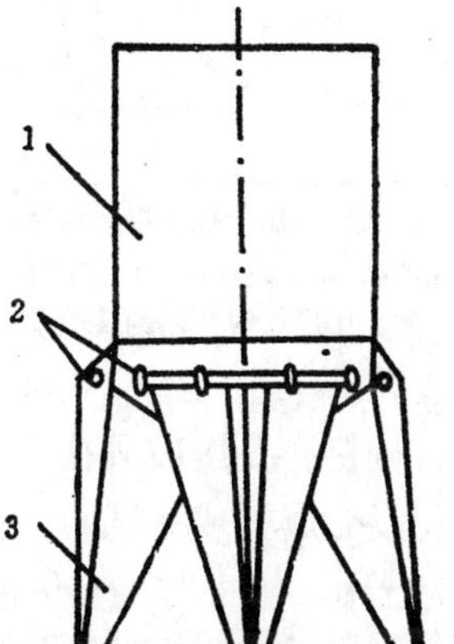

图 2-24　活瓣桩尖示意图

1. 桩管；2. 锁轴；3. 活瓣

四、爆扩成孔灌注桩

它由桩柱和扩大头两部分组成。是由人工或机械按设计要求的深度，先钻成一个导孔，然后根据不同土质放入不同直径的条形药包，经引爆后形成爆扩桩孔，而后继续放入钢筋骨架和浇灌混凝土而成桩。由于扩大头呈球形，增加了与地基土的接触面积，受力性能较好，提高了承载力。爆扩桩的施工工艺如图 2-25 所示。

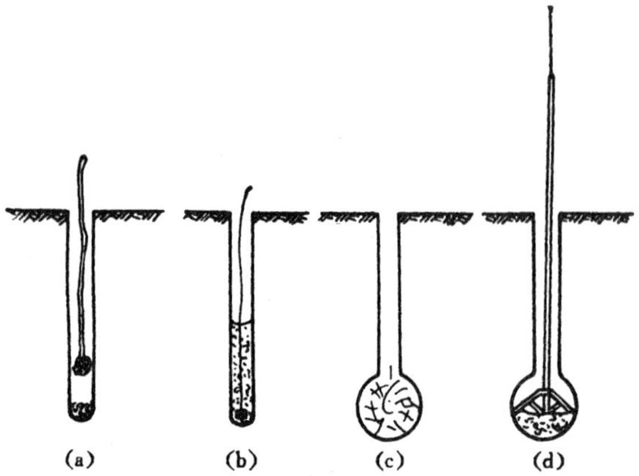

图 2-25　爆扩桩爆扩大头施工过程
(a) 放炸药包填砂；(b) 灌注第一次混凝土；
(c) 引爆；(d) 检查扩大头

表 2-7　爆扩桩用药量

项　　次	扩大头直径 (m)	用药量 (kg)
1	0.6	0.30 ~ 0.45
2	0.7	0.45 ~ 0.60
3	0.8	0.60 ~ 0.75
4	0.9	0.75 ~ 0.90
5	1.0	0.90 ~ 1.10
6	1.1	1.10 ~ 1.30
7	1.2	1.30 ~ 1.50

注：1. 表内数值适用于地面以下深度 3.5 ~ 9.0m 的粘性土，土质松软时采用较小值，坚硬时采用较大值；
2. 在地面以下 2 ~ 3m 的土层中爆扩时，用药量应减少 20% ~ 30%；
3. 在砂土中爆扩时，用药量应增加 10%。

桩身成孔可采用人工成孔（使用洛阳铲或手摇钻）、钻机成孔（短螺旋钻机）、打拔管成孔（打桩机）及爆破成孔等。爆扩大头其炸药的用量与扩大头直径及土质有关，施工前应在现场做爆扩成型试验，在每一种土层中试爆数量应不少于 2 个。试爆用药量可参照表 2-7 选用。施工时，应按试爆资料调整用药量，使其符合扩大头设计尺寸要求。在同一工程中宜采用同一种类的炸药和雷管，一般宜用硝铵炸药和电雷管。

爆扩桩爆扩大头施工操作要点是：按现场确定的炸药量用塑料布紧密包扎成药包，每个药包放 2 个雷管，用并联法与引爆线路连接；用绳将药包吊放到桩柱孔底正中，其上盖 15 ~ 20cm 砂，保护药包不被混凝土冲破；灌入第一次混凝土（压爆混凝土），灌入量为扩大头体积的一半，混凝土坍落度在粘土中宜为 10 ~ 12cm，在砂土及人工填土中宜为 12 ~ 14cm，骨料直径不宜大于 25mm，第一次灌注混凝土完毕后，应立即进行引爆，时间间隔不宜超过 30min；引爆后混凝土落入扩大头空腔底部，然后检查扩大头尺寸，用软轴接长的振动棒振实。扩大头底部混凝土振实后，立即将钢筋骨架垂直放入桩孔，然后灌注混凝土，扩大头和桩柱混凝土一次灌注完。桩顶加盖草袋，终凝后浇水养护，在干燥的砂类土地区，还要在桩的周围浇水养护。

灌注桩的平面位和垂直度的容许偏差不超过表 2-8 的规定。

表 2-8 灌注桩的平面位置和垂直度的容许偏差

项次	项目	容许偏差		
		位置		垂直度
		1～2 根、单排桩基垂直于中心线和群桩基础的边桩	条形桩基沿顺中心线方向和群桩基础的中间桩	
1	护壁成孔、干作业成孔、爆扩成孔灌注桩	1/6 桩径	1/4 桩径	1%
2	沉管成孔灌注桩 ①桩数为 1～2 根或单排桩基中的桩 ②桩数为 3～20 根的桩基中的桩 ③桩数为大于 20 根的桩基中的桩 最外边的桩 中间的桩	7cm 1/2 桩径 1/2 桩径 一个桩径		1%

五、承台施工

承台就是在桩顶浇筑的钢筋混凝土梁或板。它支承上部墙或柱传来的荷载并传给下面的桩基。承台的尺寸按设计计算确定，但厚度不应小于 30cm，周边距边桩中心的距离不宜小于桩的直径或边长，承台的钢筋保护层不宜小于 50mm。

承台施工必须在桩基施工中间验收合格后进行。灌注桩的桩顶处理必须在桩身混凝土达到设计强度后方可进行。

首先要处理桩头，预制空心管桩在打完之后，桩尖以上 1～1.5m 范围内的空心部分应立即用豆石混凝土填实，其余部分用细砂填实。按照设计规定的标高，将预制桩多余部分凿去，但应保证主筋伸入承台内，一般主筋伸入混凝土承台内长度，受拉时不少于 25 倍主筋的直径，受压时不少于 15 倍主筋的直径。

当桩顶标高在设计标高以下时，应在桩位上挖成喇叭口，将桩头表面混凝土凿毛，凿出主筋并焊接接长至设计要求的长度，再与承台底的钢筋绑扎在一起，然后，用桩身同标号的混凝土与承台一起浇灌，接长桩身。

承台安放、绑扎钢筋前，应清除槽底虚土及杂物，浇筑混凝土前应进行隐蔽工程验收。对于地震设防区，当承台梁采用支模灌注混凝土时，承台梁的侧面应按设计要求回填夯实。对于冻胀地区，在承台梁下应做防冻胀处理，一般在承台底下铺 10～20m 干焦碴，以防受冻。

第三节　桩基工程的安全技术

1. 机具进场要注意危桥、陡坡、陷地和防止碰撞电杆、房屋等，以免造成事故。

2. 在打桩过程中遇有地坪隆起或下陷时，应随时对机架及路轨调整垫平。

3. 机械司机在施工操作时要思想集中，服从指挥信号，不得随便离开工作岗位，并经常注意机械运转情况，发现异常情况及时纠正。

4. 打桩时桩头垫料严禁用手拨正，不要在桩锤未打到桩顶即起锤或过早刹车，以免损坏桩机设备。

5. 钻孔灌注桩在已钻成孔尚未浇筑混凝土前，必须用盖板封严；钢管桩打桩后必须及时加盖临时桩帽；预制混凝土桩送桩入土后的桩孔必须及时用砂子或其它材料填灌，以免发生人身事故。

6. 冲抓锥或冲孔锤操作时不准任何人进入落锤区施工范围内，以防砸伤。

7. 成孔钻机操作时，注意钻机安定平稳，以防钻架突然倾倒或钻具突然下落而发生事故。

8. 爆扩桩包扎药包时，不得用牙咬雷管和电线；遇雷雨时不要包药包。检查雷管和已经包扎的药包的线路时，应作好安全防护；引爆时要划定安全区（一般不小于20m），并有专人警戒；当日使用的炸药、雷管必须保管好，用余的雷管、炸药应当日退还专门仓库。

小　结

桩基础具有承载力高，沉降小且均匀。当天然地基的强度不能满足要求时，往往采用桩基础。

桩基础通常是由若干根单桩组成，在单桩的顶部用承台联结成一个整体，构成桩基础。

构成桩基础的单桩，种类较多。按荷载传递的方式不同可分为端承桩和摩擦桩两种。目前桩基础广泛采用钢筋混凝土材料制作，按其施工方法不同可分为钢筋混凝土预制桩和钢筋混凝土灌注桩两大类。

桩基施工前要做好室内外必要的准备，虽然桩的施工方法不同，但准备工作是基本一致的。要根据工程规模的大小和复杂程度编制分部工程施工组织设计或施工技术措施。主要是确定施工方法；选择打桩或成孔机械；确定打桩顺序和进度要求；现场平面布置；保证质量和安全的措施；劳动力、材料、机具供应计划等。打桩前要做好现场准备工作，其主要内容是：处理障碍物；平整场地，抄平放线，临时设施就绪；施工机械进场和安装等。

钢筋混凝土预制桩在起吊、运输和堆放过程中受力和桩工作状态下的受力不同，因此，都要按确定的吊点位置和规定的要求施工。打入法是利用锤击沉桩，目前用得较多的柴油打桩机，多由履带式桩架，配备不同的锤头，常用于打长度在12m以内的钢筋混凝土预制桩。打桩的过程包括定锤、吊桩、打桩、打桩测量和记录。打桩开始时宜“重锤低击”，桩的入土深度控制，对于承受轴向荷载的摩擦桩，以标高为主而以贯入度作为参考；端承桩则以贯入度为主，以标高作为参考。钢筋混凝土桩打下后，在平面上与设计位置的允许偏差应不大于100～150mm；垂直偏差应不大于桩长的1%；桩的贯入度和入土深度必须符合设计要求。

灌注桩是直接在桩位上就地成孔，然后浇筑钢筋混凝土而成桩。根据其成孔方法不同，分为泥浆护壁成孔灌注桩、干作业成孔灌注桩、套管成孔灌注桩和爆扩成孔灌注桩。一般工业与民用工程中，应用较多的成孔工艺是螺旋钻孔及锤击或振动套管成孔方法。螺旋钻孔机有长螺旋及短螺旋式，钻孔时根据不同土层选用不同类型的钻头。螺旋钻机就位后，机身必须平稳，确保在钻孔过程中不发生倾斜、晃动。在钻孔过程中如发生钻杆跳动，机架摇晃，钻不进等异常现象，应停机检查处理。在钻砂土层时，钻深不宜超过地下初见水位，以防发生塌孔。若遇地下水、塌孔、缩孔等异常现象，应会同有关单位研究处理。套管成孔是利用与桩直径相等的无缝钢管，用桩锤贯入或震动桩锤振动沉入土层内，将桩位上的土冲挤成孔。到达设计标高后，随着钢管上拔的同时，从钢管内灌注混凝土，直至钢管全部拔出，混凝土浇至桩顶后完成桩的施工过程。为了钢套管容易沉入土层并防止土进入套管，底部需配备预制或活瓣桩尖。灌注混凝土和拔管时应确保桩身混凝土的密实度，在测得混凝土确已流出桩管后，方能继续拔管。通常管内应保持不少于 2m 高的混凝土，使管内混凝土有压力，在振动作用下，易于下沉和密实。

承台施工必须在桩基施工中间验收合格后进行，首先要进行桩头处理，要注意勿损伤桩身混凝土，桩顶部位主筋伸入承台梁内的长度应符合设计规定。

复习思考题

1. 桩基由哪两部分组成？按桩的受力特点桩分几类？说明各类的承载方式？
2. 预制钢筋混凝土桩的制作要求是什么？
3. 钢筋混凝土预制桩起吊及运输要求是什么？
4. 钢筋混凝土预制桩的堆放要求是什么？
5. 如何确定桩架的高度和选择桩锤？
6. 如何合理确定打桩顺序？打桩顺序有哪几种？
7. 如何才能保证桩位准确，桩垂直？
8. 打桩质量有何要求？
9. 打桩前准备工作是什么？
10. 试分析桩锤产生回弹和贯入度变化的原因。
11. 如何判断预制桩是否已打到设计位置？有何具体规定？
12. 灌注桩按成孔方法分为几种，各种方法的特点及其适用范围是什么？
13. 试述冲击成孔灌注桩中泥浆的作用。
14. 护筒的作用与埋设要求是什么？
15. 钻孔灌注桩的成孔、浇筑混凝土时，应符合哪些基本要求？
16. 简述套管成孔灌注桩的施工方法。
17. 简述爆扩成孔灌注桩的施工过程。
18. 桩头处理要求是什么？
19. 承台施工有哪些要求？
20. 桩基工程的安全技术要求是什么？

第三章　砌　砖　工　程

砖砌体在建筑工程中应用广泛。砖砌体用做承重结构时，要求砖砌体有足够的强度、刚度和稳定性；当砖砌体用做围护或分隔与填充墙时，则要求具有良好的密闭性和保温隔热能力。要达到上述要求，在采用合格的砌体材料的前提下，关键是砌筑质量。为此，砖砌体施工必须遵循施工及验收规范的有关规定进行。

砌砖工程是一个综合施工过程，它包括材料运输、脚手架搭设、砌筑等工序。在砖砌体砌筑时，由于人的操作高度限制（一般高度在 1.2 ~ 1.3m 之间），一个楼层的砖墙体需要按照人的可砌高度，划分为几个施工层。砌完一个施工层时要搭设一步架，以便继续砌筑。因此，砌砖工程不仅需要在平面上划分施工段，而且还要沿建筑层高划分施工层，这样才能使砌筑工作连续地进行。

第一节　脚手架工程

脚手架是砌筑过程中为工人提供安全操作场地，并提供规定数量的物料堆放场地，有时根据需要还可以在架子上进行短距离的水平运输。

脚手架按其搭设位置不同，分为外脚手架和里脚手架。按搭设方法可分为挂架子、挑架子和吊架子等。按其功能又可分为承重架子、装修架子、防护架子和运输架子等。

对脚手架的基本要求是：其宽度应满足工人操作、材料堆置和运输的需要；坚固稳定；构造简单，装拆方便并能多次周转使用。

下面主要介绍目前广泛采用的几种脚手架。

一、外脚手架

外脚手架是沿建筑物外墙外侧周边塔设的一种脚手架。它既可用于砌筑，又可用于外装修。主要型式有：多立杆式脚手架、桥式脚手架和框式脚手架等。

（一）多立杆式脚手架

1. 钢管扣件式脚手架　钢管扣件式脚手架目前应用广泛，虽然一次性投资较大，但其周转次数多，摊销费低，装拆方便，搭设高度大，适应建筑物平立面的变化。

(1) 钢管扣件式脚手架的构造要求。扣件式钢管脚手架是由许多钢管杆件用扣件连接而成的，主要杆件有底座、立杆、大横杆、小横杆、十字撑等，如图 3-1 所示。

扣件式钢管脚手架有双排和单排两种搭设形式。双排脚手架有里、外两排立杆、单排脚手架仅有一排立杆，小横杆一头搁入墙内至少 24cm。立杆间距、大横杆步距和小横杆间距可按表 3-1 选用，最下层步距可放大到 1.8m，便于底层施工人员的通行和运输。

钢管扣件式脚手架适用高度在 50m 以下的高层建筑，但 18m 以上要有设计计算。而单排架则搭设高度不超过 30m，超过 18m 后亦需经过计算。

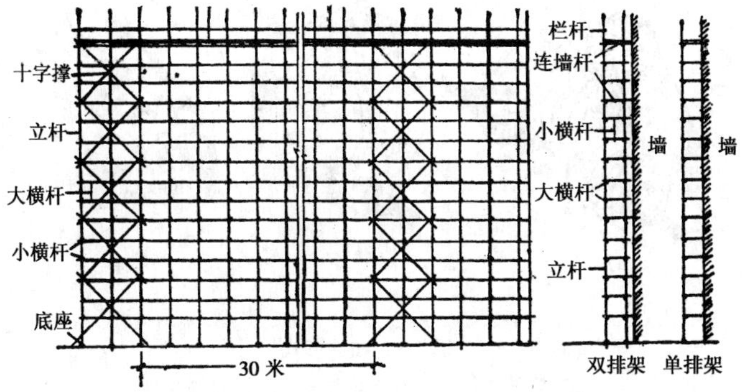

图 3-1 扣件式钢管脚手架

表 3-1 钢管架构造要求（单位：m）

用 途	构造形式	竖杆距墙	立杆间距		操作层小横杆间距	大横杆间 距	小横杆间距
			横 向	纵 向			
砌 墙	单 排	0.5	1.2～1.5	2	0.67	1.2～1.4	0.45
	双 排	0.5	1.5	2	1	1.2～1.4	0.45
装 修	单 排	0.5	1.2～1.5	2.2	1.1	1.6～1.8	0.45
	双 排	0.5	1.5	2.2	1.1	1.6～1.8	0.45

基本件是钢管和扣件两部分。主要杆件有底座、立杆、大横杆、小横杆和斜杆等。

底座：支承立杆直接传递下来的荷载并分布到地基（经垫板）上。一般由厚 8mm，边长 150～200mm 的钢板制成，上焊 150mm 高的钢管。底座形式有内插式和外套式两种，如图 3-2。

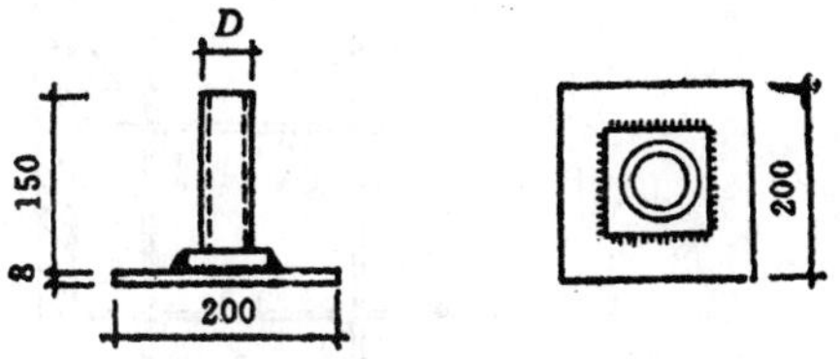

图 3-2 底 座

立杆、大小横杆和斜杆：钢管一般用 ϕ48mm 厚 3.5mm 的电焊钢管。用于立杆、大横杆和斜杆的钢管长度以 4～6.5m 为好。这样的长度一般重 25kg 以内适合工人操作。小横杆的钢管长度以 2.1～2.3m 为宜，以适应脚手架宽度。

扣件：扣件是钢管与钢管之间的连接件。用锻铸铁铸造或用钢板压成。其基本形式有三种，如图 3-3。

旋转扣件（回转扣）：用于两根呈任意角度交叉钢管的联接。

对接扣件（一字扣）：用于两根钢管的对接联接。

直角扣件（十字扣）：用于两根呈垂直交叉钢管的联接。

（2）钢管扣件式脚手架的搭设要点。

① 搭设前，对底座、钢管、扣件要进行检查，钢管要平直，扣件和螺栓要光洁、灵活，变形和损坏严重者不应使用。

② 搭设范围的地基要夯实整平，做好排水处理，如地基土质不好，则底座下应垫以木板或垫块，立杆要竖直，垂直度允许偏差不得大于 1/200。相邻两根立杆接头应错开 50cm。

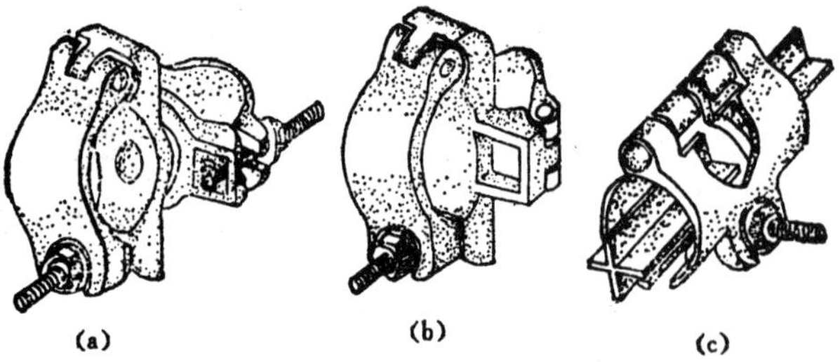

图 3-3　扣件形式

(a) 旋转扣件；(b) 直角扣件；(c) 对接扣件

③ 大横杆在每面脚手架范围内的纵向水平高低差，不宜超过一皮砖的厚度。同一步内外两根大横杆的接头，应互相错开，其水平距离不宜小于 50cm。

④ 小横杆可紧固于大横杆上，靠近立杆的小横杆可紧固于立杆上，双排脚手架小横杆靠墙的一端应离开墙面 5 ~ 15cm。各杆件相交伸出的端头，均应大于 10cm，以防滑脱。

⑤ 扣件连接时，螺栓的松紧程度必须适度。用测力搬手校核力矩，以 40 ~ 50N·m 为宜，最大不超过 60N·m。

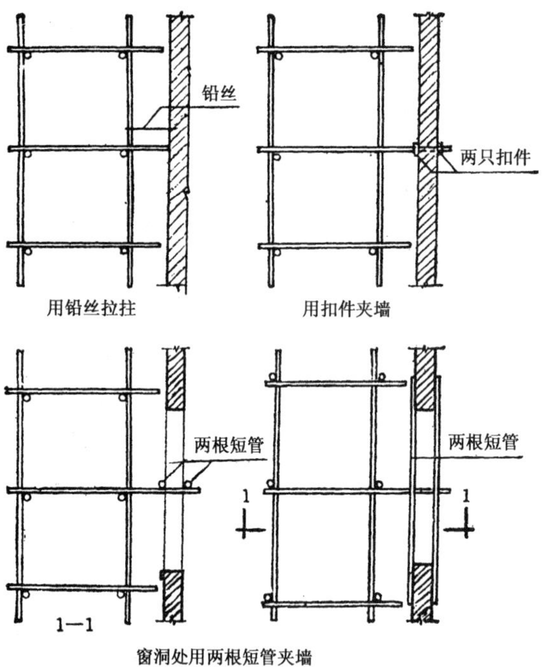

图 3-4　连墙杆与墙拉结

⑥ 为保证脚手架的整体性，应沿架子纵向每隔 30m 设一组剪刀撑（十字撑），两根剪刀撑斜杆分别扣在立杆与大横杆上或小横杆的伸出部分上，斜杆两端扣件与立杆交点的距离不宜大于 20cm，下端斜杆与立杆的连接点离地面不宜大于 50cm。每组剪刀撑占两个跨间，从底到顶连续布置，钢管与水平方向呈 45° ~ 60°夹角，最下一对要落地。

⑦ 为防脚手架向外倾倒，每隔 3 步架高和 5 个跨间距离应设连墙杆，其连接方式如图 3-4。

⑧ 脚手架在门洞通道处，应使部分立杆及大横杆挑空，并加设两根钢管作八字撑布置，八字撑与挑空的立杆、大横杆用扣件连接，使上层荷载通过八字撑传到地面，如图 3-5。

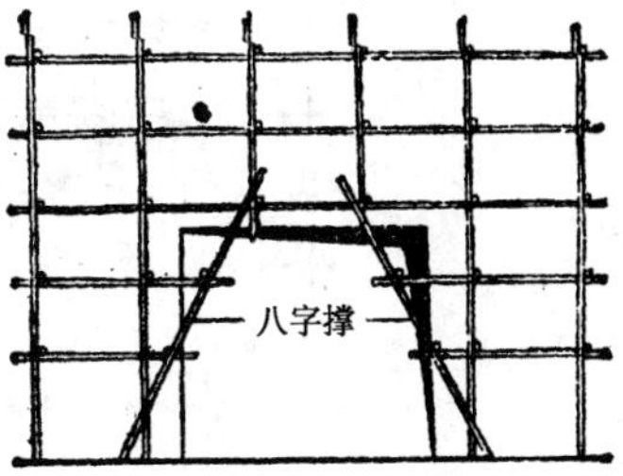

图 3-5 门洞处八字撑布置

(3) 钢管扣件式脚手架的拆除。脚手架的拆除顺序，与安装顺序相反。按逐层向下的顺序进行，拆除时，先将脚手板传递下来，每档内仅剩一块翻到下一步去，人站在脚手板上，去拆除各杆件，拆完后，把脚手板再往下翻一步，如此逐步往下拆。十字撑随着立杆拆除而卸下。有抛撑的则应留到最后拆，以保持架子稳定。严禁上下同时作业，严禁先将连墙杆整层或数层拆除后再拆脚手架；分段拆除高差不应大于两步。划出工作区，禁止行人进入。材料、工具、拆下的钢管等要传递，严禁抛扔。

2. 木脚手架　通常用剥皮杉杆。用于立杆和支撑的杆件小头直径不小于 70mm；用于大横杆、小横杆的杆件小头直径不小于 80mm，木脚手架构造要求与扣件式钢管脚手架相似，但一般用 8 号铅丝绑扎。立杆、大横杆的搭接长度不应小于 1.5m，绑扎不少于三道。大横杆的接头处，小头应压在大头上。如有三杆相交时，应先绑扎两根，再绑第三根，切勿一扣绑三根。杉木外脚手架构造尺寸和施工要求见表 3-2。

表 3-2　杉木外脚手架构造尺寸和施工要求

项　　目	单　位	结构用单排	结构用双排	装修用双排
立杆埋入深度	m	>0.5	>0.5	>0.5
里皮立杆距离墙面	m	—	0.5~0.6	0.5~0.6
立杆间距	m	1.5	1.5	1.5
大横杆间距	m	1.2	1.2	1.7
小横杆间距	m	1.0	1.0	1.5
脚手架宽度	m	1.5	1.7	1.3~1.5
小横杆插入墙内	cm	15	—	—
脚手板压过小横杆	cm	15	15	15
立杆或大横杆搭接长度	m	1.5	1.5	1.5
剪刀撑宽度不超过	立杆根数	7	7	6
斜撑间距不超过	立杆根数	7	7	6
从第几步起每步绑一道护栏	步	3	3	3
挡脚板高度	cm	15	15	15

（二）桥式脚手架

桥式脚手架由桥架（由桁架组成的工作平台）和支承架组合而成。这种脚手架可以减少立柱数量，桁架可以自由升降以减少翻动脚手板的时间。因此广泛用于工业和民用建筑的砌筑和装修工程。

1. 桥架　桥架又称桁架式工作平台。一般由两个单片桁架用水平横杆和剪刀撑（或小桁架）连接组装，并在其上铺设脚手板而成。常用的桁架长度有 3.6m、4.5m、6m 等几种。宽度一般为 1.0~1.4m，最宽者大于 2m，以便行走双轮手推车，运输材料。桥架构造如图 3-6 所示。桁架根据具体条件采用角钢、钢管或钢筋制作。

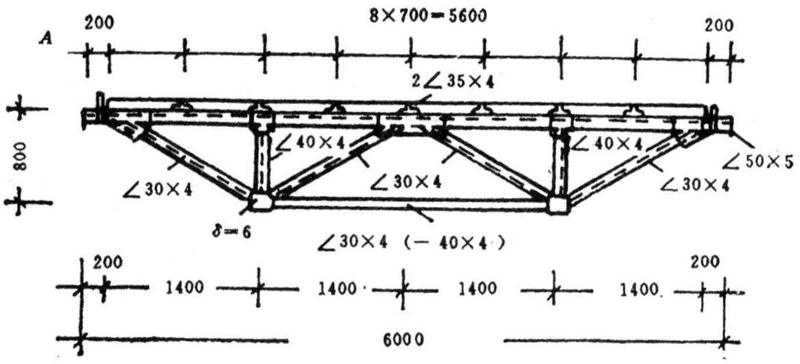

图 3-6　桥架构造

2. 支承架　桥式脚手架支承架常用的有钢管扣件井式支承架和格构式钢立柱支承架。支承架的间距由桥的计算跨度决定。

钢管扣件井式支承架如图 3-7 所示，其搭设要求：沿外墙搭设的桥式脚手架，尽端（即建筑物的四大角处）应用双跨井架，中间可用单跨井架，以保证脚手架的整体稳定。井架立杆间距以 1.6m 为宜（必要时应经过计算），横杆间距 1.2 ~ 1.4m。支承架每隔三步架高应设置两根连墙杆与建筑物拉结牢固，每个井架的两侧（垂直墙面的平面）均应设置方向相反的单支斜撑。每隔四个支承架在井架外侧设单支斜撑，增强井架的刚度。支承架之间在垂直方向每隔四步内外侧各设一道水平拉杆，并在桥架处增设一道临时横拉杆，加强井架间整体稳定。

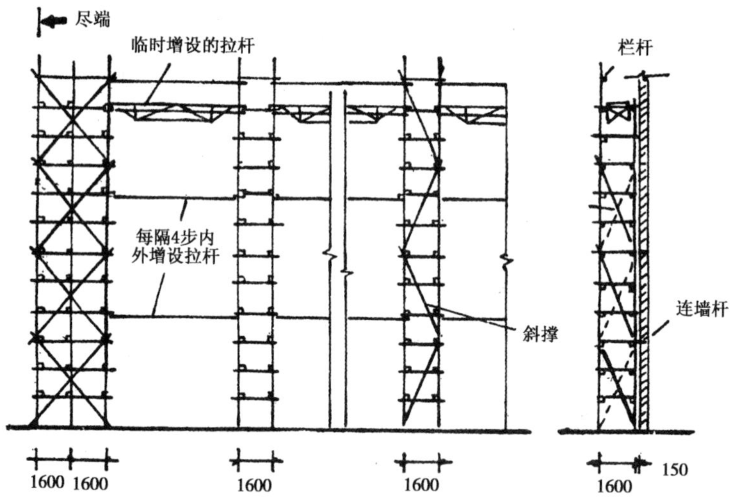

图 3-7　钢管扣件井式支承架

3. 桥式脚手架升降方法　桥架重量一般有 200 ~ 300kg（包括脚手板），目前采用的升降方法有手动工具提升方法，还有用提升机、吊车升降桁架方法。若用倒链，手板葫芦、手摇提升器或滑轮组等手动工具进行升降，在升降时吊挂点应有足够的高度，一般应有 2 ~ 3 步高，并要保持一端高一端低，在低的一端搁置好后，再将高的一端放下搁置在支承架的横杆上。

（三）门型框式脚手架

门型框式脚手架是由框架、底座、剪刀撑、水平撑、三角挑架、拉杆等部分组成。它是由主要部件构成基本单元，将基本单元连接起来即构成整片脚手架，如图 3-8 所示。门型脚手架是目前国际上应用最普遍的脚手架之一。这种脚手架搭设高度一般限制在 45m 以内。施工荷载限定为：均布荷载 1 816N/m^2，或作用于脚手板跨中的集中荷载 1 916N。

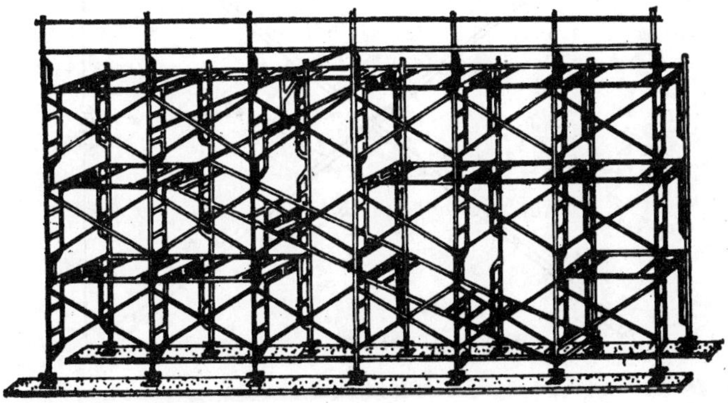

图 3-8　整式门型框式脚手架

1. 门型框式脚手架的基本件

（1）门型框架。门型框架一般用直径 38～45mm，壁厚 3mm 的钢管焊接而成。两立柱顶端焊有短管，用以承插上层的门架。立柱上留有装剪刀撑的螺栓孔，一侧立柱焊有短套管，以便装挂三角架，如图 3-9 所示。

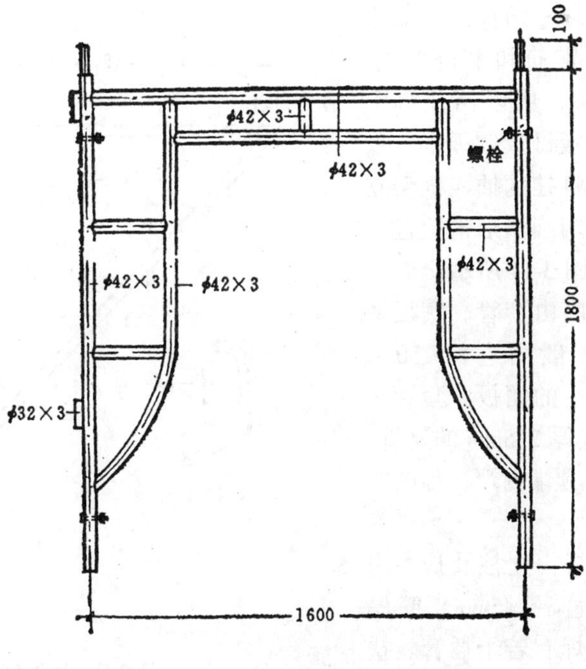

图 3-9　门型框架

（2）剪刀撑和水平撑。剪刀撑和水平撑一般用直径 27mm，壁厚 2.5mm 的钢管制成，两头打扁，留有螺栓孔，用螺栓与门架立柱相连，以组成基本的稳定结构，如图 3-10。

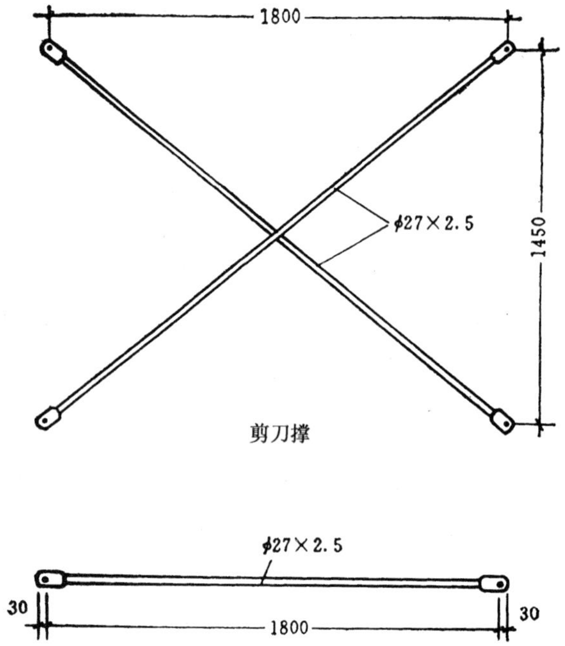

图 3-10　剪刀撑与水平撑

（3）三角挂架。三角挂架一般用直径 12～20mm 的钢筋和钢板焊成。端头焊有钢筋挡头，用以挡住脚手板。挑架底端的钢板做成圆弧形，顶部一侧做成挂钩。将挂钩插入框架立管的挂架管中，底端圆弧形钢板包夹在框架立管上，如图 3-11 所示。

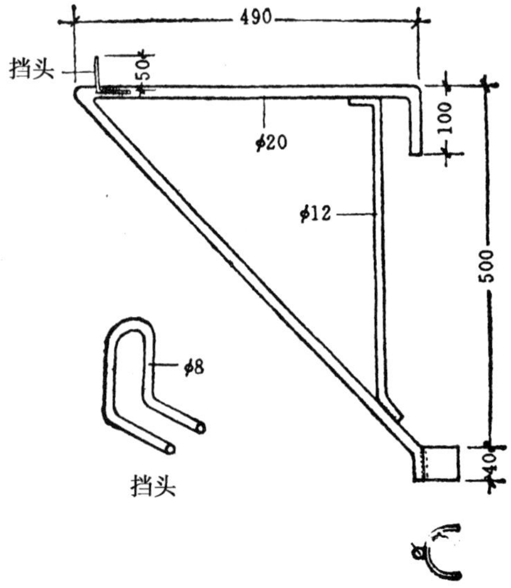

图 3-11　三角挂架

（4）底座。底座由套管、底板两部分焊成。底板一般用边长 150～200mm，厚 8～10mm 的钢板。套管一般用直径 32mm，壁厚 2.5mm 的钢管，长为 100～150mm，顶端封严，如图 3-12。

（5）栏杆。栏杆由立柱及扶手组成。立柱一般用直径 45mm、壁厚 3mm 的钢管，两侧焊有若干插管。扶手一般用直径 27mm，壁厚 2.5mm 的钢管制成，两端弯折，插入插管中。也可用水平撑代替扶手，而在立柱上留螺栓孔，用螺栓将水平撑装于立柱上，如图 3-13 所示。

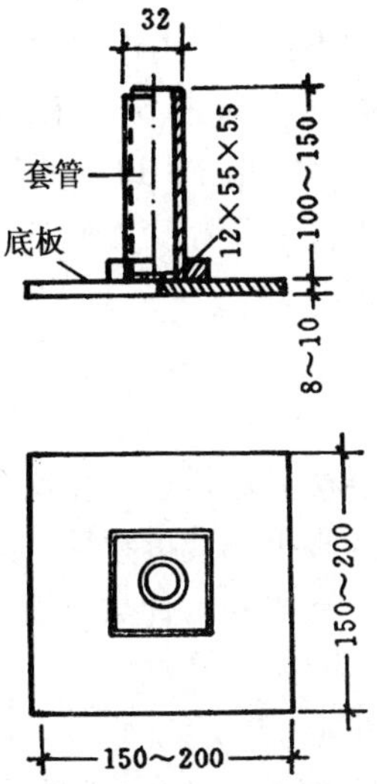

图 3-12　底　座

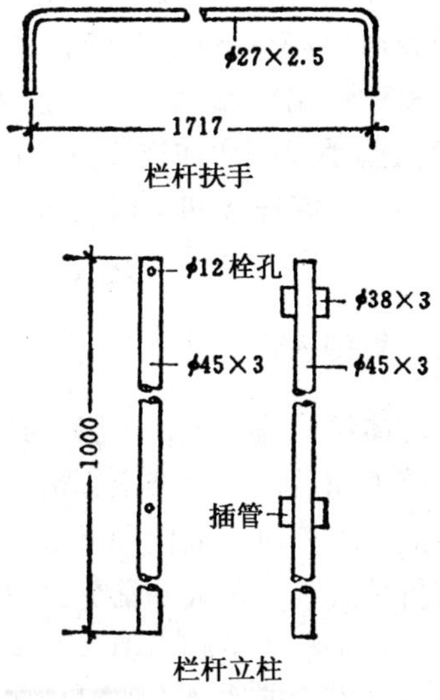

图 3-13　拦　杆

2. 门型框式脚手架搭设要点　门型框式脚手架按下列程序搭设：铺放垫木（板）→拉线、放底座→自一端起立门架并随即装剪刀撑→装水平梁架（或脚手板）→装梯子→（需要时，装设通长的纵向水平杆）→装设连墙杆→照上述步骤，逐层向上安装→装加强整体刚度的长剪刀撑→装设顶部拦杆。

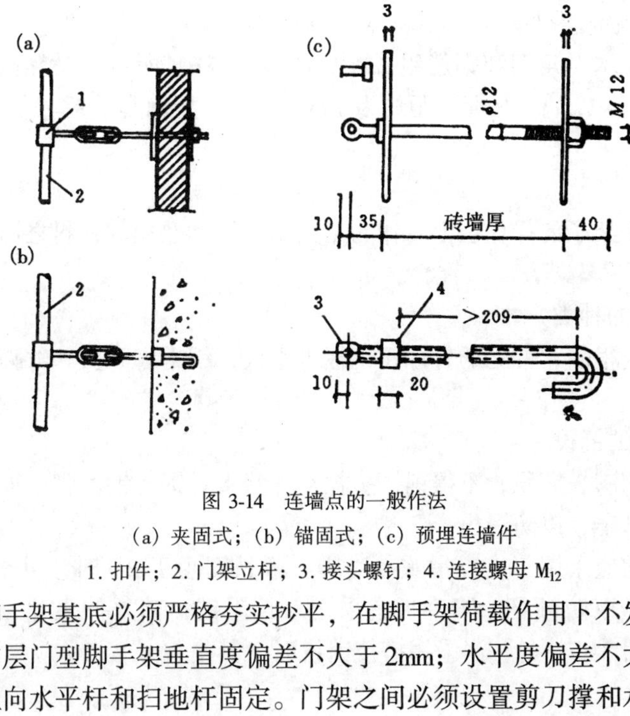

图 3-14　连墙点的一般作法

（a）夹固式；（b）锚固式；（c）预埋连墙件

1. 扣件；2. 门架立杆；3. 接头螺钉；4. 连接螺母 M_{12}

搭设门型脚手架基底必须严格夯实抄平，在脚手架荷载作用下不发生塌陷和显著的不均匀沉降。首层门型脚手架垂直度偏差不大于 2mm；水平度偏差不大于 5mm。门架的顶部和底部用纵向水平杆和扫地杆固定。门架之间必须设置剪刀撑和水平梁架（或脚手板)，其间连接应可靠，以确保脚手架的整体刚度。整片脚手架必须适量放置水平加固杆（纵向水平杆），底下三层要每层设置，三层以上则每隔三层设一道。在架外侧面设置长剪刀撑（用 ϕ48mm 脚手钢管，长 6 ~ 8m），其高度和宽度为 3 ~ 4 个步距（或架距），与地面夹角为 45° ~ 60°，相邻长剪刀撑之间相隔 3 ~ 5 个架距。使用连墙管或连墙器将脚手架和建筑结构紧密连接，连墙点的最大间距，在垂直方向为 6m，在水平方向为 8m。高层脚手架应增加连墙点布设密度。连墙点的一般作法如图 3-14 所示。脚手架在转角处必须作好连接和与墙拉结，并利用钢管和回转扣件把处于相交方向的门架连接起来。

二、里脚手架

在砌体结构施工中，里脚手架搭在各层楼板上，每层楼只需搭设两步或三步架。一层的砖墙砌完后，脚手架全部运到上一层楼板上。由于内脚手架装拆频繁，故结构型式和构造应力求简单，轻便和灵活。目前里脚手架多制成工具式的，种类繁多，但其基本形式有折叠式、支柱式和马凳式三种。

（一）折叠式里脚手架

折叠式里脚手架的支架采用了可折叠的形式，它用钢管或角钢构成带铰点的“A”形，如图 3-15（a）。

折叠式里脚手架搭设间距最大不超过 1.8 ~ 2.0m。可搭设两步架。其间距和搭设步数，应根据折叠架用料尺寸和上部负荷情况进行验算确定。

（二）支柱式里脚手架

支柱式里脚手架是由承受竖向力的钢支柱与支承脚手板的横杆组成，如图 3-15（b）所示。其高度调节靠移位插销。架设高度约 2m。

（三）马凳式里脚手架

马凳可用竹、木、角钢和钢筋组成，如图 3-15（c）所示。马凳高度一般为 1.2 ~ 1.4m，长度为 1.2 ~ 1.5m。马凳间距约为 1.5 ~ 1.8m，上铺脚手板。

三、脚手板

脚手板铺设于架子的操作层上，作为工人施工活动及堆放材料之用，要求有足够的强度和板面平整。

（一）脚手板的种类

脚手板的种类很多，常见的有冲压钢板脚手板、钢木脚手板和竹脚手板，如图 3-16 所示。

（二）脚手板的铺设

脚手板要求铺满、铺稳，不得铺探头板、弹簧板。钢、钢木脚手板在靠墙一侧及端部必须与小横杆绑牢，以防滑出。

脚手板一般均应采用三支点承重，当脚手板长度小于 2m 时，可采用两支点承重，但应将两端固定，以防倾翻。脚手板宜采用对接平铺，其外伸尺寸 a 应大于 100mm，小于 150mm，如图 3-17（a）；当采用搭接铺设时，其搭接长度 $2a$ 应大于 200mm，如图 3-17（b）。

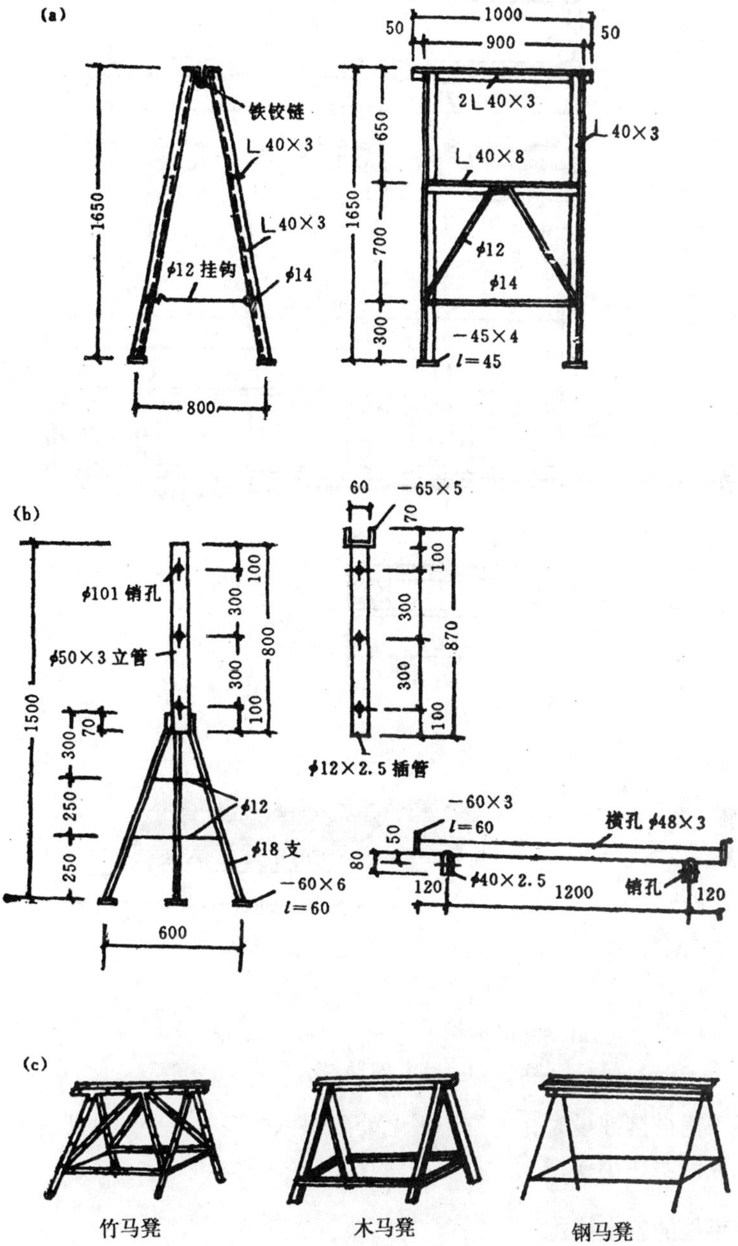

图 3-15　里脚手架

(a) 折叠式；(b) 支柱式；(c) 马凳式

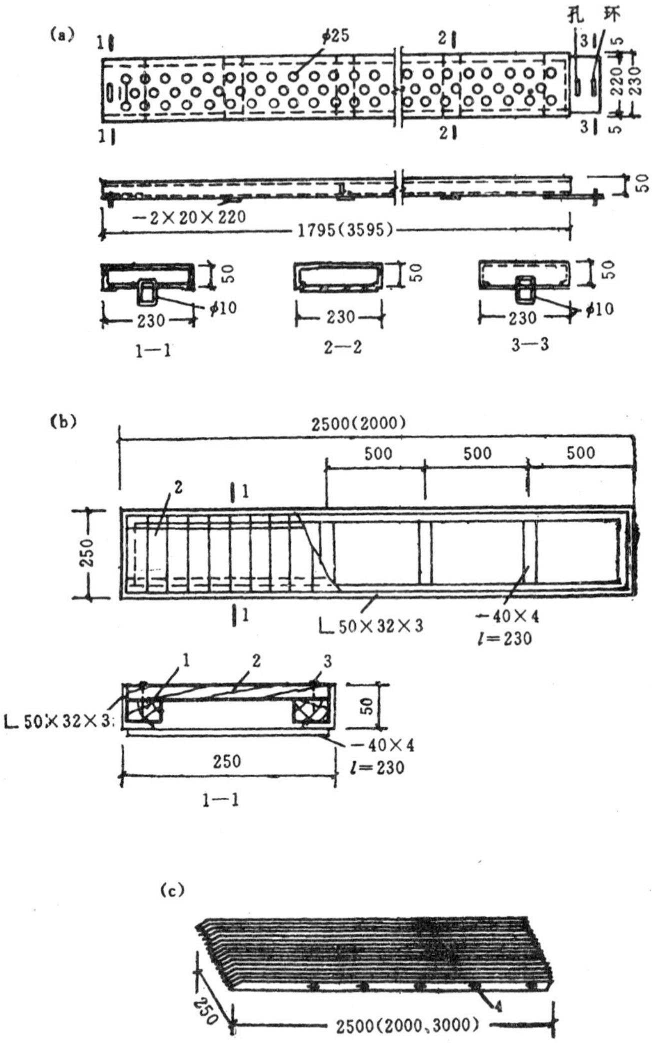

图 3-16 脚手板

(a) 冲压钢板脚手板；(b) 钢木脚手板；(c) 竹脚手板

1. 25×40 木条；2. 20 厚木条；3. 钉子；4. 螺栓

脚手板采用搭接铺设时，如有不平之处要用木板垫起，要垫在小横杆与大横杆相交处，使脚手板铺实在小横杆上，不允许用碎砖块来塞垫。

四、脚手架的安全措施

各类脚手架要按操作规程和技术规范进行搭设，钢管脚手架施工荷载不准超过规定值，结构承重脚手架施工荷载≤3.0kN/m²，装修用架子施工荷载≤2.0kN/m²，桥式架最大使用荷载每组桥总计不超过 10kN，特殊用途架子的使用荷载必须单独进行设计和计算。以上所指的荷载均为均布荷载，不准在架子上作用集中荷载。

安全网是高处作业保证安全不可少的重要防护措施。按照规定凡 4m 以上的在施工时，必须随施工层支3m宽的安全网，并在建筑物二层位置，固定一道3～6m宽的安全网。高层施工时，首层要支双层6m网，如因条件限制，在窄网一侧要采取挂立网或加设平网措施。高层建筑施工时，除在首层固定一道安全网外，每隔四层还要固定一道3m宽的安全网。

安全网是用直径9mm的麻绳、棕绳、尼龙绳编织而成，每块安全网应能承受国家规定标准的冲击试验。施工中要保证安全网完整有效，受力均匀，网内不准有杂物，两网搭接要严密，要求平网外口要高于里口60～80cm，首层网下面不准堆料或支搭临时设施，在雨篷上部采取加网。要保证安全网的有效高度，首层3m宽的网离地面至少3m。6m宽安全网至少距地面5m。图3-18为安全网搭设的一种方式。用ϕ48×3.5钢管搭设水平杆1放在上层窗口的墙内与安全网的内水平杆4绑牢，水平杆2放在下层窗口的墙外与安全网的斜杆绑牢，水平杆3放在墙内与水平杆2绑牢。支设安全网的斜杆5间距应不大于4m。在无窗口的山墙上，可在墙角设立柱来挂安全网；也可在墙内预埋钢筋环以支杆；还可以短钢管穿墙，用回转扣件来支设斜杆。

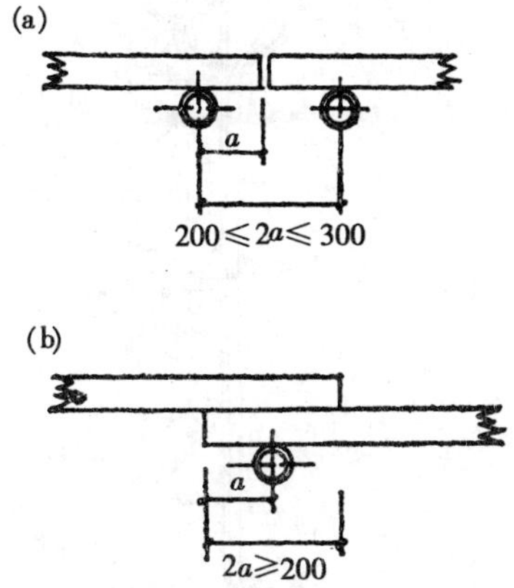

图3-17　脚手板搭接尺寸
(a) 脚手板对接；(b) 脚手板搭接

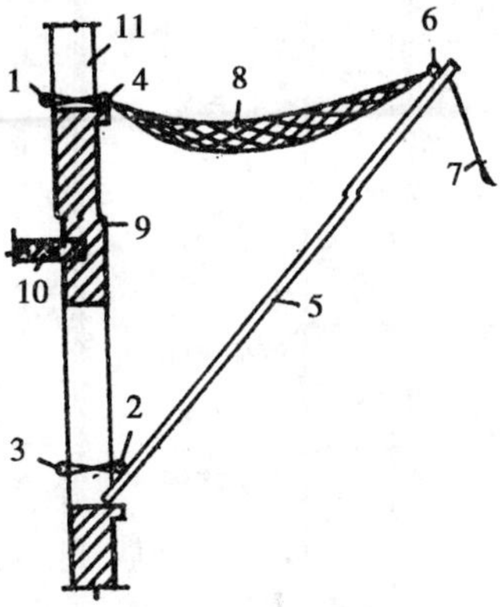

图3-18　安全网搭设
1、2、3. 水平杆；4. 内水平杆；5. 斜杆；6. 外水平杆；7. 拉绳；8. 安全网；9. 外墙；10. 楼板；11. 窗口

脚手架搭设高度高于邻近建筑物时应有防雷措施，钢脚手架的防雷措施是用接地装置与脚手架相连接，一般每隔50m设置一处。最远点到接地装置脚手架上的过渡电阻不应超过10Ω。

钢脚手架(包括钢井架、钢龙门架等)不得搭设在距离35kV以上的高压线路4.5m以内的地区和距离1～10kV高压线路2m以内的地区,否则使用期间应断电或拆除电源。

照明电线不要缠绕在钢架子上。电动机具必须与钢架子接触时，要有良好的绝缘，以防架子传电。

第二节　垂直运输设施

砌砖工程施工中，除脚手架外，还应有垂直运输设施，目前施工工地除了用塔式起重机直接吊运外，一般工地上多采用井架或龙门架来解决。高层建筑中还采用人货两用的建筑施工电梯。

一、井架

目前，工地上普遍采用的有扣件式钢管井架、木井架、角钢井架等。

扣件式钢管井架的主要杆件有底座、立杆、大横杆、小横杆、十字撑等，各杆件的材料要求与扣件式钢管脚手架基本相同，其构造如图 3-19 所示。

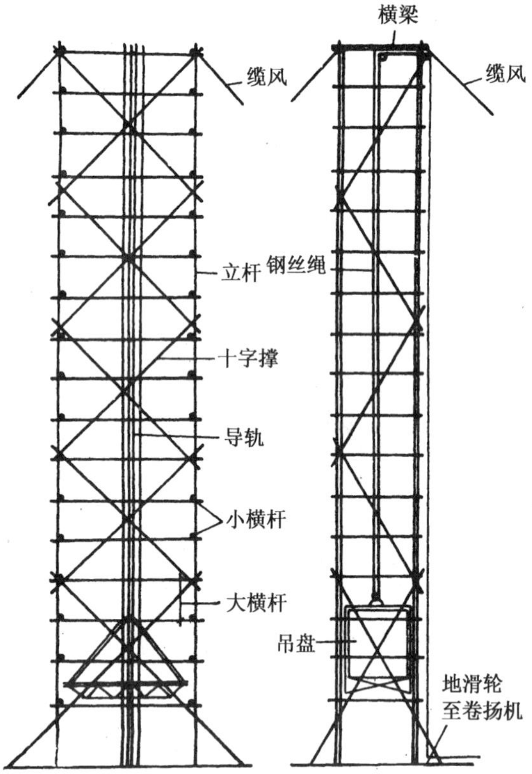

图 3-19　扣件式钢管井架

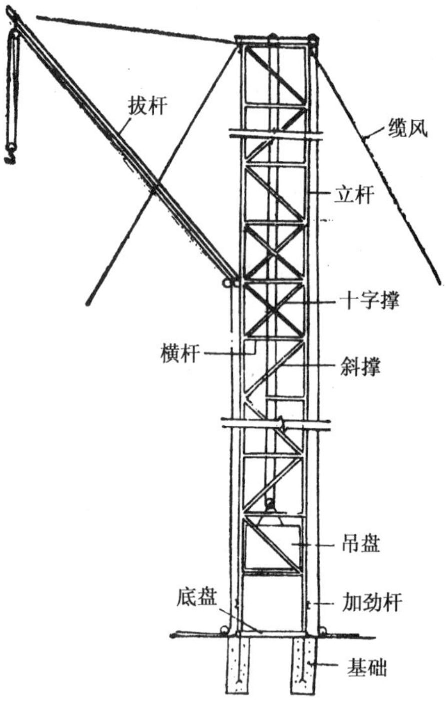

图 3-20　角钢井架

井架平面尺寸要根据其所吊运的构件最大尺寸而定，有八柱、六柱和四柱三种，其主要参数和搭设要求见表 3-3。

表 3-3　扣件式钢管井架的技术参数和搭设要点

项　目	八柱井架	六柱井架	四柱井架
平面示意	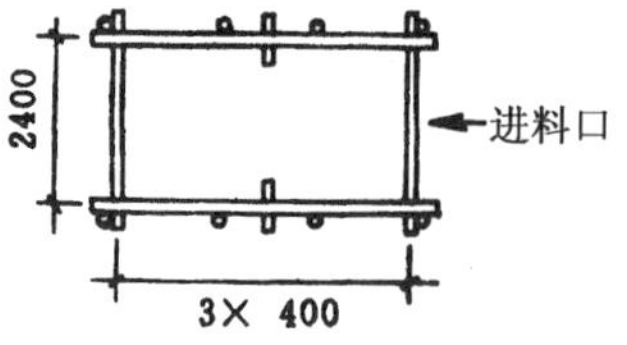	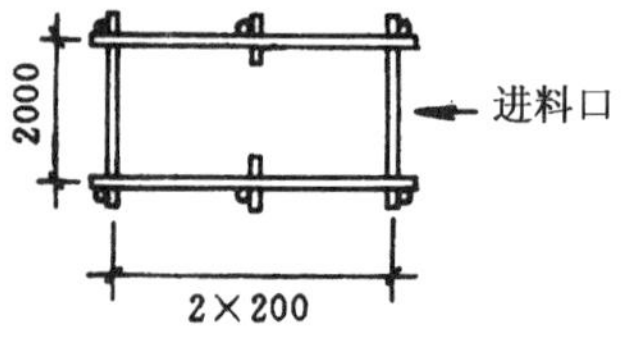	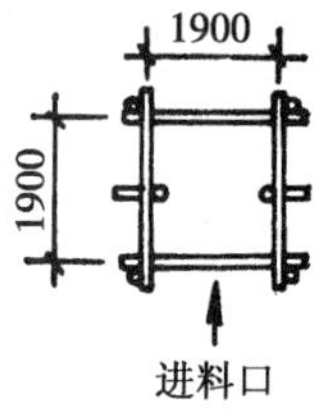

续表

项　目	八柱井架	六柱井架	四柱井架
构造说明	横杆间距 1.2～1.4m； 四面均设剪刀撑，每 3～4 步设一道，上下连续设置； 横梁支承处设八字撑杆	同八柱井架	横梁对角设置或在支承处设八字撑杆 其与同八柱井架
井孔尺寸	4.2m×2.4m	4m×2m	1.9m×1.9m
吊盘尺寸	3.8m×1.7m	3.6m×1.3m	1.5m×1.2m
起重量	10kN	10kN	5kN
附设拔杆起重量	≤3kN	≤3kN	≤3kN
搭设高度	常用 20～30m	常用 20～25m	常用 20～30m
缆风设置	高度在 15m 以下时设一道，15m 以上每增高 10m 增设一道，缆风最好用 7～9mm 的钢丝绳（或 ϕ8 钢筋代用），与地面成 45 度夹角		
搭设要点	1）杆件要做到方正平直，立杆垂直度偏差不得超过总高度的$\frac{1}{400}$； 2）剪刀撑和斜撑应用整根钢管，不宜用短管，最底层的剪刀撑应落地； 3）进料口和出料口的净空高度应不小于 1.7m，出料口处的小横杆可拆下移到与出料口平台的横杆一致； 4）导轨垂直度及间距尺寸的偏差不得大于 ±10mm		
适用范围	民用及工业建筑施工中预制构件及砌筑，装修材料的垂直运输		

图 3-20 为角钢井架，它由底盘、立杆、横杆、斜撑、十字撑及加劲杆等组成，整个井架立在混凝土基础上，锚固螺栓穿过底盘上留有的锚栓孔，加螺帽栓紧，使底盘固定井架内设置吊盘，井架上部可装设拔杆。井架平面尺寸一般为 1.4～2m 见方，起重量可达 10kN。

二、龙门架

常见的龙门架一般由两根钢制格构式支柱及顶部横梁组成，如图 3-21。支柱预制成定长的标准节，按使用要求在现场用螺栓连接成整体，而钢柱和横梁必须经过设计计算。钢柱依靠几道缆风绳稳定，缆风绳应按照操作规程设置，缆风绳下端用地锚固定在地上。顶部横梁（天梁）安装天轮。在支柱侧面固定滑轨，用以控制吊盘并起导向作用。钢支柱截面形式可采用矩形或三角形，材料可采用角钢或钢管。

三、建筑施工电梯

目前在高层建筑施工中常采用人货两用的建筑施工电梯，它的吊笼安装在井架外侧，沿齿条式轨道爬升，附着在外墙或其它建筑结构上，作为货梯可载重 10kN，也可乘人，每次可容纳 12～15 人。其高度随着建筑物主体结构施工而接高可达 100m，如图

3-22 所示。它特别适用于高层建筑，也可用于高大建筑物、多层厂房和一般楼房施工中的垂直运输。

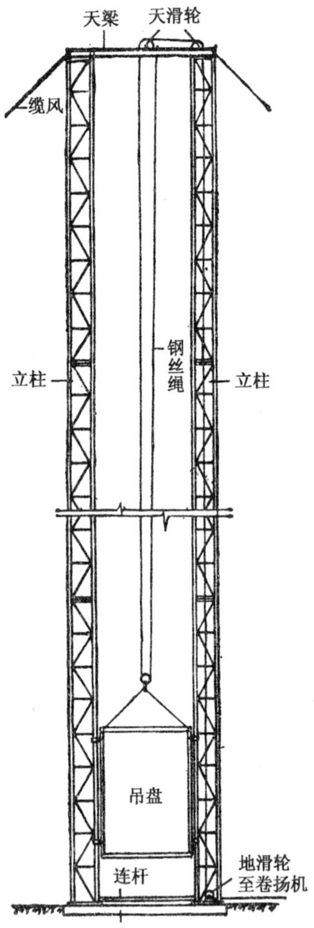

图 3-21　龙门架

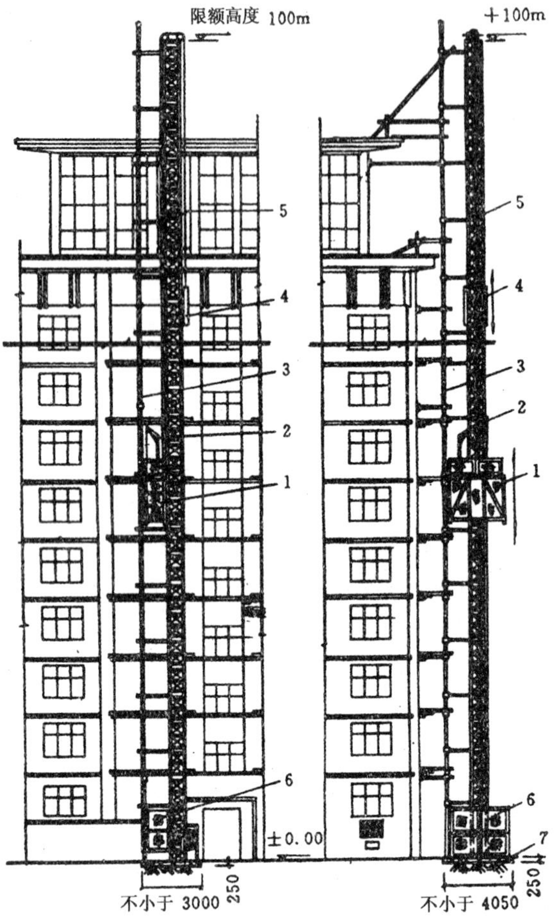

图 3-22　建筑施工电梯

1. 吊笼；2. 小吊杆；3. 架设安装杆；4. 平衡箱；5. 导轨架；6. 底笼；7. 混凝土基础

第三节　砌 筑 砂 浆

砂浆是砖砌体的胶结材料，它的制备质量直接影响操作和砌体的整体强度。而砂浆制备质量要由原材料的质量和拌合质量共同保证。

一、砂浆原材料的要求

砂浆的主体胶结材水泥，要按照设计规定的品种、标号选用。水泥必须具有出厂检验证明书，如遇水泥标号不明或出厂日期超过 3 个月限期，应经试验鉴定后方可使用。不同品种的水泥，不得混合使用。

砂浆宜用中砂，并应过筛，不得含有草根等杂物。砂的粒径过粗或过细都不利于砂浆的和易性，细砂容易产生沉淀和离析，影响砌筑质量和工人操作。砂的含泥量不应超过5%（M5以下水泥混合砂浆，含泥量不应超过10%）。

采用混合砂浆时，应将生石灰熟化成石灰膏，并用滤网过滤，并使石灰充分熟化，熟化时间一般不得少于7天。沉淀池贮存的石灰膏应防止干燥、冻结和污染。严禁使用脱水硬化的石灰膏。

拌制砂浆应采用不含有害物质的洁净水。

二、砂浆的制备与使用

砂浆应按设计的配合比制备，并应采用重量比。配料要准确，砂、石灰膏、电石膏、粉煤灰和磨细生石灰等配料精度应控制在±5%以内；水泥、微沫剂的配料精度应控制在±2%以内。砂的含水率应及时测定，并适当调整配合比例。

砂浆宜采用机械搅拌，拌合时间，自投料完算起不得少于1.5min，拌成的砂浆盛入贮灰器内。砂浆应具有良好的保水性（分层度不宜大于2cm），如砂浆出现泌水现象，砌筑前应进行二次拌合。砂浆稠度对砌筑质量和砌筑效率影响较大，应符合表3-4的规定。

表3-4 砖砌体的砂浆稠度

项 次	砖砌体种类	砂浆稠度（cm）
1	实心砖墙、柱	7～10
2	实心砖平拱式过梁	5～7
3	空心砖墙、柱	6～8
4	空心墙、筒拱	5～7

砂浆应随拌随用，水泥砂浆和水泥石灰砂浆必须分别在拌成后3h和4h内使用完毕；如施工期间的最高温度超过30℃，必须在拌成后2h和3h内用完。

砂浆的试块制作应遵照规范规定：每一楼层（基础按一个楼层计）或250m³砌体中的各种标号的砂浆，每台搅拌机应至少检查一次，每次至少应制作一组试块（每组六块）。如砂浆强度等级或配比变更时，还应制作试块。

第四节 砖砌体施工

一、砌筑前的准备工作

（一）砖的准备

砖要按规定的数量、品种、强度等级及时组织进场，按砖的强度等级、外观、几何尺寸进行验收，并应检查出厂合格证。常温施工时，粘土砖应在砌筑前1～2天浇水湿润，以浸入砖内深度1cm为宜。

（二）砂浆准备

主要是做好配制砂浆的材料准备，若采用混合砂浆，则应在使用前两周淋制好石灰膏待用，砌筑前进行砂浆拌制。

（三）其它准备

检查校核轴线和标高。在允许偏差范围内，砌体的轴线和标高的偏差，可在基础顶面或楼板面上予以校正。砌筑前，必须按施工组织设计所确定的垂直和水平运输方案，组织机械进场和安装工作。还要准备好脚手架，搭好搅拌棚，安设搅拌机，接水，接电，试车。制备并安设好皮数杆。

二、砌筑要求

砌筑质量的具体要求应符合“砖石工程施工及验收规范”的要求。基本要求是：砖砌体应横平竖直、砂浆饱满和厚薄均匀、上下错缝、内外搭砌、接槎牢固。

为了保证砌体的稳定，要求每一皮砖的灰缝横平竖直。砂浆的饱满程度对砌体传力均匀、砌体之间联结和砌体强度影响较大，砌体竖缝的饱满可以使砌体避免透风和漏水。水平和竖向灰缝一般为 8 ~ 12mm。砂浆饱满度，水平灰缝不得低于 80%，竖向灰缝不低于 60%。

上下错缝是指砖砌体上下两皮砖的竖缝应当错开$\frac{1}{4}$砖以上，不准有“通天缝”。在垂直荷载作用下，砌体会由于“通天缝”丧失整体性而影响砌体强度。内外搭砌是使同皮的里外砌体通过相邻上下皮的砖搭砌而组砌得牢固。

“接槎”是指相邻砌体不能同时砌筑而设置的临时间断，便于先砌砌体与后砌砌体之间的接合。为了使接槎牢固，保证接槎部分的砌体砂浆饱满，实心砌体应砌成斜槎，斜槎长度不应小于高度的$\frac{2}{3}$，如图 3-23 所示。当留斜槎确有困难时，也可以留直槎，但必须做成阳槎，并加设拉结筋。拉结筋的数量为每 120mm 墙厚设置一根直径 6mm 的钢筋；间距沿墙高不得超过 500mm；埋入长度从墙的留槎处算起，每边均不应小于 500mm；末端应有 90°弯钩，如图 3-24 所示。但砌体的转角处、抗震设防地区建筑物的临时间断处不得留直槎。

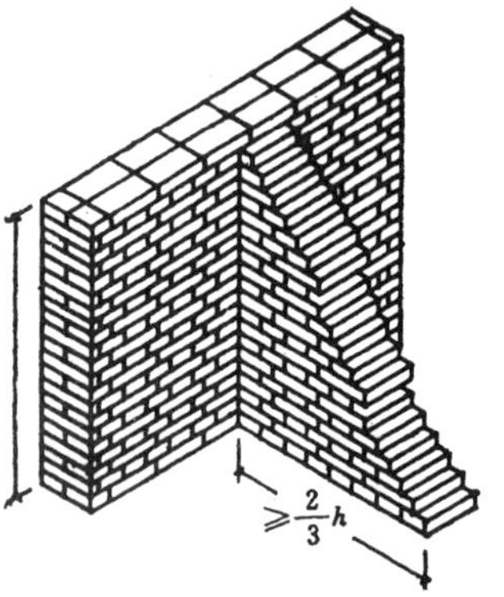

图 3-23　斜槎砌筑

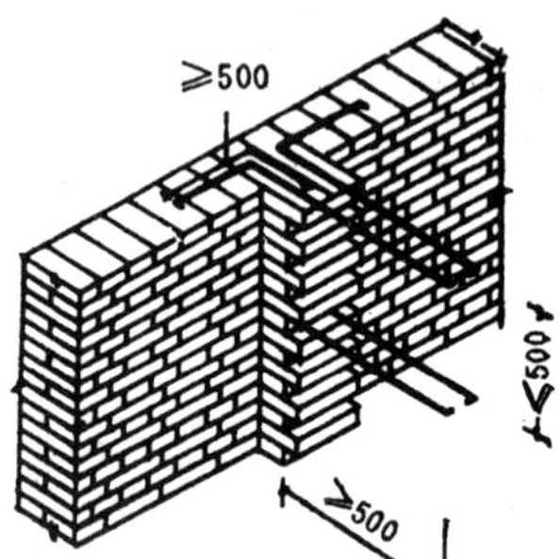

图 3-24　直槎砌筑

除上述基本要求外，基础、墙身等还必须符合各自的技术规定。

三、砖基础施工

（一）砖基础的基本构造

砖基础由垫层、大放脚和基础墙构成。基础墙是墙身向地下延伸，大放脚是为了增大基础的承压面积，有等高式和间隔式，如图 3-25 所示。

（二）基础的弹线

基础的弹线应在垫层施工完毕验收合格后进行。弹线工作可按以下顺序进行。

1. 在基槽四角各相对的龙门板的轴线标定处拉上麻线（或小白线），如图 3-26 所示。

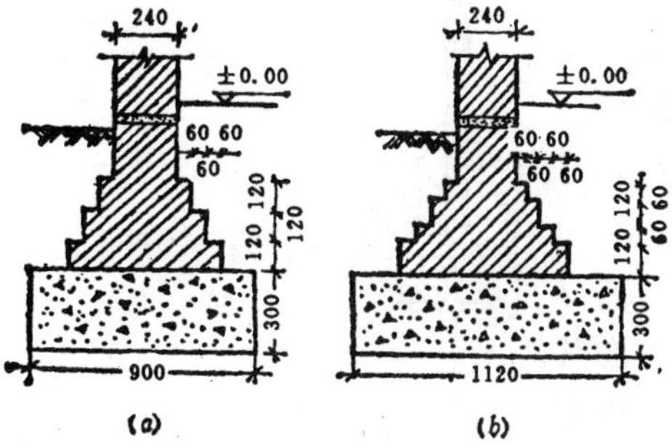

图 3-25 砖基础
（a）等高式；（b）间隔式

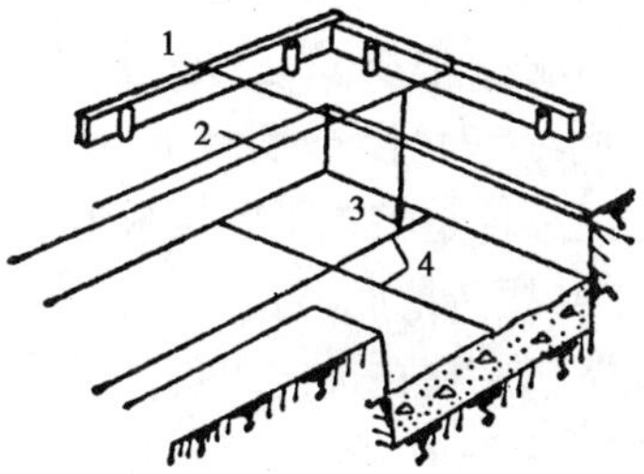

图 3-26 基础弹线
1. 龙门板；2. 麻线；3. 线锤；4. 轴线

2. 沿麻线挂线锤，找出麻线在垫层上的投影点（数量可根据需要选取）。

3. 用墨斗弹出这些投影点间的连线，即墙基的外墙轴线。

4. 按基础图所示的尺寸，用钢尺量出各内墙的轴线位置并弹出内墙轴线。

5. 用钢尺量出各墙基大放脚的外边沿线，弹出基础墙边线。

6. 按设计要求进行复核。

（三）砖基础的砌筑

为了保证基础砌筑正确，应在垫层的转角、丁字交接处、十字交接处及高低踏步处立上基础皮数杆。皮数杆由 ±0.00 向下划分层数与灰缝厚度，皮数杆上还要标出大放脚退台情况以及防潮层位置等。根据皮数杆检查基础垫层表面标高是否合适，如果第一层砖水平灰缝超过 20mm 时，要先用豆石混凝土找平。

基础大放脚的收退方法必须符合施工图纸设计要求一层一退的，里皮、外皮均砌丁砖；要求二层一退的，第一层砌条砖，第二层砌丁砖。砌筑宜采用“三一”砌砖法：即一铲灰、一块砖、一挤揉，保证砌体砂浆密实饱满。

如基础标高存在高度差时，应从标高低处砌起，并自高台向低台搭接，以保证基础砖咬合牢固，传递荷载合理。高低台的搭接长度按设计图纸规定进行；当无设计要求时，基础高低台搭接长度不应小于基础扩大部分的高度。

砌筑穿过基础墙的管洞，应按规定留出沉降的空间，以防由于基础下沉造成挤压管道引起事故。室内暖汽沟挑砖应砌丁砖，并控制准上平标高，以免影响首层地面的厚度和地面平整。

基础防潮层应按设计规定施工，如设计无规定时，宜用 1:2.5 配比的水泥砂浆加适量的防水剂铺设，厚度一般为 20mm。抗震地区不应采用油毡作基础的水平防潮层。

基础墙体砌完后应及时回填土方。回填时应考虑墙的砂浆尚未达到一定的强度，应防止因填土夯实将墙挤偏，宜两侧对称回填。遇有暖汽沟时，应设支撑后回填。

四、砖墙施工

主体结构砖墙砌筑包括抄平放线、摆砖撂底、门窗洞口留设、安装预制过梁，留置构造柱和圈梁豁子等。在砌筑临时中断处，要按规范规定留槎和加拉结筋等。主体结构墙体施工应从以下几方面严格控制其质量。

（一）弹墙身定位线

根据龙门板上轴线位置，在做好的基础表面上，弹出墙身中线及边线，同时弹出门框洞口位置，如图 3-27。楼房墙体施工，应在楼板安装好后，用经纬仪将轴线引到楼板上重新弹线定位。

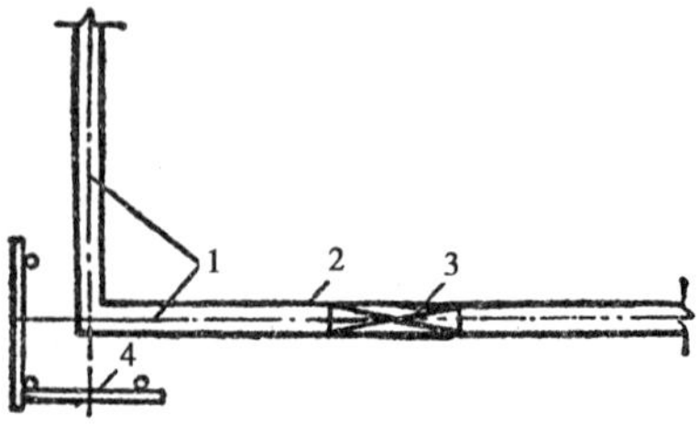

图 3-27　墙身弹线

1. 墙轴线；2. 墙边线；3. 门洞位置线；4. 龙门板

（二）摆砖撂底

摆砖撂底是在选定组砌方式之后进行的，通常采用满丁满条（一顺一丁）较多，还有三顺一丁和梅花丁等。在基础面上，根据墙身长度，干砖试摆。摆砖一般按照“山丁檐跑”的原则，在房屋外纵墙方向摆顺砖，在山墙方向摆丁砖，摆砖由一个大角摆到另一个大角，砖与砖留10mm 缝隙。摆砖的目的是为了校对所放出的墨线在门窗洞口、附墙垛等处是否符合砖的模数，以尽可能减少砍砖，并使灰缝均匀，组砌得当。

（三）立皮数杆

砖排好后，可从墙基防潮层向上先砌两皮砖，再用水平仪抄出地面的设计标高（±0.00），并用墨斗在墙上弹出水平标高线，按线将皮数杆立好。皮数杆是指在其上划有每皮砖和砖缝厚度，以及门窗洞口、过梁、楼板、梁底、预埋件等标高位置的一种木制标杆，如图 3-28 所示。它是砌筑时控制砌体竖向尺寸的标志。皮数杆一般立于房屋的四大角、内外墙交接处、楼梯间以及洞口多的地方，大约每隔 10 ~ 15m 立一根。

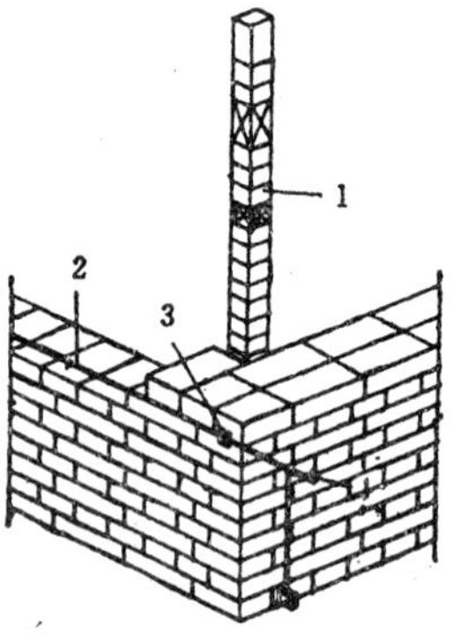

图 3-28　皮数杆示意图

1. 皮数杆；2. 准线；3. 竹片；4. 圆铁钉

（四）立墙角、砌墙身

墙角（大角）是确定纵、横外墙两平面的横平、竖直的主要依据。砌墙先立角，但先砌的墙角高出墙身不要超过五层，并需留踏步茬。砌筑时，除根据皮数杆掌握灰缝厚度外，还要使用线锤、水平尺，勤吊勤靠（俗称三层一吊、五层一靠）。然后向两个方向拉通线、砌墙身。

（五）砌筑高差的控制

砌筑墙身，一般按单元，分段流水施工，因此，先后砌筑的分界处存在高差、按施工及验收规范规定：相邻两段砌体的高差不得超过一个楼层高并不得超过 4m。同一段内的临时中断处高度限制，不应超过一步架（约 1.2 ~ 1.4m）。这种规定是为了满足墙体的接槎和整体性要求。

（六）门窗过梁和楼板标高的控制

门窗过梁和楼板位置是否能准确地符合设计标高，取决于能否按照皮数杆砌筑。如果实际砌筑超过门窗过梁设计标高，将会影响门扇的安装，造成门扇下缝过大。如果低于设计标高，则成品门扇装不下去，若去掉超长部分则会严重影响木门质量。

砌筑到楼板时，如实际标高超过设计标高，必须造成层高增大或造成地面厚度不足。如低于设计标高，又会造成地面过厚而浪费材料。所以，应随时检查砖行是否与皮数杆一致，如有偏差及时调整。

（七）门窗口木砖的留设

门窗采用后塞口时，砌墙时应留设木砖。预埋木砖呈梯形并经防腐处理，应小头在外、大头在内。其数量根据洞口高度决定。门窗洞口高在 1.2m 以内，每边放 2 块；高度 1.2～2m，每边放 3 块；高度 2～3m，每边放 4 块。预埋木砖的部位：一般两端距洞口上、下皮 4 层砖，中间木砖均匀分布。

（八）留脚手眼

砌墙时，采用单排脚手架则需在适当高度和间距留脚手眼，以便插放小横杆，支承脚手架上垂直荷载。所以，当脚手眼较大时，留设部位应慎重考虑，防止因留设脚手眼影响墙的整体承载能力。不得在下列墙体或部位中留设脚手眼：

1. 空斗墙、半砖墙和砖柱。
2. 砖过梁上与过梁成 60°角的三角形范围内。
3. 宽度小于 1m 的窗间墙。
4. 梁或梁垫下及其左右各 500mm 的范围内。
5. 砖砌体的门窗洞口两侧 180mm 和转角处 430mm 的范围内。

（九）安装过梁、梁垫

按皮数杆标出的高度座灰，安放过梁、梁垫。过梁切忌装反，配有较多钢筋的一面应朝下，安装的位置和型号必须准确。如坐灰厚度超过 20mm，要用豆石混凝土铺垫。

（十）钢筋混凝土构造柱

设有钢筋混凝土构造柱的多层砖房，应先放构造柱钢筋骨架，再砌砖墙，最后浇注混凝土。这样作可以用砖墙代替模板，节省木料；砖墙应砌成马牙槎，砌墙时应做到“五进五出”，即每 300mm 伸出 60mm，每 300mm 再退回 60mm，马牙槎从每层柱脚开始，应先退后进；构造柱下部应伸入地圈梁内，构造柱顶部要伸入顶层圈梁内，以形成封闭的骨架；为了加强构造柱与砖墙的连接，应沿柱高每隔 500～620mm 放 2ϕ6 钢筋，且每边伸入墙内不少于 1m。构造柱拉结钢筋布置与马牙槎砌法如图 3-29 所示。

（十一）施工洞的留设

砌体结构施工中，为了装修阶段的材料运输和人员通过，常在外墙和单元楼分隔墙上留设临时性施工洞，为保证墙身的稳定和人身安全，留设洞口的位置应符合规范要求，一般洞口侧边距丁字相交的墙面不小于 50cm，而且洞顶宜设置过梁。在抗震设防地区，设计烈度为 9 度的建筑物上留设洞口，必须与设计单位研究决定。

（十二）墙和柱的允许自由高度

在砖墙或砖柱的砌筑施工中，尚未安装楼板之前有可能遇到大风时，其允许自由高度不得超过表 3-5 的规定，否则应采取可靠的临时加固措施，以保证墙体稳定和施工安全。

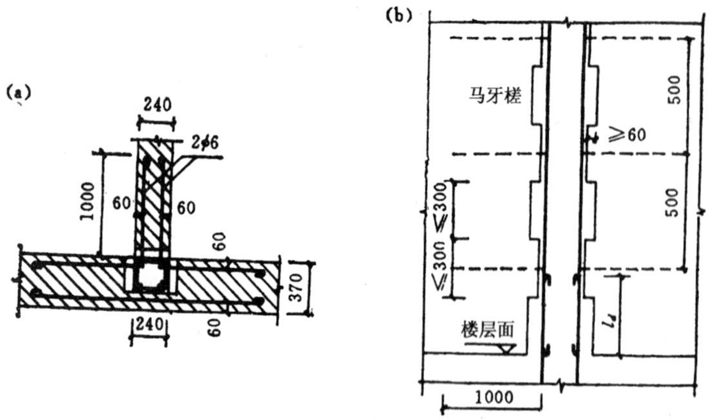

图 3-29　构造柱拉结钢筋布置及马牙槎示意图

（a）平面图；（b）立面图

表 3-5　墙、柱的容许自由高度

墙（柱）厚（mm）	墙和柱的容许自由高度（m）					
	砌体密度 > 1 600kg/m³（石墙、实心砖墙）			砌体密度 1 300 ~ 1 600kg/m³（空心砖墙、空斗墙）		
	风载（kN/m²）			风载（kN/m²）		
	0.3（大致相当于 7 级风）	0.4（大致相当于 8 级风）	0.6（大致相当于 9 级风）	0.3（大致相当于 7 级风）	0.4（大致相当于 8 级风）	0.6（大致相当于 9 级风）
190	—	—	—	1.4	1.1	0.7
240	2.8	2.1	1.4	2.2	1.7	1.1
370	5.2	3.9	2.6	4.2	3.2	2.1
490	8.6	6.5	4.3	7.0	5.2	3.5
620	14.0	10.5	7.0	11.4	8.6	5.7

注：1. 表 3-5 适用于施工处标高（H）在 10m 范围内的情况。如 10m < H < 15m；15m < H < 20m 和 H > 20m 时，表内的允许自由高度值应分别乘以 0.9、0.8 和 0.75 的系数。

2. 当所砌筑的墙，有横墙或其它结构与其连接，而且间距小于表列限值的 2 倍时，砌筑高度可不受表 3-5 规定的限制。

现场施工砖墙每天砌筑高度以不超过 1.8m 为宜，雨天施工时，每天砌筑高度不宜超过 1.2m。

（十三）有关丁砖层的规定

砖墙体砌筑时，承重墙的每层最上皮砖应砌丁砖层，以使楼板支承点牢靠稳定，锚固和受力均较合理。在梁或梁垫下面，挑檐和腰线等处，也应用丁砖层砌筑，以保证砌体的整体强度。

（十四）清水墙的勾缝

墙面勾缝前，应做好准备工作：清除墙面粘结的砂浆、杂物等，并洒水湿润；开凿瞎缝，修补缺棱掉角部位；将脚手眼补砌严密。墙面勾缝应采用加浆勾缝，砂宜用细砂，砂浆配合比为 1:1.5 ~ 1:2，稠度为 4 ~ 5cm 的水泥砂浆。勾缝应横平竖直，深浅一致，横竖缝交接处应平整，表面应充分压实抹光。缝的形式按设计规定做，当设计无规定时，砖墙多采用凹缝或平缝，凹缝深度一般为 4～5mm。勾缝完毕，应清扫墙面。

五、砖砌过梁施工

（一）钢筋砖过梁砌筑

钢筋砖过梁也叫平砌配筋砖过梁（图 3-30）。一般用于跨度不大于 2m 的门窗口上。当窗间墙砌筑到门窗洞上口位置，支搭过梁胎模，并起拱$\frac{1}{200}$～$\frac{1}{100}$。湿润模板后，如设计上无具体要求，模板上应铺设 1∶3 水泥砂浆（体积比）30mm 厚。钢筋按图纸要求数量与位置埋入砂浆层的下部（距模板 2～5mm），钢筋两端伸入支座砌体内不小于 240mm，并须作成 90°弯钩埋入墙的竖缝内。钢筋用量一般根据墙体厚度每半砖厚设一根直径不小于 5mm 的钢筋。

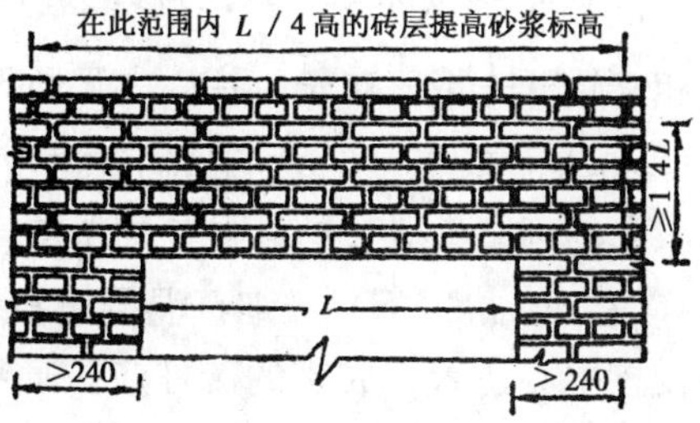

图 3-30 钢筋砖过梁

钢筋放好后，洞口上过梁部分可以和墙体一起砌筑。但在钢筋长度范围内，要使用 M5 以上水泥砂浆砌筑，砌筑高度为洞口宽度的$\frac{1}{4}$。240 厚的钢筋砖过梁第一皮砖应砌丁砖。

（二）砖砌平拱过梁

适用于上部荷载较小与跨度不大于 1.2m 的门窗洞口，常见的砌筑形式有立砖碹、斜形碹、插子碹，如图 3-31。当砖墙砌到门、窗上口时，先砌砖拱拱座。即从洞口两边墙上各缩 20～30mm 作碹肩，然后再继续向上砌筑两膀墙（俗称碹膀）。斜形碹和插子碹的碹膀应砌成$\frac{1}{4}$～$\frac{1}{6}$的斜面。砌到设计标高，开始支碹底模板。模板应与墙厚度一样宽，板上铺湿砂控制起拱，由两端向中间湿砂逐渐加厚，高度要满足 1%的起拱要求。碹的立砖数应为单数，根据算好的砖数，在底模上划出每块砖的位置及灰缝厚度。砌筑顺序由两边向中间砌，灰缝宽度过梁底面不应小于 5mm，过梁顶面不大于 15mm。拆除拱底模板要待砂浆强度达到设计强度 50%以上。

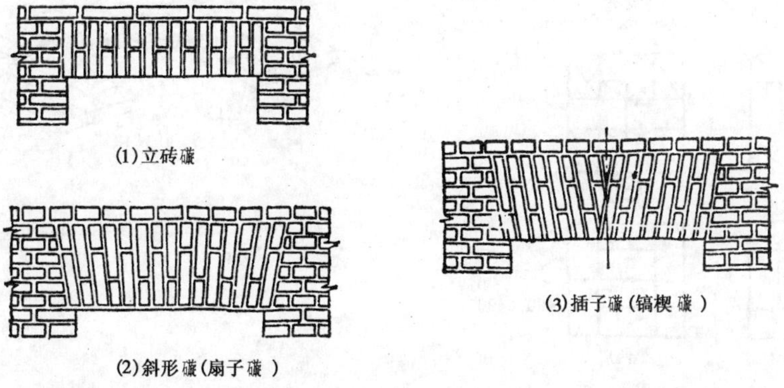

图 3-31 砖砌平拱过梁

六、砖柱的砌筑

砖柱有附墙砖柱（又称墙垛）和独立砖柱两种。

（一）独立砖柱

独立砖柱有矩形、多角形、圆形等截面形式。

1. 砖柱组砌原则　砖柱排砖方式很多，不论何种排法，均应使柱面上下两层砖竖缝相互错开$\frac{1}{4}$或$\frac{1}{2}$砖长，柱心内无通天缝，不得采用包心砌法（图 3-32）。

2. 施工要求　独立砖柱应用 MU10 以上的砖，不低于 M5 砂浆砌筑；砌筑时要求灰缝密实，砂浆饱满；砖柱每天砌筑不宜超过 1.8m；基础面高低不平要用 1:3 水泥砂浆（厚度在 30mm 以下）或细石混凝土找平，使各柱第一皮砖位于同一标高；砖柱砌筑前应校核中心位置，成排的砖柱应拉通线，双面挂线，防止砌筑时发生扭转；砌楼层柱时，注意上、下层位置，防止错位，造成偏心受荷。矩形柱组砌方式如图 3-32。

（二）附墙砖柱

附墙砖柱亦称墙垛，与墙砌筑在一起以增加与墙体垂直方向的稳定性，并与墙体共同承受上部荷重。附墙柱的砌筑，应使墙与柱逐皮搭接，搭接长度不少于$\frac{1}{4}$砖长。同轴线多根柱砌筑时，应拉通线，控制柱子出墙尺寸，使其在一条直线上。几种附墙柱的砌法如图 3-33。

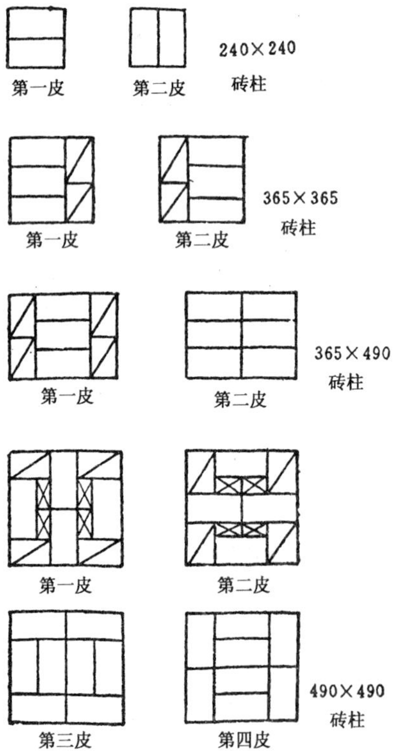

图 3-32　矩形柱砌法

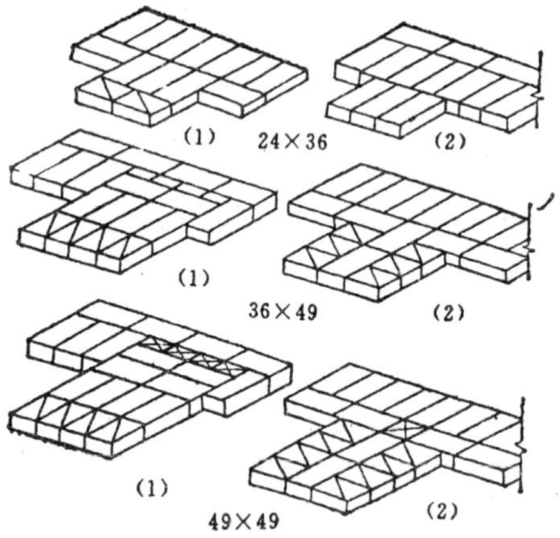

图 3-33　附墙砖柱砌法

七、砖砌体质量要求及允许偏差

砖砌体质量包括砖、砂浆和砌筑质量。砌筑质量具体要求应符合施工操作规程及验收规范要求。砌筑质量基本要求是："横平竖直、砂浆饱满、组砌得当、接槎可靠"。砌体的允许偏差见表 3-6。

表 3-6　砖砌体的尺寸和位置的容许偏差

<table>
<tr><th rowspan="2">项次</th><th rowspan="2" colspan="3">项　目</th><th colspan="3">容许偏差（mm）</th><th rowspan="2">检验方法</th></tr>
<tr><th>基础</th><th>墙</th><th>柱</th></tr>
<tr><td>1</td><td colspan="3">轴线位移</td><td>10</td><td>10</td><td>10</td><td>用经纬仪复查或检查施工测量记录</td></tr>
<tr><td>2</td><td colspan="3">基础顶面和楼面标高</td><td>± 15</td><td>± 15</td><td>± 15</td><td>用水平仪复查或检查施工测量记录</td></tr>
<tr><td rowspan="3">3</td><td rowspan="3">墙面垂直度</td><td colspan="2">每　层</td><td>—</td><td>5</td><td>5</td><td>用 2 米托线板检查</td></tr>
<tr><td rowspan="2">全高</td><td>小于或等于 10m</td><td>—</td><td>10</td><td>10</td><td rowspan="2">用经纬仪或吊线和尺检查</td></tr>
<tr><td>大于 10m</td><td>—</td><td>20</td><td>20</td></tr>
<tr><td rowspan="2">4</td><td rowspan="2">表面平整度</td><td colspan="2">清水墙、柱</td><td>—</td><td>5</td><td>5</td><td rowspan="2">用 2m 直尺和楔形基尺检查</td></tr>
<tr><td colspan="2">混水墙、柱</td><td>—</td><td>8</td><td>8</td></tr>
<tr><td rowspan="2">5</td><td rowspan="2">水平灰缝平直度</td><td colspan="2">清水墙</td><td>—</td><td>7</td><td>—</td><td rowspan="2">拉 10m 线和尺检查</td></tr>
<tr><td colspan="2">混水墙</td><td>—</td><td>10</td><td>—</td></tr>
<tr><td>6</td><td colspan="3">水平灰缝厚度（10 皮砖累计数）</td><td>—</td><td>± 8</td><td>—</td><td>用皮数杆比较，用尺检查</td></tr>
<tr><td>7</td><td colspan="3">清水墙游丁走缝</td><td>—</td><td>20</td><td>—</td><td>吊线和尺检查，以每层第一皮砖为准</td></tr>
<tr><td>8</td><td colspan="3">外墙上下窗口偏移</td><td>—</td><td>20</td><td>—</td><td>用经纬仪或吊线检查，以底层窗口为准</td></tr>
<tr><td>9</td><td colspan="3">门窗洞口宽度（后塞口）</td><td>—</td><td>± 5</td><td>—</td><td>用尺检查</td></tr>
</table>

第五节　砌砖工程的安全技术

一、在操作之前必须检查操作环境是否符合安全要求，道路是否畅通，机具是否完好牢固，安全设施和防护用品是否齐全，经检查符合要求后方可施工。

二、砌基础时，应检查和注意基槽（坑）土质变化。堆砖应离槽（坑）边 1m 以上。

三、砌墙时，超过一定高度，就应搭设脚手架。脚手架必须牢固稳定，架上堆料不得超过规定荷载，堆砖高度不得超过 3 皮侧砖，同一块脚手板上的操作人员不应超过 2 人，应按规定搭设安全网。

四、不准站在墙顶上做划线、刮缝及清扫墙面或检查大角垂直等工作。不准用不稳固的工具或物体在脚手板面垫高操作。

五、砍砖时应面向内打，注意碎砖跳出伤人。

小　　结

砌砖工程是施工现场以砂浆作为粘结材料，将砖按一定的排布顺序砌筑成为设计所要求的形式的工程。

由于砌砖工程基本上是手工操作，受人的操作高度限制，一个楼层的砖墙要按照人的可砌高度划分为几个施工层，同时，在平面上还要划分施工段，这样砌砖工程才能连续地进行。所以，砌砖工程要搭设适应施工需要的各种形式的脚手架。脚手架必须满足使用要求，安全可靠、构造简单、拆装方便。

砌砖工程材料的运输和现场储备占地问题较其它工程突出。目前最理想的垂直及上水平运输机具是塔式起重机。塔式起重机的台班产量一般为 80 ~ 120 吊次。井架或龙门架，每上下一次平均约需 5 ~ 6min，每班可提升 80 次左右。砖混结构多层建筑结构施工高峰阶段每天吊运材料、构件及半成品数量之大，使施工进度直接受垂直运输的制约，因此，要根据施工组织设计选择垂直运输设施，合理布置施工平面，每吊次尽可能做到满载，争取一次就位，保证连续均衡工作。

砖砌体质量取决于组成砌体的砖和砂浆质量和砌筑质量。砖的强度等级、外观尺寸要符合设计要求，砌筑面 1 ~ 2 天要浇水湿润，以水浸入砖内深度 1cm 为宜。砂浆应按确定的配合比配制，若用混合砂浆，则应在使用两周前淋制好石灰膏待用。配合比中水泥和有机塑化剂的配料精度应控制在 ±5%以内。

砌筑质量基本要求是：横平竖直、砂浆饱满、组砌得当、接槎可靠。砌体的尺寸和位置的允许偏差应在规范要求范围内。

砌筑工艺过程是：弹出墙身线及门洞位置线；摆砖撂底，用砖试摆，使其符合模数要求后方可正式砌筑。砌墙要视不同要求选择砌法，可采用三顺一丁、一顺一丁、梅花丁、全顺、全丁等。但上下两行的竖缝要相互错开$\frac{1}{4}$砖以上，不准有直缝。每层墙的最上和最下一皮，梁或梁垫下面应用丁砖；不能同时砌筑的纵横墙可以留槎，但承重墙不准留直槎，应留不小于高度$\frac{2}{3}$的坡槎，非承重单砖隔墙可留直槎，但不准留凹槎；为加强砌体的抗震能力，要按规定在墙体预留拉结筋，构造柱内砂浆应清理干净，一般先立钢筋，再砌砖墙，构造柱外皮多为单砖砌筑，砂浆应密实。砌墙应做到“五进五退”，马牙槎从每层柱脚开始，应先退后进，构造柱上下部钢筋要伸入地圈梁和顶部圈梁内；放置的木砖及预埋件，应砌固在墙体内，位置要准确。

砌砖工程的施工要点是：清水墙表面必须选用边角整齐、颜色均匀，规格一致的砖；水平和竖向灰缝一般为 8 ~ 12mm；砂浆饱满度，水平灰缝不低于 80%，竖向灰缝不低于 60%；留槎和拉结筋留置要符合要求；每日砌墙高度不宜超过 1.8m，砖墙的相邻工作段的高度差不得超过一个楼层高度，对于尚未安装楼板的墙体，应根据风力及墙的高度、截面尺寸和部位采取必要的支撑以保证其稳定性。

脚手架是为砌砖工程提供安全操作的场地，脚手架在管理使用中要严格按规定执行，突出稳定，注意脚手架与建筑物的连接。坑边、架上堆料都要遵守安全规定，不准站在墙顶上作业。

复习思考题

1. 脚手架的作用？对脚手架有哪些基本要求？
2. 简述钢管扣件式脚手架的搭设要点。
3. 门型框式脚手架有哪些基本件？搭设要点是什么？
4. 桥式脚手架桥架如何升降？
5. 简述钢管扣件式脚手架连墙杆的连接要求与连接方式。
6. 里脚手架有哪些基本形式？
7. 脚手板铺设有哪些要求？
8. 安全网有哪些基本要求，怎样搭设？
9. 扣件式钢管井架搭设要点是什么？
10. 拌制和使和砌筑砂浆时应注意哪些问题？
11. 砌砖工程砌筑的基本要求是什么？
12. 基础如何弹线？
13. 砖基础的砌筑要注意什么？
14. 皮数杆的用途和立法是什么？
15. 门窗口木砖是如何留设的？
16. 砖墙的接槎和留脚手眼应注意哪些事项？
17. 钢筋混凝土构造柱施工要点是什么？
18. 清水墙勾缝施工要点是什么？
19. 钢筋砖过梁施工要注意什么？
20. 砖砌平拱过梁施工要注意什么？
21. 砖柱的施工要点是什么？
22. 砌砖工程安全技术是什么？

第四章　钢筋混凝土工程

钢筋混凝土工程包括模板的制备与组装、钢筋的制备与安装和混凝土的制备与浇捣三大施工过程。钢筋混凝土的一般施工程序如图 4-1 所示。

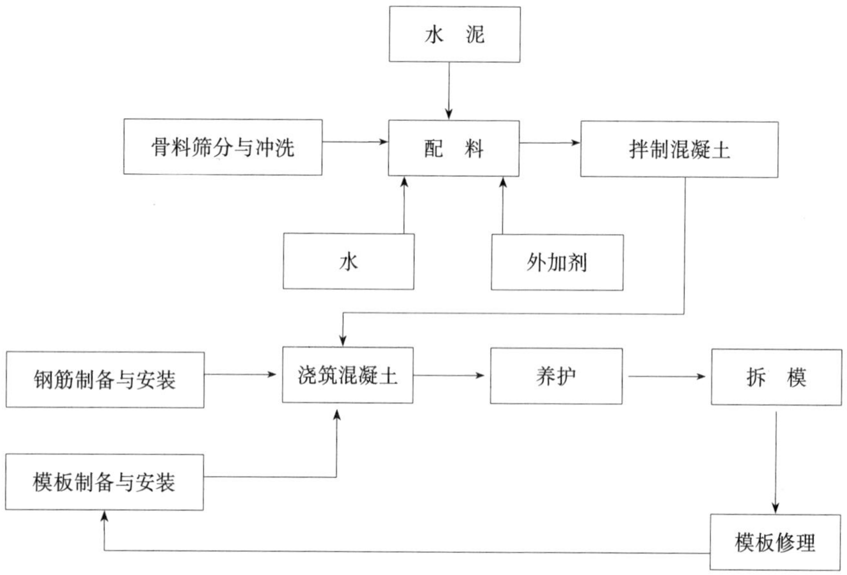

图 4-1　钢筋混凝土施工程序

第一节　模 板 工 程

模板工程的施工工艺包括模板的选材、选型、设计、制作、安装、拆除和周转等过程。

模板系统包括模板、支架和紧固件三个部分，它是保证混凝土在浇筑过程中保持正确的形状和尺寸，在硬化过程中进行防护和养护的工具。为此要求模板及其支架必须符合下列规定：

（1）保证工程结构和构件各部分形状尺寸和相互位置的正确；

（2）具有足够的承载能力、刚度和稳定性，能可靠地承受新浇筑混凝土的自重和侧压力，以及在施工过程中所产生的荷载；

（3）构造简单，装拆方便，并便于钢筋的绑扎、安装和混凝土的浇筑、养护等要求；

（4）模板的接缝不应漏浆。

模板的种类按其所用的材料不同可分为：木模板、钢模板、钢木模板、铝合金模板、塑料模板、胶合板模板、玻璃钢模板等；按其型式不同，可分为整体式模板、定型模板、工具式模板、滑升模板等。

本章主要介绍木模板和组合钢模板的构造、选型、制作、安装、拆除等有关内容。

一、木模板

（一）木模板的配制要求

木模板及支撑系统不得选用脆性，严重扭曲和受潮容易变形的木材；

木模厚度：侧模一般为 20 ~ 30mm；底模一般为 40 ~ 50mm；

拼制模板的木板条宽度：工具式模板的木板不宜大于 150mm；直接与混凝土接触的木板不宜大于 200mm；梁和拱的底板，如采用整块木板，其宽度不加限制；

木板条应将拼缝处刨平刨直，模板的木档也要刨直；

钉子长度应为木板厚度的 1.5 ~ 2.5 倍，每块木板与木档相叠处至少有 2 个钉子。第二块板的钉子要转向第一块模板方向斜钉，使拼缝严密；

混水模板正面高低差不得超过 3mm；清水模板安装前应将模板正面刨平；

配制好的模板应在反面编号，并说明规格，分别堆放保管，以免错用。

木模的组拼方式有两种：一种是散支散拆；另一种是利用多次使用的散支散拆木模，将其短或窄的旧板按一定规格尺寸制成定型模块继续使用。定型模块有木定型模块（图 4-2）和钢木定型模块（图 4-3）。

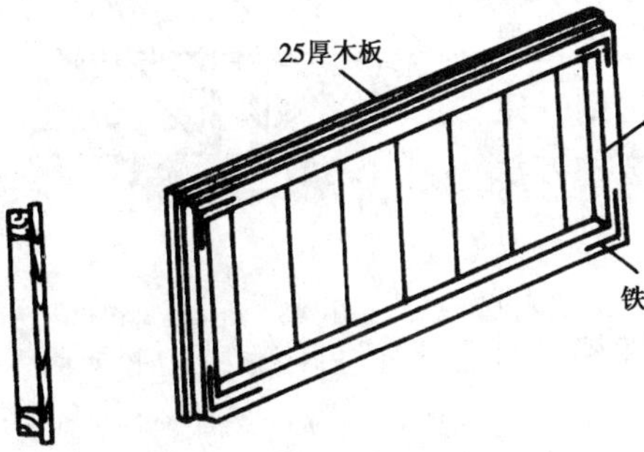

图 4-2　木定型模块

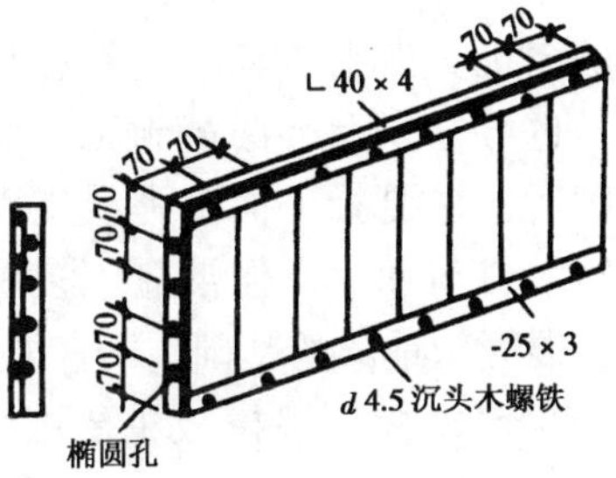

图 4-3　钢木定型模块

（二）现浇混凝土结构木模板

1. 基础模板　基础的特点是高度一般不大而体积较大。基础模板一般利用地基或基槽（坑）进行支撑。如土质良好，基础最下一级可以不用模板，原槽浇筑。

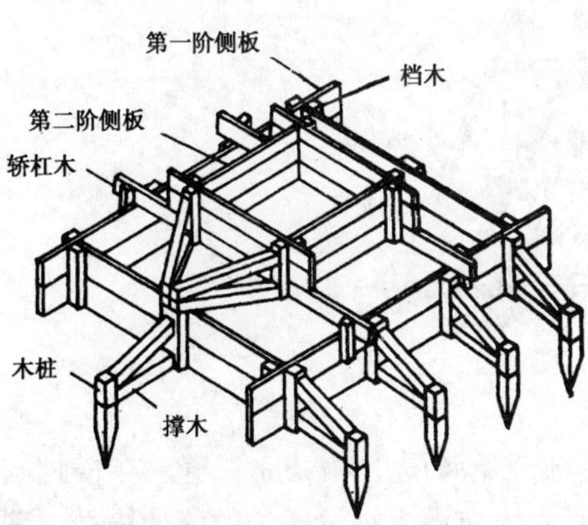

图 4-4　阶形基础模板

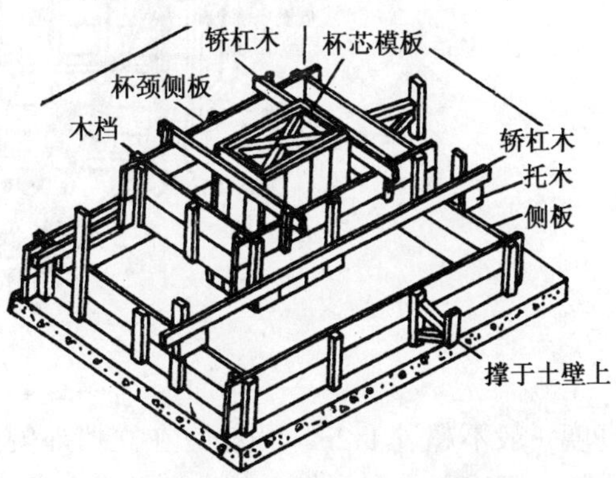

图 4-5　杯形基础模板

阶形基础支撑方法和构造如图 4-4 所示。

杯形基础在工业厂房中采用较多，其支模方法与阶形基础相似，只需增加杯口芯模即可，如图 4-5 所示。杯口芯模分为整体式（图 4-6）和装配式（图 4-7）两种。装配式一般用于尺寸较大的杯口。杯芯模板的侧板应采用直板拼钉，不宜用横板，以免拔出时困难。

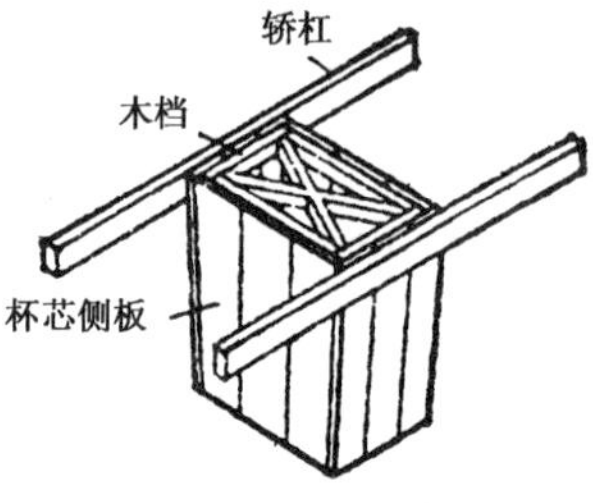

图 4-6　整体式杯芯模板

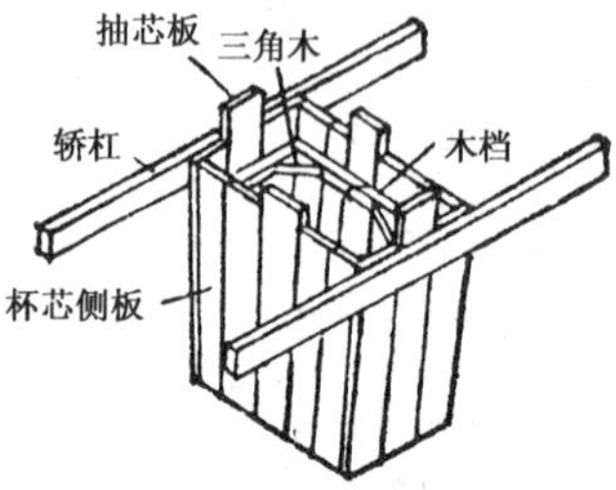

图 4-7　装配式杯芯模板

条形基础模板主要是由侧板和支撑系统组成，如图 4-8 所示。当土质较好时，最下一级可以不用模板，原槽浇筑。当土质较差，条形基础的上下两阶均支模板，也可分作上下两截施工，即下级混凝土达到一定强度后，在混凝土面上弹线支上一级模板，这种方法节约木料与木工，但混凝土多了一道施工缝，对于有钢筋混凝土地梁的基础，不宜采用。

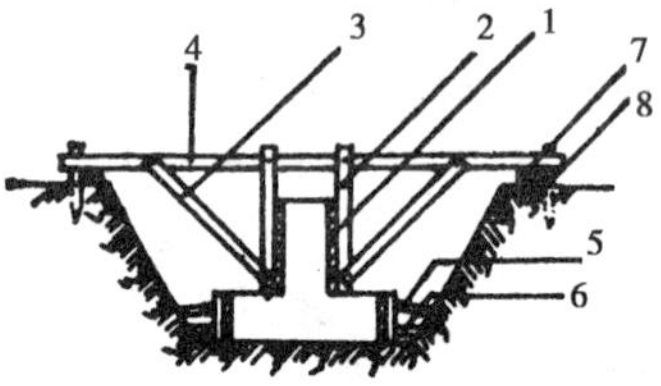

图 4-8　条形基础模板

1. 上阶侧板；2. 上阶吊木；3. 上阶斜撑；4. 轿杠；5. 下阶斜撑；6. 水平撑；7. 垫板；8. 木桩

2. 墙模板　墙模板主要由侧板、立档、横档、斜撑等组成，如图 4-9。

侧板采用长条板横拼，预先与立档钉成大块板，

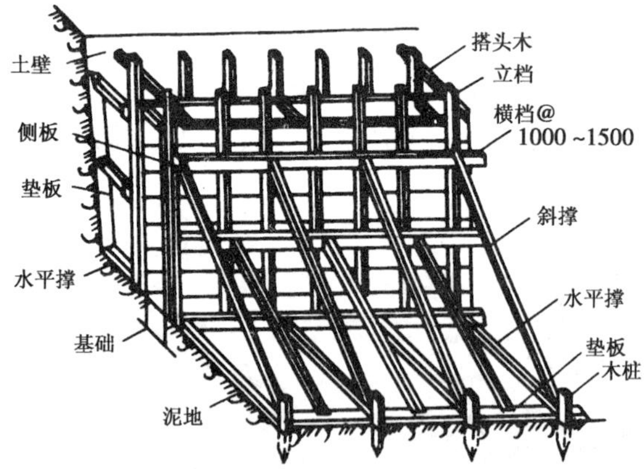

图 4-9　墙模板

高度一般不超过 1.2m。横档钉在立档外侧，从底部开始每隔 1 ~ 1.5m 一道。在横挡与木桩之间支斜撑和平撑，如木桩间距大于斜撑间距时，应沿木桩设通长的落地横档，斜撑与平撑紧顶在落地横档上。当坑壁较近时，可在坑壁上立垫木，在横档与垫木之间用

平撑支撑。

墙模板安装时，根据边线先立一侧模板，临时用支撑撑住，用线锤校正模板的垂直，然后钉横档，再用斜撑和平撑固定。大块侧模组拼时，上下竖向拼缝要互相错开，先立两端，后立中间部分。待钢筋绑扎后，按同样方法安装另一侧模板。

为了保证墙体的厚度正确，在两侧模板之间可用小方木撑头（小方木长度等于墙厚），防水混凝土墙要加有止水板的撑头。小方木要随浇筑混凝土逐个取出。各种撑头如图 4-10 所示。

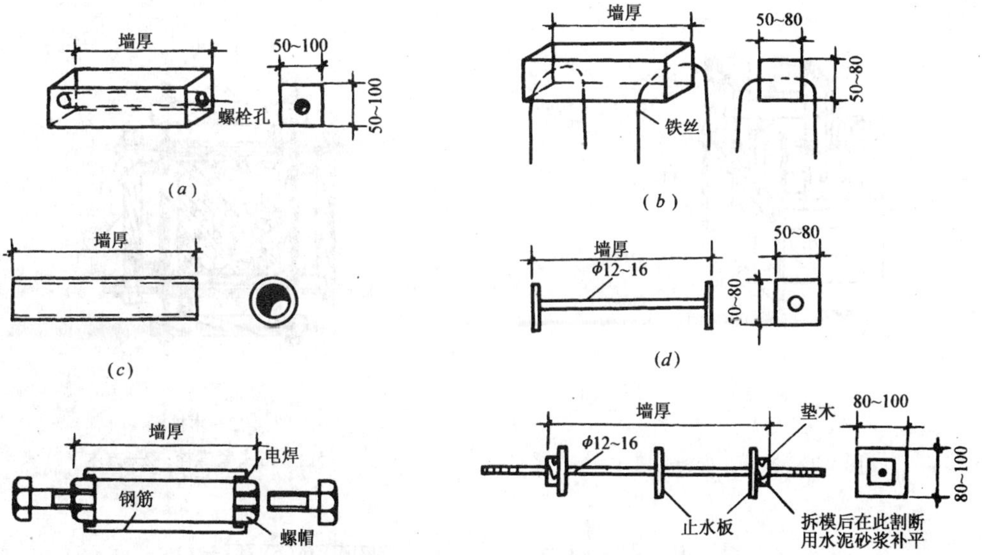

图 4-10 撑 头

（*a*）有穿墙螺栓孔混凝土撑头；（*b*）预埋铁丝混凝土撑头；

（*c*）钢管、塑料管、竹管撑头；（*d*）钢板撑头；（*e*）螺栓撑头；（*f*）止水板撑头

为了防止浇筑混凝土的墙身鼓胀，可用8～10号铅丝或直径12～16mm螺栓拉结两侧模板，间距不大于1m。螺栓要纵横排列，并在混凝土凝结前经常转动，以便在凝结后取出，如墙板不高，厚度不大，亦可在两侧模板上口钉上搭头木即可。

3. 柱模板　矩形柱的模板由四面侧板、柱箍、支撑组成。构造作法有两种：一种是两面侧板为长条板用木档纵向拼制，另两面用短板横向逐块钉上，两头要伸出纵板边，以便拆除，每隔 2m 左右留一个浇筑洞口，待混凝土浇至其下口时再钉上。柱模板底部开有清扫洞口，柱底部一般设方盘用于固定。竖向侧板一般厚 25～50mm，横向侧板厚 25～30mm。另一种

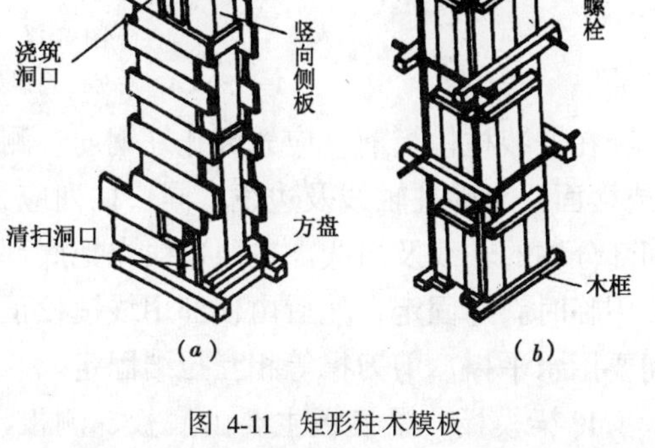

图 4-11 矩形柱木模板

（*a*）两面竖向两面横向侧板；（*b*）四面竖向侧板

是柱子四周侧模都采用竖向侧板，如图 4-11 所示。

柱顶与梁交接处要留出缺口，缺口尺寸即为梁的高及宽（梁高以扣除平板厚度计算），并在缺口两侧及口底钉上衬口档，如图 4-12，衬口档离缺口边的距离即为梁侧板及底板厚度。

为承受混凝土侧压力，侧板外要设柱箍，柱箍的间距与混凝土侧压力大小，拼板厚度有关，一般不超过 100mm。由于侧压力下大上小，因而柱箍下部较密，设柱箍时，横向侧板外面要设竖向木档。柱箍可采用木制、钢木制或钢制，如图 4-13、图 4-14 和图 4-15。

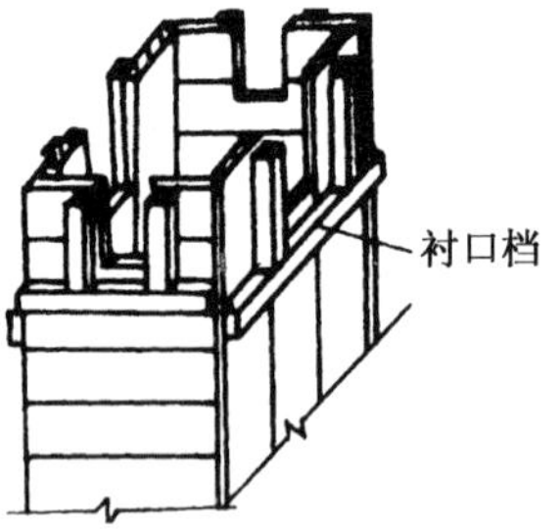

图 4-12　柱模顶处构造

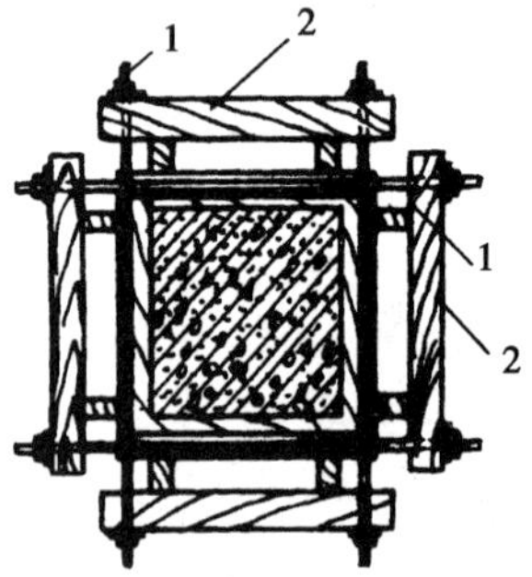

图 4-13　木柱箍

1—ϕ12～16 夹紧螺栓；2—方木

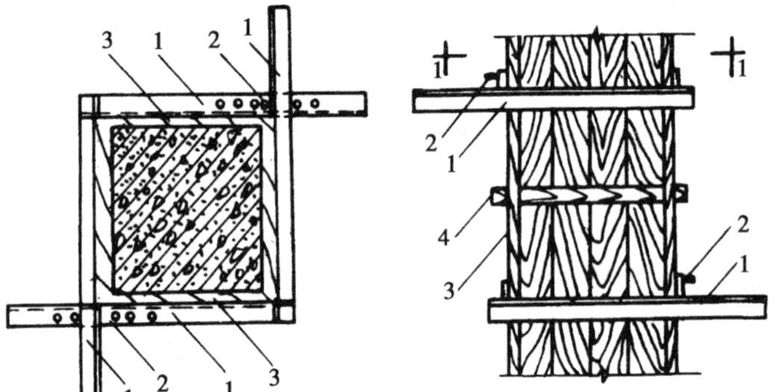

图 4-14　角钢柱箍

1—L50×4；2—ϕ12 弯脚螺栓；3—木模；4—拼条

在安装柱模板前，应先绑扎好钢筋。测出标高标在钢筋上，同时在已浇筑的基础面（或楼面）上弹柱轴线及边线。同一柱列应先弹两端柱轴线及边线，然后拉通线弹出中间部分柱的轴线及边线。按照边线先把底部方盘固定好，然后再对准边线安装柱模板，并用临时斜撑固定，然后由顶部用线锤校正，使其垂直。为了保证柱模的稳定，柱模之间要用水平撑、剪刀撑等相互拉结固定。

4. 梁模板　梁模板主要由底板、侧板、夹木、托木、梁箍、支撑等组成。底板一般用厚 40～50mm 长条板，侧板用厚 25mm 的长条板，加木档拼制，或用整块板。在梁

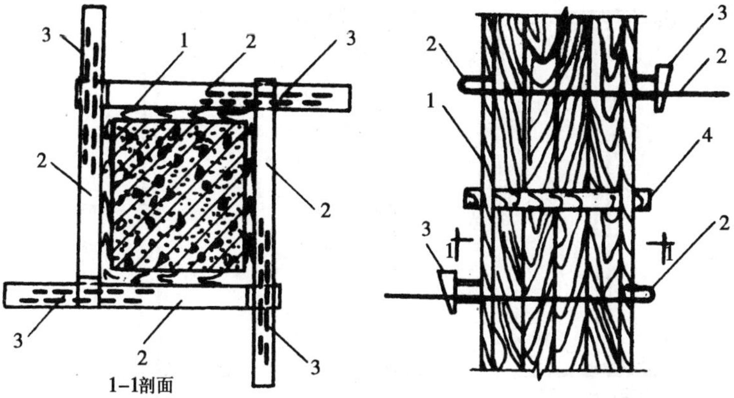

图 4-15　扁钢柱箍

1—木模；2—60×5 扁钢；3—钢板楔；4—拼条

底板下每隔一定间距（800～1 200mm）用顶撑（琵琶撑）支设。夹木设在梁模两侧下方。将梁侧板与底板夹紧并钉牢在顶撑上。次梁模板还应根据支设楼板模板的搁栅的标高，在两侧板外面钉上托木（横档）。在主梁与次梁交接处应在主梁侧板上留缺口，并钉上衬口档，次梁的侧板和底板钉在衬口档上，如图 4-16。

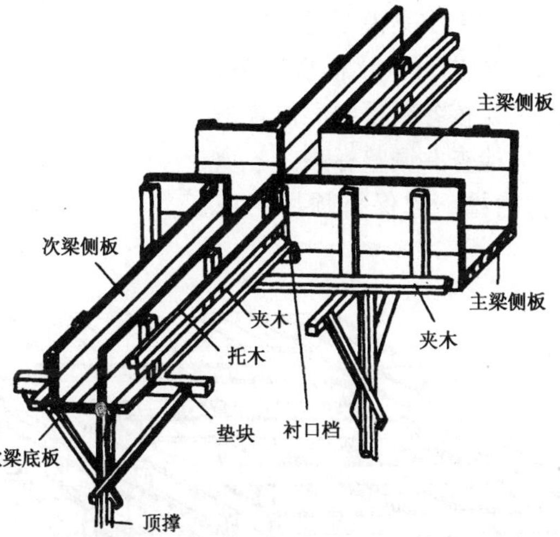

图 4-16　梁模板

支撑梁模的顶撑，其立柱一般为 100mm×100mm 的方木或直径 120mm 的原木，帽木用断面 50mm×50mm～100mm×100mm 的方木，长度根据梁高确定，斜撑用断面 50mm×75mm 的方木。顶撑亦可用钢制的，如图 4-17。为了确保梁模板支设的坚实，应在夯实的地面上立柱底垫厚不小于 40mm、宽度不小于 200mm 的通长垫木，用木楔调整标高。

当梁的高度较大时，应在侧板外面另加斜撑（如图 4-18）。斜撑上端钉在托木上，下端钉在帽木上。独立梁的侧板上口用搭头木互相卡住。

当梁高在 700mm 以上常用铁丝穿过横档对拉，或用螺栓将两侧模板拉紧。防止模板下口向外爆裂及中部鼓胀。

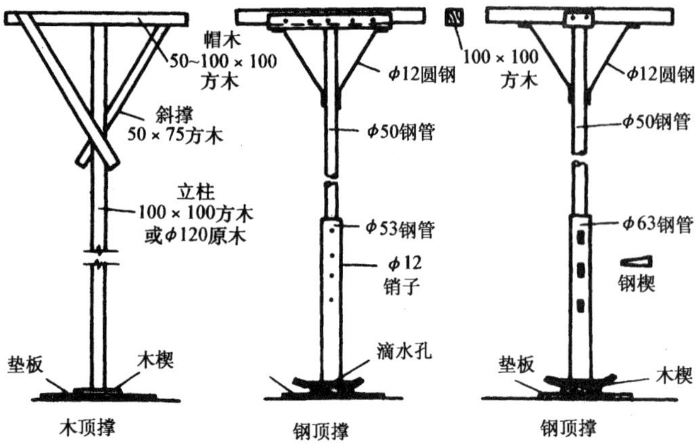

图 4-17　顶撑

梁模板安装顺序是：沿梁模板下方地面上铺垫板，在柱模缺口处钉衬口木档，把底板搁置在衬口木档上，接着立起靠近柱或墙的顶撑，再将梁的长度等分，立中间部分顶撑，顶撑底下打入木楔，接着把侧模板放上，两头钉在衬口档上，在侧板底外侧钉夹木等。有主次梁模板时，要待主梁模板安装并校正后才能进行次梁模板安装。梁模板安装后要拉中线。复核各梁模中心位置是否对正。底模板安装后应检查并调整标高。各顶撑之间要设水平撑或剪力撑，以保持顶撑的稳固。

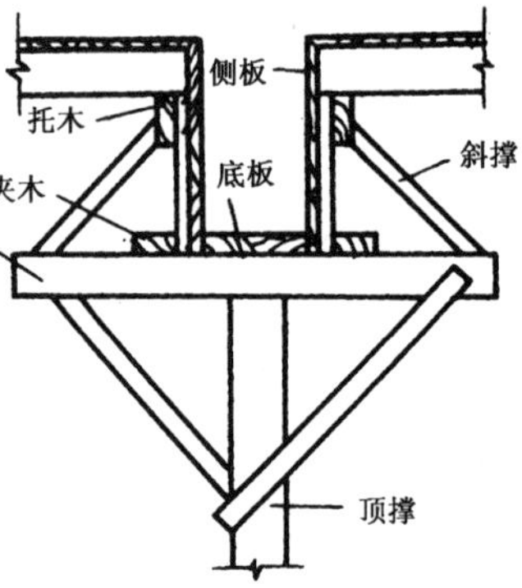

图 4-18　有斜撑的梁模

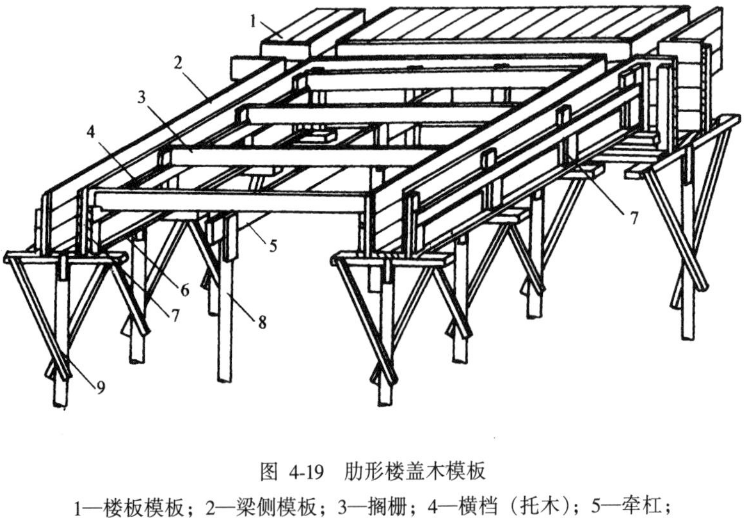

图 4-19　肋形楼盖木模板

1—楼板模板；2—梁侧模板；3—搁栅；4—横档（托木）；5—牵杠；
6—夹木；7—短撑木；8—牵杠撑；9—支柱（琵琶撑）

当梁的跨度≥4m 时，在梁的跨中要起拱，如设计无规定时，起拱高度为梁跨度的

2‰~3‰。

5. 平板模板　肋形楼盖由主梁、次梁和平板等组成。平板模板一般用厚 20~25mm 的木板拼成，或采用定型木模块。铺在搁栅上。搁栅两头支撑在托木上，搁栅一般用断面 50mm×100mm 的方木，间距为 400~500mm。当搁栅跨度较大时，应在搁栅中间立牵杠撑，并设通长的牵杠，以减小搁栅的跨度。牵杠撑要求和顶撑一样。平板模板应垂直于搁栅方向铺钉。定型模块的规格尺寸要符合搁栅的间距，或适当调整搁栅间距来适应定型模块的规格，如图 4-19。

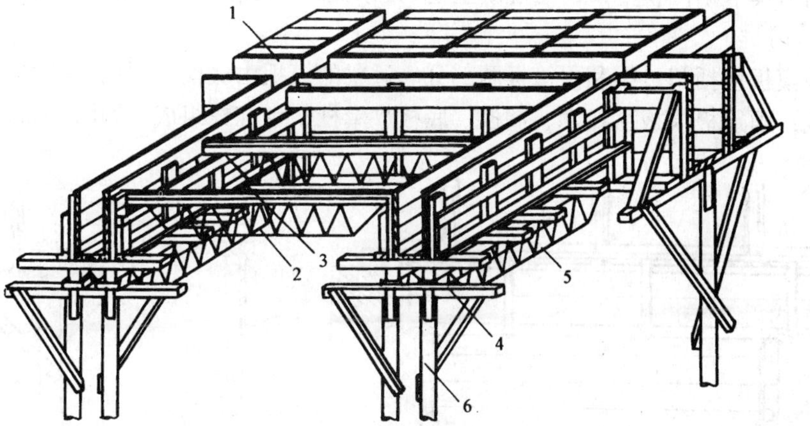

图 4-20　桁架支模

1—楼板模板；2—搁栅桁架；3—方木；4—木楔；5—梁底桁架；6—双肢支柱

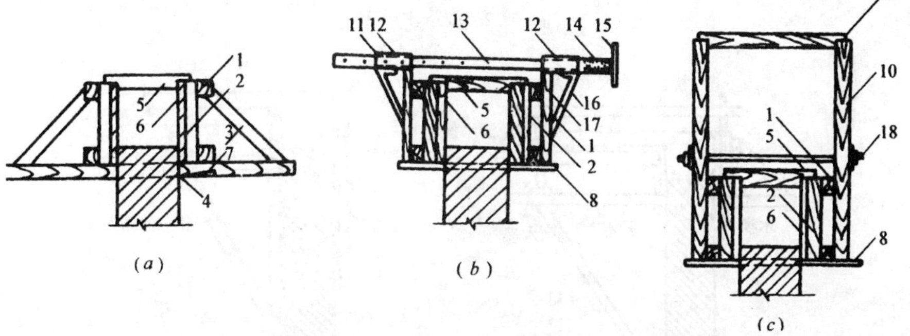

图 4-21　圈梁模板

(a) 挑扁担法；(b) 钢管卡具倒卡法；(c) 木制卡具倒卡法；

1—横档；2—拼条；3—斜撑；4—墙洞 60×120；5—临时撑头；6—侧模；7—扁担木 50×100；8—ϕ10 钢筋；9—卡具横档；10—卡具立档；11—ϕ8 销钉；12—ϕ25 钢管；13—ϕ22 钢筋；14—立牙丝杆及套管；15—扳套管钢筋；16—ϕ10 钢筋；17—∠25×3；18—ϕ10~12 螺栓

平板模板安装时，先在次梁模板外侧弹水平线，水平线标高为板底标高减去平板模板厚度及搁栅高度，然后按水平线钉上托木，托木上口与水平线相齐。再把靠梁模旁的搁栅先摆上。等分搁栅间距，摆中间部分的搁栅。最后在搁栅上铺钉平板模板。为了便于拆模，只在模板端部或接头处钉牢，中间尽量少钉。如用定型模块则铺在搁栅上即可。如中间设有牵杠撑及牵杠时，应在搁栅摆放前先将牵杠撑立起，将牵杠铺平。

肋形楼盖也可采用桁架支模，即用钢桁架代替木搁栅及梁底顶撑，如图 4-20。桁架的间距和承载能力由设计计算确定。

6. 圈梁、雨篷和挑檐板模板　砖墙上圈梁支模一般采用挑扁担法和倒卡法。

挑扁担法：在圈梁底面下一皮砖处，每隔 1m 留一顶砖孔洞，穿 50mm × 100mm 方木做扁担，竖立两侧模板，用夹条及斜撑夹牢，如图 4-21（a）。

倒卡法：在圈梁底面下一皮砖灰缝中，每隔 1m 嵌入 ϕ10 钢筋支撑侧模，用钢管卡具或木制卡具卡于侧模上口，当混凝土达到一定强度拆模后，将 ϕ10 钢筋抽出，如图 4-21（b）、（c）。

雨篷模板包括门过梁和雨篷板两部分。过梁的模板由底模、侧模、夹木、顶撑、斜撑等组成；雨篷板模板由托木、搁栅、底板、牵杠、牵杠撑组成，如图 4-22。

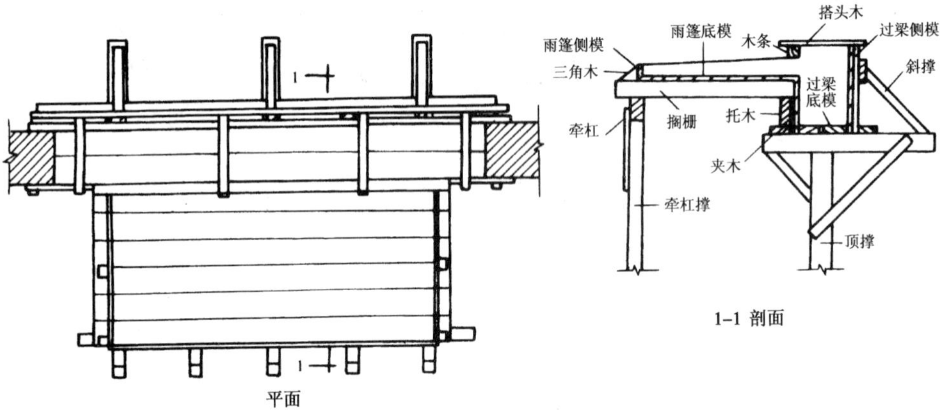

图 4-22　雨篷木模板

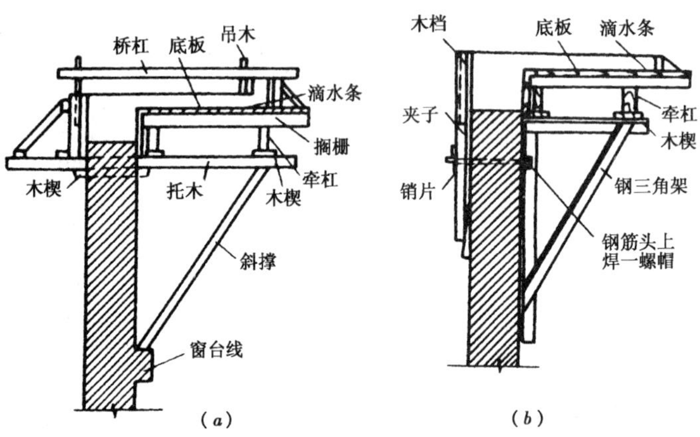

图 4-23　挑檐板模板

（a）木斜撑支架支模；（b）钢三角架支模

支模时，先立门洞两旁的顶撑，搁上过梁的底模，侧模并校正固定。然后在靠雨篷一边的侧板上钉托木，其上口标高为支承雨篷底模的搁栅底面标高，再在雨篷模板前沿下方立牵杠撑，钉上牵杠，安放搁栅，最后铺设雨篷底模。

挑檐板模板一般采用在下层窗台线上用斜撑支撑挑檐部分，也可采用钢三角架支撑挑檐部分，如图 4-23。

7. 楼梯模板　现浇钢筋混凝土楼梯常见的有梁式与板式楼梯，其支模方法基本相同。

板式楼梯的平台梁和平台板的构造与肋形楼盖模板基本相同。楼梯段模板是由底模、搁栅、牵杠、牵杠撑、外帮板、踏步侧板、反三角木等组成，如图 4-24。

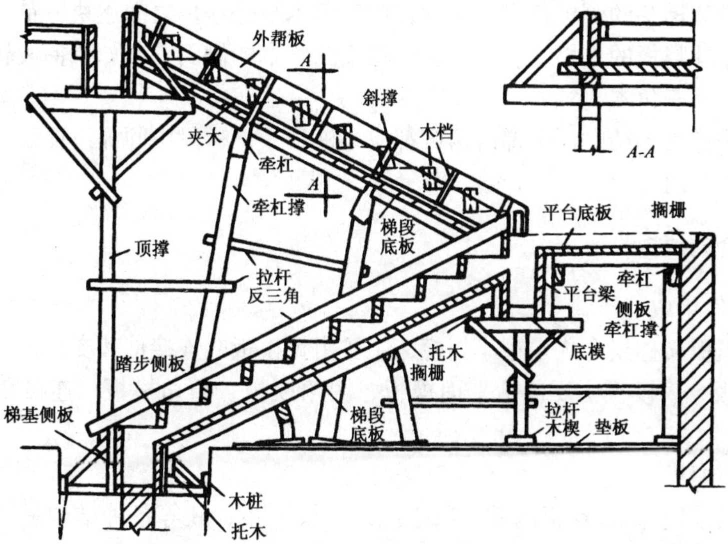

图 4-24　楼梯模板

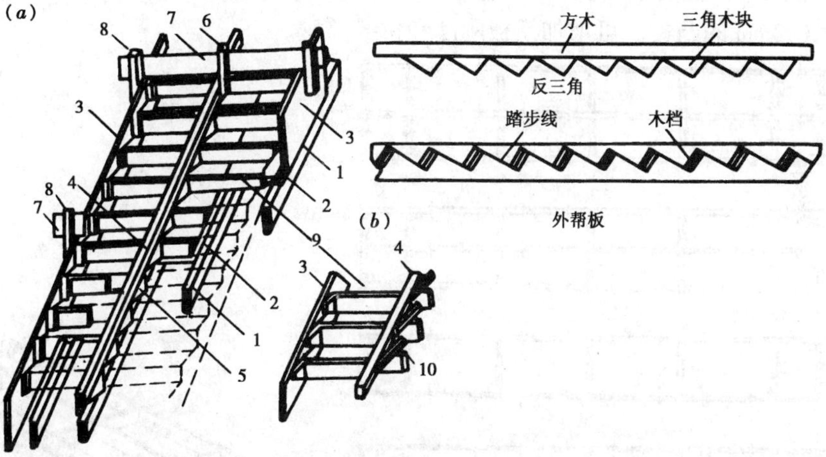

图 4-25　楼梯模板构造

1—楞木（搁栅）；2—底模；3—外帮侧模板；4—反三角木（反扶梯基）；

5—三角板；6—吊木；7—横楞；8—立木；9—梯级模板；10—顶木

梯段侧板的宽度至少要等于梯段板厚及踏步高，梯段侧板的厚度为 30mm，长度按梯段长度确定。反三角木是由若干三角木块钉在方木上（如图 4-25），三角木块两直角边分别等于踏步的高和宽，板的厚度为 50mm，方木的断面为 50mm × 100mm，每一梯段反三角木至少要配一块，楼梯较宽时可多配。反三角木用横楞及方木支吊。

当先砌墙后浇楼梯时，先立平台梁、平台板的模板及梯基侧板。在平台梁和梯基侧板上钉托木，将搁栅支于托木上，搁栅的间距为 400mm ~ 500mm，断面为 50mm ×

100mm。搁栅下立牵杠及牵杠撑。牵杠断面为 50mm × 150mm，牵杠撑间距为 1 ~ 1.2m，其下通常垫板。牵杠应与搁栅相垂直，牵杠撑之间应用拉杆相互拉结。然后在搁栅上铺梯段底板，底板厚为 25 ~ 30mm，底板纵向应与搁栅相垂直。在底板上划梯段宽度线，依线立外帮板，外帮板可用夹木或斜撑固定。再在靠墙的一面立反三角木，反三角木的两端与平台梁和梯基的侧板钉牢，然后在反三角木与外帮板之间逐块钉踏步侧板，踏步侧板一头钉在外帮板的木档上。另一头钉在反三角木的侧面上。如果梯段较宽，应在梯段中间再加设反三角木。

当先浇楼梯后砌墙时，则梯段两侧都应设外帮板，梯段中间加设反三角木，其他与先砌墙体做法相同。

二、组合钢模板

（一）部件组成

组合钢模板又称组合式定型小钢模，主要由钢模板、连接件和支撑件三部分组成。

1. 钢模板　钢模板主要包括平面模板、阴角模板、阳角模板、连接角模，以及其他钢模板。

（1）平面模板

平面模板采用 Q235 钢板制成，用于墙体、梁、板、柱等各种结构平面部位。它是由面板和肋条组成，如图 4-26，面板厚 2.3mm 或 2.5mm。肋条上设有 U 形卡孔，利用 U 形卡和 L 形插销等拼装成大块板。U 形卡孔两边设凸鼓，以增加 U 形卡的夹紧力。边肋倾角处有 0.3mm 的凸棱，可增加模板刚度和拼缝严密。

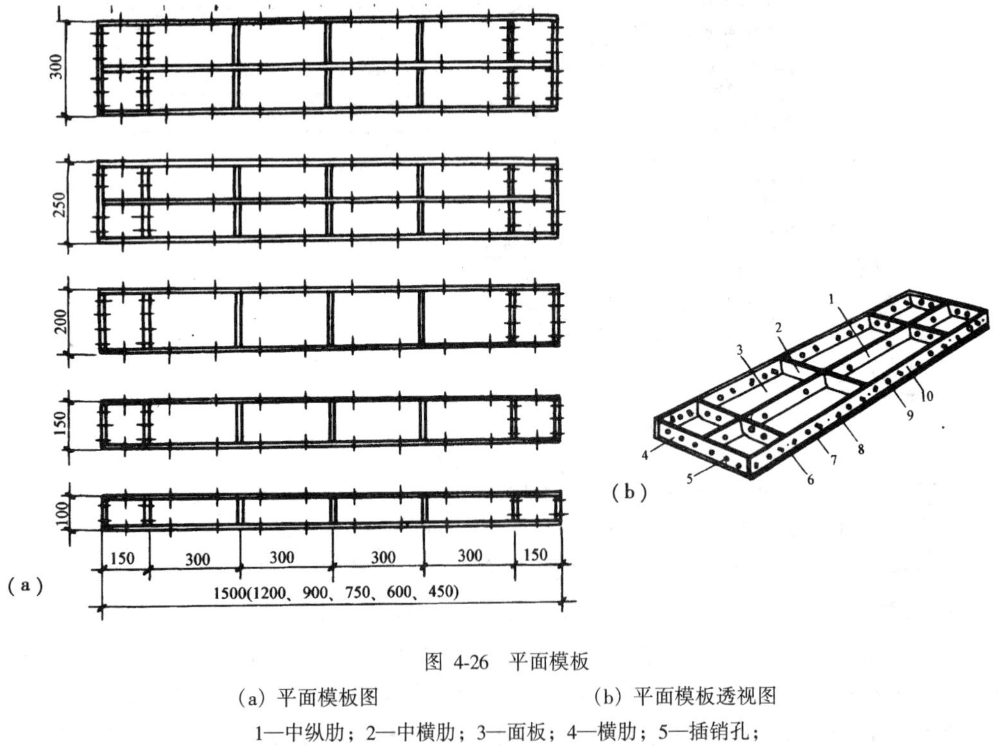

图 4-26　平面模板

（a）平面模板图　　（b）平面模板透视图

1—中纵肋；2—中横肋；3—面板；4—横肋；5—插销孔；

6—纵肋；7—凸棱；8—凸鼓；9—U 形卡孔；10—钉子孔

平面模板规格代号如表 4-1。

表 4-1 平面模板规格表

宽度（mm）	代号	尺　寸（mm）	每块面积（m^2）	每块重量（kg）	宽度（mm）	代号	尺　寸（mm）	每块面积（m^2）	每块重量（kg）
300	P3015	300×1 500×55	0.45	14.90	200	P2007	200×750×55	0.15	5.25
	P3012	300×1 200×55	0.36	12.06		P2006	200×600×55	0.12	4.17
	P3009	300×900×55	0.27	9.21		P2004	200×450×55	0.09	3.34
	P3007	300×750×55	0.225	7.93	150	P1515	150×1 500×55	0.225	8.01
	P3006	300×600×55	0.18	6.36		P1512	150×1 200×55	0.18	6.47
	P3004	300×450×55	0.135	5.08		P1509	150×900×55	0.135	4.93
250	P2515	250×1 500×55	0.375	13.19		P1507	150×750×55	0.113	4.23
	P2512	250×1 200×55	0.30	10.66		P1506	150×600×55	0.09	3.40
	P2509	250×900×55	0.225	8.13		P1504	150×450×55	0.068	2.69
	P2507	250×750×55	0.188	6.98	100	P1015	100×1 500×55	0.15	6.36
	P2506	250×600×55	0.15	5.60		P1012	100×1 200×55	0.12	5.13
	P2504	250×450×55	0.113	4.45		P1009	100×900×55	0.09	3.90
200	P2015	200×1 500×55	0.03	9.76		P1007	100×750×55	0.075	3.33
	P2012	200×1 200×55	0.24	7.91		P1006	100×600×55	0.06	2.67
	P2009	200×900×55	0.18	6.03		P1004	100×450×55	0.045	2.11

注：1. 平面模板重量按 2.3mm 厚钢板计算。

2. 代号：如 P3015，P 表示平面模板、30 表示模板宽度为 300mm、15 表示模板长度为 1 500mm。但 P3007 中 07 表示模板长 750mm，P3004 中 04 表示模板长 450mm。

（2）转角模板

转角模板有阴角模板、阳角模板和连接角模板三种，如图 4-27，用于混凝土结构和

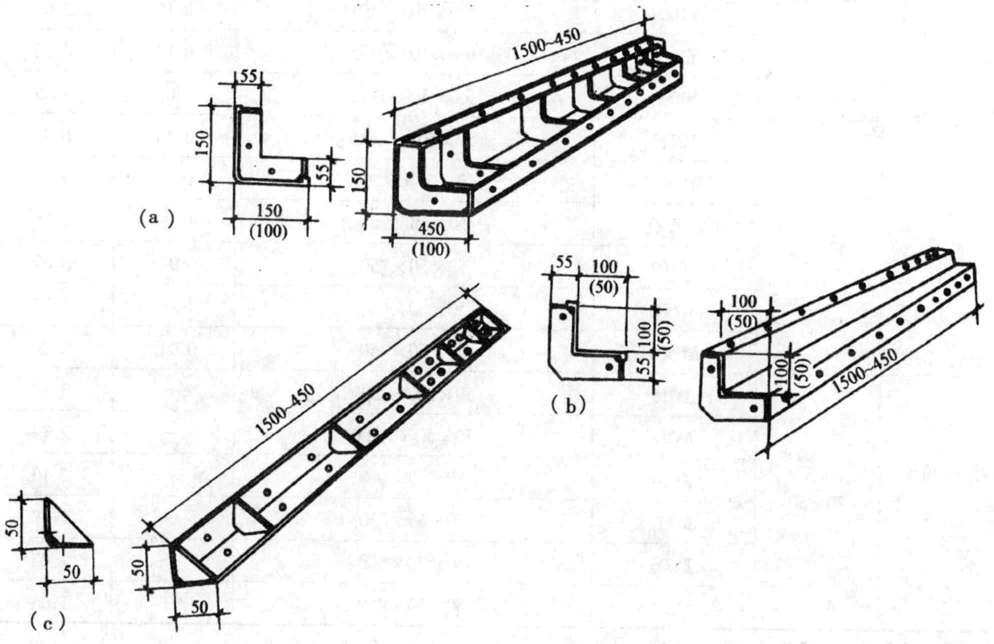

图 4-27 转角模板

(a) 阴角模板；(b) 阳角模板；(c) 连接模板

构件的转角部位。

转角模板规格代号如表 4-2。

表 4-2　转角模板规格表

名　称	宽　度	代　号	尺　寸（mm）	每块面积（m^2）	每块重量（kg）
阴角模板	150×150	E1515	150×150×1 500	0.45	12.87
		E1512	150×150×1 200	0.36	10.43
		E1509	150×150×900	0.27	7.97
		E1507	150×150×750	0.225	6.87
		E1506	150×150×600	0.18	5.52
		E1504	150×150×450	0.135	4.15
	100×150	E1015	100×150×1 500	0.375	11.15
		E1012	100×150×1 200	0.30	9.02
		E1009	100×150×900	0.225	6.89
		E1007	100×150×750	0.187	5.91
		E1006	100×150×600	0.15	4.76
		E1004	100×150×450	0.112	3.57
阳角模板	100×100	Y1015	100×100×1 500	0.30	10.28
		Y1012	100×100×1 200	0.24	8.36
		Y1009	100×100×900	0.18	6.44
		Y1007	100×100×750	0.15	5.60
		Y1006	100×100×600	0.12	4.52
		Y1004	100×100×450	0.09	3.39
	50×50	Y0515	50×50×1 500	0.15	6.83
		Y0512	50×50×1 200	0.12	5.54
		Y0509	50×50×900	0.09	4.26
		Y0507	50×50×750	0.075	3.69
		Y0506	50×50×600	0.06	2.97
		Y0504	50×50×450	0.045	2.24
连接角模	50×50	J0015	50×50×1 500	—	3.47
		J0012	50×50×1 200	—	2.79
		J0009	50×50×900	—	2.10
		J0007	50×50×750	—	1.77
		J0006	50×50×600	—	1.42
		J0004	50×50×450	—	1.06

注：转角模板的重量按 2.3mm 厚钢板计算。

（3）其他模板

其他钢模板包括倒棱模板、梁腋模板、柔性模板、可调模板和嵌补模板，如图 4-28。

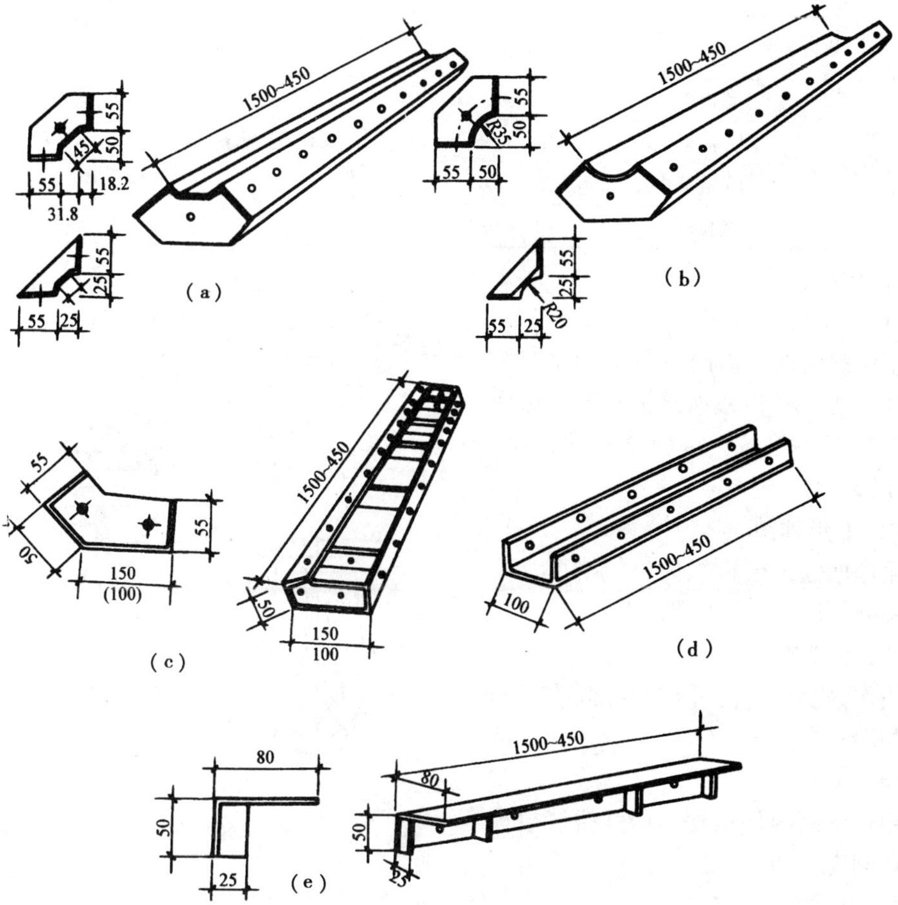

图 4-28 其他模板

(a) 角棱模板；(b) 圆棱模板；(c) 梁腋模板；(d) 柔性模板；(e) 可调模板

倒棱模板分角棱和圆棱两种，主要用于梁、柱墙等阳角的倒棱部位。

梁腋模板主要用于渠道、沉箱和高架结构的梁腋部位。

柔性模板主要用于圆形筒壁、曲面墙体等结构部位。

可调模板用于拼装模板板面尺寸小于 50mm 的补齐部分。

嵌补模板用于梁、柱、墙、板等结构接头部位。

其他钢模板的规格如表 4-3。

表 4-3 其他钢模板规格表

模板名称		宽度（mm）	长度（mm）
倒棱模板	角棱模板	17、45	1 500、1 200、900、750、600、450
	圆棱模板	*R*20、*R*35	
梁腋模板		50×150、50×100	1 500、1 200、900、750、600、450
柔性模板		100	1 500、1 200、900、750、600、450
可调模板		80	1 500、1 200、900、750、600、450

续表

模板名称		宽度（mm）	长度（mm）
嵌补模板	平面嵌板	200、150、100	300、200、150、100 阴角模板图
	阴角嵌板	100×150	
	阳角嵌板	50×100	
	连接角模	50×50	

2. 连接件

（1）U形卡

用作钢模板纵横向自由拼接的主要连接件，具有将相邻钢模板夹紧，保证相邻钢模板不错位，接缝紧密的作用，如图 4-29。

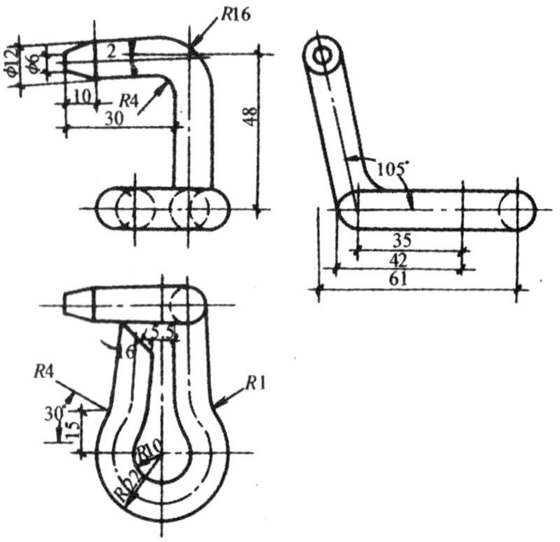

图 4-29　U形卡

（2）L形插销

用作增强钢模板纵向拼接刚度，保证接头处板面平整，如图 4-30。

（3）钩头螺栓

用作钢模板与内外钢楞之间连接固定，如图 4-31。

（4）紧固螺栓

用作紧固内外钢楞，增强拼装模板的整体刚度，如图 4-32。

（5）扣件

用于钢模板与钢楞或钢楞之间的紧固，并与其他配件一起将钢模板拼装成整体。扣件的规格分大号与小号两种，与相应的钢楞配套使用。按钢楞的不同形状尺寸，分别采用碟形扣件和 3 形扣件。目前国内常用的碟形扣件和 3 形扣件能与钩头螺栓、紧固螺栓配套使用，但与模板拉杆的承载能力不能完全相适应。碟形扣件如图 4-33。3 形扣件如图 4-34。扣件的规格见表 4-4。

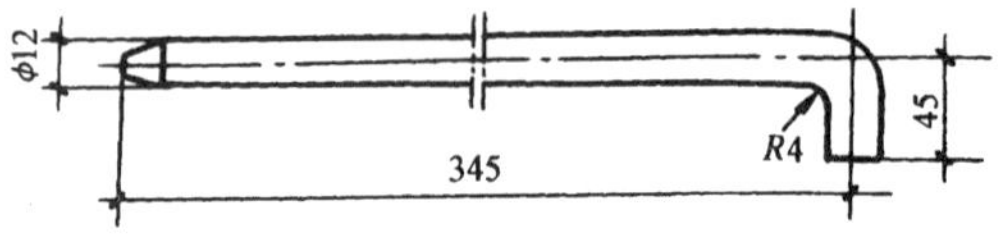

图 4-30　L形插销

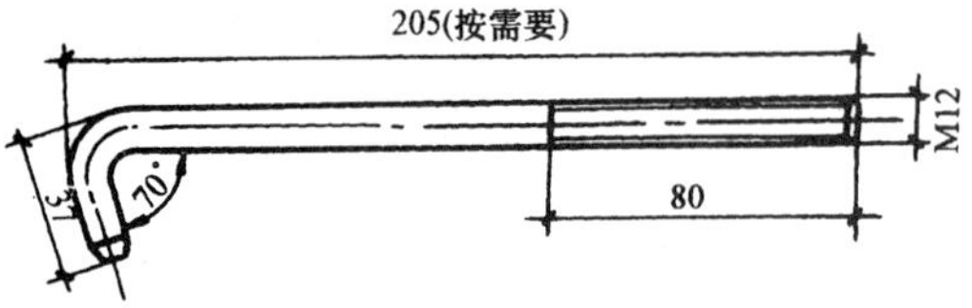

图 4-31　钩头螺栓

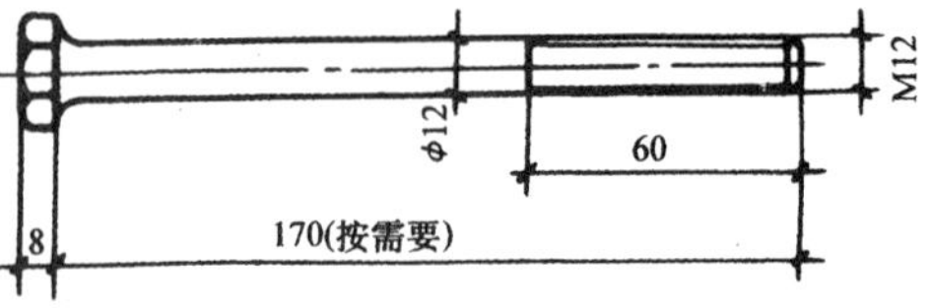

图 4-32　紧固螺栓

（6）模板拉杆

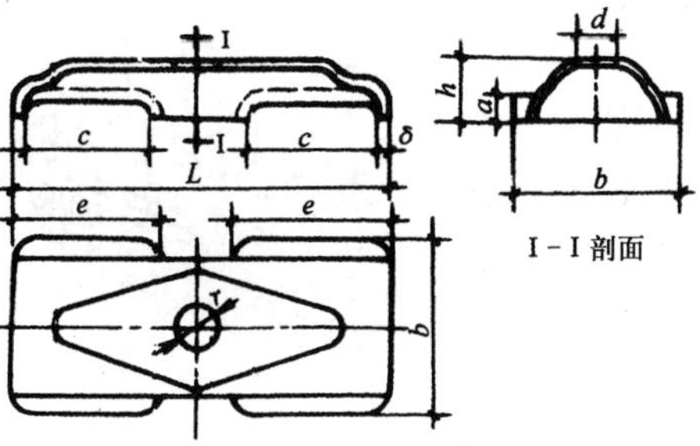

图 4-33 碟形扣件

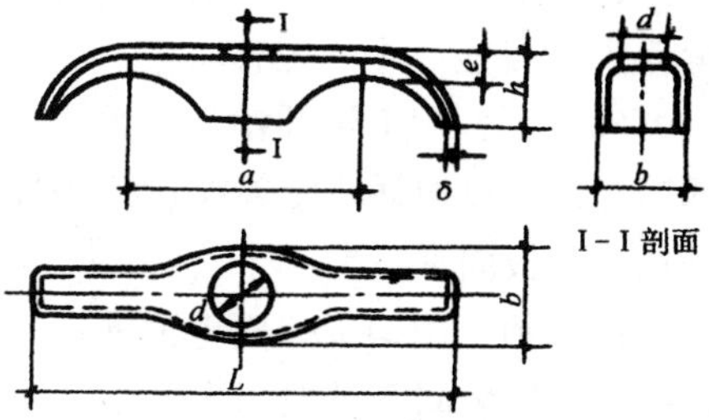

图 4-34 3形扣件

表 4-4 扣件规格表（mm）

名称	型号	a	b	c	d	e	δ	L	h
碟形扣件	大号	15	74	53	ϕ18	61	3.5	145	30
	小号	10	60	43	ϕ16	49	3	122	20
3形扣件	大号	92	40	—	ϕ15	13	2.5	175	32
	小号	66	25	—	ϕ15	9	2	120	22

用于连接内外模板，保持内外模板间距，承受新浇混凝土侧压力和其他荷载，使模板具有足够的刚度和强度。模板拉杆主要有圆杆式、螺母式和板条式三种，如图 4-35、图 4-36、图 4-37 和图 4-38。

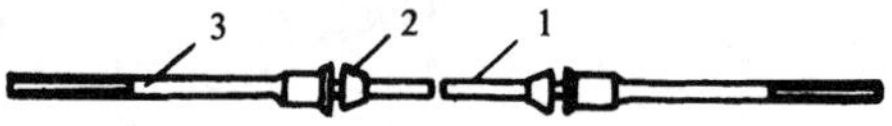

图 4-35 组合对拉螺栓

1—内拉杆；2—顶帽；3—外拉杆

圆杆式拉杆通常称对拉螺栓或穿墙螺栓。又可分为组合式和整体式两种。组合对拉螺栓是由内、外拉杆和顶帽组成。整体对拉螺栓一般为自制的通常螺栓。拆除时，可将对拉螺栓齐混凝土表面切断，也可以在混凝土内加套管，使对拉螺栓能从套管中拔出来重复使用。

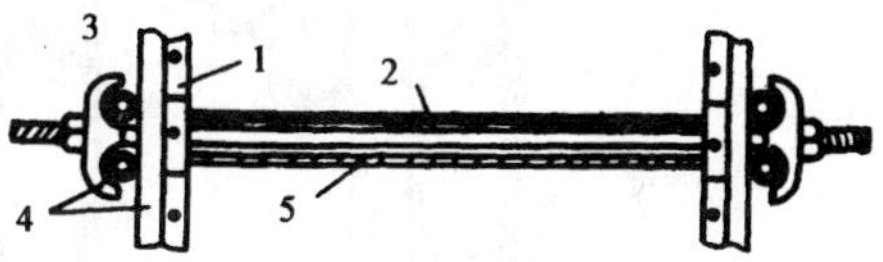

图 4-36 整体对拉螺栓

1—钢模板；2—对拉螺栓；3—扣件；4—钢楞；5—套管

螺母式拉杆是将两个螺母分别焊在两根钢筋的两端作为内拉杆，用两端带螺纹的螺栓作为外拉杆，用木块作为顶帽，以防内拉杆露出混凝土表面。

板条式拉杆是用 6mm 厚的扁钢作为拉杆，在扁钢两端各开一个矩形孔。钢模板上预先开设矩形孔，拼装时，将扁钢穿过钢模板上的预留孔，用楔块插入扁钢两端的矩形孔，使钢楞与钢模板连接。

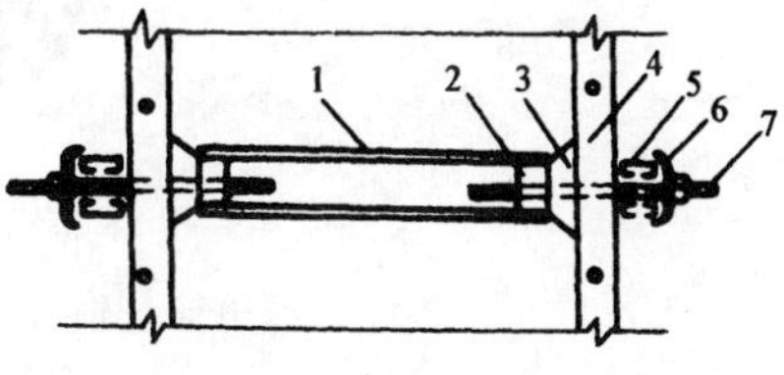

图 4-37 螺母式拉杆

1—钢筋；2—螺母；3—木块；4—钢模板；5—钢楞；6—扣件；7—螺杆

（7）连接件的连接示意

连接件的连接示意如图 4-39 所示。

（*a*）图：用 U 形卡拼接相邻模板。其安装的距离不大于 300mm，即每隔一孔卡插一个，安装方向一顺一倒相互交错，以抵销因打紧U形卡可能产生的位移。

（*b*）图：用L形插销插入钢模板端部横肋的插销孔内，以加强两相邻模板接头处的刚度和保证接头处板面平整。

（*c*）图：用钩头螺栓将钢模板与内外钢楞连接固定。安装间距一般不大于600mm，长度应与采用的钢楞尺寸相适应。

（*d*）图：用紧固螺栓紧固内外钢楞，长度应与采用的钢楞尺寸相适应。

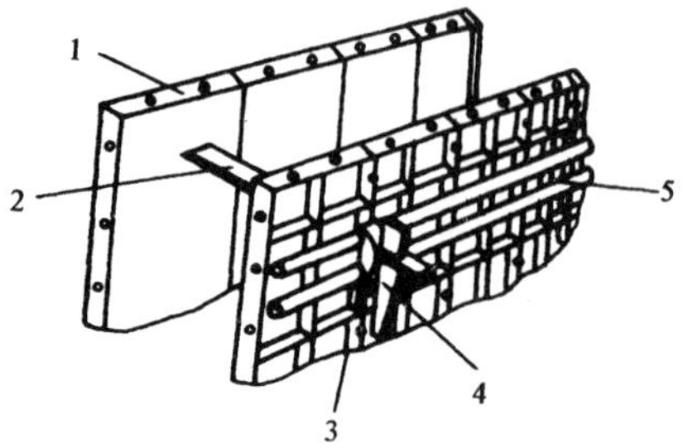

图 4-38　板条式拉杆组装示意

1—钢模板；2—扁钢；3—扣件；4—楔块；5—钢楞

（*e*）图：用对拉螺栓连接墙壁两侧模板，保持模板与模板之间的设计厚度，并承受混凝土侧压力及水平荷载，使模板不致变形。

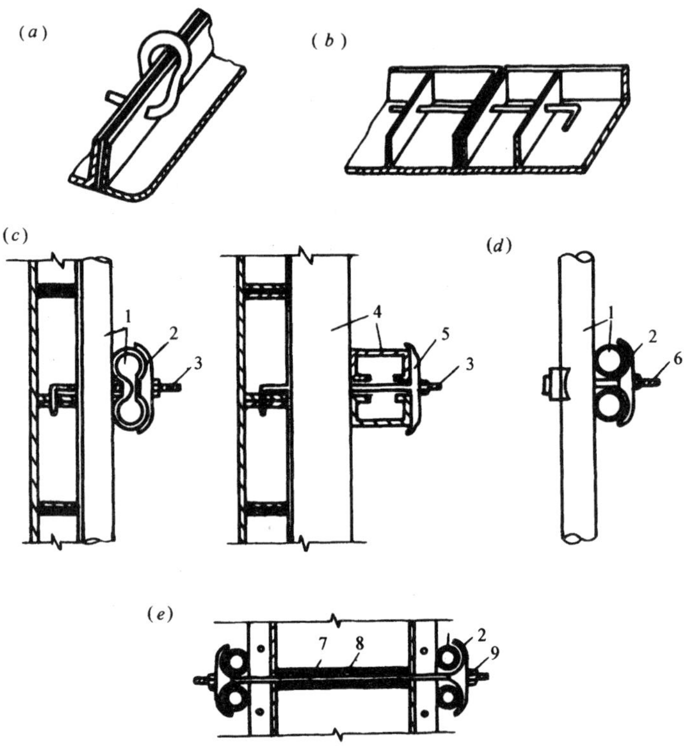

图 4-39　连接件的连接示意图

（*a*）U形卡连接；（*b*）L形插销连接；（*c*）钩头螺栓连接；

（*d*）紧固螺栓连接；（*e*）对拉螺栓连接

1—圆钢管钢楞；2—3形扣件；3—钩头螺栓；4—内卷边槽钢钢楞；

5—蝶形扣件；6—紧固螺栓；7—对拉螺栓；8—塑料套管；9—螺母

扣件用于钢楞与钢楞或与钢模之间的扣紧，按钢楞的不同形状，分别采用蝶形扣件和3形扣件，如（*c*）图，3形扣件用于扣紧圆钢管钢楞，蝶形扣件用于扣紧内卷边槽钢钢楞。

3. 支承件

（1）钢楞

又称龙骨。主要用于支承钢模板并加强其整体刚度。钢楞的规格见表 4-5。

表 4-5　钢楞规格表

名　　称	规格（mm）	名　　称	规格（mm）
钢　　管	φ48×3.5	内卷边槽钢	□80×40×15×3.0
	φ51×3.5		□100×50×20×3.0
矩形钢管	□60×40×2.5	槽　　钢	[8
	□80×40×2.0		
	□100×50×3.0		

（2）柱箍

用于直接支承和夹紧各类柱模的支承件，可根据柱模的外形尺寸和侧压力大小来选用。常用柱箍有扁钢柱箍（图 4-40）、角钢柱箍（图 4-41）、槽钢柱箍（图 4-42）、内卷边槽钢柱箍（图 4-43）和圆钢管柱箍（图 4-44）等，各种柱箍规格及适用范围见表 4-6。

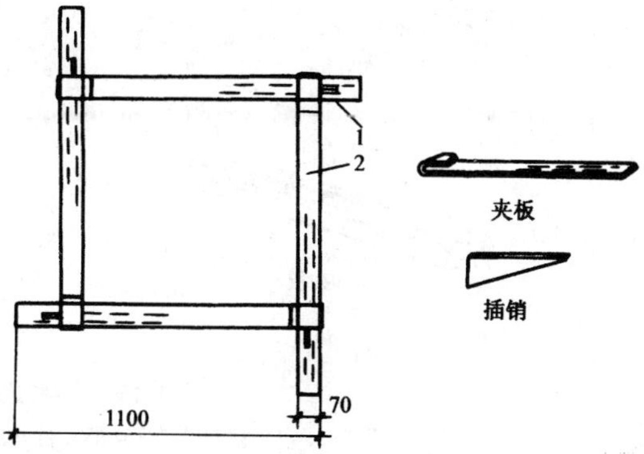

图 4-40　扁钢型柱箍

1—插销；2—夹板

（3）梁卡具

梁卡具又称梁托架，是一种将大梁、过梁等钢模板夹紧固定的装置，并承受新浇混凝土的侧压力。梁卡具由两侧三角架和底座组成，其高度和宽度能调节。常用的有以下几种型式：

钢管型梁卡具，三角架和底座都用钢管制成，适用于断面为 700mm×500mm 以内的梁，高度和宽度都能调节，如图 4-45。

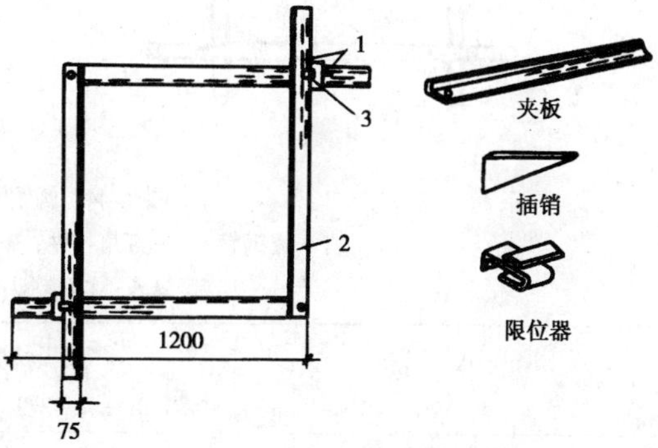

图 4-41　角钢型柱箍

1—插销；2—夹板；3—限位器

角钢型梁卡具，由立柱、底座、三角板和调节螺栓组成。适用于断面为 700mm×500mm 以内的梁，高度和宽度都能调节，如图 4-46。

角钢和槽钢组合梁卡具，三角架用角钢制成，底座利用现有槽钢型钢楞兼用，适用于断面为 700mm×600mm 以内的梁，高度和宽度都能调节，如图 4-47。

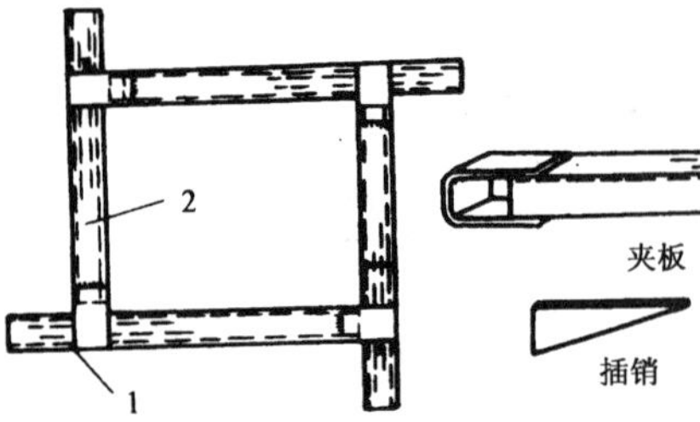

图 4-42 槽钢型柱箍

1—插销；2—夹板

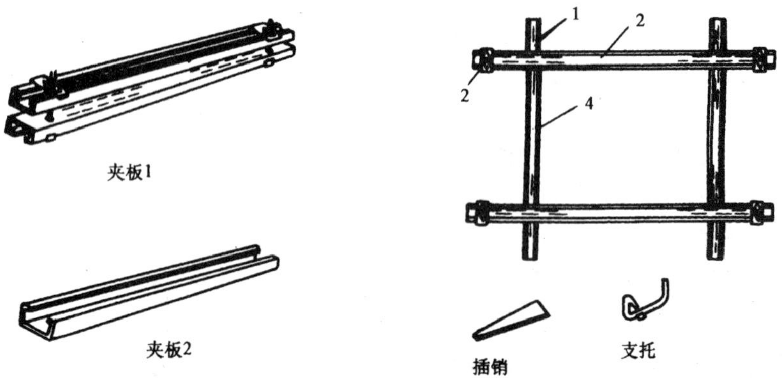

图 4-43 内卷边槽钢型柱箍

1—插销；2—碟形扣件；3—夹板 1；4—夹板 2

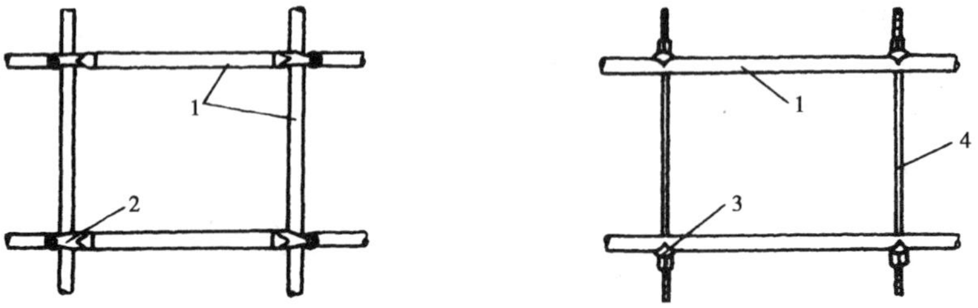

图 4-44 圆钢管型柱箍图

1—圆钢管；2—直角扣件；3—3 形扣件；4—对拉螺栓

表 4-6 柱箍规格及适用范围

规 格（mm）		夹板长度（mm）	重 量（kg/根）	适用柱宽范围（mm）
扁 钢	－70×5	1 100	3.02	300～700
角 钢	∠75×25×3	1 000	2.28	300～600
	∠80×35×3	1 150	2.98	300～700
钢 管	ϕ48×3.5	1 200	4.61	300～700
	ϕ51×3.5	1 200	4.92	300～700

续表

规　格（mm）		夹板长度（mm）	重　量（kg/根）	适用柱宽范围（mm）
冷　弯 槽　钢	〔80 × 40 × 3	1 500	5.30	500 ~ 1 000
	〔100 × 50 × 3	1 650	7.38	500 ~ 1 200
内卷边 槽　钢	⊏80 × 40 × 15 × 3	1 800	7.18	500 ~ 1 000
	⊏100 × 50 × 20 × 3	1 800	9.29	600 ~ 1 200

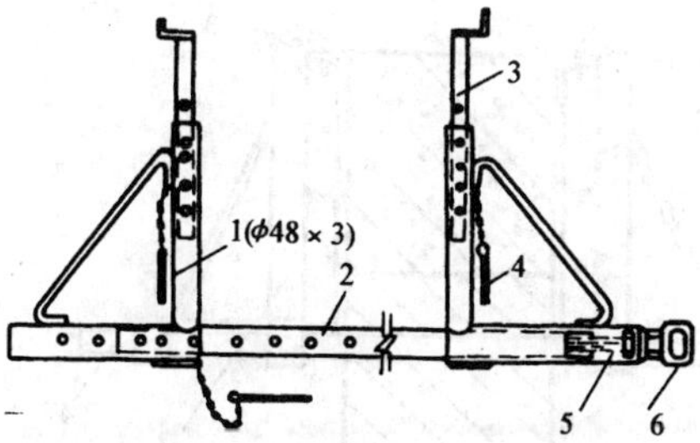

图 4-45　钢管型梁卡具
1—三角架；2—底座；3—调节杆；
4—插销；5—调节螺栓；6—钢筋环

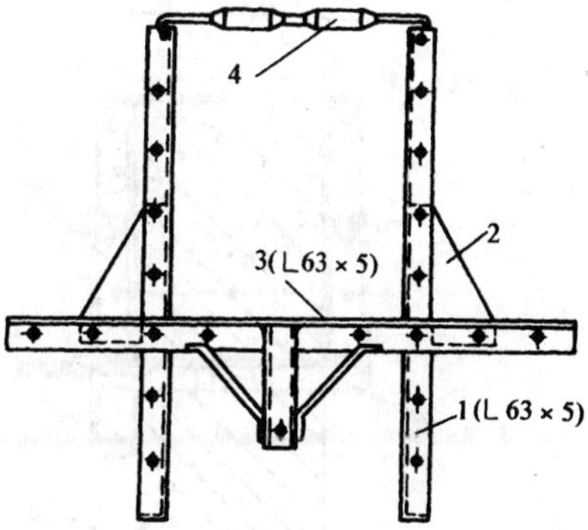

图 4-46　角钢型梁卡具
1—立柱；2—三角板；
3—底座；4—调节螺栓

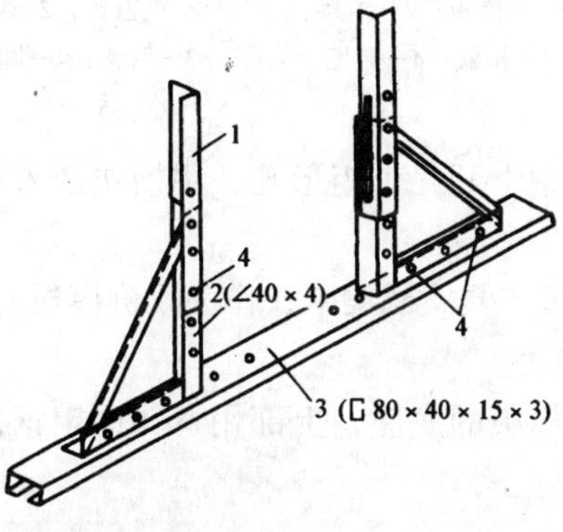

图 4-47　角钢和槽钢组合梁卡具
1—调节杆；2—三角架；3—底座；4—螺栓

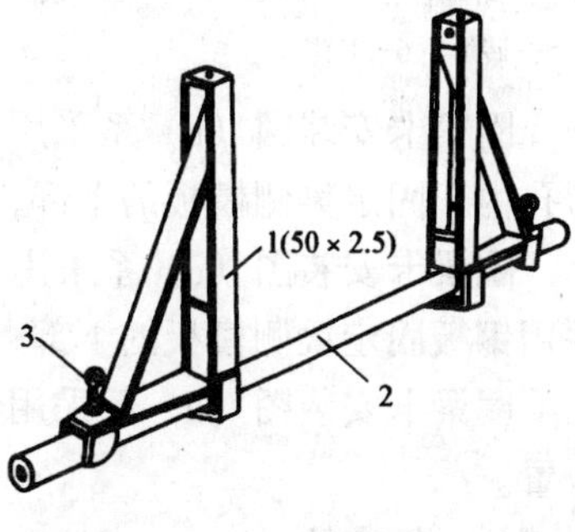

图 4-48　扁钢和圆钢管组合梁卡具
1—三角板；2—底座；3—固定螺栓

扁钢和圆钢管组合梁卡具，三角架可利用钢模板的边余料加工制作，底座用 φ48mm 的圆钢管，适用于断面为 600mm × 500mm 以内的梁，宽度可以微调，如图 4-48。

（4）圈梁卡。

圈梁卡用于圈梁、过梁等方、矩形梁侧模板的夹紧固定。目前各地使用的形式多样，图 4-49 是几种施工较为简便的圈梁卡安装图。

圈梁卡安装图（a）系采用连接角模和拉结螺栓作为梁侧模板的底座，梁侧模板的上部用拉铁固定。

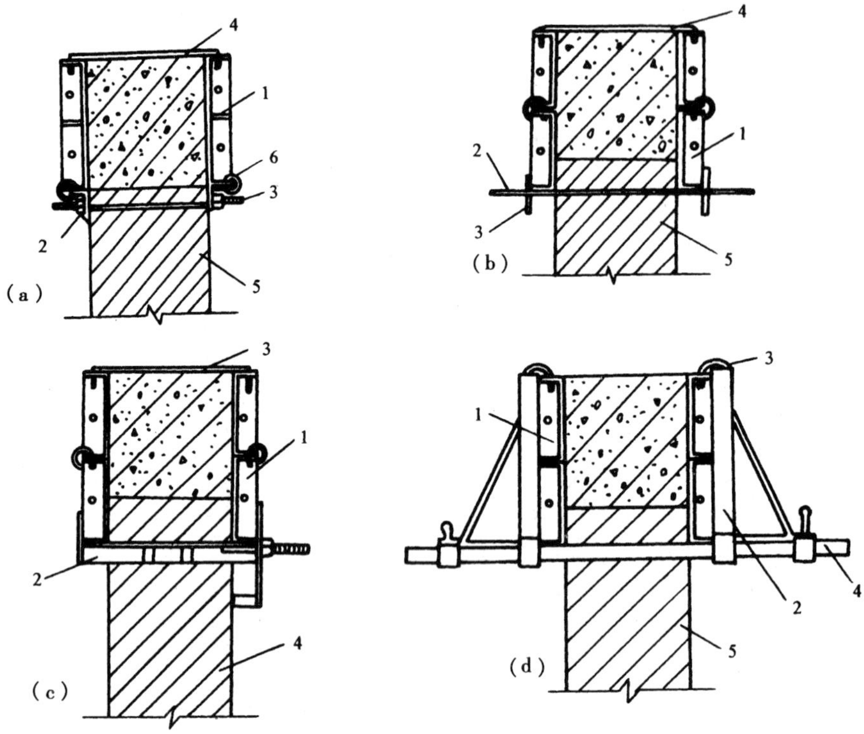

图 4-49 圈梁卡安装图

圈梁卡安装图（a）
1—钢模板；2—连接角模；
3—拉结螺栓；4—拉铁；
5—砖墙；6—U 形卡

圈梁卡安装图（b）
1—钢模板；2—扁钢；
3—楔块；4—拉铁；
5—砖墙

圈梁卡安装图（c）
1—钢模板；2—卡具；
3—拉铁；4—砖墙

圈梁卡安装图（d）
1—钢模板；2—梁卡具；
3—弯钩；4—圆钢管；
5—砖墙

圈梁卡安装图（b）系采用扁钢作底座，扁钢上开几个矩形孔，用楔块插入扁钢矩形孔内，固定梁侧模板的下部，上部用拉铁固定。

圈梁卡安装图（c）系采用角钢和钢板加工成工具式圈梁卡，作为梁侧模板的底座，并用钢板固定梁侧模板的下部，上部用拉铁固定。

圈梁卡安装图（d）系采用梁卡具作为梁侧模板的底座，上部用弯钩固定钢模板的位置。

（5）钢支柱

用于大梁、楼板等水平模板的垂直支撑，有单管支柱和四管支柱多种形式，如图 4-50。单管支柱分 C—18 型、C—22 型和 C—27 型三种，其规格（长度）分别为 1 812 ~ 3 112mm、2 212 ~ 3 512mm、2 712 ~ 4 012mm。四管支柱的管柱用四根 ϕ48 × 3.5mm 的圆钢管和 6 ~ 10mm 的钢板缀条拼接焊成。螺栓千斤顶是由直径为 M45mm 的螺栓和上、下托板组成，其调距为 250mm。四管支柱规格（长度）分为 1 250、1 500、1 750、2 000、3 000mm 五种，可以组合成以 250mm 进级的各种不同高度。

当荷载较大，钢支柱承载力不足时，可采用钢管井架、扣件式钢管脚手架、门型脚手架作支架。

（6）斜撑

由组合钢模板拼成的整片墙模或柱模，在吊装就位后，应用斜撑调整和固定其垂直位置。斜撑的构造如图 4-51。

（7）桁架

A. 平面可调桁架。

用于楼板、梁等水平模板的支架，具有节省模板支撑，扩大施工楼层内空间的作用。有轻型桁架、组合桁架等。本图为轻型桁架，包括大小两种桁架，如图 4-52。两榀大桁架之间，或大小桁架之间都能拼装。两榀桁架组合的跨度可调范围为 2 100 ~ 3 500mm。轻型桁架用角钢、扁钢和圆钢筋焊接加工而成。

B. 曲面可变桁架。

适用于曲面构筑物模板的支撑。由桁架连接件、垫板、连接板、方垫块等组成，如图 4-53。桁架由扁钢和圆钢筋焊接制成，内弦与腹筋焊接固定，外弦可以伸缩，曲面弧变可以自由调节，最小曲率半径为 3m。

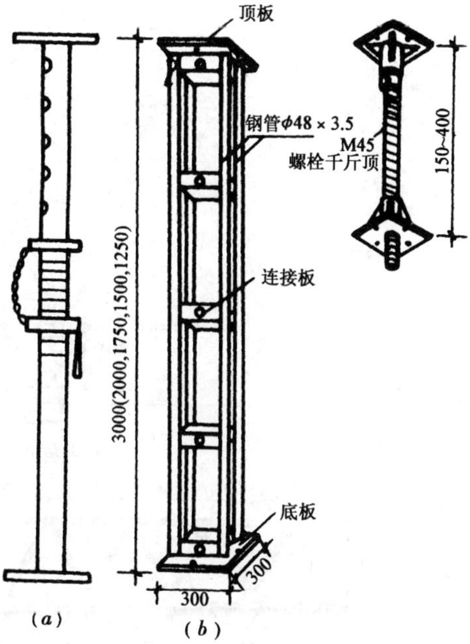

图 4-50 钢支柱

（a）单管支柱；（b）四管支柱

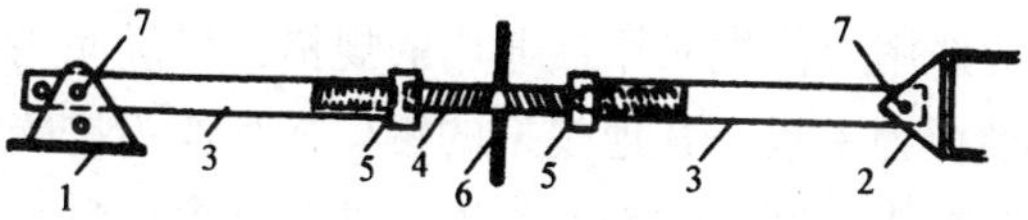

图 4-51 斜撑

1—底座；2—顶撑；3—钢管斜撑；4—花篮螺丝；5—螺帽；6—旋杆；7—销钉

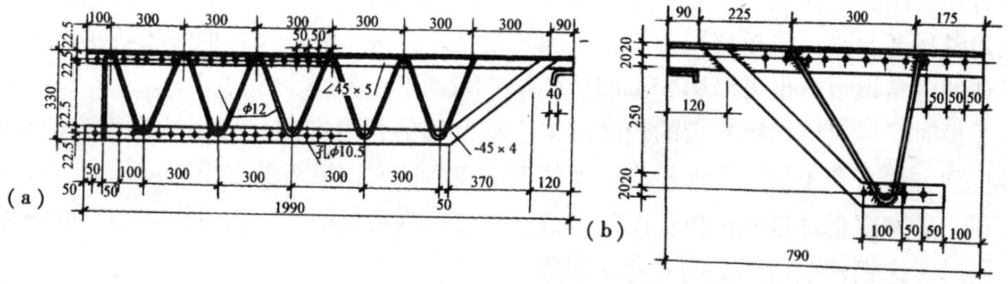

图 4-52 平面可调桁架

（a）大桁架；（b）小桁架

（二）配板原则与方法

1. 配板原则　钢模板的配板优良标准应是使用钢模板块数为最少，木材拼镶补量为最少，并使支撑件的布置简单、受力合理，以节省支模用料。

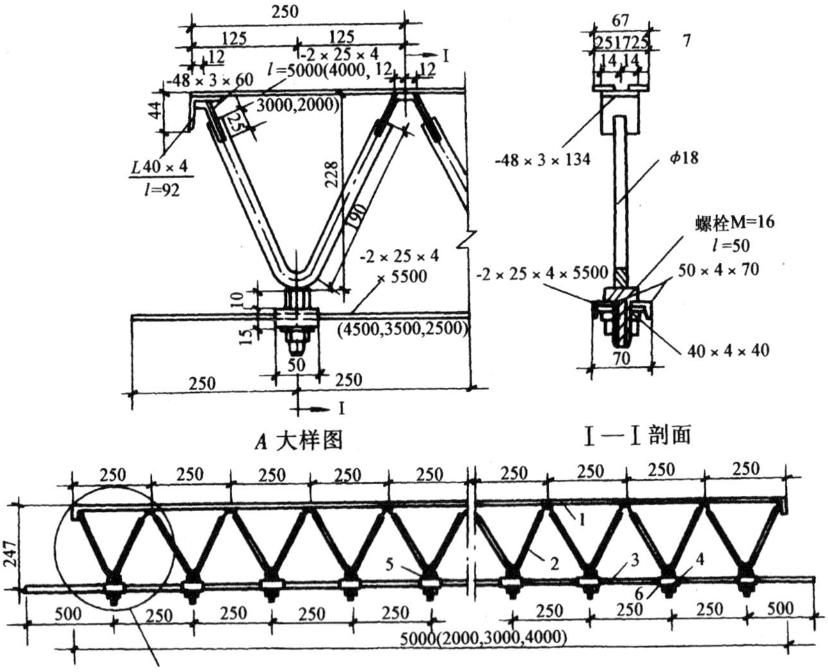

图 4-53　曲面可变桁架

1—内弦；2—腹筋；3—外弦；4—连接件；5—螺栓；6—方垫块

钢模板规格型号的选用应优先采用最通用的规格，尽量使用规格最大的钢模板，以P3015（或P3012）钢模板为主板，其他规格的钢模板只作为拼凑模板面积尺寸之用，这样拼成的模板有较好的整体刚度，并能节省连接件及支模材料，装拆也较方便。推荐长度为1 500mm、1 200mm、900mm、750mm，宽度为300mm、200mm、150mm、100mm等16种规格的钢模板为配套体系，纵横拼配，基本上可以配出以50mm为模数的各种模板面积。个别部位不能满足的尺寸，可用少量的木材拼补。

合理使用转角模板，对于构造上无特殊要求的转角，可以不用阳角模板，一般可用连接角模代替。阴角模板宜用于长度大的转角处；柱头、梁口及其他短边转角部位，如无合适的阴角模板，也可以用55mm的方木代替。

配板时，一般应以钢模板的长度沿梁、板及墙的长度方向、柱子的高度方向排列。这种排列方法有利于使用长度规格较大的钢模板和扩大钢模板的支撑跨度。对于有些模板面积，其宽度正好是钢模板长度的倍数，也可以钢模板的长度沿着模板面积的短边排列，同时考虑钢楞或桁架支撑的合理布置。

对于面积比较方整的预拼装大模板以及钢模板端头集中在一条线上时，直接支撑钢模板的钢楞，间距布置要考虑接缝的位置，应使每块钢模板都能有两处钢楞支撑。

在条件容许情况下，钢模板端头接缝可以错开布置，这样模板整体刚度较好，在长度方向易于保持平直，直接支撑钢模板的钢楞或桁架，间距可以不受接缝位置的限制，有利于发挥钢模板的刚度和节省钢楞用量。

2. 配板方法　拼配同样一块模板面积，使用各种型号的钢模板，从数学角度理论排法很多，但从施工方便和构造合理着眼，一般多采取横排或竖排；横、竖兼排的方式，会使支撑系统布置困难。配板时，应列出几种配板方案进行分析比较，找出其中能使钢模种类、块数和木材拼补为最少，而支撑布置又稳固省料的拼配方案，现举例说明如下：

例：某住宅建筑某部位墙面，长度和高度尺寸为 4 990mm × 2 300mm，需作配板设计。

长度两边各扣除阴角模板宽度 150mm，墙面模板实际配板尺寸为 4 690mm × 2 300 mm。用长度为 1 500mm、900mm、600mm、450mm 和宽度为 300mm、200mm、150mm、100mm 的钢模板拼配，可得出如图 4-54 所示的 6 种不同配板方式，各种方式所用钢模板块数和木材拼补面积见表 4-7 不同配板方式的数据统计表。

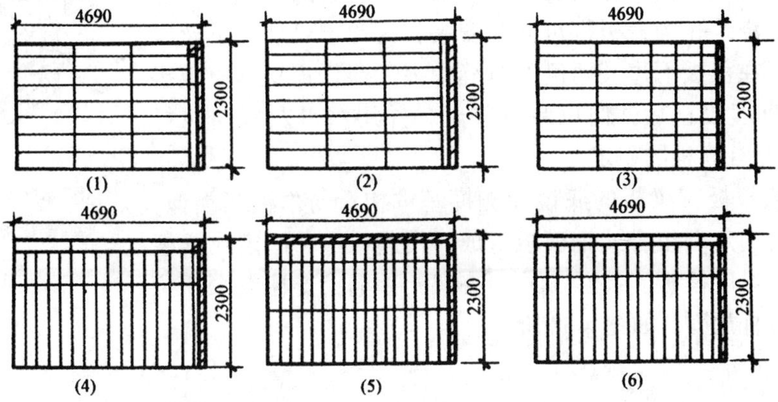

图 4-54　相同面积的不同配板方式

从统计表中可以看出，配板方式（1）和（2）是比较合理的，因钢模板块数少，拼木面积也不多。

表 4-7　不同配板方式的数据统计

配板方式	钢模板块数	拼木面积（m^2）	拼木面积百分比（%）	配板方式	钢模板块数	拼木面积（m^2）	拼木面积百分比（%）
(1)	26	0.122	1.13	(4)	35	0.122	1.13
(2)	27	0.100	0.92	(5)	48	0.325	3.01
(3)	40	0.092	0.85	(6)	37	0.092	0.85

（三）组合钢模板构造与安装

1. 基础模板　阶梯形基础模板的构造如图 4-55 所示。上层阶梯外侧模板较长，需两块钢模板拼接，拼接处除用两根 L 形插销外，上下可加扁钢并用 U 形卡连接，上层阶梯内侧模板应与阶梯等长，与外侧模板拼接处，上下应加 T 形扁钢板连接。下层阶梯钢模板的长度最好与下层阶梯等长，四角用连接角膜拼接。

现场拼装时先依照边线安装下层阶梯模板，用角钢三角撑撑牢箍紧，然后安装上层阶梯钢模板，并在上层阶梯钢模板下方垫混凝土垫块或钢筋支架作为附加支承点。

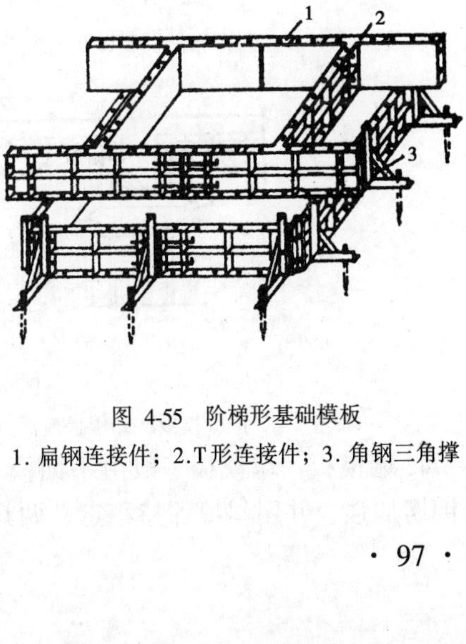

图 4-55　阶梯形基础模板

1. 扁钢连接件；2.T 形连接件；3. 角钢三角撑

2. 柱模板　柱模板的构造如图 4-56 所示，柱的侧模一般选用定型标准板块组合而成，标准板块之间用连接件固定，柱的模板外侧要按规定设置柱箍，若需留浇筑孔，盖板可用标准板块或木板镶拼。

柱模板安装前，应沿边线先用水泥砂浆找平，并调整好柱模板安装底面的标高，如图 4-57（a），亦可沿边线钉一木框，在木框上安装钢模板。边柱的外侧模板需支承在承垫板条上，板条要用螺栓固定在下层结构上，如图 4-57（b）。

柱模板现场拼装，先安装最下一圈，然后逐圈而上直至柱顶。混凝土浇筑孔的盖板也可同时安装，为便于以后取下及安装盖板，可在盖板下边及两侧的拼缝中夹一薄铁皮。钢模板拼装完经垂直度校正后，便可装设柱箍，并用水平及斜向拉杆（斜撑）保持柱模板的稳定。

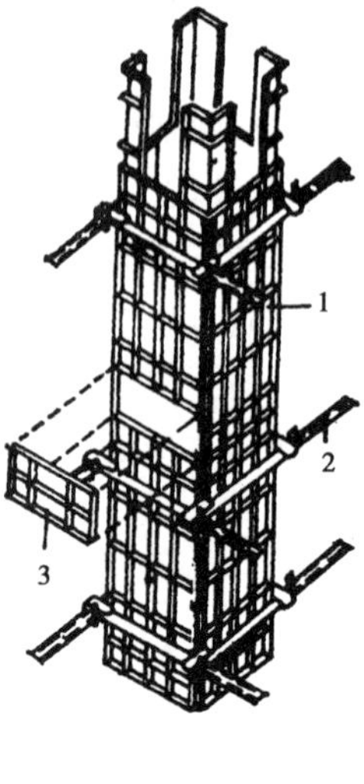

图 4-56　柱模板
1. 平面钢模板；2. 柱箍；3. 浇筑孔盖板

3. 梁板模板　梁板的底模和侧模基本构造与木模相类似，不同的是均用定型组合式钢模板组成，用连接配件固定成梁板几何形体。梁底模板安装在支柱（支架）顶上，支柱以水平拉杆及斜向拉杆加固，如图 4-58 所示。

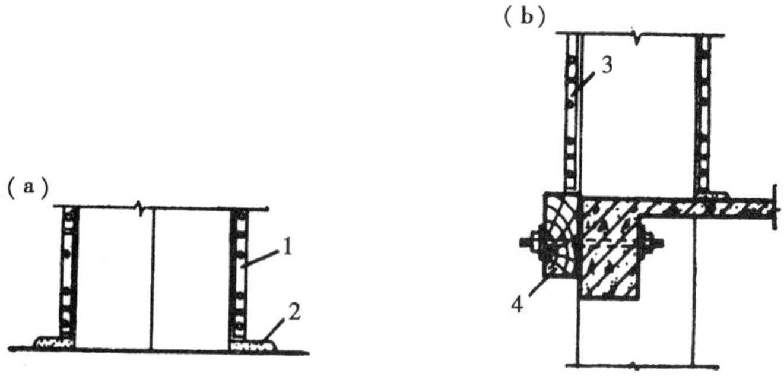

图 4-57　柱模板安装
（a）柱模板安装底面处理；（b）边柱外侧模板的固定方法
1. 柱模板；2. 砂浆找平层；3. 边柱外侧模板；4. 承垫板条

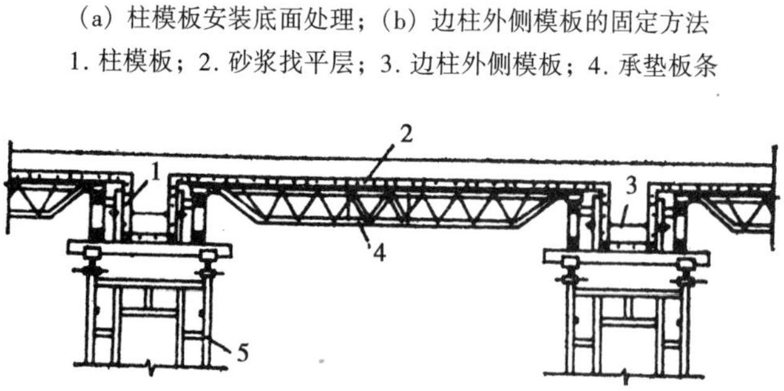

图 4-58　梁、楼板模板
1. 梁模板；2. 楼板模板；3. 对拉螺栓；4. 可调桁架；5. 门型支架

4. 墙模板　墙模板一般由平面模板拼成两整片墙模，可横拼也可竖拼，模板背面用钢楞加强，并用斜撑保持稳定，两片墙模板之间用穿墙对拉螺栓和套管加以连结和固定，以保证墙厚尺寸和抵抗混凝土的侧压力，如图 4-59 所示。

墙模板安装，首先沿边线抹水泥砂浆作好安装墙模板的基底处理。钢模板拼装成整片安装，也可以按配板图由一端向另一端，由下向上，逐层拼装。墙模板安装时，要按需要配置水平或斜向支撑系统，用以保证墙模板的空间稳定性。

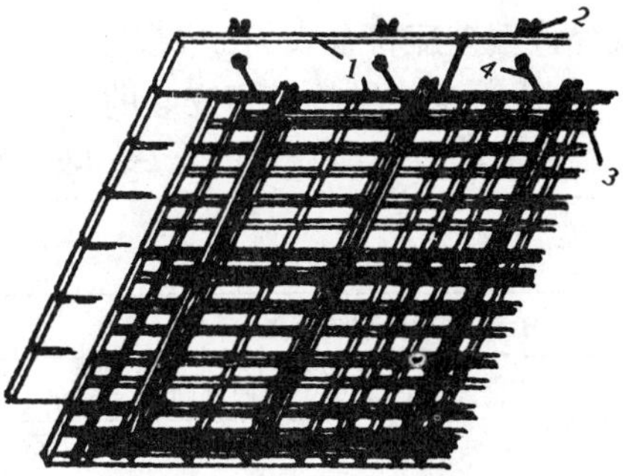

图 4-59 墙模板

1. 墙模板；2. 竖楞；3. 横楞；4. 对拉螺栓

三、模板安装要求

（一）竖向模板和支架的支撑部分，当安装在基土上时，应加设垫板，且基土必须坚实并有排水措施。

（二）模板及其支架在安装过程中，必须设置防倾覆的临时固定设施。

（三）现浇钢筋混凝土梁、板，当跨度等于或大于 4m 时，模板应起拱；当设计无具体要求时，起拱高度宜为全跨长度的 1/1 000 ~ 3/1 000。

（四）现浇多层房屋应采取分层分段支模的方法，安装上层模板及其支架应符合下列规定：

1. 下层楼板应具有承受上层荷载的承载能力或加设支架支撑；

2. 上层支架的立柱应对准下层支架的立柱，并铺设垫板；

3. 当采用悬吊模板、桁架支模方法时，其支撑结构的承载能力和刚度必须符合要求。

（五）当层间高度大于 5m 时，宜选用桁架支模或多层支架支模。当采用多层支架支模时，支架的横垫板应平整，支柱应垂直，上下层支柱应在同一竖向中心线上。

（六）当承重焊接钢筋骨架和模板一起安装时，模板必须固定在承重焊接钢筋骨架的结点上；安装钢筋模板组合体时，吊索应按模板设计的吊点位置绑扎。

（七）当采用分节脱模时，底模的支点应按模板设计位置，各节模板应在同一平面上，高低差不得超过 3mm。

（八）组合钢模板的安装还应符合《组合钢模板技术规范》（GBJ 214—89）的有关规

表 4-8 预埋件和预留孔洞允许偏差

序　号	项　目		允许偏差（mm）
1	预埋钢板中心线位置		3
2	预留管、预留孔中心线位置		3
3	预埋螺栓	中心线位置	2
		外露长度	+10 0
4	预留洞	中心线位置	10
		截面内部尺寸	+10 0

定。

（九）固定在模板上的预埋件和预留孔洞均不得遗漏，安装必须牢固，位置准确，其允许偏差应符合表4-8中规定。

（十）现浇结构模板安装的允许偏差应符合表4-9中规定。

表 4-9　现浇结构模板安装允许偏差

序号	项目		允许偏差（mm）
1	轴线位置		5
2	底模上表面标高		±5
3	截面内部尺寸	基础	±10
		柱、墙、梁	+4 -5
4	层高垂直	全高≤5m	6
		全高>5m	8
5	相邻两板表面高低差		2
6	表面平整（2m长度上）		5

四、模板的拆除

模板的拆除日期，取决于混凝土硬化的快慢，各个模板的用途，结构的性质，混凝土硬化时的气温。及时拆模，可以提高模板的周转率，也可为其它工作创造条件。如过早拆模，混凝土会因未达到一定强度不能担负本身重量或受外力而变形甚至断裂，造成重大质量事故。

（一）拆除日期

1. 不承重的侧模板拆除日期，应在混凝土强度能保证其表面及棱角不因拆除模板而受损坏时，方可拆除。一般当混凝土强度达到2.5MPa后，就能保证混凝土不因拆除模板而损坏。具体时间可参考表4-10。

2. 承重模板的拆除日期，在混凝土强度达到表4-11规定的强度（按设计强度标准值的百分率计）后方能拆除。

达到规定强度标准值所需时间可参考表4-12。

表 4-10　拆除侧模时间参考表

水泥品种	混凝土强度等级	混凝土的平均硬化温度（℃）					
		5°	10°	15°	20°	25°	30°
		混凝土强度达到2.5MPa所需天数					
普通水泥	C10	5	4	3	2	1.5	1
	C15	4.5	3	2.5	2	1.5	1
	≥C20	3	2.5	2	1.5	1.0	1
矿渣及火山灰质水泥	C10	8	6	4.5	3.5	2.5	2
	C15	6	4.5	3.5	2.5	2	1.5

表 4-11 现浇结构拆模时所需混凝土强度

项　　次	结构类型	结构跨度（m）	按达到设计混凝土强度标准值的百分率计
1	板	≤2 >2，≤8	55 75
2	梁、拱、壳	≤8 >8	75 100
3	拱、壳	≤8 >8	75 100
4	悬臂构件	≤2 >2	75 100

表 4-12 拆除底模板的时间参考表（d）

水泥的标号及品种	混凝土达到设计强度标准值的百分率（%）	硬化时昼夜平均温度					
		5℃	10℃	15℃	20℃	25℃	30℃
325 号普通水泥	55%	12	8	6	4	3	2
	75%	26	18	14	9	7	6
	100%	55	45	35	28	21	18
425 号普通水泥	55%	10	7	6	5	4	3
	75%	20	14	11	8	7	6
	100%	50	40	30	28	20	18
325 号矿渣或火山灰质水泥	55%	18	12	10	8	7	6
	75%	32	25	17	14	12	10
	100%	60	50	40	28	24	20
425 号矿渣或火山灰质水泥	55%	16	11	9	8	7	6
	75%	30	20	15	13	12	10
	100%	60	50	40	28	24	20

（二）拆除模板顺序及拆除模板注意事项

拆模应按一定的顺序进行，一般是后支的先拆，先支的后拆，先拆非承重部分，后拆承重部分。重大复杂模板的拆除，事先应制定拆模方案。

拆模时，应尽量避免混凝土表面或模板受到损坏，注意整块下落伤人。拆下的模板，有钉子的要使钉尖朝下，以免扎脚。拆完后，应及时加以清理、修理，按种类及尺寸分别堆放。对定型组合钢模板，若背面油漆脱落，应补刷防锈漆。已拆除模板及支架的结构，应在混凝土强度达到设计的混凝土强度标准值后，才允许承受全部使用荷载。当承受施工荷载大于计算荷载时，必须经过核算，加设临时支撑。拆除跨度较大的梁下支柱时，应先从跨中开始，分别拆向两端。多层楼板模板支柱的拆除，应按下列要求进行：上层楼板正在浇混凝土时，下一层楼板模板支柱不得拆除，再下一层楼板模板的支柱，仅可拆除一部分；跨度 4m 及 4m 以上的梁下均应保留支柱，其间距不得大于 3m。在拆模过程中，如发现混凝土有影响结构安全的质量问题时，应暂停拆除。经处理后，方可继续拆除。

第二节　钢 筋 工 程

钢筋工程主要包括钢筋的检验、加工、成型和绑扎安装，以及钢筋的冷加工和焊接等施工过程。

一、钢筋的检验与存放

（一）钢筋的检验

钢筋出厂时，在每捆（盘）上都应挂有二个标牌（注明生产厂、生产日期、钢号、炉罐号、钢筋级别、直径等），并附有质量证明书，钢筋进场时应进行复验。

1. 热轧钢筋检验　热轧钢筋进场时，应按批进行检查和验收。每批由同牌号、同炉罐号、同规格、同交货状态的钢筋组成，重量不大于60t。验收的内容包括查对标牌、外观检查，并按有关标准的规定抽取试样作力学性能试验，合格后方可使用。

从每批钢筋中抽取5%进行外观检查，要求钢筋表面不得有裂纹、结疤和折叠。钢筋表面允许有凸块，但不得超过横肋的最大高度。钢筋的外形尺寸应符合规定。

力学性能试验时,从每批钢筋中任选两根钢筋,每根取两个试样分别进行拉伸试验(包括屈服点、抗拉强度和伸长率)和冷弯试验。如有一项试验结果不符合要求,则从同一批中另取双倍数量的试样重做各项试验。如仍有一个试样不合格,则该批钢筋为不合格品。

在使用过程中，对热轧钢筋的质量有疑问或类别不明时，在使用前应作拉伸和冷弯试验。根据试验结果确定钢筋的类别后，才允许使用。抽样数量应根据实际情况确定。这种钢筋不宜用于主要承重结构的重要部位。

热轧钢筋在加工过程中发现脆断、焊接性能不良或机械性能显著不正常等现象时，应进行化学成分分析或其他专项检验。

2. 冷轧带肋钢筋检验　冷轧带肋钢筋进场时，应按批进行检查和验收。每批由同钢号、同规格和同级别的钢筋组成，重量不大于50t。

每批抽取5%（但不少于5盘或捆）进行外形尺寸、重量偏差的检查，如有一盘（捆）不合格，则应对该批钢筋逐盘（捆）检查。

力学性能应逐盘（捆）进行检验。从每盘（捆）取两个试样，分别进行拉伸试验与冷弯试验。试验结果应符合冷轧带肋钢筋的力学性能与工艺性能的要求。

3. 冷拉钢筋检验　冷拉钢筋制成后，应分批验收，每批由不大于20t的同级别，同直径的冷拉钢筋组成。

外观检查，要求冷拉钢筋的表面不得有裂纹和局部缩颈。

力学试验时，从每批冷拉钢筋中抽取两根钢筋，每根取两个试样分别进行拉伸和冷弯试验。如有一项试验结果不符合要求，则应另取双倍数量的试样重作各项试验。如仍有一个试样不合格，则该批冷拉钢筋为不合格品。

计算冷拉钢筋的屈服点和抗拉强度，应采用冷拉前的截面面积。

4. 冷拔钢丝检验　对甲级冷拔低碳钢丝和低合金钢丝应逐盘进行外观检查，钢丝表面不得有裂纹和影响力学性能的锈蚀及机械损伤。

直径检查时，用相同材料盘条冷拔成相同的钢丝，以每5t为一批，从每批冷拔钢丝中抽取5%（但不少于5盘）的盘数，测量钢丝的直径，其两个垂直方向直径平均值的允许偏差不得超过±0.10mm（ϕ_5^b）或±0.08mm（ϕ_4^b）值。

对甲级钢丝和低合金钢丝，从每盘中任一端截去500mm以上后再取两个试样进行抗拉强度、伸长率和反复弯曲力学性能试验，并按其抗拉强度确定该盘钢丝组别。钢丝的伸长率和反复弯曲次数应符合冷拔钢丝力学性能的要求。

（二）钢筋的存放

钢筋必须严格按批分等级，牌号、直径、长度挂牌存放，并注明数量，不得混淆。钢筋应尽量存放在库棚内，若露天存放，应选择地势较高，土质坚实的场地。在库棚或场地周围应挖排水沟，以利泄水。堆放时钢筋下面要加垫木，离地面不宜小于200mm，避免钢筋锈蚀和油污。

钢筋成品要分工程、分构件存放。同一项工程与同一构件的钢筋要存放在一起，挂牌注明构件名称、部位、钢筋形式、尺寸、钢号、直径、根数、不能将几项工程的钢筋混放在一起。

二、钢筋的冷加工

为了提高钢筋的强度，节约钢材，满足预应力钢筋的需要，工地上常采用冷拉、冷拔的方法对钢筋进行冷加工。

（一）钢筋的冷拉

钢筋冷拉是在常温下将钢筋进行强力拉伸，使应力超过屈服强度使其产生塑性变形的一种工艺方法。经过冷拉以后的钢筋，称为冷拉钢筋。钢筋冷拉的原理，简单地说是利用钢筋“变形硬化”的性质来提高钢筋强度。也就是说，钢筋受力当应力超过屈服强度后，会产生塑性变形。当卸去荷载，钢筋发生弹性回缩，但有残余变形。再次加荷后会获得新的应力应变曲线。由于该曲线的屈服点明显提高，所以提高了钢筋的强度。

1. 钢筋冷拉控制方法　钢筋冷拉时，多采用控制应力或控制冷拉率两种方法。控制应力法精确度较高，多用于预应力钢筋的冷拉。而控制冷拉率法操作简便，但是冷拉后应力精度不及前者。所以，无法分清炉批的热轧钢筋不应采用控制冷拉率法。

(1) 控制应力法。此法以控制钢筋冷拉应力为主，同时满足最大冷拉率要求。控制应力值如表4-13，冷拉时应检查钢筋的冷拉率，其值不得超过表4-13规定的最大冷拉率。冷拉时，如果钢筋达到规定的控制应力，而冷拉率超过规定的最大冷拉率，则应对该钢筋进行机械性能检验，按实际的级别使用。

表4-13　冷拉控制应力及最大冷拉率

项　次	钢筋级别		冷拉控制应力（N/mm²）	最大冷拉率（%）
1	Ⅰ级 $d \leqslant 12$		280	10
2	Ⅱ级	$d \leqslant 25$	450	5.5
		$d = 28 \sim 40$	430	
3	Ⅲ级 $d = 8 \sim 40$		500	5
4	Ⅳ级 $d = 10 \sim 28$		700	4

（2）控制冷拉率法。控制冷拉率时，冷拉率控制值必须经试验确定。测定同炉批钢筋冷拉率的冷拉应力，应按表4-14规定的冷拉应力选用。冷拉率的测定方法：从需要冷拉的钢筋中截取试件（试件不少于4个），进行拉力试验，测定其达到表4-14规定应力值时的冷拉率，计算出几个试件冷拉率的平均值，做为该批钢筋实际采用的冷拉率。冷拉率值也必须符合表4-13中的规定。

表4-14　测定冷拉率时钢筋的冷拉应力

项次	钢筋级别		冷拉应力（N/mm^2）
1	Ⅰ级 $d \leqslant 12$		320
2	Ⅱ级	$d \leqslant 25$	480
		$d = 28 \sim 40$	460
3	Ⅲ级 $d = 8 \sim 40$		530
4	Ⅳ级 $d = 10 \sim 28$		730

注：如钢筋强度偏高，平均冷拉率低于1%时，仍应按1%进行冷拉。

冷拉率确定后，根据钢筋长度求出总伸长值，做为冷拉时控制依据。钢筋冷拉时速度不宜过快，使钢筋在常温下塑性变形均匀，一般可控制在0.5～1m/min较为适宜。当冷拉达到控制指标时，应稍加停顿再放松，以稳定变形。

2. 冷拉工艺　随着采用机械设备和冷拉钢筋的品种规格以及场地布置的具体条件不同，有阻力轮冷拉工艺、卷扬机冷拉工艺、丝杠粗钢筋冷拉工艺等。图4-60为卷扬机冷拉工艺装置。

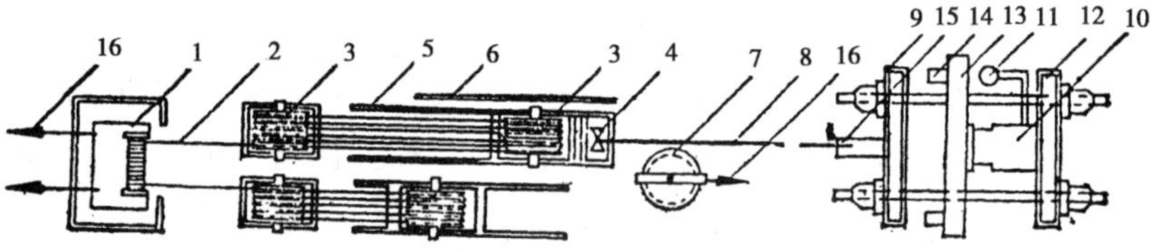

图4-60　卷扬机冷拉工艺装置示意图

1.5t卷扬机；2. 传力钢丝绳；3. 五联滑轮；4. 小车上的钢筋夹具；5. 轻便轨道；6. 测量钢筋伸长值的标尺；7. 大滑轮；8. 钢筋；9. 传力架前横梁；10. 油压千斤顶；11. 油压表；12. 传力架后横梁；13. 固定横梁；14. 台座墩子；15. 钢筋夹具；16. 地锚

钢筋冷拉前应对测力器进行校核。钢筋冷拉速度不宜太快，待拉到控制值时，须稍停，然后再行放松，防止斜拉。预应力钢筋应先对焊后冷拉。钢筋冷拉时，如焊接接头被拉断，可重新焊接后再拉，但一般不超过两次。冷拉线两端必须装置防护设施。冷拉时严禁在冷拉线两端站人，或跨越、触动正在冷拉的钢筋。钢筋冷拉后，宜放置7～15d后使用。

（二）钢筋的冷拔

钢筋冷拔是使ϕ6mm～ϕ8mm的Ⅰ级光圆钢筋强力通过特制的钨合金拔丝模孔多次拉拔成比原钢筋直径小的钢丝。使钢筋产生塑性变形，以改变其物理力学性能。

钢筋冷拉是纯拉伸的线应力，而冷拔是拉伸和压缩兼有的立体应力。冷拔后的钢筋断面缩小，塑性降低，强度提高40%～90%。这种经冷拔加工的钢筋称为冷拔低碳钢丝，分为甲、乙级，甲级钢丝主要用作预应力混凝土构件的预应力筋，乙级钢丝用于焊接网和焊接骨架、架立筋、箍筋和构造钢筋。

钢筋冷拔的工艺过程是：扎头→剥皮→通过润滑剂→进入拔丝模。

冷拔设备由拔丝机、拔丝模、剥皮装置、轧头机等组成。常用拔丝机有立式和卧式两种，如图 4-61。

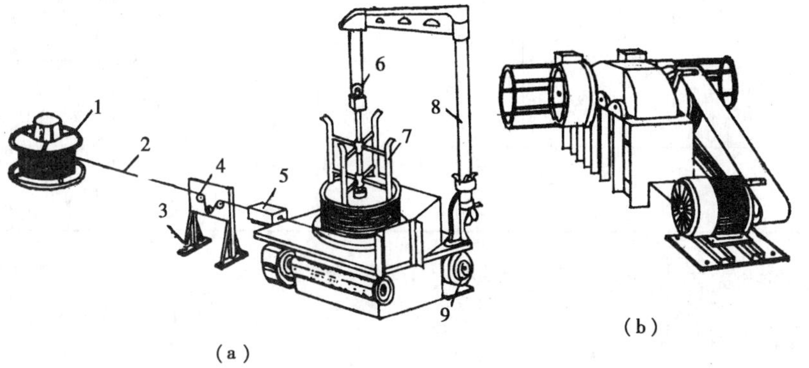

图 4-61　冷拔设备

（a）立式单卷筒拔丝机；　（b）卧式双卷筒拔丝机

1. 盘圆架；2. 钢筋；3. 剥壳装置；4. 槽轮；5. 拔丝模；

6. 滑轮；7. 绕丝筒；8. 支架；9. 电机

拔丝模用钨钢制成。模孔的直径有各种规格，根据所拔钢丝每道压缩后的直径选用。拔最后一道的模孔直径，宜选用比成品钢丝直径小 0.1mm，以保证钢丝规格。为了使钢丝便于进入拔丝模并在拔丝过程中排除残渣，宜在拔丝模尾部装设喇叭管并附有排渣孔，如图 4-62。

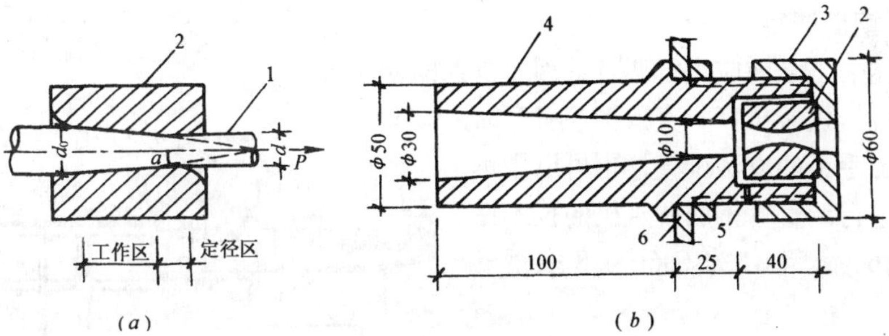

图 4-62　拔丝模构造与装法

（a）拔丝模构造；（b）拔丝模装在喇叭管内

1—钢筋；2—拔丝模；3—螺母；4—喇叭管；5—排渣孔；6—存放润滑剂的箱壁

影响钢丝质量和生产效率是冷拔总压缩率和冷拔次数。冷拔钢丝并非一次拔成，而需要反复拔几次，逐步缩小钢筋直径。冷拔次数要选择适当。如反复拔的次数过少，则每次的压缩量过大，容易拔裂或断条，拔丝模磨损也大。相反，反复拔的次数过多，则会影响拔丝效率，而且钢丝容易变脆。钢丝冷拔次数可参考表 4-15 中数值进行选择。

表 4-15　钢丝冷拔次数参考表

项　次	钢丝直径（mm）	盘条直径（mm）	冷拔总压缩率（%）	冷　拔　次　数					
				第 1 次	第 2 次	第 3 次	第 4 次	第 5 次	第 6 次
1	5	8	61	6.5 7.0	5.7 6.3	5.0 5.7	5.0		
2	4	6.5	62.2	5.5 5.7	4.6 5.0	4.0 4.5	4.0		
3	3	6.5	78.7	5.5 5.7	4.6 5.0	4.0 4.5	3.5 4.0	3.0 3.5	3.0

注：总压缩率 $=\dfrac{d_0^2-d^2}{d_0^2}\times 100\%$　式中 d_0—盘条直径；d—冷拔丝直径。

三、钢筋除锈与调直

（一）钢筋除锈

钢筋的表面应洁净。油渍、漆污和用锤敲击能剥落的浮皮、铁锈等应在使用前清除干净，在焊接前，焊点处的水锈应清除干净。钢筋的除锈方法有：在钢筋冷拉或钢丝调直过程中除锈；用机械方法除锈，如采用电动除锈机（如图 4-63）除锈；也可采用人工除锈（用钢丝刷、砂盘）、喷砂和酸洗除锈等。在除锈过程中发现钢筋表面氧化铁皮鳞落现象严重并已损伤钢筋截面，或在除锈后钢筋表面有严重的麻坑，斑点伤蚀截面时，应降级使用或剔除不用。

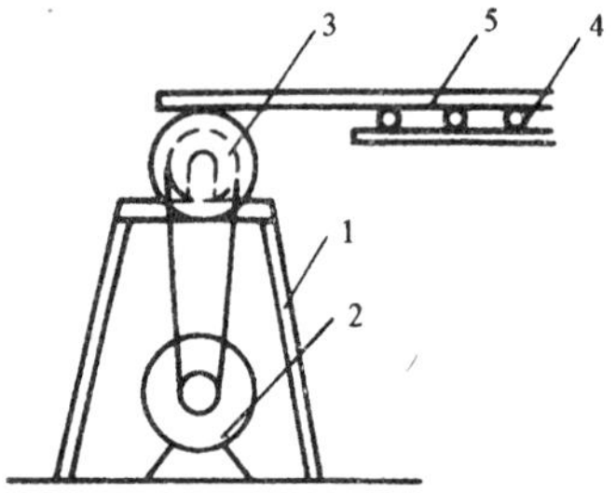

图 4-63　电动除锈机

1—支架；2—电动机；3—圆盘钢丝刷；4—滚轴台；5—钢筋

（二）钢筋调直

钢筋在加工之前应进行调直处理。盘条的调直可以用卷扬机等机械拉直。直条钢筋有弯时可以用人工手锤的方法调直，也可以用钢筋调直机进行调直。钢筋调直机的技术性能见表 4-16，图 4-64 为 GJ6—4/8 型钢筋调直机。

数控钢筋调直切断机是在原有的调直机基础上应用电子控制仪，准确控制钢丝断料长度，并自动计数，其工作原理如图 4-65 所示。

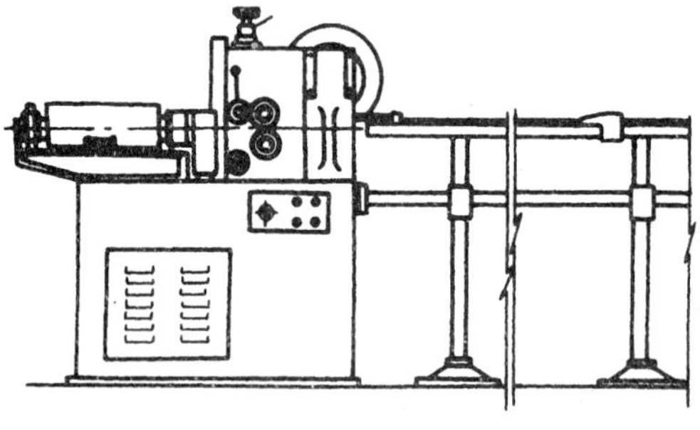

图 4-64　GJ6—4/8 型钢筋调直机

采用钢筋调直机调直冷拔低碳钢丝和细钢筋时，要根据钢筋的直径选用调直模和传送压辊，并要正确掌握调直模的偏移量和压辊的压紧程度。

采用卷扬机拉直钢筋时，其调直冷拉率：Ⅰ级钢筋不宜大于 4%，Ⅱ、Ⅲ级钢筋不宜大于 1%。如所使用的钢筋无弯钩弯折要求时，调直冷拉率可适当放宽，Ⅰ级钢筋不大于6%，Ⅱ、Ⅲ级钢筋不大于2%。对不准采用冷拉钢筋的结构，调直钢筋冷拉率不得大于1%。

质量要求钢筋应平直，无局部曲折；冷拔低碳钢丝在调直机上调直后，其表面不得有明显擦伤，抗拉强度不得低于设计要求（冷拔低碳钢丝经调直机调直后，其抗拉强度一般要降低10%～15%，使用前应加强检验，按调直后抗拉强度选用）。

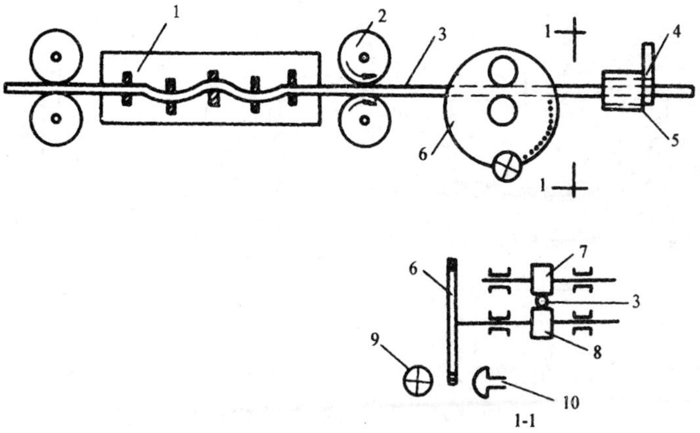

图4-65　数控钢筋调直切断机工作简图

1—调直装置；2—牵引轮；3—钢筋；4—上刀口；5—下刀口；

6—光电盘；7—压轮；8—摩擦轮；9—灯泡；10—光电管

表4-16　钢筋调直机技术性能

机 械 型 号	钢筋直径（mm）	调直速度（m/min）	断料长度（mm）	电机功率（kW）	外形尺寸（mm）长×宽×高	机重（kg）
GJ6-4/8（TQ4-8）	4～8	40	300～6 000	5.5	7 250×550×1 150	720
GJ4-4/14（TQ4-14）	4～14	30，54	300～7 000	2×4.5	8 860×1 010×1 365	1 500

四、钢筋切断

钢筋切断有手工切断和机械切断两种。手工切断可用断线钳切断6mm以下钢丝；GJ5Y—16型手动液压切断机如图4-66，可切断16mm以下的钢筋。机械切断的钢筋切断

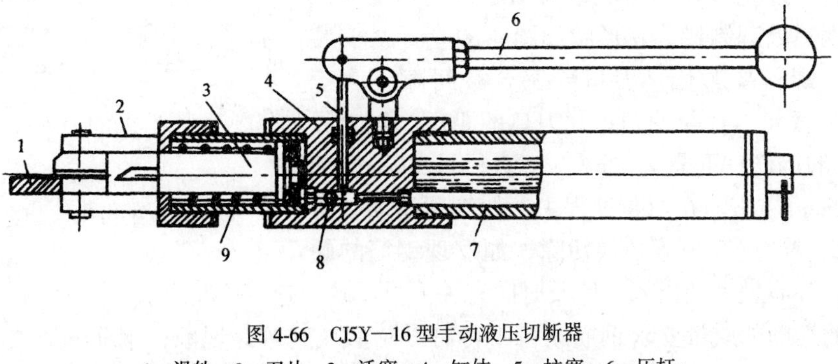

图4-66　CJ5Y—16型手动液压切断器

1—滑轨；2—刀片；3—活塞；4—缸体；5—柱塞；6—压杆；

7—贮油筒；8—吸油阀；9—回位弹簧

机按采用动力不同可分为电动和液压两种，如图4-67、图4-68其技术性能如表4-17所示。电动切断机的产品主要有GJ5—40和QJ40—1型两种，都可以切断直径40mm以下的钢筋，每分钟切断次数均为32次。电动液压切断机主要型号为GJ5Y—32，切断钢筋最大直径为32mm，每分钟可切20次。电动钢筋切断机每次切断的根数，是根据钢筋直径来确定的，GJ5—40型钢筋切断机每次切断根数如表4-18所示。

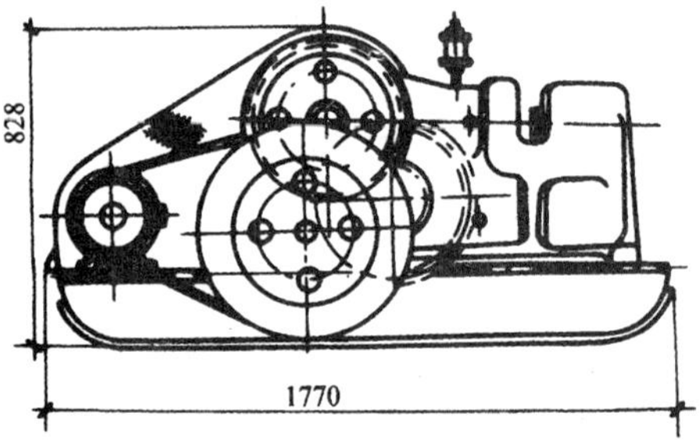

图4-67 GJ5—40型钢筋切断机

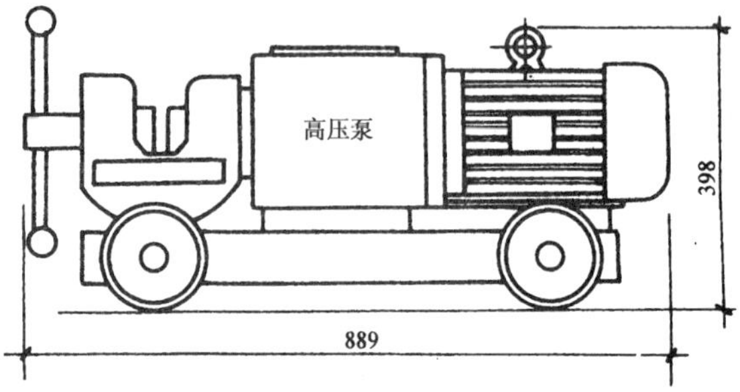

图4-68 GJ5Y—32电动液压切断机

表4-17 钢筋切断机技术性能

机械型号	钢筋直径（mm）	每分钟切断次数	切断力（kN）	工作压力（N/mm^2）	电机功率（kW）	外形尺寸（mm）长×宽×高	重量（kg）
GJ5—40	6~40	32	—	—	7.5	1770×695×828	950
QJ40—1	6~40	32	—	—	5.5	1400×600×780	450
GJ5Y—32	8~32	20	320	45.5	3.0	889×396×398	145

表4-18 GJ5—40型钢筋切断机每次切断根数

钢筋直径（mm）	6~8	10~12	14~16	18~20	22~40	备注
每次切断根数	12~8	6~4	3	2	1	Ⅰ级钢筋

切断钢筋时，应将同规格钢筋根据不同长度长短搭配，统筹排料：一般应先断长料，后断短料，减少短头，减少损耗；断料时应避免用短尺量长料，防止量料中发生累计误差。钢筋切断机的刀片，应由工具钢热处理制成，其形状如图4-69所示。安装刀片时，螺丝要紧固，刀口要密合（间隙不大于0.5mm）；固定刀片与冲切刀片刀口的距离：对直径≤20mm的钢筋宜重叠1~2mm，对直径>20mm的钢筋宜留5mm左右。在切断过程中，如发现钢筋有劈裂、缩头或严重弯头等必须切除，如发现钢筋的硬度与该钢种有较大的出入，应及时向有关人员反映，查明情况。

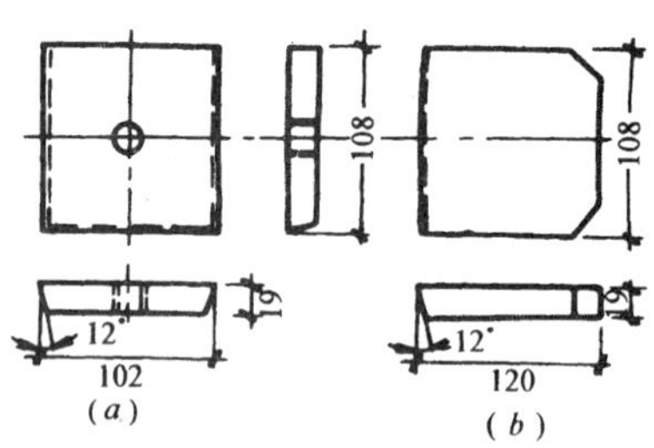

图4-69 钢筋切断机的刀片形状
（a）冲切刀片；（b）固定刀片

钢筋切断的质量要求钢筋断口不得有马蹄形或起弯等现象；钢筋的长度允许偏差±10mm。

五、钢筋弯曲成型

（一）弯钩弯折的有关规定

Ⅰ级钢筋末端需作180°弯钩，其圆弧弯曲直径（D）不应小于钢筋直径（d）的2.5倍，平直部分长度不宜小于$3d$，如图4-70。

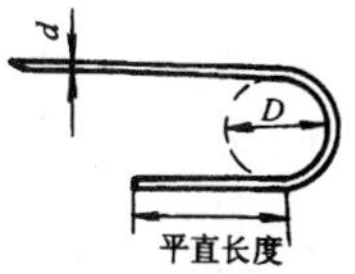

图4-70 钢筋末端弯钩

Ⅱ、Ⅲ级钢筋末端需作90°或135°弯折时，Ⅱ级钢筋的弯曲直径（D）不宜小于钢筋直径（d）的4倍，Ⅲ级钢筋不宜小于钢筋直径的5倍，平直部分长度由设计确定，如图4-71（a）、（b）。

弯起钢筋中间部位弯折处的弯曲直径（D）不应小于钢筋直径d的5倍，如图4-71（c）。

（二）钢筋弯曲成型

钢筋弯曲成型有手工弯曲成型和机械弯曲成型两种。

手工弯曲成型。在缺乏机具设备条件下，在一些施工现场被采用。用手摇扳弯制细钢筋，手摇扳由一块钢板底盘和扳柱（钢筋柱），扳手（摇手）组成，其主要尺寸见表4-19，用卡盘与扳头弯制粗钢筋，卡盘由一块钢板底盘和扳柱组成，与扳头配合使用，卡盘与横口扳手主要尺寸见表4-20。手摇扳和卡盘的钢板底盘固定在工作台上，工作台有木制的与钢制的两种，工作台要求稳固牢靠，避免在操作时发生晃动。

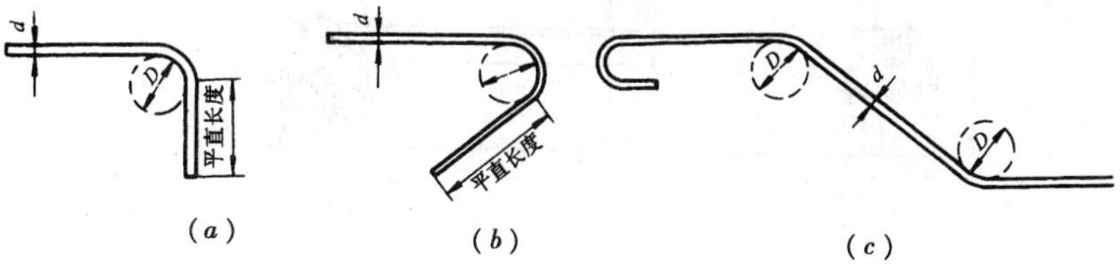

图4-71 钢筋弯折

（a）、（b）钢筋末端弯折；（c）弯起钢筋弯折

表4-19 手摇扳手主要尺寸（mm）

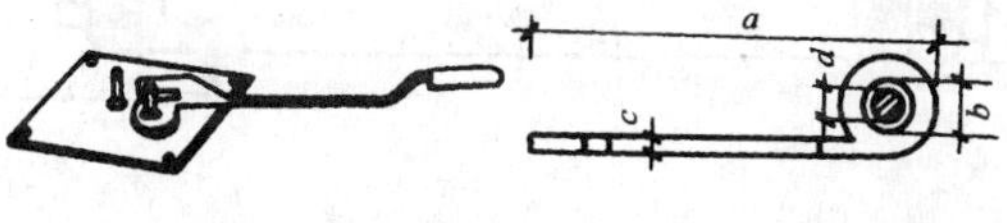

项 次	钢筋直径（mm）	a	b	c	d
1	6	500	18	16	16
2	8～10	600	22	18	20

机械弯曲成型。钢筋弯曲成型机械有常用的GJ7—40型钢筋弯曲机、四头弯筋机、钢筋弯箍机、螺旋形钢筋成型机等。下面简要介绍GJ7—40型钢筋弯曲机和钢筋弯箍机，如图4-72，GJ7—40型钢筋弯曲机技术性能和每次弯曲根数见表4-21和表4-22。

钢筋弯曲机有三个工作速度，适宜弯制直径40mm以下的钢筋，由电动机传动大皮带轮，大皮带轮通过转动轴到变速齿轮上，变速齿轮经过蜗杆、蜗轮减速换向装置使钢筋弯曲机工作台面上的工作盘转动。

表 4-20 卡盘与扳头（横口扳手）主要尺寸（mm）

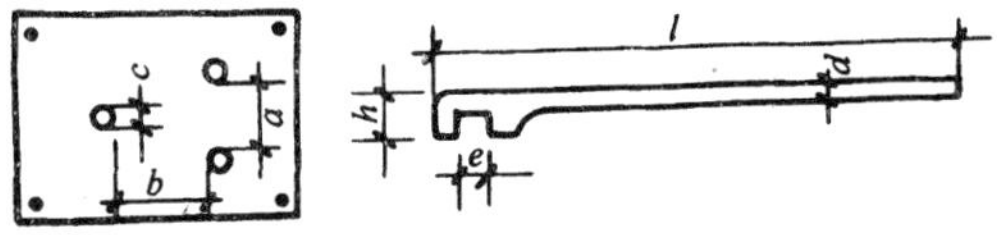

项次	钢筋直径（mm）	卡盘			扳头			
		a	*b*	*c*	*d*	*e*	*h*	*l*
1	12 ~ 16	50	80	20	22	18	40	1 200
2	18 ~ 22	65	90	25	28	24	50	1 350
3	25 ~ 32	80	100	30	38	34	76	2 100

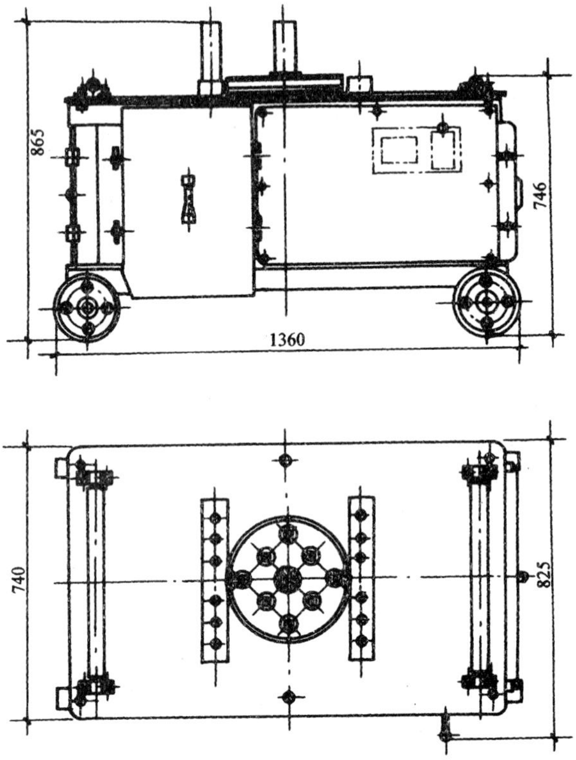

图 4-72 GJ7—40 型钢筋弯曲机

表 4-21 钢筋弯曲机技术性能

弯曲机类型	钢筋直径（mm）	工作盘转速（r/min）	电机功率（kW）	外形尺寸（mm）长×宽×高	重量（kg）
GJ7—40	6 ~ 40	3、6、11	2.8	1 360 × 865 × 746	662
GJ7—40（WJ40—1）	6 ~ 40	3、7、14	2.8	855 × 780 × 670	435

注：工作盘转速：钢筋直径 $d < 18$mm 时，取高速；$d = 18 \sim 22$mm 时，取中速；$d > 22$mm 时，取低速。

表 4-22　GJ7—40 型钢筋弯曲机每次弯曲根数

钢筋直径（mm）	10 ~ 12	14 ~ 16	18 ~ 20	22 ~ 40
每次弯曲根数	4 ~ 6	3 ~ 4	2 ~ 3	1

弯曲钢筋主要依靠工作盘进行操作，工作盘是一个铸钢制成的圆盘，圆盘上有 9 个轴孔，中心的一个孔插心轴，周围的 8 个轴孔插成型轴。当圆盘转动时，心轴和成型轴都在转动，由于心轴在圆心上，位置不变，而成型轴绕心轴作圆弧转动，当钢筋一端被挡铁轴阻止自由活动时，钢筋就被成型轴进行弯曲，如钢筋弯曲机工作示意图 4-73：将钢筋放在工作盘的心轴和成型轴间（图 *a*）开动弯曲机，工作盘转动 90°，成型轴也转动 90°，由于钢筋一端被挡铁阻止不能动，成型轴就将钢筋绕着心轴弯成 90°弯钩（图 *b*），如果工作盘继续旋转到 180°，成型轴也就把钢筋弯成 180°弯钩（图 *c*），用倒顺开关使工作盘反转，成型轴回到起始位置，即弯曲结束（图 *d*）。

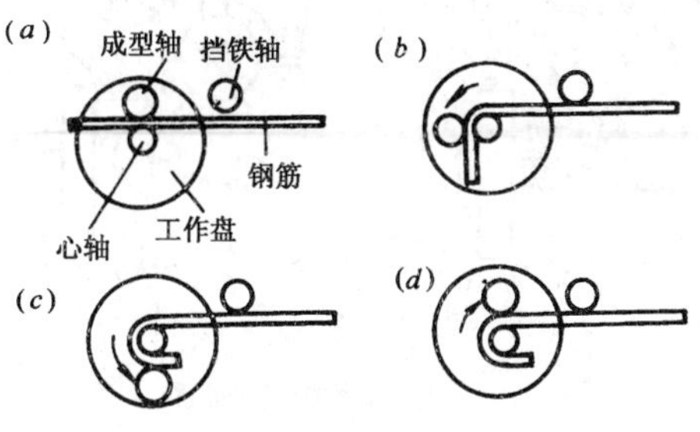

图 4-73　钢筋弯曲机工作示意图

钢筋弯箍机。立式弯箍机由储料、喂料及成型部分组成，如图 4-74。储料部分位于弯箍机上方，储料槽的宽度略大于钢筋直径，以便落入槽内的钢筋依次排列。出料采用拨料轮，拨料轮沿储料槽纵向布置，由链条传动，每转一周，出料一根。钢筋从储料槽出料后，即由喂料机构将其推至工作盘上。喂料机构的推杆由装在拨料轴一端的凸轮带动，喂料机构的动作如图 4-75，每出料一次，推杆工作一次。成型部分装有五个工作盘。工作盘的位置，可利用手摇丝杠来调整；为使工作盘能单个调整，在丝杆上装有开合螺母（由电磁铁带动）。工作盘的旋转，

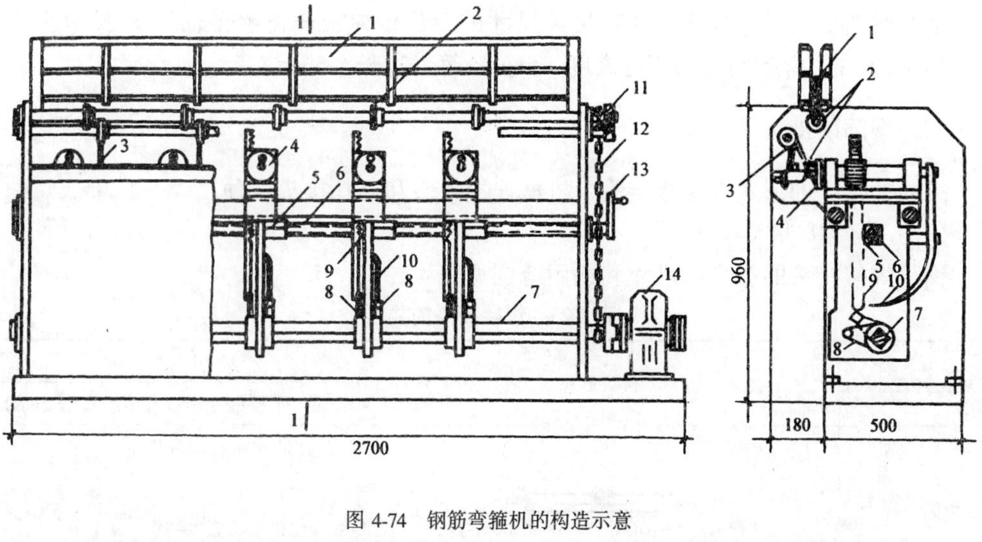

图 4-74　钢筋弯箍机的构造示意

1—储料槽；2—拨料轮；3—喂料用的推杆；4—工作盘；5—开合螺母；6—丝杠；7—传动轴；8—凸轮；9—齿条；10—拨心轴用的连杆；11—凸轮；12—链条；13—手摇轮；14—减速器

是利用传动轴上的凸轮顶动齿条来实现；调整每个凸轮的角度，可获得五个工作盘的异步动作。工作盘的心轴的伸缩是利用传动轴上的另一个凸轮顶动连杆来实现，箍筋的成型步骤如图 4-76 所示。

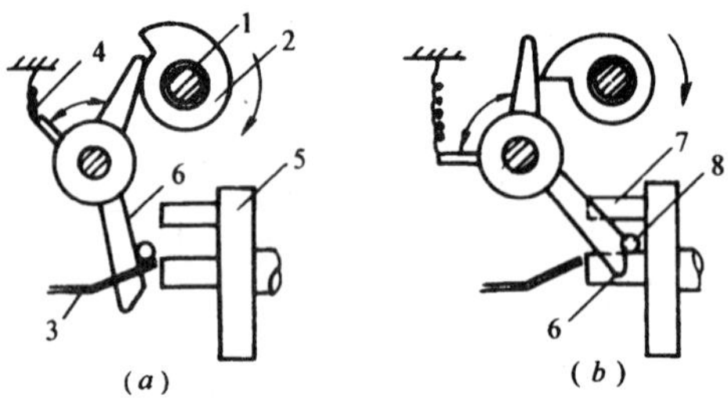

图 4-75 喂料机构的工作简图

（*a*）初始状态；（*b*）喂进状态

1—拨料轴；2—凸轮；3—推杆；4—复位弹簧；5—工作盘；6—心轴；7—成型轴；8—钢筋

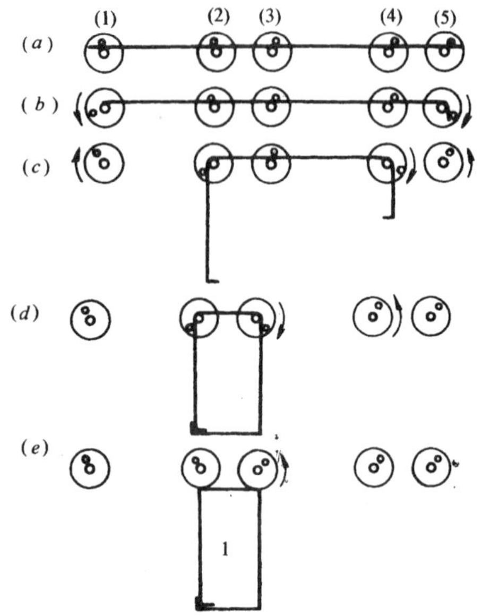

图 4-76 钢筋弯箍机弯制箍筋的成型步骤

（*a*）钢筋就位；（*b*）(1)、(5) 弯折；（*c*）(1)、(5) 心轴缩进、复位，(2)、(4) 弯折；（*d*）(4) 心轴缩进、复位，(5) 弯折；（*e*）(2)、(3) 心轴缩进、复位，箍筋落下图中 (1)、(2)、(3)、(4)、(5) 为工作盘编号

（三）钢筋弯曲成型的质量要求

钢筋弯曲成型后的各部尺寸对设计尺寸的允许偏差：全长 ± 10mm；弯起钢筋起弯点位移 ± 20mm；弯起钢筋的弯起高度 ± 5mm；箍筋边长 ± 5mm。

六、钢筋的接头

钢筋的接头的形式有焊接接头、机械连接接头和绑扎接头三种。

（一）焊接接头

钢筋焊接接头的类型、尺寸和适用范围见表 4-23。

表 4-23 焊接接头的类型

焊接方法	接头形式	适用范围	
		钢筋级别	钢筋直径（mm）
电阻点焊		热轧Ⅰ、Ⅱ级 冷拔低碳钢 丝甲、乙级 冷轧带肋钢筋	6～14 3～5 4～12

续表

焊接方法			接头形式	适用范围	
				钢筋级别	钢筋直径（mm）
闪光对焊				热轧Ⅰ～Ⅱ级 热轧Ⅳ级 余热处理Ⅱ级	10～40 10～25 10～25
电弧焊	帮条焊	双面焊	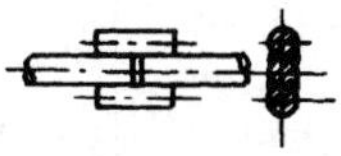	热轧Ⅰ～Ⅱ级 余热处理Ⅱ级	10～40 10～25
电弧焊	帮条焊	单面焊	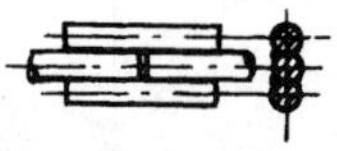	热轧Ⅰ～Ⅱ级 余热处理Ⅱ级	10～40 10～25
电弧焊	搭接焊	双面焊		热轧Ⅰ～Ⅱ级 余热处理Ⅱ级	10～40 10～25
电弧焊	搭接焊	单面焊		热轧Ⅰ～Ⅱ级 余热处理Ⅱ级	10～40 10～25
电弧焊	熔槽帮条焊			热轧Ⅰ～Ⅱ级 余热处理Ⅱ级	20～40 25
电弧焊	坡口焊	平焊		热轧Ⅰ～Ⅱ级 余热处理Ⅱ级	18～40 18～25
电弧焊	坡口焊	立焊		热轧Ⅰ～Ⅱ级 余热处理Ⅱ级	18～40 18～25
电弧焊	钢筋与钢板搭接焊		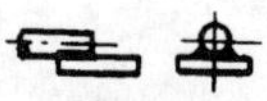	热轧Ⅰ、Ⅱ级	8～40

续表

焊接方法			接头形式	适用范围	
				钢筋级别	钢筋直径（mm）
电弧焊	窄间隙焊			热轧Ⅰ~Ⅱ级	16~40
电弧焊	预埋件电弧焊	角焊		热轧Ⅰ、Ⅱ级	6~25
电弧焊	预埋件电弧焊	穿孔塞焊		热轧Ⅰ、Ⅱ级	20~25
电渣压力焊				热轧Ⅰ、Ⅱ级	14~40
气压焊			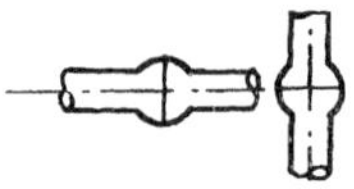	热轧Ⅰ~Ⅱ级	14~40
预埋件埋弧压力焊				热轧Ⅰ、Ⅱ级	6~25

注：1. 电阻点焊时，适用范围的钢筋直径系指较小钢筋的直径；

2. 气压焊的适用范围系指热轧Ⅰ级钢筋、Ⅱ级钢筋和20MnSiV、20MnTiⅢ级钢筋。

（二）机械连接接头

机械连接接头的类型与适用范围见表4-24。

表 4-24　机械连接接头的类型与适用范围

项次	接头类型	接头简图	适用范围	
			钢筋类别	钢筋直径（mm）
1	套筒挤压接头	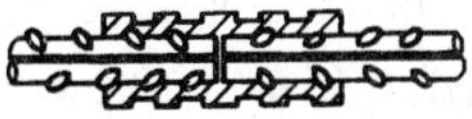	Ⅱ、Ⅲ级	16～40
2	锥螺纹套筒接头	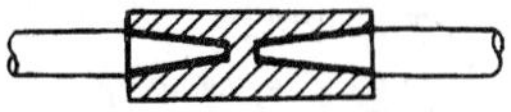	Ⅱ、Ⅲ级	16～40

（三）绑扎接头

钢筋绑扎一般采用 20～22 号铁丝（火烧丝）或镀锌铁丝（铅丝），其中 22 号铁丝只用于绑扎直径 12mm 以下的钢筋。受拉钢筋绑扎接头的最小搭接长度应符合表 4-25 规定，受压钢筋绑扎接头搭接长度为表 4-25 数值的 0.7 倍。钢筋搭接处，应在中心和两端用铁丝扎牢，如图 4-77。

表 4-25　受拉钢筋绑扎接头的最小搭接长度

项次	钢筋种类		混凝土强度等级			备注
			C20	C25	≥C30	
1	Ⅰ级钢筋		35d	30d	25d	1. 当Ⅱ、Ⅲ级钢筋直径 $d>25$mm 时，其受拉钢筋的搭接长度应按表中数值增加 5d 采用 2. 当混凝土在凝固过程中受力钢筋易受扰动（如滑模施工）时，其搭接长度宜适当增加 3. 在任何情况下，纵向受拉钢筋的搭接长度不应小于 300mm，受压钢筋搭接长度不应小于 200mm 4. 轻骨料混凝土的钢筋绑扎搭接长度应按普通混凝土塔接长度增加 5d（冷拔低碳钢丝增加 50mm） 5. 当混凝土强度等级低于 C20 时，Ⅰ、Ⅱ级钢筋最小搭接长度应按表中 C20 的相应数值增加 10d。Ⅲ级钢筋不宜采用 6. 有抗震要求的框架梁的纵向钢筋，其搭接长度应相应增加。对一级抗震等级相应增加 10d；对二级抗震等级相应增加 5d 7. 两根直径不同钢筋的搭接长度，以钢筋的直径为准 8. 受压钢筋绑扎接头的搭接长度应为表中数值的 0.7 倍
2	月牙肋	Ⅱ级钢筋	45d	40d	35d	
3	月牙肋	Ⅲ级钢筋	55d	50d	45d	
4	冷拔低碳钢丝		300mm			

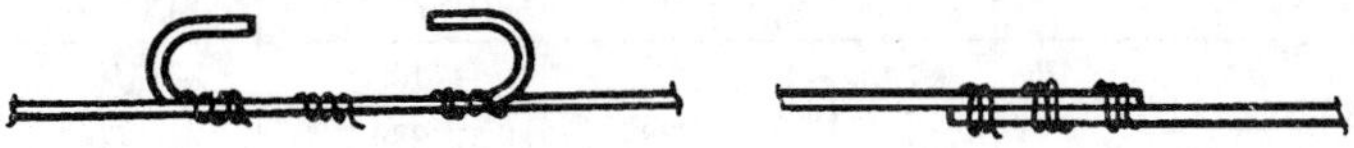

图 4-77　绑扎接头

（四）钢筋接头使用规定

直径 12mm 以上的钢筋，应优先采用焊接接头或机械连接接头。钢筋焊接接头及质量应符合《钢筋焊接及验收规程》（JGJ18—96）的要求。当采用机械连接接头时，其接头质量、适用范围、构造要求等，应符合《带肋钢筋套筒挤压连接技术规程》（JGJ14—96）的要求。

受力钢筋直径 $d \leqslant 22$mm 时，可采用绑扎接头。对轴心受压和小偏心受压柱中的受压钢筋，当钢筋直径 $d \leqslant 32$mm 时，可采用绑扎接头，但接头位置宜设置在受力较小处。

轴心受拉和小偏心受拉杆件的受力钢筋，不得采用绑扎接头。

直接承受中、重级工作制吊车的构件，其纵向受拉钢筋不得采用绑扎接头，也不宜采用焊接接头。此外，也不得在钢筋上焊有任何附件（端头锚固除外）。如钢筋长度不够时，仅对下列构件的纵向受拉钢筋允许采用焊接接头：直接承受中级工作制吊车的钢筋混凝土屋面梁及屋架下弦；直接承受中级工作制吊车，并采用冷拉Ⅱ级、Ⅲ级钢筋的预应力混凝土屋面梁、屋架下弦和吊车梁。此时，尚应遵守下列规定：必须采用闪光对焊，并去掉接头的毛刺及卷边；在一个截面内焊接接头的受拉钢筋面积占受拉钢筋总面积的允许百分率不应大于 25%，且接头错开距离不得小于 $45d$（d 为纵向受拉钢筋中最大直径）。

在绑扎骨架中非焊接的搭接接头长度范围内，当搭接钢筋受拉时，其箍筋的间距不应大于 $5d$；当搭接钢筋受压时，其箍筋的间距不应大于 $10d$（d 为受力钢筋中的最小直径）。

七、钢筋的焊接

钢筋焊接方法，常用的有闪光对焊、电弧焊、电渣压力焊和电阻点焊。此外还有预埋件钢筋和钢板的埋弧压力焊、气压焊等。

钢筋的焊接质量与钢材的可焊性、焊接工艺有关。可焊性与含碳、合金元素的数量有关，含碳量、锰量增加，则可焊性差；而含适量的钛，可改善可焊性。焊接工艺（焊接参数与操作水平）亦影响焊接质量，即使可焊性差的钢材，若焊接工艺合宜，亦可获得良好的焊接质量。

（一）闪光对焊

闪光对焊广泛用于钢筋接长及预应力钢筋与螺丝端杆的焊接。热轧钢筋的接长宜优先采用闪光对焊，不可能时才用电弧焊。常用对焊机技术性能见表 4-26，图 4-78 为 UN_1—75 型手动对焊机示意。

表 4-26　常用对焊机技术性能

项次	项　　目	单位	焊机型号			
			UN_1—75	UN_1—100	UN_2—150	UN_{17}—150—1
1	额定容量	kVA	75	100	150	150
2	初级电压	V	220/380	380	380	380
3	次级电压调节范围	V	3.52～7.94	4.5～7.6	4.05～8.1	3.8～7.6
4	次级电压调节级数		8	8	15	15
5	额定持续率	%	20	20	20	50
6	钳口夹紧力	kN	20	40	100	160
7	最大顶锻力	kN	30	40	65	80

续表

项次	项　　目	单位	焊　机　型　号			
			UN_1—75	UN_1—100	UN_2—150	UN_{17}—150—1
8	钳口最大距离	mm	80	80	100	90
9	动钳口最大行程	mm	30	50	27	80
10	动钳口最大烧化行程	mm				20
11	焊件最大预热压缩量	mm			10	
12	连续闪光焊时钢筋最大直径	mm	12～16	16～20	20～25	20～25
13	预热闪光焊时钢筋最大直径	mm	32～36	40	40	40
14	生产率	次/h	75	20～30	80	120
15	冷却水消耗量	L/h	200	200	200	500
16	压缩空气：压　力	N/mm^2			5.5	6
	消耗量	m^3/h			15	5
17	焊机重量	kg	445	465	2 500	1 900
18	外形尺寸：长	mm	1 520	1 800	2 140	2 300
	宽	mm	550	550	1 360	1 100
	高	mm	1 080	1 150	1 380	1 820

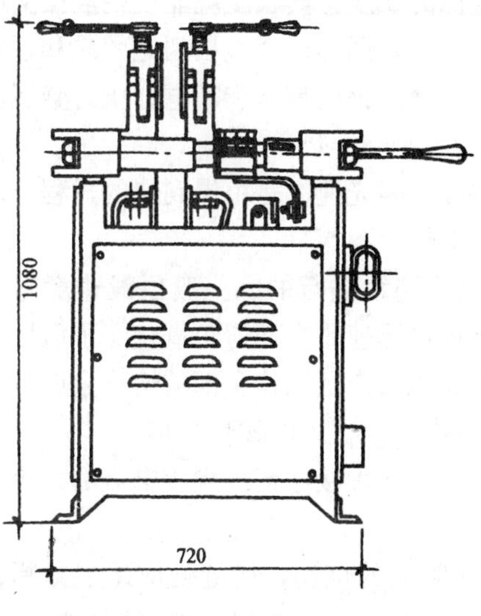

图 4-78　UN_1—75 型手动对焊机

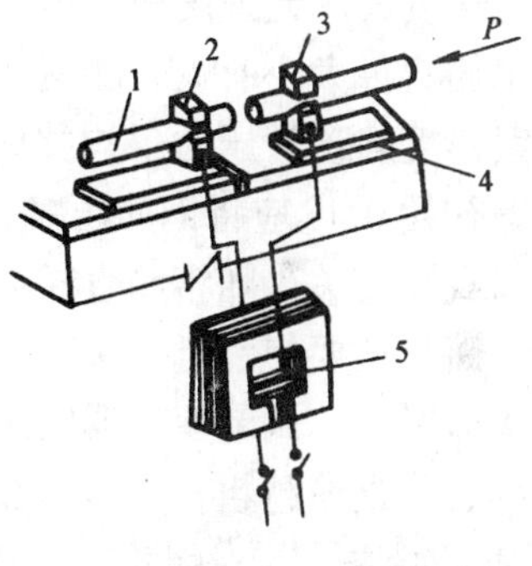

图 4-79　钢筋闪光对焊原理

1—钢筋；2—固定电极；3—可动电级；4—机座；5—焊接变压器

1. 钢筋闪光对焊原理。钢筋闪光对焊原理，如图 4-79，是利用对焊机使电极间的钢筋两端间断接触通电、闪火花，使钢筋端部达到温度后，施加压力顶锻，形成对焊接头。

2. 闪光对焊工艺。　根据钢筋的品种、直径和所用的对焊机功率大小，闪光对焊分为连续闪光焊、预热闪光焊和闪光—预热—闪光焊三种。对Ⅳ级钢筋有时在焊接后进行通电热处理。

连续闪光焊　连续闪光焊的主要工艺过程为：先将钢筋夹入对焊机的两极中，闭合电源，然后使钢筋端面轻微接触，形成连续闪光过程。当钢筋烧化到规定程度后，即以适当的压力迅速进行顶锻挤压。连续闪光焊宜用于焊接直径 22mm 以内的Ⅰ～Ⅲ级钢筋和直径 16mm 以内的Ⅳ级钢筋。

预热闪光焊　预热闪光焊主要工艺过程为：一次闪光将钢筋端部闪平，然后使两钢筋端面交替轻微接触和分开，断续闪光使钢筋预热，当钢筋烧化到预热留量后，随即进行连续闪光和顶锻。预热闪光焊适用于焊接直径大于 25mm，且端面较平整的钢筋。

闪光—预热—闪光焊　闪光—预热—闪光焊是在预热内光焊前加一次闪光过程，目的是使不平整的钢筋端面烧化平整，使预热均匀。它适宜焊接直径大于 25mm，且端面不平整的钢筋。

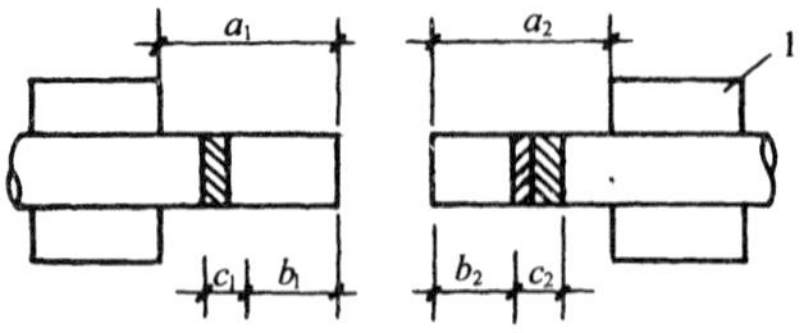

图 4-80　调伸长度示意图

a_1、a_2—代表调伸长度；

b_1、b_2—闪光留量；

c_1、c_2—顶锻留量；1—电极

3. 闪光对焊参数　为确保对焊接头的质量，必须选择最佳的焊接参数，焊接参数包括：调伸长度、闪光留量、闪光速度、预热留量、顶锻压力、顶锻速度和变压器级次等。

调伸长度　调伸长度是指钢筋从电极钳口外伸的长度，其长度应能使钢筋接头区域均匀加热并达到焊接温度，顶锻时又不致弯曲为原则。调伸长度包括闪光留量和顶锻留量在内。闪光留量是钢筋闪光烧化的长度。顶锻留量是钢筋带电和断电加压时金属压缩长度。其具体尺寸需经焊接试验取得。调伸长度如图 4-80 所示。

闪光速度　闪光速度表示钢筋烧化进行的快慢，闪光速度是由慢到快的过程。闪光速度与钢筋直径大小有关，随钢筋的直径加大而降低。

顶锻速度与顶锻压力　焊接时由闪光到顶锻是连续进行的，一般顶锻速度越快越好，顶锻初始 0.1s 应将钢筋压缩 2 ~ 3 mm，以使焊口迅速闭合而避免氧化。顶锻压力大小与钢筋直径有关，随钢筋直径加大而增大。顶锻压力应足以将全部的熔化金属从接头内挤出，而且还要使邻近接头处（约 10mm）的金属产生适当的塑性变形。

变压器级次　调节变压器级次，目的是选择合适的焊接电流。焊接电流的大小与钢筋直径有关，钢筋越粗，变压器级次越高。

4. 质量检查。　对焊接头表面不应有裂纹和明显的烧伤，接缝处应适当镦粗，毛刺均匀。接头处钢筋轴线偏移应不大于 $0.1d$ 且不大于 2mm。如接头处有弯折时，其偏角不得大于 4°。对焊接头机械性能检验按钢筋品种和直径分批进行，每 200 个接头为一批，每批切取 6 个试样，3 个做拉伸试验，3 个做冷弯试验。试验结果应符合《钢筋焊接及验收规程》JGJ 18—96 的规定。

（二）电弧焊

电弧焊是利用弧焊机在焊条与焊件之间产生高温电弧，使焊条和电弧燃烧范围内的焊件溶化，待其凝固便形成焊缝或接头。电弧焊用于钢筋接头、钢筋骨架焊接。装配式结构接头的焊接、钢筋与钢板的焊接等。

钢筋电弧焊的接头形式（见图 4-81）有：搭接接头（单面焊缝或双面焊缝）、帮条接头（单面焊缝或双面焊缝）、坡口接头（平焊或立焊）。

帮条焊与搭接焊的接头结构与适用范围参见表 4-23 的焊接接头的类型。

采用帮条焊时，两主筋端面之间的间隙应为 2 ~ 5mm；采用搭接焊时，钢筋的预弯和安装，应保证两钢筋的轴线在一条直线上；帮条和主筋之间用四点定位焊固定，搭接焊时，用两点固定，如图 4-81，定位焊缝应离帮条或搭接端部 20mm 以上。

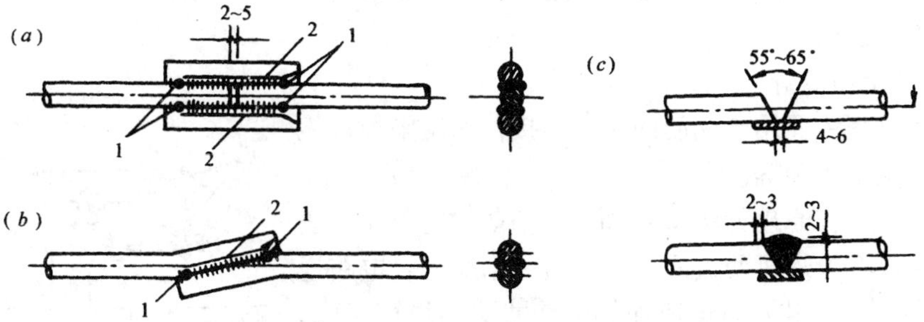

图 4-81　电弧焊接头形式

(a) 帮条焊；(b) 搭接焊；(c) 坡口焊

1—定位焊缝；2—弧坑拉出方位

施焊时，引弧应在帮条或搭接钢筋一端开始，收弧应在帮条或搭接钢筋端头上，弧坑应填满。

坡口焊的接头形式与适用范围参见表 4-23。钢筋坡口面要平顺，凹凸不平度不得超过 1.5mm，切口边缘不得有裂纹和较大的钝边、缺棱；钢筋根部间隙应按接头结构的尺寸取用，但最大间隙均不宜超过 10mm。其工艺要求：焊缝根部、坡口端面以及钢筋与垫板之间均应熔合良好。焊接过程中应经常清渣。为防止接头过热应采用几个接头轮流施焊。加强焊缝的宽度应超过 V 形坡口边缘 2 ~ 3mm；其高度亦为 2 ~ 3mm。若发现接头有弧坑、未填满、气孔及咬边等缺陷时，应立即补焊。Ⅲ级钢筋接头冷却后补焊时，需用氧乙炔焰预热。

电弧焊的主要设备是弧焊机，有交流与直流之分。常用的为交流弧焊机。交流弧焊机（焊接变压器）建筑工地常用的型号有 BX_3—120—1、BX_3—300—2、BX_3—500—2 和 BX_2—1000 等；直流弧焊机（焊接发电机）建筑工地常用的型号有 AX_1—165、AX_4—300—1、AX—320、AX_5—500、AX_3—500 等。

焊条的种类很多，钢筋焊接根据钢材等级和焊接接头形式，选择焊条，如表 4-27 所示。焊条表面涂有焊药，它可保证电弧稳定，使焊缝免致氧化，并产生熔渣覆盖焊缝以减缓冷却速度。

焊接电流根据钢筋和焊条的直径选择。

表 4-27　钢筋电弧焊焊条型号

钢筋级别	电弧焊接头形式			
	帮条焊搭接焊	坡口焊熔槽帮条焊 预埋件穿孔塞焊	窄间隙焊	钢筋与钢板搭接焊 预埋件 T 形角焊
Ⅰ	E4303	E4303	E4316　E4315	E4303
Ⅱ	E4303	E5003	E5016　E5015	E4303
Ⅲ	E5003	E5503	E6016　E6015	E5003

注：窄间隙焊不适用于余热处理Ⅱ级钢筋。

质量要求　搭接接头的长度、帮条的长度、焊缝的宽度和高度等均应符合规范的规定。搭接焊、帮条焊和坡口焊的接头，除外观质量检查外，亦需抽样作拉伸试验。如对焊接质量有怀疑或发现异常情况，还可以进行非破损方式（X 射线、γ 射线、超声波探伤等）检验。

（三）电阻点焊

电阻点焊主要用于钢筋的交叉连接，如用来焊接钢筋网片、钢筋骨架等。

点焊机工作原理如图 4-82 所示。点焊过程是将钢筋的交叉点放在电焊机两极间，电极通过钢筋闭合电路通电，点接触处电阻大而迅速加热钢筋并达到焊接温度，立即加压把钢筋交叉点焊接在一起。

常用的点焊机有单点点焊机和多头点焊机。单点点焊机用于较粗的钢筋焊接，多头点焊机同时可点焊多个焊点，用于钢筋网的焊接。图示为电动凸轮式点焊机（图 4-83）和气压传动式点焊机（图 4-84）。

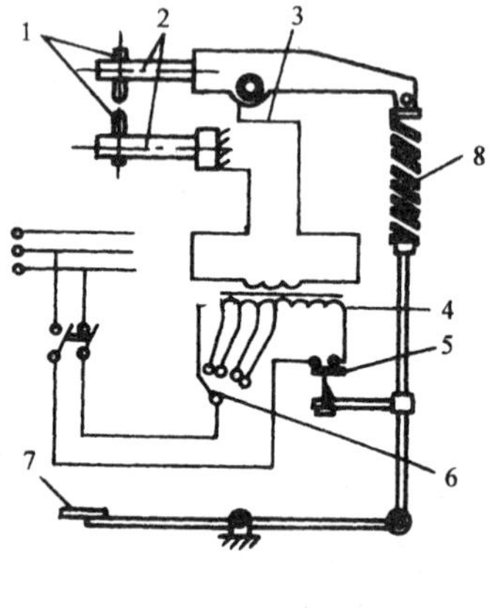

图 4-82　点焊机工作原理图

1—电极；2—电极臂；3—变压器的次级线圈；4—变压器的初级线圈；5—断路器；6—变压器的调节开关；7—踏板；8—压紧机构

电动凸轮式点焊机常用型号有 DN_1—75 型，可焊钢筋最大直径一般为 3 ~ 12mm + 4 ~ 25mm，每小时可焊 3000 点，这种点焊机是通过电动机带动的。当踩下踏板，离合器合上，电压传动装置与加压凸轮及焊接时间调节片连接，使凸轮和时间调节片同时转动，凸轮使弹

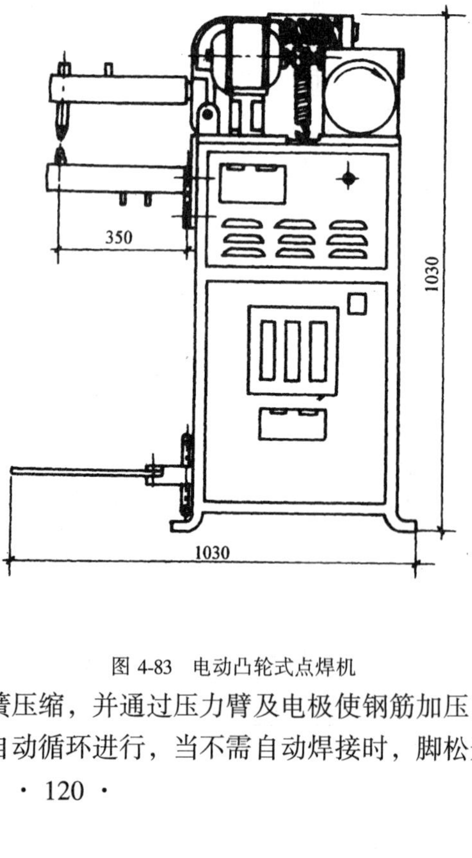

图 4-83　电动凸轮式点焊机

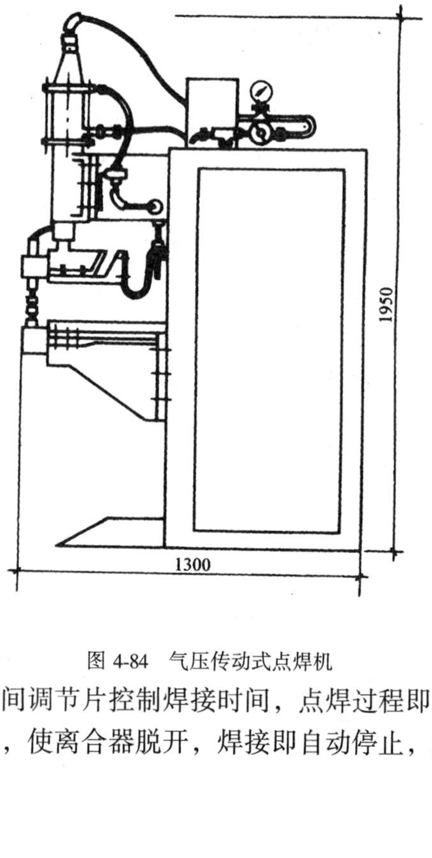

图 4-84　气压传动式点焊机

簧压缩，并通过压力臂及电极使钢筋加压，而时间调节片控制焊接时间，点焊过程即能自动循环进行，当不需自动焊接时，脚松开踏板，使离合器脱开，焊接即自动停止，这

样脚踩踏板一次，即焊接一点。

气压传动式点焊机常用型号有 DN_2—75 型，可焊钢筋最大直径一般为 3 ~ 12mm + 4 ~ 25mm，每小时最高可焊 3600 点，这种点焊机电极的行程和压力是通过压缩空气来获得的，所以当需要自动化操作时，只需踏住脚踏开关，电极便能周期上下。如不需要自动操作时，每焊一点踩动一次脚踏开关。

多头点焊机常用型号为 DN_7—6 × 35 型，一次可焊 6 个焊点，能焊成宽度为 1500mm 的钢筋网，可点焊钢筋直径为 3 ~ 8mm + 3 ~ 6mm，是一种钢筋网专用点焊机，其传动形式还是属于气压传动式。

电阻点焊的主要焊接参数为：电流强度，通电时间和电极压力与焊点压入深度等。应根据钢筋级别、直径及焊机性能合理选择。

焊点应进行外观检查和强度试验。热轧钢筋的焊点应进行抗剪试验。冷处理钢筋的焊点除进行抗剪试验外，还应进行拉伸试验。

（四）电渣压力焊

电渣压力焊是利用电流通过渣池产生的电阻热将钢筋端部熔化，然后施加压力使钢筋焊合，适用于现浇钢筋混凝土结构竖向钢筋的接长，一般可焊Ⅰ ~ Ⅱ级钢筋。

电渣压力焊采用弧焊机，弧焊机的功率与钢筋直径大小有关，焊接直径 $d \leqslant 22$mm 的钢筋时，可采用一台 20kVA 交流弧焊机；当直径 $d > 22$mm 时，可采用一台 40kVA 弧焊机或两台 20kVA 弧焊机并联使用。

手动电渣压力焊焊接夹具和焊接示意如图 4-85。夹具由下钳口（固定电极）、上钳口（滑动电极）、加压机构及焊剂盒组成。焊接时，先清除钢筋端部 120mm 范围内的浮锈等，然后将钢筋分别夹入钳口，在上、下钢筋对接处放上铁丝小球或导电剂，通电后钢筋端头及焊剂相继熔化而形成渣池，维持数秒后，用操纵杆使钢筋缓缓下降，熔化量达到规定值（用标尺控制）后，断开电路并用力迅速顶压，挤出熔渣和熔化金属，形成坚实的焊接接头，待冷却 1 ~ 3min 后，打开焊剂盒卸下夹具，敲去熔渣。

钢筋电渣压力焊的主要焊接材料为 431 焊剂。该焊剂含有高锰、高硅与低氟成分，其作用除起隔绝空气、保温及稳定电弧作用外，在焊接过程中还起补充熔渣，脱氧及添加合金元素作用，使焊缝金属合金化。

电渣压力焊的参数主要包括：渣池电压、焊接电流、焊接通电时间等，可参照表 4-28 中数值选用。

表 4-28　电渣压力焊焊接参数

钢筋直径（mm）	渣池电压（V）	焊接电流（A）	焊接通电时间（s）
14	25 ~ 35	200 ~ 250	12 ~ 15
16		200 ~ 300	15 ~ 18
20		300 ~ 400	18 ~ 23
25		400 ~ 450	20 ~ 25
32		450 ~ 600	30 ~ 35
36		600 ~ 700	35 ~ 40
40		800 ~ 900	45 ~ 50

电渣压力焊要求接头四周铁浆饱满均匀，没有裂纹；上下钢筋的轴线一致，其最大偏移不得超过 $0.1d$，同时不得大于 2mm。抗拉试验的要求与闪光对焊接头相同。

（五）钢筋气压焊

钢筋气压焊是以氧气和乙炔火焰来加热钢筋的结合端部，使之达到塑性状态或表面熔融状态，并施加压力把钢筋结合在一起。适用于Ⅰ～Ⅲ级热轧钢筋，直径相差不大于 7mm 的不同直径钢筋及各种方向布置的钢筋的现场焊接。

气压焊的设备包括氧、乙炔供气装置、加热器、加压器等，如图 4-86。

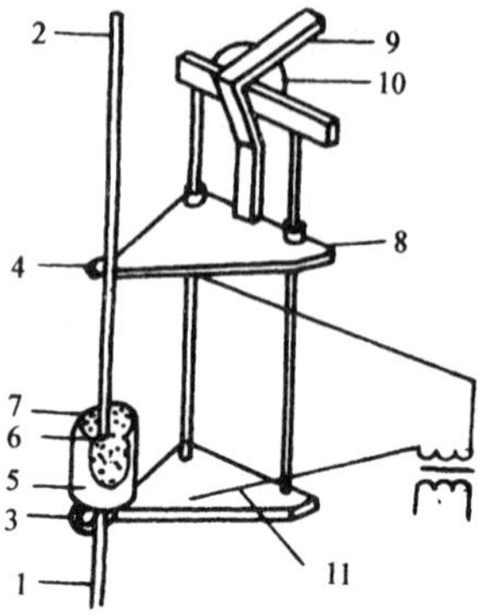

图 4-85　电渣压力焊示意图
1、2—钢筋；3—固定电极；4—滑动电极；5—药盒；6—导电剂；7—焊药；8—滑动架；9—手柄；10—支架；11—固定架

压接用气　压接用气是氧气和乙炔的混合气体。氧气的纯度在 99.5% 以上，乙炔气体的纯度在 98% 以上。氧气的工作压力为 0.6～0.7MPa，乙炔的工作压力为 0.05～0.1MPa。

加热器　加热器由混合气管（握柄）和火钳两段组成，火钳中的火口数按焊接钢筋直径大小的不同，从 4 个火口到 16 个火口。对直径 20～28mm 的钢筋为 6～8 个，对直径 32～36mm 的钢筋为 10～12 个。为使钢筋接头能均匀受热，火钳宜设计成环状钳形。

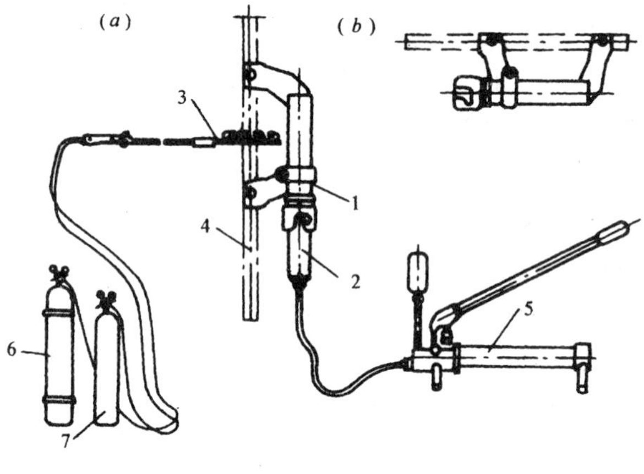

图 4-86　气压焊装置系统图
（a）竖向焊接；（b）横向焊接
1—压接器；2—顶头油缸；3—加热器；4—钢筋；5—加压器（手动）；6—氧气；7—乙炔

加压器和压接器　加压器有电动和手动两种，均为油泵。压接器为嵌固钢筋和压接筋之用，要求有足够的刚度，对钢筋有足够的夹紧能力，并使钢筋不产生偏心、弯曲。

焊接工艺　钢筋下料要用砂轮锯，不得使用切断机，以免钢筋端头呈马蹄形而无法压接。钢筋端面在施焊前要用磨光机打磨见新。边棱要适当倒角，端面要平，不准有凹凸及中洼现象。钢筋端面基本要与轴线垂直。接缝与轴线的夹角不得小于 70°；两钢筋对接面间隙最大不得超过 3mm。钢筋端面附近 50～100mm 范围内的铁锈、油污、水泥浆等杂物必须清除干净。施焊时先将钢筋固定于压接器上，并加以适当的压力，使钢筋接触，然后将火钳火口对准钢筋接缝处，加热钢筋端部至1100~1300℃，表面发深红色时，立即施加顶锻压力。压接部分的膨鼓直径为钢筋直径的1.4倍，其形状呈平滑的圆球形。待钢筋加热部分火色退消后，即可拆除压接器。

质量要求　钢筋气压焊接头应逐个进行外观检查，焊接部位钢筋轴线偏心，应小于钢筋直径的1/10；焊接处隆起的直径不小于钢筋直径的1.4倍，变形长度为钢筋直径的1.3~1.5倍，焊接钢筋轴线夹角不得大于4°。在一般结构施工中，以200个同类型接头为一批，从每批成品中切取三个试样进行拉伸试验，其抗拉强度均不得低于该级别钢筋的抗拉强度标准值，全部试样断于焊缝之外并呈塑性断裂。根据工程需要，可另取三个试验作弯曲试验，弯心直径应比原材弯心直径增加1倍钢筋直径，弯曲角度为90°，当弯曲试样弯至90°时，不得在压焊面发生破断。

八、钢筋机械连接

（一）套筒挤压连接

套筒挤压连接是将两根待接的带肋钢筋插入钢套筒，用挤压连接设备沿径向挤压钢套筒，使之产生塑性变形，依靠变形后的钢套筒与被连接钢筋的纵、横肋产生机械咬合成为整体，如图4-87。用于挤压直径为16~40mm的Ⅱ、Ⅲ级带肋钢筋的径向挤压连接。

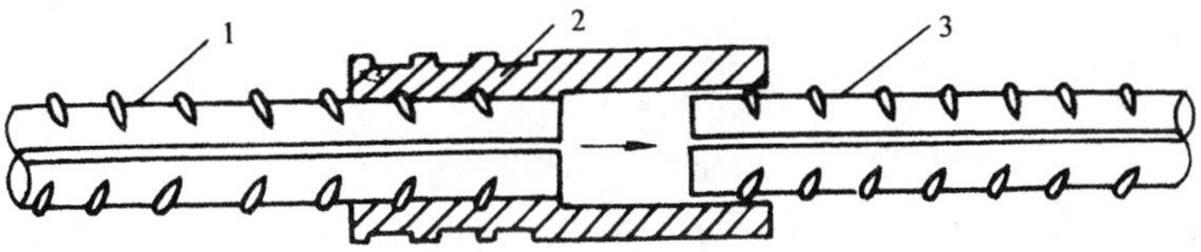

图4-87　套筒挤压连接

1—已挤压的钢筋；2—钢套筒；3—未挤压的钢筋

1. 钢套筒　钢套筒材料应选用适于压延加工的钢材，其力学性能应符合下列要求：屈服强度225~350N/mm²，抗拉强度375~500N/mm² 延伸率 $\delta_s \geqslant 20\%$。钢套筒的规格与尺寸，应符合表4-29中的规定，其允许偏差为：外径±1%，壁厚+12%、-10%，长度±2mm。

表4-29　钢套筒的规格和尺寸

钢套筒型号	钢套筒尺寸（mm）			压接标志道数
	外　径	壁　厚	长　度	
G40	70	12	240	8×2
G36	63	11	216	7×2
G32	56	10	192	6×2
G28	50	8	168	5×2
G25	45	7.5	150	4×2
G22	40	6.5	132	3×2
G20	36	6	120	3×2

2. 挤压设备。钢筋挤压设备由压接钳，超高压泵站及超高压胶管等组成。其型号

与参数如表 4-30。钢筋压接钳由油缸，机架和活塞组成，其结构如图 4-88 所示。

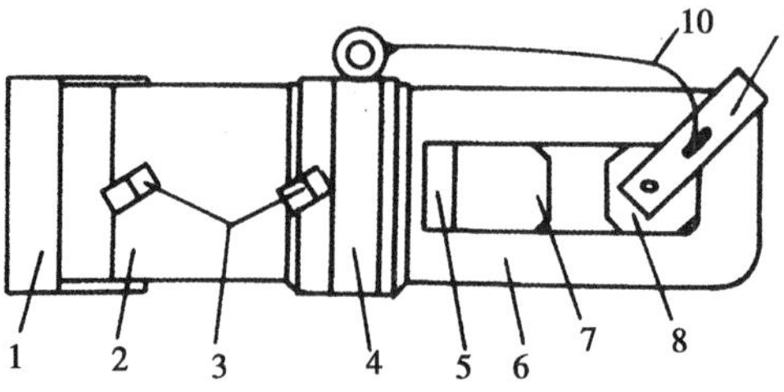

图 4-88 挤压钳的结构示意

1—提把；2—缸体；3—油路接头；4—吊环；5—活塞；6—机架；
7—上压模；8—下压模；9—模挡铁；10—链绳

表 4-30 钢筋挤压设备的主要技术参数

	设备型号	YJH—25	YJH—32	YJH—40	YJ650Ⅲ	YJ800Ⅲ
压接钳	额定压力（MPa）	80	80	80	53	52
	额定挤压力（kN）	760	760	900	650	800
	外形尺寸（mm）	ϕ150×433	ϕ150×480	ϕ170×530	ϕ155×370	ϕ170×450
	重量（kg）	28	33	41	32	48
	适用钢筋（mm）	20～25	25～32	32～40	20～28	32～40
超高压泵站	电机	380V、50Hz、1.5kW				
	高压泵	80MPa、0.8L/min				
	低压泵	2.0MPa、4.0～6.0L/min				
	外形尺寸（mm）	790×540×785（长×宽×高）				
	重量（kg）	96	油箱溶积（L）	20		
超高压胶管		100MPa，内径 6.0mm，长度 3.0m（5.0m）				

钢筋挤压设备的工作原理 如图 4-89 所示，超高压电动油泵输出的压力油，经手动换向阀，超高压胶管，进入钢筋压接钳的 A 腔。在 A 腔压力油的作用下，活塞带动压模向前运动，并挤压钢套筒。这时，B 腔的油经转向阀，超高压胶管，流回油箱。当挤压到预定压力时，转动转向阀，使压力油由压钳的 B 腔进入，退回压模及活塞。A 腔的油经换向阀，超高压胶管流回油箱，完成一次挤压过程。重复以上步骤，即可根据不同规格钢筋所要求的道次，逐一挤压。

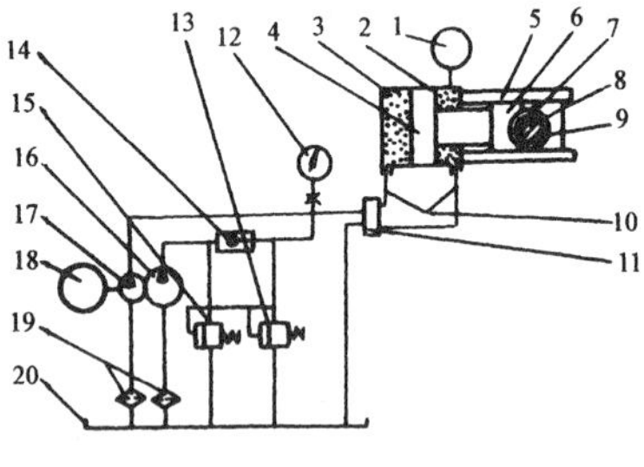

图 4-89 钢筋挤压设备工作原理图

1—悬挂器；2—缸体；3—液压油；4—活塞；
5—机架；6—上压模；7—套筒；8—钢筋；
9—下压模；10—油管；11—换向阀；
12—压力表；13—溢流阀；14—单向阀；
15—限压阀；16—低压泵；17—高压泵；
18—电动机；19—滤油器；20—油箱

挤压设备有下列情况之一时，应对挤压机的挤压力进行标定：新挤压设备使用前；旧挤压设备大修后；油压表受损或强烈振动后；套筒压痕异常且查不出其他原因时；挤压设备使用超过一年；挤压的接头数超过5000个。

压模、套筒与钢筋应相互配套使用，压模上应有相对应的连接钢筋规格标记。

高压泵应采用液压油。油液应过滤、保持清洁、油箱应密封、防止雨水灰尘混入油箱。

3. 挤压工艺　挤压前应做下列准备工作：钢筋端头的锈皮、泥砂、油污等杂物应清理干净；应对套筒作外观尺寸检查；应对钢筋与套筒进行试套，如钢筋有马蹄、弯折或纵肋尺寸过大者，应预先矫正或用砂轮打磨；对不同直径钢筋的套筒不得相互串用；钢筋连接端应划出明显定位标记，确保在挤压时和挤压后可按定位标记检查钢筋伸入套筒内的长度；检查挤压设备情况，并进行试压，符合要求后方可作业。

挤压操作应符合下列要求：应按标记检查钢筋插入套筒内的深度，钢筋端头离套筒长度中点不宜超过10mm；挤压时挤压机与钢筋轴线应保持垂直；挤压宜从套筒中央开始，并依次向两端挤压；宜先在地面上挤压一端套筒，在施工作业区插入待接钢筋后再挤压另一端套筒。

4. 工艺参数　在选择合适材质和规格的钢套筒以及压接设备、压模后，接头性能主要取决于挤压变形量这一关键的工艺参数。挤压变形量包括压痕最小直径和压痕总宽度，见表4-31和表4-32。

表4-31　同规格钢筋连接时的参数选择

连接钢筋规格	钢套筒型号	压模型号	压痕最小直径允许范围（mm）	压痕最小总宽度（mm）
φ40～φ40	G40	M40	60～63	≥80
φ36～φ36	G36	M36	54～57	≥70
φ32～φ32	G32	M32	48～51	≥60
φ28～φ28	G28	M28	41～44	≥55
φ25～φ25	G25	M25	37～39	≥50
φ22～φ22	G22	M22	32～34	≥45
φ20～φ20	G20	M20	29～31	≥45
φ18～φ18	G18	M18	27～29	≥40

表4-32　不同规格钢筋连接时的参数选择

连接钢筋规格	钢套筒型号	压模型号	压痕最小直径允许范围（mm）	压痕最小总宽度（mm）
φ40～36	G40	φ40端M40	60～63	≥80
		φ36端M36	57～60	≥80
φ36～φ32	G36	φ36端M36	54～57	≥70
		φ32端M32	51～54	≥70
φ32～φ28	G32	φ32端M32	48～51	≥60
		φ28端M28	45～48	≥60
φ28～φ25	G28	φ28端M28	41～44	≥55
		φ25端M25	38～41	≥55
φ25～φ22	G25	φ25端M25	37～39	≥50
		φ22端M22	35～37	≥50

续表

连接钢筋规格	钢套筒型号	压模型号	压痕最小直径允许范围（mm）	压痕最小总宽度（mm）
ϕ25～ϕ20	G25	ϕ25 端 M25	37～39	≥50
		ϕ20 端 M20	33～35	≥50
ϕ22～ϕ20	G22	ϕ22 端 M22	32～34	≥45
		ϕ20 端 M20	31～33	≥45
ϕ22～ϕ18	G22	ϕ22 端 M22	32～34	≥45
		ϕ18 端 M18	29～31	≥45
ϕ20～ϕ18	G20	ϕ20 端 M20	29～31	≥45
		ϕ18 端 M18	28～30	≥45

压痕总宽度是指接头一侧每一道压痕底部平直部分宽度之和。压痕总宽度一般由各生产厂家根据各自设备，压模刃口的尺寸和形状，通过在其所售钢套筒上喷出挤压道数标志或出厂技术文件中确定。

在实际工程中，由现场操作者来控制的主要是压痕最小直径。压痕最小直径一般是通过挤压机上的压力表读数来间接控制的，由于钢套筒的材质不同。造成挤压至所要求的压痕最小直径时所需的压力也不同，所以在挤压不同批号和炉号的钢套筒时必须进行试压，以确定挤压到标准所要求的压痕直径时所需的压力值。

5. 质量要求　以 500 个接头为一批，每批中随机抽取 10% 的挤压接头作外观检查；抽取三个试样作单向拉伸试验。

外观检查应符合下列要求：挤压后套筒长度应为 1.10～1.15 倍原套筒长度，或压痕处套筒的外径为 0.8～0.9 原套筒的外径；挤压接头的压痕道数应符合形式检验确定的道数；接头处弯折不得大于 4°；挤压后的套筒不得有肉眼可见的裂缝。

单向拉伸试验：接头根据静力单向拉伸性能以及高应力和大变形条件下反复拉、压性能的差异分为三个性能等级。A 级为接头抗拉强度达到或超过母材抗拉强度标准值，并具有高延性及反复拉压性能；B 级为接头抗拉强度达到或超过母材屈服强度标准值的 1.35 倍，具有一定的延性及反复拉压性能；C 级为接头仅能承受压力。其抗拉强度要求：挤压接头试样的钢筋母材应进行抗拉强度试验；三个接头试样的抗拉强度均应满足 A 级或 B 级抗拉强度的要求；对 A 级接头，试样抗拉强度尚应大于等于 0.9 倍钢筋母材的实际抗拉强度，计算实际抗拉强度时，应采用钢筋的实际横截面面积。

（二）锥螺纹套筒连接

锥螺纹套筒连接是将两根待接钢筋端头用套丝机做出锥形外丝，然后用带锥形内丝的套筒将钢筋两端拧紧的钢筋连接方法，如图 4-90 可连接各种钢筋，但所连接钢筋直径之差不宜大于 9mm。

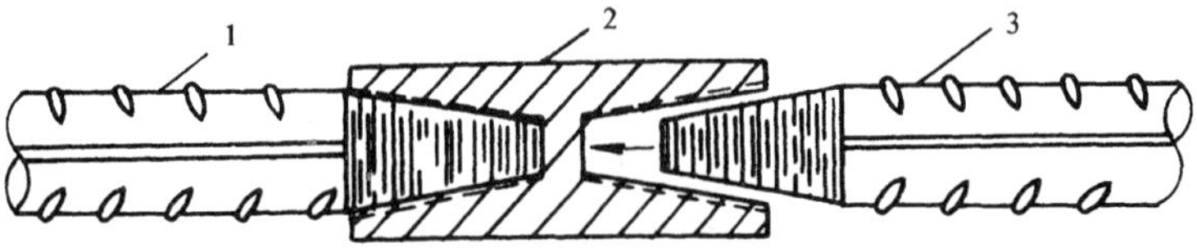

图 4-90　锥螺纹钢筋连接

1—已连接的钢筋；2—锥螺纹套筒；3—未连接的钢筋

1. 机具设备　（1）钢筋套丝机。是加工钢筋连接端的锥形螺纹用的一种专用设备。有 SZ—50A、ZL—4 等型号，可套制 ϕ16～ϕ40Ⅱ、Ⅲ级钢筋。

（2）扭力扳手。是保证钢筋连接质量的测力扳手。它可以按照钢筋直径大小规定的力矩值，把钢筋与连接套拧紧，并发出声响信号。型号有 PW360（管钳型），性能100～360N·m。

（3）量规。有牙形规、卡规和锥螺纹塞规。牙形规是用来检查钢筋连接端的锥螺纹牙形加工质量的量规；卡规是用来检查钢筋连接端的锥螺纹小端直径的量规；锥螺纹塞规是用来检查锥螺纹连接套加工质量的量规。

2. 锥螺纹套筒与钢筋锥螺纹的加工与检验　锥螺纹套筒的加工宜在专业工厂进行，以保证产品质量。钢筋锥螺纹加工在钢筋套丝机上套丝。锥螺纹套筒和钢筋锥螺纹都要经过检查验收合格后才能使用。

3. 锥螺纹钢筋的连接　连接前，将下层钢筋上端的塑料保护帽拧下来露出丝扣，并将丝扣上的污物清理干净；连接钢筋时，将已拧套筒的上层钢筋拧到被连接的钢筋上，并用扭力扳手按表 4-33 中规定的力矩值把钢筋接头拧紧，直至扭力扳手在调定的力矩值发生响声，并随手画上油漆标记，以防有的钢筋接头漏拧。

表 4-33　连接钢筋拧紧力矩值

钢筋直径（mm）	16	18	20	22	25～28	32	36～40
拧紧力矩（N·m）	118	145	177	216	275	314	343

4. 质量要求　钢筋拧紧力矩的检查　首先目测已做油漆标记的钢筋接头丝扣，如发现有一个完整丝扣外露，应重新拧紧或进行加固处理。然后用质检用的扭力扳手对接头质量进行抽检。抽检数量对梁、柱构件为每根梁、柱 1 个接头；对板、墙构件为 3%（但不少于 3 个）。抽检结果应达到规定的力短值。如有一种构件的一个接头达不到规定值，则该构件的全部接头必须重新拧到规定的力矩值。

钢筋接头强度的检查　在正式连接前，按每种规格钢筋接头每 300 个为一批，做 3 个接头试样作拉伸试验。当接头试样达到下列要求时，即为合格接头；屈服强度实测值不小于钢筋的屈服强度标准值；抗拉强度实测值与钢筋屈服强度标准值的比值不小于 1.35 倍，异径钢筋接头以小直径抗拉强度实测值为准。

当质检部门对钢筋接头的连接质量产生怀疑时，可以用非破损张拉设备作接头的非破损拉伸试验。如有一个锥螺纹套筒接头不合格，则该构件全部接头采用电弧贴角焊缝方法加以补强，焊缝高度不得小于 5mm。

九、钢筋配料

钢筋配料就是根据施工图，分别计算出钢筋下料长度和根数，填写配料单，申请加工。

钢筋下料长度计算：钢筋切断时的直线长度称为下料长度。

结构施工图中注明的钢筋尺寸是指加工后的钢筋外轮廓尺寸（从钢筋外皮到外皮量得的尺寸），称为钢筋外包尺寸。钢筋的外包尺寸是由构件的外形尺寸减去钢筋保护层厚度求得。

由于钢筋弯曲时，外皮伸长而内皮缩短，只是轴线长度不变，而量得的外包尺寸总和要大于钢筋轴线长度，弯曲钢筋的外包尺寸和轴线长度之间存在的差值称量度差值。量度差值在计算下料长度时必须加以扣除。

钢筋两端一般要做成弯钩，弯钩有三种形式，如图 4-91。钢筋外包尺寸不包括弯钩的增加长度，所以钢筋下料长度应考虑弯钩增加长度，三种弯钩增加长度如图，半圆弯钩增加长度经验数据如表 4-34。

弯起钢筋中间弯折量度差值（简称弯曲调整值）与钢筋的弯折角度和钢筋直径有关，如表 4-35 所示。

箍筋调整值即为箍筋弯钩增加长度和弯曲调整值两项之差，如表 4-36，计算时将箍筋外包尺寸或内皮尺寸加上箍筋调整值即为箍筋下料长度。箍筋长度量度方法如图 4-92。

钢筋的下料长度根据其形状不同由下面公式确定：

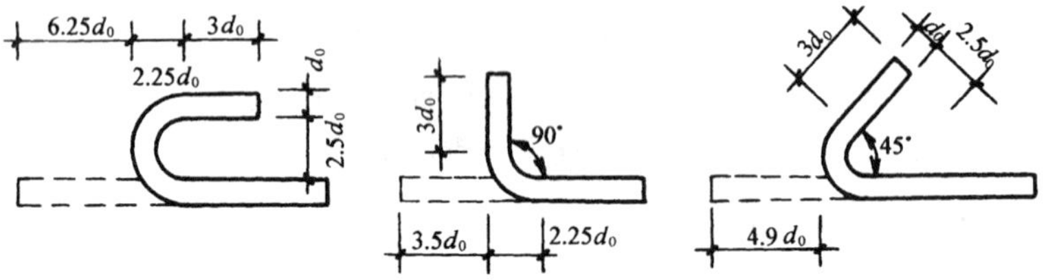

图 4-91 钢筋端头的弯钩形式

直钢筋下料长度 = 构件长度 − 保护层厚度 + 弯钩增加长度

弯起钢筋下料长度 = 直段长度 + 斜段长度 − 弯折量度差值 + 弯钩增加长度

箍筋下料长度 = 直段长度 + 弯钩增加长度 − 弯折量度差值

或箍筋下料长度 = 箍筋周长 + 箍筋调整值

以上钢筋若需搭接，还应增加搭接长度。

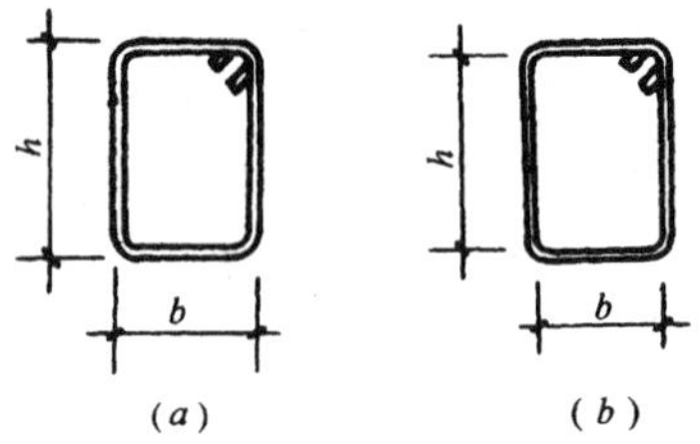

图 4-92 箍筋长度量度方法

（a）量外包尺寸；（b）量内皮尺寸

表 4-34 半圆弯钩增加长度参考表（用机械弯）

钢筋直径（mm）	≤6	8 ~ 10	12 ~ 18	20 ~ 28	32 ~ 36
一个弯钩长度（mm）	40	$6d_0$	$5.5d_0$	$5d_0$	$4.5d_0$

表 4-35 钢筋弯曲调整值

钢筋弯曲角度	30°	45°	60°	90°	135°
钢筋弯曲调整值	$0.3d_0$	$0.5d_0$	$0.8d_0$	$2d_0$	$2.5d_0$

注：d_0 为钢筋直径。

表 4-36 箍筋调整值

箍筋量度方法	箍筋直径（mm）			
	4～5	6	8	10～12
量外包尺寸	40	50	60	70
量内皮尺寸	80	100	120	150～170

例：某工程共有 5 根 L_1 矩形梁要现场预制，试编制 L_1 梁钢筋配料单。L_1 梁配筋如图 4-93。

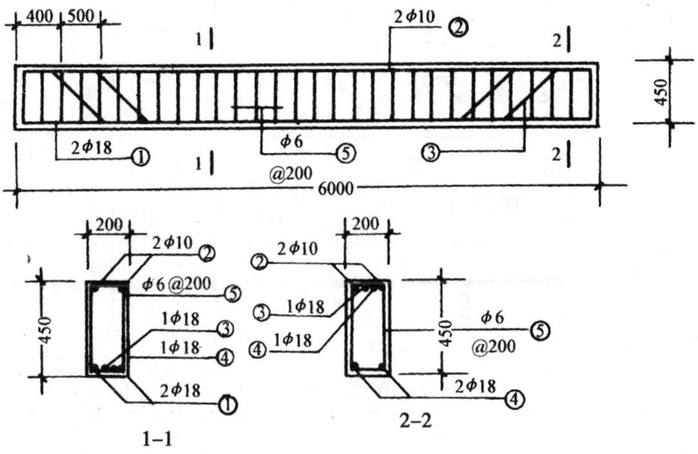

图 4-93 L_1 配筋图

解：梁上下保护层厚度取 25mm，梁两端保护层厚度取 10mm。

① 号钢筋是 2 根 ϕ18 的直线钢筋，下料长度计算如下：

直钢筋下料长度 = 构件长 − 两端保护层厚度 + 两端弯钩增加长度 = 6000 − 2 × 10 + 6.25 × 18 × 2 = 6205mm

② 号钢筋是 2 根 ϕ10 架立钢筋（直钢筋），下料长度计算如下：

= 6000 − 2 × 10 + 6.26 × 10 × 2 = 6105mm

③号钢筋是一根 ϕ18 弯起钢筋，其钢筋简图见表 4-37，其下料长度计算如下：

弯起钢筋下料长度 = 端部平直段长 + 中间平直段长 + 斜段长 + 端部弯钩 − 弯曲调整值

= (400 − 10) × 2 + (6000 − 2 × 10 − 2 × 390 − 2 × 400) + 2 × (450 − 2 × 25) × 1.41 + 2 × 6.25 × 18 − 4 × 0.5 × 18

= 780 + 4400 + 1128 + 225 − 36 = 6497mm

④号也是一根 ϕ18 的弯起钢筋，其计算方法同③号钢筋

下料长度 = 1780 + 3400 + 1128 + 225 − 36 = 6497mm

⑤号钢筋是 ϕ6 的箍筋，下料长度计算如下：

箍筋下料长度 = 内皮尺寸 + 箍筋调整值

= (400 + 150) × 2 + 100 = 1200mm

箍筋的个数：(5980 ÷ 200) + 1 = 31 个

配料计算完成以后，需要填写配料单，申请加工，钢筋加工班接到配料单后，按钢

筋号，每号钢筋制作一块料牌，料牌可用 100mm × 70mm 薄木板、纤维板制成。

L—1 梁的钢筋配料单如表 4-37 所示。

表 4-37　钢筋配料单

构件名称	钢筋编号	简　　图	直径（mm）	钢号	下料长度（m）	单位根数	合计根数	公称质量（kg）
1 号厂房 L-1 梁 计 5 根	1	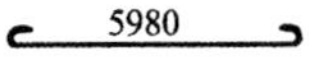	18	ϕ	6.21	2	10	123
	2		10	ϕ	6.11	2	10	37.5
	3		18	ϕ	6.50	1	5	64.7
	4		18	ϕ	6.50	1	5	64.7
	5	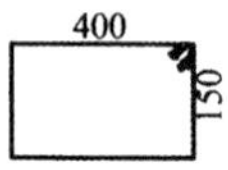	6	ϕ	1.20	31	155	41.3
备　　注	合计 ϕ6 = 41.3kg；ϕ10 = 37.5kg；ϕ18 = 252.4kg							

十、钢筋代换

在钢筋配料中如遇有钢筋品种或规格与设计要求不符，需要代换时，应在征得设计单位同意后，按下列原则进行代换。

（一）等强度代换：构件配筋受强度控制时，可按代换前后强度相等的原则代换，称作“等强度代换”。代换时应满足下式要求：

$$A_{s2}f_{y2} \geqslant A_{s1}f_{y1} \tag{4—1}$$

即：

$$A_{s2} \geqslant A_{s1}\frac{f_{y1}}{f_{y2}}$$

或：

$$n_2 d_2^2 f_{y2} \geqslant n_1 d_1^2 f_{y1}$$

即：

$$n_2 \geqslant \frac{n_1 d_1^2 f_{y1}}{d_2^2 f_{y2}}$$

式中：A_{s1}——原设计钢筋总面积；

A_{s2}——代换后钢筋总面积；

f_{y1}——原设计钢筋强度；

f_{y2}——代换后钢筋强度；

n_1——原设计钢筋根数；

n_2——代换后钢筋根数；

d_1——原设计钢筋直径；

d_2——代换后钢筋直径。

（二）等面积代换

当构件按最小配筋率控制时，可按代换前后面积相等原则进行代换，称“等面积代换”。代换时应满足下式要求：

$$A_{s2} \geqslant A_{s1} \tag{4—2}$$

（三）构件配筋受裂缝宽度或挠度控制时，代换后应进行裂缝宽度或挠度验算。

（四）钢筋代换注意事项

钢筋代换时，应征得设计单位同意，并应符合下列规定：

对重要受力构件，如吊车梁、薄腹梁、桁架下弦等，不宜用Ⅰ级光面钢筋代替Ⅱ级带肋钢筋；

钢筋代换后，应满足配筋构造规定，如钢筋最小直径，间距、根数、锚固长度等；

同一截面内，可同时配有不同种类和直径的代换钢筋，但每根钢筋的拉力差不应过大（如同品种钢筋的直径差值一般不大于5mm)，以免构件受力不匀；

梁的纵向受力钢筋与弯起钢筋应分别代换，以保证正截面与斜截面强度；

偏心受压构件（如框架柱、有吊车的厂房柱、桁架上弦等）或偏心受拉构件作钢筋代换时，不取整个截面配筋量计算，应按受力面（受拉或受压）分别代换；

当构件受裂缝宽度控制时，如以小直径钢筋代换大直径钢筋，强度等级低的钢筋代替强度等级高的钢筋，则可不作裂缝宽度验算；

有抗震要求的梁、柱和框架，不宜以强度等级较高的钢筋代换原设计中的钢筋。如必须代换时，其代换的钢筋检验所得的实际强度，尚应符合下列要求：钢筋的实际抗拉强度与实际的屈服强度的比值应大于1.25；钢筋的实际屈服强度与钢筋标准强度的比值，当按Ⅰ级抗震等级设计时，不应大于1.25，当按Ⅱ级抗震等级设计时不应大于1.4。

例：某墙体设计配筋为ϕ14@200，现无ϕ14钢筋，拟用ϕ12按等面积原则代换，试计算代换后每米几根。

解：因ϕ14的截面积为153.9mm²，ϕ12为113.1mm²

则根据等面积原则：$A_{s2} = A_{s1} = 5 \times 153.9 = 769.5\text{mm}^2$

因此代换后每米需ϕ12钢筋为 $A_{s2} \div 113.1 = 6.8 \approx 7$（根）

配筋为ϕ12@150

十一、钢筋的绑扎与安装

（一）钢筋的现场绑扎

1. 准备工作

(1) 核对成品钢筋的钢号、直径、形状、尺寸和数量等是否与料单料牌相符；

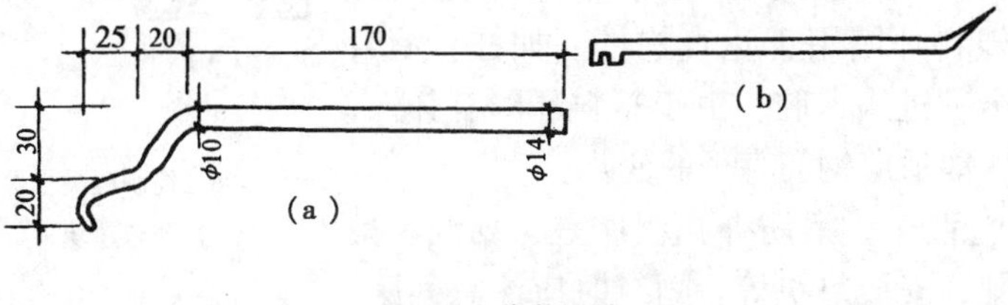

图 4-96　绑扎工具

(a) 钢筋钩；(b) 小撬杠

(2) 准备绑扎用的工具（钢筋钩、带板口的小撬杠），如图 4-94，绑扎架，如图 4-95；

(3) 准备好绑扎用的铁丝；

(4) 准备用控制混凝土保护层用的水泥砂浆垫块与塑料卡。

混凝土保护层系指钢筋的外边缘至混凝土表面的距离。混凝土保护层当设计无要求时按表 4-38 中的数值采用，且不应小于受力钢筋的直径。

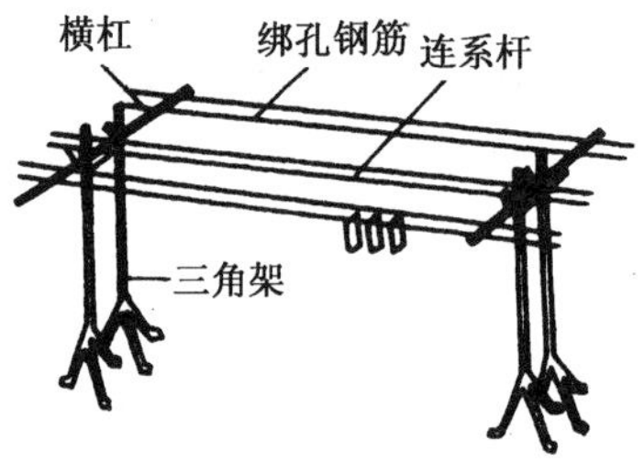

图 4-95　绑扎架

表 4-38　混凝土保护层最小厚度（mm）

项次	环境条件	构件类别	受力筋			箍筋和构造筋	分布筋	钢筋端头
			C20	C25 及 C30	≥C35			
1	室内正常环境	板、墙、壳	15 (10)	15 (10)	15 (10)		10	
		梁、预制肋形板的主肋	25 (20)	25 (20)	25 (20)	15		10
		柱	25 (20)	25 (20)	25 (20)	15		25
		预制构件中预应力钢筋（包括冷拔低碳钢丝）	15	15	15			
2	露天或室内高湿度环境	板、墙、壳	45	35	25		10	
		梁、预制肋形板的主肋	45	35	25	15		10
		柱	45	35	25	15		25
		非主要承重构件	35					

注：1. 表中括号内混凝土保护层的数值，为工厂生产的预制构件采用。

2. 处于露天或室内高湿度环境的预制构件，当表面另作水泥砂浆抹面层且有质量保证措施时，保护层厚度可按表中室内正常环境中构件的数值采用。

3. 处于露天或室内高湿度环境中的结构，其混凝土强度等级不宜低于 C25。

4. 要求使用年限较长的重要建筑物和沿海环境侵蚀的建筑物的承重结构，当处于露天或室内高湿度环境时，其保护层厚度应适当增加。

5. 有防火要求的建筑物，其保护层厚度尚应符合国家现行有关防火规范的规定。

水泥砂浆垫块的厚度应等于保护层厚度，在垂直方向使用垫块，应在垫块中埋入 20 号铁丝，用铁丝把垫块绑在钢筋上。塑料卡的形状有塑料垫块和塑料环圈两种，如图 4-96。塑料垫块用于水平构件（如梁、板），在两个方向均有凹槽，以便适应两种保护层厚度；塑料环圈用于垂直构件（如柱、墙），使用时钢筋从卡嘴进入卡腔，由于塑料环圈有弹性，可使卡腔的大小能适应钢筋直径的变化。

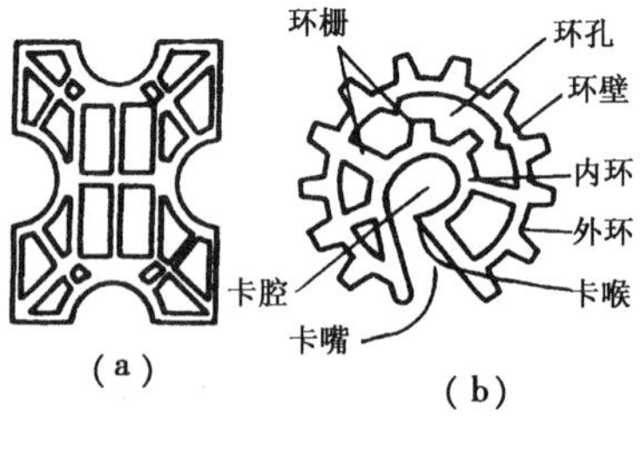

图 4-96　控制混凝土保护层用的塑料卡
(*a*) 塑料垫块；(*b*) 塑料环圈

2. 钢筋绑扎程序　钢筋绑扎程序是：划线、摆筋、穿箍、绑扎、安放垫块等。划线时应注意间距、数量，标明加密箍筋位置。板类摆筋顺序一般先排主筋后排负筋；梁类一般先摆纵筋。

钢筋的接头应符合表4-39接头区段受力钢筋接头面积允许百分率等要求。绑扎接头的搭接长度应符合表4-25中的要求。

表4-39 接头区段受力钢筋接头面积允许百分率

项　次	接　头　形　式	接头面积允许百分率（%）	
		受　拉　区	受　压　区
1	绑扎骨架和绑扎网中钢筋搭接接头	25	50
2	焊接骨架和焊接网的搭接接头	50	50
3	受力钢筋的焊接接头	50	不限制
4	预应力钢筋的对焊接头	25	不限制

注：1. 接头位置宜设置在受力较小处，在同一钢筋上应尽量少设接头。
2. 装配式构件连接处的受力钢筋焊接接头和后张法预应力混凝土构件的螺丝端杆接头，可不受上表的限制。
3. 采用绑扎骨架的现浇柱，在柱中及柱与基础交接处，如果用搭接接头时，其接头面积允许百分率可根据设计经验适当放宽。
4. 承受均布荷载作用的屋面板、楼板、檩条等简支受弯构件，如在受拉区内配置少于3根受力钢筋时，可在跨度两端各四分之一跨度范围内设置一个焊接接头。
5. 如有保证焊接质量的可靠措施时，预应力钢筋对焊接头在受拉区内的接头面积允许百分率可放宽至50%。

3. 钢筋绑扎的规定　钢筋绑扎应符合下列规定：钢筋的交叉点应用铁丝扎牢；板和墙的钢筋网片，除靠外围两行钢筋的相交点全部扎牢外，中间部分的相交点可相隔交错扎牢，但必须保证受力钢筋不位移。双向受力的钢筋网片，必须全部扎牢；梁和柱的箍筋，除设计有特殊要求外，应与受力钢筋垂直设置。箍筋弯钩叠合处，应沿受力钢筋方向错开设置；柱中的竖向钢筋搭接时，角部钢筋的弯钩应与模板成45°（多边形为模板的内角的平分角；圆形柱应与柱模板切线垂直）；中间钢筋的弯钩应与模板成90°；如采用插入式振捣器浇筑小型截面柱时，弯钩与模板的角度最小不得小于15°；板、次梁与主梁交叉处，板的钢筋在上，次梁的钢筋居中，主梁的钢筋在下，如图4-97所示；当有圈梁或梁垫时，主梁的钢筋在上，如图4-98所示。

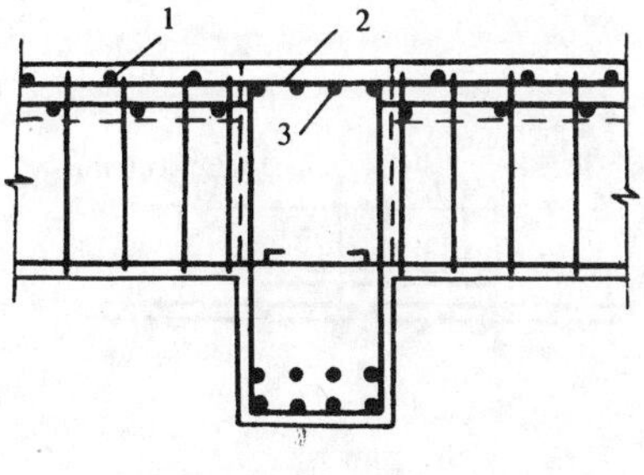

图4-97　板、次梁与主梁交叉处钢筋
1—板的钢筋；2—次梁钢筋；3—主梁钢筋

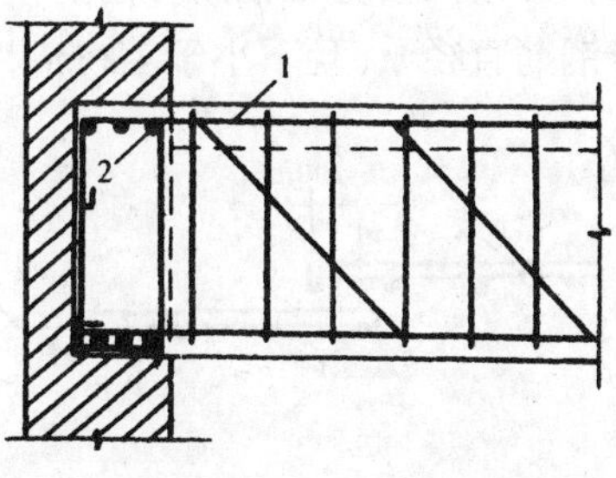

图4-98　主梁与垫梁交叉处钢筋
1—主梁钢筋；2—垫梁钢筋

（二）钢筋网与钢筋骨架的安装

1. 绑扎钢筋网与钢筋骨架的安装　钢筋网架的分段（块）应根据结构配筋特点及

起重运输能力而定。一般钢筋网的分块面积以6～20m^2 为宜，钢筋骨架的分段长度以6～12m 为宜。

钢筋网架为防止在运输和安装过程中发生歪斜变形，应采取临时加固措施，图 4-99 为绑扎钢筋网的临时加固情况。工地上常用架子车改装的钢筋运料车作为钢筋网架运输。

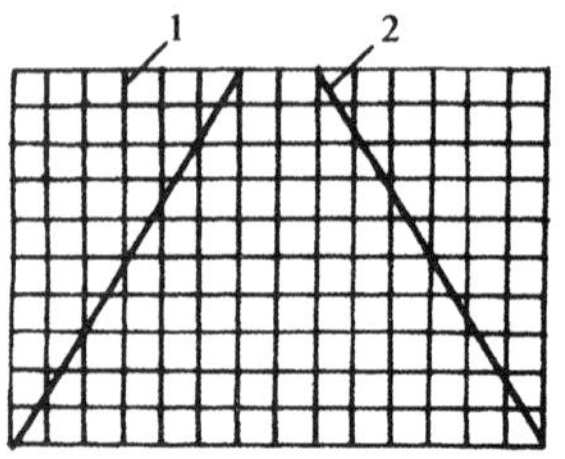

图 4-99　绑扎钢筋网的临时加固
1—钢筋网；2—加固筋

钢筋网架的吊点应根据其尺寸、重量及刚度而定。宽度大于 1m 的水平钢筋网宜采用四点起吊。跨度小于 6m 的钢筋骨架宜采用二点起吊（图 4-100（*a*）），跨度大，刚度差的钢筋骨架宜采用铁扁担四点起吊（图 4-100（*b*））。为防止吊点处钢筋受力变形，可采取兜底吊或加短钢筋。

绑扎钢筋网与钢筋骨架交接处作法与钢筋的现场绑扎同。

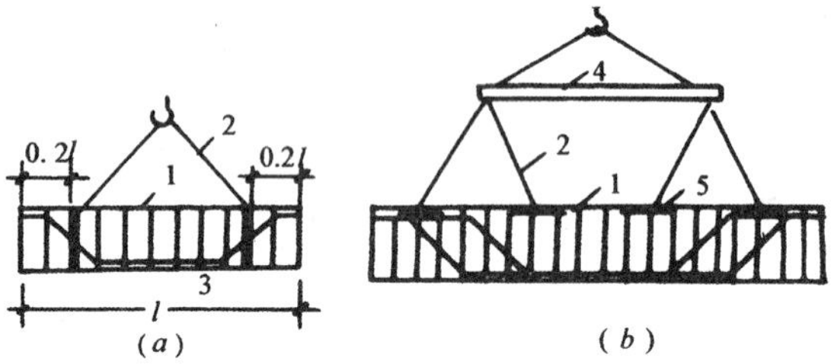

图 4-100　钢筋骨架的绑扎起吊
（*a*）二点绑扎；（*b*）采用铁扁担四点绑扎
1—钢筋骨架；2—吊索；3—兜底索；4—铁扁担；5—短钢筋

2. 焊接钢筋网与钢筋骨架的安装　焊接钢筋网架沿受力方向的搭接接头宜位于构件受力较小部位。

受拉焊接骨架和焊接网在受力钢筋方向的搭接长度如表 4-40 所示。受压焊接骨架和焊接网在受力钢筋方向的搭接长度，为表中数值的 0.7 倍。

焊接网沿分布钢筋方向的搭接长度 l_l = 100mm 如图 4-101。受力钢筋直径≥16mm时，焊接网沿分布钢筋方向的接头宜铺以附加钢筋网，每边搭接长度 $l_l = 15d$（d 为分布钢筋直径），且不小于 100mm，如图 4-102。

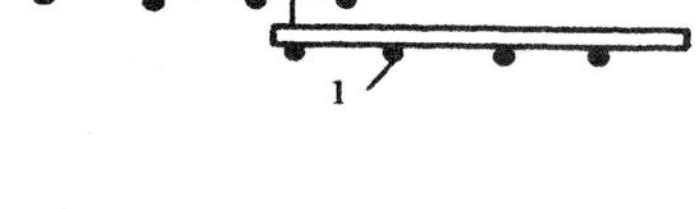

图 4-101　焊接网沿分布钢筋方向不加焊接的搭接接头
1—受力钢筋；2—分布钢筋

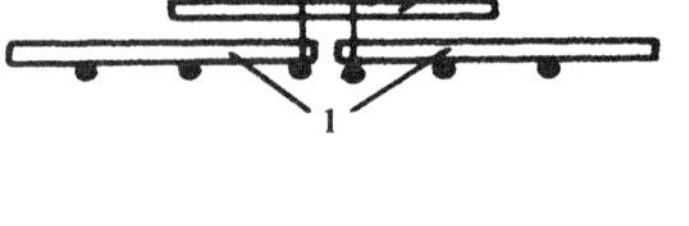

图 4-102　焊接网沿分布钢筋方向不加焊接、用附加钢筋网的搭接接头
1—基本钢筋网；2—附加钢筋网

在构件宽度内有若干焊接网或焊接骨架时，其接头位置应错开。在搭接长度 l_l 区段内搭接的受力钢筋的总截面面积不得大于构件截面中受力钢筋全部截面面积的 50%。

在轴心受拉及小偏心受拉的构件（板和墙除外）中，不得采用搭接接头。

表 4-40　受拉焊接骨架和焊接网绑扎接头的搭接长度

项　　次	钢　筋　类　型		混凝土强度等级		
			C20	C25	≥C30
1	Ⅰ级钢筋		$30d$	$25d$	$20d$
2	月牙肋	Ⅱ级钢筋	$40d$	$35d$	$30d$
		Ⅲ级钢筋	$45d$	$40d$	$35d$
3	冷拔低碳钢丝		250mm		

注：1. 搭接长度除应符合本表规定外，在受拉区不得小于 250mm，在受压区不得小于 200mm。
2. 当混凝土强度等级低于 C20 时，对Ⅰ级钢筋最小搭接长度不得小于 $40d$；表中Ⅱ级钢筋不得小于 $50d$；Ⅲ级钢筋不宜采用。
3. 当月牙肋钢筋直径 $d>25$mm 时，其搭接长度应按表中数值增加 $5d$ 采用。
4. 当混凝土在凝固过程中易受扰动时（如滑模施工），搭接长度宜适当增加。
5. 轻骨料混凝土的焊接骨架和焊接网绑扎接头的搭接长度应按普通混凝土搭接长度增加 $5d$（冷拔低碳钢丝增加 50mm）。
6. 有抗震要求时，对一级抗震等级相应增加 $10d$，二级抗震等级相应增加 $5d$。

十二、质量检查

钢筋安装完毕后，应检查下列方面：

（一）根据设计图纸检查钢筋的钢号、直径、根数、间距是否正确，特别是注意检查负筋的位置；

（二）检查钢筋保护层是否符合要求；

（三）检查钢筋接头的位置及搭接长度是否符合规定；

（四）检查钢筋绑扎是否牢固，有无松动变形现象；

（五）钢筋表面不允许有油渍、漆污和颗粒状（片状）铁锈；

（六）钢筋位置的允许偏差，不得大于表 4-41 中的规定。

表 4-41　钢筋位置的允许偏差

项　　次	项　　　目		允许偏差（mm）
1	受力钢筋的排距		±5
2	钢筋弯起点位置		20
3	箍筋、横向钢筋间距	绑扎骨架	±20
		焊接骨架	±10
4	焊接预埋件	中心线位置	5
		水平高差	+3、-0
5	受力钢筋的保护层	基　础	±10
		柱、梁	±5
		板、墙、壳	±3

隐蔽工程验收：隐蔽工程是指那些在施工过程中上一工序的工作结束，被下一工序所掩盖，而无法进行复查的部位。钢筋工程属于隐蔽工程，在浇筑混凝土前，有关人员

按照设计要求和施工规范，采用必要的检查工具，对钢筋的品种规格、数量、位置、形状、焊接尺寸、接头位置、预埋件数量及位置，以及材料代用情况等内容进行检查与验收。如果符合设计要求及施工规范规定，应及时签署隐蔽工程纪录手续，以便继续下一工序（即浇筑混凝土）的施工，同时，将隐蔽工程记录交承包单位归入技术资料。如不符合有关规定，监理人员应以书面形式通知承包单位，按期处理，处理符合要求后监理人员应进行隐蔽工程验收与签证。

第三节　混凝土工程

混凝土工程包括：配料、搅拌、运输、浇捣和养护等主要施工过程。其施工工艺流程如图 4-103。

一、混凝土的组成材料

普通混凝土是以水泥、水、普通碎（卵）石、砂，需要时掺入外加剂和矿物质混合材料，按适当比例配合，经过均匀拌制、密实成型及养护硬化而成的人工石材。

（一）水泥

配制混凝土所用的水泥，应采用硅酸盐水泥、普通硅酸盐水泥、矿渣硅酸盐水泥、火山灰质硅酸盐水泥或粉煤灰质硅酸盐水泥，必要时也可采用其他品种水泥，水泥的性能指标必须符合现行国家有关标准的规定。水泥进场必须有出厂合格证或进场试验报告，并应对其品种、标号、包装或散装包号、出厂日期等检查验收；当对水泥质量有怀疑或水泥出厂超过三个月（快硬硅酸盐水泥超过一个月）时，应复查试验，并按试验结果使用。

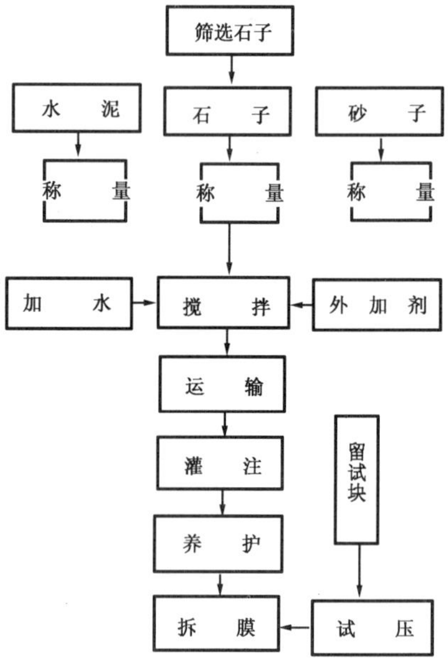

图 4-103　混凝土工程工艺流程

（二）碎（卵）石

由天然岩石或卵石经破碎、筛分而得的粒径大于 5mm 的岩石颗粒称为碎石；由自然条件作用而形成的粒径大于 5mm 的岩石颗粒，称为卵石。普通混凝土所用的碎（卵）石应符合国家现行有关标准的规定。碎（卵）石的颗粒尺寸一般多在 5 ~ 80mm 之间，因此又称作粗骨料。按其颗粒大小分为粗（40 ~ 80mm）、中（20 ~ 40mm）、细（5 ~ 20mm）、特细（5 ~ 10mm）四级。混凝土用的碎（卵）石原则上应选用较大颗粒。为了尽可能减少水泥浆用量及充分利用石子的强度，粗细颗粒之间应有适当的级配。石子的最大颗粒尺寸不得超过结构截面最小尺寸的 1/4，同时也不得大于钢筋间最小净距的 3/4。对于厚度小于或等于 100mm 的混凝土实心板，可采用一部分（不超过 25%）最大粒径达 1/2 板厚的石子。

（三）砂

由自然条件作用而形成的，粒径在 5mm 以下的岩石颗粒，称为天然砂，按其产源分为河砂、海砂和山砂。按砂的粒径可分为粗砂、中砂和细砂，目前是以细度模数来划分，但习惯上仍用平均粒径来划分。拌制混凝土宜用粗砂或中砂，但仅用粗砂将降低混凝土的和易性，水泥耗量也大，因此必须粗细搭配。砂的粒径一般在 0.15 ~ 0.5mm 之间，因此又称细骨料。普通混凝土所用的砂应符合国家现行有关标准的规定。砂中的含泥量和有害杂质应加以限制。

（四）水

拌制混凝土宜采用饮用水。当采用其他来源水时，水质必须符合国家现行标准《混凝土拌合用水标准》的规定。钢筋混凝土和预应力混凝土，均不得采用海水拌制。

（五）外加剂

混凝土中掺入适量外加剂，能改善混凝土的工艺性能，加速工程进度和节约水泥。外加剂有早强剂、防冻剂、减水剂、速凝剂、缓凝剂、引气剂等，外加剂的质量应符合现行的国家标准的要求。外加剂的品种及掺量必须根据对混凝土性能的要求、施工及气候条件、混凝土所采用的原材料及配合比等因素经试验确定。在蒸汽养护的混凝土和预应力混凝土中，不宜掺用引气剂或引气减水剂；当掺用含氯盐的外加剂时，应符合规范的有关条文规定。

（六）矿物质混合材料

为降低水泥用量，改善混凝土的技术特性（如改善和易性、降低水化热等）可在混凝土中掺加矿物质混合材料。混合材料（如粒状高炉矿渣、粉煤灰、火山灰、石英砂粉等）的质量应符合国家现行标准规定，其掺量应通过试验确定。

二、混凝土配合比

混凝土的配合比是指混凝土的组成材料用量的比例关系（重量比），一般以水∶水泥∶砂∶石表示，而以水泥作为基数 1。混凝土配合比的选择是根据工程特点、组成材料的质量、施工方法等因素，通过理论计算及试配确定的。现场混凝土拌制时，必须根据实验室给定的配合比进行配料。

实验室给出的配合比所用的骨料都是干燥的，而现场使用的砂、石都具有一定含水率，而且随季节气候不断变化，这样就造成了各种原材料用量间的实际比例不符合原来配合比的要求，为了保证混凝土工程质量，在施工时要按砂、石实际含水率对原配比进行修正，调整后的配合比称为施工配合比。

假设原实验室配合比为：水泥∶砂子∶石子 $= 1 : x : y$

水灰比为：W/C

现场测得砂含水率 W_x、石子含水率 W_y

则施工配合比为：水泥∶砂∶石子 $= 1 : x\ (1 + W_x) : y\ (1 + W_y)$

水灰比：$\frac{W}{C}$不变（但用水量要减去砂石中含水量）

例：混凝土实验室配合比为 1∶2.28∶4.47，水灰比 $\frac{W}{C} = 0.63$，每立方米混凝土水泥用量 $C = 285$kg，现场实测砂含水率 3%，石子含水率 1%，求施工配合比及每 m^3 各种材料用量。

解：施工配合比：$1:x(1+W_x):y(1+W_y)=1:2.28(1+0.03):4.47(1+0.01)=1:2.35:4.51$

按施工配合比求每立方米混凝土各组成材料用量：

水泥：$C'=C=285\text{kg}$

砂：$G'_{砂}=285\times2.35=669.75\text{kg}$

$G'_{石}=285\times4.51=1285.35\text{kg}$

用水量：$W'=W-G_{砂}W_x-G_{石}W_y$（$G_{砂}$、$G_{石}$为按实验室配合比计算每立方米混凝土砂、石用量）

$W'=0.63\times285-2.28\times285\times0.03-4.47\times285\times0.01=147.32\text{kg}$

混凝土配料前应先检查水泥、砂、石和外加剂的质量是否符合规定。使用衡器应有校验制度，经常保持其准确性。各种材料投料偏差不得超过施工规范规定值：水泥、混合材料为±2%；粗、细骨料为±3%；水、外加剂为±2%。

三、混凝土的搅拌

混凝土搅拌的均匀性与搅拌方法、投料顺序、搅拌机的类型和搅拌时间有关。

混凝土搅拌方法有人工搅拌和机械搅拌两种。人工搅拌是在一块铁板或在包有铁皮的木拼板上进行，拌合一般用“三干三湿”法，即先将水泥加入砂中干拌两遍，再加入石子翻拌一遍，此后，边缓慢地加水，加反复湿拌三遍。人工拌合质量差、消耗水泥多，只在工程量很少时采用。目前一般均采用机械搅拌。

（一）混凝土搅拌机

混凝土搅拌机按搅拌原理分为自落式和强制式两类。自落式多用于搅拌塑性混凝土和低流动性混凝土，适用于施工现场，如图 4-104。强制式搅拌机主要用以搅拌干硬性混凝土和轻骨料混凝土，也可以搅拌低流动性混凝土，一般用于预制厂或集中拌料的搅拌站，如图 4-105。

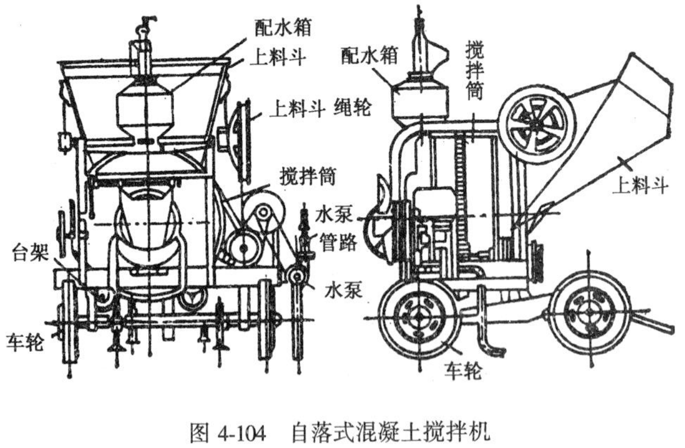

图 4-104 自落式混凝土搅拌机

搅拌机的主要工艺参数为工作容量，国产搅拌机的工作容量，一般为进料容量（只有 J_1—800 型搅拌机以出料容量为工作容量）。进料容量又称干料容量，是指该型号搅拌机可装入的各种材料体积之总和，以此来标定搅拌机的规格。如 J_1—400A 型搅拌机，其进料容量为 400L。

搅拌机每次搅拌出混凝土的体积，称为出料容量。

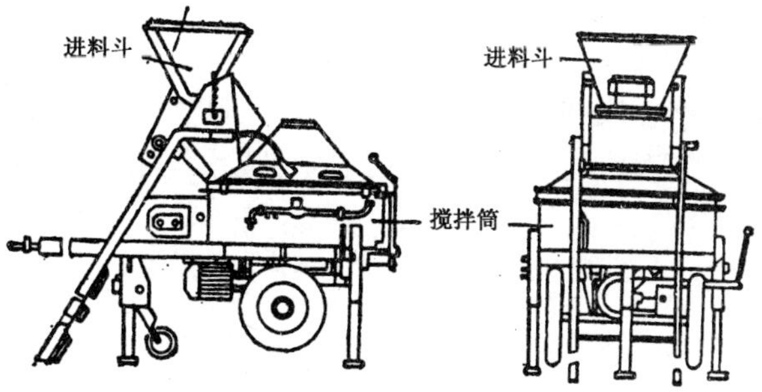

图 4-105 强制式混凝土搅拌机

$$\frac{出料容量}{进料容量}=制成量系数$$

制成量系数一般取 0.65，即进料容量为 400L 的搅拌机，出料容量为 0.26m³。

例：按上例，已知条件不变，采用 400L 混凝土搅拌机，求搅拌一次投料量。

解：400L 搅拌机可搅拌混凝土：

$400L\times0.65=260L=0.26m^3$

则搅拌一次投料量为：

水泥：$285\times0.26=74.1kg\approx75kg$（一袋半）

砂：$75\times2.35=176.25kg$

石子：$75\times4.51=338.25kg$

水：$147.32\times0.26=38.3kg$

（二）搅拌制度的确定

为了获得质量优良的混凝土拌合物，除正确选择搅拌机外，还必须正确确定搅拌制度，即确定搅拌时间、投料顺序等。

1. 搅拌时间　混凝土的搅拌时间是影响混凝土质量及搅拌机生产率的一个主要因素。搅拌时间过短，混凝土不均匀；搅拌时间过长，混凝土和易性又重新降低，且降低搅拌机生产率。

混凝土搅拌的最短时间（即自全部材料装入搅拌筒中起，到卸料止）可按表 4-42 确定。

表 4-42　混凝土搅拌的最短时间（s）

混凝土坍落度（cm）	搅拌机机型	搅拌机容量（L）		
		<250	250~500	>500
≤3	自落式	90	120	150
	强制式	60	90	120
>3	自落式	90	90	120
	强制式	60	60	90

注：1. 掺有外加剂时，搅拌时间应适当延长；

2. 全轻混凝土宜采用强制式搅拌机搅拌，砂轻混凝土可用自落式搅拌机搅拌，但搅拌时间应延长 60~90s；

3. 轻骨料宜在搅拌前预湿，采用强制式搅拌机搅拌的加料顺序是先加粗细骨料和水泥搅拌 60s，再加水继续搅拌；采用自落式搅拌机的加料顺序是：先加 1/2 的用水量，然后加粗细骨料和水泥，均匀搅拌 60s，再加剩余用水量继续搅拌；

4. 当采用其他形式的搅拌设备时，搅拌的最短时间应按设备说明书的规定或经试验确定。

2. 投料顺序　搅拌时加料顺序一般是先在搅拌机料斗中装入石子，再装水泥及砂。在鼓筒内先加水或在提升料斗过程中加水。

这种上料顺序是把水泥夹在石子和砂子之间，上料时不致飞扬，而且水泥也不致粘在料斗底和鼓筒上。上料时水泥和砂先进入筒内形成水泥浆，缩短了包裹石子的过程，能提高搅拌机生产率。

四、混凝土运输

（一）混凝土运输设备

拌好的混凝土，一般需经过水平和垂直运输，才能送到浇筑部位。混凝土的运输设备主要有水平运输设备、垂直运输设备及混凝土泵。

混凝土水平运输设备有手推车、机动翻斗车、混凝土搅拌运输车（如图 4-106）和自卸汽车。手推车和机动翻斗车多用于路程较短的现场内运输。当混凝土需要量较大，运距较远或使用商品混凝土时，则多采用自卸汽车和混凝土搅拌运输车。混凝搅拌运输车有安装在汽车底盘上的混凝土搅拌筒，搅拌筒在运输过程中可按规定要求慢速转动，从而使装入筒内的混凝土拌合物连续得到搅拌，以保证混凝土通过长途运输后，仍不致产生离析现象。在运输距离很长时，也可以将混凝土干料装入筒内，在运输途中加水搅拌，这样能减少由于长途运输而引起的混凝土坍落度损失。

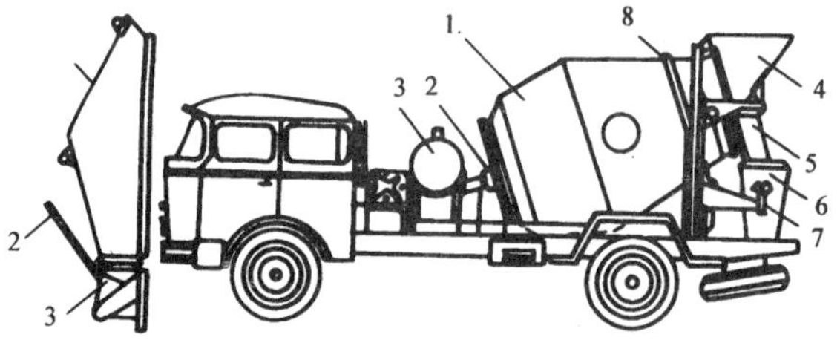

图 4-106　混凝土搅拌运输车外形示意图
1—搅拌筒；2—轴承座；3—水箱；4—进料斗；
5—卸料槽；6—引料槽；7—托轮；8—轮圈

混凝土垂直运输设备常用的有井架和塔式起重机。井架多用于高度不大于 45m 的工业与民用建筑，井架装有升降平台，用双轮手推车将混凝土推到升降平台上，然后提升到施工的楼层上，再将手推车沿铺在楼面上的跳板送到浇筑地点。塔式起重机主要用于高层建筑的混凝土垂直运输，混凝土装入料斗（如图 4-107），由塔式起重机提升至工作地点进行浇灌。料斗有立式和卧式两种，料斗容积在 0.3m^3 以上，上部开口装料，下部有扇形斗门用来卸料，可以直接把混凝土浇入模板。

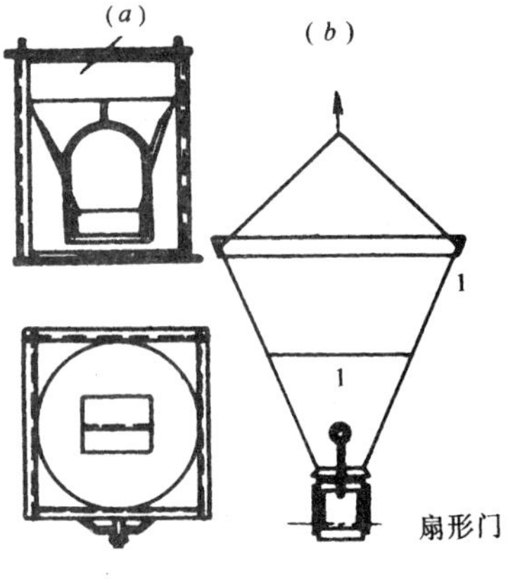

图 4-107　混凝土浇筑料斗
（a）立式料斗；（b）卧式料斗
1—入料口；2—手柄；3—卸料口的扇形门

混凝土泵主要适用于大体积混凝土工程（如整体式高层建筑）的混凝土水平和垂直运输，混凝土可以连续输送。泵送混凝土，由混凝土泵和混凝土输送管两大部分组成。混凝土泵的类型很多，应用最广泛的是液压活塞式混凝土泵，输送管有直管、弯管、锥形管和浇注软管等，锥形管用于连接不同管径的输送管，在管道出口处接有软管，以便在不移动运输管的情况下，扩大布料范围。

将混凝土泵装在汽车上便成为混凝土汽车泵（如图 4-108），车上还装有可以伸缩或屈折的布料杆（如图 4-109），其末端是一软管，可将混凝土直接送到浇筑地点，混凝土泵车的输送能力一般为 $80m^3/h$；当水平运输距离为 520m 和垂直输送高度为 110m 时，输送能力为 $30m^3/h$。

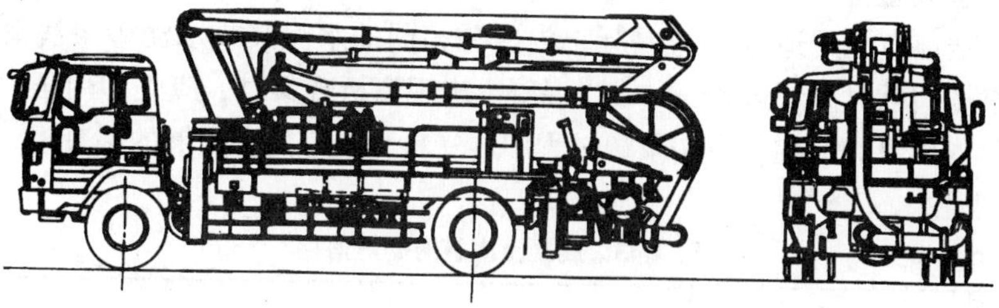

图 4-108　混凝土汽车泵

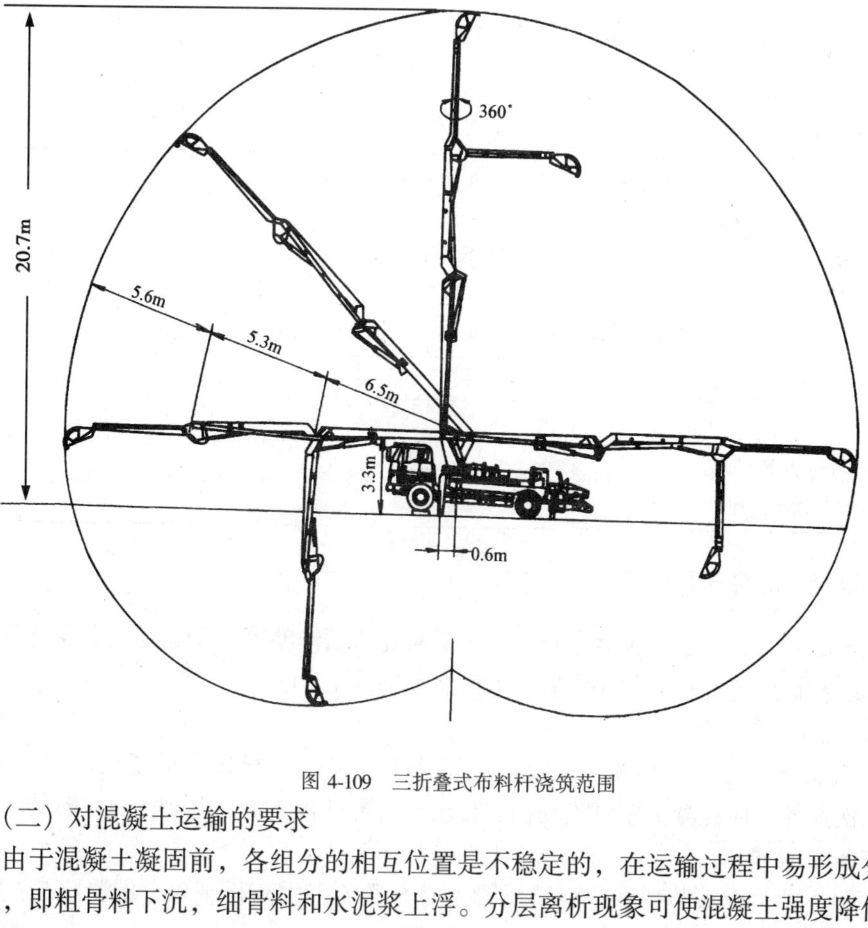

图 4-109　三折叠式布料杆浇筑范围

（二）对混凝土运输的要求

由于混凝土凝固前，各组分的相互位置是不稳定的，在运输过程中易形成分层离析现象，即粗骨料下沉，细骨料和水泥浆上浮。分层离析现象可使混凝土强度降低或形成蜂窝麻面。为保证混凝土工程质量，对混凝土运输应满足下列要求：混凝土运至浇筑地点，应符合浇筑时规定的坍落度（如表4-43），当有离析现象时，必须在浇筑前进行二次搅拌；混凝土应以最少的转载次数和最短的时间，从搅拌地点运至浇筑地点。混凝土从搅拌机卸出到浇筑完毕的延续时间不宜超过表4-44中的规定；运输工作应保证混凝土浇筑工作连续进行；若运距较远可掺缓凝剂，其延续凝结时间长短由试验确定；运输混凝土的容器应严密，不漏浆，容器的内壁应平整光洁，不吸水。粘附的混凝土残渣应经常清除。

采用泵送混凝土应符合下列规定：混凝土的供应，必须保证输送混凝土的泵能连续工作；输送管线宜直，转弯宜缓，接头应严密，如管道向下倾斜，应防止混入空气，产生阻塞；泵送前应先用适量的与混凝土内成分相同的水泥浆或水泥砂浆润滑输送管内壁；预计泵送间歇时间超过45min或当混凝土出现离析现象时，应立即用压力水或其他方法冲洗管内残留的混凝土；在泵送过程中，受料斗内应具有足够的混凝土，以防止吸入空气产生阻塞。

表4-43　混凝土浇筑时的坍落度

结　构　种　类	坍落度（mm）
基础或地面等的垫层、无配筋的大体积结构（挡土墙、基础等）中配筋稀疏的结构	10~30
板、梁和大型及中型截面的柱子等	30~50
配筋密列的结构（薄壁、斗仓、筒仓、细柱等）	50~70
配筋特密的结构	70~90

注：1. 本表系指采用机械振捣的坍落度；采用人工捣实时可适当增大；
2. 需要配制大坍落度混凝土时，应掺用外加剂；
3. 曲面或斜面结构混凝土；其坍落度值，应根据实际需要另行选定；
4. 轻骨料混凝土的坍落度，宜比表中数值减少10~20mm。

表4-44　混凝土从搅拌机中卸出后到浇筑完毕的延续时间（min）

混凝土强度等级	气　温	
	<25℃	≥25℃
低于及等于C30	120	90
高于C30	90	60

五、混凝土的浇筑与振捣

混凝土的浇筑成型工作包括布料摊平、捣实和抹面修整等工序。混浇土浇筑前，应对模板系统和钢筋进行复核，无误后，方可浇灌混凝土。

（一）混凝土的浇筑

1. 混凝土浇筑时的坍落度　混凝土浇筑前不应发生初凝和离析现象，如已发生，要进行二次搅拌，使混凝土恢复流动性和粘聚性后再进行浇筑。混凝土浇筑时的坍落度应满足表4-43要求。

2. 混凝土的自由下落高度　浇筑混凝土时为避免产生离析现象，混凝土自高处倾落时高度不宜超过 2m。若混凝土自由下落高度较大时，应使用溜槽或串筒，以防混凝土发生离析现象。溜槽一般用木板制作外包白铁皮（图 4-110b），使用时其水平倾角不宜超过 30°。串筒用薄钢板制成，每节筒长 70cm 左右，用钩环连接，筒内有缓冲挡板、串筒及其使用方法如图 4-110（a）。

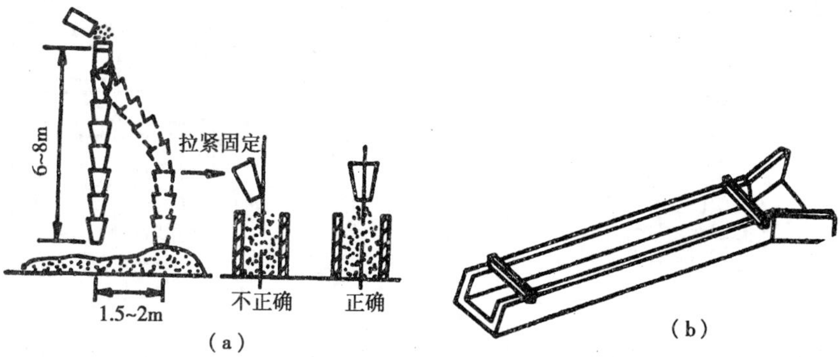

图 4-110 串筒与溜槽

(a) 串筒及其使用方法；(b) 溜槽

3. 混凝土的分层浇灌 为了使混凝土振捣密实，应分层浇灌分层振捣，并在下层混凝土凝结之前，将上层混凝土浇灌、振捣完毕。每层浇筑厚度与捣实方法、结构配筋情况有关。应符合表 4-45 的规定。

表 4-45 混凝土浇筑层厚度

项次	捣实混凝土的方法		浇筑层的厚度（mm）
1	插入式振捣		振捣器作用部分长度的 1.25 倍
2	表面振动		200
3	人工捣固	在基础、无筋混凝土或配筋稀疏的结构中	250
		在梁、墙板、柱结构中	200
		在配筋密列的结构中	150
4	轻骨料混凝土	插入式振捣器	300
		表面振动（振动时需加荷）	200

4. 混凝土的连续浇筑 混凝土的浇筑工作应尽量连续作业，尽量缩短间歇时间，并要在前层混凝土凝结前，将次层混凝土浇筑完毕。间歇的最长时间应按所用水泥品种及混凝土凝结条件确定，一般不得超过混凝土运输中所列的混凝土从搅拌机中卸出后到浇筑完毕的延续时间的规定。

5. 施工缝 由于技术或组织方面的原因，混凝土不能一次连续浇筑完毕，停歇时间又超过混凝土的初凝时间，则应留施工缝。

（1）施工缝留设的位置。浇筑混凝土前，应预先确定施工缝的位置。施工缝应留在结构受剪力较小且便于施工的部位。一般柱应留水平缝，梁、板和墙应留垂直缝。施工缝留设具体位置如下：

柱子的施工缝宜留置在基础顶面、梁或吊车梁牛腿的下面、吊车梁的上面和无梁楼盖柱帽下面，如图 4-111 所示。

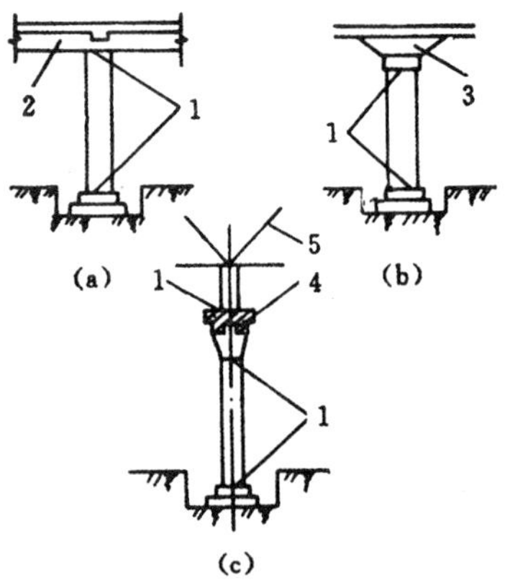

图 4-111 柱子施工缝的位置
(a) 肋形楼板柱；(b) 无梁楼板柱；
(c) 吊车梁柱；1. 施工缝；2. 梁；
3. 柱帽；4. 吊车梁；
5. 屋架

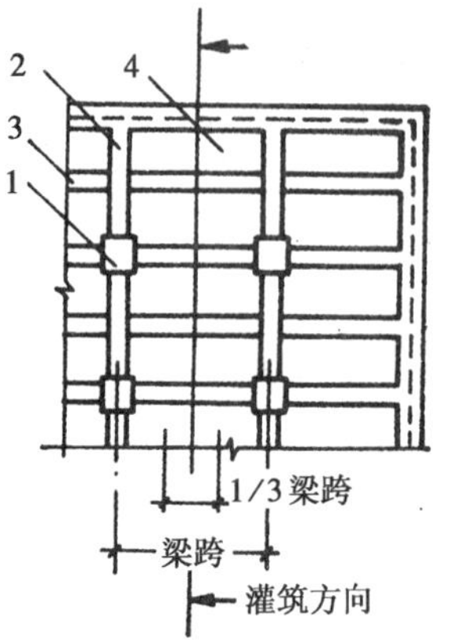

图 4-112 肋形楼盖的施工缝位置
1. 柱；2. 主梁；3. 次梁；4. 板

与板连接为一体的大截面梁，施工缝应留在板底面以下 20 ~ 30mm。

单向板留在平行于板短边的任何位置。

有主次梁的楼盖，宜顺着次梁方向浇筑，施工缝留在次梁跨度的中间 1/3 范围内，如图 4-112 所示。

(2) 施工缝的处理。在施工缝处继续浇筑混凝土时，已浇筑的混凝土抗压强度应不小于 1.2MPa，以抵抗继续浇筑混凝土时扰动。混凝土达到这一强度所需时间，可参考表 4-46。

在施工缝处继续浇筑混凝土之前，应清除施工缝处的浮浆和松子石子，洒水润湿冲刷干净，然后浇水泥浆（水泥∶水 = 1∶0.4）或与混凝土成分相同的水泥砂浆一层，厚度为 10 ~ 15mm，以保证接缝的质量，施工缝处应细致捣实，使其紧密结合。

表 4-46 普通混凝土达到 $1.2N/mm^2$ 强度所需龄期参考表

外界温度	水泥品种及标号	混凝土强度等级	期限（h）	外界温度	水泥品种及标号	混凝土强度等级	期限（h）
1 ~ 5℃	普通 425	C15	48	10 ~ 15℃	普通 425	C15	24
		C20	44			C20	20
	矿渣 325	C15	60		矿渣 325	C15	32
		C20	50			C20	24
5 ~ 10℃	普通 425	C15	32	15℃以上	普通 425	C15	20 以下
		C20	28			C20	20 以下
	矿渣 325	C15	40		矿渣 325	C15	20
		C20	32			C20	20

注：1. 水泥采用峨眉水泥厂生产普通水泥 425 号，琉璃河水泥厂生产矿渣水泥 325 号；
2. 砂石采用北京八宝山河砂、中砂和 0.5 ~ 2.0cm 卵碎石；
3. 水灰比，采用普通水泥为 0.65 ~ 0.8，采用矿渣水泥为 0.56 ~ 0.68。

（二）混凝土的振捣

新拌混凝土灌入模板后，由于骨料和砂浆之间摩阻力与粘结力作用，混凝土流动性很低。不能自动充满模板内各角落，其内部是疏松的，有一定体积的空洞和气泡，不能达到要求的密实度，必须进行适当的振捣，促使混凝土混合物克服阻力并逸出气泡消除空隙，使混凝土满足设计强度等级要求和足够的密实度。

混凝土捣实方法有人工振捣和机械振捣两种。人工振捣是用捣锤或插钎等工具的冲击力来使混凝土密实成型，只用于缺少机械或工程量不大的情况下，才进行人工捣实。机械振捣是通过振动器的振动力传给混凝土使之发生强迫振动而密实成型。下面主要介绍机械振捣。

1. 混凝土的振捣设备　混凝土振捣常用的机具设备，按其传递振动方式不同分为：内部振动器、表面振动器、附着式振动器和振动台。振动台主要用于预制构件生产，这里不作介绍。

(1) 内部振动器。内部振动器又称插入式振动器，其工作部分是一棒状空心圆柱体，内部装有偏心振子，在电动机带动下高速转动而产生高频微幅振动。多用于振捣基础、柱、梁、檣等构件和大体积混凝土结构。图 4-113 为软轴插入式振动器。

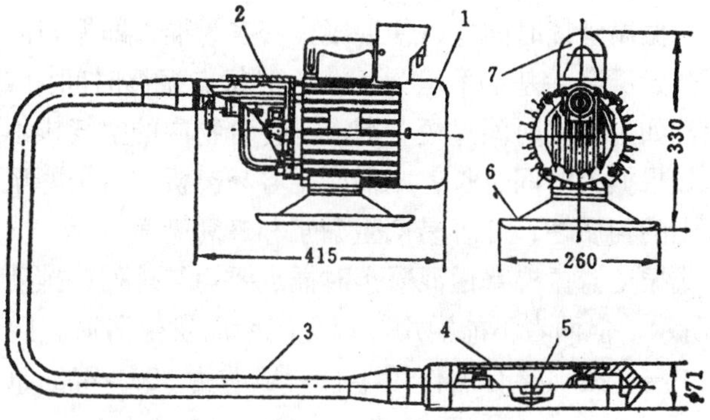

图 4-113　偏心软轴插入式振动器

1. 电动机；2. 加速齿轮箱；3. 传动软轴；4. 振动棒外套；
5. 偏心块；6. 底板；7. 手柄及开关

(2) 附着式振动器。附着式振动器（图 4-114）是将一个带偏心块的电动振动器利

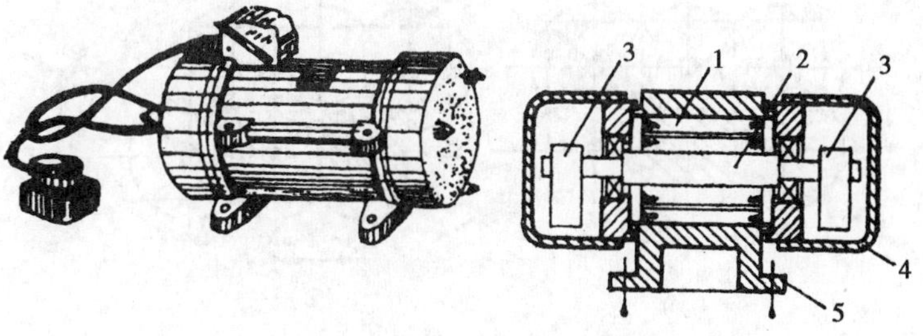

图 4-114　附着式振动器

1. 电动机；2. 轴；3. 偏心块；4. 机座

用螺栓或夹具固定在构件模板外侧，不与混凝土接触，振动动力通过模板传给混凝土，故又称外部振动器。适用于振动钢筋密、厚度小及不宜使用插入式振动器的构件，如墙体、薄腹梁等。

（3）表面振动器。表面振动器又称平板振动器，是将附着式振动器固定在一块底板上而成，如图 4-115。它适用于振动楼板、地面、板形构件和薄壳等。

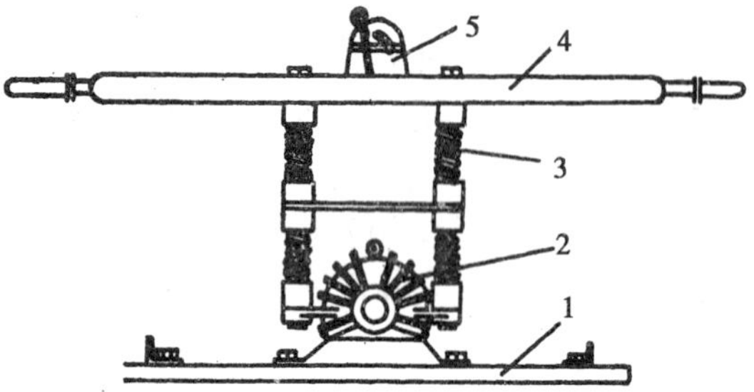

图 4-115　平板振动器

1. 振动底板；2. 电动振子；3. 缓冲弹簧；4. 手柄；5. 开关

2. 振动器的使用

（1）每一振点的振捣延续时间应以使混凝土密实为准，即振至混凝土不再沉落，泡泡不再排出，表面开始泛浆并基本平坦为止，一般每点振捣时间为 20 ~ 30s。振捣时间过短或过长均不利，如果振捣时间过短，混凝土拌合物内的空气排不净且空隙多，影响混凝土的密实度，如果振捣时间过长，则混凝土容易离析，石子降至下部较多而上部砂浆较多，影响混凝土的匀质性，并容易产生漏浆和蜂窝麻面。

（2）采用插入式振动器振捣普通混凝土时插点要均匀排列，排列方式有行列式和交错式，如图 4-116 所示，但两者不能混用，以免混淆而发生漏振。插点间距应不超过振动棒作用半径的 1.5 倍（振动棒有效作用半径一般约为 300 ~ 400mm，约为振动棒半径的 8 ~ 10 倍）；振动器距模板，不应大于其作用半径的$\frac{1}{2}$。

为使分层浇筑的上下层混凝土结合为整体，振捣时振动器应插入下面一层混凝土中，深度一般不少于 5cm，如图 4-117 所示。此外，振动器不得挂在钢筋上并尽量避免碰撞钢筋、模板、芯（胶）管、吊环、预埋件等。

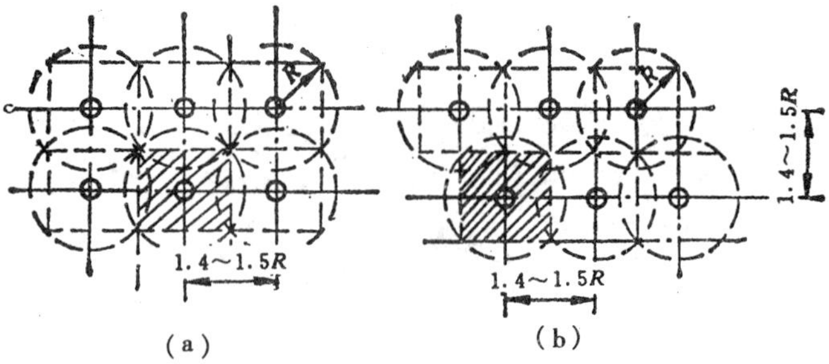

图 4-117　插点排列

（a）行列式；（b）交错式

（3）采用表面振动器的移动距离，应能保证振动器的平板压过已振实的混凝土边缘，一般压边30～50mm。在一个停放位置上振捣延续时间，以混凝土停止下沉，表面平整并均匀出现浆液为准，一般约为25～40s。表面振动器一般有效作用深度为200mm。

（4）附着式振动器设置间距应通过试验确定，一般为1～1.5m。振动器与模板紧密连接，振动器作用深度约为250mm左右，如构件较厚，则在构件两侧安设振动器同时进行振捣。

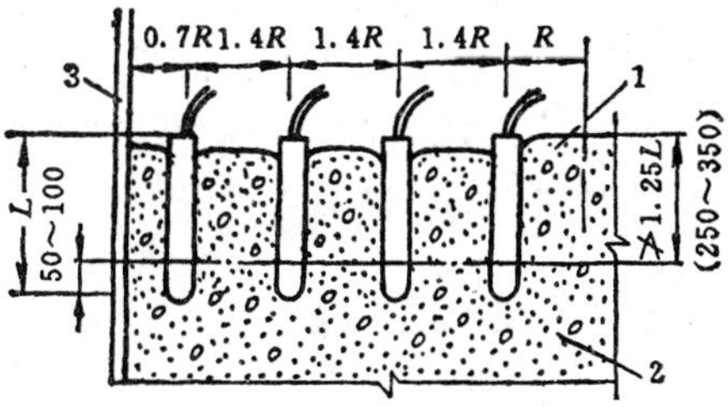

图4-117　插入式振动器插入深度

1. 新灌筑的混凝土；2. 下层已振捣但尚未初凝的混凝土；3. 模板；R—有效作用半径；L—振动棒长

六、混凝土的自然养护

混凝土浇捣后，所以能逐渐凝结硬化，主要是因为水泥水化作用的结果，而水泥水化作用需要适当的湿度和温度，另外，在混凝土尚未具备足够的强度时，其中水分过早地蒸发还会产生较大的收缩变形，出现干缩裂纹，为保证已浇筑好的混凝土在规定龄期内达到设计要求的强度，并防止产生收缩裂纹，必须认真做好养护工作。

（一）覆盖浇水养护

当日平均气温高于5℃时，用吸水保温能力较强的材料（如草帘、芦席、麻袋、锯末等）将混凝土覆盖，经常洒水使其保持湿润，使混凝土在一定时间内保持水泥水化作用所需要的适当温度和湿度条件。覆盖浇水养护应符合下列规定：

1. 应在浇筑完毕后的12h以内对混凝土加以覆盖和浇水。

2. 混凝土的浇水养护时间，对采用硅酸盐水泥、普通硅酸盐水泥或矿渣硅酸盐水泥拌制的混凝土，不得少于7d，对掺用缓凝型外加剂或有抗渗要求的混凝土，不得小于14d。

当采用其他品种水泥时，混凝土的养护应根据所采用的水泥技术性能确定。

3. 浇水次数以能保持混凝土处于润湿状态为宜。

4. 混凝土的养护用水应与拌制用水相同。

5. 当日平均气温低于5℃时，不得浇水。

对于表面积大的构件（如地坪、楼板、屋面、路面等），也可用湿土、湿砂覆盖，或沿构件周边用粘土等围住，在构件中间蓄水进行养护。

（二）薄膜布养护

采用不透水、气的薄膜布（如塑料布）覆盖养护的混凝土，其敞露的全部表面应用薄膜布覆盖严密，并应保持薄膜布内有凝结水。这种养护方法的优点是不必浇水，操作方便、薄膜布能重复使用，能提高混凝土的早期强度，加速模具的周转。

（三）薄膜养生液养护

混凝土的表面不便浇水或使用塑料布养护时，可采用涂刷薄膜养生液，防止混凝土内部水分蒸发的方法进行养护。

喷洒薄膜养生液（如过氯乙烯养生液）养护适用于不易洒水养护的高耸构筑物和大面积混凝土结构及缺水地区。它是将养生液用喷枪喷洒在混凝土表面上，溶液挥发后在混凝土表面形成一层塑料薄膜，使混凝土与空气隔绝，阻止其中水分的蒸发以保证水化作用的正常进行。在夏季，薄膜成型后要防晒，否则易产生裂纹。

混凝土必须养护至其强度达到 1.2N/mm^2 以上，才准在上面行人和架设支架，安装模板，但不得冲击混凝土。

七、混凝土质量检查

（一）混凝土施工过程中的质量检查

混凝土在拌制和浇筑过程中应按下列规定进行检查：

1. 检查拌制混凝土所用原材料的品种、规格和用量，每一工作班至少两次；

2. 检查拌制混凝土在浇筑地点的坍落度，每一工作班至少两次；

3. 在每一工作班内，当混凝土配合比由于外界影响有变动时，应及时检查。

4. 混凝土的搅拌时间应随时检查。

5. 当采用预拌混凝土时，预拌厂应提供水泥品种、标号及每立方米混凝土中的水泥用量；骨料的种类和最大粒径；外加剂、掺合料的品种及掺量；混凝土强度等级和坍落度；混凝土配合比和标准试件强度等资料，应在商定的交货地点进行坍落度检查，实测的混凝土坍落度与要求坍落度之间的允许偏差应符合表 4-47 中的要求。

表 4-47 混凝土坍落度与要求坍落度之间的允许偏差（mm）

要求坍落度	允许偏差
< 50	± 10
50 ~ 90	± 20
> 90	± 30

（二）混凝土养护后的质量检查

混凝土养护后的质量检查分为外观检查、实测检查和强度检查。

1. 混凝土的强度检查　混凝土的强度检查主要是指抗压强度检查。对有抗冻，抗渗要求的混凝土，尚应进行抗冻性、抗渗性等试验。混凝土的抗压强度是以标准方法制作的边长为 150mm 的标准尺寸的立方体试件，在温度 20 ± 3℃、相对湿度为 90% 以上的环境或水中的标准条件下，养护至 28d 龄期时按标准试验方法测得的混凝土立方体抗压强度。

与结构构件同条件养护试件的强度，在不同温度、不同龄期达到标准条件养护 28d 强度的百分率可采用温度、龄期对混凝土强度影响曲线，如图 4-118。当试验结果与曲线图中的数值相差较大时，应检查原因，并确定处理办法。

实际施工中允许采用的混凝土立方体试件的最小尺寸应根据骨料的最大粒径确定，当采用非标准尺寸试件时，应将其抗压强度值乘以折算系数，换算为标准尺寸试件的抗压强度值。允许的试件最小尺寸及其强度折算系数如表 4-48 所示。

表 4-48 允许的试件最小尺寸及其强度折算系数

骨料最大粒径（mm）	试件边长（mm）	强度折算系数
≤30	100	0.95
≤40	150	1.00
≤50	200	1.05

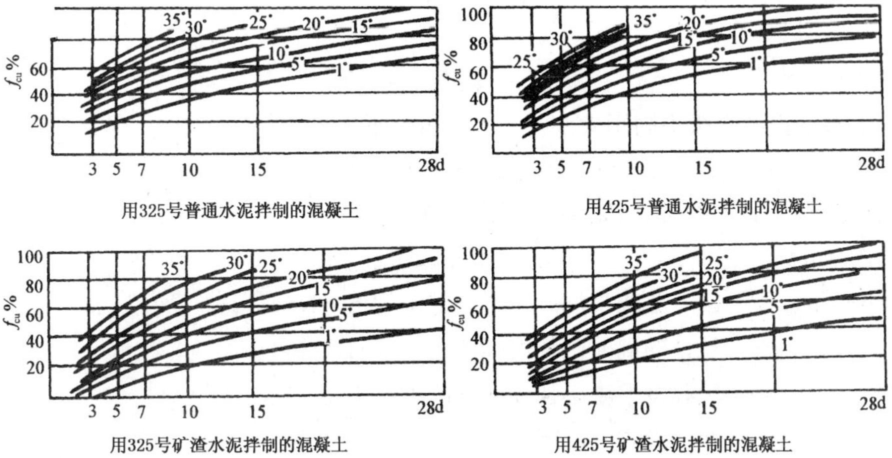

图 4-118 温度、龄期对混凝土强度影响曲线

评定结构或构件混凝土强度质量的试件，应在混凝土的浇筑地点随机取样制作。试件的留置应符合下列规定：

每拌制 100 盘且不超过 100m^3 的同配合比的混凝土，其取样不得少于一次；

每工作班拌制的同配合比的混凝土不足 100 盘时，其取样不得少于一次；

对现浇混凝土结构，其试件的留置尚应符合以下要求。每一现浇楼层同配比的混凝土，其取样不得少于一次；同一单位工程每一验收项目中同配比的混凝土，其取样不得少于一次。

每次取样应至少留置一组标准试件，同条件养护试件的留置组数，可根据实际需要确定。

预拌混凝土除应在预拌混凝土厂内按规定留置试件外，混凝土运到施工现场后，尚应按上述规定留置试件。

每组三个试件应在同盘混凝土中取样制作，并按下列规定确定该组试件的混凝土强度代表值：

取三个试件强度平均值，作为该组试件强度代表值；

当三个试件强度中的最大值或最小值之一与中间值之差超过中间值的 15%时，取中间值作为该组试件强度代表值；

当三个试件强度中的最大值和最小值与中间值之差均超过中间值的 15%时，该组试件不应作为强度评定的依据。

混凝土强度的评定应按下列要求进行：

混凝土强度应分批进行验收。同一验收批的混凝土应由强度等级相同、生产工艺和配合比基本相同的混凝土组成，对现浇混凝土结构构件，尚应按单位工程的验收项目划分验收批，每个验收项目应按现行国家标准《建筑安装工程质量检验评定统一标准》确定。对同一验收批的混凝土强度，应以同批内标准试件的全部强度代表值来评定。

当混凝土的生产条件在较长时间内能保持一致，且同一品种混凝土的强度变异性能保持稳定时，应由连续三组试件代表一个验收批，其强度应同时符合下列要求：

$$m_{fcu} \geqslant f_{cu,k} + 0.7\sigma_0 \tag{4-3}$$

$$f_{cu,min} \geqslant f_{cu,k} - 0.7\sigma_0 \tag{4-4}$$

当混凝土强度等级不高于 C20 时，尚应符合下式要求：

$$f_{cu,min} \geqslant 0.85 f_{cu,k} \tag{4-5}$$

当混凝土强度等级高于 C20 时，尚应符合下式要求：

$$f_{cu,min} \geqslant 0.90 f_{cu,k} \tag{4-6}$$

式中 m_{fcu}——同一验收批混凝土强度的平均值（N/mm^2）；

$f_{cu,k}$——设计的混凝土强度标准值（N/mm^2）；

σ_0——验收批混凝土强度的标准差（N/mm^2）；

$f_{cu,min}$——同一验收批混凝土强度的最小值（N/mm^2）。

验收批混凝土强度的标准差，应根据前一检验期内同一品种混凝土试件的强度数据，按下列公式确定

$$\sigma_0 = \frac{0.59}{m}\sum_{i=1}^{m} \triangle f_{cu,i} \tag{4-7}$$

式中 $\triangle f_{cu,i}$——前一检验期内第 i 验收批混凝土试件中强度的最大值与最小值之差；

m——前一检验期内验收批总批数。

注：每个检验期不应超过三个月，且在该期间内验收批总批数不得少于 15 组。

当混凝土的生产条件不能满足上述的规定，或在前一检验期内的同一品种混凝土没有足够的强度数据用以确定验收批混凝土标准差时，应由不少于 10 组的试件代表一个验收批，其强度应同时符合下列要求：

$$m_{fcu} - \lambda_1 S_{fcu} \geqslant 0.9 f_{cu,k} \tag{4-8}$$

$$f_{cu,min} \geqslant \lambda_2 f_{cu,k} \tag{4-9}$$

式中 λ_1、λ_2——合格判定系数，按表 4-49 中数值取用；

S_{fcu}——验收批混凝土强度的标准差（N/mm^2），当 S_{fcu}的计算值小于 $0.06f_{cu,k}$时，取 $S_{fcu} = 0.06f_{cu,k}$。

验收批混凝土强度的标准差 S_{fcu}应按下式计算：

$$S_{fcu} = \sqrt{\frac{\sum_{i=1}^{n} f_{cu,i}^2 - n m_{f_{cu}}^2}{n-1}} \tag{4-10}$$

式中 $f_{cu,i}$——验收批内第 i 组混凝土试件的强度值（N/mm^2）；

n——验收批内混凝土试件的总组数。

对零星生产的预制构件的混凝土或现场搅拌批量不大的混凝土，可采用非统计法评定。此时，验收批混凝土的强度必须同时符合下列要求：

$$m_{fcu} \geqslant 1.15 f_{cu,k} \tag{4-11}$$

$$f_{cu,min} \geqslant 0.95 f_{cu,k} \tag{4-12}$$

当对混凝土试件强度的代表性有怀疑时，可采用非破损检验方法或从结构、构件中钻取芯样的方法，按有关标准的规定，对结构构件中的混凝土强度进行推定，作为是否应进行处理的依据。

表 4-49　合格判定系数

<table>
<tr><th>试件组数</th><th>10～14</th><th>15～24</th><th>≥25</th></tr>
<tr><td>λ_1</td><td>1.70</td><td>1.65</td><td>1.60</td></tr>
<tr><td>λ_2</td><td>0.90</td><td colspan="2">0.85</td></tr>
</table>

2. 混凝土的实测检查　现浇混凝土结构构件拆模后，应对构件的轴线、垂直度、标高、截面尺寸、表面平整度、预埋件和预留洞位置进行实测检查，各项允许偏差应符合表 4-50 中的规定，当有专门规定时，尚应符合相应规定的要求。

表 4-50　现浇混凝土结构的允许偏差（mm）

<table>
<tr><th colspan="3">项　　目</th><th>允许偏差</th></tr>
<tr><td rowspan="4">轴线位置</td><td colspan="2">基　础</td><td>15</td></tr>
<tr><td colspan="2">独立基础</td><td>10</td></tr>
<tr><td colspan="2">墙、柱、梁</td><td>8</td></tr>
<tr><td colspan="2">剪 力 墙</td><td>5</td></tr>
<tr><td rowspan="3">垂直度</td><td rowspan="2">层　间</td><td>≤5m</td><td>8</td></tr>
<tr><td>>5m</td><td>10</td></tr>
<tr><td colspan="2">全　　高</td><td>H/1000 且≤30</td></tr>
<tr><td rowspan="2">标　　高</td><td colspan="2">层　　高</td><td>±10</td></tr>
<tr><td colspan="2">全　　高</td><td>±30</td></tr>
<tr><td colspan="3">截面尺寸</td><td>+8
−5</td></tr>
<tr><td colspan="3">表面平整（2m 长度上）</td><td>8</td></tr>
<tr><td rowspan="3">预埋设施中心线位置</td><td colspan="2">预 埋 件</td><td>10</td></tr>
<tr><td colspan="2">预埋螺栓</td><td>5</td></tr>
<tr><td colspan="2">预 埋 管</td><td>5</td></tr>
<tr><td colspan="3">预留洞中心位置</td><td>15</td></tr>
<tr><td rowspan="2">电梯井</td><td colspan="2">井筒长、宽对定位中心线</td><td>+25
0</td></tr>
<tr><td colspan="2">井筒全高垂直度</td><td>H/1000 且≤30</td></tr>
</table>

注：H 为结构全高。

3. 混凝土的外观检查　当混凝土结构构件拆模后，应对构件逐一进行检查，有无存在蜂窝、麻面、孔洞、露筋、裂纹等缺陷。对于混凝土表面缺陷，应根据具体情况进行修整。

八、混凝土缺陷修整

混凝土结构构件拆模后，如发现缺陷，应找出原因，并根据具体情况采取不同措施进行修整。对影响混凝土结构性能的缺陷，必须会同设计等有关单位研究处理。

（一）混凝土质量缺陷的产生原因

1. 麻面　麻面是结构构件表面上呈现无数的小凹点，而无钢筋暴露现象。这类缺陷一般是由于模板润湿不够，不严密，捣固时发生漏浆，或振捣不足，气泡未排出，以及捣固后没有很好养护而产生。

2. 露筋　露筋是指钢筋暴露在混凝土外面。产生的原因主要是浇筑时垫块位移，钢筋紧贴模板，以致保护层厚度不够所造成。有时也因保护层的混凝土振捣不密实或模板湿润不够，吸水过多造成掉角而露筋。

3. 蜂窝　蜂窝是结构构件中形成蜂窝状的窟窿，骨料间有空隙存在。这种现象主要是由于材料配合比不准确（浆少、石子多），或搅拌不均，造成砂浆与石子分离，或浇筑方法不当，或捣固不足以及模板严重漏浆等原因产生。

4. 孔洞　孔洞是指混凝土结构内存在着空隙，局部地或全部地没有混凝土。这种现象主要是由于混凝土捣空，砂浆严重分离，石子成堆，砂子和水泥分离而产生。另外，混凝土受冻，泥块杂物掺入等等，都会形成孔洞事故。

5. 缝隙及夹层　缝隙和薄夹层是将结构分隔成几个不相连接的部分。产生的原因主要是混凝土内部处理不当的施工缝、温度缝和收缩缝，以及混凝土内有外来杂物而造成的夹层。

6. 缺棱掉角　缺棱掉角是指梁、柱、墙板和孔洞处直角边上的混凝土局部残损掉落。产生原因主要是：混凝土浇筑前模板未充分湿润，造成棱角处混凝土中水分被模板吸去，水化不充分，强度降低，拆模时棱角损坏；拆模过早或拆模后保护不好造成棱角损坏。

7. 裂缝　结构构件产生裂缝的原因比较复杂，有温度裂缝、干缩裂缝和外力引起的裂缝。

8. 混凝土强度不足　产生混凝土强度不足的原因是多方面的，主要是由于混凝土配合比设计、搅拌、现场浇捣和养护四个方面造成的。配合比设计方面：有时不能及时测定水泥的实际活性，影响混凝土配比设计的正确性；另外套用混凝土配合比时选用不当；外加剂用量控制不准，都可能导致混凝土强度不足。搅拌方面：任意增加用水量，配合比以重量折合体积比造成称料不准；搅拌时颠倒加料顺序及搅拌时间过短等，造成搅拌不均匀，导致混凝土强度降低，现场浇捣方面：主要是施工中振捣不实及发现混凝土有离析现象时未能及时采取有效措施来纠正。养护方面：主要是不按规定的方法、时间，对混凝土进行妥善的养护，以致造成混凝土强度降低。

（二）混凝土质量缺陷的防治和处理

1. 表面抹浆修补　对于数量不多的小蜂窝、麻面、露筋、露石的混凝土表面，主要是保护钢筋和混凝土不受侵蚀，可用 1:2～1:2.5 水泥砂浆抹面修整。在抹砂浆前，须用钢丝刷或加压力的水清洗润湿，抹浆初凝后要加强养护工作。对结构构件承载能力无影响的细小裂缝，可将裂缝处加以冲洗，用水泥浆抹补。如果裂缝开裂较大较深时，应将裂缝附近的混凝土表面凿毛，或沿裂缝方向凿成深为 15～20mm，宽为 100～200mm 的 V 形凹槽，扫净并洒水湿润，先刷水泥净浆一度，然后用 1:2～1:2.5 水泥砂浆分 2～3 层涂抹，总厚度控制在 10～20mm 左右，并压实抹光。

2. 细石混凝土填补　当蜂窝比较严重或露筋较深时，应除掉附近不密实的混凝土和突出的骨料颗粒，用清水洗刷干净并充分润湿后，再用比原强度等级高一级的细石混凝土填补并仔细捣实。对孔洞事故的补强，可在旧混凝土表面采用处理施工缝的方法处理，将孔洞处疏松的混凝土和突出的石子剔凿掉，孔洞顶部要凿成斜面，避免形成死角，然后用水刷洗干净，保持湿润 72h 后，用比原混凝土强度等级高一级的细石混凝土捣实。混凝土的水灰比宜控制在 0.5 以内，并掺水泥用量万分之一的铝粉，分层捣实，以免新旧混凝土接触面上出现裂缝。

3. 水泥灌浆与化学灌浆　对于影响结构承载力，或者防水、防渗性能的裂缝，为恢复结构的整体性和抗渗性，应根据裂缝的宽度、性质和施工条件等，采用水泥灌浆或化学灌浆的方法予以修补。一般对宽度大于 0.5mm 裂缝可采用水泥灌浆，宽度小于 0.5mm 的裂缝，宜采用化学灌浆。化学灌浆所用的灌浆材料，应根据裂缝性质、宽度和干燥情况选用。作为补强用的灌浆材料，常用的有环氧树脂浆液（能修补缝宽 0.2mm 以上的干燥裂缝）和甲凝（能修补 0.05mm 以上的干燥细微裂缝）等。作为防渗堵漏用的灌浆材料，常用的有丙凝（能灌入 0.01mm 以上的裂缝）和聚氨酯（能灌入 0.015mm 以上的裂缝）等。

第四节　钢筋混凝土工程的安全技术

在现场安装模板时，所用工具应装在工具包（箱）内，当上下交叉作业时，应戴安全帽。垂直运输模板或其它材料时，应有统一指挥，统一信号。拆模时应有专人负责安全监护，或设立警戒标志。高空作业人员应经过体格检查，不合格者不得进行高空作业。高空作业应穿防滑鞋，栓好安全带。模板在安全系统未钉牢固之前，不得上下；未安装好的梁底板或挑檐等模板的安装与拆除必须有可靠的技术措施，确保安全。非拆模人员不准在拆模范围内通行。拆除后的模板应将模板的朝天钉向下，并及时运至指定的堆放地点，然后拔除钉子，分类堆放整齐。

在高空绑扎和安装钢筋，须注意不要将钢筋集中堆放在模板或脚手架的某一部位，以保安全，特别是悬臂构件，更要检查支撑是否牢固。在脚手架上不要随便放置工具、箍筋或短钢筋，避免放置不稳滑下伤人。焊或扎结竖向放置的钢筋骨架时，不得站在已绑扎或焊接好的箍筋上工作。搬运钢筋的工人须带帆布垫肩、围裙及手套；除锈工人应戴口罩及风镜；电焊工应戴防护镜并穿工作服。30～50cm 的钢筋短头禁止用机器切割。吊装高处的钢筋骨架时，在高空作业的工人应栓安全带并穿防滑鞋。在有电线通过的地方安装钢筋时，必须特别小心谨慎，勿使钢筋碰着电线。

在进行混凝土施工前，应仔细检查脚手架、工作台和马道是否绑扎牢固，如有空头板应即时搭好，脚手架应设防护栏杆。运输马道宽度：单行道应比手推车的宽度大 40cm 以上；双行道应比两车宽度大 70cm 以上。搅拌机、卷扬机、皮带运输机和振动器等接电要安全可靠；绝缘接地装置良好，并应进行试运转。搅拌台上工作人员应戴口罩，搅拌机应由专人操作，中途发生故障，应立即切断电源进行修理；运转时不得将铁锹伸入搅拌筒时卸料；其外露装置应加保护罩。在井字架和拔杆运输时，应设专人指挥，井字架上卸料人员不能将头或脚伸入井字架内，起吊时禁止在拔杆下站人。振动器操作人员必须穿胶鞋，振动器必须设专门防护性接地导线，避免火线跑电发生危险，如发生故障应立即切断电源修理。夜间施工应装设足够的照明，深坑和潮湿地点施工，应使用低压安全照明。进行翻模生产时，操作人员应穿紧身工作服，女工戴好工作帽，以免翻转时钩住摔伤。

小　　结

钢筋混凝土广泛地用于各类结构体系中，钢筋混凝土结构可分为现浇钢筋混凝土结构和装配式预制钢筋混凝土结构。无论是现浇或预制，钢筋混凝土工程均包括钢筋、模板、混凝土三项工程。

钢筋工程主要包括钢筋冷拉调直、剪切、弯曲成型、绑成骨架等施工过程。根据需要还要进行钢筋冷拉、冷拔，钢筋焊接等项工艺过程。钢筋进场应按批号进行验收，验收内容主要包括查对标牌、进行外观检查及抽取试件作机械性能试验（拉力和冷弯试验）。合格后方可使用。当在加工过程中发现脆断、焊接性能不良或机械性能显著不正常等现象时，应进行化学成分检验，以便分析其原因。为了提高钢筋强度，节约钢材，满足预应力钢筋的需要，常用冷拉、冷拔的方法对钢筋进行冷加工。钢筋冷拉时，多采用控制应力或控制冷拉率两种方法。前者做法是将每一根钢筋都拉到规定的拉力，后者做法是将钢筋拉到规定的长度。经过冷拉的钢筋应分批进行检查与验收。冷拔是使 ϕ6mm ~ ϕ8mm 的光圆钢筋通过钨合金的拔丝模孔并以强力拉拔，冷拔丝的质量主要取决于原材料的质量和冷拔总压缩率。

钢筋的接头的形式有焊接接头、机械连接接头和绑扎接头三种。直径 12mm 以上的钢筋应优先采用焊接接头或机械连接接头。钢筋的焊接，采用较为广泛的是闪光对焊和电弧焊。在现浇钢筋混凝土结构中，钢筋的竖向连接可优先选用电渣压力焊，钢筋网片和焊接骨架常采用电阻点焊。现在推广的气压焊新工艺，方法简便，效率高且节约钢筋。钢筋的焊接质量与钢筋的可焊性及焊接工艺有关。钢筋的机械连接有套筒挤压连接和锥螺纹套筒连接。套筒挤压连接具有接头性能可靠、质量稳定、不受气候及焊工技术水平的影响、连接速度快、安全、无明火、节能等优点，可连接各种规格的同径和异径钢筋（直径相差不大于 5mm），也可连接可焊性差的钢筋，但价格较贵。锥螺纹套筒连接价格适中，成本低于挤压套筒连接。

钢筋的配料，就是根据施工图要求，分别计算出每一型号钢筋切断时的直线长度，然后编制配料单。在钢筋配料中如遇有钢筋品种或规格与设计要求不同时，可征得设计单位同意后按等强度或等面积原则进行代换，当构件配筋受裂缝宽度或挠度控制时，代换后应进行相应的验算。

钢筋的现场绑扎应做好成品钢筋核对、材料、工具和水泥砂浆垫块等。钢筋绑扎的程序是：划线、摆筋、穿箍、绑扎、放垫块等。钢筋网与钢筋骨架应根据结构配筋特点及起重运输能力进行分段（块），为防止在运输和安装过程中歪斜变形，应采取临时加固措施，根据钢筋网架的尺寸、重量及刚变选择吊点。钢筋的绑扎与安装中要注意控制保护层厚度、绑扎接头的最小搭接长度、同一截面内有绑扎接头的受力钢筋截面积占受力钢筋总截面面积的百分率等要符合规范有关规定。

模板工程主要包括模板加工制作和安装等施工过程。工地上普遍采用木模板和定型组合钢模板，定型钢模板能多次重复使用，使用前仅需进行模板整修、涂刷隔离剂。

模板是新浇混凝土成形用的模型，要求它能保证结构和构件的形状、尺寸的准确；具有足够的强度、刚度和稳定性；拆装方便能多次周转使用；接缝严密不漏浆。模板系统包括模板、支撑和紧固件。正确选择模板材料、形式和合理组织施工，对加速钢筋混凝土工程的施工进度和降低造价都有显著效果。

木模板最好在加工厂或木工棚加工成基本元件——定型模块，然后在现场进行拼装。基础模板如土质较好，最下一级可原槽浇筑。安装时要保证上下模板不发生相对位移。杯形基础的杯芯模板的侧板应采用直板拼钉。柱模板由两块相对的内拼板夹在两块外拼板之内拼成。柱模板底部开有清理孔，底部木框用以固定柱模板位置。每隔500～1000mm设一道柱箍，底部较密，以承受混凝土侧压力。沿高度约2m开有浇筑孔。柱模和梁模连接时，梁模宜缩短2～3mm以便柱模提前拆除。梁模板由底模板和侧模板组成。底模板较厚，下面有支撑（或桁架）承托。支撑多为伸缩式，可调整高度，底部应支承在坚实地面或楼面上，下垫木楔。在多层建筑施工中，应使上、下层的支撑在同一条竖向直线上。支撑间应用水平和斜向拉杆拉牢。梁跨度在4m或4m以上时底模板应起拱，起拱高度一般为结构跨度的1～3/1000。

组合钢模板是一种工具式模板，由钢模板、连接件和支撑件三部分组成。钢模板采用模数制设计，宽度以50mm进级，长度以150mm进级，用它可以拼出多种尺寸和几何形状，以适应多种类型建筑物的梁、柱、板、墙、基础等的施工需要。实际工作中选择配板方案一般采用横排或竖排，横、竖兼排的方式会使支撑系统布置困难。配板方案以钢模种类、块数和木材拼补为最少，而支承布置又稳固省料的拼配方案为好。

模板拆除的时间取决于混凝土硬化、强度增长的程度、结构性质、模板在结构的部位等因素。现浇整体式结构的非承重模板（如梁侧模）。常温下拆模时间一般为24h以后。承重模板应根据同一条件下试块抗压强度，并按钢筋混凝土工程施工及验收规范的有关规定拆模。拆模顺序一般情况下，先支后拆，后支先拆。

混凝土工程主要包括混凝土制备、运输、浇筑、捣实、养护等施工过程。

混凝土的配合比由实验室提供后，施工现场应根据现场实际条件、搅拌机的搅拌能力确定每搅拌一筒（盘）各种原材料的需用量。当砂、石的含水率有变化时，应进行配合比调整。如果混凝土的塌落度过小，不满足操作要求，应增加拌合水和水泥，适当调整砂率，再次确定每盘原材料用量。搅拌时必须严格控制原材料的用量精度。在确定的搅拌机械情况下，要合理安排投料顺序，控制搅拌时间，使拌合物均匀、颜色一致、混凝土的塌落度及和易性应符合使用要求，不得随意调整配合比、搅拌时间。

混凝土从搅拌机中卸出后，运输至浇筑地点应保持混凝土的均匀性，并避免产生分层离析、泌水现象。如有离析现象，必须在浇筑前进行二次搅拌。

浇筑混凝土时，为保证混凝土的均匀性和密实性，应注意混凝土自由倾落高度不宜超过2m，否则应采用串筒、溜槽等下料措施，要正确留设和处理施工缝，施工缝应留置在结构受剪力较小的部位、便于继续施工部位，施工缝处已凝固的混凝土强度达到

1.2Nm/mm^2 以上时，才能继续施工，施工前在已硬化的混凝土表面要进行清理、湿润并铺 10～15mm 与混凝土成分相同的水泥浆，细致捣实；分层浇筑时，应控制每层的厚度，使用插入式振动器，浇筑层厚度应不大于振捣器作用部分长度的 1.25 倍。

混凝土浇筑完毕后 12h 以内应进行覆盖并浇水养护。养护日期：对于硅酸盐水泥、普通硅酸盐水泥和矿渣硅酸盐水泥拌制的混凝土，不得少于 7 昼夜；对于掺用缓凝型外加剂或有抗渗性要求的混凝土，不得少于 14 昼夜。

混凝土的质量检查包括施工过程中的质量检查和养护后的质量检查。

施工过程中的质量检查，即在混凝土拌制和浇筑过程中对原材料的质量和用量、配合比、坍落度等的检查，每一工作班至少检查两次，遇有特殊情况还应及时进行检查。混凝土的搅拌时间应随时检查。

混凝土养护后的质量检查分为外观检查、实测检查和强度检查。外观检查：当混凝土结构构件拆模后，应对构件逐一进行检查，有无存在蜂窝、麻面、孔洞、露筋裂纹等缺陷。对于混凝土表面缺陷，应根据具体情况进行修整。实测检查：现浇的钢筋混凝土结构拆模后，应对构件的轴线、垂直度、截面尺寸、表面平整度、预埋件和预留洞位置进行实测检查。强度检查：混凝土的强度检查主要是指抗压强度检查。当有特殊要求时，还需做抗冻、抗渗等试验。评定混凝土的强度质量是从检验批的总体中，随机抽取若干组试件进行破坏性试验，并以此试验结果，来推断总体的质量状况。

钢筋混凝土工程是多工种工程，施工中要切实制定安全技术措施，防止高空坠落、物体打击和机电伤害。

复习思考题

1. 说明钢筋混凝土的一般施工程序。
2. 试述模板的作用与要求。
3. 试述基础、柱、梁采用木模和组合钢模板的构造与安装步骤。
4. 定型组合钢模板是怎样组成的？
5. 如何确定模板拆除的时间？模板拆除时应注意哪些问题？
6. 钢筋验收有什么要求？
7. 什么叫钢筋冷拉？钢筋冷拉质量如何控制？
8. 钢筋冷拔的工艺及质量如何控制？
9. 钢筋的接头形式有哪几种？
10. 试述钢筋电弧焊的接头形式和适用范围？
11. 钢筋的焊接方法有哪几种？它们各适用什么范围？
12. 影响钢筋焊接质量有哪些主要因素？
13. 电弧焊的焊条如何选择？
14. 试述钢筋气压焊焊接工艺。
15. 试述钢筋套筒挤压连接原理和施工要点。
16. 如何进行钢筋代换？
17. 如何计算钢筋下料长度？如何编制钢筋配料单？
18. 钢筋绑扎有什么基本要求？

19. 如何控制混凝土保护层？

20. 试述钢筋的现场绑扎的准备工作和绑扎程序。

21. 钢筋安装完毕后应检查哪些内容？

22. 试述混凝土材料的组成。

23. 为什么要严格控制混凝土搅拌时投料顺序和搅拌时间？

24. 如何根据砂、石的含水量换算施工配合比？

25. 浇筑混凝土时卸料高度是如何规定的？混凝土浇筑层最大厚度是根据什么确定的？

26. 施工缝留置的原则是什么？一般结构施工缝应留在什么部位？

27. 施工缝应如何处理？

28. 混凝土运输有什么基本要求？应注意什么问题？

29. 混凝土自然养护应注意什么问题？

30. 试述振动器的种类及其适用范围？

31. 分层浇捣混凝土时，插入式振动器的布点方式和振捣注意事项有哪些？

32. 混凝土质量检查的内容包括哪些？

33. 如何确定混凝土强度是否合格？

34. 常见混凝土的质量缺陷有哪些？产生原因是什么？如何防治和处理？

35. 试述钢筋混凝土工程的安全技术要求是什么？

第五章　预应力混凝土工程

第一节　概　　述

预应力混凝土是在外荷载作用前，预先建立有预压应力的混凝土。混凝土的预压一般是通过张拉预应力筋实现的。

普通钢筋混凝土构件的抗拉极限应变值只有 0.001～0.0015，如果保证混凝土不开裂，则受拉钢筋的应力只能达到 20～30N/mm^2。允许出现裂缝的构件，由于受裂缝宽度的限制，钢筋应力也只能达到 150～250N/mm^2。虽然高强钢筋不断发展，但在普通钢筋混凝土构件中却不能充分发挥其作用。预应力混凝土是解决这一矛盾的有效方法，即在构件的受拉区预先施工压力产生预压应力，当构件在荷载作用下产生拉应力时，首先要抵消预压应力，然后随荷载不断增加，受拉区混凝土才受拉开裂，从而推迟了裂缝的出现和限制裂缝的开展，提高了构件的抗裂度和刚度。

预应力混凝土与普通混凝土相比，除能提高构件的抗裂度和刚度外，且具有能增加构件的耐久性、节约材料、减轻自重等优点，但在制作预应力构件时，增加了张拉工作，需要专门的材料与设备，而且制作工艺也较为复杂。

预应力混凝土按施工方式不同可分为：预制预应力混凝土、现浇预应力混凝土和叠合预应力混凝土等。按预加应力的方法不同可分为：先张法预应力混凝土和后张法预应力混凝土。先张法是在混凝土浇筑前张拉钢筋，预应力是靠钢筋与混凝土之间的粘结力传递给混凝土。后张法是在混凝土达到一定强度后张拉钢筋，预应力靠锚具传递给混凝土。在后张法中，按预应力筋粘结状态又可分为：有粘结预应力混凝土和无粘结预应力混凝土。有粘结预应力混凝土是在张拉后通过孔道灌浆使预应力筋与混凝土相互粘结，无粘结预应力混凝土由于预应力筋涂有油脂，预应力只能永久地靠锚具传递给混凝土。

预应力混凝土结构中的钢筋有预应力钢筋和非预应力钢筋。非预应力钢筋多采用Ⅰ级、Ⅱ级、Ⅲ级热轧钢筋和已级冷拔低碳钢丝；预应力钢筋有甲级冷拔低碳钢丝、冷拉Ⅱ～Ⅳ级钢筋、碳素钢丝、钢绞线、热处理钢筋及精轧螺纹钢筋等。

为了能建立较高的预应力值，预应力混凝土结构的混凝土强度等级不宜低于 C30，当采用碳素钢丝、钢绞线、热处理钢筋作预应力筋时，混凝土强度等级不宜低于 C40。

在预应力混凝土构件中（包括孔道灌浆），不宜掺用对钢筋有侵蚀作用的氯盐，如氯化钙，氯化钠等，以免混凝土中掺氯盐而引起钢筋锈蚀，影响预应力混凝土构件安全使用。

第二节　先　张　法

先张法是在浇筑混凝土前张拉预应力钢筋，并用夹具将张拉完毕的预应力钢筋临时固定在台座的横梁上或钢模上，然后绑扎非预应力钢筋、支模、浇筑混凝土，待混凝土强度达到设计强度标准值的75%以上时，放松预应力钢筋，使钢筋混凝土构件受拉区的混凝土产生预压应力。

先张法生产可采用台座法或机组流水法。采用台座法时，构件是在固定的台座上生产，预应力钢筋的张拉力由台座承受，如图5-1。采用机组流水时，构件是在钢模中生产，预应力钢筋的张拉力由钢模承受，构件连同钢模按流水方式，通过张拉，浇筑，养护等固定机组完成每一生产过程。机组流水法需大量的钢模和较高的机械化程度，且需蒸汽养护，因此只用在预制厂生产定型构件。台座法不需要复杂的机械设备，能适应多种产品生产，可露天生产、自然养护，也可采用湿热养护，故应用广泛。

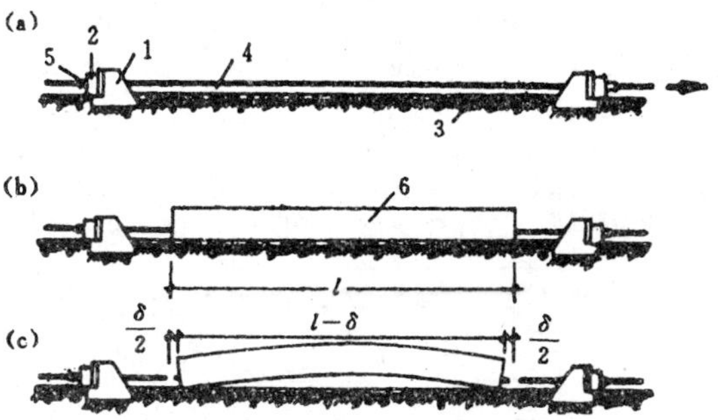

图 5-1　先张法生产示意图

(a) 预应力筋张拉时情况；(b) 混凝土灌筑和养护时；

(c) 放松预应力筋后的情况

1. 台座；2. 横梁；3. 台面；4. 预应力筋；5. 夹具；6. 构件

先张法由于台座或钢模承受预应力筋的张拉能力受到限制，并考虑到构件的运输条件，因此先张法施工适用于生产中小型预应力混凝土构件，如空心板、屋面板、中小型吊车梁、檩条等。

先张法施工工艺流程如图5-2所示。本节着重介绍台座法生产预应力混凝土构件时的台座、夹具、张拉机具和预应力混凝土施工工艺。

一、先张法的施工设备

(一) 台座

台座是先张法张拉和固定预应力钢筋的承力结构。台座需承受全部预应力筋的荷载，所以要求台座具有足够的强度和刚度，以保证台座在工作期间的稳定性。目前台座形式有墩式和槽式等多种。

1. 墩式台座　生产空心板、平板等平面布筋的钢弦混凝土构件时，由于张拉力不大，可利用简易墩式台座，如图5-3所示。

生产中型构件或多层叠浇构件，可用图5-4的墩式台座，台座局部加厚，以承受较大的张拉力。

墩式台座是由传力墩、台面和横梁组成。

传力墩是台座的主要承力结构，它是靠混凝土自重和局部的土压力平衡因张拉产生的倾覆力矩，并靠土的反力和摩阻力来阻止由张拉引起的水平位移。混凝土台面是预应

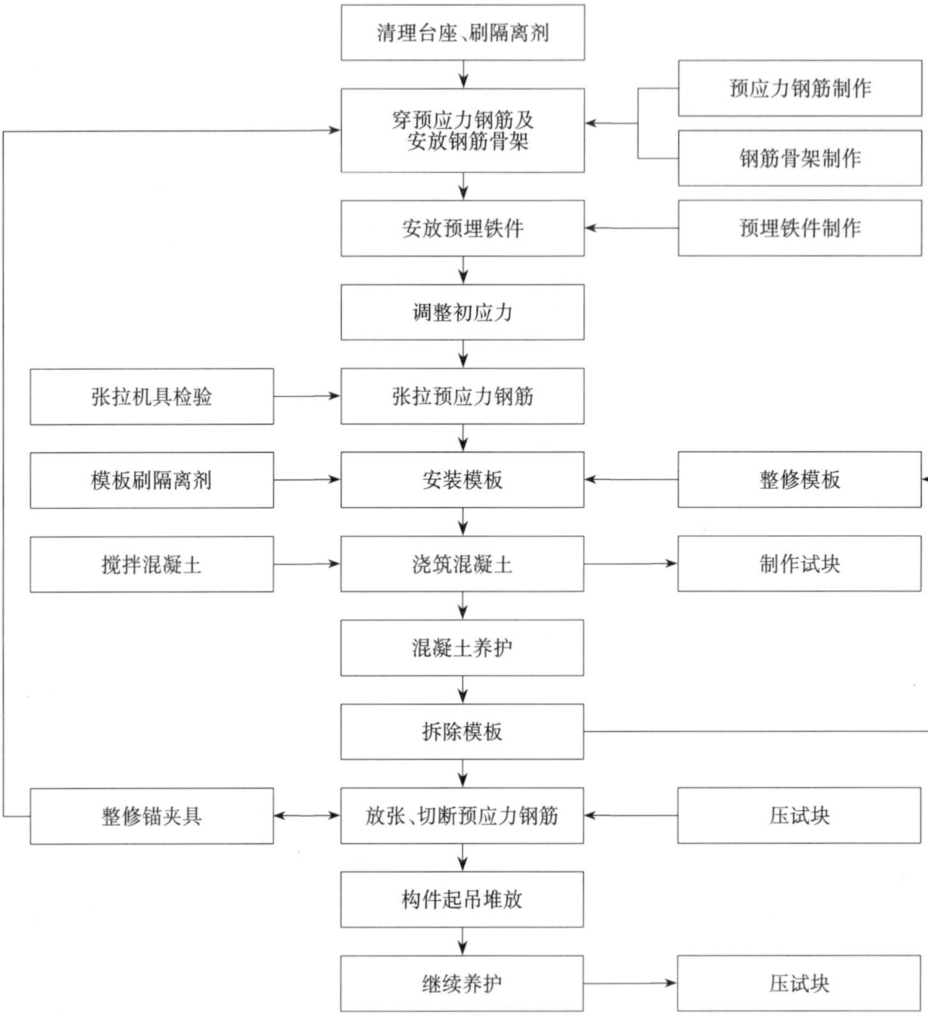

图 5-2　先张法施工工艺流程图

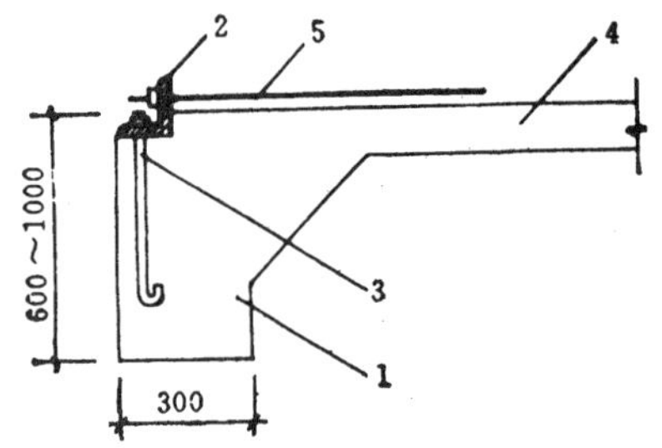

图 5-3　简易墩式台座

1. 混凝土梁；2. 承力角钢；3. 预埋螺栓；
4. 混凝土台面；5. 预应力钢丝

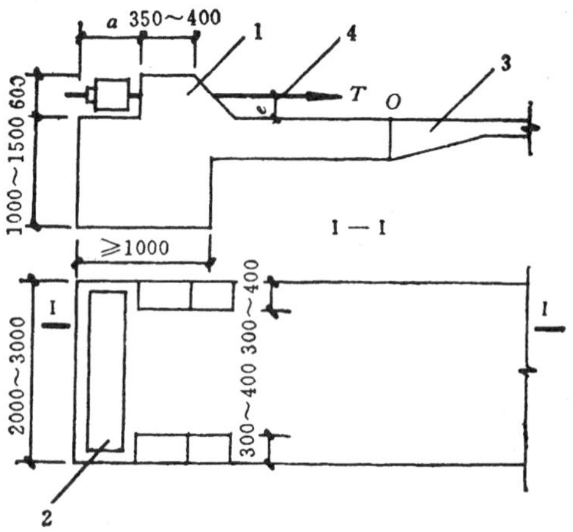

图 5-4　墩式台座

1. 混凝土墩；2. 钢横梁；3. 局部加厚；
台面；4. 预应力筋

力混凝土成型的底模，要求平整光滑。在台面与传力墩连接处的局部范围内适当加厚，增大与传力墩外伸部分的接合面。横梁是锚固预应力钢筋的支承梁，可用型钢或钢筋混凝土制作。由于横梁的刚度直接影响预应力筋的内力值，故要求横梁挠度最大值应小于2mm。

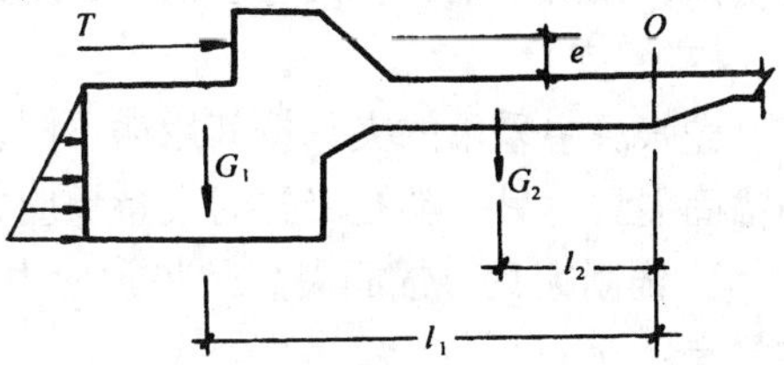

图 5-5 墩式台座抗倾覆验算简图

传力墩设计时，应进行稳定性和强度验算。稳定性指台座的抗倾覆能力和抗滑移能力。抗倾覆验算的计算简图如图 5-5 所示，按下式验算：

$$K_0 = \frac{M'}{M} \geqslant 1.5 \tag{5—1}$$

式中 K_0——台座的抗倾覆安全系数；

M——由张拉力产生的倾覆力矩（kN·m），$M = T \cdot e$；

e——张拉力合力 T 的作用点到倾覆转动点 O 的力臂（m）；

M'——抗倾覆力矩（kN·m）。

如忽略土压力，则 $$M' = G_1 l_1 + G_2 l_2 \tag{5—2}$$

抗滑移能力按下式验算：

$$K_c = \frac{T_1}{T} \geqslant 1.3 \tag{5—3}$$

式中 K_c——抗滑移安全系数；

T——张拉力合力（kN）；

T'——抗滑移的力（kN）。对独立的台墩，由侧壁上压力和底部摩阻力等产生；对与台面共同工作的台墩，其水平推力几乎全部传给台面，不存在滑移问题，可不作抗滑移计算，此时应验算台面的强度。

强度验算：承力台墩、台面按钢筋混凝土结构计算方法；钢横梁按钢结构计算方法进行验算。

2. 槽式台座　生产先张法吊车梁、屋架等预应力混凝土构件时，由于构件上下配筋，而且张拉力较大，故一般采用槽式台座。槽式台座由钢筋混凝土传力柱、上下横梁、台面和砖墙组成，如图 5-6 所示。

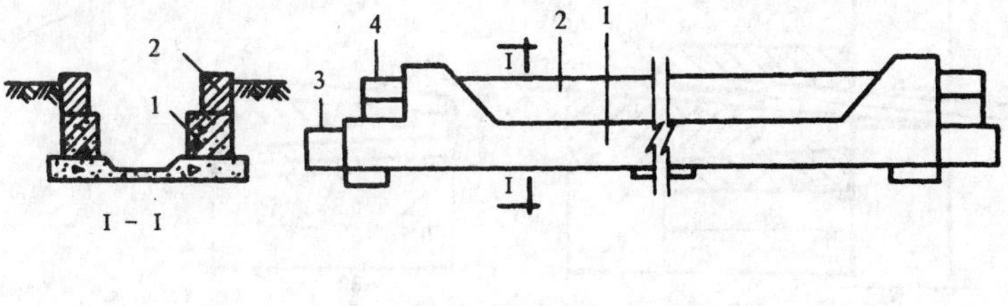

图 5-6 槽式台座

1—混凝土传力柱；2—砖墙；3—下横梁；4—上横梁

传力柱是台座的主要承力结构，抵抗张拉和倾覆力矩能力大。砖墙起挡土作用，并作为蒸汽养护时的侧壁，与传力柱、台面共同组成养护坑槽，适用于张拉吨位较高的大型构件，如吊车梁、屋架等。槽式台座亦需进行强度和稳定性验算。

（二）夹具

先张法中采用的夹具按其用途不同，可分为两类：一类是将预应力筋固定在台座上的锚固夹具，另一类是张拉时夹持预应力筋用的张拉夹具。

1. 锚固夹具　锚固夹具是将预应力筋临时固定在台座横梁上的工具。常用的锚固夹具有：

锥形夹具　锥形夹具是用来锚固预应力钢丝的，由中间开有圆锥形孔的套筒和刻有细齿的锥形齿板或锥销组成。它又分成圆锥齿板式夹具和圆锥三槽式夹具，如图 5-7 和图 5-8 所示。

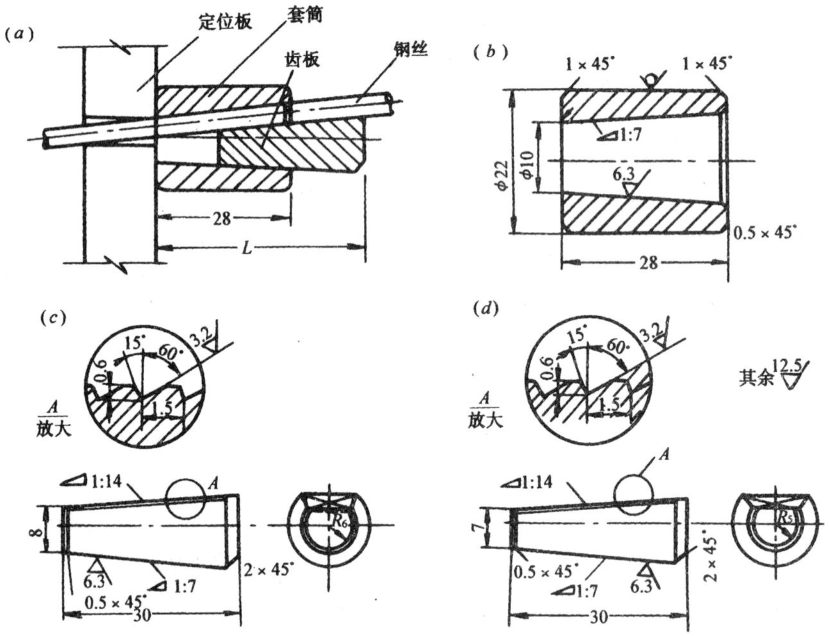

图 5-7　圆锥齿板式夹具

(a) 装配图；(b) 套筒；(c) Ⅰ型齿板；(d) Ⅱ型齿板

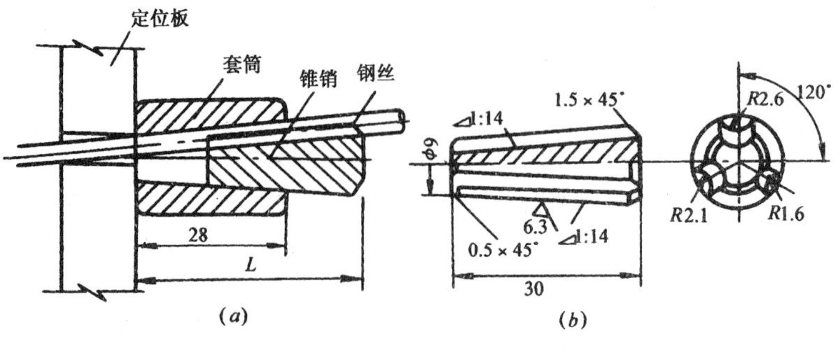

图 5-8　圆锥三槽式夹具

(a) 装配图；(b) 锥销

圆锥齿板式夹具的齿板分两种，Ⅰ型齿板可锚固 $\phi^{b}3$ 和 $\phi^{b}4$ 钢丝；Ⅱ型齿板可锚固 $\phi^{b}4$ 和 $\phi^{b}5$ 钢丝。套筒和齿板均用 45 号钢制作，套筒不作热处理，齿板热处理后的硬度为 HRC40 ~ 45。

圆锥三槽式夹具锥销上有三条半圆槽，依锥销上半圆槽的大小，可锚固一根 $\phi^{b}3$、$\phi^{b}4$ 或 $\phi^{b}5$ 钢丝。套筒和锥销均用 45 号钢制作，套筒不作热处理，锥销热处理后的硬度为 HRC40 ~ 45。

锥形夹具锚固碳素钢丝时，套筒应作热处理，热处理后的硬度为 HRC32 ~ 36，齿板或锥销热处理后的硬度为 HRC48 ~ 52。

锥形夹具工作时依靠预应力钢丝的拉力就能够锚固住钢丝。锚固夹具本身牢固可靠地锚固住预应力筋的能力，称为自锚。

圆套筒三片式夹具　圆套筒三片式夹具是用来锚固预应力钢筋的，由中间开有圆锥形孔的套筒和三片夹片组成，如图 5-9 所示。三个夹片互成 120°，钢筋夹持在三夹片中心，夹片内槽上有齿纹，以保证钢筋的锚固。

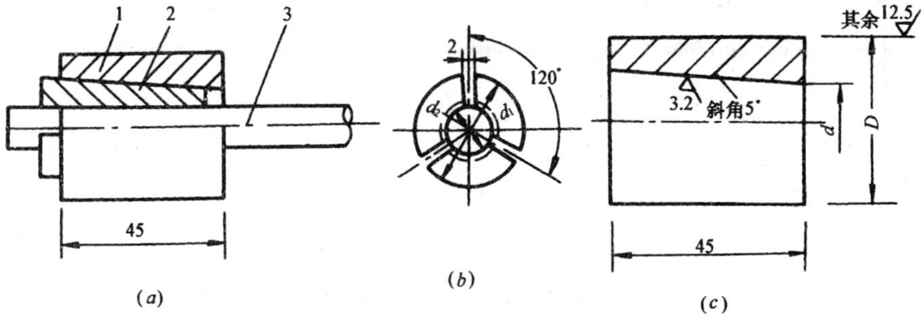

图 5-9　圆套筒三片式夹具

(a) 装配图；(b) 夹片；(c) 套筒

1—套筒；2—夹片；3—预应力钢筋

圆套筒三片式夹具可锚固 $\phi12$ 或 $\phi14$ 的单根冷拉Ⅱ、Ⅲ、Ⅳ级钢筋。套筒和夹片均用 45 号钢制作，套筒热处理后的硬度为 HRC35 ~ 40，夹片热处理后的硬度为 HRC40 ~ 45。

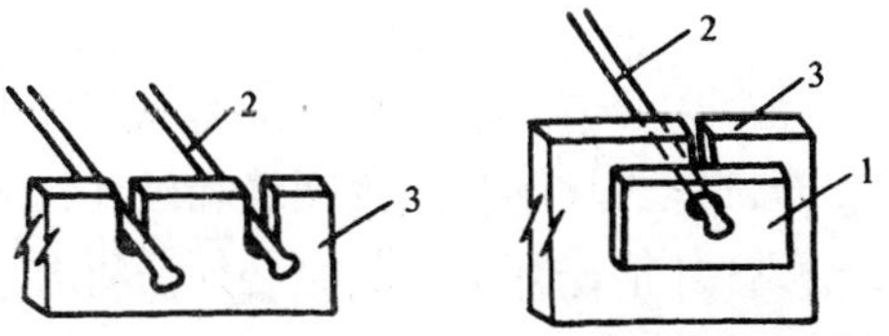

图 5-10　镦头夹具

1—垫片；2—镦头钢丝；3—承力板

镦头夹具　镦头夹具如图 5-10 所示，将钢丝端部冷镦或热镦形成粗头，通过承力板或梳筋板锚固。镦头夹具用于预应力钢丝固定端的锚固。

2. 张拉夹具　张拉夹具是将预应力筋与张拉机械连接起来，进行预应力张拉的工具，常用的张拉夹具有：

偏心式夹具　偏心式夹具是由一对带齿的月牙形偏心块组成，如图 5-11 所示。

图 5-11　偏心式夹具

楔形夹具　楔形夹具是由锚板和楔块组成，如图 5-12 所示。

单根粗钢筋之间的连接或粗钢筋与螺杆的连接可采用钢筋连接器，图 5-13 是套筒双拼式连接器。这种连接器由两个半圆形套筒 1 用连接钢筋 2 焊接而成。使用时，将钢筋 3 及工具式螺杆 4（或另一根钢筋）用套筒套住，外面箍钢圈 5。

图 5-12　楔形夹具
1—钢丝；2—锚板；3—楔块

3. 夹具的要求　先张法用夹具的静载锚固性能，由预应力夹具组装件（由夹具和预应力筋组装成）静载锚固试验测定的夹具效率系数 η_G 确定。夹具的静载锚固效率系数应符合下列要求：

$$\eta_G \geqslant 0.95 \qquad (5—4)$$

$$\eta_G = \frac{F^{\circ}_{u,G}}{\eta_c \cdot F^{c}_{u,G}} \qquad (5—5)$$

式中　η_G——夹具效率系数；

$F^{\circ}_{u,G}$——预应力夹具组装件的实测破断拉力（N）；

$F^{c}_{u,G}$——预应力夹具组装件中各根预应力筋破断拉力之和（N）；

η_c——预应力筋的效率系数。对于重要的预应力混凝土工程，参照《预应力锚夹具技术标准》确定。对于一般预应力混凝土工程，当预应力筋为钢丝、钢绞线或热处理钢筋时，η_c 取 0.97；当预应力筋为冷拉Ⅱ、Ⅲ、Ⅳ级钢筋时，η_c 取 1.00。

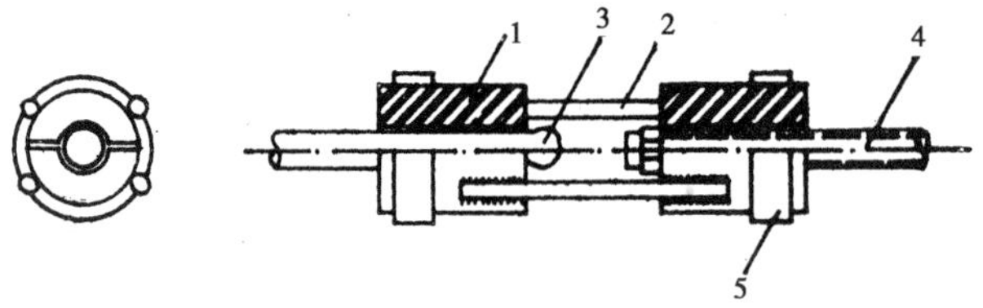

图 5-13　套筒双拼式连接器
1—半圆套筒；2—连接筋；3—钢筋镦头；4—工具式螺丝杆；5—钢圈

除上述要求外，夹具还应具备以下性能：在预应力夹具组装件达到实际破断拉力时，全部零件均不得出现裂缝和破坏；应有良好的自锚性能；应有良好的放张性能。需大力敲击才能松开的夹具，必须证明对预应力的锚固无影响，且对操作人员安全不造成危险时，才能采用。

先张法用的连接器，必须符合夹具的性能要求。

（三）张拉机械

张拉预应力筋的机械，要求工作可靠，操作简单，能以稳定的速率加荷。先张法施工中的预应力筋可单根进行张拉或多根成组进行张拉。常用的张拉机械有：

1. YC—20 型穿心式千斤顶　该机由偏心式夹具、油缸和弹性顶压头组成。最大张拉力 200kN、张拉行程 200mm，可用来张拉直径 12 ~ 20mm 单根预应力钢筋。

YC—20 型穿心式千斤顶的张拉过程：首先穿入预应力钢筋，然后油嘴进油推动油缸向后伸出（同时偏心块夹具锁紧预应力钢筋），随油缸的后移钢筋被张拉，直至达到控制应力，如图 5-14（a）所示。利用钢筋回弹和弹性顶压头的作用，将夹具的夹片顶入套筒把钢筋锚固在台座横梁上，再向油嘴供油，使油缸退回，此时偏心块夹具也自动松开，如图 5-14（b）所示。

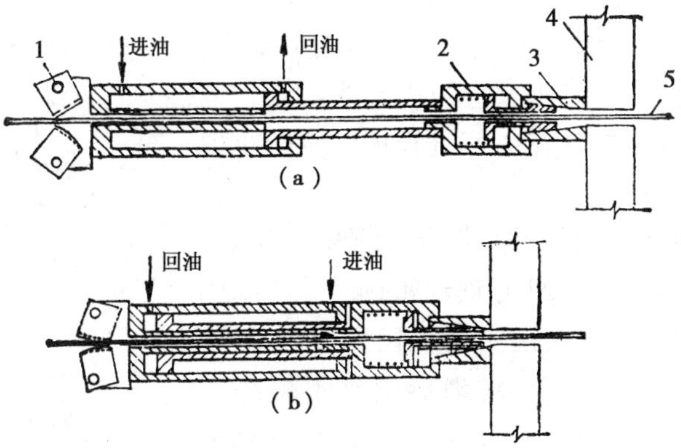

图 5-14　YC—20 穿心式千斤顶

(a) 张位；(b) 复位

1. 偏心块夹具；2. 弹性顶压头；3. 夹具；4. 台座；5. 预应力筋

2. 电动螺杆张拉机　该机由电动机、变速箱、测力装置、张拉螺杆、承力架和夹具组成，如图 5-15 所示。最大张拉力为 300～600kN，张拉行程为 800mm。

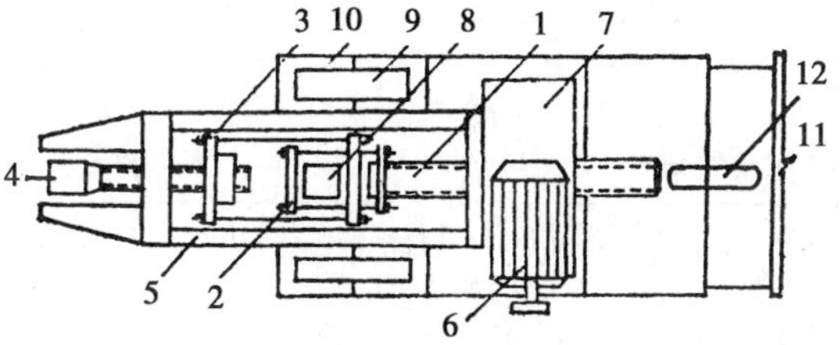

图 5-15　电动螺杆张拉机

1. 螺杆；2.3. 拉力架；4. 夹具；5. 承力架；6. 电动机；

7. 变速箱；8. 压力计盒；9. 车轮；10. 底盘；11. 把手；12. 后轮

张拉时，承力架支承在台座横梁上，钢筋用夹具锚固，电动机经变速带动张拉螺杆，通过拉力架张拉钢筋。张拉力大小由压力计反映出来。

3. 油压千斤顶　油压千斤顶可以张拉单根预应力筋或多根成组预应力筋。多根成组张拉时，可采用四横梁装置进行，如图 5-16 所示。

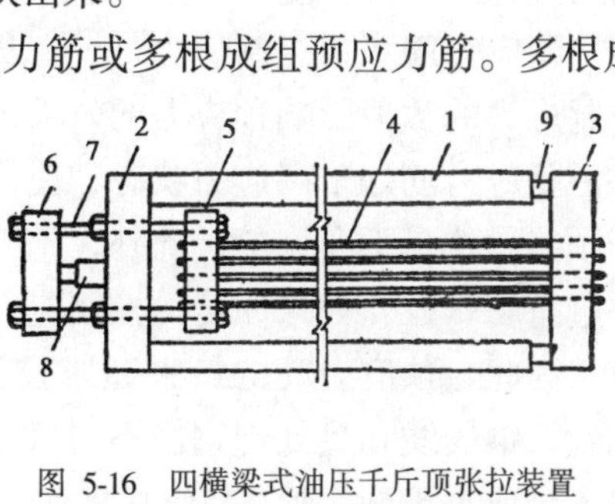

图 5-16　四横梁式油压千斤顶张拉装置

1. 台座；2. 前横梁；3. 后横梁；4. 预应力筋；5.6. 拉力架横梁；7. 大螺丝杆；8. 油压千斤顶；9. 放张装置

四横梁式油压千斤顶装置，用钢量较大，大螺杆加工困难，调整预应力筋的初应力费时间，油压千斤顶行程小，工效低，但其一次张拉力大。

选择张拉设备时，为了保证设备、人身安全和张拉力准确，张拉设备的张拉力应不小于预应力筋张拉力的 1.5 倍；张拉设备的张拉行程应不小于预应力筋张拉伸长值的 1.1～1.3 倍。

二、先张法施工工艺

（一）预应力筋的铺设

长线台座台面（或胎模）在铺放钢筋前应涂隔离剂。隔离剂不应沾污钢丝，以免影响钢丝与混凝土的粘结。如果预应力筋遭受污染，应使用适当的溶剂加以清洗。在生产过程中，应防止雨水冲刷台面上的隔离剂。

预应力钢丝宜用牵引车铺设。如果钢丝需要接长，可借助于钢丝拼接器用 20 ~ 22 号铁丝密排绑扎，如图 5-17。绑扎长度：对冷拔低碳钢丝不得不于 $40d$；对冷拔低合金钢丝不得小于 $50d$；对刻痕钢丝不得小于 $80d$。钢丝搭接长度应比绑扎长度大 $10d$（d——钢丝直径）。

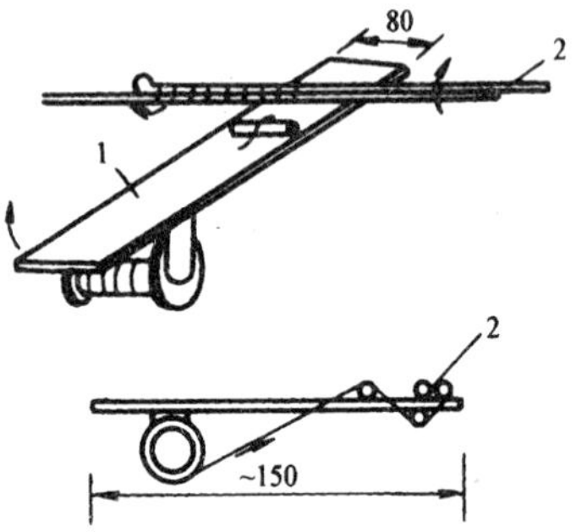

图 5-17　钢丝拼接器

1. 拼接器；2. 钢丝

预应力钢筋铺设时，钢筋之间的连接或钢筋与螺杆的连接，可采用套筒双拼式连接器，如图 5-13。

表 5-1　张拉控制应力 σ_{con} 允许值

顶　次	预 应 力 钢 材 品 种	张 拉 方 法	
		先　张　法	后　张　法
1	碳素钢丝、刻痕钢丝、钢绞线	$0.75f_{ptk}$	$0.7f_{ptk}$
2	热处理钢筋、冷轧带肋钢筋、冷拔低碳钢丝	$0.70f_{ptk}$	$0.65f_{ptk}$
3	冷拉钢筋精轧螺纹钢筋	$0.90f_{pyk}$	$0.85f_{pyk}$

注：1. 预应力筋的标准强度 f_{ptk} 及 f_{pyk}，对项次 1 ~ 2 指标准抗拉强度；对项次 3 指屈服点强度。

2. 在下列情况下，表中 σ_{con} 允许提高 $0.05f_{ptk}$ 或 $0.05f_{pyk}$：

（1）为了提高构件在施工阶段的抗裂性能而设置在使用阶段受压区内的预应力筋；

（2）为了部分抵消由于应力松弛、摩擦、钢筋分批张拉，以及预应力筋与张拉台座之间的温差因素产生的预应力损失。

3. 项次 1 ~ 2 的张拉控制应力 σ_{con} 不应小于 $0.4f_{ptk}$，项次 3 的 σ_{con} 不应小于 $0.5f_{ptk}$。

（二）预应力筋的张拉

预应力筋张拉应根据设计要求进行。当进行多根成组张拉时，应先调整各预应力筋的初应力，使其长度、松紧一致，以保证张拉后各预应力筋的应力一致。

预应力筋张拉控制应力 σ_{con} 按设计规定，设计无规定时可参考表 5-1 中数值采用。控制应力的数值影响预应力的效果，控制应力高，建立的预应力值则大。但控制应力过高。预应力筋处于高应力状态，使构件出现裂缝的荷载与破坏荷载接近，破坏前无明显的预兆，这是不允许的。此外，施工中为减少由于松弛等原因造成的预应力损失，一般要进行超张拉，如果原定的控制应力过高，再加上超张拉就可能使钢筋的应力超过屈服点。为此，预应力筋的最大超张拉力，对冷拉Ⅱ ~ Ⅳ级钢筋不得大于屈服点的 95%；钢丝、钢绞线和热处理钢筋不得大于标准强度的 80%。张拉后实际预应力值的偏差不得大于或小于规定值的 5%。

张拉程序可按下列程序之一进行：

$$0 \rightarrow 105\%\sigma_{con} \xrightarrow{\text{持荷 2min}} \sigma_{con};$$

或　$0\rightarrow103\%\sigma_{con}$。

预应力筋由零开始，进行超张拉并持荷 2min，目的是使钢筋因松弛引起的应力损失尽量减小，并促使钢筋的松弛过程尽快趋于完成，最后退回至设计控制应力值。或根据经验从零一次连续拉至控制应力的 103%，不再经过 2min 的持荷过程，也不退至控制应力值，是考虑了留出 3%的应力损失。

当采用应力控制方法张拉时，应校核预应力筋的伸长值。如实际伸长值比计算伸长值大于 10%或小于 5%，应暂停张拉，在采取措施予以调整后，方可继续张拉。

预应力筋的计算伸长值 Δl（mm），可按下式计算：

$$\Delta l=\frac{F_p\cdot l}{A_p\cdot E_s} \tag{5—6}$$

式中　F_p——预应力筋的平均张拉力（kN），直线筋取张拉端的拉力；两端张拉的曲线筋，取张拉端的拉力与跨中扣除孔道摩阻损失后拉力的拉力平均值；

A_p——预应力筋的截面面积（mm^2）；

l——预应力筋的长度（mm）；

E_s——预应力筋的弹性模量（kN/mm^2）。

预应力筋的实际伸长值，宜在初应力为张拉控制应力 10%左右开始测量，但必须加上初应力以下的推算伸长值。

张拉时应以稳定的速率逐渐加大拉力，并保证使拉力传到台座横梁上，而不应使钢丝夹具产生次应力（如钢丝在分丝板、横梁或夹具处产生尖锐的转角或弯曲）。锚固时，敲击锚塞用力应均匀，以免用力大小不同，引起各钢丝应力不同。张拉锚固后，张拉设备应逐步放松，以免冲击张拉设备或夹具。

张拉完毕，预应力筋对设计位置的偏差不得大于 5mm，也不得大于构件截面最短边长的 4%。

多根钢丝同时张拉时，断裂和滑脱的钢丝数量，不得超过结构同一截面预应力钢材总根数的 5%，且严禁相邻两根断裂或滑脱，构件在浇筑混凝土前发生断裂或滑脱的预应力钢丝必须予以更换。

同时张拉多根预应力钢丝时，应预先调整初应力，使其相互之间的应力一致，张拉后应抽查钢丝的应力值，其偏差不得大于设计规定预应力值的 ±5%。预应力钢丝的应力可利用 2CN—1 型钢丝测力计进行测定，其工作构造如图 5-18 所示。

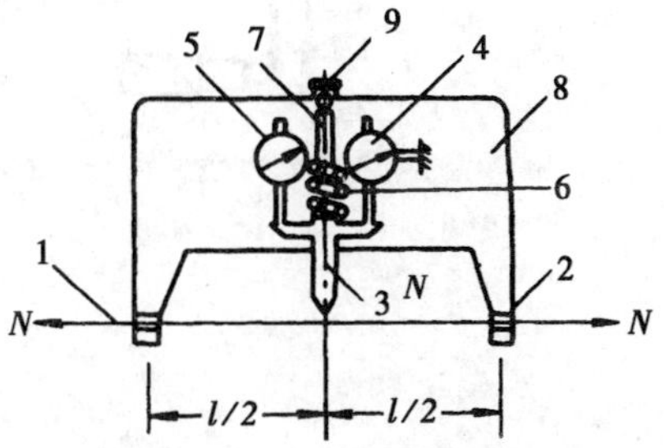

图 5-18　2CN—1 型双控钢丝测力计

1—钢丝；2—测力计的挂钩；3—测头；4—测挠度百分表；5—测力百分表；6—弹簧；7—推杆；8—表架；9—螺丝

2CN—1 型钢丝测力计工作时，先将挂钩 2 勾住钢丝，旋转螺丝 9 使测头与钢丝接触，此时百分表 4 和百分表 5 读数均为零，继续旋转螺丝 9，使测挠度百分表 4 的读数达到实验确定的常数时，从测力百分表 5 的读数便可知道钢丝的拉力 N。2CN—1 型钢丝测力计精度为 2%。

实际施工中，亦可根据敲击钢丝发出的声音来判别钢丝的应力是否一致。

（三）混凝土的浇筑与养护

确定预应力混凝土的配合比时，应尽量减少混凝土的收缩和徐变，以减少预应力损失，应采用低水灰比，控制水泥用量，对骨料采用良好的级配，预应力混凝土构件制作时，必须振捣密实，特别是构件端部，以保证混凝土的强度和粘结力。混凝土的浇筑必须一次完成，不允许留设施工缝。

浇筑时，振捣器不应碰撞钢丝，并在混凝土未达到一定强度之前，仍不允许碰撞或踩动钢丝。

预应力混凝土可采用自然养护或蒸汽养护。在台座上生产预应力混凝土构件，为了减少温差引起的预应力损失，应采取二次升温法养护混凝土，即开始蒸汽养护混凝土时，控制温差不得超过20℃，待混凝土强度达到10N/mm^{2}后，再按正常升温制度加热混凝土。以机组流水法生产预应力混凝土构件，由于预应力筋和钢模之间不存在温差引起的预应力损失，故可按正常升温制度加热养护混凝土，不需二次升温。

（四）预应力筋放张

预应力筋放张时，混凝土的强度应符合设计要求，如设计无规定，不应低于强度等级的75%。

1. 放张顺序　轴心受预压的构件（如拉杆、桩等），所有预应力筋应同时放张；偏心受预压的构件（如梁等），应先同时放张预压力较小区域的预应力筋，再同时放张预压力较大区域的预应力筋；如不能满足上述要求时，应分阶段、对称、交错地放张，以防止在放张过程中构件产生弯曲、裂纹和预应力筋断裂。

2. 放张方法　配筋不多的中小型钢弦混凝土构件，钢丝可用砂轮锯或切断机等方法放张，配筋多的钢弦混凝土构件，钢丝应同时放张，如逐根放张，则最后几根钢丝将由于承受过大的拉力而突然断裂，易使构件端部开裂。放张后预应力筋的切断顺序，一

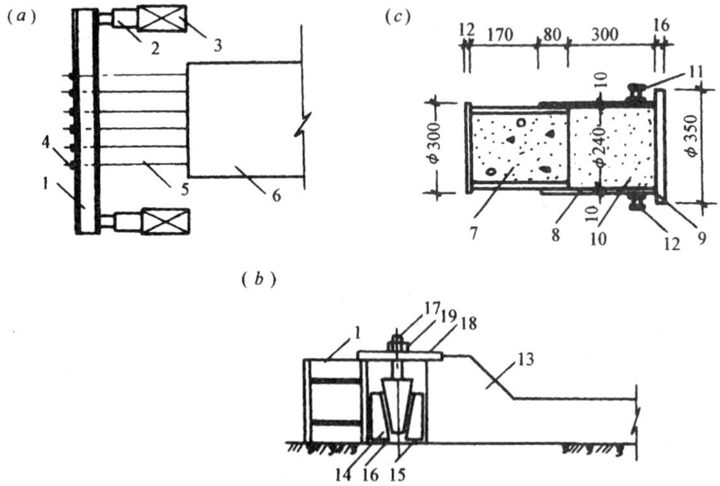

图 5-19　预应力筋放张装置

（a）千斤顶放张装置；（b）砂箱放张装置；（c）楔块放张装置

1—横梁；2—千斤顶；3—承力架；4—夹具；5—钢丝；6—构件；7—活塞；8—套箱；9—套箱底板；10—砂；11—进砂口（ϕ25螺丝）；12—出砂口（ϕ16螺丝）；13—台座；14、15—钢固定楔块；16—钢滑动楔块；17—螺杆；18—承力板；19—螺母

般由放张端开始，逐次切向另一端。预应力筋为钢筋时，对热处理钢筋及冷拉Ⅳ级钢筋，不得用电弧切割，宜用砂轮锯或切断机切断，数量较多时，应同时放张，可用油压千斤顶、砂箱、楔块等装置放张，如图 5-19 所示。

千斤顶放张（图 *a*）：张拉前将千斤顶活塞打出一定长度，设置在台座与横梁之间。放松分几次完成，每次两个千斤顶同时等距离回程。

砂箱放张（图 *b*）：装砂时，将活塞抽出 1/3～2/5 的长度，从进砂口灌满铁砂或烘干的砂子，并用千斤顶以大于张拉力的压力压紧砂箱，然后在张拉前将砂箱放在台座与横梁之间。放张时打开砂口，砂子徐徐流出，钢筋即逐渐放松。

楔块放张（图 *c*）：楔块装置放在台座与横梁之间，预应力筋放张时，旋转螺母使螺杆向上运动，带动楔块向上移动，钢块间距变小，横梁向台座方向移动，从而同时放张预应力筋。

3. 放张注意事项

为了检查构件放张时钢丝与混凝土的粘结是否可靠，切断钢丝时应测定钢丝往混凝土内的回缩情况。钢丝的回缩值：对冷拔低碳钢丝不应大于 0.6mm，对碳素钢丝不应大于 1.2mm。如果最多只有 20%的测试数据超过上述规定值的 20%，则检查结果是好的。如果回缩值大于上述数值，则应加强构件端部区域的分布钢筋，提高放张时混凝土强度等。

放张前，应拆除侧模，使放张时构件能自由压缩，否则将损坏模板或使构件开裂。对有横肋的构件（如大型屋面板），其端横肋内侧面与板面交接处作出一定的坡度或作成大圆弧，以便钢筋放张时端模肋能沿着坡面滑。必要时在胎模与台面之间设置滚动支座。这样，在预应力筋放张时，构件与胎模可随着钢筋的回缩一起自由移动。

当用氧炔焰或电弧切割时，应采取隔热措施，防止烧伤构件端部混凝土。电弧切割时的地线应搭在切割点附近，不能搭在另一头，以防止过电后使预应力筋伸长造成应力损失。

第三节　后　张　法

后张法是在钢筋混凝土构件成型时，在设计位置上预留孔道，待混凝土强度达到设计规定的数值后，将预应力筋穿入孔道中，进行预应力张拉，并用锚具将预应力筋锚固在构件上，然后进行孔道灌浆。图 5-20 为预应力混凝土后张法生产示意图。

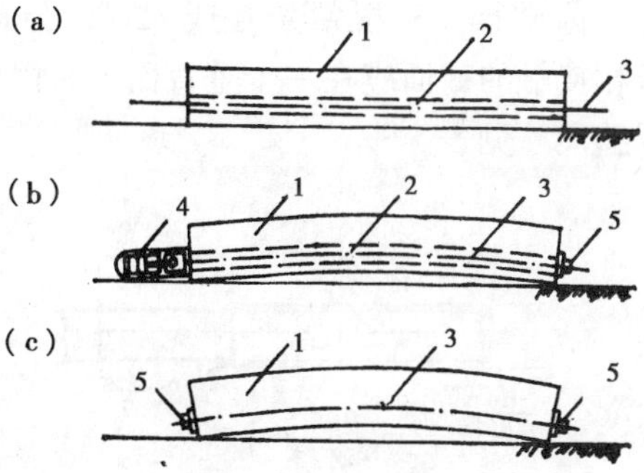

图 5-20　预应力混凝土后张法施工示意图
(a) 制作混凝土构件；(b) 张拉钢筋；
(c) 锚固和孔道灌浆
1—混凝土构件；2—预留孔道；
3—预应力筋；4—千斤顶；5—锚具

由于后张法是直接在钢筋混凝土构件上进行预应力筋张拉，所以不需要固定的台座设备，也不受地点限制。后张法适用于施工现场制作大型预应力混凝土构件，如大跨度的预应力屋架等。

后张法施工工艺流程如图 5-21。

一、锚具和预应力筋的制作

后张法构件生产中，预应力筋、锚具和张拉机具是配套的。目前，后张法中常用的预应力筋有单根粗钢筋、钢筋束（或钢绞线束）和钢丝束三类。它们是由冷拉Ⅱ、Ⅲ、Ⅳ级钢筋、冷拉 5 号钢钢筋、碳素钢丝和钢绞线制作。锚具有多种类型，根据锚具的工作特点分为张拉端锚具和固定端锚具，要求锚具有可靠的锚固能力，构造简单，施工方便预应力损失小，成本低廉。

（一）单根粗钢筋锚具和预应力筋制作

1. 锚具　单根粗钢筋的预应力筋，张拉端一般用螺丝端杆锚具；固定端一般用帮条锚具或镦头锚具。

螺丝端杆锚具由螺丝端杆、螺母和垫板组成，如图 5-22 所示。这种锚具适用于直径 18 ~ 36mm 的Ⅱ、Ⅲ级钢筋。螺丝端杆与预应力筋对焊连接，应在预应力钢筋冷拉之前进行。螺丝端杆锚具尺寸见表 5-2。

帮条锚具由帮条和衬板组成，如图 5-23 所示。适用于锚固直径 18 ~ 36mm 的Ⅱ、Ⅲ级钢筋。帮条焊接应在预应力筋冷拉前进行。三根帮条互成 120°，与衬板相接触的截面应在一个垂直面上，以免受力时产生扭曲。焊条应选用结 50x。帮条与焊缝尺寸见表 5-3。

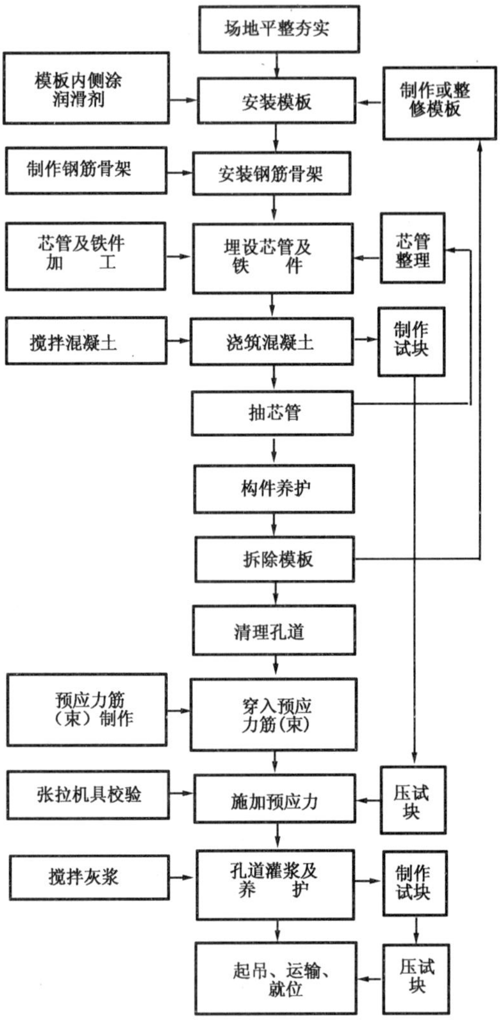

图 5-21　后张法施工工艺流程图

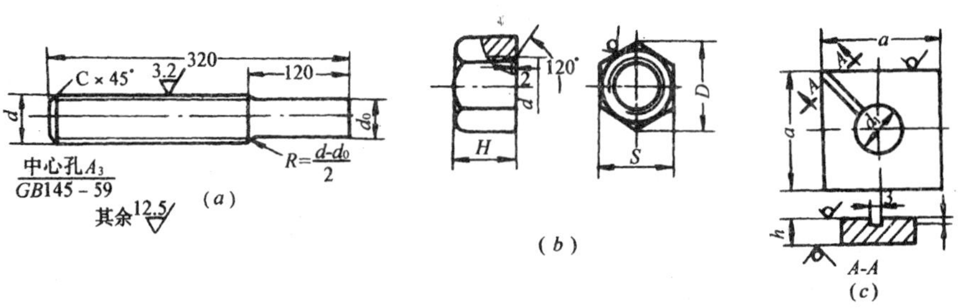

图 5-22　螺丝端杆锚具

（a）螺丝端杆；（b）螺帽；（c）垫板

表 5-2 螺丝端杆锚具尺寸（mm）

型　号	钢筋直径（mm）	螺纹 d	d_0	C	H	S	D	$a \times h$	d_1
LM18	18	$M22 \times 1.5$	20	1.0	32	32	36.9	90×14	24
LM20	20	$M24 \times 2$	22	1.5	36	36	41.6	90×16	26
LM22	22	$M27 \times 2$	25	1.5	40	41	47.3	90×16	29
LM25	25	$M30 \times 2$	28	1.5	45	46	53.1	90×20	32
LM28	28	$M33 \times 2$	31	1.5	50	50	57.7	90×20	35
LM32	32	$M39 \times 3$	35	2.0	55	55	63.5	90×22	41
LM36	36	$M42 \times 3$	39	2.0	60	65	75	100×25	44

注：1. 图中螺杆长度仅用于长度不大于 24m 的构件；构件长度大于 24m 或预应力筋冷拉采用应力控制时，应根据实际情况增加螺杆长度。

2. 螺母也可采用圆形的六槽螺母，其高度不变，外径约取 $0.94D$。

表 5-3 帮条与焊缝尺寸

钢筋直径（mm）	帮条尺寸（根数×直径×长度）	焊缝尺寸			衬板尺寸（厚×长×宽）
		b	h	k	
18	3×14×50	8	4	4	15×70×70
20	3×14×50	10	5	4	15×70×70
22	3×16×50	10	5	4	15×80×80
25	3×18×50	12	6	4	15×80×80
28	3×20×55	14	7	4	20×90×90
32	3×22×55	14	7	6	20×100×100
36	3×25×60	16	8	6	20×110×110

镦头锚具由镦头和垫板组成。当预应力筋直径在 22mm 以内时，端部镦头可用对焊机热镦，将钢筋及紫铜棒夹入对焊机的两电极中，使钢筋端面与紫铜棒接触，进行脉冲式通电加热，当钢筋加热至紫红色呈可塑状态时，即逐渐加热加压，直至形成镦头为止，钢筋热镦示意如图 5-24。当钢筋直径较大时，可采用加热锻打成型。

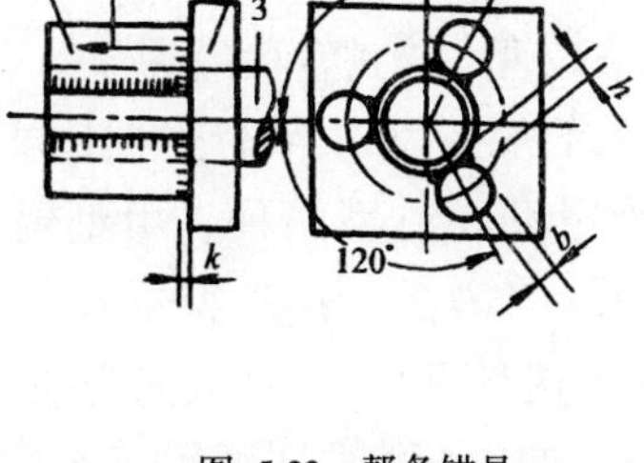

图 5-23 帮条锚具

1—帮条；2—衬板；3—主筋

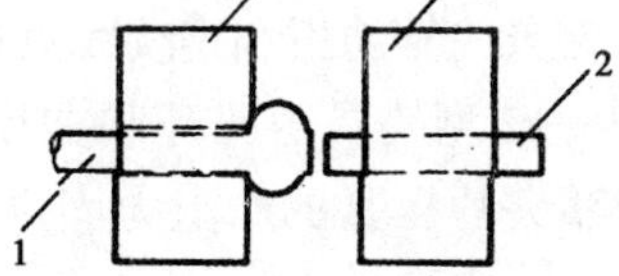

图 5-24 钢筋热镦示意图

1—钢筋；2—紫铜棒；3—电极

2. 预应力筋制作　单根粗钢筋预应力筋的制作，包括配料、对焊、冷拉等工序。

预应力筋的下料长度由计算确定，计算时要考虑构件的孔道长度、锚具厚度、千斤顶长度、焊接接头或镦头的预留量、冷拉伸长值、弹性回缩值、张拉伸长值等。现以两端用螺丝端杆锚具预应力筋为例（如图 5-25），其下料长度计算如下：

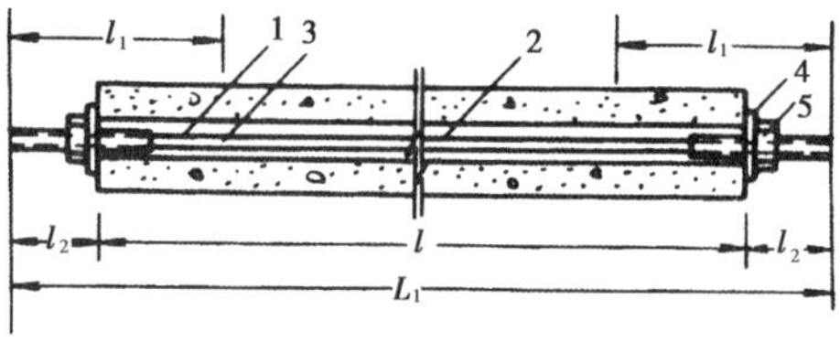

图 5-25 粗钢筋下料长度计算示意图

1—螺丝端杆；2—预应力钢筋；3—对焊接头；4—垫板；5—螺母

预应力筋的成品长度（即预应力筋和螺丝端杆对焊并经冷拉后的全长）L_1：

$$L_1 = l + 2l_2 \tag{5—7}$$

预应力筋（不包括螺丝端杆）冷拉后需达到的长度 L_0：

$$L_0 = L_1 - 2l_1 \tag{5—8}$$

预应力筋（不包括螺丝端杆）冷拉前的下料长度 L：

$$L = \frac{L_0}{1 + \gamma - \delta} + n\Delta \tag{5—9}$$

式中 l——构件的孔道长度；

l_2——螺丝端杆伸出构件外的长度；

张拉端：$l_2 = 2H + h + 5\text{mm}$； (5—10)

锚固端：$l_2 = H + h + 10\text{mm}$； (5—11)

l_1——螺丝端杆长度，一般为 320mm；

γ——预应力筋的冷拉率（由试验确定）；

δ——预应力筋的冷拉弹性回缩率（一般为 0.4% ~ 0.6%）；

n——对焊接头数量；

Δ——每个对焊接头的压缩量（一般为 20 ~ 30mm）；

H——螺母高度；

h——垫板厚度。

（二）钢筋束和钢绞线束锚具和预应力筋制作

1. 锚具　钢筋束和钢绞线束目前使用的锚具有 JM—12 型、XM 型和镦头锚具等。

JM—12 型锚具由锚环和夹片组成，如图 5-26，锚环和夹片均由 4.5 号钢制作预应力筋靠夹片压紧的摩阻力固定。JM—12 型锚环分为甲型和乙型两种。甲型锚环为一具有锥形内孔的圆柱体，使用时直接放置在构件端部的垫板上；乙型锚环是圆柱体外部增加一方形肋板，使用时将锚环预先埋在构件端部而不需要放置垫板。绞 JM—12—5、绞 JM—12—6 锚环尺寸如表 5-4。不同型号的 JM 型锚具可用于锚固 3 ~ 6 根直径为 12mm 的光圆或螺纹的钢筋束，也可以用于锚固 5 ~ 6 根直径为 12mm 或 15mm 的钢绞线束。

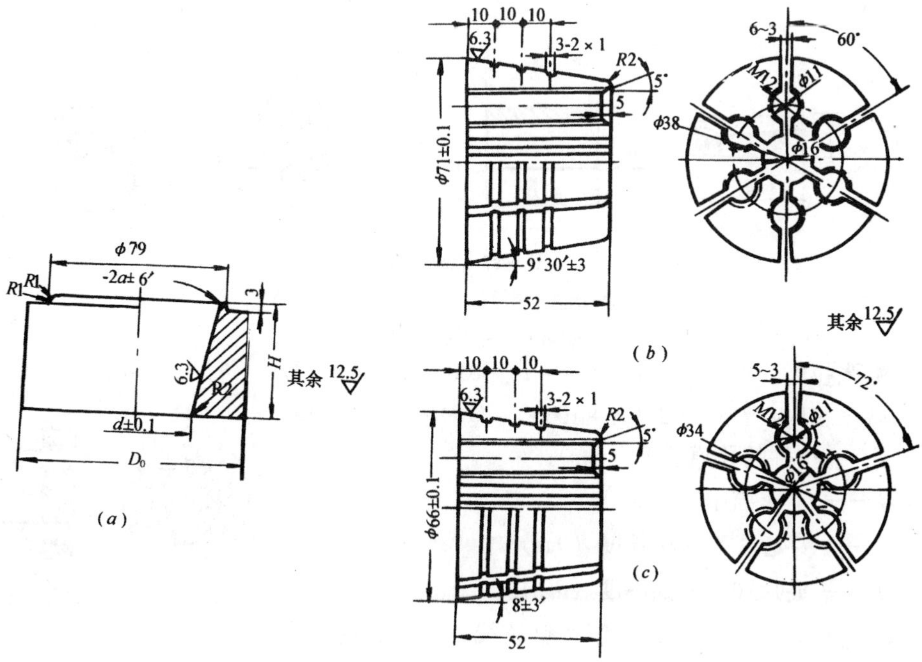

图 5-26 JM—12 型锚具

(a) 锚环；(b)、(c) 夹片

表 5-4 锚环尺寸

型　　号	绞 JM—12—5	绞 JM—12—6
D_0（mm）	ϕ100	ϕ100
d（mm）	ϕ50	ϕ52
a	8°	9°30′
H（mm）	55	55

XM 型锚具由锚环和三块夹片组成，如图 5-27。XM 型锚具的锚环用 45 号钢制作，经热处理硬度 $HB = 285 \pm 5$。夹片为 120°均分的三片式夹片，夹片的开缝沿轴向有倾斜角，倾斜角的方向与钢绞线的扭角相反，以确保夹片能夹紧钢绞线或钢丝束中每一根外围钢丝，形成可靠的锚固。夹片开缝宽度一般平均为 1.5mm，夹片的齿形为“短牙”三角螺纹，是一种齿顶较宽，齿高较矮的特殊螺纹。XM 型锚具既可用于锚固钢绞线束，又可用于锚固钢丝束；既可锚固单根预应力筋，又可锚固多根预应力筋；当用于锚固多根预应力筋时，即可单根张拉，逐根锚固，又可成组张拉，成组锚固；它既可用作工作锚，又可用作工具锚。XM 型锚具通用性好，锚固性能可靠。

镦头锚具由镦头和锚固板组成，如图 5-28。

2. 钢筋束、钢绞线束的制作　钢筋束所用的钢筋一般是呈盘圆状供应，长度较长，不需对焊接长。钢筋束预应力筋的制作工序一般是：开盘冷拉→下料→编束。

当采用 JM 型、XM 型锚具，用穿心式千斤顶张拉时，钢筋束和钢绞线束的下料长度 L，应等于构件孔道长度加上两端为张拉、锚固所需的外露长度，如图 5-29 所示，按下式计算：

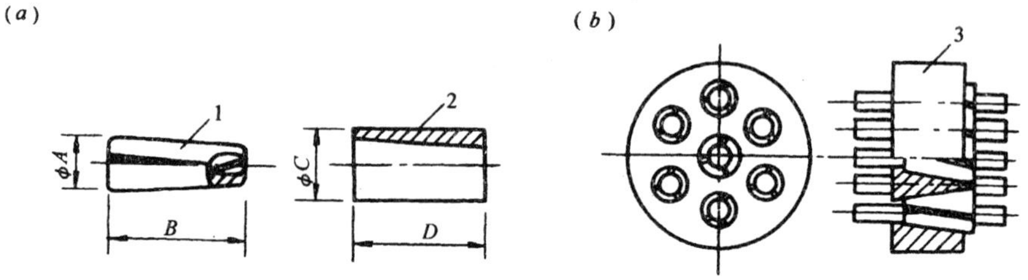

图 5-27 XM 型锚具

(a) 单根 XM 型锚具；(b) 多根 XM 型锚具

1—夹片；2—锚环；3—锚板

两端张拉时：$L = l + 2\ (l_1 + l_2 + l_3 + 100)$ (5—12)

一端张拉时：$L = l + 2\ (l_1 + 100)\ + l_2 + l_3$ (5—13)

式中 l——构件的孔道长度（mm）；

l_1——工作锚厚度（mm）；

l_2——穿心式千斤顶长度（mm）；

l_3——夹片式工具锚厚度（mm）。

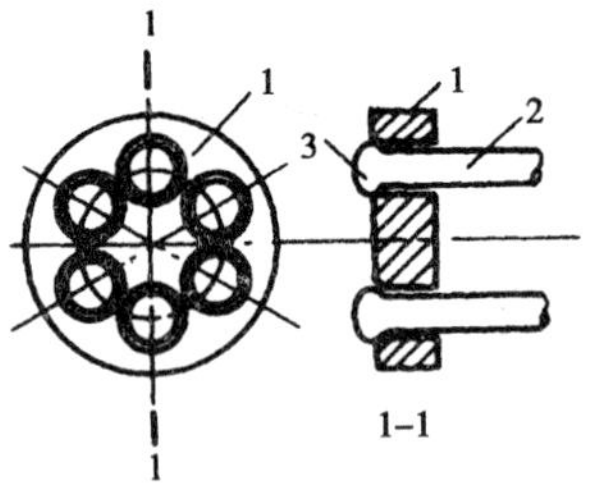

图 5-28 镦头锚具

1—固定板；2—预应力筋；3—镦头

热处理钢筋、冷拉Ⅳ级钢筋及钢绞线下料切断时，宜用切断机或砂轮锯切断，不得用电弧切割。钢绞线切断前，在切口两侧各 50mm 处，应用铅丝绑扎，以免钢绞线松散。

预应力钢筋或钢绞线束的编束，主要是保证穿入构件孔道的钢筋束或钢绞线束不发生扭结。编束工作一般把钢筋或钢绞线理顺后，用铅丝每隔 1m 左右绑扎成束，在穿筋时应注意防止扭结。

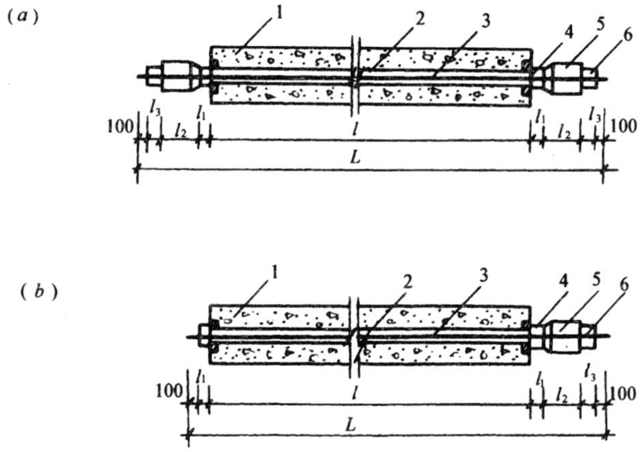

图 5-29 钢筋束、钢绞线束下料长度计算简图

(a) 两端张拉；(b) 一端张拉

1—混凝土构件；2—孔道；3—钢绞线；4—夹片式工作锚；5—穿心式千斤顶；6—夹片式工具锚

（三）钢丝束锚具和预应力筋制作

1. 锚具 钢丝束一般由几根到几十根直径 3～5mm 平行的碳素钢丝组成。目前采用的锚具有钢质锥形锚具、XM 型锚具和钢丝束镦头锚具等。

钢质锥形锚具（又称弗氏锚具）由锚环和锚塞组成如图 5-30 所示。用于锚固以锥锚式双作用千斤顶张拉的钢丝束。锚环和锚塞均用 45 号钢制作，锚塞和锚坏的锥度应严格保持一致，保证对钢丝的挤压力均匀，不致影响摩阻力，锚塞上刻有细齿槽，夹紧钢丝防止移动。钢质锥形锚具适用于锚固 18 根以下的 ϕ^s5 碳素钢丝。钢质锥形锚具尺寸见表 5-5。

钢质锥形锚具的主要缺点是当钢丝直径误差较大时，易产生单根滑丝现象，且滑丝后很难补救，如果采用加大顶锚力的办法来防止滑丝，过大的顶锚力又易使钢丝咬伤。此外，钢丝锚固时呈辐射状态，弯折处受力较大。

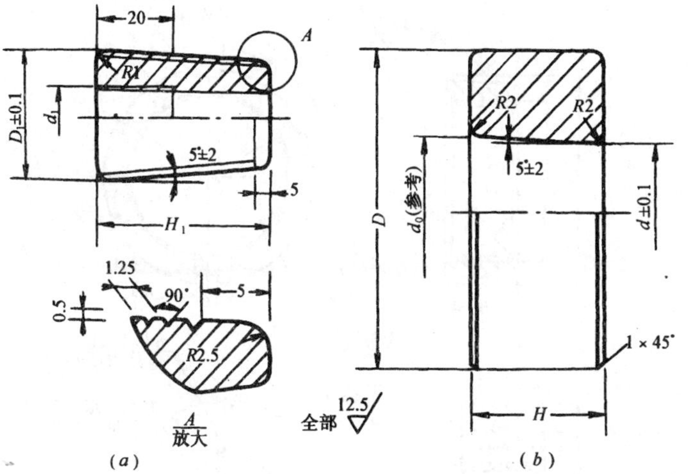

图 5-30 钢质锥形锚具

（*a*）锚塞；（*b*）锚环

表 5-5 钢质锥形锚具尺寸

型　　号	钢丝根数	D	H	d	d_0	D_t	H_t	d_i
GE5—12	12	65	45	27	34.9	27	50	$M8\times1$
GE5—18	18	100	50	39	47.7	40	55	$M16\times15$
GE5—24	24	110	55	49	58.6	51	60	$M16\times15$

钢丝束镦头锚具的构造如图 5-31 所示。镦头锚具锚环与螺帽尺寸、锚板尺寸见表 5-6 和表 5-7。钢丝束镦头锚具适用于锚固 12～54 根 $\phi6$ 碳素钢丝的钢丝束。分 DM5A 型和 DM5B 型，DM5A 型用于张拉端，由锚杯和螺母组成；DM5B 型用于固定端，仅有一块锚板。锚杯与锚板用 45 号钢制作，先经调质热处理后再进行机械加工。螺母用 30 号钢制作。锚杯的内外壁均有丝扣，内丝扣用于连接张拉螺丝杆，外丝扣用于拧紧螺母锚固钢丝束。锚杯和锚板四周钻孔，以固定镦头的钢丝，孔数和间距由钢丝根数而定。钢丝用 LD10 型液压冷镦器（如图 5-32）进行镦头。钢丝束一端可在制束时将头镦好，另一端则待穿束后镦头，故构件孔道端部要设置扩孔。

张拉时，张拉螺杆一端与锚杯内丝扣连接，另一端与拉杆式千斤顶的拉头连接，当张拉到控制应力时，锚杯被拉出，则拧紧锚杯外丝扣上的螺母加以锚固。

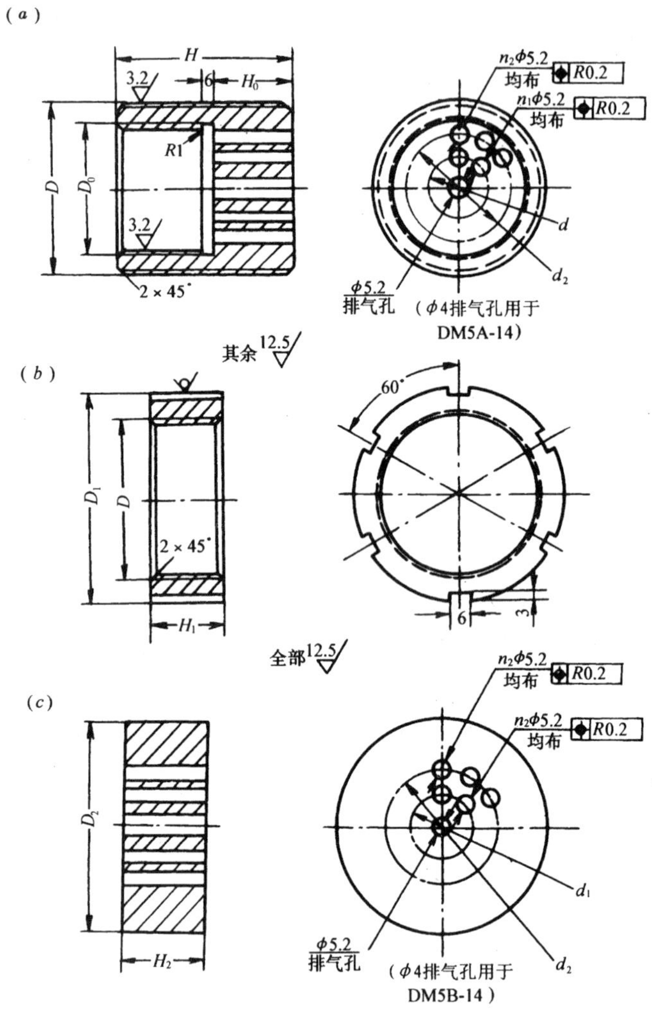

图 5-31　镦头锚具

（*a*）DM5A 锚杯；（*b*）DM5A 螺帽；（*c*）DM5B 锚板

表 5-6　锚杯与螺帽尺寸（mm）

型　　号	钢丝根数	螺纹 D	螺纹 D_0	H	H_0	n_1	n_2	d_1	d_2	H_1	D_1
DM5A—14	14	$M56\times2$	$M40\times2$	60	25	4	10	12	28	25	85
DM5A—16	16	$M60\times2$	$M42\times2$	70	30	5	11	14	30	25	90
DM5A—18	18	$M64\times3$	$M45\times2$	70	30	6	12	16	32	25	95
DM5A—20	20	$M68\times3$	$M48\times2$	75	35	7	13	19	35	30	100
DM5A—22	22	$M72\times3$	$M52\times3$	75	35	8	14	22	38	30	105
DM5A—24	24	$M76\times3$	$M55\times3$	75	35	9	15	25	41	30	110

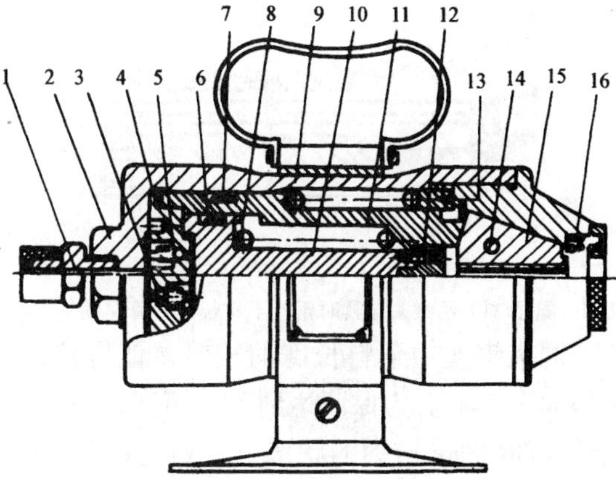

图 5-32 LD10 型钢丝镦头器构造图

1—油嘴；2—缸体；3—顺序阀；4—O 形密封圈；5—回油阀；6、7—Y_x 型密封圈；8—镦头活塞回程弹簧；9—夹紧活塞回程弹簧；10—镦头活塞；11—夹紧活塞；12—镦头模；13—锚环；14—夹片张开弹簧；15—夹片；16—夹片回程弹簧

表 5-7 锚板尺寸（mm）

型 号	钢丝根数	D_2	H_2	n_1	n_2	d_1	d_2
DM5B—14	14	80	25	4	10	12	28
DM5B—16	16	85	30	5	11	14	30
DM5B—18	18	85	30	6	12	16	32
DM5B—20	20	90	35	7	13	19	35
DM5B—22	22	90	35	8	14	22	38
DM5B—24	24	95	35	9	15	25	41

2. 钢丝束的制作　钢丝束的制作包括调直、下料、编束和安装锚具等工序。当采用钢质锥形锚具、XM 型锚具时，预应力钢丝束的制作和下料长度计算基本上与预应力钢筋束相同。对钢丝束镦头锚固体系，如采用镦头锚具一端张拉时，钢丝的下料长度 L，可按图 5-33 所示用下式计算：

$$L = L_0 + 2a + 2\delta - 0.5(H - H_1) - \Delta L - C \tag{5—14}$$

式中 L_0——构件孔道长度，按实际丈量；

a——锚板厚度；

δ——钢丝镦头留量（取钢丝直径的 2 倍）；

H——锚杯高度；

H_1——螺母高度；

ΔL——钢丝束张拉伸长值；

C——张拉时构件混凝土的弹性压缩值（当其值很小时可略去不计）。

当采用钢丝束镦头锚具时，为了保证张拉时钢丝束中每根钢丝受力均匀一致，钢丝

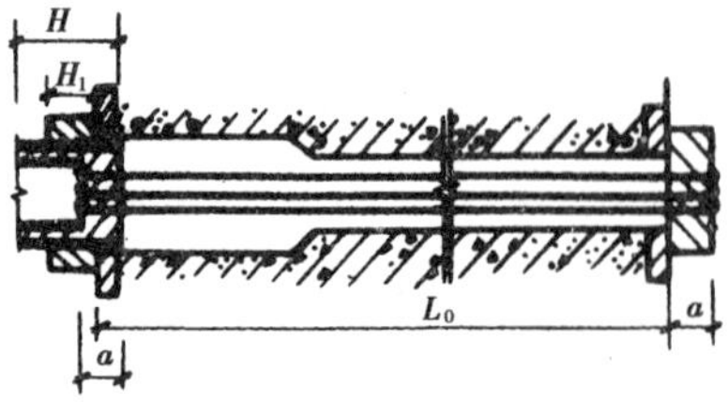

图 5-33 用镦头锚具时钢丝下料长度计算简图

束制作时必须等长下料，同束钢丝中下料长度的相对差值应控制在 L/5000（L 为钢丝下料长度）以内，且不得大于5mm。为保证达到上述精度，一般有二种方法：一是采用应力下料，即把钢丝拉至 300N/mm^2 应力的状态下，划定长度，放松后剪切下料。二是用钢管限位法，即将钢丝通过小直径的钢管（钢管内径比钢丝直径大 3～5mm）至另一端角铁限位器时，用切断装置切断。限位器与切断器切口间的距离，即为钢丝的下料长度，如图 5-34 所示。

钢丝下料后，应逐根理顺进行编束。用镦头锚具时，根据钢丝分圈布置的特点，编束时首先将内圈和外圈钢丝分别用铁丝顺序编扎，然后将内圈钢丝放在外圈钢丝内扎牢。钢丝束编好后，先在一端套上锚杯或锚板并完成镦头工作，另一端的镦头，待钢丝束穿过孔道后再进行。

当采用钢质锥形锚具时，在平整场地上先把钢丝理顺平放，然后在其全长上每隔 1m 左右用 22 号铅丝编成帘子状（如图）再每隔 1m 放一个按锚塞直径制成的螺丝衬圈，并将编好的钢丝绕衬圈围成圆束绑扎牢固。

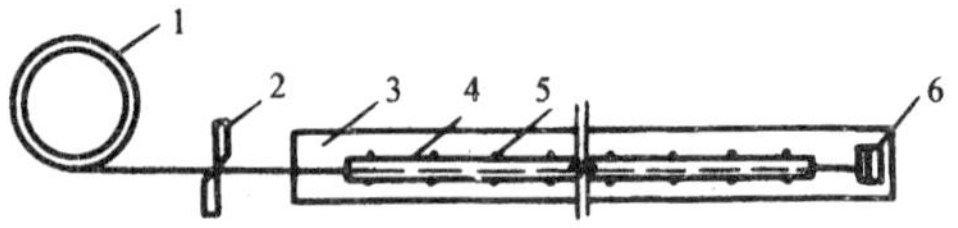

图 5-34 钢管限位法下料

1—钢丝；2—切断器刀口；3—木板；

4—ϕ10 黑铁管；5—铁钉；6—角铁挡头

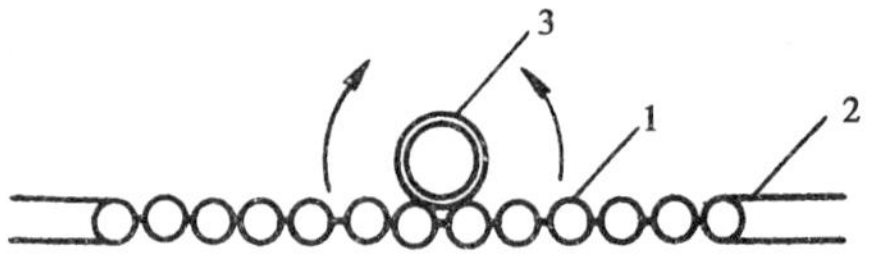

图 5-35 钢丝束的编束

1—钢丝；2—铅丝；3—衬圈

二、张拉机具设备

后张法张拉机具设备主要由液压千斤顶、高压油泵和外接油管三部分组成。

（一）千斤顶

常用的千斤顶有预应力拉杆式千斤顶（简称拉伸机）、穿心式千斤顶和锥锚式千斤顶三种。

拉杆式千斤顶 拉杆式千斤顶适用于张拉以螺丝端杆锚具为张拉锚具的粗钢筋，张拉以锥形螺杆锚具为张拉锚具的钢丝束，张拉以 DM5A 型镦头锚具为张拉锚具的钢丝束。拉杆式千斤顶的构造及工作过程如图 5-36 所示。

拉杆式千斤顶张拉预应力筋时，首先使连接器与预应力筋的螺丝端杆相连接，顶杆支承在构件端部的预埋钢板上。高压油进入主缸时，推动主缸油塞向右移动，同时带动拉杆和螺丝端杆向右移动，实施对钢筋的张拉。当达到张拉控制应力后，即拧紧螺丝端杆的螺母进行最后固定。张拉结束后，高压油进入副缸，推动副缸，使主缸活塞和拉杆向左移动，恢复到张拉前的原位上。

拉杆式千斤顶的张拉力有 400kN、600kN 和 800kN 三级，张拉行程为 150mm。

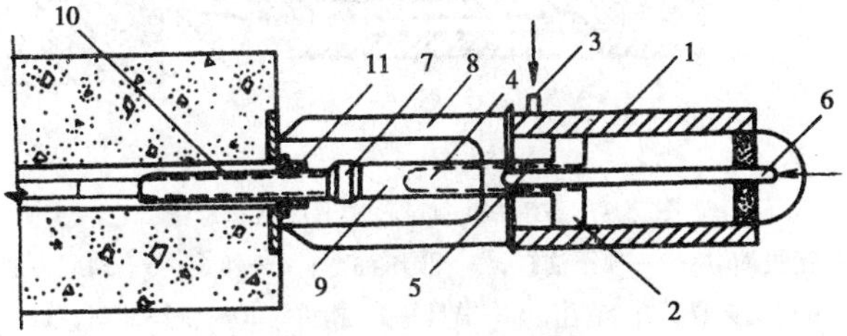

图 5-36 拉杆式千斤顶

1—主缸；2—主缸活塞；3—主缸进油孔；4—副缸；5—副缸活塞；6—副缸进油孔；7—连接器；8—传力架；9—拉杆；10—螺丝端杆；11—锚固螺栓

穿心式千斤顶　穿心式千斤顶是一种适应性很强的千斤顶，它既适用于张拉采用 JM12 型和 XM 型锚具的预应力钢丝束、钢筋束和钢绞线，而且配置撑脚、拉杆等附件后，又可作为拉杆式千斤顶使用，是目前应用最为广泛的张拉机械，已经形成 YC（穿心式千斤顶代号）型系列产品。YC 型千斤顶的张拉力，一般有 180kN、200kN、600kN、1200kN 和 3000kN，张拉行程由 150mm 至 800mm 不等。图 5-37 为 YC—60 型千斤顶示意，它主要由张拉油缸、顶压油缸、顶压油塞和弹簧组成。该机特点是沿千斤顶轴心有贯通孔道，预应力筋可以通过。而沿径向有内外两层工作油缸，外层油缸用于张拉，内层油缸供顶压锚具用。由于张拉和顶压固定预应力筋双重作用，因而得名穿心式双作用千斤顶。YC—60 型穿心式千斤顶张拉力为 600kN，张拉行程 200mm。

YC—60 型穿心式千斤式的张拉工作过程是：首先将安装好锚具的预应力筋穿过千斤顶的中心孔道，利用工具式夹具将预应力筋锚固在张拉油缸端部。高压油进入张拉油室，作用在油缸底面和张拉活塞上，推动油缸向左移动从而对钢筋进行张拉。

YC—60 型穿心式千斤顶顶压过程是：当预应力筋张拉到控制应力后即关闭张拉室油嘴，转向顶压室送高压油，推动顶压油塞向右移动，顶压锚具的夹片进入锚环，达到顶压力后将预应力筋固定。最后回油卸压，弹簧恢复到原位，完成张拉与顶压全过程。

锥锚式双作用千斤顶　锥锚式双作用千斤顶适用于张拉以钢质锥形锚具为张拉锚具的钢丝束，张拉以 KT—Z 型锚具为张拉锚具的钢筋束和钢绞线束。锥锚式双作用千斤顶张拉力为 300kN 和 600kN，张拉行程 300mm。

锥锚式双作用千斤顶由主缸、主缸活塞、主缸拉力弹簧、副缸、副缸活塞、副缸压力弹簧、顶压头、卡环和锚环等主要部件组成，如图 5-38 所示。

其张拉工作过程是：将预应力筋用楔块锚固在锥形卡环上，使高压油经主缸油嘴进入主缸，主缸带动锚固在锥形卡环上的预应力筋向左移动，进行预应力张拉。其顶压工作过程是：张拉工作完成后，关闭主缸的油嘴，开启副缸的油嘴使高压油进入副缸，由于主缸仍保持一定的油压，故副缸活塞和顶压头向右移动，顶压锚塞锚固预应力筋，顶

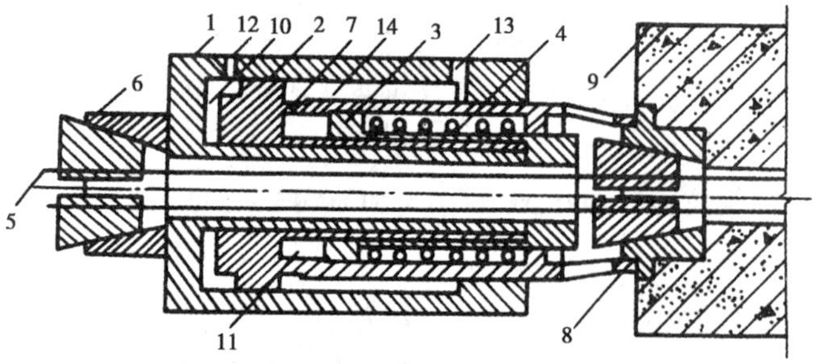

图 5-37 YC—60 型穿心式千斤顶示意图

1—张拉油缸；2—顶压油缸；3—顶压油塞；4—弹簧；5—预应力筋；6—工具式夹具；7—油孔；8—锚具；9—构件；10—张拉油室；11—顶压油室；12—张拉油室油嘴；13—顶压油室油嘴；14—回程油室

锚完成后，主、副缸同时回油，主缸及副缸在弹簧力作用下复位。

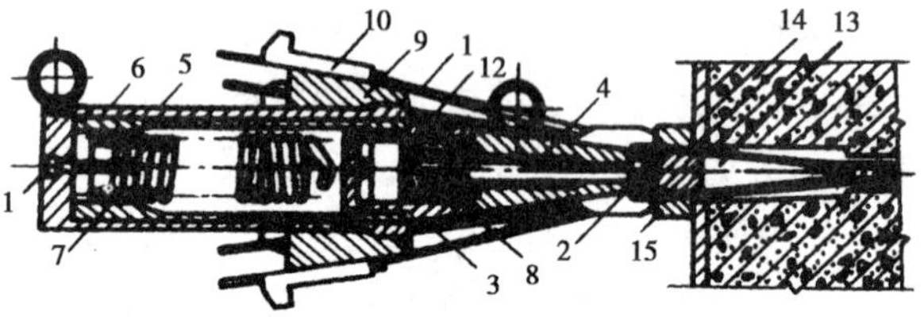

图 5-38 锥锚式双作用千斤顶构造及工作示意图

1—预应力筋；2—顶压头；3—副缸；4—副缸活塞；5—主缸；6—主缸活塞；7—主缸拉力弹簧；8—副缸压力弹簧；9—锥形卡环；10—楔块；11—主缸油嘴；12—副缸油嘴；13—锚塞；14—混凝土构件；15—锚环

（二）电动高压油泵

电动高压油泵类型较多，图 5-39 为 ZB_4/500 型电动高压油泵，它由泵体、控制阀、车体、管路等组成。

（三）机具设备及仪表维护和校验

施工预应力所用的机具设备及仪表，应定期维护和校验。

张拉设备应配套校验，以确定张拉力与仪表读数的关系曲线。压力表的精度不宜低于 1.5 级，校验张拉设备用的试验机或测力计精度不得低于 ±2%，校验时千斤顶活塞的运行方向，应与实际张拉工作状态一致。

张拉设备的校验期限，不宜超过半年。如在使用过程中，张拉设备出现反常现象或在千斤顶检修以后，应重新校验。

三、后张法施工工艺

后张法施工中，关于模板、非预应钢筋、混凝土工序，已在第四章进行了介绍，下面主要介绍后张法施工中孔道留设预应力筋张拉与锚固和孔道灌浆施工。

（一）孔道留设

孔道留设是后张法预应力混凝土构件制作的关键工序。孔道的直径应由设计决定，如设计无规定时，对粗钢筋，孔道的直径应比预应力筋直径、钢筋对焊接头处外径或需穿过孔道的锚具或连接器外径大 10～15mm；对钢丝或钢绞线，孔道的直径应比预应力束外径或锚具外径大 5～10mm，且孔道面积应大于预应力筋面积的两倍。孔道留设方法可采用钢管抽芯、胶管抽芯和预埋波纹管成型。对孔道成型的基本要求是：孔道的尺寸与位置应正确，孔道应平顺，端部预埋件钢板应垂直孔道中心线等。

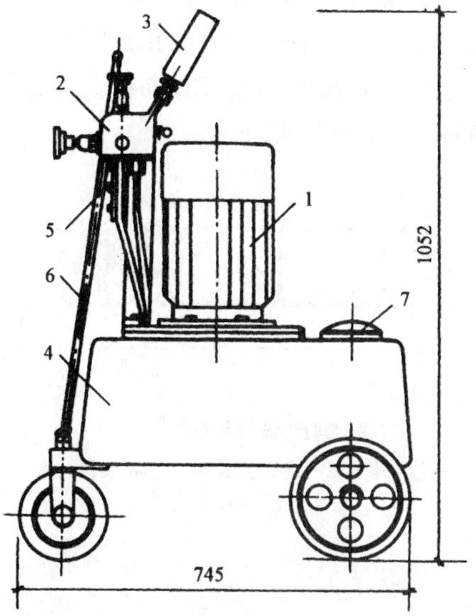

图 5-39　ZB_4/500 型电动高压油泵

1—电动机及泵体；2—控制阀；3—压力表；4—油箱小车；5—电气开关；6—拉手

1. 钢管抽芯法　钢管抽芯法适用于留设直线孔道。在浇灌混凝土前，先将钢管敷设在模板内孔道位置并加以固定，通常每隔 1m 用钢筋井字架固定钢管。要求钢管表面平直、光滑，使用前应除锈、刷油。钢管长度一般不超过 15m，以利于转动和抽管，较长的构件可用两根钢管，接头处用 0.5mm 厚铁皮做成的套管连接，如图 5-40 所示。混凝土浇筑后，定时（10～15min）转动钢管一次，防止其与混凝土粘结。抽管时间应根据水泥品种、水灰比、气温和养护方法而定。具体时间应通过试验确定，一般宜在混凝土初凝后终凝前进行，以手指按压混凝表面，不显印痕时为适宜。常温下抽管时间可控制在混凝土浇灌后 3～6h。在同一截面上的钢管抽出顺序宜先上后下。抽管时要平稳、速度均匀、边转边抽，严禁导致孔道边缘的混凝土松动。

留设预留孔道的同时，还要在设计规定的位置留设灌浆孔和排气孔。一般在构件两端和中间每隔 12m 左右留设一个直径为 20mm 的灌浆孔，两端各设一个排气孔。

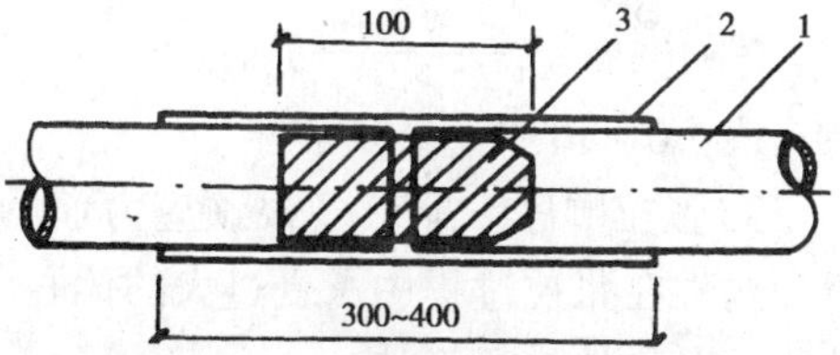

图 5-40　钢管连接方式

1—钢管；2—白铁皮套管；2—硬木塞

2. 胶管抽芯法　留孔用胶管一般采用有 5～7 层帆布夹层，壁厚 6～7mm 普通橡胶管。胶管由于质软、弹性好便于弯曲，适用直线、曲线或折线形孔道。为了增强胶管的刚度和便于抽出，使用时，胶管一端密封，另一端接上阀门充入压力为 0.6～0.8N/mm² 的压力空气或压力水，使胶管外径胀大 4～5mm，每隔 50cm 用钢筋井架固定在孔道设计位置上。浇筑混凝土后，待混凝土硬化并具有一定的强度时，即可释放管内的压缩空气或压力水，待胶管回缩与混凝土自行脱离即可抽出。抽管时应先上后下，先曲后直。

3. 预埋波纹管法　预埋波纹管是采用镀锌双波纹金属软管永久埋设在构件中而形成预留孔道。波纹管每根管长一般为 4～6m，在 1kN 径向力作用下不会变形，使用前应作灌水试验，检查有无渗漏现象。在混凝土浇灌前，在模板内孔道位置上安放波纹管，每隔 0.8m 用钢筋井字架固定，曲线孔道时应加密。波纹管的连接，采用大一号同型波纹管，接头管长度为200mm，用密封胶带或塑料热塑管封口，如图5-41所示。当采用预埋波纹管成型时，灌浆孔孔距不宜大于30m，灌浆孔的作法是：在波纹管上开口，用带嘴的塑料弧形压板与海绵垫覆盖并用铁丝扎牢，再接增强塑料管（外径20mm，内径16mm），如图5-42所示。

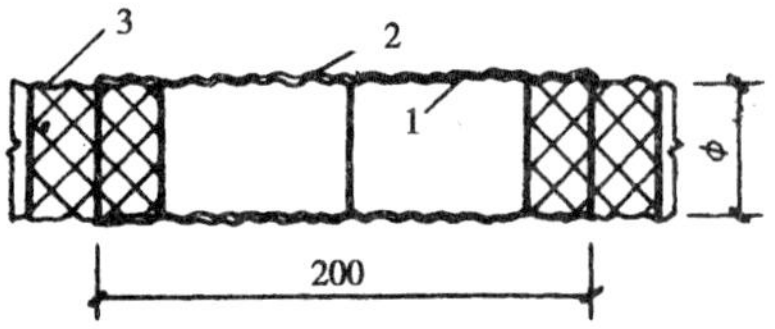

图 5-41 波纹管的连接
1—波纹管；2—接头管（大一号波纹管）；
3—密封胶带

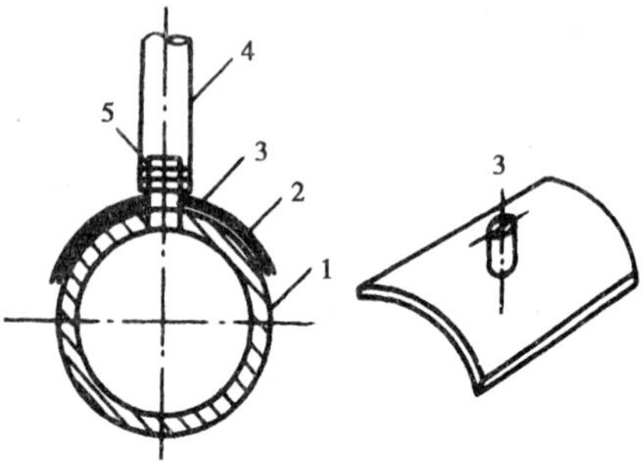

图 5-42 波纹管上留灌浆孔
1—波纹管；2—海绵垫；3—塑料弧形压板；
4—塑料管；5—铁丝扎紧

（二）预应力筋张拉

1. 张拉时对混凝土构件强度的要求 预应力筋张拉时，结构混凝土强度应符合设计要求，当设计无具体要求时，不应低于设计强度标准值的75%。对块体拼装的混凝土构件，除应符合上述规定外，其拼接立缝混凝土或砂浆强度，如设计无要求时，不应低于块体混凝土设计强度等级的40%，并且不得低于15N/mm²。

2. 张拉控制应力和张拉程序 张拉控制应力取值应按设计规定或直接按《混凝土结构设计规范》（GBJ10—89）的规定取值。张拉程序与所采用锚具种类有关，一般与先张法相同，即：

$0 \to 105\%\sigma_{con} \xrightarrow{持荷2min} \sigma_{con}$；

或：$0 \to 103\%\sigma_{con}$。

3. 张拉顺序 配有多根预应力筋的混凝土构件，需分批并按一定顺序进行张拉，避免构件在张拉过程中承受过大的偏心压力，引起构件弯曲裂缝现象，通常是分批、分阶段、对称地进行张拉。

预应力混凝土屋架下弦预应力筋的张拉顺序如图5-43所示，当预应力筋为两束时，采用一端张拉方法，用两台千斤顶分别设置在构件两端，一次张拉完成；当预应力筋为四束时，需要分两批张拉，用两台千斤顶分别张拉对角线上的两束，然后张拉另两束。预应力混凝土吊车梁预应力筋张拉顺序（采用两台千斤顶）如图5-44所示，上部两束直线预应力筋一般先张拉，下部四束曲线预应力筋采用两端张拉方法分批进行张拉，为使构件对称受力，每批两束先按一端张拉方法进行张拉，待两批四束均进行一端张拉后，再分批在另一端补张拉以减少先批张拉的所受的弹性压缩损失。

在分批张拉时，要考虑后批预应力筋张拉时对混凝土产生的弹性压缩，从而引起前批张拉造成的预应力损失值应分别加到先张拉钢筋的控制应力内。

曲线预应力筋或长度大于24m的直线预应力筋的张拉，要考虑钢筋与孔道之间的摩擦对张拉控制应力的影响，应在构件两端进行张拉。对于长度等于或小于 24m 的直线预应力筋，可在一端进行张拉，但张拉端宜交替设置在构件两端。当两端同时张拉一根（束）预应力筋时，为了减少预应力损失，宜先在一端锚固，再在另一端补足张拉力后进行锚固。

平卧重叠浇筑的预应力混凝土构件，预应力筋的张拉应自上而下逐层进行，减少上层构件重压和粘结力对下层构件张拉影响。为了减少上下层构件之间因摩阻力引起的应力损失，可自上而下，逐层加大拉力，但底层构件的张拉力不宜比顶层构件张拉大 5%（用于钢丝、钢绞线和热处理钢筋）或 9%（用于冷拉Ⅱ～Ⅳ级钢筋），并且不得超过超张值的限制值。

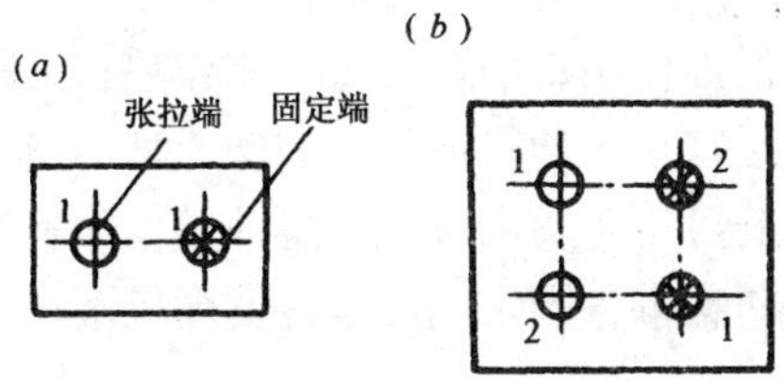

图 5-43　屋架下弦杆预应力筋张拉顺序
（a）两束；（b）四束
1、2—预应力筋分批张拉顺序

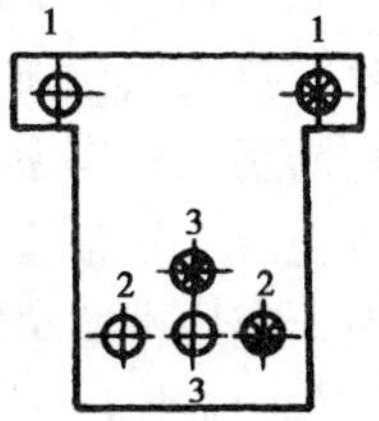

图 5-44　吊车梁预应力筋张拉顺序
1、2、3—预应力筋的分批张拉顺序

（三）孔道灌浆

预应力筋张拉完毕后，应尽快进行孔道灌浆，防止钢筋锈蚀、使预应力筋与构件混凝土有效地粘结，增强结构的整体性和耐久性。

孔道灌浆应采用标号不低于 425 号普通硅酸盐水泥配制的水泥浆；对空隙大的孔道，可采用砂浆灌浆。水泥浆及砂浆强度，均不应小于 $20/mm^2$。灌浆用水泥浆的水灰比宜为 0.4 左右，搅拌后 3h 泌水率宜控制在 2%，最大不得超过 3%，当需要增加孔道灌浆的密实性时，水泥浆中可掺入对预应力筋无腐蚀作用的外加剂。

灌浆前孔道应湿润、洁净；灌浆顺序宜先灌下层孔道；灌浆应缓慢均匀地进行，不得中断，一次完成。灌浆时应排气通顺，当排气孔出浆后，封闭排气孔，继续加压至 0.5～0.6MPa，稍后再用木塞将灌浆孔堵塞。不掺外加剂的水泥浆，可采用二次灌浆法。

第四节　无粘结预应力施工工艺

后张法中，按预应力筋粘结状态分为有粘结预应力混凝土和无粘结预应力混凝土，前述后张法施工中预应力筋张拉后通过孔道灌浆使预应力筋与混凝土相互粘结是有粘结预应力混凝土，无粘结预应力混凝土的作法是在预应力筋表面刷涂料并包塑料布（管）后，如同普通钢筋一样先铺设在支好的模板内，进行浇筑混凝土，待混凝土达到强度后进行张拉锚固。当前主要用在双向连续平板和密肋板中。

一、无粘结预应力筋制作

无粘结预应力筋由预应力钢丝、涂料层和外包层以及锚具组成。

（一）原材料选择

无粘结筋宜采用钢丝、钢绞线等预应力钢材制作。一般选用 7 根 ϕ^s5 高强钢丝组成钢丝束，也可选用 $7\phi^s4$ 或 $7\phi^s5$ 钢绞线。无粘结筋的涂料层，可采用防腐油脂或防腐沥青制作，涂料应有较好的化学稳定性、韧性；在 -20℃ ~ +70℃温度范围内，不裂缝、不变脆、不流淌；能较好地粘附在钢筋土，对钢筋和混凝土无腐蚀作用；不透水、不吸湿；润滑性好，摩阻力小。无粘结筋的外包层，可采用高压聚乙烯塑料制作，外包层应符合下列要求：在 -20℃ ~ +70℃温度范围内，低温不脆化，高温化学稳定性好；必须具有足够的韧性，抗破损性强；对周围材料无侵蚀作用；防水性好。制作单根无粘结筋时，宜优先选用防腐油脂作涂料层，塑料外包层宜采用塑料注塑机注塑成型。防腐油脂应充足饱满，外包层应松紧适度。成束无粘结筋可用防腐沥青或防腐油脂作涂料层。当使用防腐沥青时，应用密缠塑料带作外包层，塑料带各圈之间的搭接宽度应不小于带宽的 1/2，缠绕层数不应小于四层。

（二）锚具

无粘结筋的锚具性能，应符合《预应力筋用锚具，夹具和连接器应用技术规程》JGJ85—92 中Ⅰ类锚具的规定，高强钢丝预应力筋主要用镦头锚具；钢绞线作为无粘结预应力筋，则可采用 XM 型锚具。

（三）无粘结预应力筋的制作

无粘结预应力筋的制作一般采用缠纸工艺和挤压涂层工艺两种。

1. 缠纸工艺　缠纸工艺是在缠纸机上连续作业，完成编束、涂油、镦头、缠塑料布和切断等工序。缠纸工艺流程如图 5-45 所示。制作时，钢丝放在放线盘上，穿过梳子板汇集成束，成束钢丝通过油枪均匀涂油，涂油钢丝穿入锚杯用冷镦机冷镦锚头，带有锚杯的成束钢丝用牵引机牵引向前，与此同时开动装有塑料布条的缠纸转盘，钢丝束边前进边缠绕塑料布条。塑料布条的宽度根据钢丝束直径大小而定，一般宽度为 50mm。当钢丝束达到需要长度后，进行切割，成为一完整的无粘结预应力筋。

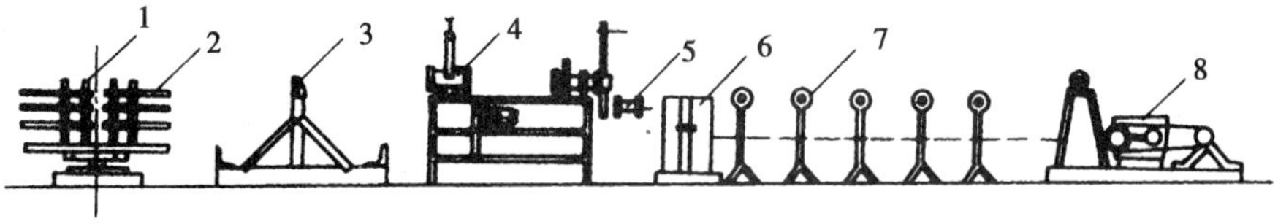

图 5-45　无粘结预应力束缠纸工艺流程图

1—放线盘；2—盘圆钢丝；3—梳子板；4—油枪；5—塑料布卷；
6—切断机；7—滚道台；8—牵引装置

2. 挤压涂层工艺　挤压涂层工艺制作无粘结预应力筋的流水工艺如图 5-46 所示。挤压涂层工艺主要是钢丝通过涂油装置涂油，涂油钢丝束通过塑料挤压机涂刷塑料薄膜，再经冷却筒模成型塑料套管。

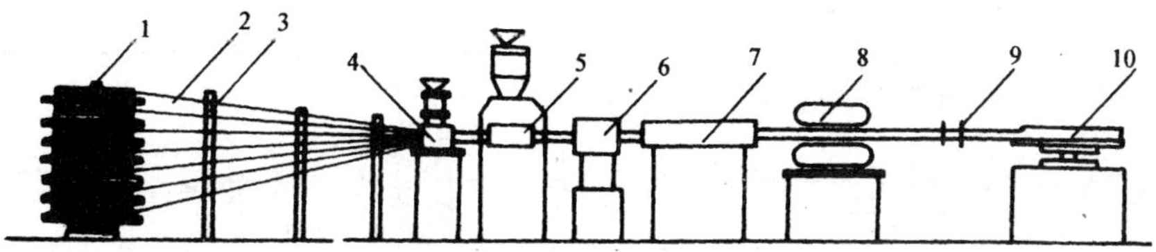

图 5-46　挤压涂层工艺流水线图

1—放线盘；2—钢丝；3—梳子板；4—给油装置；5—塑料挤压机机头；
6—风冷装置；7—水冷装置；8—牵引机；9—定位支架；10—胶线盘

二、无粘结预应力施工工艺

（一）无粘结预应力筋的铺设

无粘结筋使用前，应逐根进行检查外包层的完好程度，对有轻微破损者，可包塑料带补好，对破损严重者应予以报废。铺设无粘结筋时，无粘筋的曲率，可用垫铁马凳控制。铁马凳高度应根据设计要求的无粘结筋曲率确定，铁马凳间隔不宜大于 2m，并应用铁丝与无粘结筋扎紧。铺设双向配筋的无粘结筋时，应先铺设标高低的无粘结筋，再铺设标高较高的无粘结筋。宜避免两个方向的无粘结筋相互穿插编结。

（二）无粘结预应力筋的张拉

无粘结预应力筋的张拉与后张法带有螺丝端杆锚具的有粘结预应力钢丝束张拉相似。张拉程序一般采用 $0\rightarrow103\%\sigma_{con}$。由于无粘结预应力筋一般为曲线配筋，故应采用两端同时张拉。无粘结预应力筋的张拉顺序，应根据其铺设顺序，先铺设的先张拉，后铺设的后张拉。无粘结筋张拉过程中，当有个别钢丝发生滑脱或断裂时，可相应降低张拉力，但滑脱或断裂的数量，不应超过结构同一截面无粘结预应力筋总量的 2%。对多跨双向连续板，其同一截面应按每跨计算。

（三）锚头处理

无粘结预应力筋由于一般采用镦头锚具，锚头部位的外径比较大，因此，钢丝束两端应在构件上预留有一定长度的孔道，其直径略大于锚具的外径。钢丝束张拉锚固以后，其端部便留下空腔，并且该部分钢丝没有涂层，因此，无粘结筋的锚固区，必须有严格的密封防护措施，以防水汽进入，锈蚀预应力筋。锚头端部处理方法如图 5-47 所示，在无粘结筋张拉完毕后，应立即用防腐油脂（方法之一）或环氧树脂水泥砂浆（方法之二），通过锚具或锚具附近的灌注孔，将锚头部位的空腔全部灌注密实。灌注后将端部用 C30 细石混凝土封闭。

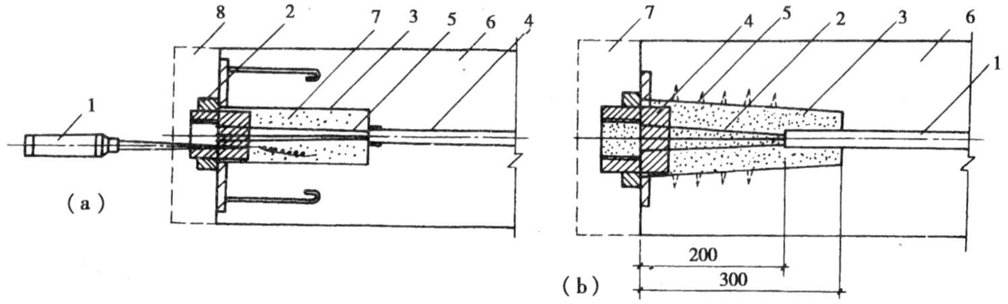

图 5-47 锚头端部处理方法

(a) 锚头端部处理方法之一

1—油枪；2—锚具；3—端部孔道；4—有涂层的无粘结预应力束；5—无涂层的端部钢丝；6—混凝土构件；7—注入孔道的油脂；8—混凝土封闭

(b) 锚头端部处理方法之二

1—无粘结预应力束；2—无涂层的端部钢丝；3—环氧树脂水泥砂浆；4—锚具；5—端部加固螺旋钢筋；6—混凝土构件；7—混凝土封闭

小　结

预应力混凝土结构构件，较普通钢筋混凝土结构构件改善了受拉区混凝土的受力性能，充分发挥了高强钢材的受拉性能，从而提高了混凝土结构刚度、抗裂度和耐久性，减轻了结构的自重。

预应力混凝土按施加应力的方法不同可分为：先张法预应力混凝土和后张法预应力混凝土。先张法是在混凝土浇筑前张拉钢筋，预应力是靠钢筋与混凝土之间的粘结力传递给混凝土。后张法是在混凝土达到一定强度后张拉钢筋，预应力靠锚具传递给混凝土。后张法中，按预应力筋粘结状态又可分为：有粘结预应力混凝土和无粘结预应力混凝土。有粘结预应力混凝土是在张拉后通过孔道灌浆使预应力筋与混凝土相互粘结，无粘结预应力混凝土由于预应力筋涂有油脂，预应力只能靠锚具传递给混凝土。

采用机械方法进行张拉的先张法与后张法，预应力钢筋张拉和固定均需用夹具或锚具。通常把永久锚固在构件钢筋端部的称为锚具，主要用于后张法；将用于临时夹持预应力筋，在浇筑混凝土达到强度后可以取下的称为夹具。有些锚具与夹具可以互换使用。先张法夹具有两类：一类是将预应力筋固定在台座上的锚固夹具，另一类是将预应力筋与张拉机械连接起来，进行预应力张拉的张拉夹具。后张法锚具分为张拉端锚具和固定端锚具。锚具种类很多，常用的几种典型锚具是：单根粗钢筋用作预应力筋时，张拉端采用螺丝端杆锚具，固定端采用镦头锚具或帮条锚具；钢筋束用作预应力筋时，张拉端采用 JM—12 型锚具，固定端采用镦头锚具；钢丝束用作预应力筋时，张拉端采用锥形螺杆锚具或钢质锥形锚具，固定端采用镦头锚具。锚具已有标准定型产品，锚具进场应有出厂证明书，并按规定进行验收。

先张法张拉和固定预应力筋的承力结构是台座，其形主要有墩式和槽式两种，设计台座时应进行抗倾覆稳定性和强度验算。在台座上预应力筋大多采用单根张拉方式，也可多根成组进行张拉。常用的张拉机械有 YC—20 穿心式千斤顶，用于张拉直径 12～20mm 的钢筋；油压千斤顶可张拉单根预应力筋或多根成组预应力筋，多根成组张拉时，可采用四横梁装置进行；以及用于张拉冷拔低碳钢丝的电动螺杆张拉机。

后张法的张拉机械常采用拉伸机、穿心式千斤顶和锥锚式千斤顶。拉伸机用于张拉以螺丝端杆锚具为张拉锚具的粗钢筋，以锥形螺杆锚具为张拉锚具的钢丝束；YC—60型穿心式千斤顶适用于张拉各种形式的预应力筋；锥锚式双作用千斤顶用于张拉锥形锚具锚固的预应力钢丝束。

先张法和后张法中预应力筋的控制应力 σ_{con}应按设计规范规定取值。

先张法和后张法顶应力筋的张拉程序可根据预应力筋的品种、选用的张拉设备等条件选择下列程序：

$$0 \rightarrow 105\%\sigma_{con} \xrightarrow{\text{持荷 2min}} \sigma_{con};$$

$$\text{或}:0 \rightarrow 103\%\sigma_{con}\text{。}$$

张拉程序要求预应力筋的张拉应力值超过规范规定的控制应力值，称为超张拉。超张拉的主要目的是为了减少由于钢筋松弛引起的预应力损失。采用超张拉工艺后，预应力筋总的张拉应力不能超过下列规定：

对于冷拉Ⅱ～Ⅳ级钢筋，不得超过屈服强度的 95%；

对于热处理钢筋、钢丝和钢绞线不得超过标准强度的 80%；

张拉后实际预应力值的偏差不得超过规定值的 ±5%。

预应力筋放松时应注意以下几点：

1. 混凝土强度必须符合设计要求才能放松。设计无要求时，不得低于混凝土强度标准值的 75%。

2. 合理确定放松顺序，一般情况下应符合下列要求：轴心受压构件，所有预应力筋应同时放松；偏心受压构件，应先放松预应力较小区域的预应力筋，再放松预压力较大区的预应力筋；在其它情况下，应分阶段、对称、相互交错地放松，以防止在放松过程中，构件发生翘曲、裂缝及预应力筋断裂等现象。

后张法施工工艺中主要介绍了孔道留设预应力筋的张拉和孔道灌浆三个部分，非预应力筋的绑扎和支模、浇筑混凝土的施工方法和要求按钢筋混凝土工程规定执行。

无粘结预应力筋的制作一般采用缠纸工艺和挤压工艺两种。无粘结预应力施工工艺中主要介绍了无粘结预应力筋的铺设、无粘结预应力筋的张拉和锚头处理三个部分。无粘结预应力只靠锚具传递预应力，因此对锚具要求较高。

复习思考题

1. 在预应力混凝土结构中，对混凝土、钢筋有什么要求？
2. 什么叫先张法施工？适用于什么范围？
3. 什么叫后张法施工？适用于什么范围？
4. 先张法使用的张拉台座形式及对台座的基本要求是什么？
5. 先张法常用的夹具有哪几种？如何与张拉设备配套使用？
6. 试述先张法的张拉程序和放松预应力筋的方法。
7. 先张法和后张法中预应力筋的控制应力 σ_{con}值应取多少？
8. 后张法常用的锚具有哪些？如何与张拉设备配套使用？
9. 如何计算单根粗钢筋预应力筋的下料长度？

10. 后张法孔道留设有几种方法？各适用于什么情况？应注意哪些问题？
11. 后张法预应力筋的张拉应注意哪些问题？
12. 先张法施工中对混凝土浇筑与养护有何具体规定和要求？
13. 后张法孔道灌浆的作用是什么？对灌浆有哪些基本要求？
14. 孔道灌浆应如何施工？
15. 如何计算张拉力和钢筋的伸长值？
16. 有粘结预应力与无粘结预应力施工工艺有何区别？
17. 对无粘结预应力筋材料有何要求？常用何种锚具与张拉设备？
18. 如何制作无粘结预应力筋？
19. 试述无粘结预应力筋锚头端部处理方法？

第六章 结构安装工程

结构安装工程，就是将装配式结构建筑中许多单个构件，分别在现场或工厂预制成型，运输到施工现场，用起重机械按照设计图纸规定组装起来，构成一幢完整的建筑物的主要施工过程。

结构安装工程是装配式结构施工的主导工程，它直接影响整个工程的施工进度、劳动生产率、工程质量、工程成本和施工安全。其施工特点是：

1. 预制构件类型的多少，影响到预制时构件在现场的排放位置和安装进度。
2. 预制构件的尺寸、重量、安装高度是选择起重设备的主要依据。
3. 预制构件的质量（外形尺寸、埋件位置、强度），影响到安装质量和进度。
4. 构件预制时的现场平面布置（各类构件的排放位置），随安装方法，起重机械的不同而异。
5. 构件在运输和起吊时，因吊点或支承点与使用时不同，可能使内力增加，甚至变号（压力变为拉力），必要时要进行安装强度和稳定性验算。
6. 构件安装一般在高空进行，构件重、体积大、工作面狭窄，稍一疏忽，易发生安全事故，因此必须加强安全措施。

第一节 起重机械

结构安装用的起重机械，主要有桅杆式起重机、自行式起重机和塔式起重机。

一、桅杆式起重机

桅杆式起重机也称拔杆式起重机。这类机械特点是：可以在现场因地制宜、就地取材进行制作；制作简单、装拆方便；能在狭窄的场地上使用；稳定性能好，起重量大，可达100t以上；并且不受电源限制，无电源的地方可用人工绞磨起吊；比较适用于其它起重机械不能进行吊装或不宜进行吊装的特殊工程、重大结构以及安装工程量比较集中的工程。但它的工作半径小，移动较困难，需要设置较多的缆风绳。桅杆式起重机可分为独脚拔杆、人字拔杆、悬臂拔杆和牵缆式拔杆起重机等，如图6-1所示。

二、自行式起重机

自行式起重机有履带式起重机、汽车式起重机和轮胎式起重机，三种类型，如图6-2~图6-4所示。自行式起重机移动方便、灵活性大、服务范围广，但稳定性较差。

三、塔式起重机

塔式起重机有竖直的塔身，起重臂安装在塔身顶部，起重高度和工作幅度都比较大，适用于多层和高层装配式结构安装工程。

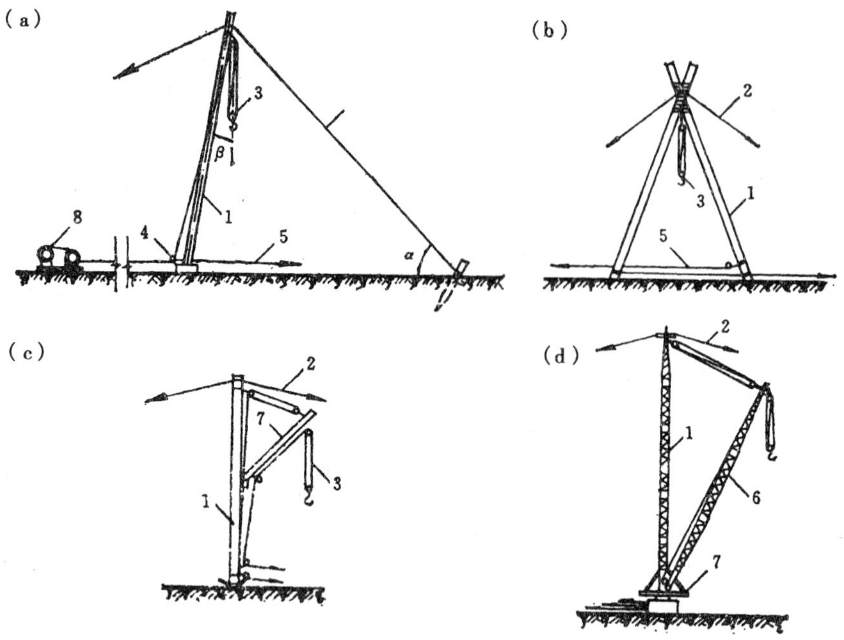

图 6-1　桅杆式起重机

(a) 独脚拔杆；(b) 人字拔杆；(c) 悬臂拔杆；(d) 牵缆式拔杆起重机

1. 拔杆；2. 缆风绳；3. 起重滑轮组；4. 导向装置；5. 拉索；

6. 起重臂；7. 回转盘；8. 卷扬机

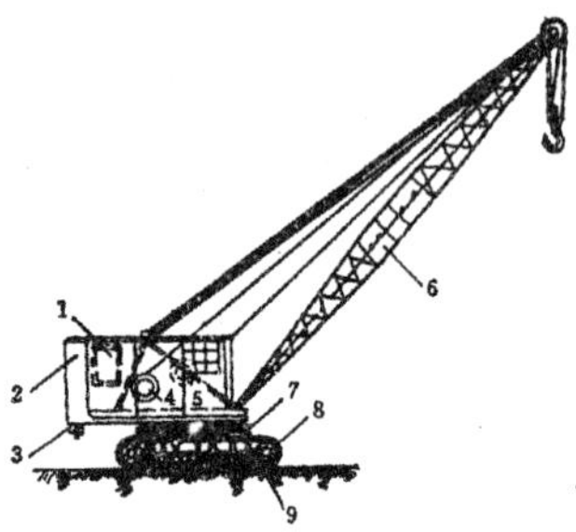

图 6-2　履带式起重机

1. 发动机；2. 车身；3. 平衡重；

4. 起重杆卷扬机；5. 起重卷扬机；

6. 起重杆；7. 回转盘；

8. 履带；9. 下部支架

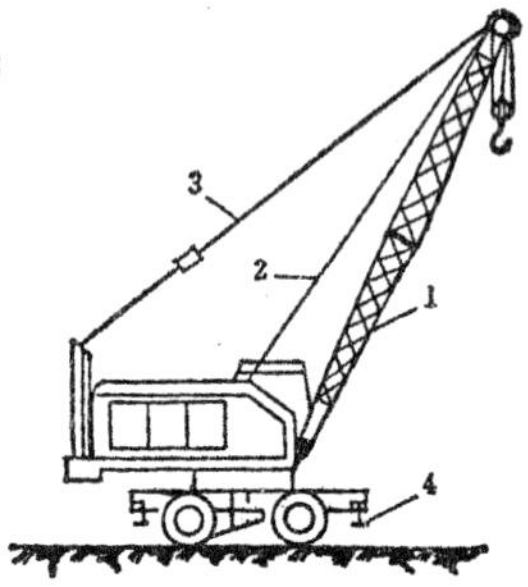

图 6-3　轮胎式起重机

1. 起重杆；2. 起重绳；

3. 变幅绳；4. 撑脚

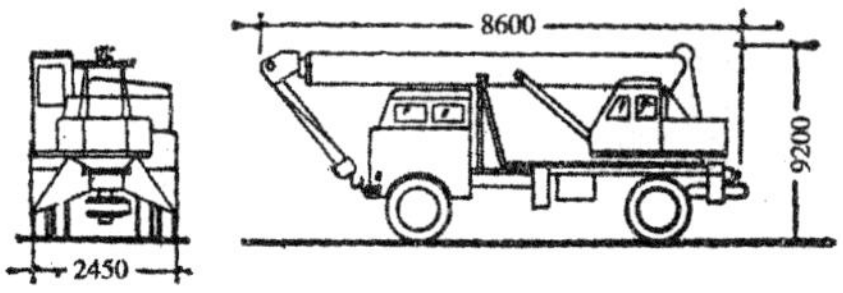

图 6-4　汽车式起重机

塔式起重机按起重能力大小分：

轻型塔式起重机，起重量为 0.5 ~ 5t；

中型塔式起重机，起重量为 5 ~ 1.5t；

重型塔式起重机，起重量为 15 ~ 40t。

塔式起重机按构造不同分：行走式（轨道式）塔式起重机、爬升式塔式起重机、附着式塔式起重机、塔桅式起重机等，如图 6-5 ~ 图 6-9。

四、起重机械的吊具及锚碇

（一）吊具的类型

吊具包括吊钩、钢丝绳夹头、卡环、吊索、横吊梁等，是吊装时的重要工具。

1. 吊钩　吊钩有单钩和双钩两种，外形如图 6-10（a）所示。吊装时，一般都用单钩，双钩多用于桥式或塔式起重机上。吊钩不得直接钩在构件的吊环中。

2. 钢丝绳夹头（卡扣）　用于固定钢丝绳端部，外形如图 6-10（b）。

3. 卡环（卸甲）用于吊索之间或吊索与构件吊环之间连接。如图 6-11（b）所示。

4. 吊索（千斤绳）根据形式不同，可分为环形吊索（万能吊索）和开口吊索，如图 6-11（a）所示。

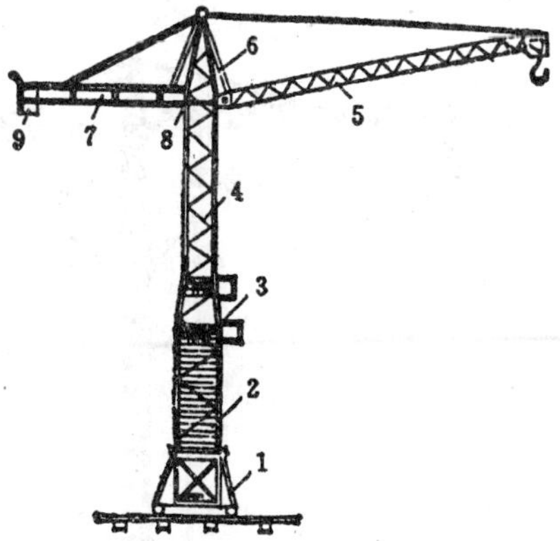

图 6-5　行走式塔式起重机

1. 门架；2. 压舱；3. 驾驶室；4. 塔身；5. 起重杆；6. 塔帽；7. 平衡臂；8. 转动机构；9. 平衡重

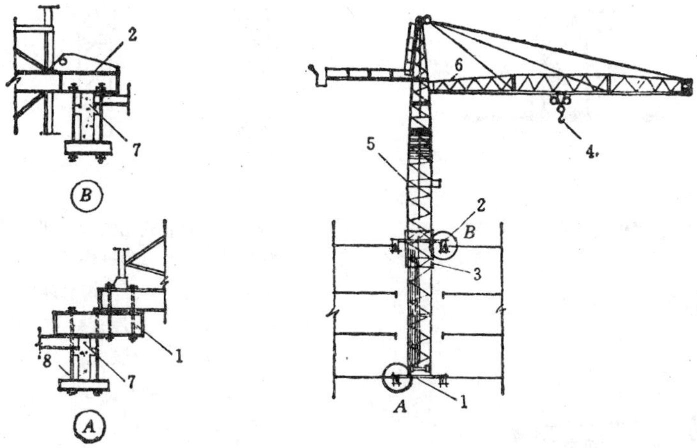

图 6-6　爬升式塔式起重机

1. 底座梁下支座，可旋转，当转 90°时，支座钢梁与框架梁平行，支座脱空；2. 套架上支座，下支座脱空时，负担全部起重机重量；3. 套架；4. 行走小车；5. 塔身；6. 起重杆；7. 框架梁；8.U 形箍

5. 横吊梁（铁扁担）为承受吊索对构件的轴向压力和减少起吊高度而采用铁扁担，如图 6-12（c）、（d）所示。

（二）锚碇的选择

锚碇又称地锚，用来固定缆风绳、卷扬机、导向滑车、拔杆的平衡绳索等。

常用的锚定有桩式锚碇和水平锚定两种。

1. 桩式锚碇　桩式锚碇根据受力大小，可打成单排、双排及三排，桩入土深度为

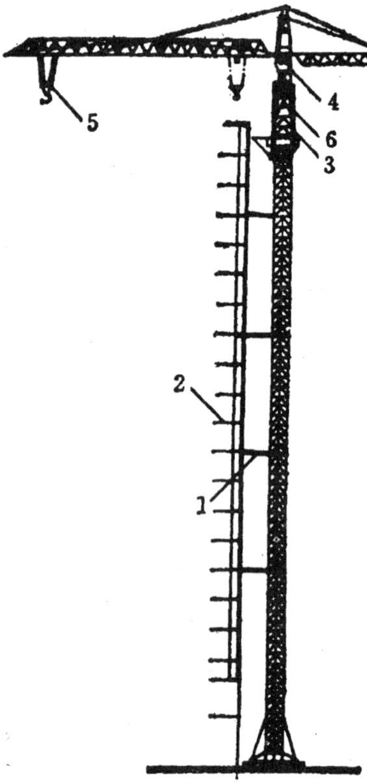

图 6-7　附着式塔式起重机外形图

1. 拉结装置；2. 建筑物；

3. 顶升套架；4. 操纵室；

5. 行走小车；6. 千斤顶

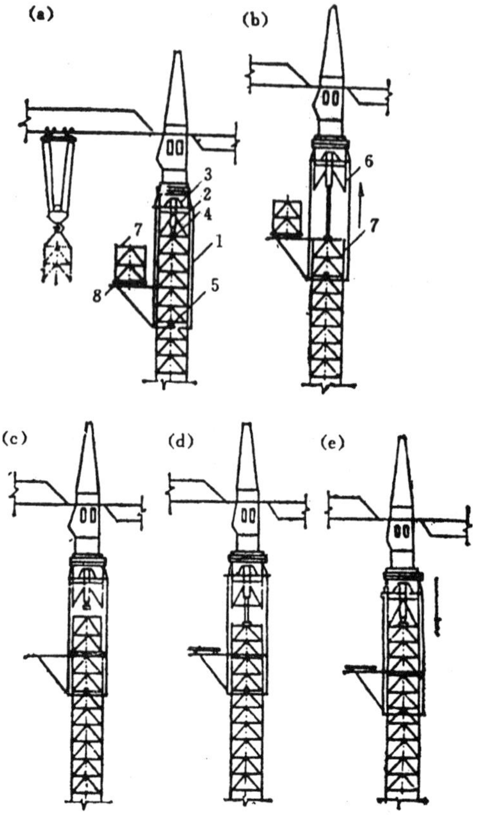

图 6-8　附着式塔式起重机的顶升过程

(a) 准备状态；(b) 顶升塔顶；(c) 推入标准节；

d) 安装标准节；(e) 塔顶与塔身联成整体　1. 顶升套架；

2. 液压千斤顶；3. 支承座；4. 顶升横梁；5. 定位销；

6. 过渡节；7. 标准节；8. 摆渡小车

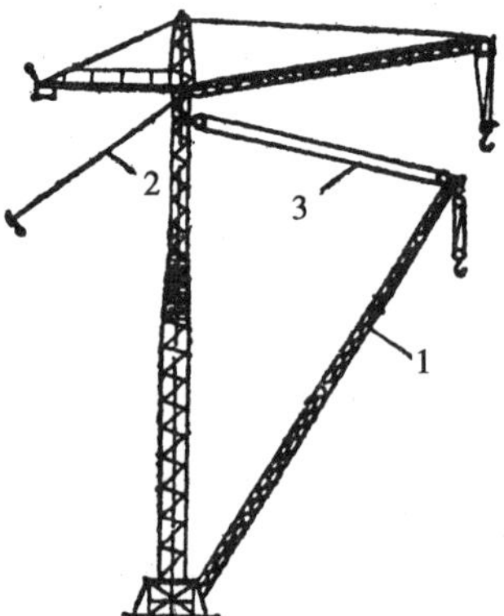

图 6-9　塔桅式起重机

1. 落地吊杆；2. 缆风绳；3. 俯仰绳

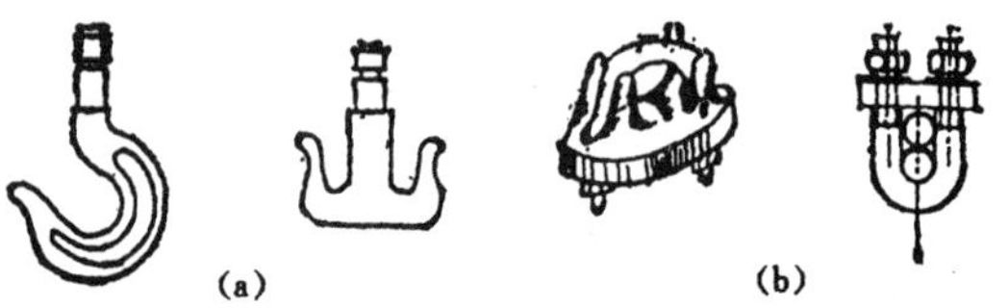

图 6-10　吊钩与钢丝绳夹头

(a) 吊钩；　(b) 钢丝绳夹头

1.2～1.5m，桩前面一般埋有水平圆木，以加强锚固。它适用于固定受力不大的缆风绳。木桩锚碇尺寸见表 6-1。

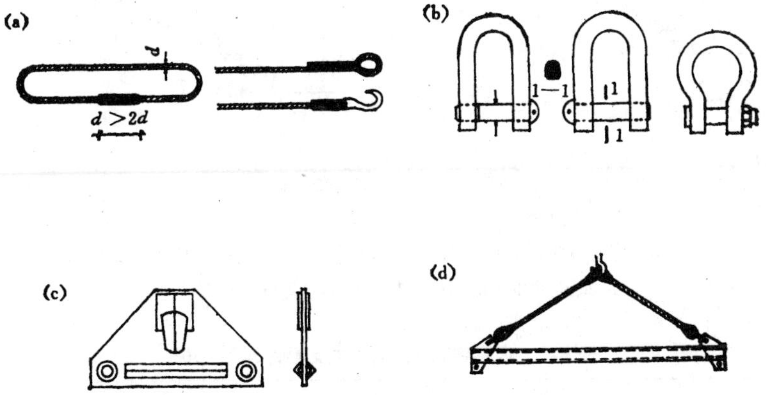

图 6-11　吊索、卡环和横吊梁

(a) 吊索；　(b) 卡环；　(c) 钢板横吊梁；　(d) 槽钢横吊梁

2. 水平锚碇　水平锚碇是用一根或几根圆木（方木）绑扎在一起，水平埋入坑内而成，一般埋入地下 1.5～3.5m，用钢丝绳系在横木的一点或两点，成 30°～45°引出地面，然后用土石回填夯实，如图 6-12 所示。常用规格尺寸见表 6-12。水平锚碇可承受较大的荷载。

表 6-1　木桩锚碇尺寸和承载力表

类　　型	承载力（kN）	10	15	20	30	40	50
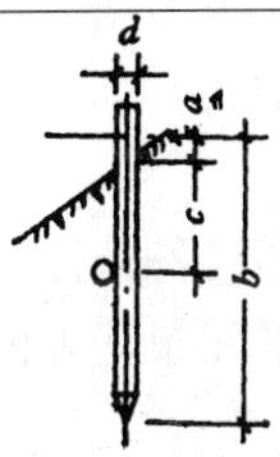	桩尖处施于土的压力（MPa）	0.15	0.2	0.23	0.31		
	a（cm）	30	30	30	30		
	b（cm）	150	120	120	120		
	c（cm）	40	40	40	40		
	d（cm）	18	20	22	26		
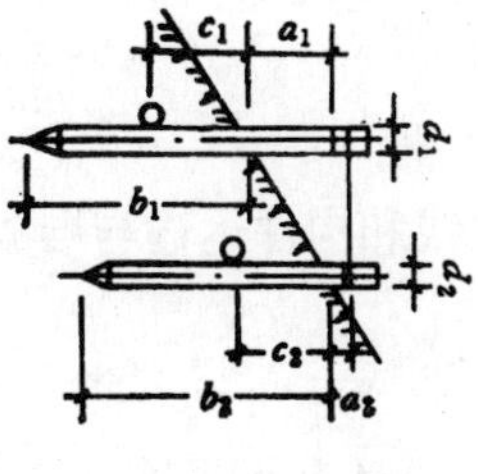	桩尖处施于土的压力（MPa）				0.15	0.2	0.28
	a_1（cm）				30	30	30
	b_1（cm）				120	120	120
	c_1（cm）				90	90	90
	d_1（cm）				22	25	26
	a_2（cm）				30	30	30
	b_2（cm）				120	120	120
	c_2（cm）				40	40	40
	d_2（cm）				20	22	24

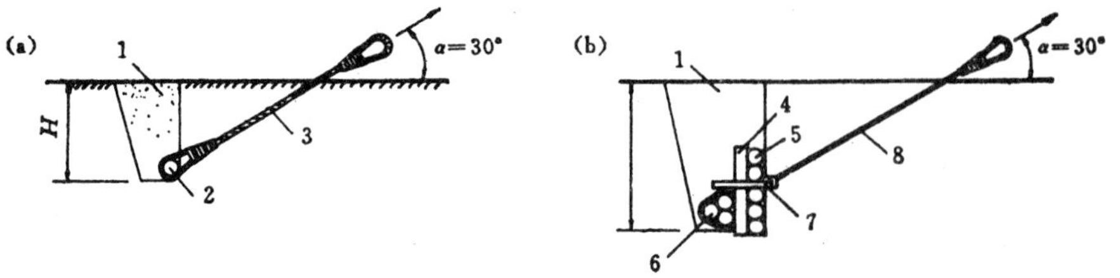

图 6-12　水平锚碇构造示意图

(a) 拉力在 30kN 以下的；　(b) 拉力 100～400kN 的

1. 回填土逐层夯实；2. 地龙木 1 根；3. 钢丝绳或钢筋；4. 柱木；5. 挡木；

6. 地龙木 3 根；7. 压板；8. 钢丝绳圈或钢筋环

表 6-2　水平锚碇规格尺寸及容许承载力表

承载力（kN）	28	50	75	100	150
埋深 H（m）	1.7	1.7	1.8	2.2	2.5
横木：根数×长度（cm）	1×250	3×250	3×320	3×320	3×270
横木上系绳点数（点）	1	1	1	1	2
木壁：根数×长度（cm）					4×270
立柱：根数×长度×直径（cm）					2×120×ϕ20
压板：长×宽（cm）					140×270

注：计算依据：横木直径 24cm，档木直径 20cm，压板密排直径 10cm 圆木，夯填土密度为 1.6t/m^3，缆风绳水平夹角 30°，土内摩擦角 45°，木材容许应力为 11.0MPa。

第二节　单层工业厂房结构安装

单层工业厂房的主要承重结构一般由基础、柱、吊车梁、屋架、天窗架、屋面板等组成，多采用装配式钢筋混凝土结构。重型厂房也可采用钢结构。结构安装工程主要是采用大型起重机械安装上述厂房结构构件。

单层工业厂房结构安装工程包括：构件的准备；基础抄平放线和准备；构件的吊装工艺；厂房结构的安装流水方法；起重机的开行路线及构件的现场平面布置等内容。

一、构件吊装前的准备工作

准备工作在结构安装工程中占有很重要的地位，它不仅影响施工进度与安装质量，而且与安全生产和文明施工有重大关系。

（一）场地清理与铺设道路

按照施工平面布置，在起重机进场前，标出起重机的开行路线和构件运输与堆放的位置。平整和压实道路。雨季施工要做好排水工作准备。

（二）构件的检查与清理

为保证工程质量，对所有构件要进行全面检查。检查构件及吊环有无损伤和变形；构件能否达到吊装规定的强度（一般规定混凝土强度不低于设计强度等级的 75%，对一些大跨度构件，如屋架等则应达到 100%）；构件的外形和截面尺寸、预埋件和吊环的位置与尺寸等是否正确，其允许偏差见表 6-3 规定。

表 6-3　构件的容许偏差

项　次	项		目	容许偏差（mm）
1	截面尺寸	长度	板、梁 柱 墙板 薄腹梁、桁架	+10，－5 +5，－10 ±5 +15，－10
		宽　度	板、梁、柱、墙板、薄腹梁、桁架	±5
		高　度	板、梁、柱、墙板、薄腹梁、桁架	±5
	肋宽、厚度			+4，－2
2	侧向弯曲		板 梁、柱 墙板、薄腹梁、桁架	L/500 且不大于 20 L/750 且不大于 20 L/1000 且不大于 20
3	预 埋 件		中心线位置 螺栓位置 螺栓明露长度	10 5 +10，－5
4	预留孔		中心线位置	5
5	预留洞		中心线位置	15
6	保护层厚度		板 梁、柱、墙板、薄腹梁、桁架	+5，－3 +10，－5
7	对角线差		板、墙板	10
8	表面平整		板、墙板、柱、梁	5
9	预应力构件预留孔道位置		梁、墙板、薄腹梁、桁架	3

注：1. 受力钢筋保护层的偏差，仅在必要时进行检查。

2. *L* 为构件长度（mm）。

（三）构件的弹线与编号

在构件上要弹出吊装中心线，作为构件吊装、对位、校正的依据。外形复杂的构件，还要标出它的重心和绑扎点位置。几种常见构件的弹线方法如下：

1. 柱子　在柱身三面弹出吊装中心线，所弹中心线的位置应与柱基杯口面上的吊装中心线相吻合。此外，在柱顶与牛腿面上还要弹出屋架及吊车梁的安装中心线。

2. 屋架　屋架上弦顶面应弹出几何中心线，并从跨度中央向两端分别弹出天窗架、屋面板或檩条的安装中心线；端头弹出安装中心线。

3. 梁　两端及顶面弹出吊装中心线。

在对构件弹线同时，应按图纸将构件进行编号。不易辨别上下左右的构件，应在构件上用记号标明，以免吊装时将方向搞错。

（四）钢筋混凝土杯形基础的准备工作

杯形基础在浇筑时，应保证定位轴线和杯底标高的正确。先检查杯口的尺寸，然后根据柱网轴线用经纬仪在基础顶面弹出十字交叉的安装中心线，并画上红三角，用于柱子校正，其允许偏差为 ±10mm。杯底标高在制作时一般比设计要求低 15～30mm，使柱子的长度有误差时便于调整。柱子如有制作误差，则用水泥砂浆或细石混凝土将杯底抹平至所需的标高，标高允许偏差为±5mm，如图6-13所示。

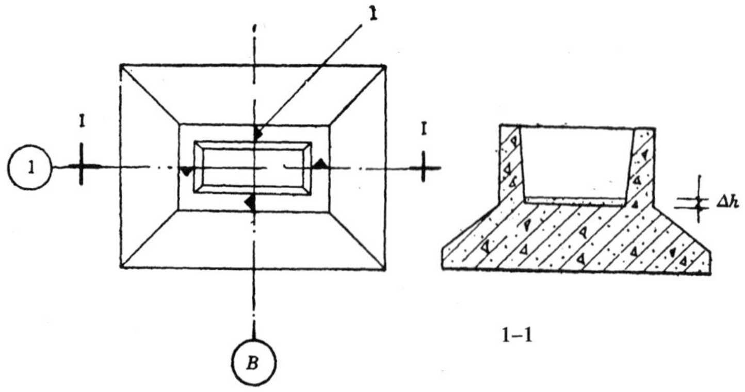

图 6-13 杯形基础弹线与杯底找平

（五）构件运输

构件运输主要采用载重量较大的载重汽车和半拖式或全拖式的平板拖车。构件运输过程中必须保证构件不变形，不倾倒，不损坏。为此，要求路面平整，并有足够的宽度和转弯半径，如表6-4；构件的强度不能低于设计对吊装的要求；构件的支垫位置要正确，支垫数量要适当，上下层垫木要在同一垂线上；行车要平稳，避免构件受振动而损坏。

表 6-4 构件运输路面宽度与转弯半径

项目＼车辆类别		载重汽车	半拖车	全拖车
路面宽度（m）	单行道	3.5	4	4
	双行道	5.5	6	7
最小转弯半径（m）		10	15	20

图6-14为构件运输示意图。

（六）构件的堆放

构件应按照施工组织设计的平面布置图进行堆放，以免进行二次搬运。堆放场地应平整夯实，应使构件堆放的状态符合设计的受力状态，并保持稳定。重叠的构件之间应垫上垫木，上下垫木应在同一垂线上。构件堆垛的高度，应根据构件的强度、地面的耐压力、垫木的强度和堆垛的稳定性确定。一般梁可堆迭2～3层；大型层面板不宜超过6块；空心板不宜超过8块。构件的吊环要向上，标志要向外。

（七）料具准备

进行结构安装之前，要准备好钢丝绳、吊具、吊索、滑车等；还要配备电焊机、电焊条；为配合高空作业，便于人员上下，应准备好轻便的竹梯或挂梯。为临时固定柱子和调整构件的标高，要准备好各种规格的铁垫片、木楔或钢楔。临时固定柱子用钢楔比木楔要好，因钢楔不致使校正好的柱子垂直度发生变化，用“敲打楔子法”校正柱子阻力小、效率高，钢楔子可用几十次。表 6-5 为常用的楔子规格。

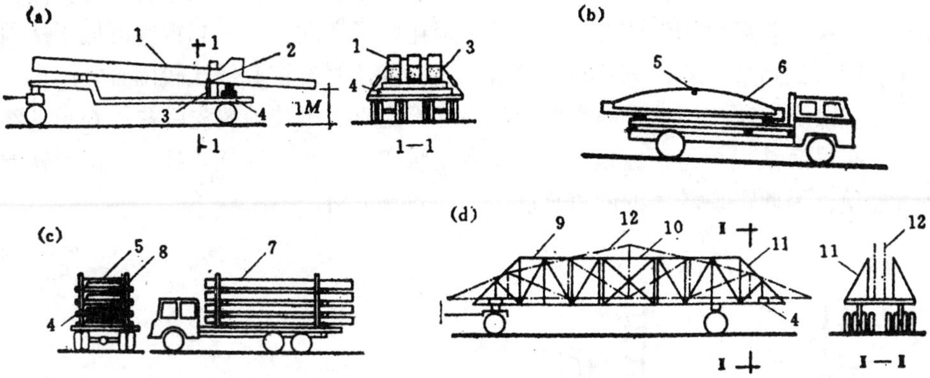

图 6-14 构件运输示意图

(a) 用拖车两点支承运输柱子；(b) 运输吊车梁；

(c) 用载重汽车运输大型屋面板；(d) 用钢拖架运输屋架

1. 柱子；2. 倒链；3. 钢丝绳；4. 垫木；5. 铅丝；6. 鱼腹式吊车梁；7. 大型屋面板；8. 木杆；9. 钢拖架首节；10. 钢拖架中间节；11. 钢拖架尾节；12. 屋架

表 6-5 楔子规格表

顺序	名称	简图	尺寸（mm）				
			a	*b*	*c*	*d*	
1	1 号木楔	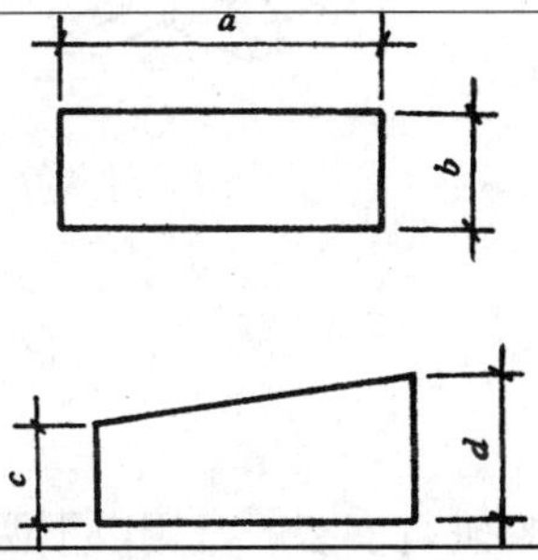	350	100	40	100	用于柱子临时固定
2	2 号木楔		350	100	35	80	
3	3 号木楔		400	120	40	100	
4	4 号木楔		400	120	35	80	
5	1 号钢楔		400	90	20	120	
6	2 号钢楔		400	90	50	150	

二、构件的吊装工艺

单层工业厂房预制构件的吊装工艺过程包括：绑扎、起吊、对位和临时固定、校正和最后固定等。上部构件吊装需要搭设脚手台，以供安装操作人员使用。

(一) 柱的吊装

单层工业厂房的预制钢筋混凝土柱，一般截面尺寸和重量都很大，使吊装工作趋于复杂，应特别注意起吊与安装的安全。

1. 柱的绑扎　柱的绑扎应力求简单、可靠和便于安装就位。吊点多选择在牛腿以下部位，既高于构件重心又便于绑扎。

柱的绑扎点多少与柱的几何尺寸和重量有关。一般中小型柱多为一点绑扎，重型柱多取两点绑扎。绑扎的工具有吊索、卡环和铁扁担等。为避免起吊时吊索磨损构件表面，在吊索与构件之间垫以麻袋或木板。

常用的绑扎方法有：

（1）斜吊绑扎法。当柱的宽面抗弯能力满足吊装要求时，可采用斜吊绑扎法，如图6-15所示。柱吊起后呈倾斜状态，由于吊索歪在柱子宽面一侧，起重钩可低于柱顶，因此，起重臂可以短些。斜吊绑扎法因柱身倾斜，就位时对正底线比较困难。

（2）直吊绑扎法。当柱子的宽面抗弯强度不足时，吊装前要先将柱子翻身，然后绑扎起吊，起吊后铁扁担跨于柱顶，柱身呈直立状态，便于垂直插入杯口，由于铁扁担必须高过柱顶，因此需要较大的起重高度，如图6-16所示。

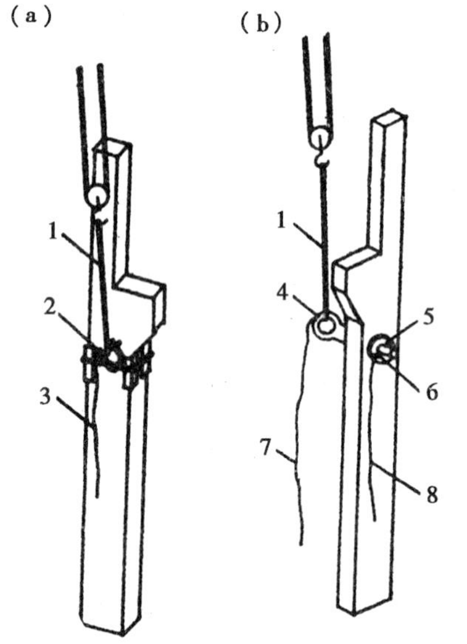

图 6-15　柱的斜吊绑扎法

（a）采用活络卡环；（b）采用柱销

1. 吊索；2. 活络卡环；3. 活络卡环插销拉绳；4. 柱销；5. 垫圈；7. 柱销拉绳；8. 插销拉绳

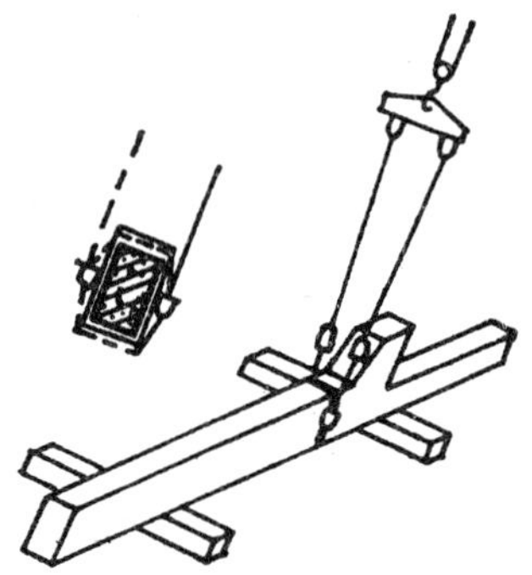

图 6-16　柱的直吊绑扎法

2. 柱的起吊　柱由预制的位置吊至杯口进行安装，常用以下两种方法。

（1）旋转法。旋转法一般是采用带起重臂杆的起重机。吊升特点是边升钩、边回转臂杆，使柱子以下端为支点旋转成竖直状态，随即插入杯口。这种方法操作简单、柱身受震动小且生产效率高。

柱的平面布置方法应满足旋转法吊装要求：即柱的绑扎点、柱下端中心点、杯口中心点三点共弧，也就是三点都在起重机工作半径的圆弧上。同时柱的下端靠近杯口，以加快安装速度。图6-17为旋转法吊柱示意图。

（2）滑行法。滑行法可用有臂杆和无臂杆的不同起重机进行柱的吊装。滑行法吊柱的特点是吊钩对准杯口，只提升吊钩而臂杆不动，柱随吊钩提升逐渐竖直滑向杯口，竖直后即吊入杯口。这种方法因柱下端与地面滑动摩擦力大而受震动，并且在滑起的瞬间而产生冲击，应注意吊升安全。

滑行法柱的布置特点：柱的吊点（牛腿下部）靠在杯口近旁，要求吊点和杯口中心点共弧（所谓两点共弧），以便使柱吊离地面后稍做旋转即可落入杯口内，如图6-18所示。

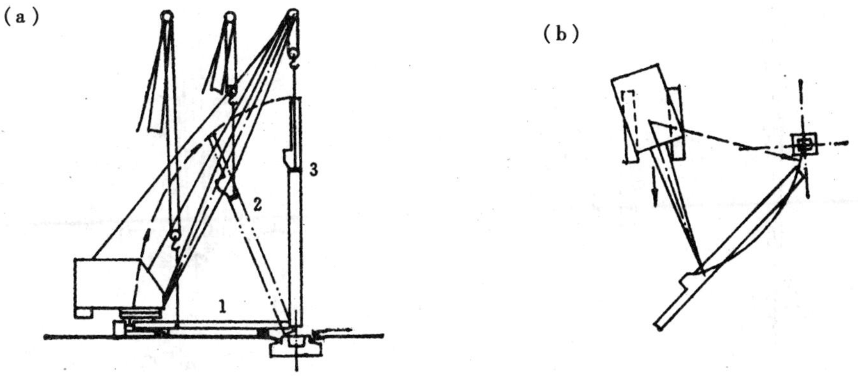

图 6-17 旋转法吊柱示意图

(a) 旋转过程；(b) 平面布置

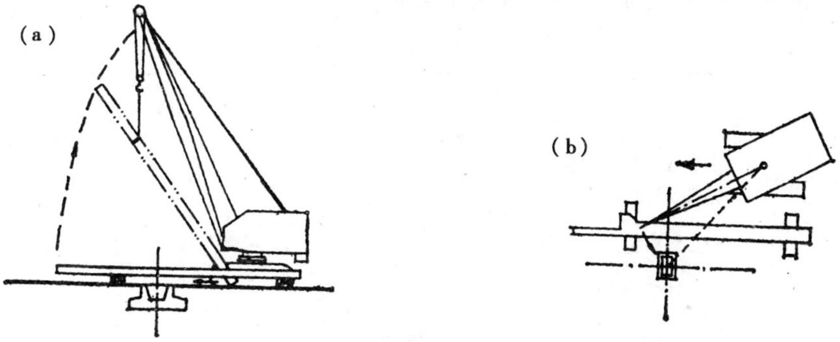

图 6-18 滑行法吊柱示意图

(a) 滑行过程；(b) 平面布置

3. 柱的对位和临时固定　柱插入杯口后，并不立即降至杯底，应悬空对位，同时用 8 只楔子边对位，边固定，如图 6-19 所示。对位基本准确后才准脱钩，对减少校正时的难度。当柱子比较高大时，除在杯口加楔固定外，还需增设缆风绳或支撑，以保证柱的稳定性。

4. 柱的位置和垂直度校正　柱子安装位置的准确性和垂直的精度，影响与柱连接的吊车梁、屋架等构件的安装质量。

柱的平面位置和垂直的校正是相互影响的两个过程，应相互呼应同时进行。平面位置的校正是以基础顶面所弹的轴线、中心线或辅助线为校核依据，采用敲打楔块（另一侧松楔块）办法进行校正。柱的垂直度校正是以柱身弹出的中心线（或辅助线）为校核的基准线，通常利用两台经纬仪观测柱的相邻两面中心线是否垂直，倾斜度超过允许偏差时，可用螺旋千斤顶平顶法或钢管支撑斜顶法（图 6-20）来校正，也可借助缆风绳来校正，但应注意校正垂直偏差时要同时松开或打紧楔块，防止硬拉或硬推柱身引起弯曲或裂缝。

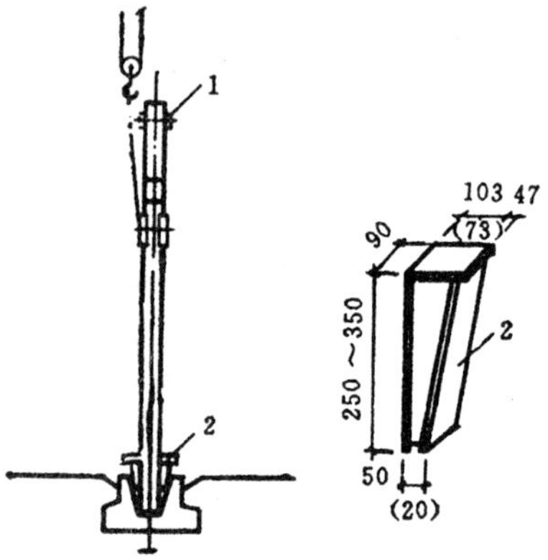

图 6-19　柱的对位与临时固定
1. 安装缆风绳或挂操作台的夹箍；
2. 钢楔

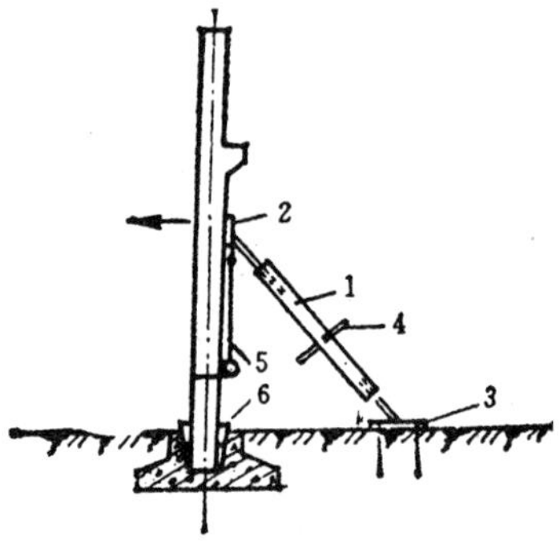

图 6-20　撑杆校正法
1. 带扣钢管；2. 摩擦板；3. 底板；
4. 转动手柄；5. 钢丝绳；6. 楔块

柱子平面位置和垂直度的允许偏差见表 6-6。

表 6-6　构件安装的容许偏差

项次	项　　目			容许偏差（mm）
1	杯形基础	中心线对轴线位置 杯底安装标高		10 －10
2	柱	中心线对定位轴线的位置		5
		上下柱接口中心线位置		3
		垂直度	≤5m ＞5m ≥10m	5 10 1/1000 标高且不大于 20
		牛腿上表面和柱顶标高	≤5m ＞5m	－5 －8
3	梁或吊车梁	中心线对定位轴线的位置		5
		梁上表面标高		－5
4	屋架	下弦中心线对定位轴线的位置		5
		垂直度	桁架、拱形屋架	$L/250$ 屋架高
			薄腹染	5
5	天窗架	构件中心线对定位轴线的位置		5
		垂直度		$L/300$ 天窗架高
6	托架梁	底坐中心线对定位轴线的位置		5
		垂直度		20
7	板	相邻两板下表面平整	抹灰	5
			不抹灰	3

续表

项次	项目		容许偏差（mm）
8	楼梯阳台	水平位置	10
		标高	±5
9	大型墙板	中心线对定位轴线的位置 垂直度 每层山墙内倾（或外倾） 建筑物全高垂直度 墙板拼缝高差	3 3 2 10 ±5

5. 柱的最后固定　柱经校正后应立即进行最后固定。杯口空隙内的混凝土应分两次浇筑，如图 6-21 所示。

图 6-21　柱的最后固定

(a) 第一次浇筑混凝土；(b) 第二次浇筑混凝土

第一次，浇筑混凝土至楔块下端。

第二次，当第一次浇筑的混凝土达到设计强度等级的 25%，去掉楔块浇至杯口顶面。

所用的细石混凝土的强度等级可比原构件的混凝土强度等级提高一级。接头混凝土应密实并注意养护，待其达到规范规定强度后，方准在柱上安装其它构件。

（二）吊车梁的吊装

1. 绑扎、吊升、就位与临时固定　吊车梁一般用两点绑扎，水平起吊就位，吊钩应对准梁的重心。吊车梁对位时应缓慢降钩，梁端要对准牛腿顶面弹出的轴线（十字线），如图 6-22 所示。

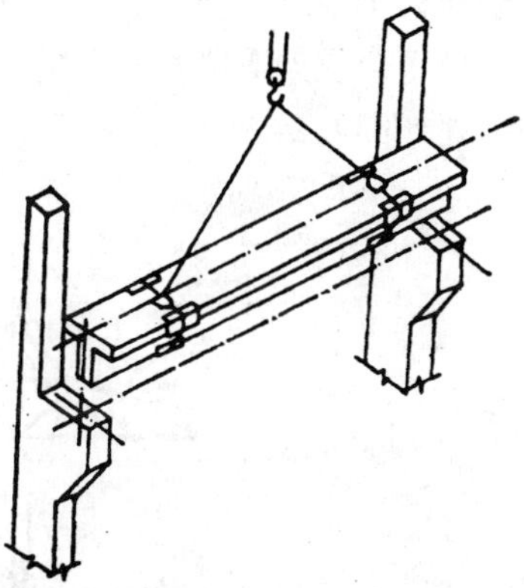

图 6-22　吊车梁的吊装

吊车梁本身稳定性较好，一般对位时仅用垫铁垫平即可无需采用临时固定措施，但当吊车梁较高时应与柱子牢固拉结。

2. 校正、最后固定　吊车梁的校正多在屋盖吊装完毕后进行。吊车梁校正的内容是：平面位置、垂直度和标高。

吊车梁的标高在柱基杯底抄平时根据牛腿顶面至柱底的距离对杯底标高进行调整，吊车梁吊装后标高偏差不会很大，较小的误差待安装吊车的轨道时，在吊车梁面上抹一层砂浆找平即可。

吊车梁的垂直度可用垂球检测，其偏差可用钢垫块支垫找直。

吊车梁的平面位置的校正，主要是校核吊车梁的跨度和吊车梁的纵向轴线，使柱列上的所有吊车梁的轴线在一直线上。通常用通线法进行校正。

通线法（俗称拉钢丝法）如图 6-23 所示。根据定位轴线在厂房两端地面上测设吊车梁轴线桩，用经纬仪将吊车梁轴线投测到柱端的横杆上，在横杆投测点上拉钢丝通线(此线即是吊车梁的轴线)，依次检查和用撬棍拨正吊车梁的轴线。

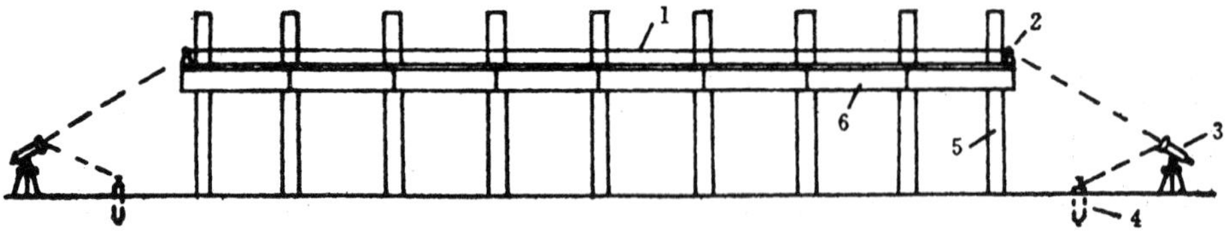

图 6-23　通线法校正吊车梁轴线示意图

1. 通线；2. 横杆；3. 经纬仪；4. 辅助桩；

5. 柱子；6. 吊车梁

吊车梁最后固定是在吊车梁校正完毕后，用连接钢板与柱侧面、吊车梁顶端的预埋件相焊接，并在接头处支模，浇筑接头细石混凝土。

（三）屋架的吊装

1. 屋架绑扎　屋架的绑扎点应选在上弦节点处，对称于屋架的重心。吊点的数目及位置，与屋架的型式和跨度有关，一般由设计确定。

一般屋架跨度在 18m 以内者多用两点绑扎，跨度超过 18m 者可用四点绑扎。跨度等于和大于 30m 者则应采用横吊梁辅助吊装，以减小吊索高度和吊装时对杆件的压力。对三角组合屋架等刚性较差的屋架，下弦不能承受压力，绑扎时也应采用横吊梁。屋架的绑扎如图 6-24。

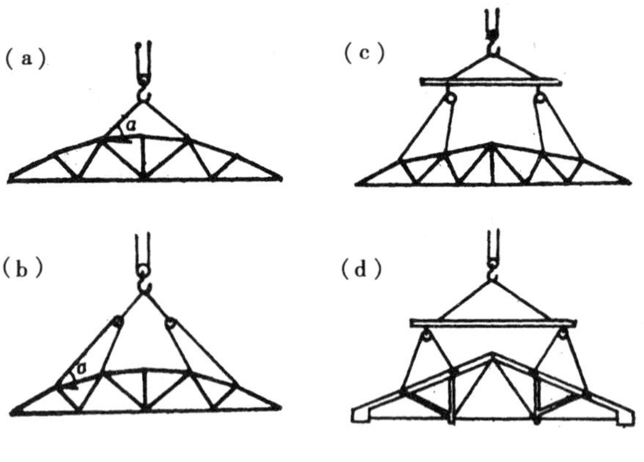

图 6-24　屋架的绑扎

(a) 屋架跨度小于或等于 18m 时；

(b) 屋架跨度大于 18m 时；(c) 屋架跨度

大于 30m 时；(d) 三角形组合屋架

钢屋架侧向刚度较差，在翻身扶直与吊装时，必要时应进行临时加固，即绑两道以上的杉槁，如图 6-25。

屋架绑扎时，吊索与水平面的角度 α 不宜小于 45°，以免屋架上弦杆承受过大的压力，如加大α角后，吊索过长，吊车起重高度不够时，可考虑使用铁扁担。

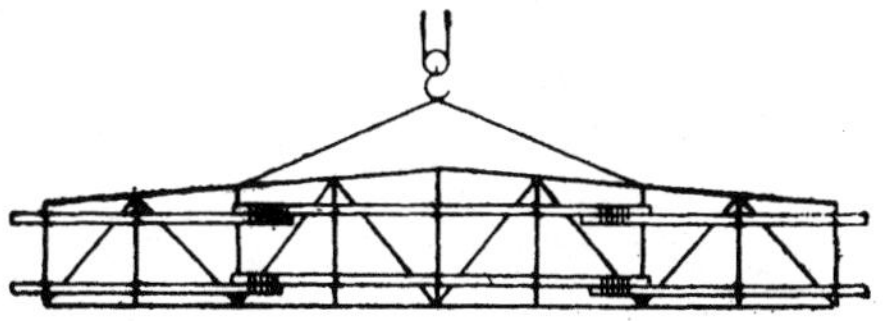
图 6-25 钢屋架的杉槁加固

2. 扶直与就位　由于屋架在现场平卧预制，吊装时先要翻身扶直，然后起吊至预定地点就位。扶直时，在自重作用下，屋架承受出平面外力，部分地改变了构件受力，特别是上弦杆极易挠曲开裂，因此，事先必须进行吊装应力的核算，如截面强度不够，要采取加固措施。

扶直屋架由于起重机与屋架相对位置不同，有两种方法：

(1) 正向扶直。起重机位于屋架下弦一边，扶直时，吊钩对准上弦中点，收紧起重钩，再起臂约 2°，以破坏两榀屋架间的粘结力，随屋架以下弦为轴缓慢转为直立状态。正向扶直示意图如图 6-26（a）所示。

(2) 反向扶直。起重机位于屋架上弦一边，吊钩对准上弦中点，收紧吊钩，起臂约 2°，随之升钩、降臂，使屋架绕下弦转动直立，如图 6-26（b）所示。

两种扶直方法的不同点，即扶直过程中，一升臂、一降臂，以保持吊钩始终在上弦中点的垂直上方。升臂比降臂易于操作，也较安全，应尽可能采用正向扶直。

屋架扶直时，为使各根吊索受力均匀，要用滑车把吊索串通。

屋架扶直后，应立即就位。就位的位置与起重机的性能和安装方法有关，应少占场地，便于吊装，且应考虑屋架的安装顺序、两头朝向等问题。一般靠柱边斜放，就位范围在布置预制构件平面图时应加以确定。就位位置与屋架预制位置在起重机开行路线同一侧时，叫同侧就位（图 6-26a）；就位位置与屋架预制位置分别在起重机开行路线各一侧时，叫异侧就位（图 6-26b）。采用哪种就位，应视现场具体情况而定。

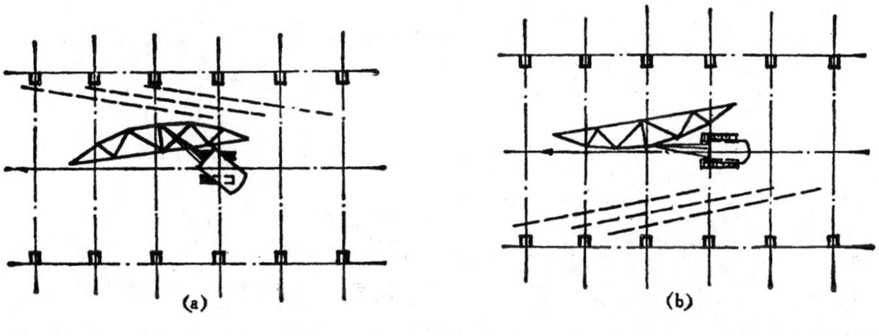

图 6-26 屋架的扶直

（a）正向扶直；（b）反向扶直

3. 吊升、对位与临时固定　屋架吊起后，应基本保持水平。吊至柱顶以上，用两端拉线旋转屋架，使其基本对准安装轴线，随之缓慢落钩，在屋架刚接触柱顶时，即刹车进行对位，使屋架的端头轴线与柱顶轴线重合；对好线后，即可临时固定，屋架固定稳妥，起重机才能锐钩。

第一榀屋架的临时固定必须可靠，因为它是单片结构，侧向稳定性差；同时，它是第二榀屋架的支撑，所以必须做好临时固定。做法一般是用四根缆风绳从两边把屋架拉牢，如图 6-27 所示。有抗风柱的可与抗风柱连接。

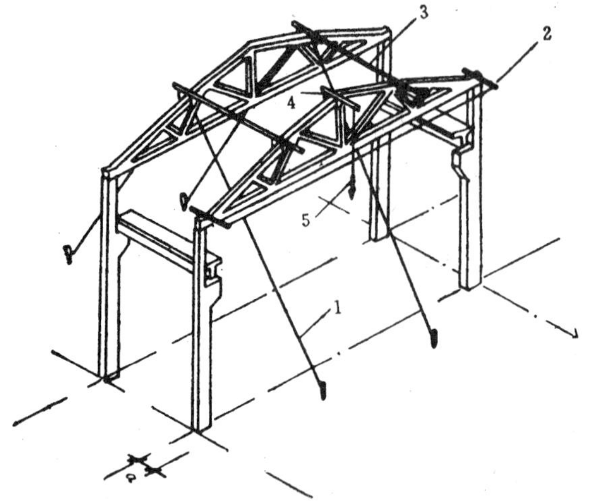

图 6-27 屋架的临时固定
1. 缆风绳；2、4. 挂线木尺；3. 工具式支撑；
5. 线锤；6. 屋架

第二榀屋架的临时固定，是用工具式支撑固定在第一榀屋架上。以后各榀屋架的临时固定，也都是用工具式支撑撑在前一榀屋架上。每榀屋架至少用两个支撑。工具式支撑也是校正工具，其构造如图 6-28 所示。

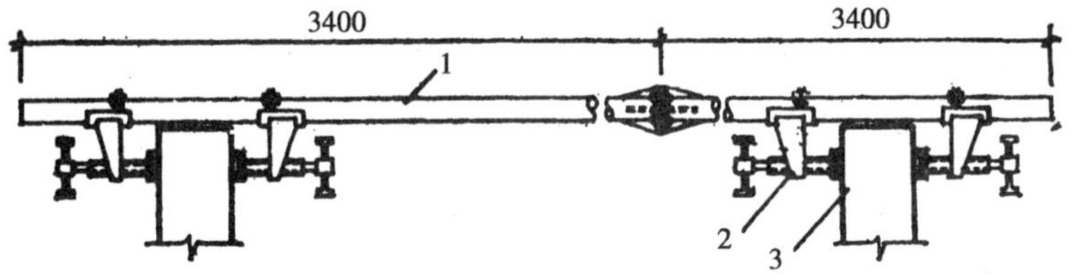

图 6-28 工具式支撑
1. 钢管；2. 撑脚；3. 屋架上弦

4. 校正、最后固定　屋架主要校正垂直偏差。规范规定：屋架上弦（在跨中）对通过两个支座中心垂直面的偏差不得大于 h/250（h 为屋架高度）。检查可用线锤或经纬仪。用经纬仪检查，是将仪器安放在被检查屋架的跨外，距柱横轴线为 a（如图 6-27，a 为 1m 左右），然后，观测屋架中间所挑出的挂线木尺上标志（标志距屋架上弦轴线为 a），如偏差超出规定数值，转动屋架校正器上的螺栓进行校正，并在屋架端部支承面垫入薄钢板。校正无误后，立即用电焊焊牢做为最后固定。应在屋架两端不同侧同时施焊，以防因焊缝收缩导致屋架倾斜。

（四）屋面板吊装

屋面板一般埋有吊环，用带钩的吊索钩住吊环即可安装。1.5 × 6m 的屋面板有四个吊环，起吊时，应使四根吊索拉力相等，屋面板保持水平。为充分利用起重机的起重能力，提高效率，也采用一钩多吊。

屋面板的安装次序，应自两边檐口左右对称地逐块铺向屋脊，避免屋架承受半边荷载。屋面板对位后，立即进行电焊固定，每块屋面板可焊三点，最后一块只能焊两点。

三、结构安装方案

在拟定单层工业厂房施工方案时，主要应解决起重机的选择、结构吊装方法、起重机开行路线与停机位置、结构平面布置等问题。

（一）起重机的选择

1. 确定起重机的类型　结构安装用的起重机的选择首先是确定起重机的类型。一般中小型单层工业厂房特点是平面尺寸大、构件重，但安装高度不大，构件类型不多，因此宜选择移动比较方便的自行式起重机进行安装，目前采用履带式起重机较多；当厂房结构的高度和长度较大时，可选用塔式起重机安装屋盖结构；在缺乏自行式起重机的地方，可采用拔杆吊装；对于大跨度的重型工业厂房，则可选用大型自行式起重机、重型塔式起重机、大型牵缆式拔杆起重机等。

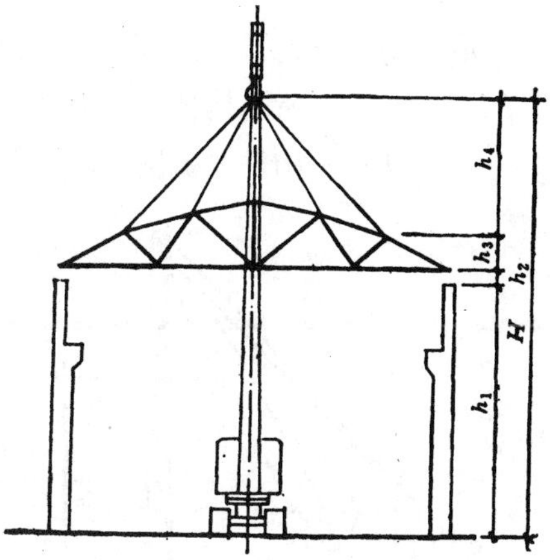

图 6-29　起重高度的计算简图

2. 起重机型号及起重臂长度的选择　起重机类型确定后，还需要进一步选择起重机的型号及起重臂长度，使起重机的三个工作参数，即起重量、起重高度、起重半径均能满足结构安装要求。

（1）起重量。起重机的起重量必须大于所吊装构件的重量与索具重量之和，即：

$$Q \geqslant Q_1 + Q_2 \tag{6-2}$$

式中：Q——起重机的起重量（kN）；

Q_1——构件的重量（kN）；

Q_2——索具的重量（kN）。

（2）起重高度。起重机的起重高度必须满足所安装构件的安装高度要求，如图 6-29，即：

$$H \geqslant h_1 + h_2 + h_3 + h_4 \tag{6-3}$$

式中：H——起重机的起重高度（m），从停机面算起至吊钩中心；

h_1——吊装支座表面高度（m），从停机面算起至安装支座表面；

h_2——吊装间隙，一般不小于 0.3m；

h_3——绑扎点至所吊构件底面距离（m）；

h_4——索具高度（m），自绑扎点至吊钩中心的距离，应视具体情况而定。

（3）起重半径。当起重机可以不受限制地开到所安装构件附近去吊装构件时，可以不验算起重半径。

当起重机受限制不能靠近安装位置去吊装构件时，则应验算在所需要的起重半径值时的起重量与起重高度，能否满足构件安装要求。

一般根据所需的 Q_{min}、H_{min}值，初步选定起重机型号，再按下式进行计算：

$$R_{min} = F + D + 0.5b \qquad (6\text{-}3)$$

式中：F——起重臂枢轴中心距回转中心距离（m）；

D——起重臂枢轴中心距所吊构件边缘距离，可用下式计算：

$D = g +$ （$h_1 + h_2 + h'_s - E$） ctgα （m）

其中：g——构件上口边缘与起重臂之间的水平空隙，不小于 0.5m；

E——吊杆枢轴中心距地面高度（m）；

α——起重臂的倾角；

h_1、h_2——含义同前；

h'_s——所吊构件的高度（m）；

b——构件的宽度（m）。

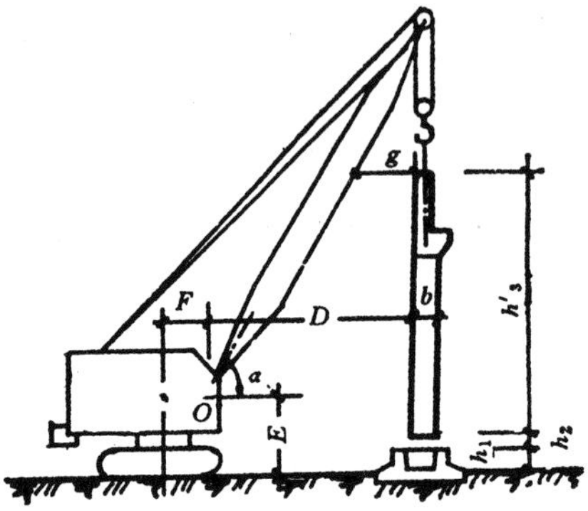

图 6-30 起重半径的计算简图

起重半径计算简图如图 6-30 所示。

同一种型号的起重机可能具有几种不同长度的起重臂，应选择一种既能满足三个吊装工作参数的要求而又最短的起重臂。但有时由于各种构件吊装工作参数相差过大，也可选择几种不同长度的起重臂。例如吊装柱子可选用较短的起重臂，吊装屋面结构则选用较长的起重臂。

(4) 最小起重臂长度的决定。当起重机的起重臂需跨过屋架去安装屋面板时，为了不碰撞屋架，需求出起重臂的最小长度，可用数解法或图解法求出。

A. 数解法

用数解求解起重机最小起重臂长度的计算简图见图 6-31，并按下式进行计算：

$$L = l_1 + l_2 = \frac{h}{\sin\alpha} + \frac{a + g}{\cos\alpha} \qquad (6\text{-}4)$$

式中：L——起重杆的长度（m）；

h—起重杆底铰至构件吊装支座的高度（m）；

$$h = h_1 - E$$

a——起重钩需跨过已吊装结构的距离（m）；

g——起重杆轴线与已吊装屋架间的水平距离，至少取 1m；

α——起重臂杆的仰角。

臂杆仰角的求解可用下列导出公式：

$$\alpha = \text{arctg}\sqrt[3]{\frac{h}{a + g}} \qquad (6\text{-}5)$$

将求出的 α 值代入公式（6-4）后，即可求出最小起重臂长度。根据求出的臂杆长选择出实际安装用的起重臂长度，并计算出起重半径 R：

$$R = F + L\cos\alpha \qquad (6\text{-}6)$$

式中：F——起重机回转中心至臂杆下铰点的距离。

最后根据实际采用的臂长和起重半径，查阅起重机性能表复核起重量 Q 及起重高度 H。

B. 图解法

用图解法求起重机臂杆的最小长度，可参考图 6-32 并按下述步骤求出。

第一步，按比例画出厂房结构的一个节间的纵剖面图，并画出起重机吊装屋面板时起重钩应到位置的垂线 $V—V$；再绘出平行于停机面的水平线 $H—H$，此水平线距停机面的距离为 E（E 是起重机臂杆下铰点距停机面的距离，从起重机外形尺寸表可查得）。

第二步，自靠近起重机一侧的屋架顶面向起重机臂杆方向量出一安全距离 g（g 至少取 1m），定出 P 点。

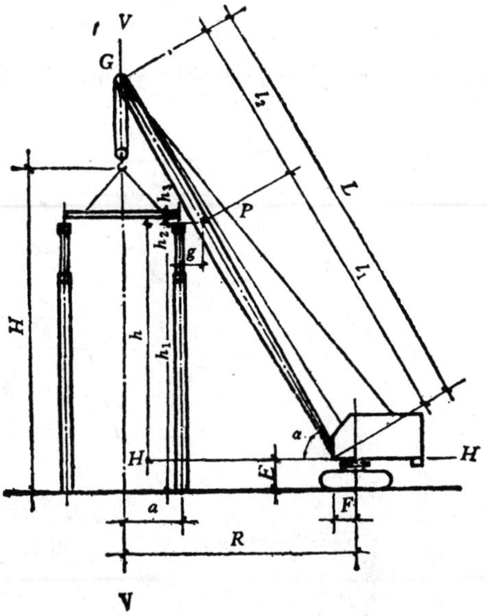

图 6-31　数解法求最小杆长的计算简图

第三步，过 P 点可画出若干条斜直线，斜直线被 $V—V$ 垂直及 $H—H$ 水平线所截，得线段 S_1G_1、S_2G_2、S_3G_3……等等，取其中最短一根即为所求的最小起重臂长度。

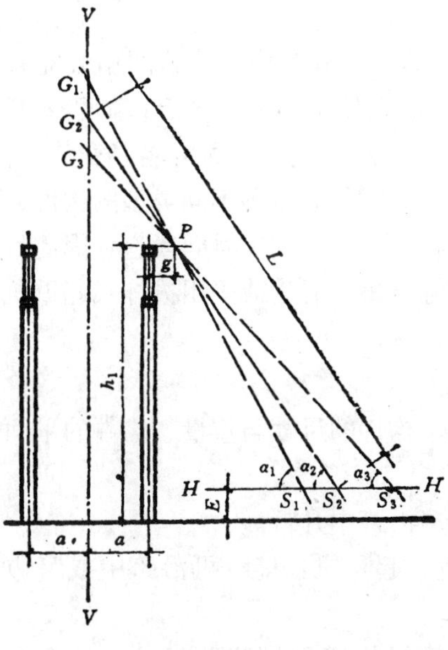

图 6-32　图解法求最小杆长

第四步，用量角器量出 α 角，即为吊装时起重杆的仰角。量出起重杆的水平投影，再加上起重杆上铰点至起重机回转中心的距离 F，即得起重半径 R。

根据图解求出臂长、起重半径，最后对照机械性能表选定起重机吊装屋面板时的臂杆实际长度，并校核起重半径和起重量。

3. 起重机台数的确定　起重机台数，根据厂房的工程量、工期和起重机的台班产量，按下式计算确定：

$$N = \frac{1}{T \cdot C \cdot K} \sum \frac{Q_i}{P_i} \tag{6-7}$$

式中：N——起重机台数；

T——工期（天）；

C——每天工作班数；

K——时间利用系数，一般取 0.8～0.9；

Q_i——每种构件安装工程量（件）；

P_i——起重机相应的台班产量定额（件/台班）。

此外，决定起重机台数时，还应考虑到构件装卸、拼装和就位的需要。

（二）结构吊装方法

单层工业厂房结构吊装方法有分件吊装法和综合吊装法两种。

1. 分件吊装法　分件吊装法是起重机在车间内每开行一次，仅吊装一种或两种构件。通常分三次开行吊装完全部构件，如图 6-33 所示。

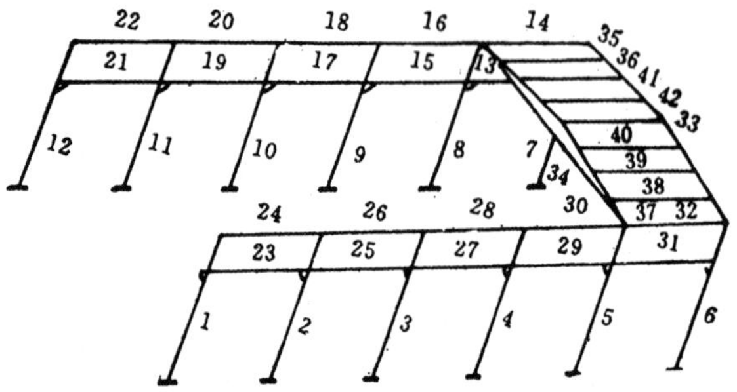

图 6-33　分件吊装时的构件吊装顺序

第一次开行，吊装全部柱子，并对柱子进行校正和最后固定。

第二次开行，吊装全部吊车梁、连系梁及柱间支撑等。

第三次开行，分节间吊装屋架、天窗架、屋面板及屋面支撑。

分件吊装法由于每次基本是吊装同类型构件，索具不需要经常更换，操作方法也基本相同，所以吊装速度快，能充分发挥起重机的工作能力，构件供应与现场平面布置比较简单，也能给构件校正、接头焊接、灌缝混凝土养护提供充分的时间，因此，目前一般单层厂房的结构吊装，多采用分件吊装法。

2. 综合吊装法　综合吊装法是起重机在车间内的一次开行中，分节间吊装完各种类型构件。具体做法是：先安装 4～6 根柱子，立即加以校正和最后固定；随后安装吊车梁、连系梁、屋架、屋面板等构件。起重机在每一个停机点上，尽可能多安装构件。这种方法的特点是，停机点少，开行路线短。但由于同时吊装各种不同类型的构件，吊装速度较慢，使构件供应和平面布置复杂，构件的校正，最后固定时间紧迫，因此目前较少采用。对某些结构（如门架式结构）必须采用综合吊装时，或采用拔杆式起重机因移动比较困难，才采用此法进行吊装。

（三）起重机的开行路线及停机位置

起重机的开行路线及停机位置和起重机的性能、构件的尺寸与重量、构件的平面布置、构件的供应方法、吊装方法等有关。

当安装屋架、屋面板等屋面构件时，起重机大多沿跨中开行。

当吊装柱时，则视跨度大小、柱的尺寸和重量、起重机性能，可沿跨中或跨边开行，见图 6-34。

当 $R \geqslant L/2$ 时，起重机可沿跨中开行，每个停机位置可吊装两根柱，见图 6-34（a）；

若 $R \geqslant \sqrt{\left(\frac{L}{2}\right)^2+\left(\frac{b}{2}\right)^2}$ 时，则可安装四根柱，见图 6-35（b）；

当 $R < \frac{L}{2}$ 时，起重机需沿跨边开行，每个停机位置安装一根柱，见图 6-34（c）；

若 $R \geqslant \sqrt{a^2+\left(\frac{b}{2}\right)^2}$，则可安装两根柱，见图 6-34（d）。

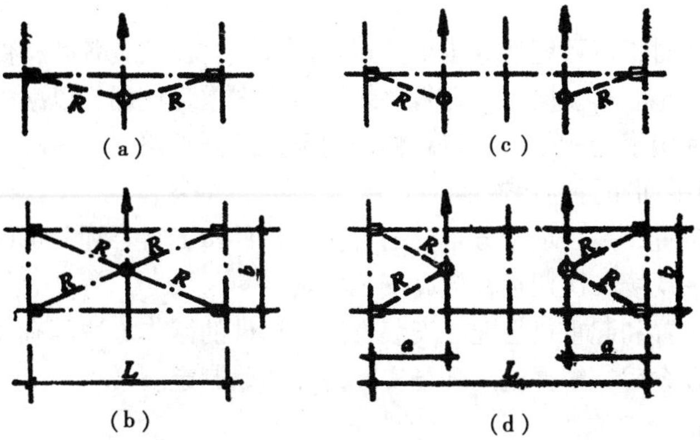

图 6-34　起重机吊装柱时的开行路线及停机位置

式中：R——起重机的起重半径（m）；

L——厂房跨度（m）；

b——柱的间距；

a——起重机开行路线到跨边的距离（m）。

当柱布置在跨外时，则起重机一般沿跨外开行。停机位置与跨边开行相似。

图 6-35 是一个单跨车间，当采用分件吊装法时，起重机的开行路线及停机位置图。起重机自Ⓐ轴线进场，沿跨外开行吊装Ⓐ列柱，再沿Ⓑ轴线跨内开行吊装Ⓑ列柱，再转到Ⓐ轴扶直及排放屋架，再转到Ⓑ轴吊装Ⓑ列吊车梁、连系梁等，再转到Ⓐ轴吊装Ⓐ列吊车梁等构件，再转到跨中吊装屋盖系统。

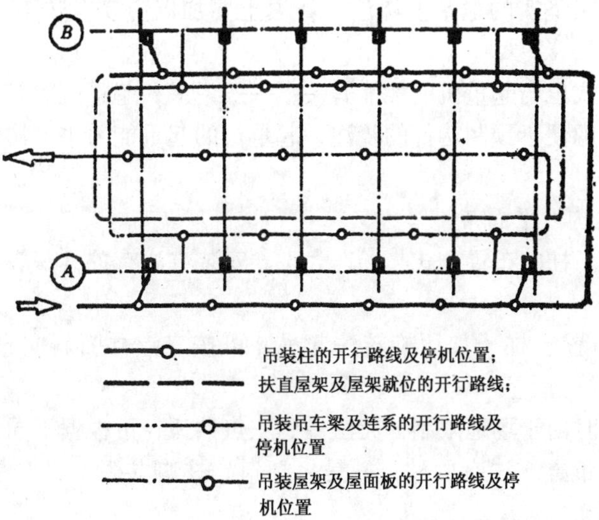

图 6-35　起重机的开行路线及停机位置

当厂房面积比较大，或为多跨结构时，为加快安装进度，可将建筑物划分为若干段，用多台起重机同时作业，每台起重机负责一个区段的全部安装任务。也可选用不同性能的起重机，有的专门安装柱子，有的专门安装屋盖，分工合作，互相配合，组织大流水施工。

制定安装方案时，尽可能使起重机开行路线最短，在安装各类构件过程中，互相衔接，环环相扣，不跑空车。同时，开行路线要能多次重复使用，以减少铺设钢板、枕木的设施。要充分利用附近的永久性道路作为起重机的开行路线。

（四）构件的平面布置与运输堆放

构件的平面布置，是一项十分重要的工作，构件布置得合理，可以方便吊装，加快进度，避免构件在现场二次搬运，提高安装质量。

构件的平面布置和起重机性能、安装方法、构件的制作方法等有关。在选定起重机型号、确定施工方案后，根据施工现场实际情况加以制定。

1. 构件的平面布置原则

（1）每跨的构件宜布置在本跨内，如场地狭窄，无法排放时，也可布置在跨外便于安装的地方。

（2）构件的布置，应便于支模及浇筑混凝土；当为预应力混凝土构件时，要为抽管、穿钢筋留出必要的场地。构件之间留有一定的空隙，便于构件编号，检查、清除预埋件上的污物等。

（3）构件的布置，要满足安装工艺的要求，尽可能在起重机的工作半径内，减少起重机“跑吊”的距离及起伏起重杆的次数。

（4）构件的布置，力求占地最少，保证起重机、运输车辆的道路畅通。起重机回转时，机身不得与构件相碰。

（5）构件的布置，特别是屋架要注意安装时的朝向，以免在安装时在空中调头影响安装进度，也不安全。

（9）构件均应在坚实的地基上浇注，新填土要加以夯实，垫上通长木板，以防下沉。

构件的布置方式也与起重机的性能有关，一般说来，起重机的起重能力大，构件比较轻时，应优先考虑便于预制构件的浇注；起重机的起重能力小，构件比较重时，则应优先考虑便于吊装。

2. 预制阶段的构件平面布置

（1）柱的布置。柱的布置方式与场地大小、安装方法有关，一般有斜向布置、纵向布置两种。

A. 柱的斜向布置　柱子如用旋转法起吊，可按三点共弧斜向布置，如图 6-36 所示。

布置柱时，有时由于场地限制，无法做到三点共弧，可根据不同情况，布置成两点共弧。两点共弧的布置方法有两种：一是将杯口、柱脚共弧，另一是将吊点、杯口共弧，如图 6-37 所示。

B. 柱的纵向布置　对于一些较轻的柱子，起重机能力有富余，考虑到节约场地，方便构件制作，可顺柱列纵向布置，如图 6-38 所示。

（2）屋架的布置。屋架一般安排在跨内平卧迭浇预制，每迭 3 ~ 4 榀，布置的方式有正面斜向布置、正反斜向布置、顺轴线正反向布置等三种，如图 6-39 所示。其中以斜向布置采用较多，因为它便于屋架的扶直和就位。只有在场地受到限制时才考虑采用其它两种形式。

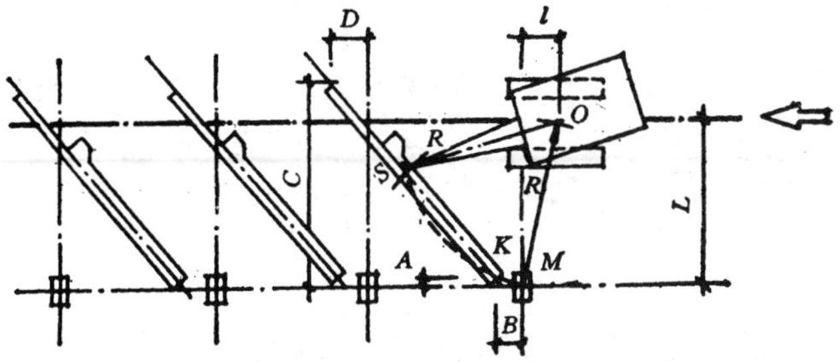

图 6-36　柱子三点共弧斜向布置法

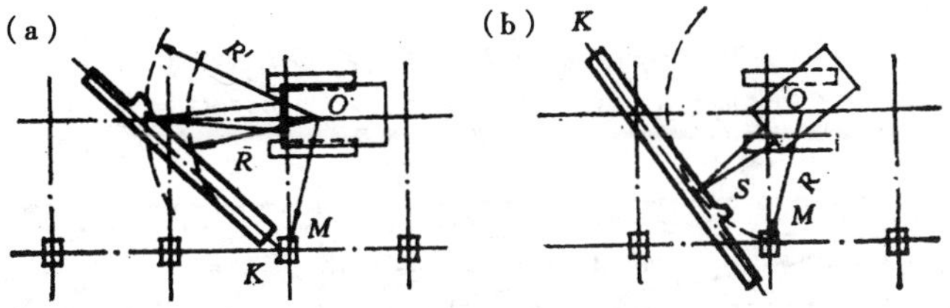

图 6-37　柱子两点共弧斜向布置法

(a) 杯口、柱脚共弧；(b) 吊点；杯口共弧

屋架正面斜向布置时，下弦与厂房纵轴线的夹角 $\alpha = 10° \sim 20°$。预应力混凝土屋架，预留孔道采用钢管时，屋架两端应留出$\left(\frac{l}{2}+3\right)m$ 一段距离（l 为屋架跨度），作为抽管，穿钢筋的操作场地；如在一端抽管时，应留出（$l+3$）m 的一段距离。如用胶皮管预留孔洞时，距离可适当缩短。

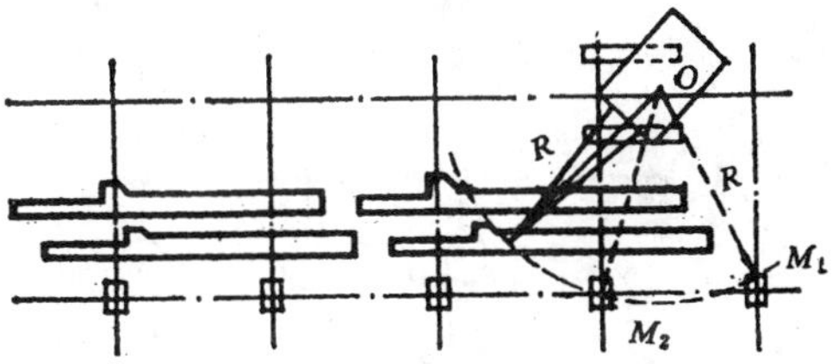

图 6-38　柱子的纵向布置

每两垛屋架之间，要留出 1m 左右的空隙，以便支模及浇混凝土。布置屋架预制位置时，要考虑屋架的扶直就位要求和扶直的先后次序，先扶直的放在上层。屋架的朝向、预埋铁件的位置要注意安放正确。

(3) 吊车梁的布置。当吊车梁安排在现场预制时，可靠近柱基顺纵向轴线或略作倾斜布置；也可以插在柱子的空挡中预制。如具有运输条件，也可另行在场外集中预制。

3. 安装阶段构件的就位布置及运输堆放　安装阶段的就位布置，是指柱子已安装完毕，其它构件的就位布置。包括屋架的扶直就位，吊车梁、屋面板的运输就位等。

(1) 屋架的扶直就位。为了适应吊装阶段吊装屋架的工艺要求，首先需要用起重机将屋架由平卧转为直立，这一工作称为屋架的扶直。

屋架扶直后立即进行就位。屋架就位的方式一般有两种。一种是靠柱边斜向就位，如图 6-40 所示，另一种是靠柱边成组纵向就位，如图 6-41 所示。

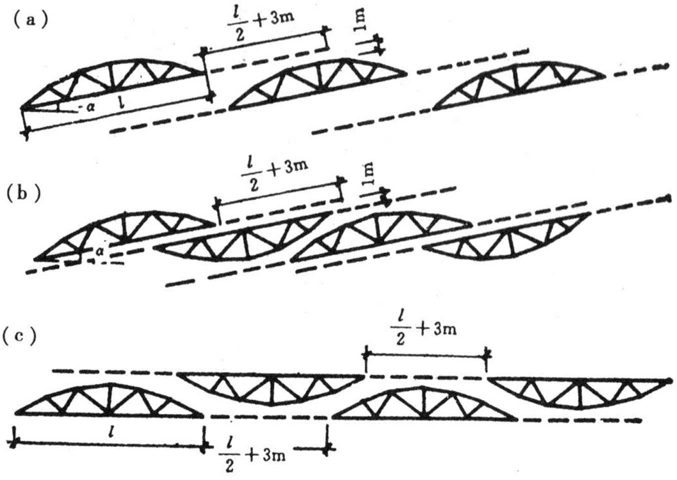

图 6-39　屋架预制时的三种布置方式

(a) 斜向布置；(b) 正反斜向布置；(c) 正反纵向布置

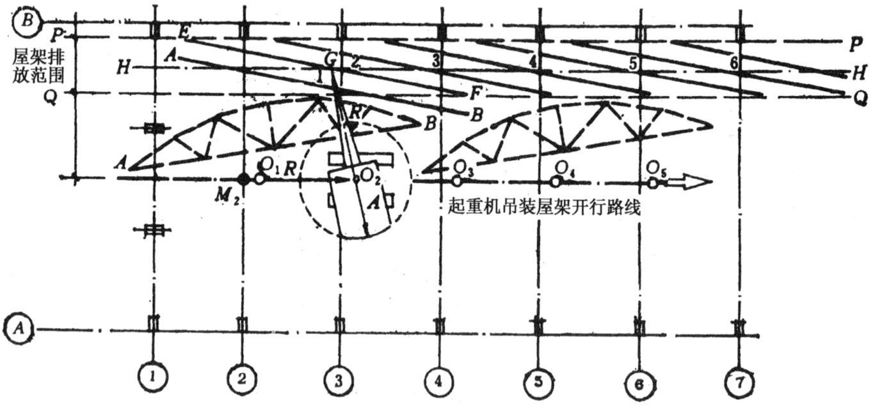

图 6-40　屋架的斜向就位

(虚线表示屋架预制时位置)

屋架就位应满足吊装要求，使屋架吊点中心和屋架安装中心点均应在起重机起重半径的圆弧上。另外，屋架应用支撑或支架固定稳定，屋架之间留出一定的操作间隙，以便绑扎和挂钩。

屋架斜向就位，吊装方便且吊车不需要负载行驶即可进行安装，但占地较大。

屋架成组纵向就位占地较小，吊装时，起重机不可避免要负载行驶，增加了吊装的难度和机械的磨损，一般只在跨内场地窄小时采用，以便留出屋面板和天窗架构件的堆场。

(2) 吊车梁、连系梁、屋面板的运输堆放。单层厂房的吊车梁、连系梁、屋面板一般在预制厂集中生产，运至工地安装。

构件运至工地后，应按平面布置图规定的位置，按编号及构件安装顺序进行就位或集中堆放。

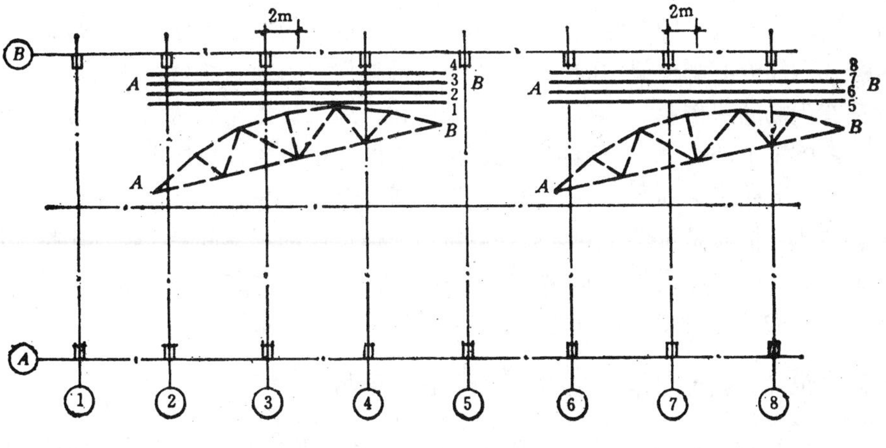

图 6-41 屋架的成组纵向就位
（虚线表示屋架预制时位置）

吊车梁、连系梁的就位位置，一般在其吊装位置的柱列附近，跨内跨外均可，有时也可不就位，直接由运输车辆上起吊。

屋面板的就位位置，可布置在跨内或跨外，一般以 6 ~ 8 块为一垛，靠柱边堆放，如图 6-42 所示。

根据起重机吊装屋面板时的回转半径，当屋面板在跨内就位时，大约应向后退 4 ~ 5 个节间开始堆放，在跨外就位时，应向后退 1 ~ 2 个节间开始堆放。

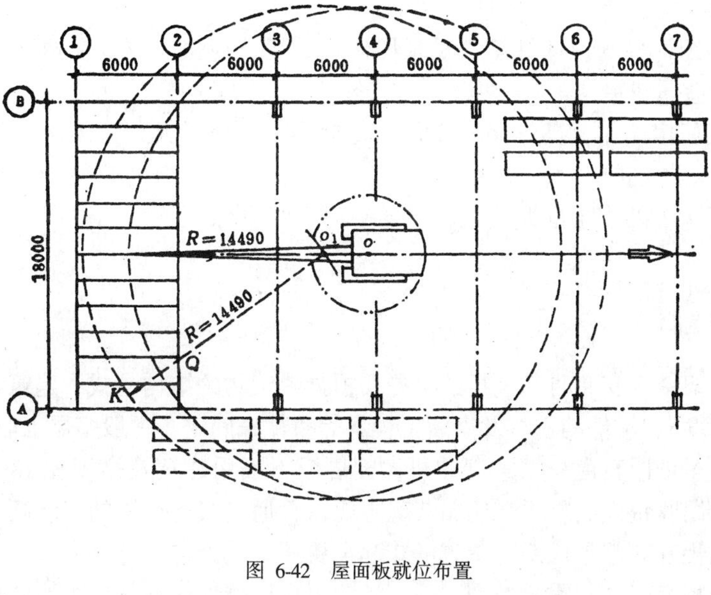

图 6-42 屋面板就位布置

第三节 装配式或装配整体式框架结构安装

多层装配式框架结构在工业建筑、公共建筑和住宅建筑中占有相当大的比重。在工业建筑中，有些工厂如仪表厂、无线电厂、食品厂、面粉厂等，由于工艺流程和设备管线布置的要求，一般采用多层厂房的结构形式，而以钢筋混凝土框架应用最为广泛。

装配式钢筋混凝土框架中的柱、梁、板全部构件都为预制然后在现场装配。这种框架结构没有现场的湿作业。具有构件生产工业化，施工机械化，从而节省大量模板、劳动力，缩短施工工期等优点。但构件的连接节点的耗钢量大，焊接工作量大，结构整体性，刚度差，且施工必须用大型运输、吊装机械，造价较高，因此目前使用较少。

装配整体式框架是将预制的梁、柱就位后，通过局部现浇混凝土使预制构件连接成整体的框架。装配整体式框架节点具有刚性连接的特点，因此，整体性好，又减少了装配结构的连接铁件和焊接的工作量，所以目前在我国广泛采用。

一、装配式、装配整体式多层框架结构施工的特点

1. 多层框架建筑占地面积小，构件的类型与数量较多，因此，做好现场的平面布置、组织构件的供应和堆放、处理构件吊装与运输的关系，是组织施工的首要问题。

2. 目前采用的多层框架，一般是骨架结构预制装配，围护结构现场砌筑；装配整体式框架，还有相当数量的现浇混凝土。这些特点，给连续安装造成一定困难、砌墙、浇混凝土，需要一定的工期和养护时间。必须做到预制安装和现场浇筑（砌筑）工序间的衔接。

3. 装配式框架结构连接接点多，并要求接头有足够的强度。有些接头（如浆锚接头）的施工受季节气候的影响，需要一定的养护时间；焊接接头会因电焊温度的变化，影响构件的垂直度；混凝土接头不易密实等。因此，怎样保证接头质量，是施工过程中的关键。

4. 预制装配构件的预埋件多，对预埋件的数量、规格、位置在预制时都要认真检查核对，不能遗漏或错位。

5. 和单层厂房相比，操作面较窄狭，高空作业工作量大，必须做好安全防护与防火消防工作。

6. 在市区施工的多层框架建筑，现场平面布置要保证不影响城市交通和市容的整洁。

二、机械选择

装配式框架结构安装时起重机的选择要根据建筑物的结构型式、建筑物高度（构件的最大安装高度）、构件的重量及安装工程量等条件来确定。一般多层工业厂房和 12 层以下民用建筑多采用轨道式塔式起重机，五层以下民用建筑及高度在 18m 以下的工业厂房，也可选用履带式起重机或轮胎式起重机；普通塔式起重机的安装高度不能满足要求时，可采用爬升式起重机或附着式塔式起重机。

根据工程特点选择起重机类型以后，还要根据机械性能和供应可能进行选择，经过技术与经济方面比较，才能确定。

机械的起重量和工作半径，由构件的最大重量和建筑物平面尺寸决定。机械的数量或工作班数则由施工期限和机械效率决定。

按照吊装要求选择运输机械，构件运输要密切配合安装，满足安装工程的进度要

求。根据现场堆放条件，决定构件的运输组织，按每台班安装的需要，决定构件的供应量。

运输构件所需车辆，取决于每台班构件的供应量，每辆车一次运输的构件数量以及每次运输所需的时间。还应准备少量的备用车辆。

三、平面布置

多层厂房的安装，在确定所用机械以后，正确解决平面布置是一项十分重要的工作。它的任务是在有限的场地上，合理地安排机械、构件、材料、设备、道路的位置。使能发挥机械能力，保证安装工作顺利地进行。

平面布置的主要内容是：

（一）确定起重机位置

起重机位置的确定，要使全部构件的吊点和安装点均在起重机工作半径之内。布置方式要根据建筑物的平面形式、安装总高度、机械性能与数量、场地条件而定。起重机可设在建筑物一侧或两侧，也可设在建筑物内部，可以是固定式或自行式。

（二）构件堆放

要以起重机的位置中心来考虑，原则上要使全部构件置于起重机的工作半径内，重大构件要尽可能靠近起重机，减少构件二次搬运。如场地窄狭，条件不许可，也可组织构件分批进场，除保存一定储备外，随吊随运。堆放时，要防止地基下沉，注意构件的稳定，还要留出一定宽度的通道。

（三）平面布局

要设循环道路，考虑消防车通道、消防水源、施工用电、材料堆放场地、临时设施等。

四、施工方案

（一）采用塔式起重机施工方案

1. 塔式起重机型号的选择　起重机型号的选择，主要根据房屋的高度、平面尺寸，构件重量和所在位置决定。选择型号时，其工作参数的计算如图 6-43 所示。首先绘出建筑物剖面单线图，并在图上注明各主要构件的重量 Q_i，离开起重机中心的距离 R_i 作为选择起重机的依据。然后，分别算出所需的起重力矩 $M_i = Q_iR_i$，取其最大值 M_{max}与起重机的实际起重能力 M 相比较，要求 $M \geqslant M_{max}$。

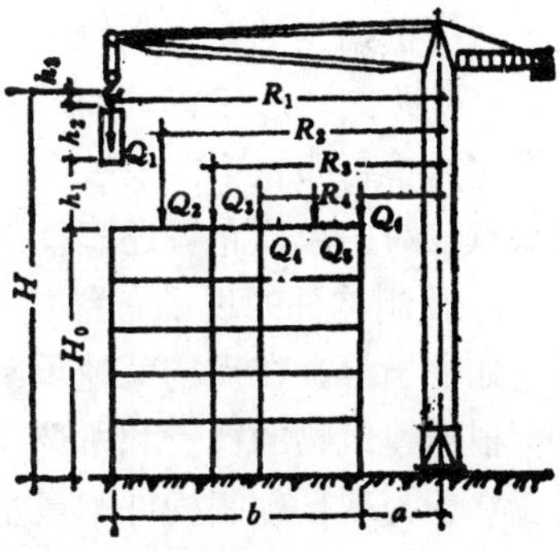

图 6-43　工作参数的计算

2. 起重机的布置　起重机的布置一般有以下四种方案：

（1）单侧布置。如图 6-44（a），是常用的方案。当建筑物宽度较小，构件重量较轻时，适于采取这种布置方案。优点是：轨道长度短，起重机外侧有较宽敞的仓库面积。

单侧布置时，起重机的回转半径应满足下列条件：$R \geqslant + b + a$（m）

式中：a——房屋外侧距塔轨中心线的距离，一般不小于 3m；

b——建筑物的宽度。

（2）双侧布置或环形布置。如图 6-44（b），当建筑物较宽（$b>17m$）或房屋构件的重量较大，单侧安装有困难时采用。这时，起重机的回转半径应满足：$R \geqslant \frac{b}{2}+a$（m）

当安装工程量大，工期紧时，建筑物的两侧可各布置一台起重机。如工程量不大，也可采取一台起重机环形布置。

（3）跨内单行布置。如图 6-44（c），当建筑物周围场地狭窄，在外侧布置起重机不可能，或由于房屋宽度较大、构件较重，起重机只有布置在跨内才能满足技术要求时采用。

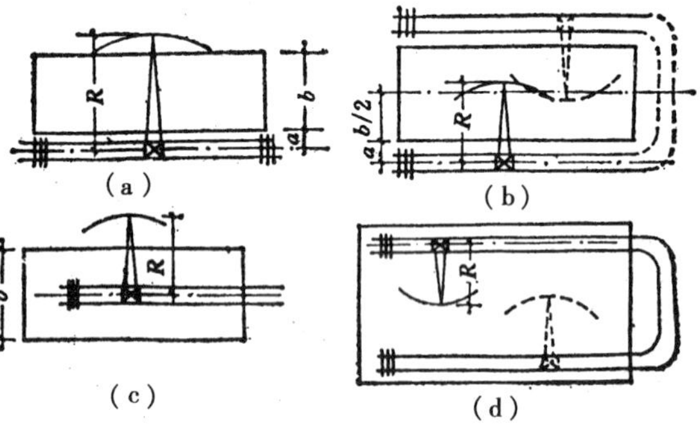

图 6-44　起重机的布置

（a）单侧布置；（b）双侧布置或环形布置；

（c）跨内单行布置；（d）跨内环形布置

这种布置方法，虽可节约用地，减少轨道长度，但大部分构件堆放在回转半径之外，需要二次搬运；轨道范围内的构件不能与其它构件同时安装，对结构的整体性不利，对围护结构的安装也较困难。

（4）跨内环形布置。如图 6-44（d），这种装置方法适用于房屋较宽、构件较重、起重机跨内单行布置不能安装全部构件，同时，跨外环形布置又不可能时。跨内环形布置的缺点较跨内单行布置还多，因此，尽可能不采用这种布置方法。

3. 预制构件的现场布置　多层厂房的预制构件，由于场地限制，除重量较大的构件（如柱子等）在现场就地预制外，其它构件一般在预制厂集中预制，运至现场安装。

根据建筑物的特点和所选用的起重机及其布置方式可有不同方式。

柱子为现场预制构件中最主要的构件，布置时必须优先考虑。根据柱子与塔式起重机轨道的相对位置不同，有三种布置方案：

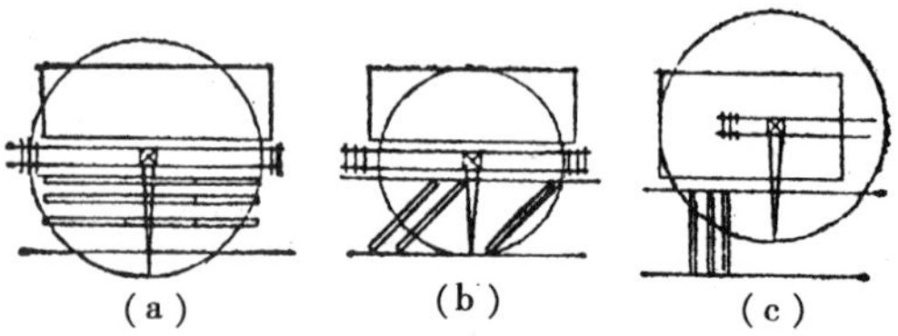

图 6-45　柱子布置方案

（a）平行布置；（b）倾斜布置；（c）垂直布置

（1）平行布置。即柱身与轨道平行。这种方案的优点是可将几层高的柱子通长预制，能减少柱子接头处的预制偏差，如图 6-45（a）。

（2）倾斜布置。即柱身与轨道成一角度。这种方案优点是安装柱子时可用旋转法起吊，适用较长的柱子，如图 6-45（b）。

（3）垂直布置。即柱身与轨道互相垂直。适用于起重机在跨中开行，此时，起重臂伸出建筑物的长度较小，柱子垂直布置，可使柱子的吊点位于起重机的回转半径内，如图 6-45（c）。

4. 构件平面布置实例

（1）塔式起重机跨外环形布置时构件平面布置方案。

如图 6-46 所示，这一方案布置的方法是：预制柱紧靠起重机轨道，斜向布置；建筑物是五层结构，将柱子分为两节，则每两柱基之间应排放四根，由于场地限制，采取两柱迭浇。这样，全部柱子即可预制在轨道外侧，便于安装。柱子外侧可布置主梁、小梁、楼板。其它构件用汽车运入，堆放在柱子外边，用一部汽车式起重机卸车并堆放。这一方案优点是：重型构件（柱）靠近起重机轨道，轻构件在外边，能充分发挥起重机能力并便于起吊。但要求建筑物两侧要有较多的场地。

（2）塔式起重机跨内开行时构件平面布置方案。

如图 6-47 所示，这一方案布置的方法是：柱子排放在起重机的一侧，因受回转半径的限制（伸出建筑物外长度小），采用垂直布置；起吊时，可用滑行法，或在柱的下端用一台辅助起重机协作。将柱子全高分作两节，分两层迭浇，每两个柱基之间，可布置四垛。主梁的预制在厂房的另一边；小梁、楼板等构件用汽车随吊随运，或设窄轨用平台车运入。这一方案的优点是：厂房内不布置构件，柱和主梁放在厂房两侧，场地布置简单。缺点是主梁起吊困难，柱子起吊需副机配合或用滑行法，后者柱身受震，所需辅助设备也多，最好不采用。

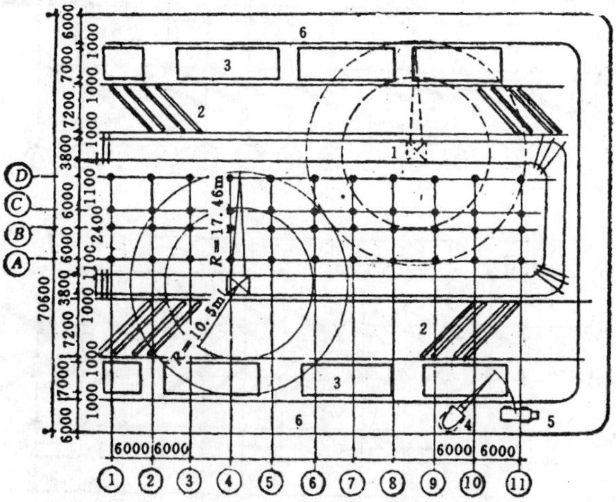

图 6-46　起重机跨外环形布置时现场构件布置图

1. 塔式起重机；2. 预制柱场地；3. 梁板堆场；

4. 汽车式起重机；5. 汽车；6. 道路

（二）采用履带（轮胎）式起重机施工方案

履带式起重机的起重量大，移动灵活，在多层装配式结构安装中也常采用，特别是适用于外形不规则的多层厂房。它的缺点是，起吊高度和回转半径均较小，倾斜的起重杆在回转时，易碰已安装好的框架；因此，只能用来安装四层以下的厂房。

多层厂房结构安装时，起重机开行路线，可分为跨内、跨外两种，当构件重量较大，履带式起重机可在跨内开行，综合安装，把各层构件一次安装到顶，由厂房一端向另一端推进。起重机在跨外开行时，可将厂房分层安装，起重机每绕厂房一周，即安装好一层。由于多层厂房柱距较近，一般将停机点设在跨中，每一停机点可安装 2～4 根柱子。

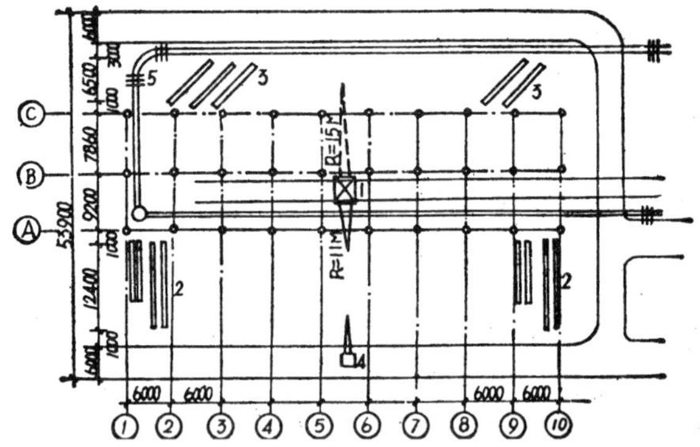

图 6-47　起重机跨内开行时现场构件布置图

1. 塔式起重机；2. 现场预制柱；

3. 现场预制主梁；4. 辅助起重机；5. 窄轨

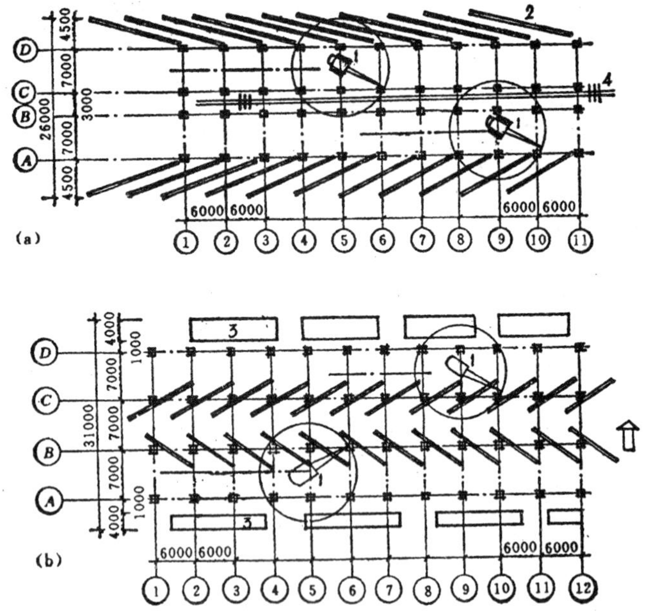

图 6-48　构件布置平面图

(a) 跨外斜放；(b) 跨内斜放

1. 起重机　2. 柱子；3. 梁板堆场；4. 窄轨

采用履带式起重机安装时，柱子的布置方式有斜向及平行（顺纵轴）两种。图 6-48 为起重机跨内开行时的构件平面布置图。其中图 6-48（a）为柱子布置在厂房外侧，斜向两层迭浇，适用于横向三跨而中间跨较小或横向两跨的厂房。中跨中间铺设窄轨，用平台车运送梁板，随吊随运。图 6-48（b）系柱子布置在跨内，斜向两层迭浇，适用宽度较大的厂房，梁板可堆放（预制）在厂房外侧。

图 6-49 为履带式起重机安装三层三跨厂房的开行路线与柱子布置。多数柱子布置在跨内，全部柱子平行布置。

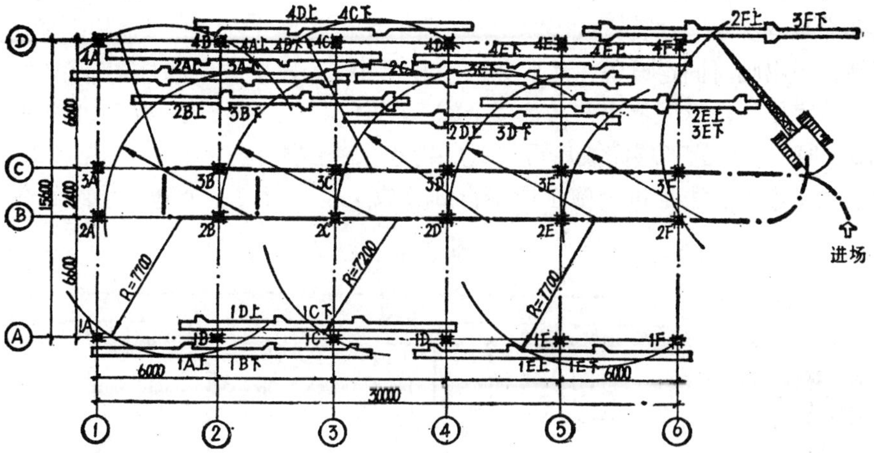

图 6-49　平面布置方案

五、主要构件的安装

（一）结构吊装方法与吊装顺序

多层框架结构吊装方法，同样有分件吊装法和综合吊装法，如图 6-50 所示。

1. 分件吊装法　按其流水方式的不同，又分为分层分段流水吊装法（图 6-50a）和分层大流水吊装法。

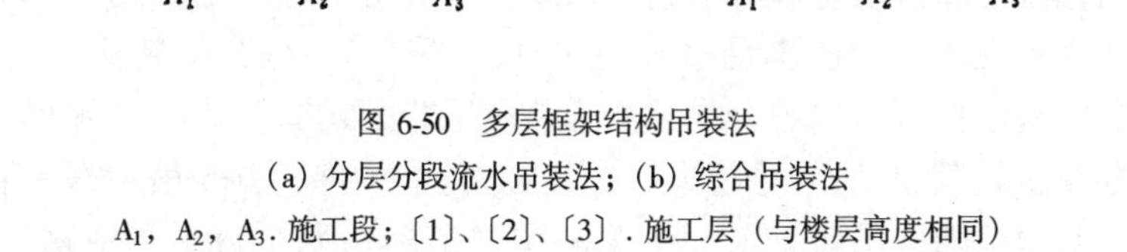

图 6-50　多层框架结构吊装法

（a）分层分段流水吊装法；（b）综合吊装法

A_1，A_2，A_3. 施工段；〔1〕、〔2〕、〔3〕. 施工层（与楼层高度相同）

分层分段流水吊装法就是以一个楼层为施工层（如果柱子是两层一节，则以两个楼层为一个施工层），而每一个施工层又划分为若干个施工段，以便于构件吊装、校正、焊接以及接头灌浆等工序的流水作业。起重机在每一个施工段作数次往返开行，每次开行，吊装该段内某一种构件，待一层各施工段构件全部吊装完毕并最终固定后再吊装上一层构件。施工段的划分，主要取决于建筑物平面形状和尺寸、起重机性能及其开行路线、完成各个工序所需的时间和临时固定设备的数量等。框架结构一般是 4 ~ 8 个节间为一吊装段。

图 6-51 是塔式起重机用分层分段流水吊装法吊装梁板式框架结构的例子。起重机依次吊装第Ⅰ施工段中 1 ~ 14 号柱，在这段时间内，柱的校正、焊接、接头灌浆等工序亦依次进行。起重机吊完 14 号柱之后，返回吊装 15 ~ 33 号主梁和次梁。同时进行各梁的焊接和灌浆等工序。这就完成了第Ⅰ施工段中柱和梁的吊装，形式框架，保证了结构的稳定性，腾出临时固定设备，然后如法吊装第Ⅱ施工段中的梁和柱。待第Ⅰ、Ⅱ段的柱和梁吊装完毕，再返回依次安装这两个施工段中 64 ~ 75 号楼板，然后如法吊装第Ⅲ、Ⅳ两个施工段。一个施工层完成后再往上吊装另一施工层。

分层大流水吊装法是每个施工层不再划分施工段，而按一个施工层组织各工序流水。

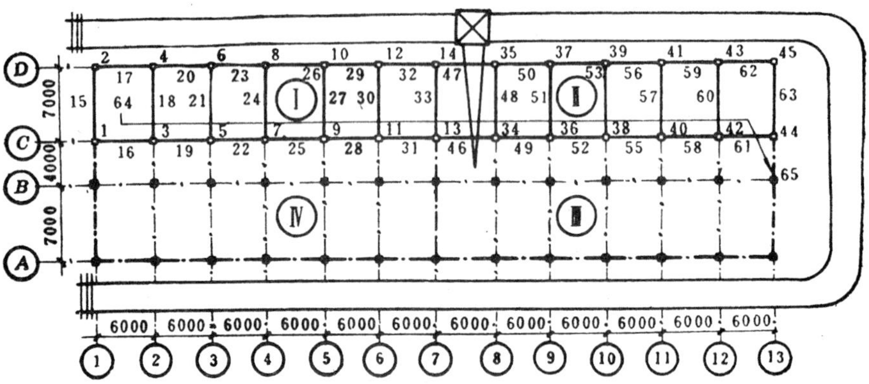

图 6-51　用分层分段吊装法吊装一个楼层构件的顺序

Ⅰ、Ⅱ、Ⅲ、Ⅳ. 施工段编号；1、2、3……. 构件吊装顺序

分件吊装法是装配式框架结构最常用的方法。其优点是：容易组织吊装、校正、焊接、灌浆等工序的流水作业；容易安排构件的供应和现场布置工作；每次均吊装同类型构件。可减少起重机变幅和吊具更换次数，从而提高吊装效率。

2. 综合吊装法　综合吊装法是以一个柱网（节间）或若干个柱网（节间）为一个施工段，以房屋的全高为一个施工层来组织各工序的流水。起重机把一个施工段的构件吊装至房屋的全高，然后转移到下一个施工段。当采用自行式起重机吊装框架结构，或用塔式起重机而不能布置在房屋外边进行吊装，或者由于房屋宽度大、构件重，以致于只有把起重机布置在跨内才能满足吊装要求时，就要采用综合吊装法，图 6-52 所示是采用履带式起重机跨内开行以综合吊装法安装两层装配式框架结构的例子。该工程采用两台履带式起重机。其中〔1〕号起重机吊装 CD 跨的构件，首先吊装第一节间的柱 1 ~ 4（柱是一节到顶），随即吊装该节间的第一层（二楼）梁 5 ~ 8，形成框架后，接着吊装该层楼板 9；然后吊装第二层（屋面）梁 10 ~ 13 和屋面板 14。这样，起重机后退一个停机位置，再用相同顺序吊装第二节间，其余类推，直至吊完 CD 跨全部构件后退场。〔2〕号起重机则在 AB 跨开行，负责吊装 AB 跨的柱、梁和楼板，再加 BC 跨的楼板，吊装方法与〔1〕号起重机相同。

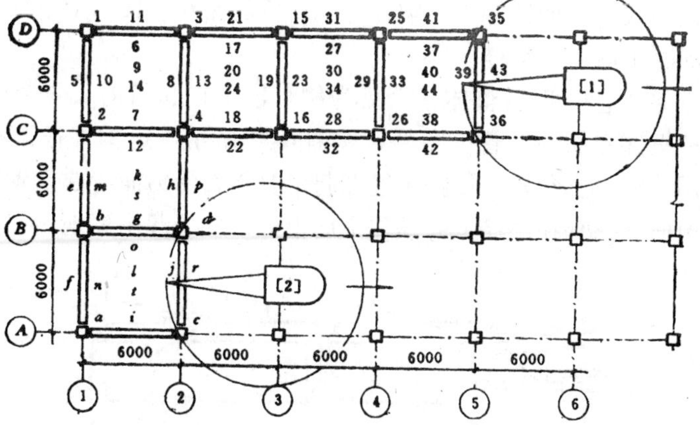

图 6-52 用综合法吊装框架结构构件的顺序

1、2、3、4…….〔1〕号起重机吊装顺序；

a、b、c、d…….〔2〕号起重机吊装顺序

（二）柱子的安装

1. 柱子的接头构造　接头的形式很多，常用的有以下两种：

（1）榫接头。是柱与柱相接应用最广的接头型式，如图 6-53 所示，做法是上节柱的下部做一个混凝土小柱头（榫头）承受施工荷载；上下节柱各露出钢筋，用剖口焊焊接；再立模浇灌混凝土，即将上下柱结成整体。这种接头的主要优点是：安装、校正方便，施工质量有保证。缺点是二次灌混凝土量大，接缝处易开裂，模板复杂，钢筋不易控制位置正确。

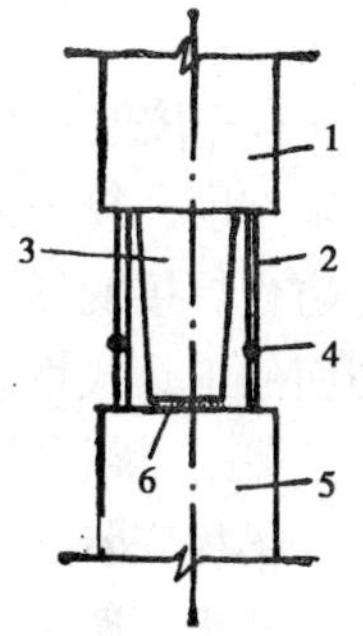

图 6-53　榫接头

1. 上柱；2. 钢筋；3. 榫头；4. 剖口焊；5. 下柱；6. 砂浆

（2）整体式接头。是上下柱、主次梁在节点处整体浇注，如图 6-54 所示。

这种型式的梁，有的采用叠合梁，即梁的下部预制，上部负筋部位与柱接头一起浇筑，形成刚性接头，为了支承上节柱，梁端顶面要设角钢焊接的钢支座。为了方便施工，整体式接头可采取图 6-54 的型式。下柱顶端有两个侧边高起，形成中间带有缺口的柱头；在柱头高起的两侧边可搭放次梁，另一方向的缺口处，搭放主梁，主次梁顶面位于同一水平面内。主梁梁端顶面设有预埋铁件，用来临时焊接固定上柱，代替前述

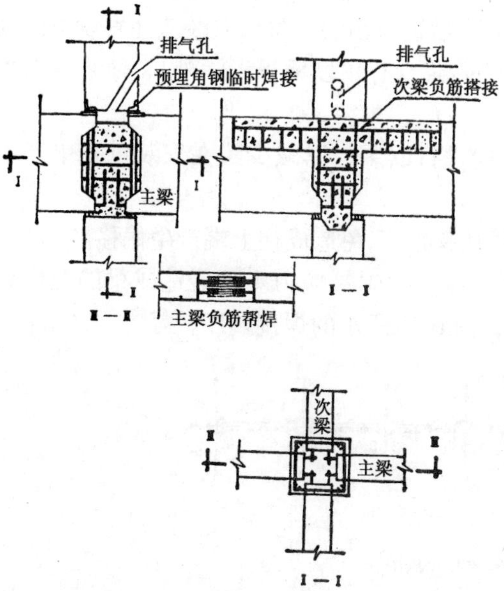

图 6-54　整体式接头

做法中的钢支座。主梁的主筋伸出梁端并弯起，负筋用帮条焊接。次梁梁端在一定范围内，做成迭合梁型式，主筋也伸出梁端并弯起，负筋相互搭接，上下柱的纵筋也伸出互相搭接，浇灌混凝土后形成整体。

2. 柱子的安装工艺　现以整体式接头为例。柱子在起吊前，先装好支顶柱子用的角钢夹板和保护根部主筋的钢管三角架，如图 6-55 所示。角钢夹板设在柱的上部，供钢管支撑连接用；钢管三角架是保护主筋在起吊时不因受力而弯曲设置的。使用时，钢管三角架的斜边向上，套在主筋上并顶住主筋根部，柱子起吊离地后，即自行脱落。

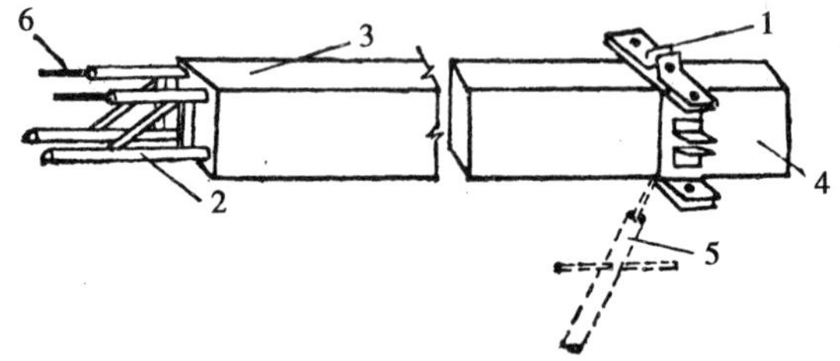

图 6-55　钢夹板与钢管三角架

1. 角钢夹板；2. 钢管三角架；3. 柱根部；4. 柱顶部；
5. 工具式钢管校正器；6. 柱钢筋

柱子安装就位时，要基本对线和垂直，再用两台经纬仪在相互垂直的两根轴线上校正垂直度；校正无误后，即可将梁柱间的预埋铁件焊牢，并焊接应焊的钢筋。焊接时，为防止焊接变形，应采用等速度对称焊。垂直度的校正和单层厂房柱一样，可采用支于四面的工具式钢管校正器。

（三）梁板的安装

梁板安装必须在柱下端接头混凝土达到要求的强度（一般不低于 $10N/mm^2$）后进行。楼板一般在梁安装完毕并经过校正、固定后进行吊装。梁板安装应注意以下问题：

1. 梁、板吊装应在安装面上（支座）垫砂浆（有预埋钢板者除外），使梁板支承端与支承面接触紧密、平稳。

2. 梁一般采取由建筑物中央向两翼方向进行安装，以减少梁在安装过程中产生误差积累对柱垂直度的影响。

3. 梁就位时要尽可能准确，避免过多的撬动，以免造成柱上端产生偏移。

4. 梁柱的焊接如为剖口焊，由于热胀冷缩产生焊接应力。可能造成梁的变位或柱的偏斜，故应合理地选择梁端的焊接顺序，图 6-56 所示的焊接顺序较好。

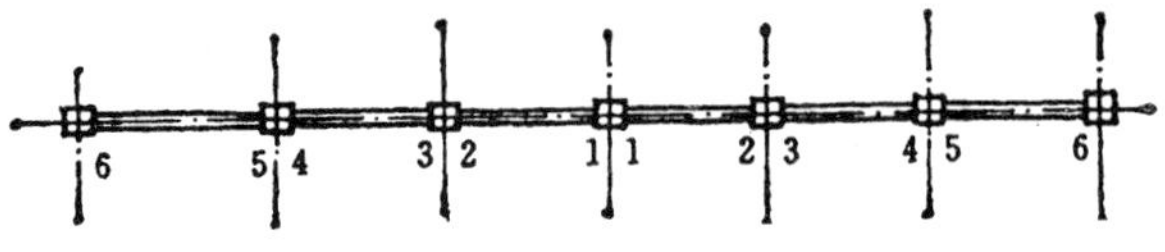

图 6-56　梁端的焊接顺序

（四）接头灌浆

接头灌浆要求接头处现浇混凝土密实，不因混凝土下沉或收缩而产生空隙或裂缝。

为保证浇注质量，最好采用高强快硬膨胀水泥（浇注水泥）。

工期要求紧迫或冬季施工时，为使接头混凝土（砂浆）提高早期强度，采用电热法是有效的。

第四节　结构安装工程的安全技术

结构安装工程中常见的主要事故有以下几种：起重机械与索具发生事故伤人；高空作业中工人坠落或物体从高处掉落伤人；构件临时固定不牢，发生倾倒或破坏伤人；指挥信号错误引起不安全事故；电焊工作发生触电等。因此，应采取相应的安全技术措施，确保结构安装的施工安全。

一、操作人员的安全措施

从事安装工作的人员，要经过体格检查，心脏病或高血压患者，不得登高作业，不准酒后作业。

操作人员进入施工现场时，必须戴安全帽、手套；高空作业时，必须栓好安全带，所用的工具，要用绳子扎好或放入工具袋内。

电焊工作业时，应戴防护面罩，潮湿地点工作时，应穿胶靴。

结构安装时，要听从统一号令，统一指挥。所有作业人员，均应熟悉各种信号（哨音、色旗、手势）的含义。吊装现场周围应设置临时栏杆，禁止非工作人员入内。

遇有六级以上大风和雷雨时，一般不得进行高空作业，必须进行时，要采取妥善的安全措施。

二、起重机械与索具的安全要求

吊装所用的钢丝绳，事先必须检查，表面磨损、腐蚀达到钢丝绳直径的10%时，不准使用。钢丝绳如断丝数目超过规定，应予报废。

吊钩和卡环如有永久变形或裂纹时，不准使用。吊钩断面高度磨损10%时，应进行试吊，确定降低荷载使用或报废。

履带式起重机必须负荷行走时，重物应在履带的正前方，并用绳索带住构件，缓慢行驶，构件离地不得超过50cm。起重机在接近满荷时，不得进行两种操作动作。

起重机工作时，严格注意勿碰触架空电线。起重臂、钢丝绳、重物等与架空电线要保持一定的安全距离。

新到、修复或改装的起重机在使用前必须进行检查、试吊。

起吊构件时，升降吊钩要平稳，避免紧急制动和冲击。

起重机停止工作时，起动装置要关闭上锁。吊钩必须升高，以防摆动伤人，并不得悬挂物件。

三、安全设施

工人如需高空作业，尽可能搭设临时操作台。操作台为工具式，拆装方便，自重轻，宽度为 0.8～1.0m，临时以角钢夹板固定在柱上部，低于安装位置 1～1.2m，工人在上面可进行屋架的校正与焊接工作。

如需在悬空的屋架上弦行走，应在其上设置安全栏杆。

配备悬挂或斜靠的轻便爬梯，供人上下。

雷雨季节，起重设备在 15m 以上高度时，必须装置避雷设施。

小　结

结构安装工程，就是用起重机械将预先在工厂或现场制作的房屋构件，按照设计图纸规定在现场组装起来，构成一幢完整的建筑物的主要施工过程。在拟定结构安装方案时，应根据工程结构特点，现场机械设备条件和工期要求，解决好以下几方面问题，结构安装前的准备工作，构件的制作及加工定货；合理选择起重和运输机械；确定结构安装方法和构件的安装工艺；确定起重机械布置方法和开行路线，构件的现场布置，预制构件接头处理方案和安装工程的安全技术措施等。

结构安装工程常用的起重机械有：履带式起重机，轮胎式起重机，汽车式起重机、塔式起重机和桅杆式起重机等。

起重机的选择包括：根据工程安装的需要，合理确定机械的类型、型号和台数。在确定型号中主要是计算机械的臂杆长度和起重参数。起重机的台数，是根据工程结构的装配工程量、起重机的台班生产率和安装工程工期要求综合考虑确定的。

本章介绍了单层工业厂房和多层装配式结构两种典型的机械选择方法。单层工业厂房的类型较多，一般常见的中小型厂房平面尺寸较大、构件较轻、安装高度不大，生产设备多在厂房结构装配完成后进行，安装工程施工阶段现场比较空旷，适宜采用履带式起重机（或塔式起重机）进行安装。履带式起重机的型号，应根据安装要求的起重量、起重高度和起重半径三个参数确定。起重臂杆最小长度可用数解法或图解法求出。多层装配式框架结构多采用塔式起重机，履带式起重机只能用来安装四层以下的厂房。塔式起重机的型号和起重工作参数可通过参数计算简图求解。

单层工业厂房预制构件的吊装工艺过程包括：绑扎、起吊、对位与临时固定、校正、最后固定等。柱的绑扎在柱子不太长、平放刚度能满足吊装要求时，宜选用一点绑扎斜吊法，柱子虽不太长，柱平放的刚度小，抗弯能力不能满足吊装要求时，应选择一点绑扎直吊法。当现场平面尺寸较大宜考虑用绑扎点、柱脚中心与柱基杯口中心三点共弧的旋转法吊装柱子，当现场平面尺寸较小，可选用绑扎点与基础杯口中心两点共弧的滑行法吊装柱子，但它在吊装过程中振动较大。柱子吊装完后用八块楔块临时固定，较长的柱子还要增设缆风绳或斜撑。钢筋混凝土屋架由于跨度、安装高度，重量均较大，平面外刚度小，在吊装时应注意以下几个问题：吊点的位置与数量与设计不符时，应进行施工验算和加固；屋架扶直时，吊索与水平夹角不宜小于 60°，并应加铁扁担；为防止屋架扶直过程中突然下滑，一般在屋架两端靠下弦垫以枕木；第一榀屋架临时固定要认真进行，上弦要与抗风柱拉牢、焊牢，无抗风柱时，要以四根缆风绳作临时固定，以后第二、第三榀屋架可用屋架校正器（工具式支撑）作临时固定。预制构件吊装工艺在此不过多详细总结。多层装配式框架结构，施工中要特别注意处理好许多构件的连接接点。

单层工业厂房结构安装流水方法，是指整个厂房结构全部预制构件的总体安装顺序。安装流水方法在结构安装方案中加以确定，以指导厂房结构构件的制作、就位和安装。厂房结构安装流水方法通常分为分件吊装法（俗称大流水）和综合吊装法（俗称节间法）。前者是单层厂房结构安装常用的方法，综合吊装法一般中型以上的厂房用得较少，只在吊装轻型厂房或拔杆式起重机时才可能采用。多层装配式框架结构安装方法有分件吊装法和综合安装法，分件吊装法按流水方式不同，又可分为分层分段流水安装法和分层大流水安装法。

构件的就位排放，要根据起重机的布置方式和吊装参数要求确定，同时还应考虑吊装的先后顺序。多层装配式框架结构构件的排放应遵守以下原则：构件应排放在起重机起重半径回转范围内，避免二次搬运。条件不允许时，一部分小型构件可集中堆放在建筑物附近，吊装时再转运到起吊地点；重型构件应尽量排放在靠近起重机一侧，中小型构件可布置在外侧；构件堆放位置应与其在结构上安装位置相协调一致，尽量减少起重机的移动和变幅；构件堆放还要考虑构件的弹线和其它准备工作的进行。

结构安装工程操作面小，高空作业多，机械化程度高，多工种上下交叉作业等，确保安全生产十分重要。要从操作人员、起重机械与索具、安全设施三方面制定切实可行的安全技术措施。

复习思考题

1. 单层工业厂房和多层装配式结构吊装时，常用哪类起重机？选择起重机的类型、起重参数的依据是什么？
2. 单层厂房预制钢筋混凝土柱安装之前，柱和基础要做哪些准备工作？
3. 单层厂房钢筋混凝土柱吊装时，绑扎方法有几种？应如何选择？
4. 柱子起吊的方法有几种？各种方法的优缺点是什么？
5. 简述柱子校正的方法和要求。
6. 单层厂房钢筋混凝土柱怎样进行临时固定和最后固定？
7. 吊车梁校正是如何进行的？
8. 屋架吊装应注意什么问题？
9. 什么是结构安装的分件吊装法和综合吊装法？
10. 施工现场应如何布置预制屋架？
11. 屋架的扶直就位要注意哪些问题？
12. 构件平面布置应遵循哪些原则？
13. 屋面板安装时，怎样选择起重机的起重臂长度？
14. 框架结构的梁柱节点施工的质量要求是什么？
15. 框架结构梁板的安装应注意哪些问题？
16. 结构安装方案包括哪些主要内容？
17. 起重机台数是如何确定的？
18. 试述当起重机的起重量或起重高度不能满足要求时，应该采取什么措施。
19. 结构安装工程应注意哪些安全事项？

第七章　防水工程

第一节　概　　述

一、建筑防水分类

（一）建筑防水按采用防水材料和施工方法不同分为：柔性防水工程和刚性防水工程。

1. 柔性防水　柔性防水是采用柔性材料，主要包括各种防水卷材、防水涂料及封闭胶，经施工将其铺贴或涂布在防水工程的迎水面，以达到防水目的。

2. 刚性防水　刚性防水采用的材料主要是普通细石混凝土、补偿收缩混凝土和块体刚性材料等，主要依靠混凝土自身的密实性或采用补偿收缩混凝土，并配合一定的构造措施来达到防水的目的。

（二）建筑防水按构造和部位不同分为：屋面工程防水、地下工程防水、厕浴间防水和外墙板缝防水等。

二、建筑防水等级

（一）屋面防水等级和设防要求

屋面防水工程根据建筑物的性质、重要程度、使用功能要求以及防水层耐用年限等分为Ⅰ、Ⅱ、Ⅲ、Ⅳ四个等级，按不同等级设防，规定了不同等级防水层材料选用和设防要求。

按《屋面工程技术规范》（GB50207-94）规定，屋面防水等级和设防要求见表 7-1。

表 7-1　屋面防水等级和设防要求

项　　目	屋面防水等级			
	Ⅰ	Ⅱ	Ⅲ	Ⅳ
建筑物类别	特别重要的民用建筑和对防水有特殊要求的工业建筑	重要的工业与民用建筑、高层建筑	一般的工业与民用建筑	非永久性的建筑
防水层耐用年限	25 年	15 年	10 年	5 年
防水层选用材料	宜选用合成高分子防水卷材、高聚物改性沥青防水卷材、合成高分子防水涂料、细石防水混凝土等材料	宜选用高聚物改性沥青防水卷材、合成高分子防水卷材、合成高分子防水涂料、高聚物改性沥青防水涂料、细石防水混凝土、平瓦等材料	应选用三毡四油沥青防水卷材、高聚物改性沥青防水卷材、合成高分子防水卷材、高聚物改性沥青防水涂料、合成高分子防水涂料、沥青防水涂料、	可选用二毡三油沥青防水卷材、高聚物改性沥青防水涂料、沥青基防水涂料、波形瓦等材料

续表

项　　目	屋面防水等级			
	Ⅰ	Ⅱ	Ⅲ	Ⅳ
防水层选用材料			刚性防水层、平瓦、油毡瓦等材料	
设防要求	三道或三道以上防水设防，其中应有一道合成高分子防水卷材，且只能有一道厚度不小于2mm的合成高分子防水涂膜	二道防水设防，其中应有一道卷材。也可采用压型钢板进行一道设防	一道防水设防，或两种防水材料复合作用	一道防水设防

（二）地下工程防水等级和设防要求

按《地下工程防水技术规范》（GBJ108—87）将地下工程的防水等级按围护结构要求的防水标准，划分为4个等级，见表7-2。其中工业与民用建筑的地下室，按其用途性质应达到一级或二级标准。

表7-2　各类地下工程的防水等级

防水等级	一级	二级	三级	四级
标准	不允许渗水，围护结构无湿渍	不允许漏水，围护结构有少量、偶见的湿渍	有少量漏水点，不得有线流和漏泥沙，每昼夜漏水量$<0.5L/m^2$	有漏水点，不得有线流和漏泥沙，每昼夜漏水量$<2L/m^2$
工程名称	医院、餐厅、旅馆、影剧院、商场、冷库、粮库、金库、档案库、通信工程、计算机房、电站控制室、配电间、防水要求较高的生产车间 指挥工程、武器弹药库，防水要求较高的人员掩蔽部 铁路旅客站台、行李房、地下铁道车站、城市人行地道	一般生产车间、空调机房、发电机房、燃料库 一般人员掩蔽工程 电气化铁路隧道、寒冷地区铁路隧道、地铁运行区间隧道、城市公路隧路、水泵房	电缆隧道 水下隧道、非电气化铁路隧道、一般公路隧道	取水隧道、污水排放隧道 人防疏散干道涵洞

三、建筑防水材料

防水材料按其成分组成或特性可分为防水卷材、防水涂料、密封材料、刚性防水材料四大系列。

（一）防水卷材

防水卷材分为沥青系防水卷材、改性沥青防水卷材、合成高分子防水卷材三大类。

沥青防水卷材是以纸胎、麻布胎、石棉布等为胎体，在其表面浸渍石油沥青制成卷材；改性沥青防水卷材是以改性沥青，如 SBS、APP、再生橡胶等浸渍并涂布在玻璃纤维布或聚脂纤维无纺布等作为胎体的柔性卷材；合成高分子防水材料是无胎体的卷材，如合成橡胶类的三元乙丙橡胶防水卷材、合成树脂类的 PVC 聚氯乙烯防水卷材。

由于防水卷材是有一定厚度的致密材料，具有不透水性，在一定水压范围内可有效地隔绝水的渗透，在建筑物的迎水面或被水面铺贴防水卷材，以及卷材与卷材之间采用胶粘剂紧密连接和采取相应的构造措施，可形成具有一定厚度的、均质、连续的被膜，起到将建筑物与水隔绝的作用。同时，因为卷材有一定的耐候性，在外界气温等变化情况下，不会出现裂缝。在外力和结构自身作用下造成的微小变形，卷材可延伸而不裂不断，从而保证了防水层在一定时间、一定变形范围内的防水效果。

（二）防水涂料

防水涂料主要是以乳化沥青、改性沥青、橡胶及合成树脂为主要材料的防水材料，在其固化前为无定型粘稠状液态物质，通过在施工表面涂、喷防水涂料并铺设玻璃纤维布或聚酯纤维无纺布加强，经交链固化或溶剂、水分蒸发固化形成整体的防水被膜，类似于在施工现场以施工表面为模具制作防水卷材，固化后形成的致密物质具有不透水性和一定的耐候性、延伸性。防水涂料适应于复杂的基层表面，固化后防水层不接缝、整体性好。

防水涂料分为乳化沥青类防水涂料、改性沥青类防水涂料、橡胶类防水涂料、合成树脂类防水涂料四大类。按液态类型可分为溶剂型、水乳型和反应型三类。

（三）建筑密封材料

建筑密封材料系指填充于建筑物的接缝、门窗框四周、玻璃镶嵌部位以及裂缝等能起到水密、气密性作用的材料。

密封材料主要是用来填充在设计上有意安排的接缝，利用其水密、气密性能，达到“加封”、“密闭”的作用。密封材料具有较好粘结性、弹性和耐老化性，能长期经受拉伸和收缩以及振动疲劳，保持防水效果。

（四）刚性防水材料

刚性防水材料是指以水泥、砂、石为原材料或掺入少量外加剂、高分子聚合物等材料，通过调整水泥、砂、石以及水的配合比，抑制孔隙率，改善孔结构，增加原材料间界面的密实性；或通过补偿收缩，提高混凝土抗裂能力的方法配制成具有一定抗渗透能力的水泥砂浆、混凝土类防水材料。

刚性防水材料分为防水混凝土、聚合物防水砂浆、无机防水剂、防水胶粉、注浆堵漏材料等五类。

建筑防水材料品种繁多，本章防水施工中涉及的防水材料将在以后有关内容中予以介绍。

第二节　屋面防水施工

一、卷材防水屋面施工

卷材防水屋面施工主要介绍沥青防水卷材施工，同时也简要介绍高聚物改性沥青防水卷材和合成高分子防水卷材施工。

（一）沥青卷材防水层施工

沥青卷材防水屋面的防水层一般是用胶结材料（常用玛琋脂）与卷材（常用石油沥青纸胎油毡）逐层粘结铺贴而成的。其构造层次如图 7-1。

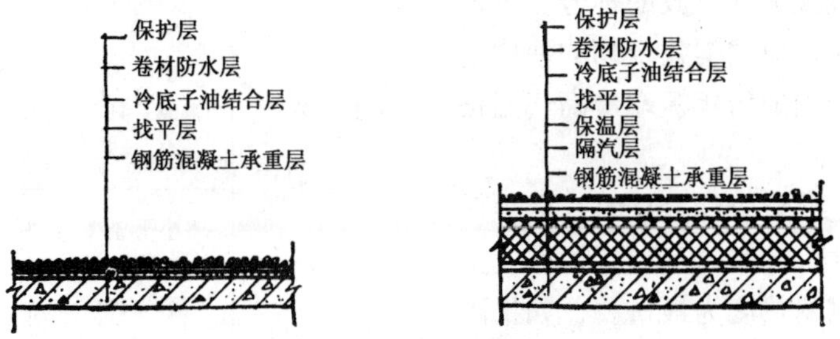

图 7-1　卷材屋面构造层次图

（a）不保温卷材屋面；（b）保温卷材屋面

1. 防水材料

1. 沥青。沥青油毡防水屋面使用的沥青常用 60 号道路石油沥青及 30 号、10 号建筑石油沥青；一般不宜使用普通石油沥青，如果使用时，应严格注意其质量指标和石腊含量。石油沥青的三个主要质量指标见表 7-3。

沥青在使用时，应注意其来源、品种及标号等。石油沥青与煤沥青性质不同，绝不能混合使用。在贮存时，应防止混入杂质、砂土及水分；避免阳光直接曝晒；要按不同品种分别保存，避免混杂，以确保施工质量。

表 7-3　几种石油沥青的三个主要质量指标

指　　标	牌　　号				
	60 号甲(3 号甲)	60 号乙(3 号乙)	30 号甲(4 号甲)	30 号乙(4 号乙)	10 号(5 号)
软化点(不低于)(℃)	45	45	70	60	95
针入度(25℃时)(1/10mm)	41 ~ 80	41 ~ 80	21 ~ 40	21 ~ 40	5 ~ 20
延开度(25℃时不低于)(cm)	60	40	3	3	1

注：括号内标号系旧标号。

（2）油毡。油毡防水屋面常用 350 号石油沥青纸胎油毡（宜用粉毡）。按我国统一标准，油毡宽度为 915mm，每卷面积 $20 \pm 0.3m^2$；油毡的标号是用纸胎每平方米的重量（克）来表示，现有 200 号、350 号、500 号三种。为防止油毡相互粘结，制作时表面撒一层云母片或滑石粉。

油毡要储存在阴凉通风的室内，严禁接近火源；按不同品种及标号分别直立堆放，高度以两层为宜，要防止受潮。要先到先用，避免长期储存而变质。

(3) 沥青胶及冷底子油。

A. 沥青胶　它是粘贴油毡的胶结材料。屋面工程一般用石油沥青胶。它可以是一种牌号的沥青加热熬化，也可是两种以上牌号的沥青按适当比例混合熬化而成；也可以在上述熬化的沥青中掺入适当的滑石粉（一般为20%~30%）或石棉粉（一般为5%~15%）等填充材料拌合均匀成沥青胶（俗称玛琋脂。掺入填料可以改善沥青胶的耐热度、柔韧性、粘结力、延缓老化，节约沥青。耐热度被视为沥青胶的标号。做油毡屋面防水层时，应根据建筑物的使用情况、屋面坡度和当地历年极端最高气温按表7-4选用。

表7-4　沥青胶标号的选用

屋面坡度	历年室外极端最高气温	石油沥青胶标　号
1~3%	小于38℃ 38~41℃ 41~45℃	S—60 S—65 S—70
3~15%	小于38℃ 38~41℃ 41~45℃	S—65 S—70 S—75
15~25%	小于38℃ 38~41℃ 41~45℃	S—75 S—80 S—85

注：1. 油毡层上有板块或整体保护层时，标号可按表列降低5号。
2. 屋面受其他热源影响（如高温车间等）或屋面坡度超过25%时，应考虑将其标号适当提高。

在试验确定沥青胶配合比时，必须对耐热度、柔韧性、粘结力三项指标作慎重的全面考虑，以耐热度为最重要，如果耐热度太高，冬季容易脆裂；耐热度太低，夏季容易流淌。沥青胶三项指标见表7-5。当符合三项质量指标要求的配合比确定后，在熬制沥青胶时必须严格掌握配合量，不得任意增减。同时严格掌握熬制温度和时间并遵守有关施工操作规程，这对保证油毡防水屋面施工质量是一个极为重要的问题。

沥青胶配合比参阅表7-6。沥青胶的熬制温度和使用温度应遵守表7-7所述。

表7-5　石油沥青胶的要求

指　标	标　　号					
	S—60	S—65	S—70	S—75	S—80	S—85
耐热度	用2mm厚的沥青胶粘合两张油纸，在不低于下列温度（℃）中，在45°角的坡度上停放5h，沥青胶不应流淌，油纸不应滑动					
	60	65	70	75	80	85
柔韧性	涂在沥青油纸上的2mm厚的沥青胶层，在18±2℃时，围绕下列直径（mm）的圆棒，以两秒钟的均衡速度弯曲成半圆沥青胶层不应有裂纹					
	10	15	15	20	25	30
粘结力	将两张用沥青胶粘贴在一起的沥青油纸慢慢地一次撕开，从油纸和沥青胶的粘贴面的任何一面的撕开部分，应不大于粘贴面积的二分之一					

表 7-6　石油沥青胶配合比参考表

耐热度（℃）	石油沥青牌号				填充料					催化剂（占沥青重量的百分率）
	10 号	30 号	60 号	55 号	六级石棉	七级石棉或混合石棉	滑石粉	大白粉	粉煤灰	
			85		15					
65			70			30				
			70				30			
	70						30			
	60		10		10		20			
70	70	5					25			
	65	10					25			
	80						20			
			78		22					
			65			35				
	38.5			38.5			23			
	70						30			硫酸铜 1.5%
	65		5				30			
75	75					25				
	60		10					30		
			72						28	
	50		20					30		
				75			25			
	70						30			氯化锌 1.5%
80	70							30		硫酸铜 1.5%
	75						25			
	80						20			氯化锌 1.0%
85	15			65	20					
	20			55	25					

B. 冷底子油　冷底子油的作用是使沥青胶与水泥砂浆找平层起更好的粘结作用，其配合比（重量比）一般为石油沥青（10 号或 30 号，熬热熔化脱水）40%加煤油或轻柴油 60%（称慢挥发性冷底子油，涂刷后 12～18h 可干）；也可采用石油沥青 30%加汽油 70%（称快挥发性冷底子油、涂刷后 5～10h 可干）。冷底子油可涂或喷。一般要求找平层完全干燥后施工。冷底子油干燥后，必须立即做油毡防水层，否则，冷底子油易粘灰尘，又得重涂刷。

表 7-7　石油沥青胶的加热温度与使用温度

沥青类别	熬制温度（℃）	使用温度（℃）	熬制时间
普通石油沥青（高蜡沥青）或掺配建筑石油沥青	不高于 280	不宜低于 240	以 3～4h 为宜，熬制时间过长，容易使沥青老化变质，影响质量
建筑石油沥青	不高于 240	不宜低于 190	

注：沥青胶以当天熬制，当天用完为宜，如有剩余，第二天熬制时，每锅最多掺入锅容量的 10% 的剩余沥青胶。

2. 基层施工要求　基层施工质量的好坏，对保证屋面工程质量至关重要，从广义上说，凡防水层以下的层次均称为基层。基层应有足够的强度和刚度，承受荷载时不致产生显著变形。

屋面承重基层一般为预制钢筋混凝土板，应做到铺板平稳牢固，相邻屋面板高低差不大于 10mm；板缝应用 C20 以上细石混凝土嵌填密实，不准有松动现象。

对有保温层的屋面，在施工隔气层时，板面应清理干净。隔气层的做法一般是在钢筋混凝土屋面板（或找平层）上涂刷冷底子油一道和热沥青胶两道；或铺设一毡二油（或二毡三油）。要求涂刷与铺贴均应严密，没有气泡。铺贴隔气层应注意：属于封闭或保温层者，与立墙交界处隔气层应向墙上延伸并高出保温层 150mm；油毡搭接宽度不得少于 50mm。铺贴油毡所用的沥青胶结材料的软化点，必须高于室内最高温度 20～25℃，且不得低于 40℃。

保温层常用的保温材料有松散的（如干炉渣）、预制块状的（如泡沫混凝土块）或现浇轻质炉渣混凝土等，施工时要求铺设均匀平整，不宜压紧振动。松散和块状保温材料施工时不得受潮，必须保证施工期间的干燥状态。

防水层粘贴在找平层上，所以找平层是防水层的直接基层。油毡防水层的找平层多用配合比为 1:3 的水泥砂浆（体积比）或配合比为 1:8 沥青砂浆（沥青:砂和粉料，重量比）。

找平层施工质量好坏，对保证卷材铺贴质量有密切的关系，施工时必须重视，其质量要求见表 7-8。

表 7-8　找平层施工质量要求

项　目	施　工　质　量　要　求
材　料	水泥砂浆或沥青砂浆，其材料，配合比必须符合设计或上述有关的规定和要求
平 整 度	找平层应粘结牢固，没有松动、起壳、翻砂等现象。表面平整，用 2m 长的直尺检查，找平层与直尺间的空隙不应超过 5mm，空隙仅允许平缓变化，每米长度内不得多于一处
坡　度	找平层坡度应符合设计要求，一般天沟纵向坡度不小于 5‰；内部排水的水落口周围应做成半径约 0.5m 和坡度不宜小于 5% 的杯形洼坑
转　角	两个面的相接处，如墙、天窗壁、伸缩缝、女儿墙、沉降缝、烟囱、管道泛水处以及檐口、天沟、斜沟、水落口、屋脊等，均应做成半径不小于 100～15mm 的圆弧或斜边长度为 100～150mm 的钝角垫坡，并检查泛水处的预埋件位置和数量
分　格	找平层宜留设分格缝，缝宽一般为 20mm，分格缝应留设在预制板支承边的拼缝处，其纵横向的最大间距：水泥砂浆找平层，不宜大于 6m：沥青砂浆找平层，不宜大于 4m。分格缝兼作排气屋面的排气道时，可适当加宽，并应与保温层连通。分格缝应附加 200～300mm 宽的卷材，用沥青胶结材料单边点贴覆盖。
水 落 口	内部排水的水落口杯应牢固地固定在承重结构上，水落口所有零件上的铁锈均应预先清除干净，并涂上防锈漆。水落口杯与竖管承口的连接处，应用沥青与纤维材料拌制的填料或油膏填塞

水泥砂浆找平层的铺设应由远而近，由高到低的程序进行；最好每分格内一次连续

铺成，严格掌握坡度，可用 2m 左右的木方条找平；待砂浆稍收水后，用抹子压实抹平；终凝前，轻轻取出木条；完工后表面少踩踏；铺设找平层 12h 后，需洒水养护或喷冷底子油养护。

沥青砂浆找平层施工，基层必须干燥，然后满涂冷底子油 1～2 道，待冷底子油干燥后，可铺设沥青砂浆。其铺设厚度约为压实后厚度的 1.3～1.4 倍，之后，将砂浆刮平，用火滚进行滚压至平整、密实，表面不出现蜂窝和压痕为止。施工时沥青砂浆的温度参见表 7-9。滚筒应保持清洁，表面可涂刷柴油。滚筒滚压不到之处，可用烙铁烫压平整。沥青砂浆铺设后，最好当天铺第一层油毡，否则要用卷材盖好，防止雨水、露气浸入。

找平层的作用是保证卷材铺贴平整，粘结牢固，因此必须清洁干燥，同时需要有一定的强度，即强度达到 $5N/mm^2$ 以上时，才允许在其上铺贴卷材。

表 7-9 沥青砂浆温度参考表

室外气温（℃）	沥青砂浆温度（℃）		
	拌　制	铺　设	滚压完毕
+5 以上	140～170	90～120	60
+5～－10	160～180	110～130	40

3. 油毡防水层施工

（1）防水层施工前的准备工作。油毡应根据设计要求进行选择，铺贴前要清扫毡面的撒料，并达到洁净要求，以确保与沥青胶的良好结合。

水泥砂浆找平层铺贴油毡前应先刷冷底子油粘结层，涂刷冷底子油的品种要视铺贴卷材而定，不可错用。涂刷时间宜在铺毡前 1～2d 进行。

准备好熬制沥青、拌合、运输、刷油、清扫、铺贴油毡等施工操作过程中必须的工具。

做好安全防护工作，如灭火器、防护栏杆等。

（2）油毡铺贴的一般要求。防水层施工应在屋面上其它工程（如砌筑、烟囱、设备管道等）完工后进行；铺贴多跨或有高低跨厂房的防水层时，应按先远后近，先高后低的顺序进行；在一个屋面应先铺贴排水比较集中的部位（如水落口、檐口、斜沟、天沟等处及油毡附加层），按标高由低到高，使油毡按顺水方向搭接；油毡的铺贴方向视屋面坡度而定。当坡度在 3%以内时，按平行屋脊方向铺贴；坡度在 3%～15%时，可根

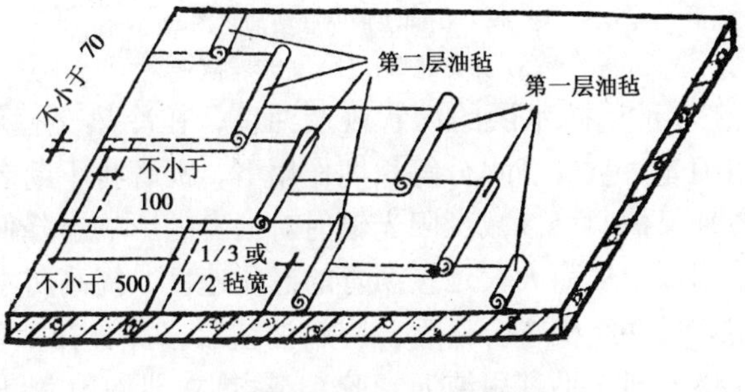

图 7-2　油毡搭接尺寸示意图

（单位：mm）

据当地情况，决定平行或垂直屋脊方向铺贴；坡度大于15%时，应垂直屋脊方向铺贴，以免油毡溜滑，其接缝应顺主导风向。油毡平行屋脊方向铺贴时，油毡各边搭接尺寸见图7-2。油毡垂直屋脊铺贴时，每幅油毡都应铺过屋脊不小于200mm，一幅油毡也不得从檐口的一边一直铺到另一边檐口，否则，屋脊处油毡容易变形或拉裂，上下两层油毡不宜相互垂直铺贴。

（3）油毡铺贴施工。油毡铺贴时的铺油方法分为满铺和花铺法两种，各自使用在不同情况下或不同层次。

A. 满铺法铺贴油毡　满铺法（即实铺法）是在找平层和各层上层满涂沥青胶，使油毡之间全部粘牢而无空隙。沥青胶厚约1.5～2mm（过薄不易粘结牢，过厚容易产生流淌）。铺贴油毡的质量，要求粘结牢固，推铺平直，避免铺斜、扭曲和出现未粘结的地方。如出现粘结不良之处，可用小刀将油毡划破，再用沥青胶将油毡贴紧、封死、擀平。铺贴底层油毡时，应在基层屋面板的每条端缝处（即承重墙、梁或屋架处）干铺宽度约300mm的油毡条一层，这是防水油毡层在端缝处不出现拉裂的重要技术措施，如图7-3所示。同时，在屋面转角、凸出屋面管道或墙根等部位，天沟及雨水口周围等地方，均应加铺1～2层油毡附加层，以加强防水效果。

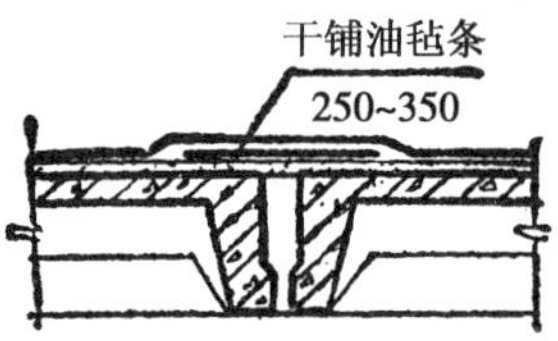

图7-3　横向板缝干铺油毡条

B. 花铺法铺贴油毡　花铺法（即花撒法）是用于第一层油毡的铺贴，以形成排气屋面。它是在找平层上条形或曲线形涂沥青胶，油毡和找平层之间不全部贴实，其间留有贯通的空隙，使屋面防水层下的潮气可以沿屋脊设置的排气槽和檐口部位的出气孔排除，避免油毡层起鼓，而且可以节省沥青胶。花铺法操作应认真严格，油毡搭边要贴牢，距檐口、山墙、伸缩缝500mm的范围内要满涂满贴。第二层及其以上各层仍用满铺法。花铺法的形式如图7-4所示。

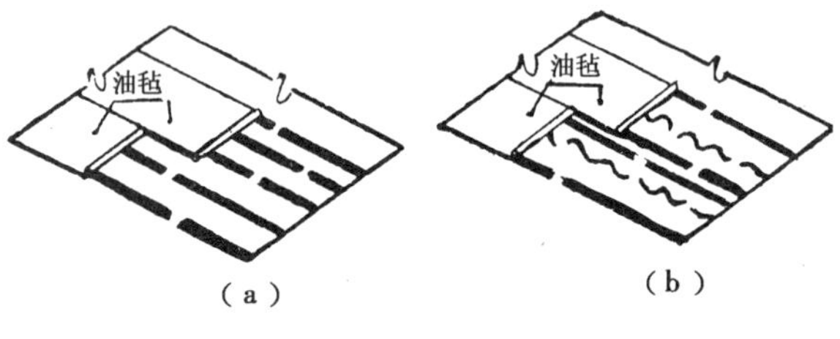

图7-4　花铺法铺贴底层油毡图

（a）条形花撒；（b）蛇形花撒

（4）保护层施工。油毡防水层的沥青胶及油毡，在冷热交替作用下有伸张收缩，同时又在大气环境的阳光、空气、水分等长期作用下，沥青将不断老化，逐渐由软变硬而发脆。绿豆砂等各种保护层可以减少阳光辐射对沥青的影响，降低沥青表面温度，防止暴雨对防水层的冲刷等，从而大大延缓沥青的老化速度，提高防水层的使用寿命。

当屋面油毡铺贴完成并经检查合格后，应趁油毡层未冷，在油毡上面浇涂2～4mm厚的沥青胶（要加入掺合剂，不宜用纯沥青胶），趁热立即均匀撒铺一层清洗干净并经预热（100～150℃）、粒径约3～5mm的绿豆砂做保护层，施工时要堵塞好下水口，以防下水管被堵。绿豆砂保护层要求均匀并应嵌入沥青胶内1/2以上，保证粘结牢固。

4. 排气槽与出气孔的做法　在潮湿的保温层或室内水气较多的屋面上做油毡防水层，为保证质量，屋面应采用排气做法。

图 7-5 表示保温层中留排气槽的一种做法；图 7-6 表示底层油毡用条铺与干铺油毡条的做法；图 7-7 表示屋脊处做砖砌排气孔或铁皮排气罩。

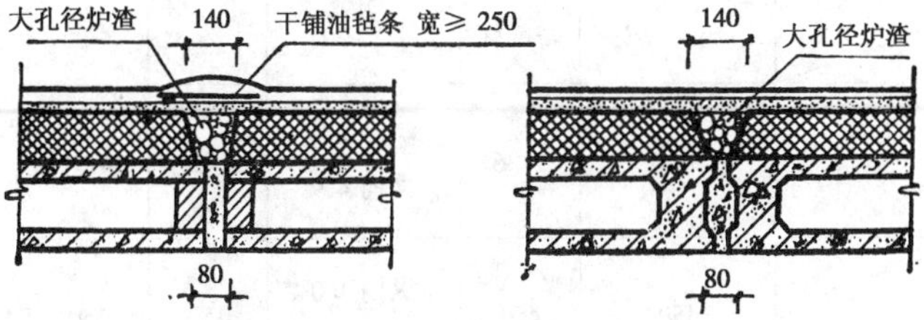

图 7-5　在隔热保温层中设纵、横排气槽

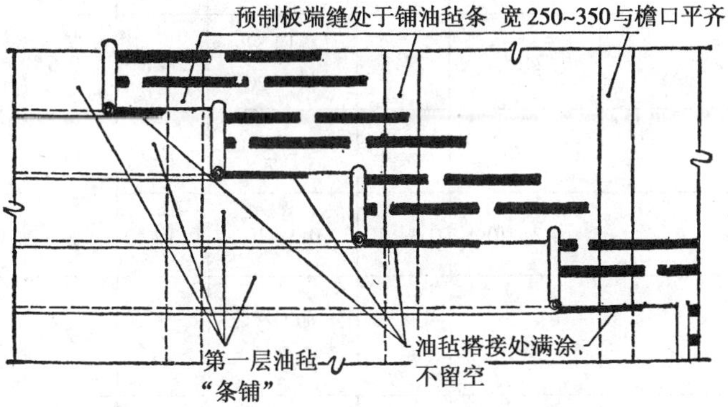

图 7-6　第一层油毡"条铺"与干铺油毡条作排气槽

排气槽与出气孔，施工时注意不要将孔槽堵塞，填大孔径炉渣等松散材料，不宜填塞太紧，砖砌出气孔时，灰浆不要灌入洞中。同时，所有排气孔和排气槽均应与大气连通，使屋面基层内的水气有排出的通路。出气口力求构造简单、合理，施工方便，并保证不进水漏水。

（二）合成高分子卷材防水层施工

合成高分子卷材主要品种有：三元乙丙橡胶防水卷材，氯化聚乙烯—橡胶共混防水卷材、氯化聚乙烯防水卷材和聚氯乙烯防水卷材等。国内常用的几种高分子卷材主要性能指标见表 7-10。

(a)　　(b)

图 7-7　砖砌排气孔与铁皮排气罩

(a) 砖砌排气孔；(b) 铁皮排气罩

表 7-10　合成高分子防水卷材的主要技术性能指标

性能指标＼卷材名称 项目名称		三元乙丙橡胶防水卷材	氯化聚乙烯橡胶共混防水卷材	氯化聚乙烯防水卷材	氯磺化聚乙烯防水卷材	聚氯乙烯防水卷材	TPO防水卷材	LYX—603防水卷材
拉伸强度（MPa）≥		7.36	7.36	纵向 9.8 横向 4.9	9.8	4.91	4.0	9.8
断裂伸长率（%）≥		450	450	纵向 100 横向 300	150	150	300	夹层纤维10，胶层 40
300%定伸强度（MPa）≥		2.94	2.94	/	/	/	/	/
撕裂强度（kN/m）≥		24.5	24.5	纵向 39 横向 20	34.3	19.6	/	50.0
脆性温度（℃）		－45	－40	－25	－25	－20	－30	－24
不透水性（MPa×h）		0.3×10	0.3×10	0.3×10	0.3×10	/	0.3×10	0.3×2
低温柔性		/	/	－30℃对折无裂纹	/	/	/	/
耐臭氧老化（40±2℃，1 000±100PPHM）		预拉伸 40%，168h，无裂纹	同左	预拉伸 25%，168h，无裂纹	/	/	静态 168h 无裂纹	静态 168h，无裂纹
热老化（80±2℃加热 168h）保持率%	拉伸强度断裂伸长率撕裂强度	80 70 50	80 80 75	/ / /	/ / /	70 80 60	90 70 /	/ / /

合成高分子卷材防水施工方法分为冷贴卷材防水施工、热熔（或热焊接）卷材防水施工及自粘型卷材防水施工三种，使用最多的是冷贴法。

冷贴卷材防水施工是指以合成高分子卷材为主体材料，配以与卷材同类型的胶粘剂及其它辅助材料，用胶粘剂贴在基层形成防水层的施工方法。下面介绍三元乙丙橡胶防水卷材冷贴法施工，其屋面构造如图 7-8。

三元乙丙橡胶防水卷材一般用于高档工程屋面单层外露防水工程。卷材厚度宜选用 1.5mm 或 1.2mm 厚。

1. 施工条件　三元乙丙橡胶防水卷材冷贴施工时，下雨、预期下雨或雨后基层潮湿均不得进行施工；冬季负温时，由于胶结剂中的溶剂挥发较慢不宜施工；施工现场 100m 以内不得有火源或焊接作业。

2. 材料要求　三元乙丙橡胶防水卷材的类型及尺寸要求见表 7-11。它的外观应平直，不应有破损、断裂、砂眼、折皱等缺陷。

三元乙丙橡胶防水卷材的配套胶粘剂见表 7-12。

3. 施工工艺流程及操作要点　清理基层→涂刷基层处理剂→铺贴附加层卷材→涂刷基层胶粘剂→粘贴防水卷材→卷材接缝的粘接→卷材末端收头的处理→蓄水试验→保护层施工→质量验收。

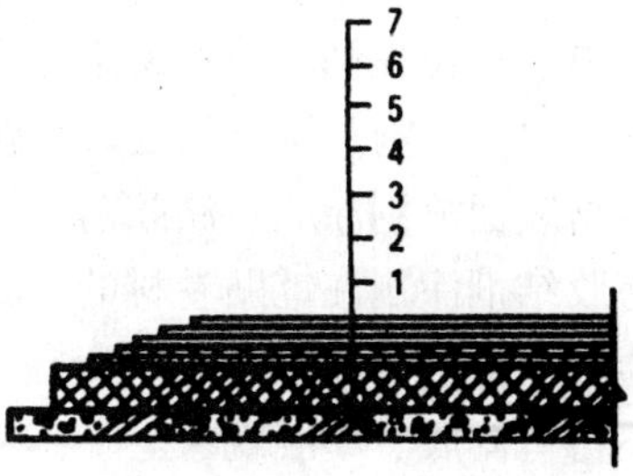

图 7-8　三元乙丙橡胶防水卷材冷贴施工的屋面构造

1. 钢筋混凝土屋面板；2. 保温层；3. 水泥砂浆找平层；4. 基层处理剂；5. 基层胶粘剂；6. 三元乙丙橡胶防水卷材；7. 表面着色剂

(1) 清理基层。将基层杂物、浮灰等清扫干净。

(2) 涂刷基层处理剂。基层处理剂一般用低粘度聚氨酯，其配合比为：

甲料:乙料:二甲苯 = 1:1.5:1.5

按比例配合并搅拌均匀涂刷于基层，为了隔绝基层潮气，提高卷材与基层粘结强度。大面积涂刷前，先用油漆刷在阴阳角、管根部、水落口等部位涂刷一道，然后再用长把滚刷在基层满刷一道，涂刷要厚薄均匀，不得见白露底。一般在涂刷 4h 以后或根据气候条件待处理剂渗入基层且表面干燥后，才能进行下道工序。

表 7-11　三元乙丙橡胶防水卷材的类型及尺寸要求

<table>
<tr><th rowspan="2">类型</th><th colspan="2">厚度（mm）</th><th colspan="2">宽度（m）</th><th colspan="2">长度（m）</th></tr>
<tr><th>基本尺寸</th><th>允许误差</th><th>基本尺寸</th><th>允许误差</th><th>基本尺寸</th><th>允许误差</th></tr>
<tr><td>A 型</td><td>0.8
1.0
1.2
1.5</td><td rowspan="2">+15%
−10%</td><td rowspan="2">1.0 或
1.2</td><td rowspan="2">不允许
出现负值</td><td>20.0</td><td rowspan="2">不允许
出现负值</td></tr>
<tr><td>B 型</td><td>2.0</td><td>10.0</td></tr>
</table>

表 7-12　三元乙丙橡胶防水卷材配套材料

材料名称	用　途	颜　色	容量（kg/桶）	用量（kg/m²）	备　注
聚氨脂底胶	基层处理剂	甲料：黄褐色胶体 乙料：黑色胶体	18 17	0.2	
氯丁系胶粘剂（如 CX404 胶）	基层与胶材胶粘剂	黄色混浊胶体	15	0.4	亦可用 BRICI J—4
丁基胶粘剂	卷材接缝胶粘剂	A 料：黄色胶体 B 料：黑色胶体	17 17	0.1	亦可用 BRICI J—6
表面着色剂	表面着色	银色涂料	17	0.2	分水乳型和溶剂型两种
聚氨酯涂膜材料	接缝增补密封剂	甲料：黄褐色胶体 乙料：黑色胶体	18 24	0.1	

(3) 铺贴附加层卷材。在檐口、屋面与立面的转角处、水落口周围、管道根部等构造节点部位先铺一层卷材附加层，天沟宜铺二层。

(4) 涂刷基层胶粘剂。一般采用氯丁系胶粘剂（如 CX—404 胶），需在基层和防水卷材表面分别涂刷。涂胶前，先在准备铺贴第一幅卷材的位置弹好基准线，用长把滚刷将胶结剂涂刷在铺贴卷材的范围内。同时，将卷材用潮布擦净浮灰，用笔划出长边及短边各 100mm 不涂胶的接缝部位，然后在划线范围内均匀涂刷胶粘剂。涂刷应厚薄均匀，不得有露底、凝胶现象。

(5) 粘贴防水卷材。胶结剂涂刷后，需晾置 20min 左右，待基本干燥（手触不粘）后方可进行卷材的粘贴。

(6) 卷材接缝的粘接。在卷材接缝 100mm 宽的范围内，把丁基粘结剂 A 料、B 料按 1:1 的比例配合搅拌均匀，用油漆刷均匀涂刷在卷材接缝处的两个粘接面上，涂胶后 20min 左右（手触不粘手时）即可进行粘贴。粘贴从一端开始，顺卷材长边方向粘贴，并用手持压辊滚压粘牢。

(7) 卷材末端收头的处理。为了防止卷材末端收头处剥落，卷材的收头及边缝处应用密封膏（常用聚氯脂密封膏或氯磺化聚乙烯密封膏）嵌严。

(8) 蓄水试验。屋面防水层完工后，应做蓄水试验或淋水试验。一般有女儿墙的平屋面做蓄水试验，坡屋面做淋水试验。蓄水高度根据工程而定，在不超过屋面容许荷载前提下，尽可能使水没过屋面。蓄水 24h 以上屋面无渗漏为合格。若进行淋水试验，淋水时间应不少于 2h，屋面无渗漏为合格。

(9) 保护层施工。蓄水试验合格后，应立即进行保护层施工，保护卷材免受损伤。

不上人屋面涂刷配套的表面着色剂，着色剂银色，分水乳型和溶剂型两种。涂刷前要将卷材表面的浮灰清理干净，用长把滚刷依次涂刷均匀，两道成活，干燥前不许上人走动。

上人屋面应按设计要求铺方砖。方砖下铺 10 ~ 20mm 厚干砂，方砖之间的缝隙用水泥砂浆灌实。要求板面平整，坡度一致，横竖缝整齐。在女儿墙周围及每隔一定距离应留适当宽度的伸缩缝，如图 7-9 所示。

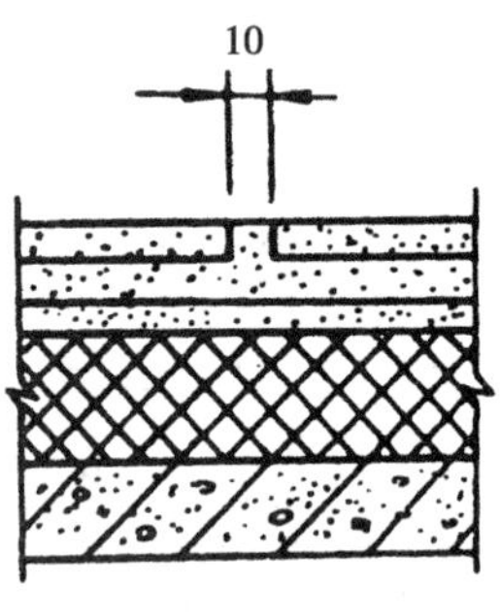

图 7-9　上人屋面留缝做法

（三）高聚物改性沥青防水卷材施工

高聚物改性沥青防水卷材施工分为冷贴卷材防水施工、热熔（或热焊接）卷材防水施工及自粘型卷材防水施工三种，目前使用最多的是热熔法。

热熔法卷材防水施工是指将卷材背面用喷灯或火焰喷枪加热熔化，靠其自身熔化后粘性与基层粘结在一起形成防水层的施工方法。下面介绍 SBS 改性沥青防水卷材或 APP 改性沥青防水卷材热熔法施工。两种以聚脂无纺布为胎料制成的柔性卷材物理性能见表 7-13 和表 7-14。

1. 施工条件　改性沥青防水卷材热熔施工可在 – 10℃气温下进行，施工不受季节限制，但雨天、风天不得施工；基层必须干燥，局部稍潮可用火焰喷枪烘烤干燥；施工操作易着火，除施工中注意防火外，施工现场不得有其它明火作业。

表 7-13　聚酯毡胎 SBS 改性沥青防水卷材物理性能

标　号	25 号			35 号		
指标名称 ＼ 等　级	优等品	一等品	合格品	优等品	一等品	合格品
可溶物含量（g/m^2）不小于	1 300			2 100		
不透水性　压力（MPa）不小于	0.3					
不透水性　保持时间（min）不小于	30					
耐热度（℃）	100	90		100	90	
	受热 2h，涂盖层应无滑动					
拉力（N）纵横向均不小于	800	600	400	800	600	400
断裂延伸率（%）纵横向均不小于	40	30	20	40	30	20
柔　度（℃）	-25	-20	-15	-25	-20	-15
	r = 15mm3s 弯 180℃无裂纹					
可溶物含量（g/m^2）不小于	2 900			3 700		
不透水性　压力（MPa）不小于	0.3					
不透水性　保持时间（min）不小于	30					
耐热度（℃）	100	90		100	90	
	受热 2h，涂盖层应无滑动					
拉力（N）纵横向均不小于	800	600	400	800	600	400
断裂延伸率（%）纵横向均不小于	40	30	20	40	30	20
柔　度（℃）	-25	-20	-15	-25	-20	-15
	r = 25mm3s 弯 180℃无裂纹					

表 7-14　聚酯毡胎 APP 改性沥青防水卷材物理性能

标　号	35 号			45 号			55 号		
指标名称 ＼ 等　级	优等品	一等品	合格品	优等品	一等品	合格品	优等品	一等品	合格品
可溶物含量（g/m^2）不小于	2 100			2 900			3 700		
不透水性　压力（MPa）不小于	0.3								
不透水性　保持时间（min）不小于	30								
耐热度（℃）	130	120	110	130	120	110	130	120	110
	受热 2h，涂盖层应无滑动								
拉力（N）纵横向均不小于	800	600	400	800	600	400	800	600	400
断裂延伸率（%）纵横向均不小于	40	30	20	40	30	20	40	30	20
柔　度（℃）	-15	-10	-5	-15	-10	-5	-15	-10	-5
	r = 25mm3s 弯 180°无裂纹			r = 25mm3s 弯 180°无裂纹					

2. 材料要求　进场的改性沥青防水卷材应有合格证，卷材经复验技术指标应达到有关标准要求。外观质量应达到下列要求：

成卷卷材应卷紧、卷齐，卷筒两端厚度相差不超过 5mm，端面里进外出不得超过 10mm；成卷卷材在 -10～+45℃的环境温度下应易于展开，不得粘结或产生裂纹；胎体与涂盖层应粘结牢固，热熔卷材胎体应位于卷材上部 1/3 处；卷材表面不允许有裂纹、孔洞、折皱等缺陷。

准备好改性沥青涂料或胶粘剂（由厂方配套）作为基层处理剂。

3. 施工工艺流程及操作要点　清理基层→涂刷基层处理剂→铺贴卷材附加层→热熔铺贴大面防水卷材→热熔封边→蓄水试验→保护层施工→质量验收。

（1）清理基层。将基层杂物、浮灰等清扫干净。

（2）涂刷基层处理剂。基层处理剂一般为溶剂型橡胶改性沥青防水涂料或橡胶改性沥青胶粘剂。将基层处理剂均匀涂刷在基层上，要求厚薄一致。基层处理剂干燥后，才能进行下道工序。

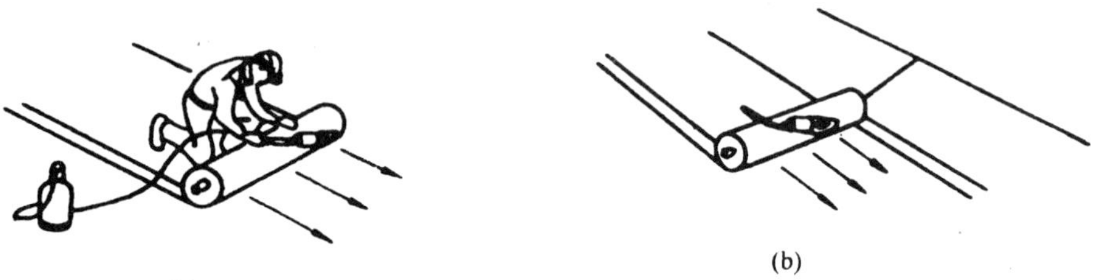

(a)

(b)

图 7-10　热熔卷材施工

（3）铺贴附加层卷材。按设计要求在构造节点部位铺贴附加层卷材。

（4）热熔铺贴大面防水卷材。将卷材定位后，重新卷好，点燃火焰喷枪（喷灯）烘烤卷材底面与基层的交接处，使卷材底面的沥青熔化，边加热，边向前滚动卷材并用压辊滚压，使卷材与基层粘结牢固。应注意调节火焰的大小和移动速度，以卷材表层刚刚熔化为佳（此时沥青温度在 200～230℃之间）。火焰喷枪与卷材的距离约 0.5m。若火焰太大或距离太近，会烤透卷材，造成粘连，打不开卷；反之，卷材表面会熔化不够，与基层粘结不牢。热熔卷材施工如图 7-10 所示。

（5）热熔封边。把卷材搭接缝处用抹子挑起，用火焰喷枪烘烤卷材搭接处，火焰方向应与施工人员前进方向相反，如图 7-11（a）所示。随即用抹子将接缝处熔化的沥青抹平，如图 7-11（b）所示。

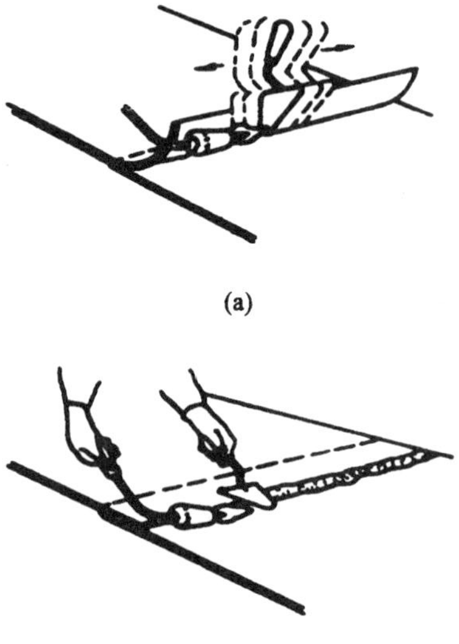

(a)

(b)

图 7-11　热熔卷材封边

（6）蓄水试验。同三元乙丙橡胶防水卷材施工。

（7）保护层施工，上人屋面按设计要求铺方砖。不上人屋面在卷材防水层表面边涂改性沥青胶结剂，边撒石片（最好先筛过，将石片中的粉除去），撒布要均匀，用压辊滚压，使其粘结牢固。待干透粘牢后，将未粘牢的石片扫掉。

自粘型卷材防水施工是指采用带有自粘胶的防水卷材，施工时在基层表面均匀涂刷基层处理剂，将卷材背面隔离纸撕净，将卷材粘贴于基层形成防水层的施工方法。在此不予详细介绍。

（四）细部做法

在大面积铺贴卷材防水层前应先做好细部构造的防水处理，见表 7-15。

表 7-15　卷材防水屋面细部构造防水措施

构造部位	细部构造	防水措施说明
天沟、檐沟	天沟、檐沟	天沟、檐沟应增铺卷材附加层或采用防水涂膜增强层。屋面与天沟、檐沟交接处和双天沟上部的附加层宜采用空铺法，空铺宽度应为200mm
	天沟、檐沟卷材收头	天沟、檐沟卷材收头应固定，并使用密封膏密封
檐口	无组织排水檐口	在檐口 800mm 范围内卷材应采用满粘法，卷材收头应固定密封
泛水收头	卷材泛水收头	墙体为砖墙时，卷材收头直接铺压在女儿墙压顶下，压顶做防水处理。泛水处铺贴的卷材应采用满粘法，并采取隔热防晒措施
	砖墙卷材泛水收头	卷材嵌入砖墙预留的凹槽内并固定密封。凹槽距屋面找平层不应小于 250mm
	混凝土墙卷材泛水收头	泛水收头采用金属压条钉压，并用密封材料封固
变形缝	变形缝	采用卷材封盖立墙顶部，并加扣混凝土或金属盖板
	高低跨变形缝	高低跨内排水天沟与立墙交接处应做足够适应变形的密封处理
水落口	直式、横式水落口	水落口处应增铺附加层，周围直径 500mm 范围内坡度不小于 5%；并用厚度不小于 2mm 的防水涂料或密封材料涂封。水落口杯与基层接触处应留宽、深各 20mm 的凹槽，嵌填密封材料
立墙	女儿墙、山墙	应做各种压顶和封顶防水处理
反梁	反梁过水孔	留置的过水孔高度不应小于 150mm、宽度不应小于 250mm，用防水涂料、密封材料防水；如采用预埋管，其管径不得小于 75mm，周围留槽用密封材料封严
管道	伸出屋面管道	管道周围的找平层应做成圆锥台，管道与找平层间应留凹槽，嵌填密封膏。防水层收头处应用金属箍箍紧、密封材料封严
出入口	屋面垂直出入口	防水层收头应压在混凝土压顶圈下
	屋面水平出入口	防水层收头应压在混凝土踏步下 防水层的泛水应设护墙
屋面设施基座	设备基座、拉线座	设施基座与结构层相连时，基座根部周围应用细石混凝土做成圆弧形，并与找平层一次完成。防水层宜包裹设施基座的上部，并在地脚螺栓周围做密封处理；在防水层上放置设施时，设施下部的防水层应做附加增强层，必要时应在其上浇筑细石混凝土，其厚度应大于 50mm

檐沟、无组织排水檐口、泛水收头、变形缝、伸出屋面管道、水落口、出入口细部防水构造见图 7-12 ~ 图 7-23。

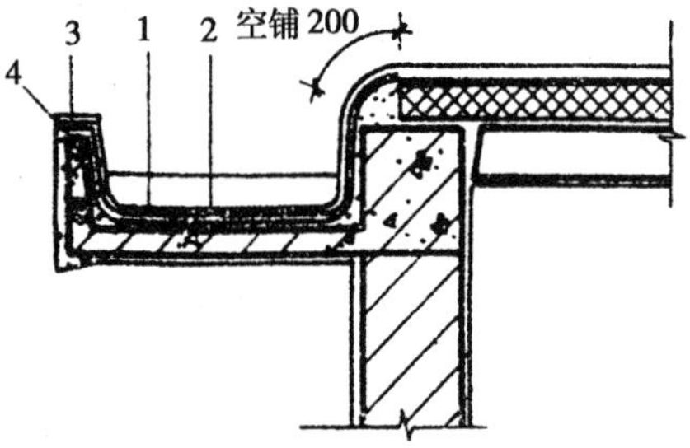

图 7-12 檐沟

1—防水层；2—附加层；3—水泥钉；4—密封材料

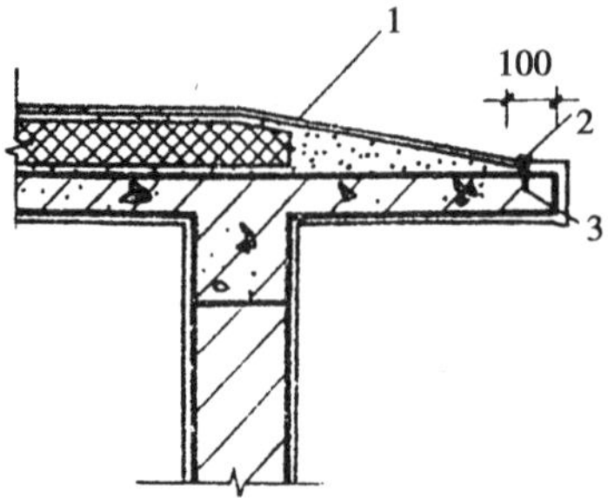

图 7-13 无组织排水檐口

1—防水层；2—密封材料；3—水泥钉

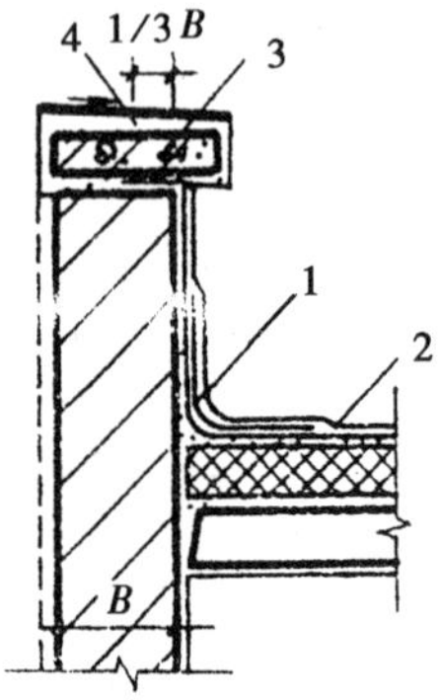

图 7-14 卷材泛水收头

1—附加层；2—防水层；

3—压顶；4—防水处理

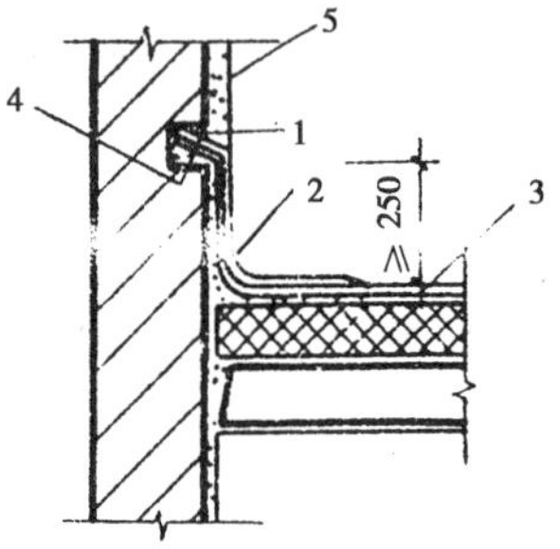

图 7-15 砖墙卷材泛水收头

1—密封材料；2—附加层；3—防水层；4—水泥钉；5—防水处理

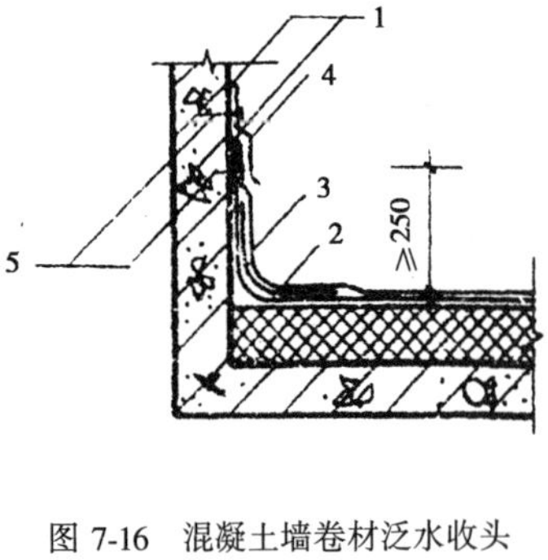

图 7-16 混凝土墙卷材泛水收头

1—密封材料；2—附加层；3—防水层；

4—金属、合成高分子盖板；5—水泥钉

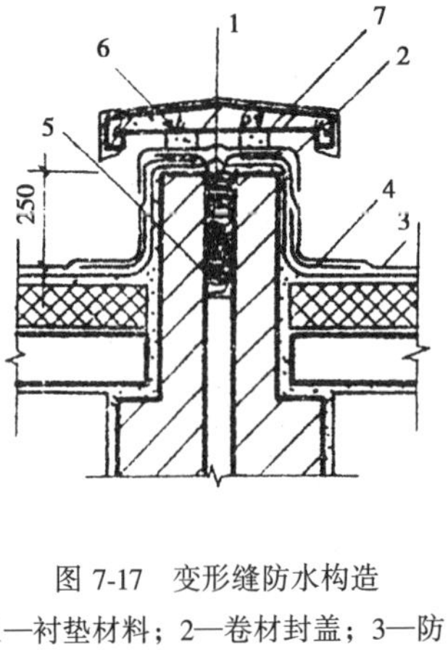

图 7-17 变形缝防水构造

1—衬垫材料；2—卷材封盖；3—防水层；4—附加层；5—沥青麻丝；

6—水泥砂浆；7—混凝土盖板

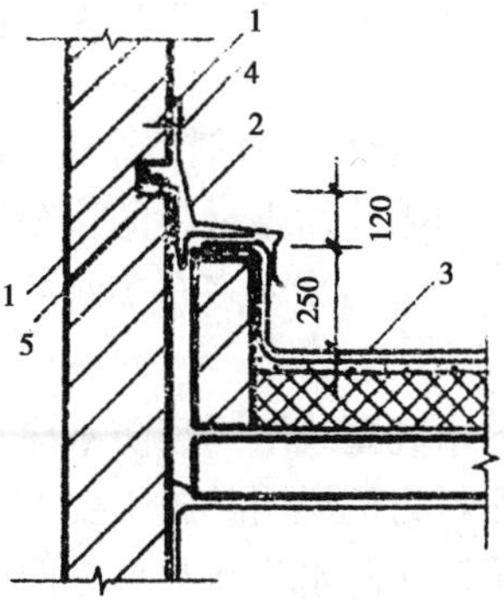

图 7-18　高低跨变形缝

1—密封材料；2—金属或高分子盖板；3—防水层；4—金属压条钉子固定；5—水泥钉

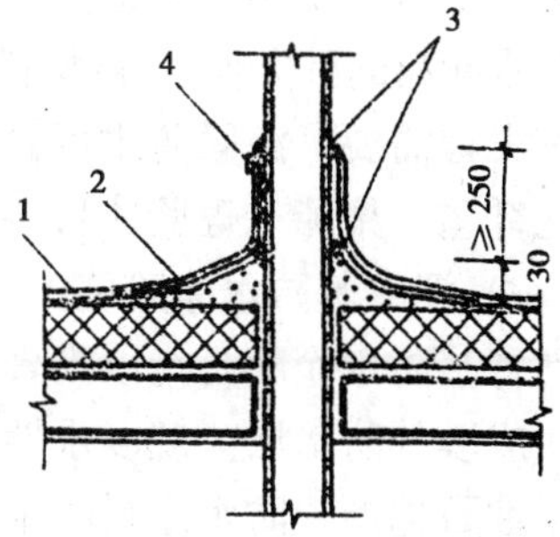

图 7-19　伸出屋面管道防水构造

1—防水层；2—附加层；3—密封材料；4—金属箍

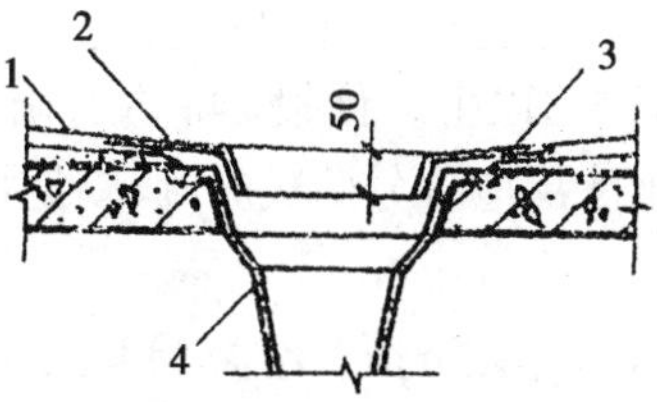

图 7-20　直式水落口

1—防水层；2—附加层；3—密封材料；4—水落口杯

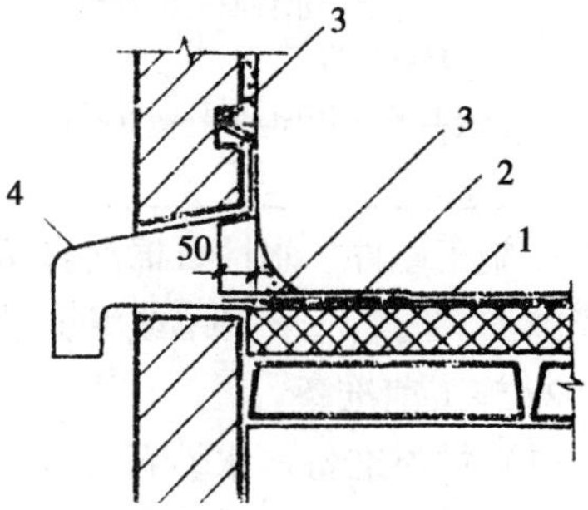

图 7-21　横式水落口

1—防水层；2—附加层；3—密封材料；4—水落口

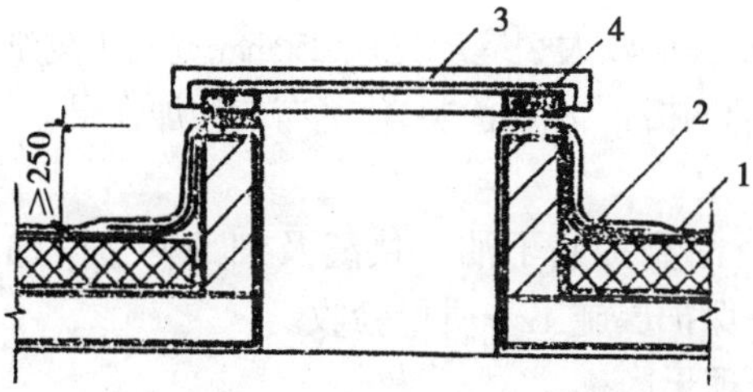

图 7-22　垂直出入口防水构造

1—防水层；2—附加层；3—人孔盖；4—混凝土压顶圈

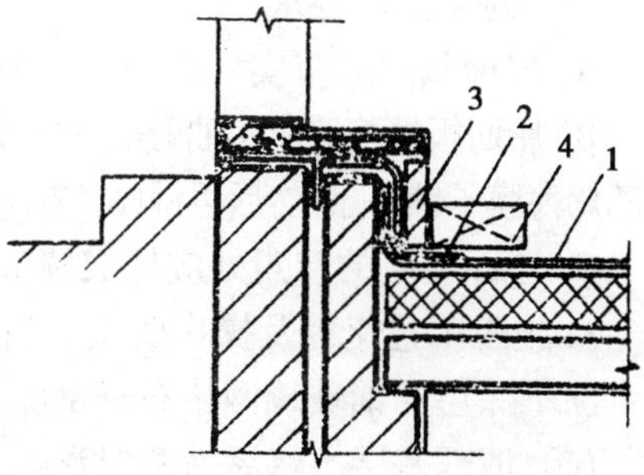

图 7-23　水平出入口防水构造

1—防水层；2—附加层；3—护墙；4—踏步

二、涂膜防水屋面施工

涂膜防水屋面施工是采用防水涂料在屋面基层（找平层）上现场喷涂、刮涂或涂刷抹压作业。涂料经过自然固化形成一定厚度的无缝整体涂膜防水层，从而获得屋面工程具有抗渗防水作用。

涂膜防水屋面主要适用于防水等级为Ⅲ级、Ⅳ级的屋面防水；也可作用Ⅰ级、Ⅱ级屋面多道防水设防中的一道防水层。

防水涂料的种类很多，按材料的形态分类有水乳型涂料、溶剂型涂料、反应型涂料。

按工程需要，涂膜防水可做成单纯涂膜层和加胎体增强材料的涂膜层，即增加玻璃布、化纤毡、聚酯毡等胎体材料形成一布二涂、二布三涂或多布多涂的做法。

（一）沥青基防水涂膜施工

沥青基防水涂膜是指以沥青为基料配制成的水乳型或溶剂型防水涂料通过工程现场作业而成膜的防水层。现以水性石棉沥青防水涂料为例说明其施工要点。

水性石棉沥青防水涂料防水层是由水性石棉沥青防水涂料与玻璃网格布配合，作成一布二涂防水层，防水层材料用量见表 7-16。

表 7-16　水性石棉沥青涂料防水层材料用量

序　号	材　　料	用　　量
1	冷底子油	$0.30kg/m^2$
2	下涂层用水性石棉沥青涂料	$3.0kg/m^2$
3	玻璃网格布	$1.15m^2/m^2$
4	上涂层用水性石棉沥青涂料	$4.0kg/m^2$
总　计		$7 \sim 8kg/m^2$

1. 施工条件　水性石棉沥青防水涂料施工温度 5℃以上。预报 24h 内有雨及大风时，不能施工。气温低于 20℃或温度过高时，底涂层及上涂层应各分两次涂刷，以免收缩。

2. 施工前准备

（1）材料准备。水性石棉沥青防水涂料，进场应有合格证，经复验其技术指标符合要求，贮存期约一年，涂料包装桶应密封，贮存温度应大于 5℃且表面保持一定水分，以防面层结膜；玻璃网格布；细砂或云母粉。

（2）工具准备。准备好开刀、油漆刷、小料桶、剪刀、铁勺、扫帚、抹子等施工工具。

（3）对基层的要求。

A. 屋面基层应坚实、平整，无麻面松动等现象，坡度符合设计要求。

B. 屋面板端接缝应用油膏嵌填密实。接缝及基层较大裂缝应先用 250mm 宽的牛皮纸或聚乙烯薄膜干铺一条，然后再铺贴 450mm 宽的玻璃网格布、涂刷涂料，作一布二油加强层。

C. 屋面基层的转角处应抹成圆弧形。

3. 施工工艺流程及操作要点　清理基层→涂刷冷底子油→接缝及细部构造附加层→刮涂下涂层→铺玻璃网格布→刮涂上涂层→保护层施工→质量验收。

（1）清理基层。将屋面基层浮浆、杂物清理干净。

（2）涂刷冷底子油。将水性石棉沥青防水涂料用一倍水稀释，搅拌均匀成冷底子油。在基层满刷一道。涂刷要均匀，不能露底见白。

（3）接缝及细部构造附加层。冷底子油干燥后，对有较大裂缝部位及女儿墙、天沟、下水口等细部构造处增涂一布二油附加层，宽度为 300～450mm。

（4）刮涂下涂层。待附加层干燥后，按先立面后平面的顺序满刮水性石棉沥青防水涂料一道，厚薄要均匀，用料量约 $3kg/m^2$。

（5）铺贴玻璃网格布。待涂膜干燥后，铺贴玻璃网格布。从流水坡度的下坡开始，布的纵向与流水方向垂直，搭接宽度不小于 100mm。

(6) 刮涂上涂层。在铺玻璃网格布同时，即可刮涂上涂层。边铺布，边将涂料倒在上面，均匀涂刮，使涂料浸透布纹与底涂层紧密结合。涂刮要均匀，用料量约 $4kg/m^2$。

(7) 保护层施工。待防水层干燥后，涂稀释涂料一道，随即洒上细砂或云母粉作为保护层。

保护层也可以涂刷浅色涂料，其配合比为：

水性石棉沥青涂料:水泥:石灰膏 = 3:0.5:1.0 按此配比搅拌均匀,涂刷在防水层上。

5. 质量验收标准

(1) 水性石棉沥青防水层应厚薄均匀，干燥后厚度为 4mm。

(2) 防水层不得有渗漏现象。

(3) 干燥后防水层不得有起壳、裂缝、鼓泡等现象。

(4) 保护层撒布均匀，与防水层粘结牢固。

(5) 施工时不得污染檐口、墙面等。

(二) 改性沥青防水涂膜施工

现以氯丁胶乳沥青防水涂料（水乳型）为例说明其施工要点 。氯丁胶乳沥青防水涂料是以氯丁橡胶和沥青为基料，经加工合成的一种水乳型防水涂料。

1. 施工前准备

(1) 材料准备。氯丁胶乳沥青防水涂料进场后应进行复验，其主要技术指标应符合要求；中碱涂复玻璃丝布：14 目、900mm 宽；膨胀蛭石（俗称蛭石粉），密度 $200kg/m^3$ 以下，做屋面保温层用。

(2) 工具准备。准备好大棕毛刷、长把滚刷、料桶、剪刀、开刀、卷尺、扫帚等施工用具。

(3) 对基层的要求。水泥砂浆找平层要坚实、平整、不起砂；基层坡度应符合规范要求，不得积水；平面与立面交角处应做成圆弧形，表面压实、抹光；基层应干燥，含水率不大于 9%。

2. 防水构造及材料用量　防水层可根据工程要求采用不同的防水构造，一般屋面采用二布六油防水做法。每平方米防水层的材料用量见表 7-17。

表 7-17　材料用量参考（m^2）

材料名称	三道涂料	一布四油	二布六油
氯丁胶乳沥青防水涂料	1.5kg	2.0kg	2.5kg
玻璃丝布		$1.13m^2$	$2.25m^2$
膨胀蛭石粉		0.6kg	0.6kg

3. 施工工艺流程及操作要点　清理基层→刷第一道涂料→铺贴附加层→铺第一层玻璃丝布同时刷第二道涂料→刷第三道涂料→铺第二层玻璃丝布同时刷第四道涂料→刷第五道涂料→蓄水试验→屋面保护层施工→质量验收。

(1) 清理基层。将基层浮、杂物清扫干净。

(2) 涂刷第一道涂料。在基层上满刷一道涂料，涂刷均匀不露底。

(3) 铺贴附加层。第一道涂料干后，在檐口、天沟、突出屋面结构的连接处以及水落口四周铺贴一布二油附加层。附加层应展平、贴牢、无折皱。

(4) 铺贴第一层玻璃丝布同时刷第二道涂料。附加层实干后，可铺大面第一层玻璃丝布，边铺布边刷第二道涂料。玻璃丝布搭接不小于 100mm。铺贴时用毛刷将布展平，赶出气泡，并使涂料浸透布纹，不得有白茬、折皱。

（5）刷第三道涂料。上道涂料实干后可涂刷第三道涂料，厚薄要均匀，不得漏刷。

（6）铺第二层玻璃丝布同时刷第四道涂料。待上道涂料表干后，可铺贴第二层玻璃丝布同时涂刷第四道涂料。玻璃丝布的长边接缝应与上层玻璃丝布错开幅宽的1/3。

（7）涂刷第五道涂料。第二层玻璃丝布实干后，可涂刷第五道涂料，涂刷要厚薄均匀，不漏刷。

（8）蓄（淋）水试验。同前。

（9）保护层施工。经蓄（淋）水试验合格后，待防水层实干即可进行保护层施工。

不上人屋面可涂刷第六道涂料的同时撒蛭石粉，要撒匀、粘牢。未粘牢的浮粒可在防水层干透后扫掉。也可以涂刷银粉反光涂料，其配合比为：银粉膏∶清漆∶稀料＝1∶3∶3。

屋面防水层表面满刷一至二道。

上人屋面可在刷完第六道涂料并实干后，按设计要求铺方砖。

4. 质量标准

（1）防水层不得有渗漏现象。

（2）玻璃丝布与基层及各层之间粘结牢固、表面平整、不得有折皱、空鼓、翘边及封口不严、粘结不牢等现象。

（3）二布六油防水层厚度不小于1.5mm。

（4）不得污染檐口、墙面等。

（5）水落管畅通无堵塞。

（三）合成高分子防水涂膜施工

合成高分子防水涂料有水乳型、溶剂型和反应型的。主要品种有聚氨脂防水涂料，在下面地下室防水施工中介绍其施工要点。

（四）涂膜防水屋面细部构造防水措施

涂膜防水屋面细部构造的防水措施见表7-18。

表7-18 涂膜防水屋面细部构造防水措施

细部构造	防水措施说明
屋面易开裂、渗水部位	应留凹槽嵌填密封材料，并应增设一层或一层以上带有胎体增强材料的附加层
防水层的找平层	应设缝宽为20mm的分格缝，在缝内嵌填密封材料；并应沿分格缝增设带胎体增强材料的空铺附加层，其宽度宜为200～300mm
天沟、檐沟	天沟、檐沟与屋面交接处的附加层宜空铺，空铺宽度宜为200～300mm；檐口处涂膜防水层的收头，应用防水涂料多遍涂刷或用密封材料封严
泛水	泛水处的涂膜防水层应涂刷至女儿墙的压顶下；收头处理应用防水涂料多遍涂刷封严。压顶应做防水处理。铺设带有胎体增强材料的附加层，在屋面上的长度和立墙上的高度均应大于250mm
变形缝	缝内应填充泡沫塑料或沥青麻丝，其上填放衬垫材料，并用卷材封盖；顶部加扣混凝土或金属盖板
水落口	水落口处的防水构造与卷材防水屋面的做法相同

三、刚性防水屋面施工

刚性防水屋面实质上是刚性混凝土板块防水和柔性接缝防水材料复合的防水屋面。这种刚柔结合的防水屋面适应结构层的变形，它主要依靠混凝土自身的密实性或采用补偿收缩混凝土，并配合一定的结构措施来达到防水目的。这些结构措施包括：屋面具有一定的坡度便于雨水及时排除；增加钢筋；设置隔离层（减少结构变形对防水层的不利影响）；混凝土分块设缝，以使板面在温度、湿度变化下不致开裂；采用油膏嵌缝，以适应屋面基层变形，保证分格缝的防水功能。由于刚性防水屋面对地基不均匀沉降、温度变化、结构振动等因素都非常敏感，所以刚性防水屋面适用于屋面结构刚度较大及地基地质条件较好的建筑。可用在防水等级Ⅲ级的屋面防水，也可用作Ⅰ、Ⅱ级屋面多道防水设防中的一道防水屋；不适用于设有松散材料保温层的屋面以及受较大振动或冲击的建筑屋面。

刚性防水屋面施工可分为普通细石混凝土防水层和补偿收缩混凝土防水层等施工。

（一）普通细石混凝土防水屋面施工

细石混凝土防水屋面一般由结构层（现浇或预制钢筋混凝土板）、隔离层、细石混凝土防水层组成。

1. 细石混凝土防水层施工流程　细石混凝土防水层施工流程见图 7-24。

2. 施工准备

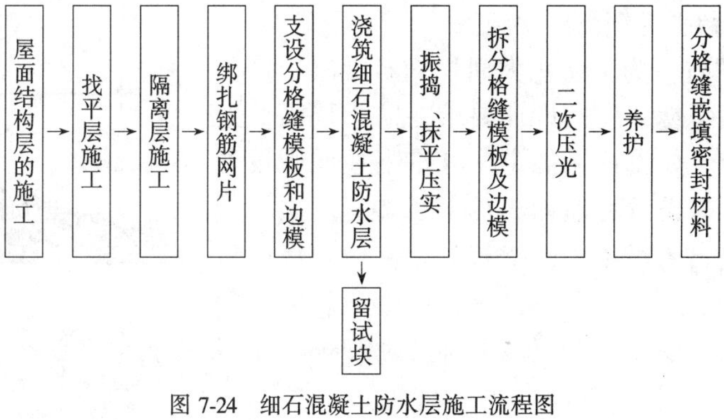

图 7-24　细石混凝土防水层施工流程图

（1）材料要求。

A. 要求用普通硅酸盐水泥，不宜用火山灰质水泥或矿渣水泥；水泥标号不低于 425 号，过期受潮水泥不得使用。

B. 石子宜采用质地坚硬，粒径为 5～15mm，级配良好，含泥量不超过 1%的碎石或砾石；砂宜采用粒径为 0.3～0.5mm 中粗砂，含泥量不超过 2%。

C. 水采用一般的自来水和饮用的天然水。

D. 混凝土的水灰比不大于 0.55，强度等级宜采用 C30，至少不低于 C20，每立方米混凝土水泥用量不少于 330kg，含砂率以 35%～40%为宜，灰砂比应为 1:2～1:2.5，并宜掺入外加剂。

E. 钢筋网可采用乙级冷拔低碳钢丝，直径为 $\phi^{b}4$。

F. 膨胀剂、减水剂、防水剂等外加剂，应根据不同品种的适用范围、技术要求选定。

G. 分格缝内的油膏、胶泥、冷底子油等材料应符合技术要求。

（2）施工机具。混凝土搅拌机、平板振捣器、铁抹子等。

（3）对基层的要求。

A. 刚性防水屋面的坡度宜为 2%～3%，并采用结构找坡。

B. 屋面结构层如采用装配式钢筋混凝土板时，应用强度等级不小于 C20 的细石混凝土灌缝，灌缝的细石混凝土宜掺微膨胀剂。当屋面板板缝宽度大于 40mm 或上窄下宽时，板缝内必须设置构造钢筋，板端缝应进行密封处理。

C. 防水层与山墙、女儿墙以及突出屋面结构交接处均应做柔性密封处理。

3. 隔离层施工　在结构层与防水层之间设隔离层，使结构层与防水层的变形互不受约束，防止混凝土防水层开裂。

隔离层可选用干铺卷材、砂垫层、低标号砂浆等材料。

干铺卷材隔离层做法：在找平层上干铺一层卷材，卷材接缝均应粘牢；表面涂刷二道石灰水或掺 10% 水泥的石灰浆（防止日晒卷材发软），待隔离层干燥有一定强度后进行防水层施工。

粘土砂浆或白灰砂浆隔离层做法：粘土砂浆配合比为：石灰膏∶砂∶粘土＝1∶2.4∶3.6；白灰砂浆配合比为：石灰膏∶砂＝1∶4。铺抹前基层宜润湿，铺抹厚度 10～20mm，压光、养护至基本干燥（平压无痕）即可做防水层。

4. 现浇细石混凝土防水层施工

（1）分格缝留置与钢筋网片施工。

A. 分格缝留置。为了防止大面积细石混凝土由于热胀冷缩而产生裂缝，应按设计要求在防水层平面上进行分格、留缝。如设计无规定，可按下述原则设置分格缝：分格缝应设置在屋面板的支承端、屋面转折处、防水层与突出屋面结构的交接处，并应与板缝对齐；纵横分格缝一般不大于 6m，或“一间一分格”，分格面积不超过 36m² 为宜；分格缝上口宽为 30mm，下口宽为 20mm。

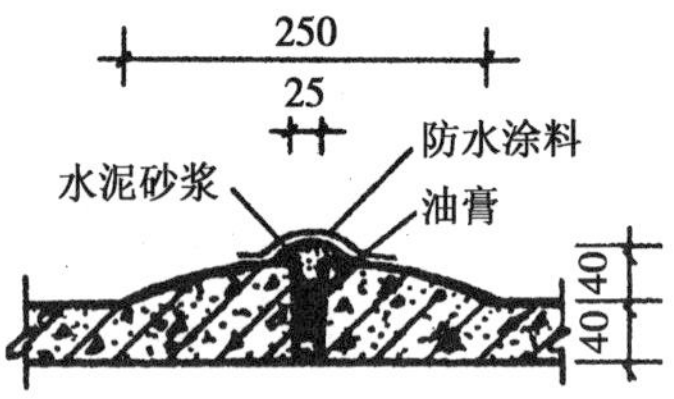

图 7-25　分格缝嵌缝做法

分格缝必须有防水措施，最常用的有嵌缝式，如图 7-25 所示、灌缝式，如图 7-26 所示；也有少量采用盖缝式，如图 7-27 所示。

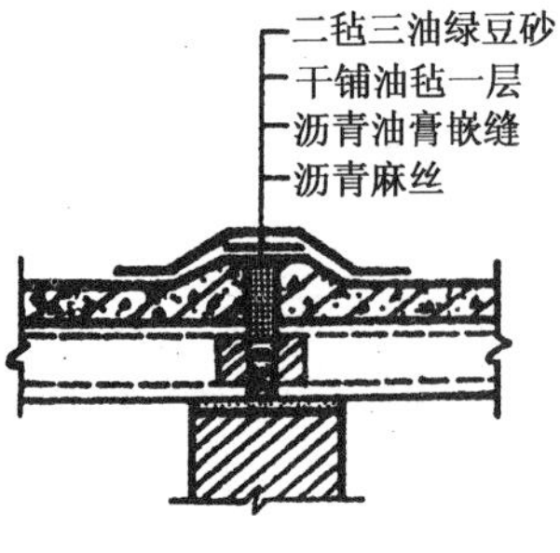

图 7-26　分格缝灌缝做法

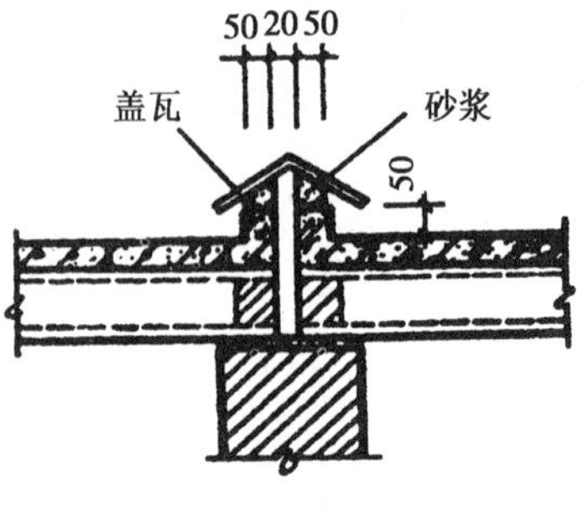

图 7-27　分格缝直立反口盖缝做法

B. 钢筋网施工。钢筋网铺设按设计要求，设计无规定时，一般配置 $\phi^b 4$，间距为 100 ~ 200mm双向钢丝网片，网片可采用绑扎或点焊成型，其位置宜居中偏上为宜，保护层不小于 15mm。分格缝钢筋必须断开。

（2）浇筑细石混凝土防水层。

A. 支分格缝模板　模板应做成上宽下窄；模板应先浸水并涂刷隔离剂，用砂浆固定在隔离层上。

B. 浇筑细石混凝土　混凝土厚度不宜小于 40mm。

细石混凝土配制：每立方米混凝土的水泥用量不少于 330kg；含砂率为 35% ~ 40%；灰砂比为 1:2 ~ 1:2.5；水灰比不大于 0.55；坍落度以 3 ~ 5cm 为宜。掺入减水剂或防水剂时，应准确计量、投料顺序得当、拌合均匀。施工中要随时检查混凝土配合比和坍落度，并按规定制作试块。

混凝土浇筑：混凝土浇筑按先远后近，先高后低原则进行。在一个分格缝范围内必须一次浇捣完成，不得留施工缝。应注意防止混凝土分层离析，混凝土搅拌时间不应小于 2min，用浇灌斗吊运的倾倒高度不应大于 1m。从搅拌至浇筑完成应控制在 2h 以内。

振捣：用平板振捣器振捣至表面泛浆为度。在分格缝处，应在两侧同时浇筑混凝土后再振以免模板移位。浇筑中用 2m 靠尺检查，混凝土表面刮平，抹压。

表面处理：表面刮平，用铁抹子压光压实，达到平整并符合排水坡度要求。抹压时严禁在表面洒水、加水泥浆或撒干水泥，当混凝土初凝后，提出分格缝模板并修整。混凝土收水后应进行二次表面压光。待终凝前进行第三次压实抹光。

养护：混凝土浇筑 12 ~ 24h 后应进行养护。养护时间不应少于 14d。养护方法采用淋水、覆盖砂、锯末、草帘或涂刷养护剂等。养护初期屋面不允许上人。

细石混凝土防水层应避免在高温烈日下施工，施工合适的气温为 5 ~ 35℃。冬期施工应遵守冬期施工有关规定。

（二）补偿收缩混凝土防水屋面施工

补偿收缩混凝土（微膨胀混凝土）为防水层的屋面是利用这种混凝土在硬化过程中产生微膨胀，以补偿混凝土的收缩，它在有配筋的情况下，限制了混凝土的膨胀，使混凝土产生自应力，起到致密混凝土的作用，提高混凝土的抗裂性和抗渗性，达到防水效果。下面介绍它的施工主要要求。

拌制微膨胀混凝土要使用微膨胀水泥。微膨胀水泥是由普通硅酸盐水泥、矾土水泥、石膏粉按一定比例（由试验室确定）混合而成，其中硅酸盐水泥为强度组分，矾土水泥、石膏粉为膨胀组合。集料宜采用中砂和最大粒径为 12mm 的“瓜子片”石子，使用前应冲洗干净。原料配比应按重量称量，其允许偏差值：

普通硅酸盐水泥：±20%

矾土水泥、石膏粉：±0.5%

骨料：±5%

水：±2%

微膨胀混凝土拌制加料顺序为：石子、普通硅酸盐水泥、矾土水泥、石膏粉、砂的先后加入料斗，混凝土在搅拌机内搅拌时间不少于 3min。

微膨胀混凝土凝结时间比普通混凝土略短，因此搅拌、运输、振捣等工序必须紧密衔接，拌好的混凝土应及时浇筑、振捣、抹压。微膨胀混凝应连续浇筑，厚度不宜小于40mm，施工缝必须留在分格缝处。

微膨胀混凝土防水层施工，应在 5 ~ 35℃气温环境中进行，施工时应避免烈日暴晒。在浇筑 8 ~ 12h 后，应浇水养护 14d，且后 7d 浇水量应充分。

微膨胀混凝土防水层施工主要应注意控制混凝土的自由膨胀率（在防水层配筋用 $\phi^{b}4$ 网眼为 150 ~ 200mm 条件下，补偿收缩混凝土的自由膨胀率应为 0.07% ~ 0.15%）、施工时气温、振捣、抹压和养护等环节。

微膨胀混凝土防水层的分格缝留置与钢筋网片施工与细石混凝土防水层施工基本相同。

（三）刚性防水屋面细部构造防水措施

刚性防水室面细部构造的防水措施见表 7-19。檐沟、泛水、变形缝、伸出屋面管道细部防水构造见图 7-28 ~ 图 7-31。

表 7-19　刚性防水屋面细部构造防水措施

细部构造	防水措施说明
天沟、檐沟	混凝土防水层应铺筑至天沟、檐沟一侧的顶部，并在交接处留凹槽，用密封材料封严
防水层与山墙、女儿墙交接处	刚性防水层离墙应留出宽度为 30mm 的缝隙，用密封材料嵌填；泛水部位应铺设卷材或涂膜附加层；收头做法宜将卷材或涂膜做至墙的压顶下，或将卷材嵌入墙的凹槽内并用密封材料封固
变形缝	刚性防水层与变形缝两侧墙体交接处应留出宽度为 30mm 的缝隙，并用密封材料嵌填；泛水处应铺设卷材或涂膜附加层。变形缝内填充泡沫塑料或沥青麻丝，其上填放衬垫材料，并用卷材封盖，顶部加扣混凝土或金属盖板
伸出屋面管道	伸出屋面管道与刚性防水层交接处应留设缝隙，用密封材料嵌填，并在四周铺设柔性防水附加层；收头处应固定密封

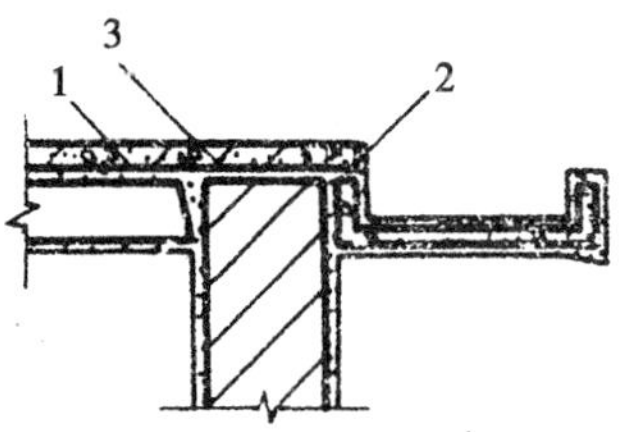

图 7-28　檐沟
1. 刚性防水层；2. 密封材料；
3. 隔离层

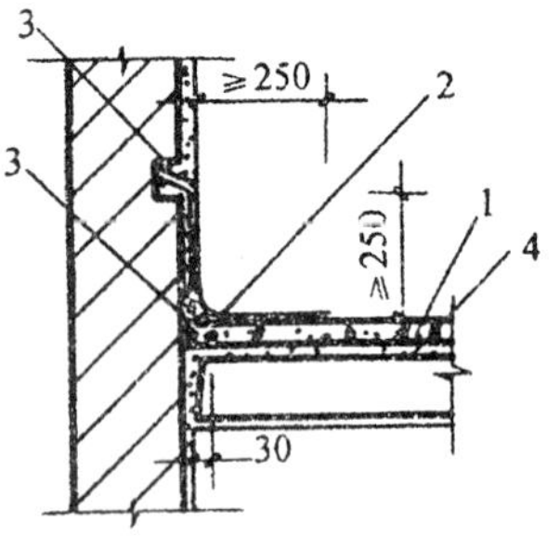

图 7-29　泛水构造
1. 刚性防水层；2. 防水卷材或涂膜；3. 密封材料；4. 隔离层

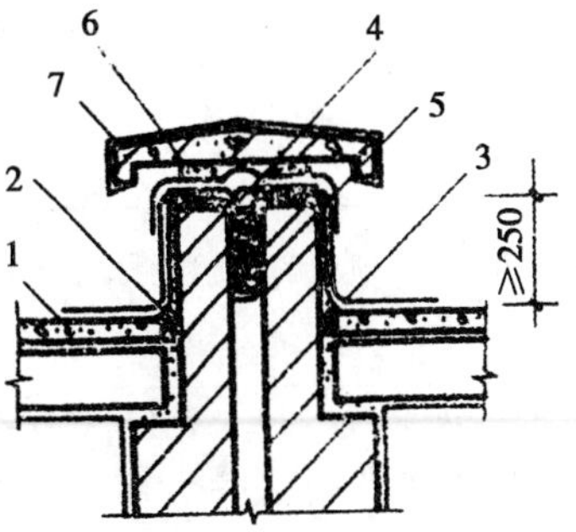

图 7-30 变形缝构造
1. 刚性防水层；2. 密封材料；
3. 防水卷材；4. 衬垫材料；
5. 沥青麻丝；6. 水泥砂浆；
7. 混凝土盖板

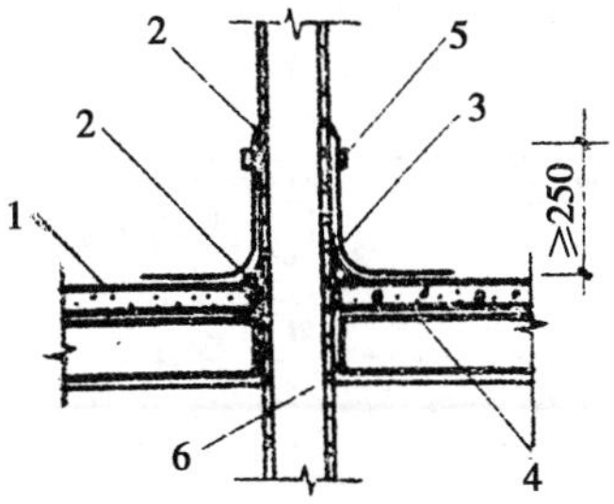

图 7-31 伸出屋面管道防水构造
1. 刚性防水层；2. 密封材料；
3. 卷材（涂膜）防水层；4. 隔离层；
5. 金属箍；6. 管道

第三节 地下室防水施工

一、概述

（一）地下室防水形式

目前，我国地下室防水形式主要有：防水混凝土结构本体防水和附加防水层，如水泥砂浆防水层、卷材防水层、涂膜防水层、金属防水层等。

1. 防水混凝土 防水混凝土是以调整混凝土配合比、掺外加剂或使用特殊品种的水泥等方法，提高自身的密实性、憎水性和抗渗性，使其能够满足抗渗设计强度等级的不透水混凝土。防水混凝土的种类及适用范围见表 7-20 防水混凝土施工可参阅建筑施工手册。

表 7-20 各种防水混凝土的优点及适用范围

种类		最高抗渗标号（P）	特点	适用范围
普通防水混凝土		>30	施工简便、材料来源广泛	适用于一般工业、民用建筑及公共建筑的地下防水工程
外加剂防水混凝土	加气剂防水混凝土	>22	抗冻性好	适用于寒冷、抗冻要求较高的防水工程及一般防水工程，不适用于抗压强度>20MPa 或耐磨性要求较高的防水工程
	减水剂防水混凝土	>22	拌合物流动性好	适用于钢筋密集或捣固困难的薄壁型防水构筑物，也适用于对混凝土凝结时间（促凝或缓凝）和流动性有特殊要求的防水工程（如泵送混凝土工程）

续表

种类		最高抗渗标号（P）	特点	适用范围
外加剂防水混凝土	三乙醇胺防水混凝土	>38	早期强度高、抗渗等级大	适用于工程工期要求紧迫，必须早强及抗渗性要求较高的防水工程及一般防水工程
	氯化铁防水混凝土	>38	密实性好、抗渗标号高	适用于水中结构的无筋、少筋厚大防水混凝土工程及一般地下混凝土防水工程，砂浆修补、抹面工程。接触直流电源或预应力混凝土及重要的薄壁结构不可使用
	膨胀剂防水混凝土	>30	密实性好、抗渗等级大、抗裂性好	适用于一般地下防水工程及屋面防水混凝土工程
膨胀水泥防水混凝土		>36	密实性好、抗渗等级大、抗裂性好	适用于地下工程和地上防水构筑物、山洞、非金属油罐和主要工程的后浇缝

表中P表示抗渗等级，脚注为压力值。如P8表示试块能在0.8MPa水压下不渗水。

防水混凝土结构的一般要求：

（1）防水混凝土的环境温度不得高于100℃。

（2）处于侵蚀性介质中防水混凝土的耐侵蚀系数不应小于0.8。

（3）防水混凝土结构的混凝土垫层，其抗压强度等级不应小于10MPa，厚度不应小于100mm。

（4）防水混凝土结构应符合下列规定：

A. 衬砌厚度不应小于200mm；

B. 裂缝宽度不应大于0.2mm；

C. 钢筋保护层厚度：迎水面不应小于35mm；当直接处于侵蚀性介质中时，不应小于50mm；

D. 防水混凝土应优先选用普通硅酸盐水泥，水泥标号不宜低于425号。当采用325号水泥时，必须掺加引气剂、减水剂等外加剂，其品种和掺量应经试验合格后方可使用。

2. 附加防水层　附加防水层有水泥砂浆防水层、卷材防水层、涂膜防水层、金属防水层等，宜设在围护结构外侧的迎水面或复合衬砌之间。

处于侵蚀性介质中的工程，应采用耐侵蚀性的防水材料；对于受振动作用的工程，应采用柔性防水卷材或防水涂料。

（1）水泥砂浆防水层。水泥砂浆防水层是由水泥砂浆层和水泥浆层铺抹而成，一般需做4~5层，其总厚度为15~20mm。施工时分铺抹或喷射，水泥砂浆每层厚度宜为5~10mm,铺抹后应压实，表面提浆压光；水泥浆层宜为2mm。防水层各层间应紧密结合，并宜连续施工。如必须留施工缝时，平面留槎采用阶梯坡形槎，接搓位置一般宜留在地面上；亦可留在墙面上，但须离开阴阳角处200mm。

水泥砂浆和水泥浆分层分次施工，相互交替抹压密实，充分切断各层的毛细孔网，形成一个多层防水的整体防水层，具有一定的防水效果。

(2) 卷材防水层。防水层采用沥青防水卷材的层数宜为 3～4 层；采用高聚物改性沥青防水卷材的层数宜为 2～3 层。两幅卷材的搭接长度，长边不应小于 100mm，短边不应小于 150mm；上下两层和相邻两幅卷材的接缝应错开 1/3 幅宽，上下层卷材不得相互垂直铺贴。层间热沥青胶结料的涂刷厚度宜为 1.5～2.5mm。在最外层的表面应均匀涂刷一层热沥青胶结料加以保护，其厚度为 1～1.5mm。防水层采用合成高分子防水卷材的层数宜为 1～2 层，其厚度不应小于 2mm。施工时应根据胶结剂使用要求涂刷均匀，两幅卷材的搭接长度应为 100mm。

粘结卷材的找平层表面应使用与卷材材性相的基层处理剂或底料涂刷均匀，以增强卷材与找平层的粘结力。卷材防水层的所有阴阳角处均应做成圆弧。对沥青类卷材，圆弧半径应大于 150mm。在立面与平面的转角处，卷材的接缝应留在平面上，距立面不应小于 600mm；在转角处和易产生变形的渗水部位，应增铺 1～2 层相同的卷材或柔性、拉伸强度较高的卷材作附加防水层。

(3) 涂膜防水层。涂膜防水层使用油溶性或非湿固性涂料时，基层应保持干燥；在潮湿基面上应选用湿固性涂料、含有吸水能力组分的涂料、水性涂料。涂料的涂刷或喷涂，不得少于两遍，后一层涂料的施工必须待前一层涂料结膜后方可进行；后一层涂料的涂刷方向应与前一层涂料相垂直。为增强防水效果，涂料宜与玻璃丝布、玻纤毡等材料复合使用。

(4) 金属防水层。金属防水层只是在特殊围护结构的地下工程中采用。

3. 保护层　地下室底板防水层的保护层，一般做 1∶2 水泥砂浆，厚 30mm；也可以做细石混凝土，厚 40mm。保护层与防水层之间可不做隔离层。施工时不得在做保护层时损害防水层。

地下室侧墙防水层，当采用外防外贴卷材或涂膜防水，在回填土时应防止打夯机碰撞防水层。因此，侧墙防水层应做保护层，如选用软质材料、如高发泡聚乙烯塑料毡、发泡聚苯乙烯板（厚 30mm）、铺抹水泥砂浆（厚 10mm，1∶4 配合比）等。尽可能不采用砖砌保护墙。

（二）地下室工程防水细部构造

地下室工程的细部构造主要有：变形缝、后浇缝（施工缝）、穿墙管（盒）、埋设件、预留孔洞、孔口等。地下室工程常因细部构造防水处理不当出现渗漏，为保证防水质量，对这些部位应采取加强措施。

1. 变形缝　变形缝应满足密封防水、适应变形、施工方便、检查容易等要求，其宽度宜为 20～30mm。变形缝的构造形式和材料，应根据工程特点，地基或结构变形情况，以及水压、水质和防水等级确定。常见的变形缝构造形式及其所用的材料见表 7-21。

需要增强变形缝的防水能力时，可采用两道埋入式止水带，或采用嵌缝式、粘贴式、附贴式、埋入式等复合使用。其中埋入式止水带的接缝位置不得设在结构转角处。

2. 后浇缝（施工缝）　后浇缝应设在受力和变形较小部位，宽度以 1m 为宜，可做平直缝或阶梯缝。在后浇混凝土区段应设附加钢筋，与主筋连结；采用补偿收缩混凝土浇筑，强度应不低于两侧混凝土，并在后浇缝结构断面中部附近安设遇水膨胀腻子条。

3. 穿墙管（盒）　当结构变形或管道伸缩量较小时，穿墙管可采用直接埋入混凝土内的固定式防水法，主管应满焊止水环；当结构变形或管道伸缩量较大或有更换要求时，应采用套管式防水法，套管与止水环应满焊；当穿墙管线较多且密时，宜相对集中，采用穿墙盒法。盒的封口钢板应与墙上的预埋角钢焊严，并从钢板上的浇注孔注入密封材料。

表 7-21　变形缝构造形式及其所用材料

变形缝构造形式	材　　料	适　用　条　件	
		水压（MPa）	变形量（mm）
嵌缝式	弹性密封材料	<0.03	<10
粘贴式	橡胶片	<0.03	<10
附贴式	止水带	<0.03	20～30
埋入式	橡胶或塑料止水带	>0.03	20～30
	金属止水带	环境温度高于 50℃处使用	

穿过地下室外墙的水、暖、电的管周应填塞膨胀橡胶泥，并与外墙防水层联接。

4. 埋设件　埋设件端部或预留孔（槽）底部的混凝土厚度不得小于 200mm，当厚度小于 200mm 时，必须局部加厚或采取其它防水措施。预留孔（槽）内的防水层，应与孔（槽）外的结构附加防水层保持连续。

5. 预留孔洞、孔口　地下室通向地面的各种孔洞、孔口应采取防止地面水倒灌的措施，出入口应高出地面不小于 300mm。窗井的底部在最高地下水位以上时，窗井的底板和墙宜与主体结构断开；窗井或窗井的一部分在最高地下水位以下时，窗井应与主体结构连成整体，其采用的附加防水层也应连成整体。窗井内的底板必须比窗下缘低 200～300mm。窗井墙高出地面不得小于 300mm。窗井外的地面应作散水，通风口应与窗井同样处理。

二、地下室防水层施工

（一）卷材防水层施工

地下室卷材防水层施工大多采用外防水法（卷材防水层粘贴在地下结构的迎水面）。而外防水法中，依保护墙的施工先后及卷材铺贴位置，可分为“外防外贴法”和“外防内贴法”。

外防外贴法是指先进行防水结构体施工，然后将卷材防水层铺贴在防水结构体外表面，再砌永久性保护墙或粘贴软保护层后，回填土。

外防内贴法是指在地下结构墙体未做之前，先砌筑永久保护墙，然后将卷材防水层铺贴在保护墙上，再进行结构墙体施工。

1. 地下室防水工程构造

当地下水位高于地下室的基础底面时，地下室的基础和外墙都必须作防水处理。因为卷材防水层具有较好的韧性和延伸性，能适应一定的侧压力、振动和变形，目前仍然是常用的防水处理方法，除传统的沥青卷材外，还有改性沥青防水卷材及高分子防水卷材，利用胶结材料通过冷粘、热熔粘结等方法形成防水层。

一般地下室防水工程的构造如图 7-32 所示。

各种结构外墙防水层高度应不低于表 7-22 的数值。

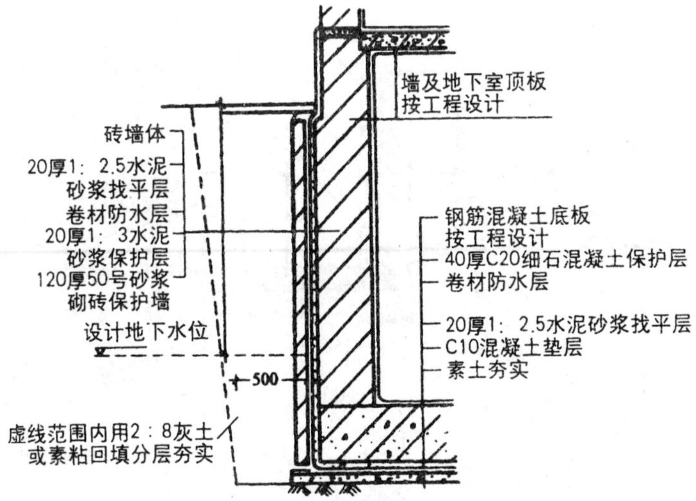

图 7-32 地下室防水构造

表 7-22 防水层高度

部 位	外墙、柱	室 内	
		混凝土墙、柱	砖墙、柱
室外地坪 室内地坪	> 150mm	> 500mm	> 150mm

2. 外防外贴法

(1) 施工顺序。

铺设垫层→砌筑部分保护墙→铺贴防水层卷材→平面保护层施工→浇筑混凝土结构→继续铺贴防水层卷材→立面保护层施工→回填土。

(2) 施工要点。

A. 铺设垫层。

按设计要求铺设垫层，然后在垫层上抹 1:3 水泥砂浆找平层，厚 10 ~ 20mm。找平层要抹平、压光。

B. 砌筑部分保护墙。

在需要做垂直防水层的结构外侧四周，砌筑自垫层面至底板面的部分永久保护墙，其高度按《地下防水工程施工及验收规范》规定，应不小于 B + 200 ~ 500mm（B 为底板厚度）。在保护墙与垫层的找平层接触处，先干铺油毡一层，然后在干铺油毡上砌保护墙，永久保护墙用 M5 砂浆砌筑。上部砌临时保护墙，高度按卷材临时搭接长度而定，一般为 150（$n+1$）mm，n 为卷材层数。临时保护墙用石灰砂浆砌筑，以便拆除。

C. 铺贴防水层卷材。

平面与立面相交的水泥砂浆找平层必须抹成圆弧形，并在转角处贴一层附加卷材层。四周接头甩槎的油毡分贴于保护墙上，卷材两种甩槎做法，如图 7-33 所示。临时保护墙表面不涂刷冷底子油或基层处理剂，上部临时收头的卷材应用低标号砂浆砌砖压住，以免坠落。

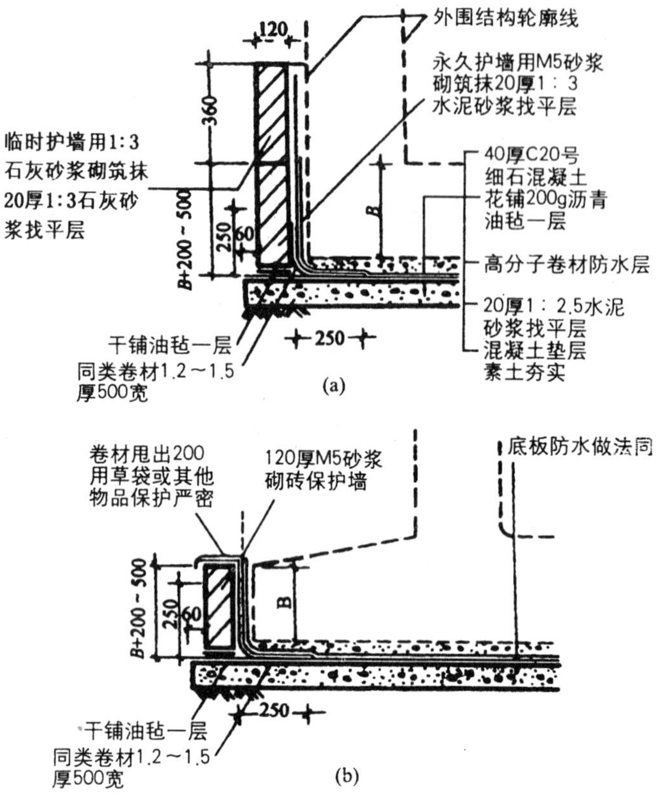

图 7-33 外防外贴法卷材甩槎两种做法

D. 平面保护层施工。

底板上的卷材及保护墙卷材防水层铺贴完毕后，可在平面铺设 30 ~ 50mm 厚的 1∶3 水泥砂浆或 C20 细石混凝土保护层，在保护墙防水层表面抹 20mm 厚水泥砂浆保护层，但临时保护上应抹纸筋石灰保护层。

E. 浇筑混凝土结构。

当墙身为混凝结构时，利用保护墙做外侧模板，浇筑结构底板和墙体混凝土。

F. 继续铺贴卷材防水层。

待混凝土结构验收后，可拆除临时保护墙，抹水泥砂浆找平层。清理出甩槎接头的卷材，如有破损处应进行修补，再依次分层铺贴结构外表面的防水卷材，此处的卷材可错槎接缝，上层卷材盖过下层卷材不应小于 150mm，接缝处加盖条，如图 7-34 所示。

G. 立面保护层施工。

卷材防水层经验收合格后，即可进行保护层施工。立面保护层有软质材料保护层和砖砌保护层，尽可能不采用砖砌保护层。

若采用砖砌保护层，保护墙每隔 5 ~ 6m 及转角处应留缝隙，宽度不小于 20mm，缝内填塞油毡条或沥青麻丝。保护墙与防水层之间空隙，应用 1∶3 水泥砂浆随砌砖随填塞。

软质材料，如再生聚苯板，厚 300mm 或 50mm，用聚氨脂防水涂料或聚醋酸乙烯乳液直接粘贴在防水卷材表面作为保护层。

H. 回填土。

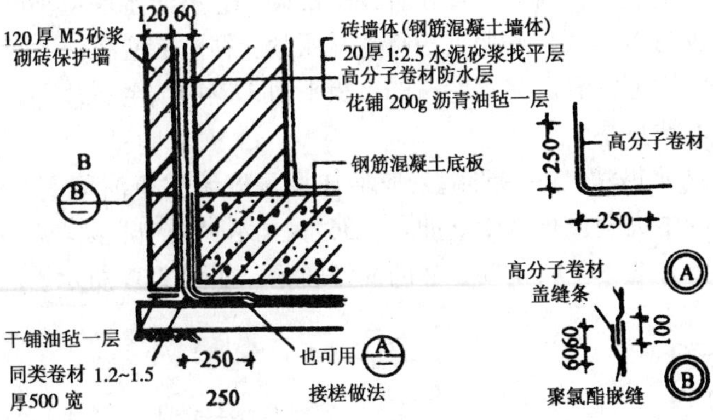

图 7-34 防水层接槎做法

保护层施工完毕，要及时进行回填土，避免“泡槽”。按设计要求回填二八或三七灰土，应分层夯实，确保回填土质量。

3. 外防内贴法

(1) 施工顺序。

铺设底板垫层→砌筑永久保护墙→抹水泥砂浆找平层→铺贴防水卷材→保护层施工→浇筑混凝土结构→回填土。

(2) 施工要点。

A. 铺设底板垫层

按设计要求铺设底板垫层。为了防止结构体与保护墙的不均匀沉降而拉裂防水层，一般采取加厚永久性保护墙下垫层的厚度，必要时在垫层内增设加强钢筋。

B. 砌筑永久保护墙

永久保护墙一般为240mm厚砖墙，下应干铺一层油毡。

C. 抹水泥砂浆找平层

在垫层及保护墙上抹20mm厚的水泥砂浆找平层。在平面与立面交接的转角处应抹成圆弧形。

D. 铺贴防水卷材

先铺贴立面，后铺贴平面。先做转角附加层，再做大面。

E. 保护层施工

保护层在卷材防水层铺贴完毕后立即施工。其做法是:平面上可浇筑一层30~50mm厚细石混凝土。立面上可在防水层表面涂刷一道胶结料,随涂随撒粗砂或麻丝。待干燥后,抹水泥砂浆保护层。也可粘贴5~10mm厚的高压聚乙烯泡沫板做立面保护层。

F. 浇筑混凝土结构

按设计要求浇筑底板及墙体混凝土。

G. 回填土

按设计要求进行回填土的施工。

4. 特殊部位的防水处理

(1) 管道埋设件处防水处理。管道埋设件与卷材防水层连接处做法见图7-35。

为了避免因结构沉降造成管道折断，应在管道穿过结构部位埋设套管，套管上附有法兰盘，套管应于浇筑结构时按设计位置预埋准确。卷材防水层应粘贴在套管的法兰盘上，粘贴宽度至少为100mm，并用夹板将卷材压紧。粘贴前应将法兰盘及夹板上的尘垢和铁锈清理干净，刷上沥青。夹紧卷材的夹板下面，应用软金属片、石棉纸板、无胎油毡或沥青玻璃布油毡衬垫。

2. 变形缝处防水做法　在变形缝处应增加沥青玻璃丝布油毡或无胎油毡做的附加层。在结构厚度的中央埋设止水带（如图7-36），止水带的中心圆环应正对变形缝中间。变形缝中用浸过沥青的木丝板填塞，并用油膏嵌缝，如图7-37所示。

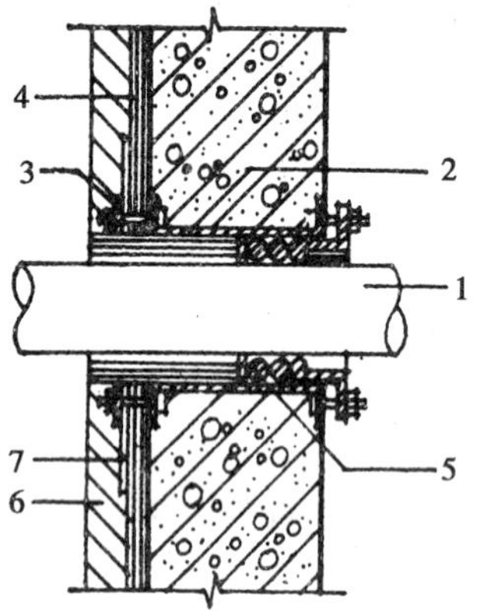

图 7-35　卷材防水层与管道埋设件连接处做法

1. 管道；2. 套管；3. 夹板；4. 卷材防水层；5. 填缝材料；6. 保护墙；7. 附加卷材衬层

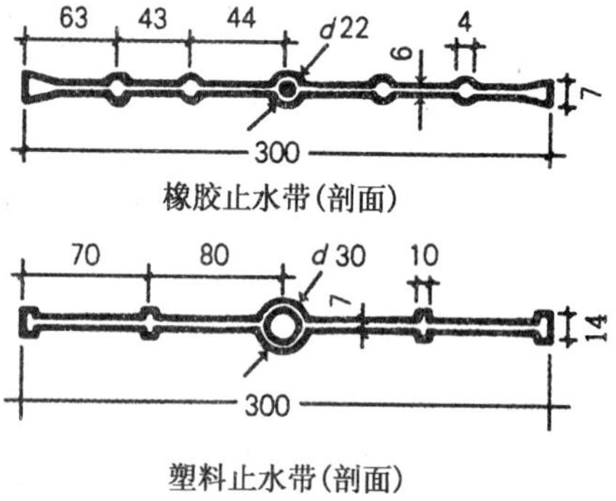

图 7-36　止水带

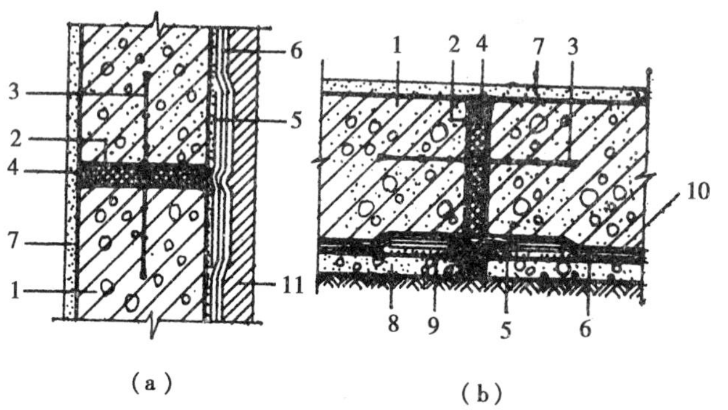

图 7-37　变形缝处防水做法

(a) 墙体变形缝；(b) 底板变形缝

1. 需防水结构；2. 浸过沥青的木丝板；3. 止水带；4. 填缝油膏；5. 卷材附加层；6. 卷材防水层；7. 水泥砂浆面层；8. 混凝土垫层；9. 水泥砂浆找平层；10. 水泥砂浆保护层；11. 保护墙

（二）水泥砂浆防水层施工

水泥砂浆防水层分为外加剂水泥砂浆层和刚性多层做法防水层两类。这类防水层适用于地下砖砌体结构或防水混凝土结构的加强层。

1. 材料要求　水泥砂浆防水层所用的水泥宜采用不低于325号普通硅酸盐水泥或膨胀水泥，也可用矿渣硅酸盐水泥。应尽量减少水泥的干缩影响。砂浆用砂应控制其含泥量和杂质含量。掺外加剂时，宜选用氯化物金属盐类防水剂、膨胀剂和减水剂。

配合比按工程需要确定。水泥净浆的水灰比宜控制在0.37~0.4或0.55~0.6范围内。水泥砂浆灰砂比宜用1:2.5，其水灰比为0.6~0.65之间，稠度宜控制在7~8cm。如掺用外加剂或采用膨胀水泥时，其配合比应执行专门的技术规定。

2. 基层处理　基层处理是保证防水层与基层表面结合牢固，不空鼓、密实不透水的关键。基层处理包括清理、浇水、刷洗、补平等工作。使基层表面保持潮湿、清洁、平整、坚实、粗糙。

混凝土基层表面应坚实粗糙,必要时可凿毛。如混凝土表面有孔洞,应先将松散不牢的石子去掉、浇水冲洗干净用素灰和水泥砂浆交替抹到与基层相平,抹完后砂浆表面扫毛。

砖砌体基层，需将砖墙表面残留的灰浆污物清除干净。对于用石灰砂浆或混合砂浆砌筑的砌体，还须将砌体灰缝剔成10mm深的直角沟槽，以增加防水层和砖砌体的粘结强度。水泥砂浆砌筑的砖砌体，可不必剔缝。

3. 水泥砂浆防水层施工方法　水泥砂浆防水层一般构造做法如图7-38。

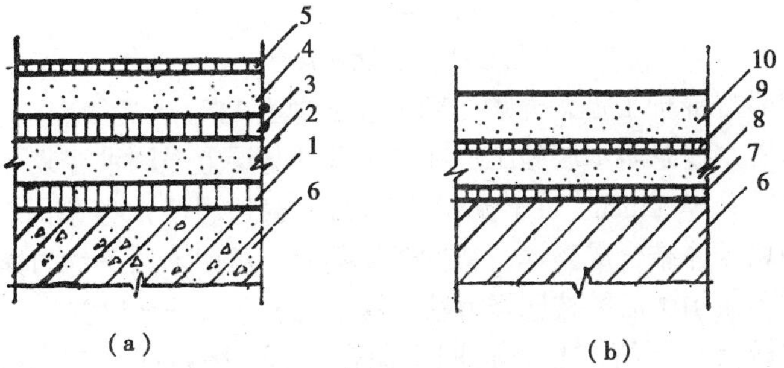

图 7-38　水泥砂浆防水层构造做法

(a) 刚性多层做法防水层；(b) 氯化铁防水砂浆防水层

1、3. 素灰层；2、4. 水泥砂浆层；5、7、9. 水泥浆；6. 结构基层；

8. 防水砂浆垫层；10. 防水砂浆面层

(1) 刚性多层做法防水层施工。刚性多层做法防水层在迎水面宜用五层交叉抹面作法，在背水面宜用四层交叉抹面作法。各层作用及操作要求如下：

第一层——水泥浆层，厚2mm，起着与基层紧密粘结和防水作用。此层分两次抹成，先抹1mm厚，用铁抹子往返用力刮抹5~6遍，使水泥颗粒充分分散，以填实基层孔隙，提高粘结力。再抹1mm素灰找平，厚度要均匀。在素灰初凝前，用排笔蘸水依次均匀地水平涂刷一遍，以堵塞和填平毛细孔道，增加不透水性。

第二层——水泥砂浆层，厚4~5mm。起保护、加固素灰层的作用。此层应在素灰层初凝期铺抹，抹压要轻，但要压入素灰层厚度的1/4，使两层能牢固地粘结形成整体。在水泥砂浆初凝前，用扫帚将砂浆表面扫出横向条纹。

第三层——素灰层,厚2mm,起防水作用。在第二层砂浆终凝后(一般间隔24h)施工。施工前,先浇水润湿,再按第一层方法施工,但要垂直方向抹,上下往复刮抹4~5次。

第四层——水泥砂浆层，厚4mm，起防水和保护作用。在第三层素灰凝结前，按第二层方法铺抹，但表面不扫条纹，而用铁抹子分次抹压 5 ~ 6 遍，最后压光。每遍抹压时间间隔的长短应根据施工季节的气温及湿度而定。一般情况下，抹压前三遍的时间间隔为 1 ~ 2h，最后压光 10 ~ 14h。

第五层——水泥浆层，在第四层水泥砂浆抹压两遍后，用毛刷均匀涂刷水泥浆一道，随第四层一并压光。

刚性多层防水层每层宜连续施工，每层紧密贴合不留施工缝。如必须留施工缝时，需留斜坡阶梯形，层次要清楚，可留在地面或墙面上，离开阴阳角（阴阳角应做成圆角）200mm 左右，其接头方法见图 7-39。接缝时，先在阶梯形处均匀涂刷水泥浆或抹素灰一层，然后依次层层搭接。

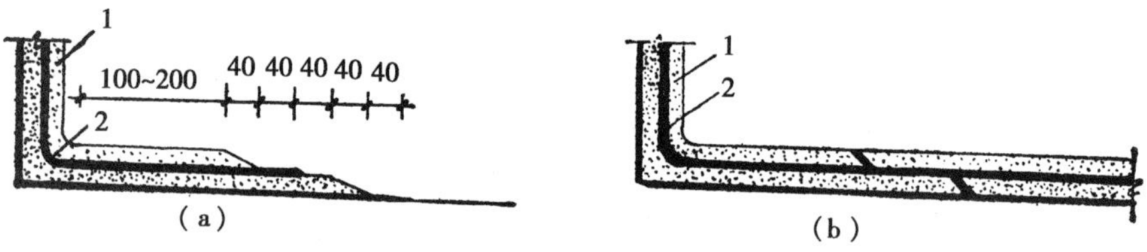

图 7-39　刚性防水层施工缝的处理

（a）留头方法；（b）接头方法

1. 砂浆层；2. 素灰层

抹好后，要做好养护工作，养护时间一般不少于 14d。

（2）氯化铁防水砂浆防水层施工。在清理好的基层上先刷水泥浆一道，接着分两遍抹垫层防水砂浆，共厚 12mm。在砖砌体上抹第一遍垫层防水砂浆时，应将砂浆压紧，挤入缝隙中，与墙砌体结合成整体。待砂浆初凝时，再用木抹子均匀揉压一遍，形成麻面。第一遍垫层砂浆阴干后即按同样方法，抹第二遍垫层防水砂浆。

在抹完垫层砂浆后（约 12h），再刷水泥浆一道，随刷随抹第一遍面层防水砂浆。等阴干后再抹第二遍面层防水砂浆，面层砂浆共厚 13mm（每遍抹灰厚度不超过 7mm）。面层防水砂浆抹完后，在终凝前应反复多次抹压密实，抹面完成后，做好养护工作。

（三）涂膜防水层施工

地下室涂膜防水施工，以外防水形式居多，现以聚氨酯防水涂料为例介绍地下室涂膜防水层施工。

1. 施工准备

（1）材料准备。

A. 聚氨酯涂膜防水涂料：该涂料为甲、乙双组分常温反应固化型防水涂料。甲、乙组分按 1:1.5 的比例配合搅拌均匀，摊铺成厚度为 1.5 ~ 2mm 的防水涂膜，用于防水层。

B. 无机铝盐防水剂：为淡黄色透明油状液体，相对密度为 1.31 ~ 1.35，用于水泥砂浆找平层的添加剂，使找平层含水率较快地达到施工要求。

C. 聚酯纤维无纺布：规格为 $60g/m^2$ 左右，用于底板与立墙之间阴角作增强材料。

D. 聚乙烯泡沫塑料片材：厚度为 5 ~ 6mm，宽度为 800 ~ 900mm，容重为 $40kg/m^3$ 左右，主要用于地下室外墙防水涂膜的软保护层。

E. 辅助材料：主要包括二甲苯（涂料稀释剂和机具清洗剂）、二月桂二丁基锡（固化过慢时作促凝剂用，掺量不得大于甲料的 0.3%）、苯磺酰氯（固化过快时作缓凝剂用，掺量不得大于甲料的5%）。

(2) 工具准备。小平铲、扫帚、配料桶、电动搅拌器、开刀、油漆刷、长把滚刷、灭火器等。

(3) 施工作业条件准备。

A. 为防止地下水或地表滞水的渗透，使基层的含水率满足施工要求，在基坑的混凝土垫层表面上，应抹20mm左右厚度的无机铝盐防水砂浆（配合比为水泥∶中砂∶无机铝盐防水剂∶水＝1∶3∶0.1∶0.35～0.30），要求抹平压光，不应有空鼓、起砂等。立墙混凝土外表如有水泡、气孔、蜂窝、麻面等现象，应采用加入水泥量15%的107胶或聚醋酸乙烯乳液调制的水泥腻子填充刮平。

B. 遇有穿墙套管部位，套管两端应带法兰盘，并应安装牢固。

C. 涂膜防水的基层表面必须干燥，其含水率小于9%为宜。

3. 施工工艺流程及操作要点　清理基层→涂布底胶→涂膜防水层施工→平面部位铺贴油毡保护隔离层→浇筑细石混凝土保护层→钢筋混凝土结构施工→立面粘贴聚乙烯泡沫塑料保护层→回填土

(1) 清理基层。聚氨酯涂膜防水的基层表面，必须把尘土杂物等认真清理干净。

(2) 涂布底胶。将聚氨酯甲、乙组分和二甲苯按1∶1.5∶2的比例（质量比）配合搅拌均匀，再用长把滚刷蘸满这种底胶，均匀涂布在基层表面上，涂布量以0.31g/m^{2}左右为宜。涂布底胶后应固化干燥4h以上才能进行下道工序。

(3) 涂膜防水层施工。聚氨酯涂膜防水材料应随用随配，配制好的混合料最好在2h内用完。配制方法是将聚氨酯甲、乙组分和二甲苯按1∶1.5∶0.3比例配合，用电动搅拌器搅拌均匀配用。

把长把滚刷蘸满已配制好的聚氨酯涂膜防水混合材料，均匀涂布在涂过底胶的干净基层表面上，涂布时要厚薄均匀一致。对平面基层以涂刷3～4度为宜，每度涂布量为0.6～0.8kg/m^2；对立面基层以涂刷4～5度为宜，每度涂布量为0.5～0.6kg/m^2。防水涂膜的总厚度以不小于2mm为合格。

涂完第一遍涂膜后，一般需固化5h以上，至基本不粘手时，再按上述方法涂布第二、三、四、五遍涂膜。但对平面的涂布方面，后一遍应与前一遍的涂布方向垂直。凡遇底板与立墙连接的阴角，均需铺设聚酯纤维无纺布加强。

(4) 平面部位铺贴油毡保护隔离层。当平面部位最后一遍聚氨酯涂膜完全固化，经过检查验收合格后，即可空铺一层石油沥青纸胎油毡作保护隔离层，铺设时可用少许聚氨酯混合料或氯丁橡胶系胶粘剂（如404胶等）点粘固定，以防止在浇筑细石混凝土时发生位移。

(5) 浇筑细石混凝土保护层。对平面部位可在石油沥青纸胎油毡保护隔离层上，直接浇筑40～50mm厚的细石混凝土作刚性保护层。

(6) 钢筋混凝土结构施工。在完成细石混凝土保护层的施工和养护后，即可根据设计要求和规范规定，绑扎钢筋进行结构混凝土的施工。

(7) 立面粘贴聚乙烯泡沫塑料保护层。对立墙部位，宜在聚氨酯涂膜防水层的外侧用胶粘剂（如404胶）直接粘贴5～6mm厚的聚乙烯泡沫塑料片材作软保护层。要求泡沫塑料片材拼缝严密，以防止回填灰土时损坏防水涂膜。

（8）回填灰土。完成聚乙烯泡沫塑料保护层的施工后，即可按设计要求或规范规定，分层回填2:8灰土，并分层夯实。

第四节　厕浴间防水施工

建筑物厕所、卫生间的渗漏给人们生活带来极大烦恼。污水顺着管道、板缝渗漏下来，洇湿了顶板、墙面，造成墙皮粉化、脱落。因此，厕浴间的防水施工极为重要。

传统的厕浴间防水作法为一毡两油或两毡三油。因油毡在管道根部难以施工，防水质量也就难以保证，以致造成厕浴间的严重渗漏。

近几年，新型防水材料逐年增多，由于应用新型防水材料及施工工艺，使厕浴间渗漏现象大为减少。实践证明，由于厕浴间管道多，工作面小，基层结构复杂，因此用涂膜防水材料比用防水卷材更为适合。

一、厕浴间涂膜防水施工

本节以SBS橡胶改性沥青防水涂料为例说明其施工要点。SBS橡胶改性沥青属中档防水涂料，适用于一般住宅楼工程。

（一）施工前的准备

1. 材料准备

（1）SBS橡胶改性沥青防水涂料：涂料是以沥青、合成橡胶为主要原料制成的水乳型弹性体物质，外观呈黑色的粘稠液体。

（2）中碱涂覆玻璃纤维布：幅宽900mm，14目。

材料用量可参考表7-23。

表7-23　材料用量表

做　法	SBS用量（kg/m^2）	玻璃布用量（m^2/m^2）
一布二涂	1.8	1.12
二布六涂	2.5	2.24

2. 工具准备　手持电动搅拌器、拌料桶、油漆桶、塑料或橡胶刮板、长把滚刷、油漆刷、弹簧秤、开刀、扫帚、剪刀、压碾辊消防器材等。

3. 对基层的要求

（1）厕浴间内各种竖向和水平管道安装完毕，热水管、暖气管等外装好套管，管根做好防水处理。

（2）地漏安装牢固。地面坡度为2%，向地漏处排水。地漏处排水坡度，以地漏周围半径50mm之内排水坡度为5%，地漏处一般低于地面20mm。

（3）水泥砂浆找平层应平整、坚实、抹光、无麻面、起砂、松动及凹凸不平现象。

（4）阴阳角、管道根处应抹成半径为100～150mm的圆弧形。

（5）基层应干燥，含水率不大于9%。

（二）施工工艺流程及操作要点

二布六涂防水做法施工工艺流程：

清理基层→涂刷第一道防水涂料→铺贴第一层玻璃纤维布，同时涂刷第二道防水涂料→涂刷第三道涂料→铺贴第二层玻璃纤维布，同时涂刷第四道涂料→涂刷第五道涂料→涂刷第六道涂料→蓄水试验→保护层施工→质量验收→第二次蓄水试验。

1. 清理基层　将基层表面杂物、浮灰清扫干净。

2. 涂刷第一道涂料　用油漆刷将涂料均匀地涂刷在基层表面上，要求厚薄一致，无漏刷。

3. 铺贴第一层玻璃纤维布，同时涂刷第二道涂料　第一道防水涂料表干后（约4h），即可铺贴第一层玻璃纤维布边涂刷第二道防水涂料。玻璃布要压实展平，赶出气泡，避免死褶。防水涂料要浸透到布的网眼中，做到无针孔、无白点、无空鼓。

4. 涂刷第三道防水涂料　第二道防水涂料实干后（约12～24h），再涂刷第三道防水涂料。

5. 铺贴第二层玻璃纤维布，同时涂刷第四道涂料　第三层涂料表干后，铺贴第二层玻璃纤维布，同时涂刷第四道防水涂料。上下两层玻璃纤维布的接缝应错开幅宽的1/2，玻璃纤维布搭接宽度为100mm。

6. 涂刷第五道涂料　第四道防水涂料实干后，涂刷第五道防水涂料。

7. 涂刷第六道涂料　第五道防水涂料表干后，涂刷第六道防水涂料。

8. 蓄水试验　第六道防水涂料实干后，可进行蓄水试验，蓄水时间不少于24h，不渗漏为合格。

9. 保护层施工　蓄水试验合格后，可按设计要求及时做豆石混凝土保护层或地面砖饰面层。

10. 第二次蓄水试验　防水层完工并经质量检查验收后，竣工交付使用前进行第二次蓄水试验，以确保防水层的质量。

（三）施工注意事项

1. 施工气温应在5℃以上。

2. 防水涂料严禁加水稀释，使用前应充分搅拌均匀，未用完的防水涂料要加盖密封。防水涂料贮存时避免受冻，贮存期3～6个月。

3. 操作人员不得穿钉子鞋作业，施工过程中严禁乱踩未干的防水层。

4. 地漏、蹲坑、排水口等应保持畅通，不允许堵塞杂物及灰浆等。

5. 穿过墙体、楼板等处已稳固好的管根应加以保护，施工过程中不得碰损和变位。

6. 防水层做完后要严加保护，防止钉子、砖头、手推车等碰坏防水层。

（四）厕浴间细部构造做法

住宅厕浴间平、剖面图见图7-40和图7-41。

1. 大便器蹲坑防水做法

（1）大便器立管定位后，把楼板四周缝隙用1:3水泥砂堵严（最好用防水砂浆）。缝大于20mm时，用1:2.5:4豆石混凝土堵严、抹平。

（2）立管接口处四周用建筑密封膏交圈封严(10×15mm),上面防水层作至管顶部。

（3）大便器尾部进水处与管接口用油麻丝及水泥砂浆封严，外做涂膜防水保护层。如图7-42所示。

大便器蹲坑防水做法如图4-43所示。

2. 地漏防水做法

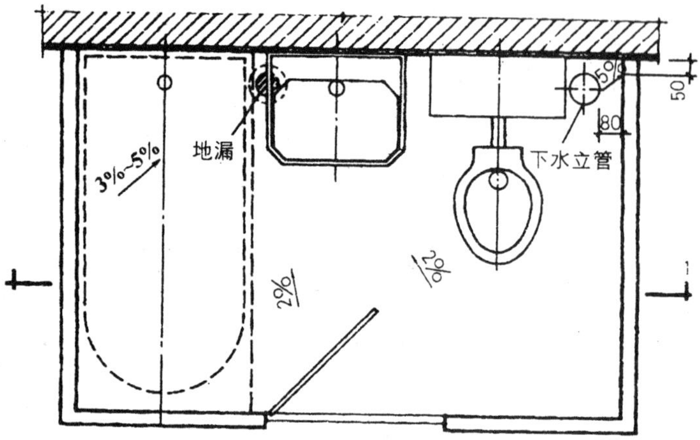

图 7-40　厕浴间平面图

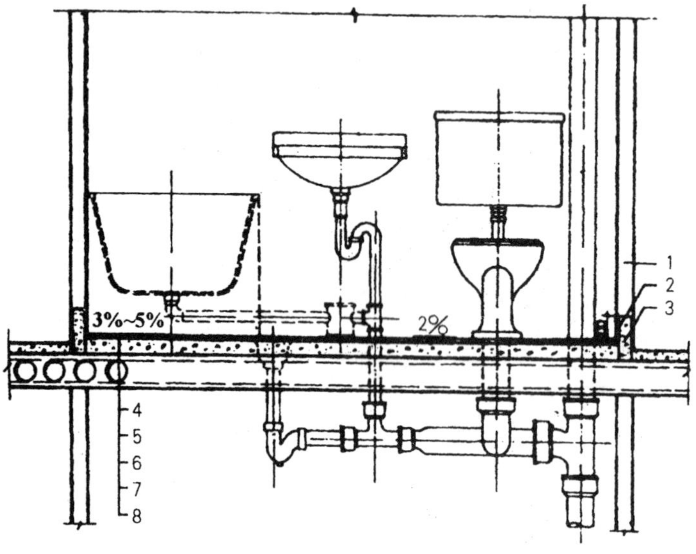

图 7-41　厕浴间剖面图（1-1 剖面）
1—轻质隔墙板　2—防水层卷起 100mm 高　3—C20 混凝土防水台高出地面 100mm　4—面层　5—防水层　6—找平层　7—垫层及找坡层　8—结构楼板

(1) 立管定位后，楼板四周用 1∶3 水泥砂浆堵严（最好用防水砂浆），缝大于 20mm 用 1∶2.5∶4 的豆石混凝土堵严。

(2) 厕浴间找坡层（垫层）向地漏处找坡 2%，厚度小于 30mm 时用混合砂浆，大于 30mm 时用水泥焦渣找坡。

(3) 地漏上口四周用 10×15mm 建筑密封膏封严，上面做涂膜防水层。

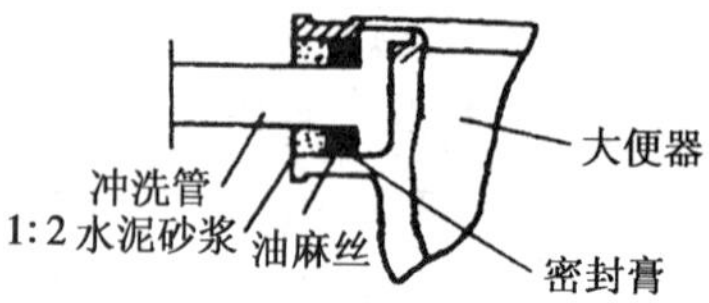

图 7-42　大便器进水管与管口连接

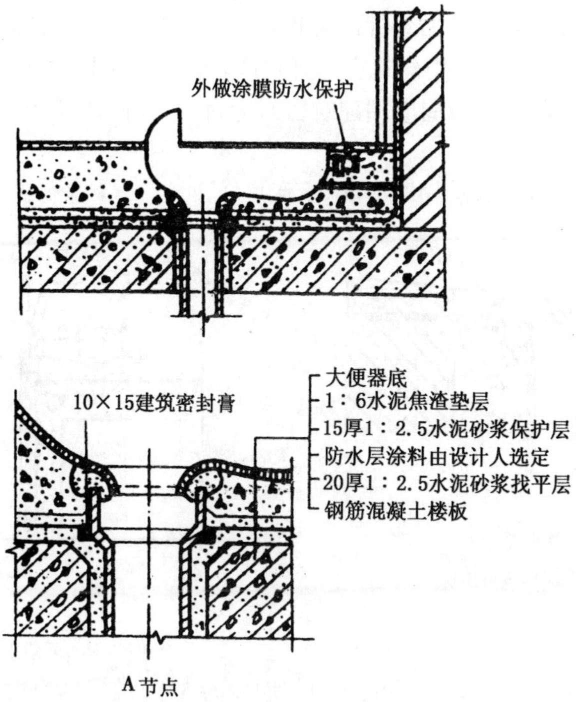

图 7-43 大便器蹲坑防水作法

（4）面层可用 20mm 厚 1:2.5 水泥砂浆抹面或根据设计要求采用其它饰面材料。

（5）地漏篦子安装于面层，四周向地漏找坡 2%，以地漏边向外 500mm 处，排水坡度为 5%。地漏处防水做法如图 7-44 所示。

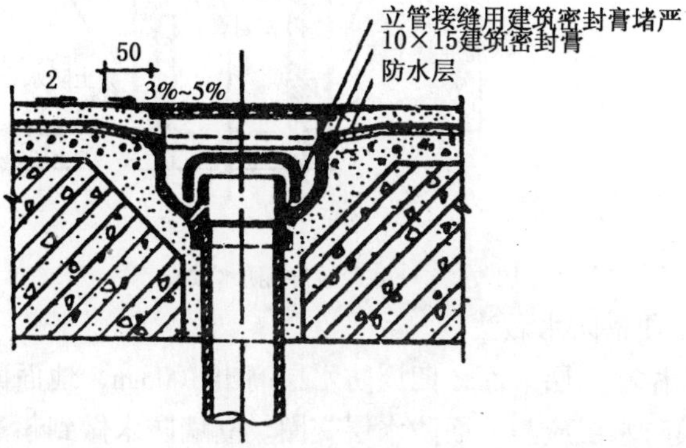

图 7-44 地漏防水做法

由于混凝土凝固时有微量收缩，铸铁地漏口大底小，外表面与混凝土接触处容易产生裂缝。为了防止地漏周围渗水，最好将地漏加以改进，在原地漏的基础上加铸铁防水托盘，如图 7-45 所示。

3. 管道根部防水做法

（1）立管定位后，楼板四周用 1:3 水泥砂浆堵严（最好用防水砂浆），缝大于 20mm

用1∶2.5∶4的豆石混凝土堵严。

（2）热水管、暖气管等需加套管，可根据立管的实际尺寸加钢套管，套管高20～40mm，留管缝2～5mm。上缝用建筑密封膏封严。套管高出地面20mm。

（3）套管防水层收头处四周应用建筑密封膏封严。防水层按设计要求采用涂膜防水材料。

管道根部套管处防水做法如图7-46所示。

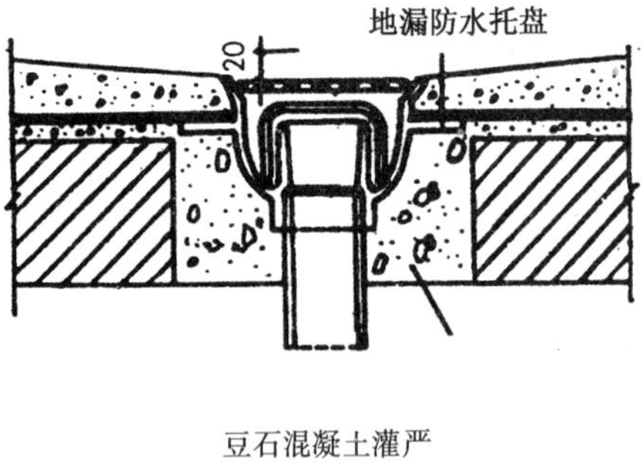

图7-45 地漏处防水托盘

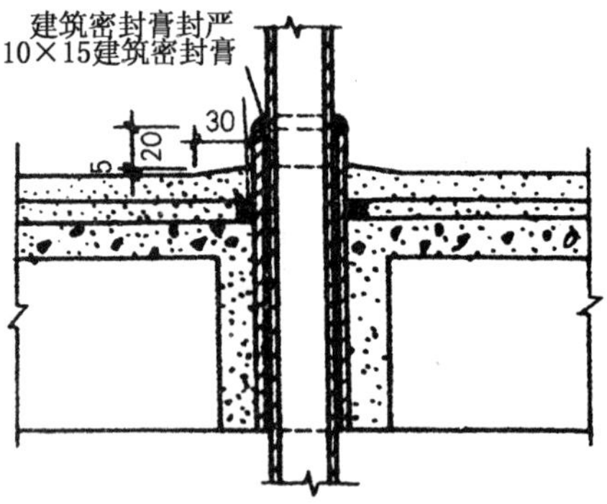

图7-46 管道根部套管防水做法

下水管设在转角处，应内高外低，向外坡度为5%，如图7-47所示。

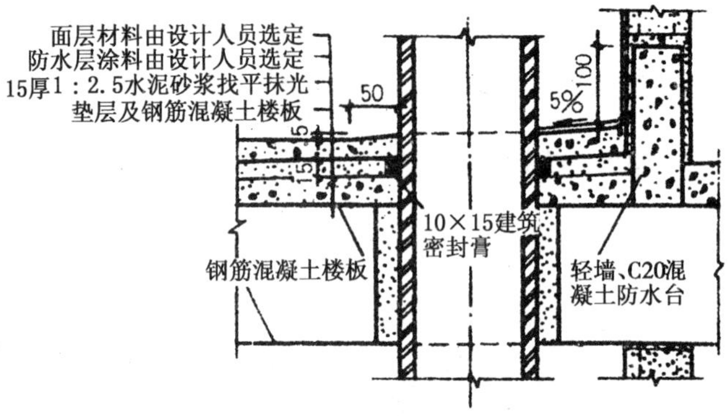

图7-47 下水管转角墙防水做法

4.公共厕所间小便槽防水做法

（1）楼地面防水做在面层下面，四周防水层高出100mm，地面面材按设计要求。

（2）小便槽涂膜防水层应与地面防水层交圈。立墙防水做到超过花管高度，两端展开各500mm宽。

（3）小便槽地漏防水做法参见厕浴间地漏做法。

（4）防水层涂料由设计选定。地面泛水坡度为1%～2%。

小便槽防水做法如图7-48所示。

（五）质量要求

1.厕浴间经蓄水试验，不得有渗漏现象。

2.涂膜防水材料进场复验后应符合有关技术标准。

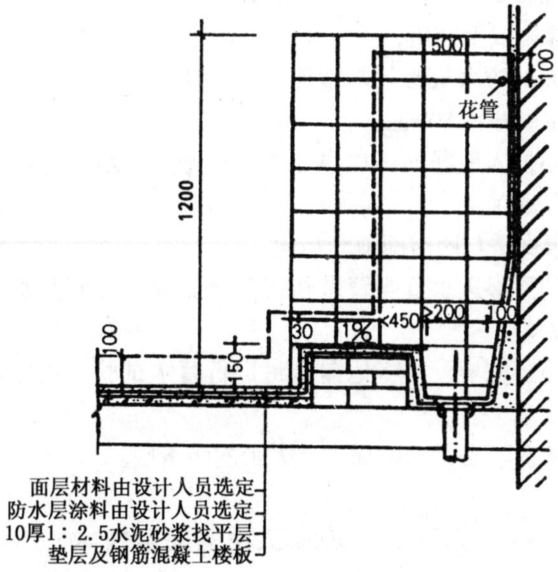

图 7-48　小便槽防水做法

3. 涂膜防水层应达到所要求的厚度，表面平整、厚薄均匀，应符合排水要求，无积水现象。

4. 有胎涂膜防水层压接顺序与搭接长度应符合施工工艺要求，各层之间应粘结牢固，无空鼓、翘边、起泡、折皱等缺陷。

5. 地漏、管根等细部应粘贴牢固，封盖严密。加强层及立面收头符合施工工艺要求。

二、厕浴间卷材防水施工

厕浴间卷材防水做法已逐步被涂膜防水做法所取代，但仍有一些工程采用，本节简要介绍厕浴间卷材防水施工一些问题。

（一）施工条件

1. 厕浴间内各种竖向和水平管道安装完毕，暖气管、热水管等装好套管。

2. 地漏安装牢固。

3. 地面找平层施工完毕，并按设计要求做好排水坡度。

（二）施工工艺流程与施工要点

清理基层→涂刷冷底子油→铺贴附加层卷材→铺贴防水卷材→蓄水试验→检查验收→作保护层。

1. 地面与立面上需作防水层的部位要涡涂冷底子油一道，要涂刷均匀，厚薄一致。要求基层干燥后进行。

2. 地面排水坡度按设计要求找好，若设计无要求时，应按 2% 的坡度向地漏处排水。地漏边向外 50mm 处，排水坡度为 5%，地漏要低于地面 20mm。待检查基层符合要求后才能进行防水层施工。

3. 阴阳角、管根、地漏处应按屋面卷材防水所要求的做法做好防水附加层。

4. 铺贴防水层油毡时，阴阳角、管道周围要铺贴严实，粘结牢固。要趁热将玛琋脂摊铺后，及时用棕刷或手铺压，防止翘边、空鼓。

5. 小便槽处立面的防水层必须与地面作好搭接，胶圈密封。立面防水层的上端要高出冲洗花管，两端展开各500mm。

6. 地面防水层要伸入地漏的杯口内，并粘贴密实。地漏四周用砂浆或豆石混凝土封严，上部要用油膏密封。

小便槽地漏防水做法与厕浴间地漏相同。

7. 大便器蹲坑的尾部进水管与管道相接部分必须用油麻及水泥砂浆封严，外部用油膏密封，参见图7-42。

8. 厕浴间防水施工完毕，须将地漏密封进行蓄水试验。经检查验收后才能进行面层施工。

9. 进行面层施工时，必须注意保护已完工的防水层。

第五节　防水工程的安全技术

一、防火措施

(一) 防水施工必须符合国务院颁发的《建筑安装工程安全技术规程》和《中华人民共和国消防条例》，严格执行公安部关于建筑工地防火的基本措施及其它有关安全防火的专门规定。

(二) 对进场的职工进行消防知识教育，建立现场安全用火制度和设防火标志。

(三) 用火前，必须取得现场用火证明，并将用火周围的易燃物品清理干净，设有专人看火。

(四) 对易燃、易爆的危险品应严加管理，分库存放。库房与各类建筑设施的防火距离应符合规定。

(五) 施工现场应备有粉末灭火器和消防设备。

(六) 采用热熔施工时，石油液化气罐、氧气瓶等应有技术检验合格证。使用时，要严格检查各种安全装置是否齐全有效。凡不符合安全规定的要停止使用。

(七) 汽油喷灯需专人保管和操作，施工现场不得贮存过汽油及其它溶剂，下班后必须放入指定仓库。

(八) 六级以上大风暂停室外热熔防水施工。

(九) 所有溶剂型材料均不得露天存放。

二、防毒措施

(一) 挥发性溶剂，其蒸气被人吸入会引起中毒，如在室内使用，要有局部排风装置。

(二) 从事有毒原料施工的人员应根据需要穿戴防毒口罩、胶皮手套、防护眼镜、工作服、胶鞋等防护用品。

(三) 如溶剂附着在皮肤上时，要立即用大量清水冲洗。乙二胺类对皮肤有强烈的腐蚀作用，如接触，立即用清水冲洗后，再有酒精擦净。

（四）当吸入有毒气体出现头晕等不适征状，应离开操作地作暂短休息，要请医生诊治。

（五）溶剂等从容器中往外倾倒时，要注意避免溅出伤人。

（六）所有溶剂及有挥放性的防水材料，必须用密封容器包装。

（七）废弃物要集中处理，不能污染环境。

（八）操作者工作完毕后，应立即洗脸洗手，不得不洗手吃东西和吸烟，最好要全身淋浴，以防中毒。

三、防护措施

（一）从事高处作业人员要定期体检。凡患高血压、心脏病、贫血病、癫痫病以及其它不适合高处作业的疾病，不得从事高处作业。

（二）操作人员必须戴好安全帽，从事高处作业要挂好安全带，高处作业人员衣着要灵便，禁止穿拖鞋、高跟鞋或赤脚进场作业。

（三）六级风以上或遇有雨雪等恶劣天气影响施工安全时，应停止高处作业。

（四）凡在坠落高度2m以上(含2m)有可能坠落的高处,均要采取有效的防护措施。

1. 脚手架应按规程标准支搭，按照规定支设安全网。施工层脚手板要铺严，不准留单跳板、探头板。脚手板与建筑物的间隙不得大于200mm。

2. 预留洞口、阳台口和屋面临边口等应设防护设施，在距檐口1.5m范围内应侧身施工。

3. 使用吊篮施工，必须经过安全部门验收，吊篮防护必须严密，保险绳应牢固可靠。

（五）高处作业所用的材料要堆放平稳，工具或零星物料应放在工具袋内，上下传递物件禁止抛掷。

（六）使用高车井架或外用电梯时，各层应注意上下联系信号。操作前应预先检查过桥通道是否牢固，上料时，小车前后轮应加挡车横木。平台上人员不得向井内探头。

（七）在坑槽内施工时，应经常检查边壁土质稳固情况，发现异常，立即通知有关人员。

（八）闷热天在基坑槽内施工时，应定时轮换作业，以免发生危险。

（九）使用手持式电动工具必须装有漏电保护装置，操作时必须戴绝缘手套。

（十）作业的垂直下方不得有人，以防掉物伤人。

小　结

建筑防水按采用防水材料和施工方法不同分为柔性防水和刚性防水。

柔性防水是采用柔性材料，主要包括各种防水卷材（沥青系防水卷材、改性沥青防水卷材、合成高分子防水卷材）、防水涂料（乳化沥青防水涂料、改性沥青防水涂料、合成高分子防水涂料）及封闭胶，经施工将其铺贴或涂布在防水工程的迎水面，达到防水目的。卷材防水层铺贴工艺应符合标准、规范规定和设计要求，卷材搭接宽度符合要求、接缝严密。平立面卷材及搭接部位卷材铺贴后表面应平整、粘结牢固，无滑移、翘边、起鼓、皱折、损伤等缺陷。涂膜防水层应厚薄均匀，不得出现堆积、露胎以及皱皮现象或裂纹、脱皮、起鼓等缺陷。

刚性防水采用的材料主要是普通细石混凝土、补偿收缩混凝土和块体刚性材料等，主要依靠混凝土自身的密实性或采用补偿收缩混凝土，并配合一定的构造措施来达到防水目的。刚性防水的防水混凝和防水砂浆的原材料、外加剂等必须符合要求；防水混凝土必须密实，其强度和抗渗标号必须符合设计要求；刚性防水层的厚度必须符合设计要求，其表面应平整、不起砂、不出现裂缝。细石混凝土内的钢筋位置正确。分格缝要做到平直、位置正确；施工缝、变形缝的止水片（带）、穿墙管件、支模铁件等设置和构造部位必须符合设计要求和规范规定，不得有渗漏现象。

建筑防水按构造和部位不同分为屋面工程防水、地下工程防水、厕浴间防水和外墙板缝防水（本书不讲述）等。

屋面工程防水分为卷材防水屋面、涂膜防水屋面和刚性防水屋面。

沥青卷材防水屋面的施工质量，除取决于油毡、沥青和其它原材料的质量外，主要取决于各构成层次的施工质量，因此要严格地按照施工规范和操作工艺技术要点进行施工。对于找平层，常采用水泥砂浆或沥青砂浆，找平层表面应平整、粗糙、并按设计要求留置坡度，屋面转角处应留圆角或钝角，并应具有一定的强度和刚度，以保证油毡防水层铺设平整，粘结牢固，便于排水和承受施工荷载。油毡防水层必须在屋面上其它工程完工后进行，且基层必须干燥。铺设多跨或高低跨房屋的防水层，应按先高后低，先远后近的顺序进行。铺设同一跨房屋防水层时，应先铺设排水比较集中的部位。铺贴方向应根据屋面坡度或屋面是否受振动确定，分为垂直与平行屋脊方向两种，要按规定的错缝搭接的要求施工。保护层应在油毡防水层铺设完毕经检查合格后进行，绿豆砂选用粒径 3 ~ 5mm 的圆形小豆石，加热至 100℃左右，趁热将其撒在油毡上面的涂刷厚度为 2 ~ 3mm 的沥青胶上，使其粒径一半左右嵌入沥青胶中。

合成高分子卷材防水施工方法分为冷贴卷材防水施工、热熔卷材防水施工及自粘型卷材防水施工三种，使用最多的是冷贴法。冷贴法是指以合成高分子卷材为主体材料，配以与卷材同类型的胶粘剂及其它辅助材料，用胶粘剂贴在基层形成防水层的施工方法。三元乙丙橡胶防水卷材冷贴法施工工艺流程是：清理基层→涂刷基层处理剂→铺贴附加层卷材→涂刷基层胶粘剂→粘贴防水卷材→卷材接缝的粘接→卷材末端收头的处理→蓄水试验→保护层施工→质量验收。

高聚物改性沥青卷材防水施工方法有冷贴法、热熔法和自粘法三种，目前使用最多的热熔法。热熔法卷材防水施工是指将卷材背面用喷灯或火焰喷枪加热熔化，靠其自身熔化后粘性与基层粘结在一起形成防水层的施工方法。SBS 改性沥青防水卷材热熔法施工工艺流程是：清理基层→涂刷基层处理剂→铺贴卷材附加层→热熔铺贴大面防水卷材→热熔封边→蓄水试验→保护层施工→质量验收。

自粘型卷材防水施工是指采用带有自粘剂的防水卷材，施工时在基层表面均匀涂刷基层处理剂，将卷材背面隔离纸撕净，将卷材粘贴于基层形成防水层的施工方法。

在大面积铺贴卷材防水层前应先做好天沟、檐口、泛水、变形缝等部位细部构造的防水处理。

涂膜防水屋面施工是采用防水涂料在屋面基层上现场喷涂、刮涂或涂刷抹压作业。涂料经过自然固化形成一定厚度的无缝整体涂膜防水层，从而获得屋面工程具有抗渗防水作用。为避免基层变形导致涂膜防水层开裂，涂膜层可加铺胎体增强材料，如玻璃布、化纤毡、聚酯毡等，与防水涂料形成一布二涂、二布三涂或多布多涂的防水层。涂膜防水屋面施工的工艺流程是：清理基层→喷涂基层处理剂→节点部位附加增强处理→涂布防水涂料及铺贴胎体增强材料→清理及检查修理→保护层施工→质量验收。

刚性防水屋面施工可分为细石混凝土防水层和补偿收缩混凝土防水层等施工。

细石混凝土防水层施工要求采用425号普通硅酸盐水泥，标号不低于425号，骨料最大粒径不大于15mm，水灰比不大于0.55，骨料级配合理，混凝土标号不低于C20；分格缝位置应按设计要求，分格缝应设置在屋架或承重墙上。横向分格缝间距为3~6m或采取一间一分格。纵向分格缝间距为6m。分格缝必须与结构层的板缝对齐，分格缝的面积以$20m^2$为宜。分格缝可用油膏嵌缝等形式。钢筋网片在分格缝处要断开，应位于中间稍偏上位置，保护层厚度不应小于10mm。混凝土浇筑顺序应遵循先远后近、先高后低的原则进行，在一个分格缝范围内的混凝土应一次浇筑完毕，不留施工缝，振捣要密实，泛浆后表面要抹平。待收水初凝后取出分格缝木条，进行第二次压实抹平。混凝土终凝前抹压第三次，要求表面平而光，不起砂、不起层。必须加强对混凝土的覆盖，浇水养护不少于14d。细石混凝土防水层厚度应均匀一致，厚度不宜小于40mm。

补偿收缩混凝土（微膨胀混凝土）为防水层的屋面是利用这种混凝土在硬化过程中产生微膨胀，以补偿混凝土的收缩，它在有配筋的情况下，限制了混凝土的膨胀，使混凝土产生自应力，起到致密混凝土的作用，提高混凝土的抗裂性和抗渗性，达到防水效果。微膨胀混凝土防水层施工主要应注意控制混凝土的自由膨胀率、施工时气温、振捣、抹压和养护等环节。

地下室防水形式主要有：防水混凝土结构本体和附加防水层，如水泥砂浆防水层、卷材防水层、涂膜防水层、金属防水层等。防水层的施工应在地下结构验收合格后进行，施工期要做好降水和排水工作。水泥砂浆防水层要按技术规定选择原材料和施工配合比，基层表面应平整、坚实、粗糙、洁净和湿润，不得有积水，以保证防水层与基层牢固结合。迎水面宜用五层交叉抹面，背水面宜用四层交叉抹面做法。施工时结构阴阳角应做成圆弧或钝角，各层应连续施工不留施工缝，必须中断时，施工缝应按规定接槎。各层应赶压密实，充分养护。卷材防水层施工有外防外贴法和外防内贴法。外防外贴法施工顺序是：铺设垫层→砌筑部分保护墙→铺贴防水层卷材→平面保护层施工→浇筑混凝土结构→继续铺贴防水层卷材→立面保护层施工→回填土。外防内贴法施工顺序是：铺设底板垫层→砌筑永久保护墙→抹水泥砂浆找平层→铺贴防水卷材→保护层施工→浇筑结构混凝土→回填土。按照施工顺序中各过程的施工要点精心操作，要注意做好特殊部位的防水处理。涂膜防水层施工以外防水形式居多。宜选用合成高分子防水涂料（如聚氨酯防水涂料）不宜选用水乳型涂料。聚氨酯防水涂料施工工艺流程是：清理基层→涂布底胶→涂膜防水层施工→平面部位铺贴油毡保护隔离层→浇筑细石混凝土保护层→钢筋混凝土结构施工→立面粘贴聚乙烯泡沫塑料保护层→回填土。

由于厕浴间管道多、工作面小、基层结构复杂，近几年，用涂膜防水材料代替传统的油毡防水，使厕浴间渗漏现象大为减少。厕浴间防水特别要处理好大便器蹲坑、地漏、管道根部的防水措施。

建筑防水工程质量应在施工过程中进行控制，才能达到工程各部位不渗漏、不积水的要求。防水工程质量检验包括材料质量检验和防水施工检验。

建筑防水工程存在高处、高温、有毒、易燃等不安全因素，所以要十分重视安全防护，防止发生火灾、中毒、烫伤、坠落等事故。

复习思考题

1. 建筑防水如何分类？
2. 屋面防水工程的 4 个等级应符合什么要求？
3. 地下室防水工程应达到几级标准？
4. 防水材料分为哪几大系列？
5. 防水卷材分为哪几类？
6. 防水涂料分为哪几类？
7. 沥青分几种？有哪些基本性质？
8. 常用油毡有几种？油毡的标号表示什么？
9. 沥青胶是如何调配的？
10. 如何配制冷底子油？它有什么用途？
11. 沥青卷材防水层施工对基有什么要求？
12. 油毡铺贴的一般要求是什么？
13. 油毡铺贴方法有哪几种？
14. 什么是冷贴卷材防水施工、热熔卷材防水施工及自粘型卷材防水施工？
15. 试述三元乙丙橡胶防水卷材冷贴法施工的工艺流程及操作要点。
16. 试述 SBS 改性沥青防水卷材热熔法施工的工艺流程及操作要点。
17. 试述卷材防水层面天沟、檐口、泛水、变形缝、水落管部位细部构造防水措施。
18. 水性石棉沥青防水涂料施工对基层要求是什么？
19. 试述细石混凝土防水层施工流程？隔离层及现浇细石混凝土防水层施工要点是什么？
20. 地下室防水工程附加防水层有哪几种？试述其主要做法及施工要点。
21. 地下室卷材防水层施工中外防外贴法施工顺序是什么？试述其施工要点？
22. 试述地下室卷材防水管道预埋件处和变形缝处的防水处理。
23. 聚氨酯防水涂料施工工艺流程及操作要点是什么？
24. 厕浴间涂膜防水施工对基层要求是什么？
25. 试述厕浴间大便蹲坑、地漏、管道根部防水做法。
26. 建筑防水工程防毒措施有哪些？

第八章　装　饰　工　程

建筑工程施工，一般按部位划分为基础工程、主体结构工程、屋面工程和装修工程施工。装饰工程的任务是对建筑物的结构部分进行装饰、修整。一般包括外墙、内墙、吊顶、地面及门窗装修。装饰工程的作用是保护建筑物的结构部分免受日晒雨淋、风雨霜雪等侵蚀，改善房屋的卫生条件、增加建筑物的美观，满足人们审美的要求。

装饰工程项目较多，工程量大，施工工期长，占建筑总造价的比例大。一般民用建筑平均每平方米建筑面积就有 $3\sim5m^2$ 的内抹灰，$0.15\sim0.75m^2$ 的外抹灰，高级装饰甚至有 $0.75\sim1.50m^2$ 的外抹灰；工期占整个建筑物施工工期的一半，甚至更多些；装饰部分造价占建筑物总造价的35%左右，高级装饰则占50%以上。所以，大力发展新技术、新工艺、新材料，改进操作工艺，提高技术水平和劳动生产率，降低成本、节约原材料，具有重要的经济意义。

第一节　门窗安装工程

常用门窗有木门窗、钢门窗、铝合金门窗和塑料门窗等。一般门窗的设计已定型化和标准化，并编集了标准图集。门窗一般由工厂制作，现场进行安装。工程施工准备阶段，应按工程图纸规定的门窗型号、规格和数量，编制加工订货单。门窗半成品进入现场时，应按照国家标准施工验收规范检查门窗制作质量，并妥善保管。

一、木门窗安装

（一）立门窗框

门窗框的安装分为先立口和后塞口两种。

先立口是先立好门窗框，再砌门窗框两边的墙。立框时应先在地面和砌好的墙上划出门窗框的中线及边线，然后按线将门窗框立上，用临时支撑撑牢（图 8-1），并校正门窗框的垂直及上下槛水平。内门框应注意下槛“锯口”以下是否满足地面做法的厚度。立框时应注意门窗的开启方向和墙壁抹灰厚度。立框前要检查木砖的数量和位置，门窗框和木砖要钉牢，钉帽要砸扁，使之钉入口内，但不得有锤痕。

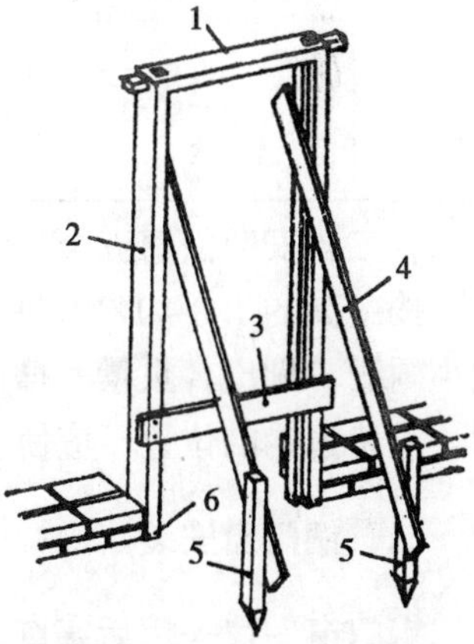

图 8-1　门框临时支撑方法
1. 上槛；2. 门框；3. 横撑；4. 临时支撑；5. 木桩；6. 锯口线

后塞口是在砌墙时留出门窗洞口，待结构完成后，再把门窗框塞进洞口固定。这种方法施工方便，工序无交叉，门窗框不易变形走动。采用后塞口作法时，门窗洞口尺寸要比门窗框尺寸每边大 20mm。门窗框塞入后，先用木楔临时固定，靠、吊，校正无误后，用钉子将门窗框固定在洞口预留木砖上。门窗框与洞口之间的缝隙用1:3

水泥砂浆塞严。

（二）门窗扇的安装

门窗扇安装前，应先检查门窗框是否偏斜，门窗扇是否扭曲。安装时，先量出门窗洞口净尺寸，根据其大小修刨门窗扇，扇两边同时修刨，门窗冒头先刨平下冒头，以此为准再修刨上冒头。修刨时注意风缝大小，一般门窗扇的对口处及扇与框之间的风缝需留 2mm 左右。门窗扇的安装，应使冒头、窗芯呈水平，双扇门窗的冒头要对齐，开关灵活，不能有自开或自关的现象。

木门窗安装的容许偏差和留缝宽度见表 8-1 和表 8-2。

表 8-1　门窗安装的容许偏差

项　次	项　目	容许偏差（mm）		检　验　方　法
		Ⅰ级	Ⅱ级	
1	框的正、侧面垂直度	3		吊 1m 线和尺检查
2	框对角线长度	2	3	用尺量裁口里角检查
3	框与扇接触面平整度	2		用直尺和楔形塞尺量横、竖线各一处检查

表 8-2　门窗安装的留缝宽度

项　次	项　目		留缝宽度（mm）	检　验　方　法
1	门窗扇对口缝，扇与框间立缝		1.5～2.5	每类缝抽查 1 处，用楔形塞尺检查
2	工业厂房双扇大门对口缝		2～5	
3	框与扇间上缝		1.0～1.5	
4	窗扇与下坎间缝		2～3	
5	门扇与地面间缝	外　门	4～5	
		内　门	6～8	
		卫生间门	10～12	
		厂房大门	10～20	

（三）安装门窗五金

按扇高的 1/8～1/10（一般上留扇高的 1/10，下留扇高的 1/8）在框上根据合页的大小画线，剔出合页槽，槽底要平，槽深要与合页厚度适应。门插销应装在门拉手下面。安装窗钩的位置，应使开启后窗扇距墙 20mm 为宜。

二、钢门窗安装

钢门窗一律采用后塞口。可在洞口四周预留孔埋设铁脚连接件；门窗上口有混凝土过梁时，要预埋铁件，安装时将铁脚焊在预埋铁件上。

钢门窗是框与扇连成一体的，安装时先用木楔临时固定。木楔应塞在四角及中梃处，不要塞在架空处。然后用线锤和水准尺校正其垂直与水平，成排窗子应在横竖两个方向拉线和吊线，做到横平竖直，上下高低一致，进出一致。框扇间的缝隙应不大于 1mm，要开关灵活，无阻滞和回弹现象。

门窗位置确定后，即将铁脚埋入预留墙洞内，用 1∶2 水泥砂浆灌死。养护 3d 后，取出木楔，用 1:2 水泥砂浆嵌缝隙。钢窗铁脚如图 8-2 所示，以卡口咬住框边。用这种形式预留孔洞，位置比较灵活，每 500 ~ 700mm 设置一个，且每边不少于 2 个。铁脚离端角的距离约 180mm。

钢窗的组合应按向左或向右顺序逐框进行，用适合的螺栓将钢窗与组合构件紧密拼合，拼合处应嵌满油灰；组合构件的上下两端必须伸入砌体 50mm，在钢窗经垂直和水平校正后与铁脚同时浇灌水泥砂浆固定。凡是两个组合构件的交接处必须用电焊焊牢固。

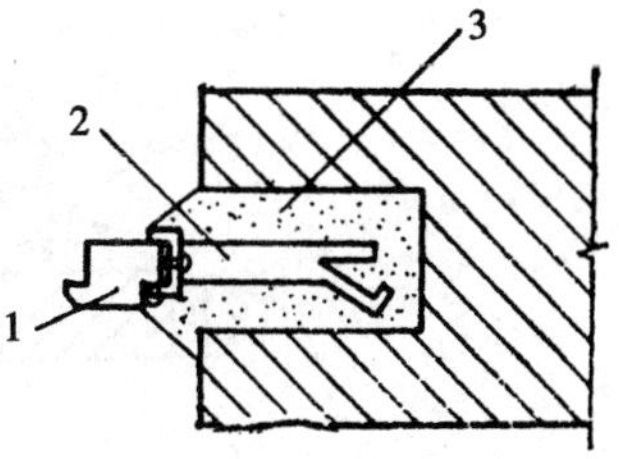

图 8-2　钢窗预埋铁脚

1. 窗框；2. 铁脚；3. 预留洞 60×60×100

灰缝宽度应根据墙体做法决定：清水砖墙灰缝 > 15mm；水泥砂浆墙面灰缝 > 20mm；水刷石墙面灰缝 ≥ 25mm；装饰板墙灰缝 > 板材厚加 20mm。

三、铝合金门窗安装

铝合金门窗一般采用后塞口。门窗框安装要求位置准确，横平竖直，高低一致、进出一致、牢固严密。安装时将门窗框安放在洞口中正确位置，先用木楔临时固定后，拉通线进行调整，使上、下、左、右的门窗分别在同一竖直线、水平线上；框边四周间隙与框表面距墙体外表面尺寸一致。再仔细校正其正、侧面垂直度、水平度及位置合格后，楔紧木楔。再校正一次。然后按设计规定的门窗框与墙体或预埋件连接固定方式进行固定。常用的固定方法如图 8-3 所示。

门窗框与墙体连接固定时应遵守下列规定：

1. 门窗框与墙体连接必须牢固，不得有任何松动现象。

2. 连接铁件应对称地排列在门窗框两侧，相邻铁件宜内外错开，连接铁件不得露出装饰层。

3. 焊接连接铁件时，应用橡胶或石棉布遮盖门窗框，不得烧损门窗框，焊接完毕应清除焊渣，焊接应牢固，焊缝不得有裂纹和漏焊现象，严禁在铝合金框上栓接地线或打火（引弧）。

4. 紧固件离墙体边缘应不小于 50mm，且不能装在缝隙中。

5. 门窗框与墙体连接用的紧固件规格和要求，必须符合设计图纸规定，如设计无规定时，可参照表 8-3 的规定。

表 8-3　紧固件材料表

紧固件名称	规格（mm）	材料或要求
膨胀螺钉	≥8×L	45 号钢镀锌、钝化
自攻螺钉	≥4×L	15 号钢 HRC50 ~ 58 钝化，镀锌 GB8456—86
钢钉、射钉	ϕ4 ~ 5.5×L	优质钢
木螺钉	≥5×L	A3，GB951—76
预埋钢板	δ=6	A3

门窗框安装经检查合格后，用 1:2 水泥砂浆或细石混凝土嵌填洞口与门窗框间缝隙，使门窗框牢固地固定在洞内，待嵌填水泥砂浆凝固后，才可取下木楔，并用水泥砂

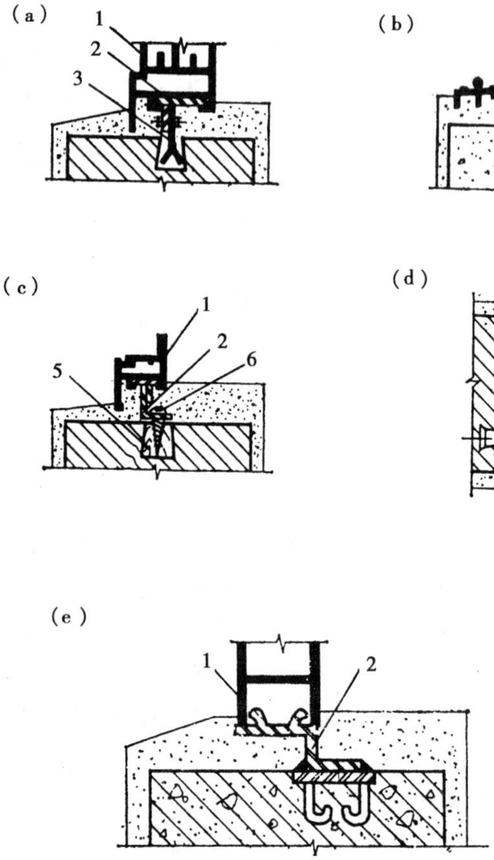

图 8-3　铝合金门窗框与墙体连接方式

(a) 预留洞燕尾铁脚连接；(b) 射钉连接；(c) 预埋木砖连接；

(d) 膨胀螺钉连接；(e) 预埋铁件焊接连接

1. 门窗框；2. 连接铁件；3. 燕屋铁脚；4. 射(钢)钉；

5. 木砖；6. 木螺钉；7. 膨胀螺钉

浆抹严框周围缝隙。

门窗扇的安装要求位置准确、平直、缝隙均匀，严密牢固，启闭灵活，启闭力合格，五金零配件安装位置准确，能起各自的作用。对推拉式门窗扇，先装室内侧门窗扇，后装室外侧门窗扇；对固定扇应装在室外侧，并固定牢固；平开式门窗扇装于门窗框内。要求门窗扇关闭后四周压合严密、搭接量一致，相邻两门窗扇在同一平面内。

第二节　抹 灰 工 程

一、抹灰工程的分类及灰层组成

(一) 抹灰工程的分类

抹灰工程分为一般抹灰和装饰抹灰两种。

1. 一般抹灰　一般抹灰指石灰砂浆、水泥混合砂浆、水泥砂浆、聚合物水泥砂浆、膨胀珍珠岩水泥砂浆以及麻刀石灰、纸筋石灰和石膏灰等抹灰工程。按建筑物的装饰标准和质量要求，一般抹灰分为普通、中级和高级三级，各种级别抹灰的主要工序如下：

普通抹灰：分层赶平、修整和表面压光；

中级抹灰：阳角找方、设置标筋、分层赶平、修整和表面压光；

高级抹灰：阴阳角找方、设置标筋、分层赶平、修整和表面压光。

2. 装饰抹灰　装饰抹灰指水刷石、水磨石、斩假石、干粘石、假面砖、拉条灰、拉毛灰以及喷涂、滚涂、弹涂、仿石和彩色抹灰等。

装饰抹灰层的厚度、颜色和图案应符合设计要求。

（二）抹灰层的组成

抹灰层一般由多层次构成，即底层、中层和面层，如图 8-4 所示。各层次根据其所起的作用不同，则用料和薄厚不同。施工时，对各层次的涂抹和压实要求也不同。

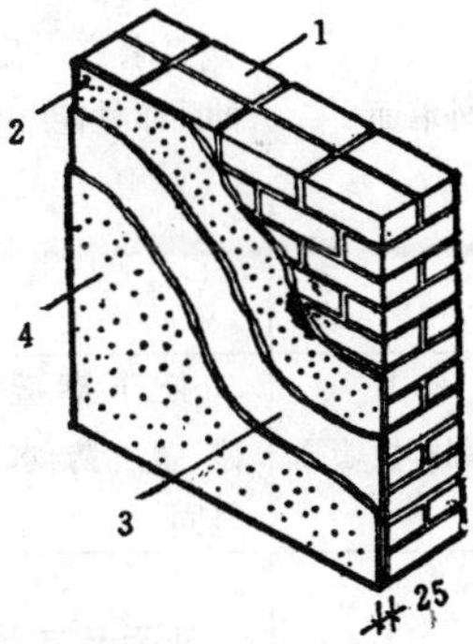

图 8-4　抹灰层的组成
1. 基层；2. 底层；3. 中层；4. 面层

底层灰的作用是增强与基层结构的结合，所用砂浆的材料性质应与基层结构的材料相适应，灰层要薄，其厚度约为 5 ~ 7mm，以利于同基层的紧密结合。

中层灰起找平作用，使用材料同底层，一般灰层较厚，约 5 ~ 12mm，具体尺寸应视抹灰层总厚度决定。

面层灰主要起装饰和光洁作用，灰层厚度一般为 2 ~ 5mm。

（三）抹灰层的砂浆选用

一般抹灰所用的砂浆品种，应根据抹灰基层的种类和抹灰层所处的部位和环境决定。一般按设计要求选用，如设计无具体规定时，按下列要求选择砂浆品种：

1. 外墙门窗口的外侧壁、屋檐、勒脚、压檐墙抹灰，因为都有防水要求，故应选用水泥或水泥混合砂浆。

2. 湿度较大的房间、车间等，应选用水泥或水泥混合砂浆。

3. 混凝土板和墙的底层灰，应选用水泥混合砂浆或水泥砂浆。

4. 硅酸盐砌块的底层灰，考虑砂浆与基层砌块的可靠结合，应用水泥混合砂浆。

5. 加气混凝土块或板的底层灰，应选择水泥混合砂浆或聚合物水泥砂浆。

6. 木板条、金属网顶棚或墙面底层灰与中层灰，应满足挂灰的要求，必须选用麻刀石灰砂浆或纸筋石灰砂浆。

7. 一般砖砌体则可选用普通石灰砂浆，面层做纸筋或玻璃丝石灰浆。

一般抹灰几种常用做法如表 8-4。

表 8-4 抹灰的几种常用做法（体积比）

部 位	要 求	总厚度（mm）	常用做法	适用范围
内墙面	处于室内。要求表面平整光洁	18～25	1:3 石灰砂浆底层 1:3 石灰砂浆中层 纸筋灰面层	砖墙、砌块墙
			1:2.5 石灰煤屑底层 纸筋灰面层	
			1:3 稻草石灰粘土底层 纸筋灰面层	土坯墙、板条墙等
外墙面	处于露天。要求有一定的防水性能	20～25	1:1:6 水泥石灰砂浆底层 1:1:6 水泥石灰砂浆面层	砖墙、砌块墙
			1:1:6 水泥石灰砂浆底层 1:0.5:4 水泥石灰砂浆面层	
			1:2.5 水泥砂浆勾缝 （或 1:0.5:4 水泥石灰砂浆）	砖块质量较好的墙
勒脚踢脚板墙裙	处于潮湿。碰撞，防水，坚固	20～25	1:3 水泥砂浆底层 1:2.5 水泥砂浆面层	
顶棚	处于悬挂状态。要求抹灰层薄，粘结力强		1:2 纸筋灰黄砂底层 1:2 纸筋灰黄砂中层 纸筋灰面层	板条基层
			1:2.4 水泥纸筋灰黄砂底层 1:2 纸筋灰黄砂中层 纸筋灰面层	混凝土基层
			1:1:6 水泥石灰砂浆底层 纸筋灰面层	机械喷涂

二、一般抹灰施工

（一）选料与配料

为了保证抹灰工程质量，必须注意砂浆的选料与配料。石灰膏应用块状生石灰淋制，淋制时必须用孔径不大于 3mm × 3mm 的筛过滤，并贮存在沉淀池内加以保护，防止其干燥、冻结和污染。冻结、风化、干硬的石灰膏不得使用。石灰熟化要有足够的时间，常温下不少于 15 天，罩面石灰膏不少于 30 天，未熟化透的石灰碎粒不准抹在墙上，否则吸收空气中的水分继续熟化而使墙面出现麻点、隆起或开裂。砂用中砂或中砂与粗砂混合掺用，要求颗粒坚硬洁净，含粘土、泥灰、粉末等不超过 3%，砂在使用前过筛。纸筋、麻刀在抹灰中起拉结和骨架作用，使抹灰层不易开裂脱落。抹灰用的纸筋应预先浸透、捣烂、洁净；罩面纸筋宜机碾磨细。抹灰砂浆一般采用体积配合比，实践中，常以保证质量、便于操作为原则。

（二）抹灰基层的处理

抹灰前，必须对不同材料的基层进行处理，以保证抹灰层与基层的牢固结合。要求基层表面洁净、湿润和粗糙。但处理方法则因基层构成材料的不同而异。砖墙面容易吸收且表面粗糙，重点是浇水润透墙面，防止因吸水过快影响抹灰层的硬化，同时清除未刮净的干涸砂浆，以便抹灰操作和压实。混凝土基层则表面光滑不容易吸收，预制构件表面油污较多，因此重点是划毛和清除油污，洒水不宜过多，以免抹灰时砂浆坠滑。对于两种不同材料的基层结合部，应加钉金属网，如图 8-5，防止温度变形不同而产生裂缝。木板条应用水浇透，以免木板条吸水过快引起灰层裂缝。

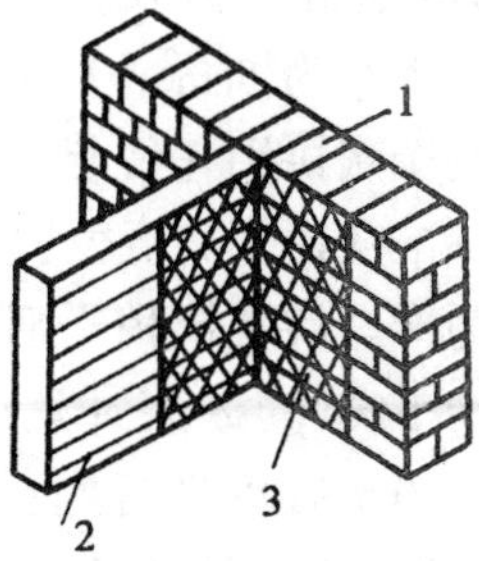

图 8-5　不同基层接缝处理

1. 砖墙；2. 板条墙；3. 钢丝网

由于抹灰砂浆强度较差，阳角易被碰坏，故在抹灰前，先在内墙阳角、门窗洞口的阳角，柱面的阳角，用 1:2 水泥砂浆做护角，其高度不应低于 2m，每侧宽度不小于 50mm，如图 8-6。

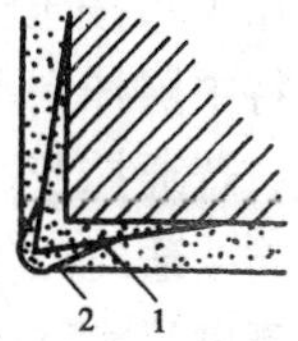

图 8-6　墙柱阳角包角抹灰

1.1:1:4 水泥白灰砂浆；

2.1:2 水泥砂浆

（三）施工顺序

一般抹灰的施工顺序通常是先外墙后内墙。外墙由上而下，先抹阳角线（包括门窗角、墙角），台口线，后抹窗台和墙面。室内地坪可与外墙抹灰同时进行或交叉进行。室内其它抹灰是先顶棚后墙面，而后是走廊和楼梯，最后是外墙裙、明沟或散水坡。

（四）施工要点

1. 墙面抹灰　墙面一般抹灰按表 8-5 操作工序进行。

墙面抹灰前，先找好规矩，即四角规方，横线找平，立线吊直，弹出准线，墙裙线，踢脚板线。对中级和普通抹灰，应用托线板检查墙面平整、垂直程度，大致决定抹灰厚度（最薄处不小于7mm）。再在墙的上角各做一个标准灰饼

表 8-5　一般抹灰的操作工序

项　次	工序名称	一般抹灰质量等级		
		普通抹灰	中级抹灰	高级抹灰
1	基体清理	+	+	+
2	湿润墙面	+	+	+
3	阴角找方		+	+
4	阳角找方			+
5	涂刷 107 号胶水泥浆	+	+	+
6	抹踢脚板、墙裙及护角底层灰	+	+	+
7	抹墙面底层灰	+	+	+
8	设置标筋		+	+
9	抹踢脚板、墙裙及护角中层灰	+	+	+
10	抹墙面中层灰（高级抹灰墙面中层灰应分遍找平）		+	+
11	检查修整		+	+
12	抹踢脚板、墙裙面层灰	+	+	+
13	抹墙面面层灰并修整	+	+	+
14	表面压光	+	+	+

注：表中“+”号表示应进行的工序。

（用打底砂浆，或1∶3水泥砂浆，或水泥∶石灰膏∶砂=1∶3∶9的混合砂浆），遇有门窗口垛角处要增做灰饼。灰饼大小为5cm^2，厚度以墙面平整垂直决定，然后根据两个灰饼用托线板或线锤吊挂垂直，做墙面下角两个标准灰饼（高低位置一般在踢脚线上口），厚度以垂直为准。待灰饼稍干后，拉通线在上下灰饼之间抹上宽约10cm的砂浆冲筋，用木杠刮平，厚度与灰饼相平，稍干后可进行底层抹灰，图8-7所示为抹灰操作中灰饼与冲筋的作法。对于高级抹灰，应先将房间规方，弹出墙角抹灰准线，并在准线上拉通线后做标准灰饼及冲筋。抹灰层采取分层涂抹多遍成活。底层灰应用力压进基层结构面的空隙之内，应粘结牢固。中层灰待底层灰凝结后（达7～8成干，用手指按压已不软，但有指印和潮湿感），依冲筋厚找满砂浆为准，以大刮尺紧贴冲筋将中层抹刮平，最后用木抹子搓平，应达到密实平整和粗糙。当中层灰干至7～8成后，普通抹灰可用麻刀灰罩面，中、高级抹灰应用纸筋灰罩面，用铁抹子抹平，并分两遍连续适时压实收光。室内墙裙、踢脚板一般要比罩面灰墙面凸出3～5mm。因此应根据高度尺寸弹线，把八字靠尺靠在线上用铁抹子切齐，修边清理。然后再抹墙裙和踢脚板。

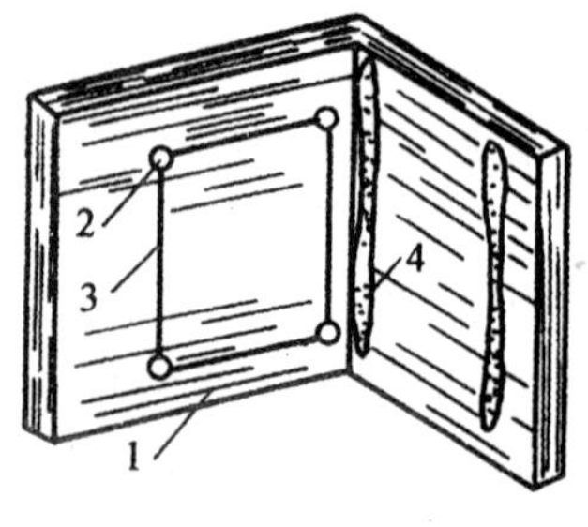

图8-7　抹灰操作中灰饼与冲筋作法
1. 基层；2. 灰饼；
3. 引线；4. 冲筋

2. 顶棚抹灰　钢筋混凝土楼板顶棚抹灰前，应用清水润湿并刷素水泥浆一道。抹灰前在四周墙上弹出水平线，以此线为依据，先抹顶棚四周，圈边找平。抹板条顶棚底灰时，抹子运行方向应与板条长向垂直。抹苇箔顶棚底灰时，抹子运行方向应顺向苇箔。应将灰挤入板条苇箔缝隙中。待底子灰6～7成干时再进行罩面，罩面分三遍压实、赶光。顶棚表面应平顺，并压实压光，不应有抹纹、气泡及接槎不平现象。顶棚与墙板相交的阴角，应成一条直线。

三、装饰抹灰施工

常见的装饰抹灰层中、水刷石和斩假石除表面处理手段不同外，其它做法是相同的。而喷涂、滚涂以及刷涂和弹涂做法，除砂浆和灰浆有所不同外，其它如底层、中层等做法均相类似。故基本相同的做法统一加以阐述。

（一）水刷石、斩假石施工

水刷石、斩假石应做在已硬化、粗糙而平整的中层砂浆面层上，并预先洒水润湿，以确保面层与中层的良好结合。

1. 材料选择　水泥应按设计要求的颜色选用普通硅酸盐水泥或白色水泥，也可用火山灰质硅酸盐水泥和矿渣硅酸盐水泥。

石粒常用黑白石粒和由大理石加工的彩色石粒。其规格常用大八厘、中八厘、小八厘和米粒石。石粒应清洁、棱角尖锐，不含有风化石粒。彩色石粒的规格和品种见表8-6。

颜料应选用耐光耐碱的矿物颜料，以免退色。

水泥、石粒和颜料的配比，应按设计要求做样板最后决定比例。宜分部位统一配料，使饰面颜色一致。

表 8-6　彩色石粒规格和品种

规　　格	粒径（mm）	常　　用　　品　　种
大二分	20	东北红，盖平红，南京红，东北绿，丹东绿，粉黄绿，云彩绿，玉泉灰，白云石，红玉花，奶油白，竹根霞，松香石，黄花玉，雪浪墨玉，旺青，晚霞
一分半	15	
大八厘	8	
中八厘	6	
小八厘	4	
米粒石	0.3～1.2	

2. 分格弹线、稳分格条　饰面层有分格要求时，应按设计图纸要求放大样确定分格的精确尺寸，然后在中层砂浆表面弹出分格线，并按线粘贴分格条。分格条应用优质木材，粘贴前应在水中浸透，以保证起条时灰缝整齐和不掉石子。分格条的两侧用八字形纯水泥浆固定，应抹成45°角。分格条应横平竖直，大面平整和交角严密。分格条在面层完工后适时取出。

装饰面的施工缝应留在分格缝、墙面阴角、水落管背后或结构的垛、檐线的自然分割边缘处。

3. 面层的施工　首先在中层灰表面涂刷素水泥浆结合层，其水灰比宜为0.37～0.4，以增强与面层的结合能力。随后抹石子浆，并进行分遍拍实赶平，石粒应分布均匀，紧密。凝结前用清水自上而下洗石子至石粒外露。

刷石处理应掌握冲刷时间，过早易冲掉石粒，过迟则冲刷不净。冲刷的程度要控制适当，一般石粒外露1/3为宜，冲刷过深石粒粘结不牢易脱粒，冲刷过浅则石粒面不清晰、明快。尤应注意棱角的完整与方正。验收时要求水刷石面层石粒清晰、分布均匀、紧密平整和色泽一致，不得有掉粒和接槎痕迹。

斩假石的表面处理，应在石粒浆层具有一定强度后开始斧剁。正式斩剁前应经试剁，以石粒不脱落为准。斧剁程度适宜，用力过大容易使面层松动，用力过小则质感不强，面层灰暗。剁的时间过早则容易剁花，过晚则斩剁困难。墙角、柱棱处应留出镜边不剁。斩假石要求剁纹均匀、顺直、深浅一致，棱角不得损坏。

（二）干粘石施工

中层砂浆表面应用水润湿，并刷素水泥浆一道，其水灰比为0.4～0.5。随即抹水泥砂浆粘结层，厚度一般为4～6mm，砂浆稠度应不大于8cm。为增加粘结层的粘度，在砂浆中可掺入外加剂及少量石灰膏。

甩粘石粒应紧随粘结层的抹涂之后进行。石粒粒径约为4～6mm。石粒粘结在粘结层上后，应立即用抹子或滚子压平压实，石粒嵌入砂浆的深度不小于粒径的1/2。在粘结层硬化期间，应保持湿润，使其正常硬化。

干粘石面层要求石粒粘结牢固、分布均匀、颜色一致，不漏粘、不露浆，阳角处不得有明显黑边。

（三）喷涂、滚涂和弹涂施工

喷涂、滚涂施工机械化程度高，工期短，造价低，适用于外装饰工程。

喷涂是利用压缩空气通过喷涂机具，将聚合水泥砂浆喷射到底层灰上。底灰为水泥砂浆厚 12mm。聚合水泥砂浆（掺 107 胶或白乳胶）厚 3～4mm，一般喷三遍成活，表面干燥后喷甲基硅醇钠增水剂，以减少挂灰和污染，提高饰面层的耐久性。

滚涂可用人工或机械将聚合物砂浆涂在水泥砂浆底层上，再用专用滚子轧出花纹，在其表面喷涂甲基硅醇钠增水剂，提高面层防水和防污染性能。滚涂操作分干滚与湿滚两种，干滚不沾水滚花较大，湿滚沾水滚花较小。

弹涂利用专门工具弹力器（图 8-8）将水泥色浆弹射到底灰层上，多用于外墙饰面。

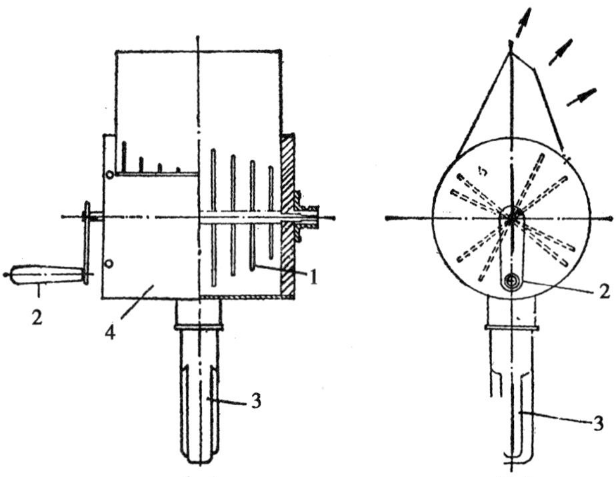

图 8-8 弹涂器示意图

(a) 正视图；(b) 侧视图

1. 弹棒；2. 摇把；3. 把手；4. 浆筒

彩色弹涂所用的色浆由粉料和粘结剂等调合而成。目前所用的浆料有两种，一种是以普通硅酸盐水泥或白色水泥为主，用聚乙烯醇缩甲醛（107 胶）做粘结剂，掺入少量颜色调成水泥色浆，这种色浆适用于混凝土和砂浆基层上。另一种以甲基硅树脂或缩丁醛材料为粘结剂，以其它非水硬性粉料做填充料和增白剂，再加入少量颜料调制而成。

弹涂前，墙体表面应刷聚合物水泥色浆一道，然后用弹涂器分几遍将不同色彩的聚合物水泥浆弹在已涂刷的涂层上，形成了 3～5mm 大小的扁圆形花点，再喷罩甲基硅树脂或聚乙烯醇缩丁醛酒精溶液。花点必须均匀，否则会出现颜色深浅不均的现象。弹涂施工应注意保持基层的湿度，严格掌握颜料掺量和喷刷增水剂的时间，以防止弹涂层出现斑点、起粉、掉色和发白等弊病。

四、抹灰工程的质量要求

一般抹灰工程的外观质量，应符合下列规定：

普通抹灰：表面光滑、洁净、接槎平整；

中级抹灰：表面光滑、洁净、接槎平整，灰线清晰顺直；

高级抹灰：表面光滑、洁净、颜色均匀、无抹纹，灰线平直正方、清晰美观。

一般抹灰工程质量容许偏差，应符合表 8-7 的规定。

表 8-7　一般抹灰质量的容许偏差

项　次	项　　目	容许偏差（mm）			检验方法
		普通抹灰	中级抹灰	高级抹灰	
1	表面平整	5	4	2	用 2m 直尺和楔形塞尺检查
2	阴、阳角垂直	—	4	2	
3	立面垂直	—	5	3	用 2m 托线板检查
4	阴、阳角方正	—	4	2	用 200mm 方尺检查
5	分格条（缝）平直	—	3	—	拉 5m 线和尺量检查

注：1. 外墙一般抹灰，立面总高度的垂直偏差应符合《砖石工程施工及验收规范》（GBJ203—83）、《混凝土结构施工及验收规范》和《装配式大板居住建筑结构设计和施工暂行规定》（J78—1）的有关规定。

2. 中级抹灰，本表第 4 项阴角方正可不检查。

3. 顶棚抹灰，本表第 1 项表面平整可不检查，但应顺平。

表 8-8　装饰抹灰质量的容许偏差

项次	项　　目	容许偏差（mm）													检验方法用
		水刷石	水磨石	轩假石	干粘土	假面砖	拉条灰	拉毛灰	洒毛灰	喷砂	喷涂	滚涂	弹涂	仿假石彩色抹灰	
1	表面平整	3	2	3	5	4	4	4	4	5	4	4	4	3	用 2m 直尺和楔形塞尺检查
2	阴、阳角垂直	4	2	3	4	—	4	4	4	4	4	4	4	3	用 2m 托线板检查
3	立面垂直	5	3	4	5	5	5	5	5	5	5	5	5	4	用 2m 托线板检查
4	阴、阳角方正	3	2	3	4	4	4	4	4	3	4	4	4	3	用方尺和楔形塞尺检查
5	墙裙勒脚上口平直	3	3	3	—	—	—	—	—	—	—	—	—	3	拉 5m 线，不足 5m 拉通线和尺量检查
6	分格条（缝）平直	3	2	3	4	3	—	—	—	3	3	3	3	3	拉 5m 线，不足 5m 拉通线和尺量检查

注：1. 外墙面装饰抹灰，立面总高度的垂直偏差见表 8-6 注 1。

2. 水刷石、轩假石、干粘石、假面砖、拉毛灰、洒毛灰等装饰抹灰，表中第 4 项阴角方正可不检查。

3. 干粘石、拉毛灰、洒毛灰、喷砂、喷涂、滚涂和弹涂等可在面层涂抹前检查中层砂浆表面，其允许偏差按表中相应规定执行。

装饰抹灰面层的外观质量，应符合下列规定：

水刷石：石粒清晰、分布均匀、紧密平整、色泽一致，不得有掉粒和接槎痕迹；

斩假石：剁纹均匀顺直、深浅一致、不得有漏剁处。阳角处横剁和留出不剁的边条，应宽窄一致，楞角不得有损坏；

干粘石：石粒粘结牢固、分布均匀、颜色一致，不露浆，不漏粘，阳角处不得有明显黑边；

喷涂、滚涂、弹涂：颜色一致、花纹大小均匀，不显接槎；

干粘石、拉毛灰、喷涂、滚涂等，在涂抹面层前，应检查中层砂浆的表面平整度。

装饰抹灰工程质量容许偏差，应符合表 8-8 的规定。

第三节 饰 面 工 程

饰面工程包括天然岩石板、人造石板和各种饰面砖的镶贴。根据饰面板的材料特点和板块规格，可采用挂装浇筑或粘贴工艺将饰面板镶贴在结构层上或水泥砂浆找平层上。

饰面块材种类繁多，大致可分为天然材料和人工制品两大类。建筑装饰用的天然饰面块材主要是大理石和花岗岩石。人造材料有水泥及聚合物掺大理石渣制的板材、陶瓷制品、玻璃制品等，常见饰面块材如表 8-9。

表 8-9 常用饰面块材简介

种 类	成 分	性 能 及 用 途
天然大理石	方解石、白云石等	耐候性差。除汉白玉、艾叶青等个别品种可用于室外，其余只宜用于室内
人造大理石	水泥型 树脂型 复合型 烧结人造大理石	质轻、强度高。用于室内装饰及卫生器具
花岗石	花岗岩、安山岩辉绿岩等	质地坚硬，强度高，性能稳定，色调厚重，给人以坚固、稳定感，适于做室外装饰
预制水磨石板	水泥、大理石渣加工而成	室内墙、地面
预制花饰	水泥、大理石渣、石膏	室内、室外装饰、(石膏花饰仅用于室内)
釉面瓷砖	陶瓷制品	厨房、厕所、浴室等室内防潮防污部位
面 砖	陶瓷制品	质地坚硬，吸水率 $<8\%$，耐水、抗冻，适用于外墙装饰
地 砖	陶瓷制品	吸水率低，抗腐耐磨。有各种颜色。用于室内地面、上人屋面等部位
陶瓷锦砖（马赛克）	陶瓷制品	质地坚硬，耐磨，吸水率低，适用于室内潮湿环境墙、地面；室外墙面
玻璃马赛克	玻璃制品	质地坚硬，性能稳定，耐候性好，表面光滑，近观效果差，用于室外装饰工程

镶贴饰面的基层应具有足够的稳定性和刚度，基层表面应保持平整、洁净、粗糙和适宜的湿度，才能保证饰面块板的镶贴质量。

室内的饰面工程应在抹灰工程之后进行，以利于饰面板的保护和规矩。室外勒脚饰面应在上一层的饰面工程完成后进行。楼梯拦板、楼梯斜梁和墙裙的饰面板则应在踏步和地面施工前进行，这种顺序对成品保护有利。

一、饰面材料的质量要求

饰面板块进场应按验收标准进行验收，板块应表面平整、边缘整齐，棱角无缺损。镶贴前要按厂牌、型号、规格和颜色进行选配分类，铁制锚固件和连接件应镀锌或经防锈处理。镜面和光面大理石、花岗岩饰面板，应选用铜制或不锈钢的连接件与锚固件。

天然大理石、花岗岩饰面板，其表面不得有隐伤、风化等缺陷。预制水磨石板表面应平整，几何尺寸准确，石粒外露均匀、洁净，颜色一致，背面应平整粗糙以利粘贴。

各种釉面砖表面应光洁，色泽一致，并不得有暗痕和裂纹，其吸水率不大于18%。

二、饰面块材的施工

饰面工程其底层（或底层与中层）的施工与一般抹灰工程基本相同，面层可采用胶粘法和常规法施工。

（一）饰面块材的胶粘法施工

饰面块材的胶粘法施工，即利用胶粘剂将饰面块材直接粘贴于基层上。胶粘剂种类繁多，在此不介绍其施工方法。

（二）饰面块材常规法施工

饰面块材常规法施工，对于小规格的饰面块材一般采用镶贴法施工；对于大规格的饰面块材（边长 > 400mm），则多采用安装法施工。下面介绍几种常见的饰面块材常规法施工。

1. 釉面砖镶贴　釉面砖正面挂釉又叫瓷砖，有白色和其它颜色，可带有各种花纹和图案。在镶贴前应在1∶3水泥砂浆中层上弹线找方，用水平尺找平，校核方正，算好纵横皮数和镶贴块数，划出皮数杆，定出水平标准，进行预排。镶贴前先用废瓷砖按粘结层厚度用混合砂浆粘贴灰饼，贴灰饼时将瓷砖的楞角翘出，以楞角作为标准，上下用托线板挂直，横向间用长的靠尺板或小线拉平，灰饼间距在1.5m左右，在门口或阳角处的灰饼除正面外靠阳角的侧面也要挂直，称为两面挂直。

打完底后3～4d开始贴瓷砖，根据已弹好的水平线，在皮数杆最下面一皮砖的下口放好垫尺板，作为镶贴第一层瓷砖的依据，一般由下往上逐层粘贴。

按规格，颜色挑选一致的瓷砖用水泡透（2～3h）取出阴干，用配合比为水泥∶石灰膏∶砂 = 1∶0.3∶3混合砂浆涂抹在砖的背面，放在垫尺板上口，贴在墙上，用木质小铲把轻敲砖面，使灰浆挤满，用靠尺板按灰饼靠平。贴好底层一皮砖再用靠尺板横向靠平，亏灰时应取下重贴，不得在砖口处塞灰，否则会产生空鼓。要求缝宽控制在1～1.5mm范围内，且保持宽窄一致。水泥混合砂浆的粘结层厚宜为6～10mm，若用配合比（重量比）为水泥∶107胶∶水 = 10∶0.5∶2.6的水泥浆粘贴，粘结层厚度宜为2～3mm。

镶贴墙面多从阳角开始，使不整块的留在阴角，并应先贴大面，后贴阴阳角，凹槽等费工多，难度大的部位。贴到上口需成一线，每层砖缝要横平竖直，不平处要随时垫平，贴好后进行质量检查，用清水或布、棉丝清洗干净，用同色或白色水泥浆擦缝。全部完工后，要根据不同污染情况，用棉丝、砂纸清理或用稀盐酸刷洗，并用清水紧跟冲刷。

外墙面砖的镶贴方法基本上与釉面砖相同。

2. 陶瓷锦砖镶贴　陶瓷锦砖又称马赛克，玻璃锦砖又称玻璃马赛克。小块瓷砖为铺贴方便，出厂前已将陶瓷锦砖反贴在 305.5mm 见方的护面纸上。玻璃马赛克一般反贴在 327mm 见方的护面纸上。

镶贴时要准备能放下 4 张陶瓷锦砖的木垫板，拍实用的拍板和拨缝用的开刀。贴陶瓷锦砖前，根据高度弹若干水平线及竖向控制线，并计算好陶瓷锦砖的块数。如分格者，按总高度均分，根据设计要求和陶瓷锦砖的规格定出缝的宽度，再加 2 米厘条。图 8-9 为木垫板上待贴的陶瓷锦砖。

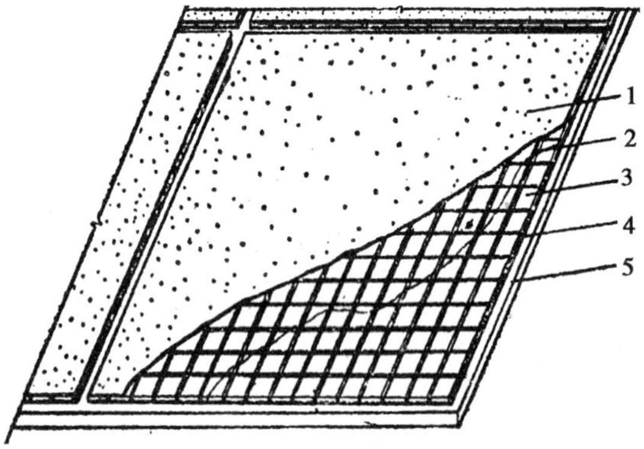

图 8-9　木垫板上待贴的陶瓷锦砖

1. 表面抹纸筋灰水泥浆；2. 缝内灌细砂；3. 陶瓷锦砖底面；

4. 陶瓷锦砖护面纸；5. 可放四块陶瓷锦砖的木垫板

贴陶瓷锦砖时在打好的底子上浇水润湿，在已弹好的水平线下口支一根垫尺先刷水泥浆一道，再抹 2～3mm 厚纸筋灰水泥浆，配合比为纸筋∶石灰膏∶水泥浆＝1∶1∶8，刮抹平整后由下往上贴陶瓷锦砖，缝子要对齐，贴完后将拍板放在已贴好的陶瓷锦砖上，用小锤轻敲拍板，然后将陶瓷锦砖的护面纸用软毛刷刷水润透，半小时后可以揭纸，揭开纸后检查缝子大小，弯弯曲曲的缝必须用开刀拨正，拨正后再普遍用小锤拍板敲一遍，然后用刷子蘸水将缝里砂子刷出，用小水壶由上往下浇水冲洗，等稍干，以棉丝擦净。

最后一道工序是擦缝，用刷子蘸素水泥浆在铺好的陶瓷锦砖表面刷一遍，将小缝刷严，起出米厘条的大缝用 1∶1 水泥砂浆勾缝，再用棉丝擦净。

玻璃马赛克镶贴工艺与陶瓷锦砖基本相同，但抹粘结灰浆时要注意使粘结灰浆填满玻璃马赛克之间的缝隙。铺贴玻璃马赛克时，先在中层上涂抹粘结灰浆一层，厚约 2～3mm。再在玻璃马赛克底面薄薄地涂抹一层粘结灰浆，厚度为 1～2mm，涂抹时要确保缝隙中（即粒与粒之间）灰浆饱满，否则用水洗刷玻璃马赛克表面时，易产生砂眼洞。

3. 大理石饰面板的安装　小规格的大理石块材可以采用粘贴方法。对于大规格（边长大于 400mm）的大理石板采用挂装浇筑法安装。按照设计要求先在墙面、柱面基层表面绑扎好钢筋网，与结构预埋件绑扎牢固，基层凹凸过大，须加以整平，将选好的大理石板，进行修边，按设计要求钻孔打眼，每块板的上、下两边均不得小于两个，如图 8-10，穿上铜丝或镀锌铁丝。安装前，按墙面抄好水平线和垂直线进行预排，然后从中间或一端开始依次镶贴。并用铜丝或镀锌铁丝把块材与结构表面的钢筋骨架绑扎固

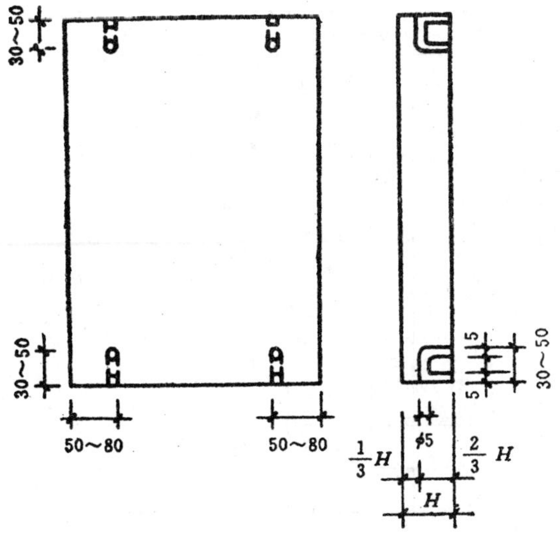

图 8-10　大理石钻孔与凿沟

定，大理石绑扎应用铜丝，图 8-11 为大理石安装的节点图。接缝宽度以木楔调整。在竖缝内填塞 15 ~ 20mm 的麻丝，再用纸或石膏将底及两侧缝隙堵实，上下口用石膏临时固定，以防灌注砂浆时移动。再用 1:2.5 水泥砂浆分层灌注，捣固密实，每层灌注的高度为 150 ~ 200mm，要待砂浆初凝后再继续灌注，直到离块材水平接缝 50 ~ 100mm 处为止，待安装好上一皮大理石后再继续浇灌，安装完毕后，用同颜色水泥浆擦缝。如面层光泽受到影响，可以重新打蜡出光。

预制水磨石、磨光花岗石饰块的墙面施工方法与大理石饰面板施工方法相似。

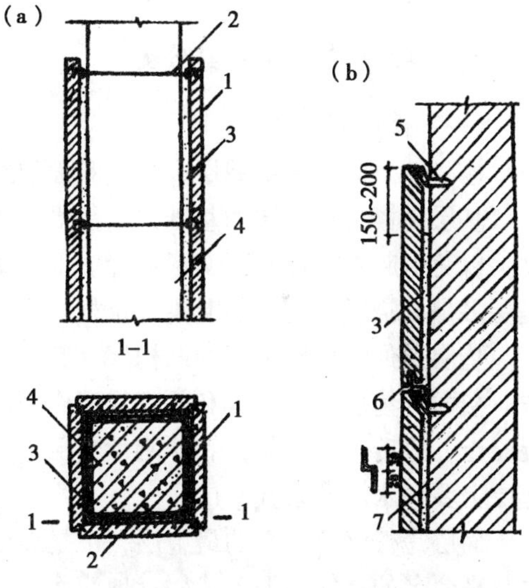

图 8-11　大理石饰面板安装

(a) 柱面镶贴大理石；(b) 砖墙镶贴大理石

1. 大理石饰面板；2. 箍筋 ϕ6；3. 砂浆；4. 钢筋混凝土柱；5. 带有 20 号铜丝木楔；6.N 形 8 号镀锌铅丝；7. 砖墙

三、饰面工程的质量要求

饰面工程所用的材料的品种、规格、颜色、图案以及镶贴方法应符合设计要求；饰面工程的表面不得有变色、起碱、污点、砂浆流痕和显著的光泽受损处；突出的管线、支承物等部位镶贴的饰面砖，应套割吻合；饰面板和饰面砖不得有歪斜、翘曲、空鼓、缺楞、掉角、裂缝等缺陷；镶贴墙裙、门窗贴面的饰面板、饰面砖，其突出墙面的厚度应一致；接缝宽度均匀一致，灌浆严密，色泽一致。

饰面工程质量的允许偏差，应符合表 8-10 规定。

表 8-10　饰面工程质量的容许偏差

项次	项目	容许偏差（mm）											检验方法
		天然石						人造石		饰面砖			
		光面	镜面	粗磨面	麻面	条纹面	天然面	水磨面	水刷面	外墙面砖	釉面砖	陶瓷锦砖	
1	表面平整	1		3			—	2	4	2			用 2m 直尺和楔形塞尺检查
2	立面垂直	2		3			—	2	4	2			用 2m 托线板检查
3	阳角方正	2		4			—	2	—	2			用 200mm 方尺检查
4	接缝平直	2		4			5	3	4	3	2		5m 拉线检查，不足 5m 拉通线检查
5	墙裙上口平直	2		3			3	2	3	2			
6	接缝高低	0.3		3			—	0.5	3	室外 1，室内 0.5			用直尺和楔形塞尺检查
7	接缝宽度	0.5		1			2	0.5	2	—			用尺检查

第四节　地面与楼面工程

一、楼地面的组成及其分类

（一）楼地面组成

楼（地）面一般由基层、垫层和面层组成。

基层是楼（地）层的基础，它承受垫层传来的全部荷载，故应具备足够的强度和刚度，以免引起楼（地）面变形裂缝。地面基层多用素土夯实或加入碎砖的土夯实，楼面基层多是现浇或预制钢筋混凝土楼板。

垫层是处于面层之下的结构层，其作用是将面层传来的各种荷载均匀地传至基层上去。楼面的垫层还有找坡和隔音保温作用。垫层按材料性质不同分刚性垫层（如低标号混凝土、碎砖三合土等）和非刚性垫层（如砂、碎石、矿渣等松散材料）两种。非刚性垫层上要做水泥砂浆找平层。

面层是楼（地）面的最上层，也是表面层。楼（地）面的名称通常是以面层所用的材料来命名的，如水泥砂浆楼（地）面、水磨石楼（地）面等。根据建筑物的使用功能不同，对面层的要求也不尽相同。

（二）楼地面的分类

按面层材料分有：土、灰土、三合土、菱苦土、水泥砂浆、混凝土、水磨石、马赛克、木、砖和塑料地面等。

按面层结构分有：整体地面（如灰土、菱苦土、水泥砂浆、混凝土、现浇水磨石等）和块状地面（如缸砖、拼花木板、马赛克、预制水磨石块、大理石板材、花岗石板等）两类。

二、楼地面施工

地面和楼面插入施工条件：在沟槽或暗管上面的楼（地）面，应在管道工程完成并经验收合格后进行，避免返工，一般的楼（地）工程施工，应在楼（地）面上一层楼层的其它湿作业完成后进行，以免损坏楼（地）面。

（一）水泥砂浆面层

水泥砂浆面层的厚度为 15～20mm。它的施工质量应从材料和抹面操作两方面加以控制。水泥砂浆应采用不低于 325 号的普通硅酸盐水泥，宜选中砂或粗砂，并严格控制砂的含泥量。水泥砂浆的配合比为 1:2～1:2.5（体积比），砂浆的稠度，当有焦渣垫层时宜为 25～35mm，当在混凝土基层上铺设时，必须使用干硬性砂浆，以手捏成团稍出浆为准。

要彻底清理基层，按要求做好面层以下的垫层，在面层施工前要将垫层浇水润湿，刷素水泥浆一道。

水泥砂浆应随铺随拍实，在砂浆初凝前完成刮扛、抹平，在砂浆终凝前完成压光。压光宜用钢抹子分三遍完成。面积较大的房间水泥地面应分格，分格线应平直，深浅一致。地面完成一昼夜后，应用锯末覆盖，洒水养护不少于 7d。

（二）水磨石面层

水磨石面层的质量取决于原材料质量以外，还主要与基层或抹平层的处理、标高控制、粉渣石浆的拍压、养护和磨光等各工序的施工质量有关。

水磨石面层所用水泥取决于磨石的等级和色彩，美术水磨石应选用白色水泥，普通水磨石则选用不低于 425 号的普通硅酸盐水泥或矿渣硅酸盐水泥。水泥中掺入的颜料宜用耐光、耐碱的矿物颜料，掺入量不宜大于水泥量的 12%。石粒宜选用坚硬可磨的岩石（如白云石、大理石等）加工成的，一般粒径为 4～12mm。石子浆的配合比通常为 1:1.5或 1:2。

水磨石的找平层经过处理后，进行找平、弹线和稳分格条。稳分格条的素水泥浆高度如图 8-12 所示。分格条可用铜条、铝条或玻璃条，素水泥浆涂抹的高度应比分格条低 3mm。待嵌条的素水泥浆硬化后，在找平层表面刷素水泥浆结合层后，宜随铺水泥石子浆，要反复拍平滚压密实，石粒应翻身大面朝外。随后进行养护，等待磨石。

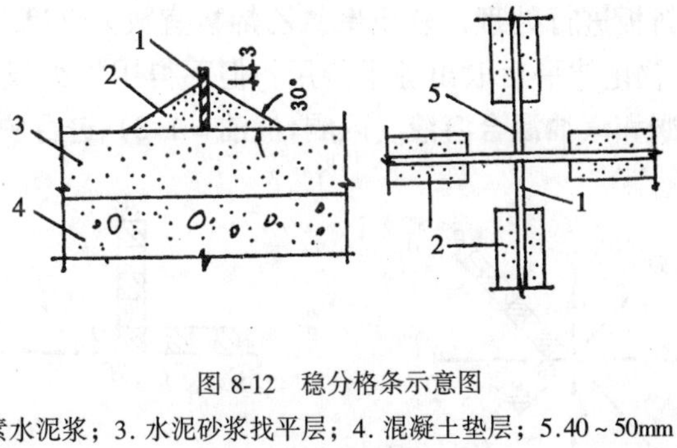

图 8-12 稳分格条示意图

1. 分格条；2. 素水泥浆；3. 水泥砂浆找平层；4. 混凝土垫层；5. 40～50mm 内不抹素水泥浆

开磨时间与磨石方法有关，如表 8-11。磨石一般三遍成活，头遍粗磨用 60～80 号金刚石，以磨出分格条和露出石渣为限，大面磨平。经过清理上浆弥补砂眼，经 2d 养护后磨第二遍，采用 100～150 号金刚石进行细磨。再经上浆和养护后，用 180～200 号金刚石细磨至石渣完全清晰外露为止。清洗后上草酸并用 180～240 号细磨石或油石磨光，用清水洗净后经干燥上蜡抛光。

表 8-11　现制水磨石层面开磨时间表

平均温度℃	开磨时间（d）	
	机　　磨	人工磨
20～30	2～3	1～2
10～20	3～4	1.5～2.5
5～10	5～6	2～3

（三）预制水磨石、大理石地面

首先，房间四边取中，在地面标高处拉十字线，扫一层水泥浆。将石板浸水阴干，于十字线交接处铺上 1:4 的干硬性水泥砂浆厚约 30mm，先试铺，合格后再揭开石板，翻松底层砂浆、浇水，再撒一层水泥干面，然后正式镶铺。安好后应整齐平稳，横竖缝对直，图案颜色必须符合设计要求。不合格时，起出，补浆后再行铺装。厕所、浴室地面要找好泛水，以防积水。缝子先用水泥浆灌 2/3 高度，再用对好颜色的水泥浆擦严。然后再用干锯末擦亮，再铺上锯末或草席将地面保护起来，2～3d 内禁止上人，4～5d 内禁止走小车。

（四）塑料板地面

塑料板地面一般贴在水泥砂浆找平层上，找平层平整度用 2m 直尺检查空隙不应超过 2mm，找平层应坚实无裂缝或起鼓起砂，其含水率应为 6%～8%，表面不得有油污和杂物。以保证塑料板块能与找平层严密结合。

1. 塑料板块和粘结材料选用　塑料板块常用聚氯乙烯或石棉塑料板块，析面应平整、光滑、无裂纹、色泽均匀、厚薄一致和边缘平直、板块内不允许有杂物或气泡。贮存时应保持环境干燥，其温度不超过 32℃，以防板块变形。

粘结剂应根据基层材料和面层材料经过粘贴试验选定。一般应和塑料板块类型相同。目前粘结剂有乙烯类（聚醋酸乙烯乳液）、氯丁橡胶型、聚氨脂、环氧树脂、合成橡胶溶剂型和沥青类等。粘结剂出厂三个月后应取样试验，合格后方准使用。

2. 塑料板块的铺贴　铺贴板块前应在基层上弹线、分格和定位（图 8-13），距墙根 200～300mm 留做镶边之用。定位方法有对角定位和直角定位两种，应根据设计要求选定。

铺贴前还应对塑料板进行处理，软质聚氯乙烯板宜放入 75℃左右的热水中浸泡 10～20min，至板面全部软化伸平后取出晾干待用，但不得用炉火或电热炉预热。半硬质聚氯乙烯板一般用丙酮和汽油混合溶液（丙酮:汽油 = 1:8）进行脱脂除蜡。

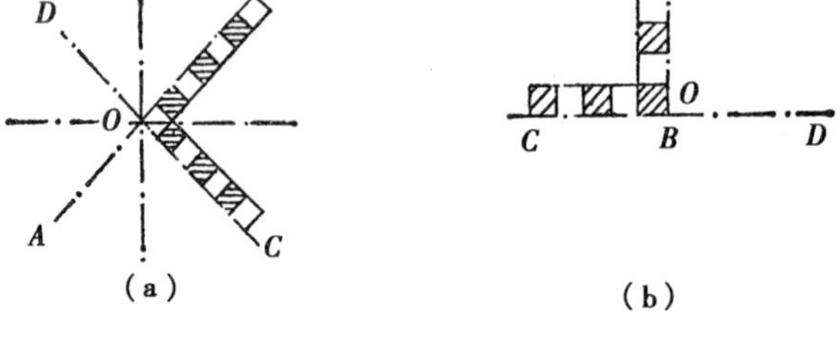

图 8-13　塑料板块铺贴定位方法
（a）对角线定位法；（b）直角定位法

塑料板面层铺贴前先进行试铺和编号。开始铺贴时，应在清理干净的基层上涂刷一层薄而匀的底子胶。待其干燥后即按所弹的定位线由中央向四面铺贴。

底子胶的调制，非水溶性的胶粘剂按其重量的10%兑入65号汽油，再加入10%的醋酸乙脂，经搅拌均匀即可使用。涂胶时应超出分格线约10mm，涂刷厚度控制在1mm以内，塑料板面亦应均匀涂刮胶粘剂，待胶层干燥不粘手（约10~20min）即可铺贴，并应一次就位准确并粘结结实。

软质塑料板粘贴后，如需要焊接缝隙，一般可在铺贴48h后用热空气进行焊接，焊接时先把焊枪与压缩空气接通，空气压力控制在0.08~0.1N/mm^2。温度控制在180~250℃，焊接温度可依据焊枪熔化焊条的现象（熔化快慢、熔化后的颜色）加以掌握。

（五）木质地面

木质地面通常使用的有长条、拼花硬木地板、硬质纤维板地板等类型。

木质地面板的拼缝形式有平缝、错口缝、企口缝和销板缝等，如图8-14。

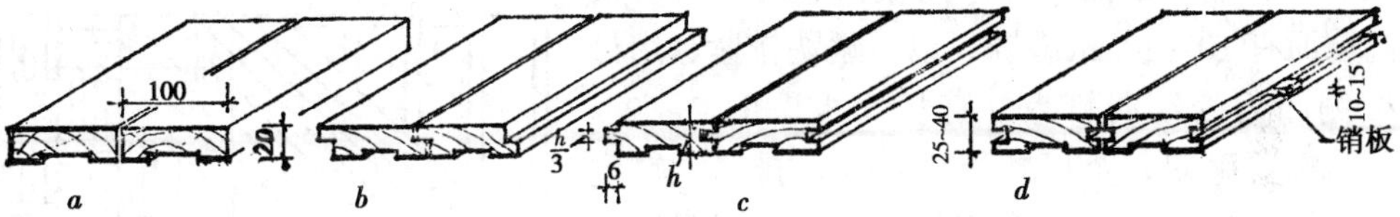

图 8-14 板的拼缝形式

a. 平缝；*b*. 错口缝；*c*. 企口缝；*d*. 销板缝

下面简要介绍长条、拼花硬木地板施工。

长条、拼花硬木地板按构造方法不同有“实铺”和“空铺”两种。“空铺”是由搁栅、企口板、剪刀撑等组成，一般均设在首层房间。当搁栅跨度较大时，应在房中间加设地垄墙，地垄墙上要铺油毡或抹防水砂浆及放置沿缘木，见图8-15。“实铺”是由搁栅及企口板等组成，木搁栅铺在钢筋混凝土板或垫层上，如图8-16。

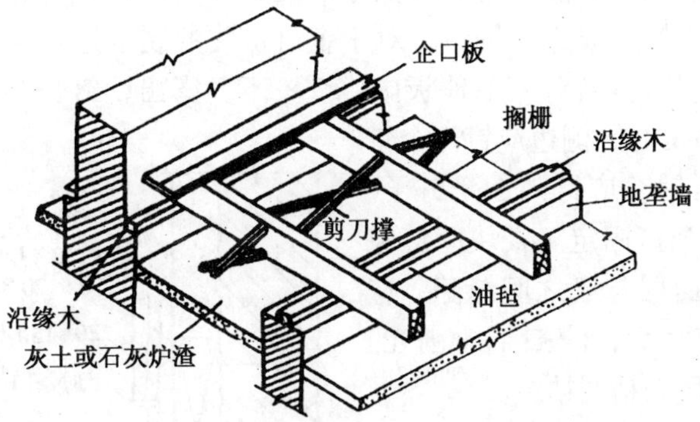

图 8-15 底层房间空铺木地板

木地板采用空铺法施工时，应按要求留120mm×120mm通风洞并预埋好铁丝；木地板采用实铺法时，预先在垫层内预埋好铁丝。

工艺流程

安装木搁栅→钉木地板→刨平→净面细刨磨光→安装踢脚板。

安装木搁栅　空铺法是在砖砌基础墙和地垄墙上垫放通长沿缘木（见图 8-15），用预埋铁丝将其捆绑好，并在沿缘木表面划出各搁栅的中线，然后将搁栅对准中线摆好，端头离开墙面约 30mm 的缝隙，当顶面不平时，可用垫木或木楔在搁栅底下垫平，并将其钉牢在沿缘木上，然后按剪刀撑的间距将其钉于搁栅侧面，同一行剪刀撑要对齐顺线，上口齐平；实铺法是先在楼板上弹出各搁栅的安装位置线（间距约 400mm）及标高，将搁栅（断面呈梯形，宽面在下）放平、放稳，并找好标高，将预埋在楼板内的铁丝拉出，捆绑好木搁栅，然后把干炉渣或其它保温材料塞满两搁栅之间。

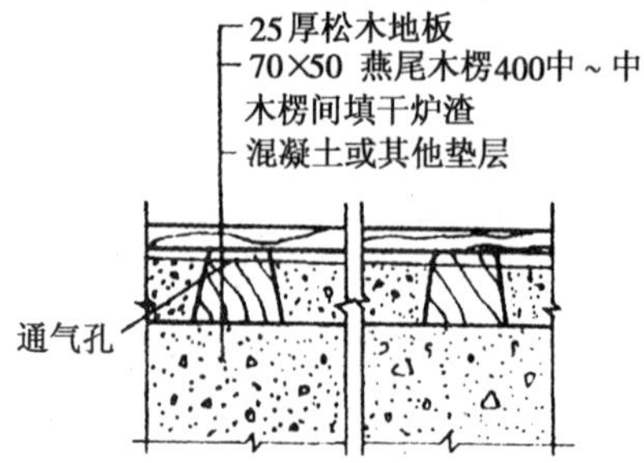

图 8-16　实铺木地板

钉木地板　条板铺钉：空铺的条板铺钉方法是从墙的一边开始铺钉企口条板，靠墙的一块板应离墙面有 10～20mm 缝隙，以后逐块排紧，用钉从板侧凹角处钉向钉入，钉长为板厚的 2～2.5 倍，钉帽要砸扁，企口条板要钉牢、排紧。钉到最后一块企口板时，因无法斜着钉，可用明钉钉牢，钉帽要砸扁，冲入板内，铺钉完后应及时清理干净，先应垂直木纹方向粗刨一遍，再依顺木纹方向细刨一遍。实铺的条板铺钉方法相同。拼花木地板铺钉：硬木地板下层一般都钉毛地板，与搁栅成 45°或 30°方向铺钉，板间缝隙不应大于 3mm，毛地板与墙之间应留 10～20mm 缝隙，每块毛地板应在每根搁栅上各钉两个钉子固定，钉子的长度应为板厚的 2.5 倍。铺钉拼花地板前，宜先铺一层沥青纸（或油毡），用以隔声和防潮。拼花木地板如图 8-17 所示。在铺钉拼花地板前，应根据设计要求的地板图案弹出墨线，按墨线进行铺钉，对于企口拼装的硬木地板，各块木板应互相排紧，钉子应从板的侧边斜向钉入毛地板中，钉头不要露出，钉长为板厚的 2～2.5 倍，当木板长度小于 30cm 时，侧边应钉两个钉子，长度大于 30cm 时，应钉入 3 个钉子，板的两端应各钉一个钉固定。板块间缝隙不应大于 0.3mm，面层与墙之间缝隙，应以木踢脚封盖。钉完后，清扫干净刨光。拼花木地板亦可采用胶粘剂粘结。

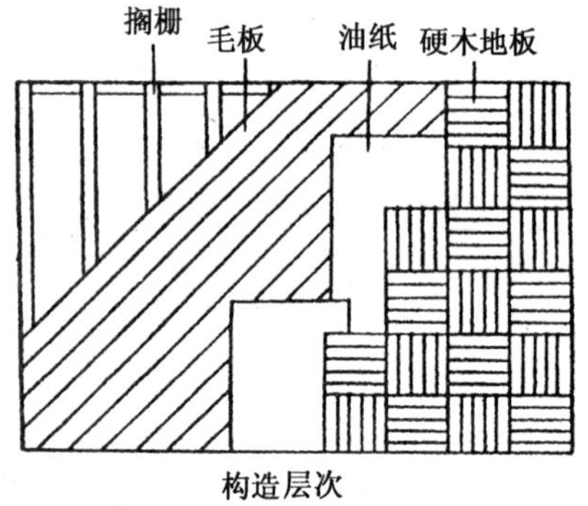

图 8-17　拼花木地板

净面细刨、磨光　地板刨光宜用地板刨光机（或六面刨）转速在 5 000r/min 以上。长条地板应顺木纹刨，拼花地板木纹成 45°斜刨。刨时不宜走得太快，刨口不要过大，要多走几遍，地板机不用时应先将机器提起关闭，防止啃伤地面。机器刨不

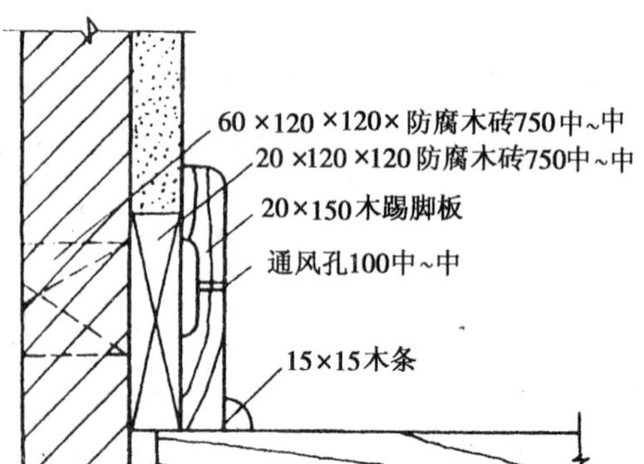

图 8-18　木踢脚板安装

到的地方要用手刨，并用细刨净面。地板刨平后，应使用地板磨光机磨光，所用砂布应先粗后细，砂布应绷紧绷平，磨光方向及角度与刨光方向相同。

木踢脚板安装　木踢脚应提前刨光，在靠墙的一面开成凹槽，并每隔 1m 钻直径 6mm 的通风孔，在墙上应每隔 75cm 砌防腐木砖，在防腐木砖外面钉防腐木块，再把踢脚板用明钉钉牢在防腐木块上，钉帽砸扁冲入木板内，踢脚板板面要垂直，上口呈水平，在木踢脚板与地板交角处钉三角木条，以盖住缝隙。木踢脚板阴阳交角处应切割成 45°角后再进行拼装，踢脚板的接头处应固定在防腐木块上，如图 8-18 所示。

三、楼地面工程的质量要求

1. 在铺设地面与楼面时，应检查各层厚度与设计厚度的偏差，在个别地方其偏差不得大于该层厚度的 10%，以防整个面层厚度加厚或减薄。

2. 混凝土、水泥砂浆、水磨石、菱苦土等整体面层和铺在水泥砂浆或沥青玛瑶脂上的块状面层，以及铺贴在沥青胶结材料或胶粘剂上的拼花地板、塑料板、硬质纤维板面层与下一层结合是否良好，应用敲击方法检查，不得有空鼓。

3. 楼地面面层不应有裂纹、脱皮、麻面和起砂现象。踢脚板与墙面应紧密结合。

4. 面层中块料行列(接缝)在 5m 长度内直线度的容许偏差,不应超过表 8-12 的规定。

5. 块料面层相邻两块料间的高低，不应大于表 8-13 的规定。

6. 楼地面各层的表面平整度，应用 2m 长的直尺检查，如为斜面，则应用水平尺和样尺检查。各层表面对平面的偏差，不应大于表 8-14 的规定。

7. 各层表面对水平面或对设计坡度的允许偏差，不应大于房间相对尺寸的 0.2%，但最大偏差不应大于 30mm。

表 8-12　各类面层块料行列（接缝）直线度的容许偏差

序　号	面　层　名　称	容许偏差（mm）
1	缸砖、陶瓷锦砖、水磨石板、水泥花砖、塑料板和硬质纤维面层	3
2	大理石板面层	2
3	其他块料面层	2

表 8-13　各种块料面层相邻两块料的高低容许偏差

序　号	块　料　面　层　名　称	容许偏差（mm）
1	条石面层	1
2	普通粘土砖、缸砖和混凝土板面层	1.5
3	普通磨石板面层	1
4	陶瓷锦砖、水泥花砖、高级水磨石板、塑料板和硬质纤维板面层	0.5
5	大理石、木板、挤花木板面层和地漆布面层	—

表 8-14　地面与楼面各层表面平整度的容许偏差

<table>
<tr><th>项次</th><th>地面与楼面各层</th><th colspan="2">材　料　种　类</th><th>用 2m 直尺检查时的容许偏差（mm）</th></tr>
<tr><td>1</td><td>基土</td><td colspan="2">土</td><td>15</td></tr>
<tr><td rowspan="5">2</td><td rowspan="5">垫层</td><td colspan="2">砂、砂石、碎（卵）石、碎砖</td><td>15</td></tr>
<tr><td colspan="2">灰土、三合土、炉渣、混凝土</td><td>10</td></tr>
<tr><td rowspan="2">毛地板</td><td>为地漆布和拼花木板面层</td><td>3</td></tr>
<tr><td>为其他种类的面层</td><td>5</td></tr>
<tr><td colspan="2">木搁栅</td><td>3</td></tr>
<tr><td rowspan="3">3</td><td rowspan="3">找平层</td><td colspan="2">用沥青玛瑞脂做结合层铺设地漆布、拼花木板、板块和硬质纤维板面层</td><td>3</td></tr>
<tr><td colspan="2">用水泥砂浆做结合层铺设板块面层以及铺设防水层</td><td>5</td></tr>
<tr><td colspan="2">用胶粘剂做结合层铺设拼花木板、塑料板和硬质纤维面层</td><td>2</td></tr>
<tr><td rowspan="11">4</td><td rowspan="11">面层</td><td colspan="2">碎石、卵石</td><td>12</td></tr>
<tr><td colspan="2">块石、条石</td><td>10</td></tr>
<tr><td colspan="2">铺在砂上的普通粘土砖、灌石油沥青碎石</td><td>8</td></tr>
<tr><td colspan="2">铺在水泥砂浆结合层上的普通粘土砖</td><td>6</td></tr>
<tr><td colspan="2">混凝土、水泥砂浆、沥青砂浆、沥青混凝土面层钢屑水泥和菱苦土等整体面层</td><td>4</td></tr>
<tr><td colspan="2">混凝土、缸砖</td><td>4</td></tr>
<tr><td colspan="2">整体的及预制的普通水磨石、碎拼大理石、水泥花砖和木板面层</td><td>3</td></tr>
<tr><td colspan="2">整体的及预制的高级水磨石面层</td><td>2</td></tr>
<tr><td colspan="2">陶瓷锦砖、拼花木板、塑料板、硬质纤维板和地漆布</td><td>2</td></tr>
<tr><td colspan="2">大理石</td><td>1</td></tr>
</table>

注：直接在地面与楼面上安装机械设备和有特殊要求的面层，表面平整度的允许偏差应符合设计要求。

第五节　油漆和刷（喷）浆工程

一、油漆工程

油漆涂料涂刷在木材、金属、混凝土或抹灰层表面上，经过一段时间后，能形成一层与被涂物牢固粘结的固体薄膜，既可以保护被涂物免受外界的影响与侵蚀，又可以起到建筑装饰的效果。

（一）油漆涂料的组成与分类

1. 油漆涂料的组成　油漆涂料基本上由粘结剂、颜料、稀释剂和辅助材料（如催干剂、增塑剂、固化剂）等组成。

2. 油漆涂料的分类　油漆涂料名目繁多，建筑工程上常选用成品涂料，有调和漆、清漆和乳胶漆三类。常用的油漆品种、性能和基本用途如表 8-15。

表 8-15 常用油漆品种、性能和基本用途

序号	名称	性能	基本用途
1	熟油（光油、清油）	干性慢，漆膜软，易发粘，起皱皮，不能与碱性颜料混用	调稀厚漆、红丹防锈漆，作打底涂料，配腻子，也可单独涂覆结构表面
2	厚漆（铅油）	属低级涂料，光亮度、坚硬性差，粘结性好	涂层打底，调配腻子和制作无光漆，水管接头涂料等
3	油性调合漆	附着力强，弹性和耐候性好，不易粉化、脱落、龟裂、但光泽差，干燥慢	适用于要求不高的室外工程的面层涂刷
	磁性调合漆	漆膜较硬，光泽强，干燥快，能耐水洗，但耐候性差，易失光、龟裂和粉化	用于室内物面涂刷。有酯胶、钙酯、酚醛、醇酸磁漆等，醇酸磁漆用于较高物品涂刷
4	油质清漆（凡立水）	干燥快，硬化后呈透明有光泽薄膜，耐水，耐化学药剂性好	用于木门窗、家具及金属面罩光。有酯胶、酚醛、醇酸、钙酸清漆等
	挥发性清漆（泡立水）	干燥快，漆膜坚硬光亮，但耐水、耐热、耐候性差，易失光	用于室内木材面打底和高级家具罩面，是将洋干漆片溶于酒精内制得
5	油性防锈底漆	渗透性、润滑性、柔韧性好，附着力强，但漆膜弱，干燥慢	用于钢铁表面作防锈打底用，有红丹、铁红油性防锈漆等
	树脂防锈底漆	干燥快，漆膜硬 轻金属如铝的防锈，宜用锌黄醇酸防锈漆	用于钢铁表面防锈打底，有红丹酚醛、红丹醇酸、锌黄醇酸、锌灰酯胶、磷化防锈漆等
6	硝基外用喷漆	附着力、柔韧性、耐水性、耐汽油性、保光性好	用于室内外各种金属及木制品表面的保护和装饰
	硝基内用喷漆	性能与上相同、但耐候性差	用于室内机械及木器表面涂覆
	清喷漆（腊克）	是硝基漆中不加颜料的透明喷漆	用于室内外木器及金属表面罩光及皮革、织物涂刷
7	沥青漆	干燥快，耐水性强，有防锈、防腐作用	有沥青耐酸漆和沥青清漆等，用于腐蚀较轻的设备及混凝土表面
8	过氯乙烯漆	耐酸碱盐类，耐油，耐霉，耐醇，防燃烧，干燥快	用作贮槽，机械设备、混凝土构件、墙面防腐涂料，附着力差
9	环氧漆	耐酸碱盐类，耐水，耐磨	耐候性差，不宜在室外工程使用

（二）油漆工程施工

1. 基层表面的处理　油漆的基层有木质、金属、混凝土和抹灰层几种。油漆涂刷前，应对各种材质的基层表面进行处理，以保证油漆涂层与基层牢固结合，同时，使油漆涂层平整光洁。

木质基层应清理表面的灰尘和污垢，修整缝隙、毛刺和脂囊，填补腻子和磨光。油漆涂刷前木质要保持干燥。节疤处应点涂漆片，阻止树脂渗透。

金属表面油漆涂刷之前，应将表面的灰尘、油渍、锈斑、焊渣和鳞片清除干净，并保持表面干燥。

混凝土和抹灰层表面，应干燥洁净，不得有起皮、松散等缺陷。粗糙处应磨光，缝和孔应用腻子补平。基层的含水率不得大于 8%。

2. 刷底油　基层处理后应涂刷底油一道，使油质渗入基层表面，以增强油漆层同基层表面的粘附力，并使基层吸油和着色能力趋于一致。底油一般采用干性油或着色干性油。

3. 刮腻子　待底油干燥后，即可披腻子。采用的腻子应具有良好的塑性和易涂性，干燥后应坚固。腻子的品种应与基层、底漆、面层漆的性质配套使用。腻子的配合比可参阅建筑施工手册。

腻子涂抹厚度应适度，过厚易于龟裂和脱落，降低油漆涂层的强度。腻子过薄则影响油漆层的平整和光洁度。填刮腻子时不宜往返刮的次数过多，防止将腻子中的油分挤出形成一层油膜，致使腻子干燥缓慢或因腻子内部油分过少引起裂缝。分遍刮腻子时，应控制几道腻子涂刮的时间间隔，必须待前道腻子干透后，方可打磨和涂刮下道腻子。涂刮的腻子应坚实牢固，不得有起皮和裂缝。腻子涂刮遍数由油漆工程等级决定。

4. 涂刷油漆　油漆工程应在其它工种施工完成后进行。油漆施工的环境应保持洁净，其温度不应低于 10℃，相对湿度应不小于 60%，大风和雨雾天气不得施工。

油漆涂层的施工，按不同的油漆等级、品种采取刷涂、擦涂、喷涂和滚涂几种不同工艺。一般油漆应分层涂刷，涂刷遍数由油漆工程等级决定。涂刷油漆时应严格控制油漆工作粘度，以不流坠不显刷纹为宜。涂刷过程中不得随意稀释。最后一遍油漆不宜加催干剂，以免降低油漆面的光洁度。最后一遍油漆必须在前一遍油漆干燥后进行，各遍油漆应涂刷均匀，层间结合牢固。

（三）油漆工程的质量要求

油漆工程应待表面结成牢固的漆膜后进行检查验收。应检查油漆工程所用的材料品种、颜色是否符合设计和样板标准。清漆表面质量要求如表 8-16；混合油漆表面质量要求如表 8-17。

表 8-16　清漆表面质量要求

项　次	项　　目	中　级　油　漆	高　级　油　漆
1	漏刷，脱皮，斑迹	不允许	不允许
2	木纹	棕眼刮平，木纹清楚	棕眼刮平，木纹清楚
3	光亮和光滑	光亮足，光滑	光亮柔和，光滑无挡手感
4	裹楞、流坠、皱皮	大面不允许，小面明显处不允许	不允许
5	颜色、刷纹	颜色基本一致、无刷纹	颜色一致、无刷纹
6	五金、玻璃等	洁　　净	洁　　净

表 8-17　混色油漆表面质量要求

项次	项　　目	普通油漆	中级油漆	高级油漆
1	脱皮、漏刷、反锈	不允许	不允许	不允许
2	透底、流坠、皱皮	大面不允许	大面和小面明显处不允许	不允许
3	光亮和光滑	光亮均匀一致	光亮、光滑均匀一致	光亮足，光滑无挡手感

续表

项次	项目	普通油漆	中级油漆	高级油漆
4	分色裹楞	大面不允许，小面允许偏差3mm	大面不允许，小面允许偏差2mm	不允许
5	装饰线，分色线平直（拉5m线检查，不足5m拉通线检查）	偏差不大于3mm	偏差不大于2mm	偏差不大于1mm
6	颜色、刷纹	颜色一致	颜色一致，刷纹通顺	颜色一致，无刷纹
7	五金、玻璃等	洁净	洁净	洁净

注：1. 大面是指门窗关闭后的里、外面；

2. 小面明显处是指门窗开启后，除大面外，视线所能见到的地方；

3. 设备、管道喷刷银粉漆，漆膜应均匀一致，光亮足；

4. 涂刷无光乳胶漆、无光漆，不检查光亮。

（四）油漆工程的安全技术

油漆材料、所用设备，必须有专人保管，且设置在专用库房内，各类储油原料的桶必须要有封盖。

在油漆材料库内，严禁吸烟，且有消防设备，其周围若有火源时，应按防火安全规定，隔绝火源，与其它建筑物相距应有25～40m。

油漆原料间照明应有防爆装置且开关应设在门外。

使用喷灯，加油不得加满，打气不应过足，使用时间不宜过长，点火时，灯嘴不准对人。

操作者应做好人体保护工作，坚持穿戴安全防护用具。

使用溶剂时（如甲苯等有毒物质时），应防护好眼睛、皮肤等，且随时注意中毒现象。

熬胶、烧油桶应离开建筑物10m以外，熬炼桐油时，应距建筑物30～50m。

二、刷（喷）浆工程

刷（喷）浆工程是用水质涂料喷刷建筑物内、外表面的一种装饰工程，一般分为室内刷浆工程和室外刷浆工程。

（一）刷浆材料

刷浆工程常用的材料有石灰浆、大白浆、可赛银浆、聚合物水泥浆和水溶性涂料等。常用的刷浆材料用途、性能及调制方法见表8-18。

（二）基层处理

刷浆工程一般应在抹灰层充分干燥后进行。刷浆前应将基层表面的灰尘、污垢、溅浆和砂浆流痕清除干净，表面裂缝和孔洞用腻子嵌实。腻子干燥后用木砂纸磨光磨平。喷色浆基层，复补腻子要加适量的同色颜料。

刷浆工程常用腻子，室外用的乳胶腻子由乳液、水泥和水配制。室内用的乳胶腻子由乳液、滑石粉或大白粉以及羧甲基纤维素溶液配制。不同基层用的腻子参考配合比见表8-19。

（三）刷（喷）浆工艺

表 8-18　常用刷浆材料、调制方法和基本用途

类　别	名　称	性能及调制方法	基本用途
室内刷浆	石灰浆	在灰浆中加 0.3%～0.5% 食盐或明矾，能使石灰安定，加入 2% 熟桐油或熟亚麻仁油，可增加附着力和耐水性，防止脱粉	厂房、清水内墙及一般室内抹灰、刷浆工程、室外刷浆
	大白浆	1. 由大白粉∶龙须菜∶动物胶＝100∶4∶2 配制 2. 大白粉∶聚醋酸乙烯乳液＝10∶1 加适量羧甲基纤维素（纤维素∶水＝1∶40，预先泡好）	要求较高的室内顶棚、墙面
	可赛银浆	按可赛银重量加入 60% 温水，搅拌溶化后，再加 40% 的拌成稀浆过滤，也可加一半大白粉	用于室内刷浆，有耐碱作用
	色粉浆	干墙粉加温水溶化，再加水调成适用浓度，过滤即成，粘性好，色鲜明，不脱光，不退色	内墙美术刷浆
	聚乙烯醇缩甲醛胶内墙涂料（SJ—803 内墙涂料）	以改性聚乙烯醇缩甲醛胶为成膜物，无味，不燃，涂层干燥快，可喷可刷、施工方便，涂膜耐湿擦性能比 106 内墙涂料好	内墙涂料
	耐擦洗，耐水内墙涂料	JQ—831 有机耐擦洗内墙涂料是以特定牌号的聚醋酸乙烯乳液为成膜物，具有较好的装饰效果和耐擦洗性能	内墙耐擦洗部位涂料
		JS—842 内墙耐水涂料以苯丙乳液为主要成膜之一，耐水性能较好	可用于厨房、厕浴间等
	106 涂料	无毒、无臭，干燥快，粘结力好，能在稍为潮湿的基层上施工，有各种颜色	室内美术涂料
	聚醋酸乙烯乳胶漆	附着力强、干燥快，表面无光，耐碱，耐晒，耐水	高级室内、室外涂料
室外刷浆	水泥色浆	1. 生石灰内加入适量猪血，少量青灰及 5% 食盐，用水拌合 2. 石灰∶水泥∶食盐∶光油＝250∶100∶25∶25	外墙面刷浆
	107 胶水泥浆	水泥中掺入 20% 107 胶和 50%～70% 的水拌制。强度、韧性、附粘性好	水泥砂浆外墙墙面涂刷
	乙丙乳液厚涂料	由于涂料含有大量粗填粉云母粉，可遮盖基层轻微缺陷。耐老化，可喷涂刷涂滚涂，成膜温度≥15℃	适用于外墙饰面
	油粉浆	大白粉∶松香水∶颜料∶熟桐油＝65∶30∶0.5～3∶2（重量比）	
	着色砂涂料	涂料的颜色靠砂粒本身颜色。粘结性强，耐候性好。涂层质感丰富，色彩鲜艳，装饰效果好，但较易被灰尘污染	外墙饰面
	氧化橡胶涂料	白色粉末状树脂，溶解于煤焦油类溶剂。涂膜耐酸、碱，耐水，防霉，难燃。附着力强，耐污染	可用于水泥制品和金属表面

表 8-19　腻子配合比

类　别	部　　位	配　合　比　（重　量　比）
室内刷浆	抹灰墙面顶棚	1.（75%石膏（或大白）+25%滑石粉）：（1∶40 羧甲基纤维素水溶液+聚醋酸乙烯乳液）=20∶1 2.（石膏粉（或大白粉）+滑石粉）∶聚醋酸乙烯乳液=20∶1 3. 乳液∶滑石粉或大白粉∶2%纤维素水溶液=1∶5∶3.5
	混凝土墙面	1. 石膏粉∶乳液∶纤维素水溶液=100∶4.5∶60 2. 大白粉∶滑石粉∶乳液∶纤维素水溶液=55∶45∶3～4.5∶60
室外刷浆	水泥墙面	乳液∶水泥∶水=1∶5∶1

1. 室内刷（喷）浆　室内刷（喷）浆按质量标准和浆料品种、等级来分几遍涂刷。中、高级刷浆应满刮腻子 1～2 遍，经磨平后再分 2～3 遍刷浆。机械喷浆则不受遍数限制，以达到质量要求为主。工地上常见的手推式喷浆机如图 8-19 所示。喷的顺序是先顶棚后墙面，先上后下，要求喷匀、颜色一致、不流坠、无砂粒。

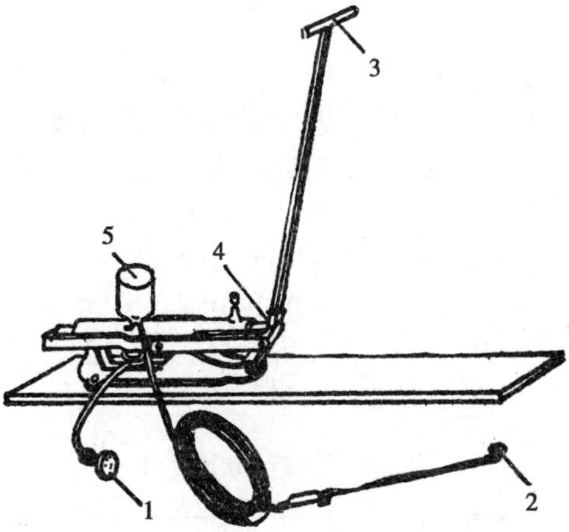

图 8-19　手推式喷浆机

1. 吸浆管；2. 喷枪头；3. 摇把；4. 活塞；5. 稳压室

2. 室外刷（喷）浆　室外刷（喷）浆如分段进行，施工缝应留在分格缝、墙阳角或小落管等分界线处。同一墙面应用相同的材料和配合比。采用机械喷浆，要防止沾污门窗、玻璃等不刷浆的部位。

（四）刷浆工程的质量要求

刷浆工程质量要求如表 8-20。

表 8-20　刷浆工程质量要求

项　　目	普　通　刷　浆	中　级　刷　浆	高　级　刷　浆
掉粉、起皮	不容许	不容许	不容许
漏刷、透底	不容许	不容许	不容许
反碱、咬色	容许有少量	容许有轻微少量	不容许
喷点，刷纹	2m 正视喷点均匀、刷纹通顺	1.5m 正视喷点均匀、刷纹通顺	1m 正视喷点均匀、刷纹通顺
流坠、疙瘩、溅沫	容许有少量	容许有轻微少量	不容许
颜色、砂眼		颜色一致，容许有轻微少量砂眼	颜色一致，无砂眼
装饰线、分色线平直（5m 拉线检查，不足 5m 拉通线检查）		偏差不大于 3mm	偏差不大于 2mm
门窗、灯具等	洁净	洁净	洁净

第六节 裱糊工程

一、裱糊工程材料

1. 墙纸 墙纸的种类很多，一般按墙纸所用的材料来划分，大体有纸面基墙纸、纺织物墙纸、天然材料墙纸、塑料墙纸、金属墙纸五类。

塑料墙纸是目前发展最为迅速，应用最为广泛的墙纸。塑料墙纸又大致可分为三大类，见表 8-21。

表 8-21 塑料墙纸简介

类 型	品 种	材 料	特性及用途
普通墙纸	单色压花墙纸； 印花压花墙纸； 有光印花和平光印花墙纸	基材：$80g/m^2$ 纸； 面层：涂塑 $100g/m^2$ 聚氯乙烯糊状树脂	价格低，适用于一般住房，公共建筑内墙，使用最普遍
发泡墙纸	高发泡印花墙纸； 低发泡印花墙纸； 低发泡印花压花墙纸	基材：$100g/m^2$ 纸； 面层：$300\sim400g/m^2$ 掺有发泡剂的聚氯乙烯糊状树脂	图样真，立体感强，有弹性； 适用于室内墙裙、客厅和内走廊
特种墙纸	耐水墙纸	基材用玻璃纤维毡	卫生间、浴室
	耐火墙纸	基层材料用石棉纸；面层塑料掺有阻燃剂	木板面或防火要求高的建筑
	彩色砂粒墙纸	基材上散布彩色砂粒，再喷涂粘接剂，使表面具有砂粒毛面	用作门厅、柱头、走廊等局部装饰

2. 腻子及粘结剂

腻子：聚醋酸乙烯乳液∶滑石粉∶羧甲基纤维素（1%水溶液）=1∶10∶2~3

底胶：107 胶（聚乙烯醇缩甲醛）∶水=3∶7

粘结剂：107 胶∶羧甲基纤维素（4%水溶液）∶水=1∶0.3∶2~3

二、塑料墙纸裱糊工艺

1. 基层处理 先把污垢、尘土清除干净。然后用水石膏或胶腻子把磕碰、麻面处抹平抹光，再满刮一道胶腻子。干燥后，用砂纸磨平并打扫干净。最后刷底胶一道。

2. 裁纸 糊纸前，根据墙面高度裁纸，留有 20~30mm 的余量。一般在案子上裁纸，也可以在墙上裁，两张纸搭槎，用刀片在钢尺外侧一刀裁两层。裁好的墙纸放入水槽里浸泡 3~5min，从水槽取出后把多余的水抖掉、静置 20min。

3. 刷胶糊纸 在纸背和墙上均刷胶（玻璃纤维作基材的不必刷胶，防止胶液渗出布面泛黄），墙上刷胶要根据纸的宽窄，刷一段糊一段，不要刷得过宽。贴第一张纸的位置，按照裁好的纸的宽度小 10～20mm 的尺寸，从墙的阴角向外量。第一张纸一定要保证垂直，从第二张纸开始先上后下进行对缝，对准花纹，对缝必须严密不搭槎，对花端正无错位。对缝后用板式鬃刷舒展压实。边角缝处用木滚压实，挤出的胶液用棉丝擦干净，上、下边多余的纸用刀片割整齐。遇到电门、插座处，应将纸戳破标记。糊纸时，阳角不允许对缝，更不允许搭槎。客厅明柱正面不要留槎，将槎子留在柱侧面。

4. 断纸　在墙的阴角处，整张糊纸易发生空鼓及纸斜，故须将纸断开。断纸后，从阴阳另一侧开始，仍按上述办法找出垂直线。

5. 修整　纸糊完后出现个别翘角、翘边现象，可用 107 胶涂抹后用木滚压实。个别鼓泡应用针头针管排气后注入胶液，再用木滚压实。

6. 花纸拼接

(1) 纸面的花与花之间空隙应相同，保证墙面整体韵律的协调。

(2) 裁花纸时应做到部位一致。纸的颜色确有差异，应分类，分别安排在单独一个房间（一面墙)。纸的颜色差异大或有死折时不应使用。

(3) 糊纸房间如有挂镜线，应以挂镜线为准，无挂镜线以弹线为准。

(4) 墙面阴角有时出现误差，有时阴角对花稍小，但花纹不能乱。

三、质量要求

裱糊工程完工并干燥后，方可进行质量检查验收。验收时，应检查材料品种、颜色、图案是否符合设计要求。

裱糊工程的质量应符合下列规定：

1. 表面应色泽一致，不得有气泡、空鼓、翘边、皱折和斑污、斜视时无胶痕。
2. 各幅拼接不得露缝，距墙面 1.5m 处正视，不显拼缝。
3. 拼缝处的图案和花纹应吻合。
4. 墙纸或玻璃纤维墙布的搭接应顺光。
5. 不得有漏贴、补贴和脱层等缺陷。

小　结

装饰工程的内容包括一般工业与民用建筑的室内外抹灰工程，饰面安装工程、轻质隔墙的墙面和顶棚罩面工程、油漆和涂料工程、刷浆工程、裱糊工程、玻璃工程以及用于装饰工程的新型固结技术。本章仅讲述其中一部分内容，许多常用的做法，如以轻钢龙骨为墙体和顶棚骨架，以石膏板为墙体材料，用各种新型罩面板材作装饰板、吸声板的一些做法，玻璃幕墙以及装饰混凝土外墙板等内容留给学员在施工实践中去了解。

装饰工程的质量主要取决于材料的选择、基层处理和各工序的施工质量。某些高级装饰，则需要通过能工巧匠精工细作才能达到质量标准。

门窗安装前应根据施工图进行检查、核对品种、规格与开启形式是否符合要求，零附件、组合杆件是否齐全；门窗在运输存放中应防止损伤和变形，塑料门窗不能平堆码放，金属门窗应防酸、碱腐蚀。门窗框的安装分为先立口和后塞口两种，钢门窗、铝合金门窗口、塑料门窗一般采用后塞口。门窗固定可采用铁钉射钉、膨胀螺栓和焊接等方法。门窗安装要求位置准确、外观整齐、缝隙均匀、固定牢靠、启闭灵活、五金零配件安装位置准确，能起各自的作用。

抹灰工程分为一般抹灰和装饰抹灰两种。

一般抹灰分为普通、中级和高级三级，高级抹灰包括阴阳角找方、设置标筋、分层赶平、修整和表面压光等主要工序。而普通抹灰主要工序比较简化，只包括分层赶平、修整和表面压光。

装饰抹灰与一般抹灰的区别在于两者具有不同的装饰面层，其底层和中层做法基本相同。装饰抹灰中以石碴类饰面的有水刷石、水磨石、干粘石、斩假石等。水刷石墙面施工工艺流程是：清理基层→润湿墙面→设置标筋→抹底层灰→抹中层灰→弹线和粘贴分格条→抹水泥石子浆→洗刷→检查质量→养护。装饰抹灰中建筑涂料饰面有喷涂、滚涂和弹涂等。滚涂施工是将聚合水泥砂浆抹压在抹灰底层表面，然后用滚子滚出花纹，再喷涂甲基硅醇钠增水剂而形成的装饰面。喷涂施工是利用压缩空气通过喷嘴将聚合水泥砂浆喷射到抹灰底层上，底层为1∶3水泥砂浆打底，厚12mm。喷涂层为聚合水泥砂浆，厚度为3～4mm，三遍成活。面层干燥后喷甲基硅醇钠增水剂，形成装饰层。

饰面工程包括天然岩石板、人造石板和各种饰面砖的镶贴。饰面块材可用胶粘法和常规法施工。胶粘法是利用胶粘剂将饰面块材直接粘贴于基层上，常规法施工是根据饰面板的材料特点和板块的规格，可采用挂装浇筑或粘贴工艺将饰面板镶贴在结构层上或水泥砂浆找平层上。大理石安装工艺流程是：墙面清理→弹线和绑扎钢筋网→饰面板修边打眼→穿丝→饰面板安装→灌浆→清洗、打蜡。预制水磨石板的安装与大理石板基本相似。小规格的大理石和水磨石，由于自重和板厚较小，是采用砂浆粘贴方法进行镶贴的。镶贴玻璃马赛克的工艺流程是：清理基层→刮腻子灰→拉通线、找规矩　做标志→分层刮糙找平，上下固定木靠尺→抹砂浆结合层→弹线、分格、涂抹水泥浆→在马赛克背面涂抹水泥浆→铺贴马赛克→刷水湿润皮纸→揭纸→拨缝→擦缝、清洗。玻璃马赛克多用于外墙面。陶瓷锦砖的镶贴工艺与玻璃马赛克基本相同。

楼（地）面一般由基层、垫层和面层组成。按面层结构分为整体地面（如现浇水磨石）、块料地面（如长条、拼花硬木地板）和涂布地面。现浇水磨石地面面层的施工工艺流程是：清理基层→浇水冲洗湿润→设置标筋→做水泥砂浆找平层→养护→镶嵌玻璃条（或金属条）→铺抹水泥石子浆面层→养护、试磨→第一遍磨平浆面并养护→第二遍磨平磨光浆面并养护→第三遍磨光并养护→酸洗打蜡。长条、拼花硬木地板的施工工艺流程是：安装木搁栅→钉木地板→刨平→净面细刨、磨光→安装踢脚板。

油漆常用的品种有调合漆、清漆和乳胶漆三类。油漆所用的稀释剂和催干剂应根据油漆的品种和要求来选用，不同性质的油漆稀释剂不能混用。油漆工程采用的腻子应具有良好的塑性和易涂性干燥后应坚固。腻子的品种应与基层、底漆、面层漆的性质配套使用。油漆工程施工包括基层处理、打底子油、刮腻子、磨光、涂刷油漆等主要施工工序。油漆涂层的施工，按不同的油漆等级、品种采取刷涂、擦涂、喷涂和滚涂几种不同的工艺，一般应分层涂刷，涂刷的遍数由油漆工程的等级决定。油漆工程存在易燃、易爆物，应十分重视安全工作。

裱糊工程目前广泛采用塑料壁纸，其主要施工工艺是：基层处理→安排墙面分幅和划垂直线→侵泡壁纸→刷胶糊纸→修整。

装饰工程施工中的成品或半成品易被污染、损坏，所以要切实做好成品保护工作。

复习思考题

1. 装饰工程的施工特点是什么？
2. 试述铝合金门窗与墙体连接方式及安装的主要工序。
3. 试述装饰工程合理的施工顺序。
4. 试述木门窗的安装方法及应注意事项。
5. 一般抹灰组成及要求是什么？
6. 一般抹灰的施工顺序是什么？
7. 墙面抹灰的施工要注意什么？
8. 按装饰标准和质量要求，一般抹灰分几级？各级抹灰的主要工序是怎样规定的？
9. 一般抹灰的基层处理要符合哪些要求？否则容易出现什么问题？
10. 试述水刷石面层的施工工序和技术要求。
11. 试述干粘石面层的施工工序和技术要求。
12. 试述长条、拼花硬木地板施工要点。
13. 试述大理石安装的工艺流程。
14. 试述陶瓷锦砖面层施工的主要工序和要求。
15. 试述水磨石地面的施工方法。
16. 试述水泥地面施工方法和保证质量的措施。
17. 试述塑料板块地面的铺贴方法。
18. 喷涂、滚涂施工要注意什么？
19. 油漆的组成是什么？
20. 油漆工程施工的要求是什么？
21. 油漆涂层质量检查的项目内容是哪些？
22. 油漆工程有哪些主要安全技术措施？
23. 试述刷（喷）浆的方法与质量要求。
24. 室外刷（喷）浆应注意什么问题？
25. 裱糊工程基层如何处理？
26. 试述裱糊工程的工艺过程。
27. 试述裱糊工程的质量要求。

第九章　冬期施工

我国地域辽阔，各地气候差异大。在东北、华北、西北等地，每年都有较长的低温季节。为了保证建筑工程施工在冬期不停工，就要根据当地气候条件、能源和物资供应情况等，选择合理的施工方法，制定具体的措施，使施工全年不间断，这对于加速工程建设有重要的作用。

第一节　砌体工程的冬期施工

当预计连续 10d 内的平均气温低于 5℃时，砌体工程施工，应按冬期施工的有关规定进行。非冬期施工期限内，当日最低气温低于 -3℃时，也应按冬期施工的有关规定执行。气温可根据当地旬气象预报或历年气象资料估计。

一、砌体工程冬期施工的一般规定

1. 砂浆宜采用普通硅酸盐水泥拌制。
2. 石灰膏、粘土膏和电石膏等应防止受冻。
3. 拌制砂浆所用的砂，不得含有冰块和直径大于 1cm 的冻结块。
4. 拌合砂浆时，水的温度不得超过 80℃，砂的温度不得超过 40℃。
5. 冬期施工不得使用无水泥配制的砂浆。
6. 在负温条件下砌砖时，砖可以不浇水湿润，但必须增大砂浆稠度。
7. 砌体工程冬期施工应以采用掺盐砂浆为主。对于有保温、绝缘、装饰等方面有特殊要求的工程，也可以采用冻结法或其它施工方法。

二、施工方法

（一）掺盐砂浆法

1. 掺盐砂浆法的原理和适用范围　掺盐砂浆法是在水泥砂浆或水泥混合砂浆中掺加一定的盐量。采用这种砂浆砌筑砌体的方法，称为掺盐砂浆法。此法使砂浆中水溶液冰点降低，以保证砂浆中有液态水存在，使水化反应能继续进行，使砂浆强度在负温下能缓慢增长，并与砖有一定的粘结力，从而使砌体在解冻期不必采取临时加固措施。

掺盐砂浆以掺氯盐（氯化钠、氯化钙）为主，其它还有亚硝酸钠、碳酸钾和硝酸钙等。由于氯盐吸湿性大，使结构保温性能下降，并有析盐现象，对钢铁有腐蚀作用，对下列工程不得使用掺盐砂浆法：

（1）对装饰工程有特殊要求的建筑物；

（2）使用时房间湿度大于 60%的建筑物；

（3）有高压线路的建筑物（如变电所）；

（4）热工要求高的建筑物；

（5）处于地下水位变化范围内以及在水下未设防水保护层的结构；

（6）配筋砌体（指配有受力钢筋）。

2. 掺盐方法　目前常用的有食盐（NaCl）、氯化钙（$CaCl_2$）、亚硝酸钠（$NaNO_2$）、碳酸钾（K_2CO_3）和硝酸钙〔$Ca(NO_3)_2$〕等，但广泛使用的是食盐和氯化钙。

砂浆掺盐量应按不同温度界限控制，如表 9-1。

表 9-1　砂浆掺盐量（占用水量的%）

日最低气温（℃）			≥-10℃	-11~-15	-16~-20
单盐	食盐	砌砖	3	5	7
		砌石	4	7	10
双盐	食　盐	砌砖			5
	氯化钙				2

注：掺量以无水盐计。

盐溶液应设专人配制。先配成标准浓度（即氯化钠标准溶液为每公斤含纯氯化钠20%，比重为 1.15；氯化钙标准溶液比重为 1.18），均以波美比重测定，置于专用容器内，然后再以一定的比例掺入温水，配制成所需要的施工溶液。

对于有预埋锚栓或预埋件的砌体，为防止钢铁受锈蚀，可考虑采用碳酸钾、亚硝酸钠等复合外加剂。

3. 施工应注意的问题

（1）砌体在砌筑前应清除冰霜。

（2）如设计无特殊要求，当日最低气温等于或低于-15℃时，对砌筑承重砌体的砂浆强度应按常温施工时提高一级。

（3）由于氯盐对钢筋有腐蚀作用，当用于有构造配筋的砌体时，钢筋可以涂樟丹 2~3 道或者涂沥青 1~2 道，以防钢筋锈蚀。

（4）掺盐砂浆砌筑砖砌体，应采用“三一”砌砖法进行操作。即一铲灰、一块砖、一揉压，使砂浆与砖能充分结合。

（二）冻结法

1. 冻结法的原理和适用范围　冻结法是采用不掺有化学附加剂的普通砂浆进行砌筑的一种施工方法。它允许砖砌体砌完后受冻，解冻后，砂浆的强度继续增长。冻结法施工的砂浆要经历受冻、融化、硬化三个阶段，因此强度会不同程度的降低，并减弱了砂浆与砌体之间的粘结力，还增加了砌体在融化阶段的变形。所以采用冻结法施工，既要考虑对砌体强度的影响，又要考虑对砌体稳定性的影响。由于这些原因，对下列工程结构不得采用冻结法砌筑：

（1）承受侧压力的砌体；

（2）砌体解冻时，可能承受振动或冲击荷载的砌体；

（3）砌体解冻时，砌体不允许产生沉降的结构（如筒拱支座）；

（4）空斗墙、毛石墙等。

2. 施工要点

（1）冻结法砌筑砂浆的温度应不低于 10℃。根据外界气温变化，砂浆使用温度的要求为：

外界温度在 0～－10℃时，砂浆温度为＋10℃；

外界温度在－10～－15℃时，砂浆温度为＋15℃；

外界温度低于－15℃时，砂浆温度为＋20℃。

为了达到上述砂浆温度要求，砂浆可用不高于 80℃的热水和不高于 40℃的砂拌制，砂浆运输时尽可能采用保温措施。

(2) 冻结法砌筑砂浆，如设计未作规定，当平均气温高于－20℃时，砌筑承重砌体的砂浆强度等级应按常温施工时提高一级；当平均气温低于－20℃时，则应提高二级。

(3) 为保证冻结法砌筑的强度和稳定性，在施工时可采取如下措施：

A. 在墙的转角处、内外墙交接处以及烟囱处每半砖墙厚设置一根 ϕ6 拉结筋，如图 9-1 所示；

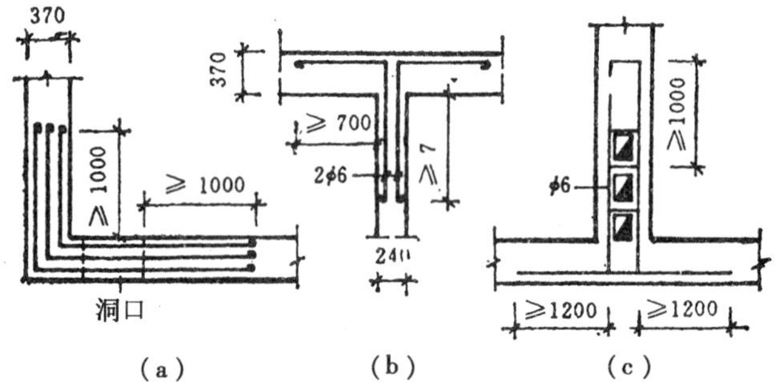

图 9-1 拉筋设置示意图

(a) 墙的转角处；(b) 内外墙交接处；(c) 烟囱处

B. 设置临时加固件（如斜撑、拉杆、支柱等）的间距，不得超过墙厚的 20 倍，亦不得大于 10m。临时加固件不得妨碍砌体的自然沉降，或使砌体其它部分受到附加荷载；

C. 墙砌完一层后，应及时搁置梁、过梁和楼板；

D. 跨度大于 2.5m 的梁、大跨度的过梁及其它支承悬墙结构，在砌体解冻时将使支座压力增加，因此应在结构下面设立支柱；

E. 解冻前应清除房屋中剩余的建筑材料等临时荷载。在开冻前宜暂停施工。

(4) 为保证砌体解冻时的正常沉降，应遵守以下规定：

A. 每天的砌筑高度及临时间断处的高度差，均不得大于 1.2m；

B. 砖砌体水平灰缝厚度一般不得大于 10mm；

C. 跨度大于 1.5m 的过梁，应采用预制构件；

D. 在门窗框上应留缝隙；缝隙的厚度在砖砌体中不应小于 5mm，在料石和砌块砌体中应不小于 3mm；

E. 留置在砌体中的洞口和沟槽等，宜在解冻前填砌完毕；

F. 不同种类砌体及高度差大的墙体应设置沉降缝。

冻结法施工的砌体，在解冻期，应对砌体进行观测和检查。当发现裂缝，不均匀下沉等情况，应分析原因，并立即采取措施，消除或减弱其影响。

第二节　混凝土工程的冬期施工

按规范规定：室外日平均气温连续5d稳定低于5℃时，混凝土及钢筋混凝土工程的施工按冬期施工规范要求执行。当日平均气温连续5d降低到5℃以下，以后不再回升，这时即取第一次出现的连续5d稳定低于5℃的初日，作为冬期施工的起始日期。当气温回升时，取第一个连续5d稳定高于5℃的末日，作为冬期施工的终了日期。这个期间即为混凝土冬期施工期。

一、混凝土冬期施工原理

混凝土在常温时，水泥和水的水化作用充分，使混凝土强度增长。在负温情况下，水化作用一旦停止，混凝土强度也就停止增长。水化作用的快慢和气温高低有关。混凝土成型后游离水即成为多余的水，存在于混凝土组成材料颗粒孔隙之间。负温能使水结冰，化合水在-4℃时结冰，游离水在-2℃时结冰。化合水和游离水结冰后，其体积将膨胀大约9%左右，因而在混凝土内部形成较大的冰胀应力。当混凝土不具备强度或强度低于冰胀应力时，混凝土将在冰胀应力作用下，内部结构将遭到冻胀而破坏，出现孔隙、裂缝。如果混凝土在遭受冻结前，具备了能抵抗冰胀应力的强度，那么混凝土本身就能够保护自己免遭冻结，其内部结构不致于遭到破坏。混凝土遭受冻结时具备抵抗冰胀应力的最低强度，被称为混凝土冬期施工时的临界强度。我国现行规范规定：冬期施工浇筑的混凝土抗压强度，在受冻前，硅酸盐水泥或普通硅酸盐水泥配制的混凝土不得低于其设计强度标准值的30%；矿渣硅酸盐水泥配制的混凝土不得低于其设计强度标准值的40%；C10及C10以下的混凝土不得低于5N/mm^2。掺防冻剂的混凝土，温度降低到防冻剂规定温度以下时，混凝土强度不得低于3.5N/mm^2。

混凝土如果在凝结之前（3~6h）遭到冻结，则强度至少要降低50%，而且难以挽回，严重时使混凝土完全遭到破坏。如果混凝土强度达到设计强度标准值的40%，且不低于5N/mm^2时受冻，就对混凝土强度没有太大的影响，只是强度增长比较缓慢。待开冻后强度仍然继续上升，可达到和不受冻时一样的强度。可见，要采取措施防止混凝土早期冻害。防止混凝土早期冻害的措施如下：

（一）早期增强措施

它主要是从提高混凝土早期强度着手来提高混凝土抗冻害的措施。主要方法有：掺早强剂或早强型减水剂，早期短时间加热使混凝土强度尽快地达到临界强度，采用早强水泥、超早强水泥、早期保温蓄热等。

（二）改善混凝土内部结构

其方法有两种。一是为增加混凝土密实度，排除多余水份，以减少混凝土中可冻结的自由水，这就要改变施工工艺，采取混凝土真空吸水法，以使混凝土早强；二是在混凝土中掺用引气剂或引气型减水剂。采取引气剂后，使混凝土在搅拌过程中能产生许多封闭型微气孔。由于微气孔存在能减缓混凝土冻结，从而提高了混凝土的抗早期冻害性能。

二、混凝土工程冬期施工方法

（一）种类

1. 暖棚法、蓄热法、蒸汽加热法和电热法　这类冬期施工养护混凝土的方法，实质上是人为创造一个正温环境，以保证混凝土强度能够正常地增长，甚至可以加速增长。它能够保证工程质量，创造良好的施工作业环境，但其投资费用较大。目前由于保温材料和热源条件的不断改善，可因地、因环境、因结构类型及特点进行选择。

2. 外加剂法　这类冬期施工方法，实质上是在拌制混凝土时加入某些化学外加剂，使混凝土中的水在负温下保持液相，从而保证了水化作用的进行，使得混凝土强度能在负温环境中持续增长。

（二）混凝土冬期施工中对材料的选择和加热要求

1. 对钢筋的选择要求　冬期施工中必须对钢筋加强管理和质量检验。钢筋在加工和运输过程中，必须注意防止刻痕和碰伤。钢筋冷拉可在负温下进行，但温度不宜低于 -20℃。如果采用控制应力时，冷拉控制应力应较常温提高 $30N/cm^2$；采用冷拉率控制时，冷拉率与常温时相同。冬期张拉预应力钢筋。其温度不宜低于 -15℃。冬期负温下进行钢筋焊接作业，宜在室内进行，如必须在室外进行时，其最低气温不宜低于 -20℃，且应有防雪挡风措施，严防烧伤、咬肉缺陷，焊后的接头严禁立即碰到冰雪，注意冷脆现象发生。

2. 对水泥的选择要求　应根据混凝土的养护方法进行。水泥品种选择见表 9-2。

表 9-2　水泥品种的选择参考资料

混凝土养护方法	水　泥　品　种
蓄热法	普通硅酸盐水泥
蒸汽养护法	大山灰硅酸盐水泥和矿渣硅酸盐水泥
电热法	325# 以下普通硅酸盐水泥
外加剂法	普通硅酸盐水泥

3. 对混凝土原材料加热的要求　对标号小于 525 号普通硅酸盐水泥、矿渣硅酸盐水泥，拌和水加热不得超过 80℃，骨料加热到 60℃。对标号大于及等于 525 号的普通硅酸盐水泥、硅酸盐水泥，拌和水加热到 60℃，骨料加热到 40℃。当骨料不加热时，水可加热到 100℃。但水泥不应与 80℃以上的水直接接触，以防水泥假凝。

（三）混凝土冬期施工的工艺要求

1. 对混凝土搅拌的要求　冬期施工混凝土的搅拌投料顺序和常温施工不同，为防止水泥“假凝”，水泥不应与 80℃以上的水直接接触。投料顺序，应先投入骨料和已加热的水，然后再投入水泥和外加剂溶液。混凝土的搅拌时间应较正温下搅拌时间延长 50%，骨料中不得带有冰雪及冻团。

2. 对混凝土运输要求　应尽量减少装卸、转运次数，运输工具的容器应适当加以保温并经常清理干净。

3. 对混凝土浇灌的要求　冬期施工混凝土浇灌时间应控制在 30min 内完成。混凝土入模温度不得低于 5℃。

冬期不得在强冻胀性地基土上浇筑混凝土；在弱冻胀性地基土上浇筑混凝土时，地基土应进行保温，以免遭受冻结。

4. 对混凝土养护要求　冬期施工混凝土养护时间必须满足其达到或超过混凝土的临界强度所需要的最短正温养护天数。

（四）蓄热法

1. 蓄热法原理及适用范围　蓄热法是利用混凝土构件内部储存的热量，借助于保温性能良好的材料覆盖在构件的表面上来保温，从而保证混凝土在养护温度为正温条件下达到临界强度的方法。

由于蓄热法施工简单、冬期施工费用低廉，较易保证质量，是混凝土冬期施工的基本方法。当室外最低气温不低于 -15℃时，地面以下工程或表面系数为 6～8 的结构，应优先采用蓄热法养护。蓄热法施工前应进行热工计算。

2. 材料加热的热工计算

（1）混凝土拌合物的理论温度，可按下式计算：

$$T_0 = [0.84(G_G \cdot T_G + G_s \cdot T_s + G_g \cdot T_g) + 4.19T_w(G_w - P_s \cdot G_s - P_g \cdot G_g) + b \cdot P_s \cdot G_s \cdot T_s + b \cdot P_g \cdot G_g \cdot T_g - B \cdot P_s \cdot G_s - B \cdot P_g \cdot G_g] / [4.19G_w + 0.84(G_G + G_s + G_g)] \quad (9\text{-}1)$$

式中：T_0——混凝拌合物的理论温度（℃）；

G_w、G_G、G_s、G_g——每 m^3 混凝土中水、水泥、砂、石的用量（kg）；

T_w、T_c、T_s、T_g——水、水泥、砂、石的温度（℃）；

P_s、P_g——砂、石的含水率；

b——水的比热（kJ/kgK）；

B——水的溶解热（kJ/kg）。

当骨料温度 >0℃时，$b = 4.19$，$B = 0$；

≤0℃时，$b = 2.10$，$B = 330$。

（2）混凝土自搅拌机倾出时的温度可按下式计算：

$$T_1 = T_0 - 0.16(T_0 - T_d) \quad (9\text{-}2)$$

式中：T_1——混凝土自搅拌机中倾出时温度（℃）；

T_0——混凝土拌合物的理论温度（℃）；

T_d——搅拌棚内温度（℃）。

（3）混凝土经过运输至成型后的温度，可按下式计算：

$$T_2 = T_1 - (\alpha t + 0.32n)(T_1 - T_q) \quad (9\text{-}3)$$

式中：T_2——混凝土经过运输至成型后的温度（℃）；

T_1——混凝土自搅拌机中倾出时的温度（℃）；

t——混凝土自运输至成型的时间（h）；

n——混凝土倒运次数；

T_q——室外气温（℃）；

α——温度损失系数。

当用滚动式搅拌车 $\alpha = 0.25$

开敞式自卸汽车 $\alpha=0.20$
封闭式自卸汽车 $\alpha=0.10$
人力手推车 $\alpha=0.50$

（4）混凝土入模后由于模板和钢筋吸收热量而引起混凝土温度的降低按下式计算：

$$T_3=\frac{G_nC_nT_n+G_mC_mT_m}{G_nC_n+G_mC_m} \tag{9-4}$$

式中：T_3——混凝土在钢模板和钢筋吸收热量后的温度（℃）；
G_n——$1m^3$ 混凝土的重量（kg）；
G_m——与 $1m^3$ 混凝土相接触的钢模板和钢筋的总重量（kg）；
C_n——混凝土比热，取 1kJ/kgK；
C_m——钢材比热，取 0.48kJ/kgK；
T_2——混凝土经过搅拌、运输、成型后的温度（℃）；
T_m——钢模板、钢筋的温度，即当时大气温度（℃）。

例 1：设每立方米混凝土中的材料用量为：水 150kg，水泥 300kg，砂 600kg，石子 1 350kg。材料温度为：水 70℃，水泥 5℃，砂 40℃，石 -3℃。砂含水率 5%，石含水率 2%。搅拌棚内温度为 5℃。混凝土拌合物用人力手推车运输，倒运共 2 次，运输和成型共历时 0.5h，当时气温 -5℃。与每立方米混凝土相接触的钢模板和钢筋共重 450kg，并未预热，试计算混凝土浇筑完毕后的温度。

解：1. 混凝土拌合物的理论温度 T_0，由式（9-1）得：

$T_0=$〔$0.84(300\times5+600\times40-1\,350\times5)+4.19\times70(150-0.05\times600-0.02\times1\,350)+4.19\times0.05\times600\times40-2.10\times0.02\times1\,350\times3-330\times0.02\times1\,350$〕/〔$4.19\times150+0.84(300+600+1\,350)$〕$=16$℃

2. 混凝土从搅拌机中倾出时的温度 T_1 由式（9-2）得：

$$T_1=16-0.16(16-5)=15.8℃$$

3. 混凝土经运输成型后的温度 T_2 由式（9-3）得：

$$T_2=15.8-(0.5\times0.5+0.032\times2)(15.8+5)=9.26℃$$

4. 混凝土因钢模板和钢筋吸热后的温度 T_3 由式（9-4）得：

$T_3=(2\,400\times1\times9.26-450\times0.48\times5)/(2\,400\times1+450\times0.48)=8$℃

混凝土浇筑完毕后的温度为 8℃。

3. 蓄热法热工计算　蓄热法热工计算，是根据 $1m^3$ 混凝土从浇筑完毕时的温度降至 0℃的过程中所放出的热量，应等于混凝土所含热量及水泥水化热之和的热量平衡原理确定的。

$$C_0t+CH=3.6TM(t_p-t_{oc})\frac{\alpha}{R}$$

$$T=\frac{C_0t+CH}{3.6M(t_p-t_{oc})}\cdot\frac{R}{\alpha} \tag{9-5}$$

式中：T——混凝土冷却至 0℃时所延续的时间（h）；
C_0——混凝土的热容量（$kg/m^3\cdot K$）；

t——混凝土浇筑完毕时的温度（℃）；

C——1m^3 混凝土所含的水泥量（kg/m^3）；

H——1kg 水泥的水化热（kJ/kg）；

M——结构表面系数（m^{-1}）；

t_p——混凝土养护期间的平均温度（℃）；

t_{oc}——混凝土养护期间的室外平均温度（℃）；

R——模板及保温材料的总热阻（$m^2 \cdot k/W$）；

α——保温材料的透风系数。

其计算步骤如下：

（1）求混凝土浇筑完毕时的温度 t。

可按上述公式（9-1）、（9-2）、（9-3）、（9-4）求得。

（2）求结构表面系数 M。

$$M = \frac{F}{V} \tag{9-6}$$

式中：M——结构表面系数（m^{-1}）；

F——结构的冷却表面积（m^2）；

V——结构的体积（m^3）。

（3）求混凝土养护期间的平均温度 t_p：即假定混凝土处于某恒温状态下达到临界强度所需的时间，正好等于其处于变温状态下达到该强度的时间，t_p 可按表 9-3 计算。

表 9-3 混凝土养护期间平均温度 t_p

表面系数 M	3	4～8	9～12	>12
平均温度 t_p	$\frac{t+5}{2}$	$\frac{t}{2}$	$\frac{t}{3}$	$\frac{t}{4}$

（4）确定混凝土养护期间的室外平均温度 t_{oc}：t_{oc}应采用养护期间外界的平均温度，并非最低温度。该温度可根据当地历年气象资料，并结合当年气象预报来确定。

（5）计算模板及保温材料的总热阻 R：蓄热法的保温材料多由两层或多层不同材料组成。总热阻 R 包括各层材料的热阻再加上热量由保温材料外表面传到空气中的阻力，可用下式求得：

$$R = 0.04 + \frac{h_1}{\lambda_1} + \frac{h_2}{\lambda_2} + \cdots + \frac{h_n}{\lambda_n} \tag{9-7}$$

式中：R——总热阻（$m^2 \cdot k/W$）；

λ——模板或保温材料的导热系数（$W/m \cdot K$），可按表 9-4 取用，

h——模板或保温材料的厚度（m）。

（6）混凝土的热容量 C_0，一般可取 2 500$kJ/m^3 \cdot K$；

（7）保温材料的透风系数 α 按表 9-5 取用；水泥的水化热 H 按表 9-6 取用。

上述热工计算一般用于两种情况：

表 9-4 常用建筑材料热物理性能计算参数

序号	材料名称	干容重 γ_0 〔kg/m^3〕	计算参数	
			导热系数 λ 〔W/m·K〕	比热容 C 〔kJ/kg·K〕
1	钢筋混凝土	2500	1.74	1.00
2	砖砌体	1800	0.81	1.05
3	木材（模板）	700	0.233	2.75
4	钢模板	7500	58.2	0.63
5	聚苯乙烯板	30	0.038	1.47
6	岩棉毡	100	0.04	0.75
7	稻草板	300	0.105	1.68
8	木屑板	200	0.065	2.10
9	锯　末	200~250	0.093	2.51
10	干炉渣	900	0.291	0.76
11	毛　毡	150	0.058	0.189
12	草　袋	150	0.11	-
13	麻　袋	180	0.07	-
14	稻草及草帘	1200	0.047	1.47

表 9-5 透风系数 α 参考数

项次	保温层组成	透风系数	
		α_1	α_2
1	单层模板	2.0	3.0
2	不盖模板的表面，用芦苇板、稻草、锯末、炉渣覆盖	2.6	3.0
3	密实模板或不盖模板的表面用毛毡、棉毛毡或矿物棉覆盖	1.3	1.5
4	外层用第 2 项材料，内层用第 3 项材料做双层覆盖	2.0	2.3
5	外层用第 3 项材料，内层用第 2 项材料做双层覆盖	1.6	1.9
6	内外层均用第 3 项材料，中间夹间用第 2 项材料做 3 层覆盖	1.3	1.5

注：1. α_1 为风速小于 4m/s（相当于 3 级以下），结构物高出地面不大于 25m 情况下的系数；

2. α_2 为风速和高度大于注 1 情况的系数。

（1）求总热阻以选择保温材料的种类及厚度：初步假定混凝土浇筑完毕时的温度，求得养护期间的平均温度 t_p，参考混凝土温度龄期对混凝土的影响曲线（图 9-2）。查出混凝土达到临界强度所需的时间 T，由此可反求得总热阻

$$R = \frac{3.6TM\ (t_p - t_{oc})\ \alpha}{C_0 t + CH}$$

表 9-6 水泥水化热量值

水泥品种	水泥标号	每 kg 水泥的水化热（kJ）		
		3d	7d	28d
普通硅酸盐水泥	525	314	354	375
	425	250	271	334
	325	208	229	292
矿渣硅酸盐水泥	325	146	208	271
火山灰硅酸盐水泥	325	125	169	250

注：本表数值是按平均硬化温度 15℃时编制的，当平均温度为 7~10℃时，表中数值按 60%~70%采用。

根据求得的总热阻，可以选择保温材料的种类和厚度。

（2）验算选定的保温材料和混凝土入模温度：计算出混凝土冷却至 0℃的延续时间

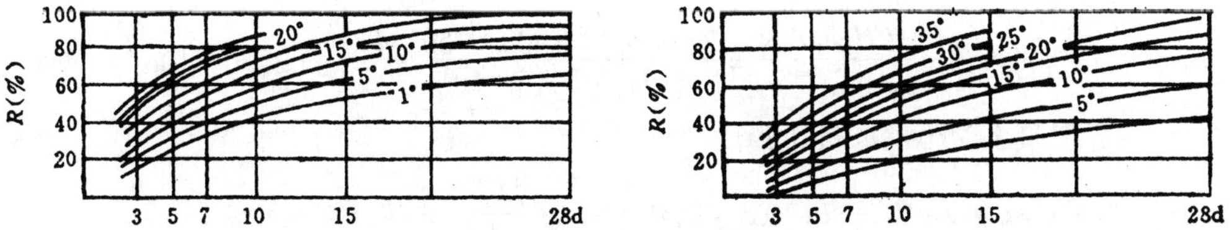

用425号普遍水泥拌制的混凝土　　　　用425号矿碴水泥拌制的混凝土

图 9-2　温度龄期对混凝土强度影响参考曲线

和混凝土养护的平均温度 t_p，借助混凝土温度龄期对混凝土强度的影响曲线来检验混凝土强度是否达到临界强度。同时也可以利用下列经验公式估算：

$$f_c = (A + Bt_p)\sqrt{x}\% \tag{9-8}$$

式中：f_c——混凝土养护 x 天后的相对强度；

t_p——混凝土养护期间的平均温度；

x——混凝土冷却的时间（d）；

A、B——系数，见表 9-7。

表 9-7　A、B 系数表

项次	水泥品种	A	B
1	硅酸盐水泥	12.65	0.48
2	矿渣硅酸盐水泥	6.0	0.85
3	火山灰硅酸盐水泥	4.6	0.95

例 2：某钢筋混凝土柱，截面尺寸为 $0.5 \times 0.7m^2$，C20 号混凝土，425 号普通硅酸盐水泥，水泥用量为 $300kg/m^3$，施工期间室外平均温度为 －5℃，混凝浇筑后的温度为 10℃，木模板厚度 0.05m，保温草帘厚 0.07m，风速 3m/s。试计算混凝土温度降至 0℃所需的时间。

解：1. 计算结构表面系数 M。

$$M = \frac{F}{V} = \frac{2(0.5 \times 1) + 2 \times (0.7 \times 1)}{0.5 \times 0.7 \times 1} = 6.8\ (m^{-1})$$

2. 计算混凝土养护期间平均温度 t_p。

根据表面系数 $M = 6.8$ 和混凝土浇筑完毕时的温度 $t = 10℃$，查表 9-3 得：

$$t_p = \frac{t}{2} = \frac{10}{2} = 5℃$$

3. 计算模板及保温材料的总热阻 R。

查表 9-4 得：$\lambda_{木模} = 0.233$，$\lambda_{草帘} = 0.047$。代入（9-7）式。

$$R = 0.04 + \frac{h_{木}}{\lambda_{木}} + \frac{h_{草}}{\lambda_{草}} = 0.04 + \frac{0.05}{0.233} + \frac{0.07}{0.047} = 1.74m^2K/W$$

4. 其它数据。

水泥水化热 H，查表 9-6，425 号普通硅酸盐水泥 3d 时为 250kJ，取其 60%，则 $H = 250 \times 60\% = 150kJ$

混凝土热容量 C_0 取 2 500$kJ/m^3 \cdot K$。

透风系数 α 查表 9-5，取 $\alpha=2.0$。

$$T=\frac{C_0t+CH}{3.6M\ (t_p-t_{oc})}\cdot\frac{R}{\alpha}=\frac{2\ 500\times10+300\times150}{3.6\times6.8\ (5+5)}\times\frac{1.74}{2.0}=249\text{h}\approx10\text{d}$$

5. 验算混凝土受冻前的抗压强度

$$f_c=\ (A+Bt_p)\ \sqrt{x}\%=\ (12.65+0.48\times5)\ \sqrt{\frac{249}{24}}\%=48.5\%>30\%$$

混凝土温度降至 0℃时所需时间约 10d，此时混凝土的强度已达标准强度值的 48.5%。

例 3：某钢筋混凝土柱，采用蓄热法施工。柱表面系数为 8，混凝土的强度等级为 C20，选用 425 号普通硅酸盐水泥，用量为 300kg/m³，经计算混凝土浇筑成型后的温度达 30℃，室外平均温度为 -10℃，风速为 3m/s，采用钢模厚度为 0.0025m，外敷岩棉毡保温，为了使混凝土受冻前强度不低于 30%设计强度，试问岩棉毡厚度应多少？

解：$t_p=\frac{t}{2}=\frac{30}{2}=15℃$

$$T=24f_C^2/\ (A+B\cdot t_p)^2=24\times30^2/\ (12.65+0.48\times15)^2=55h$$

取 $\alpha=1.3$

$$R=\frac{3.6T\cdot M\ (t_p-t_{OC})\ \alpha}{C_0t+CH}=\frac{3.6\times55\times8\times(15+10)\times1.3}{2\ 500\times30+300\times150}=0.43\text{m}^2\cdot\text{K/W}$$

考虑钢模板厚度很薄，而钢材导热系数又较大，故钢模板的热阻很小，可忽略不计。

$$R=0.04+\frac{h_{岩}}{\lambda_{岩}}，查表 9\text{-}4，\lambda_{岩}=0.04$$

$$h_{岩}=\ (R-0.04)\ \lambda_{岩}=\ (0.43-0.04)\ 0.04=0.016\text{m}$$

需要 16mm 厚岩棉毡保温。

（五）综合蓄热法

综合蓄热法就是利用高效能的保温材料对构件进行保温围护，或采取有关综合措施（如充分利用水泥水化热、掺用相应的外加剂及进行短时加热等）使混凝土原材料加热拌制所获得初始热量缓慢冷却，以使混凝土在温度降至冰点前达到允许受冻的临界强度或受荷所需的强度。可采取如下措施：

1. 采用化学外加剂，以加速混凝土的硬化和降低混凝土的冻结温度。

2. 地面以下结构，尽量利用土壤热源。

3. 将蓄热法与混凝土外部加热法，或早期短时加热法合并使用（如锯末、生石灰养护方法等）。

4. 采用高标号（525 号及 525 号以上）水泥和水化热高的水泥（如矾土水泥）。

5. 减少水灰比，降低加水量，采用干硬性或低流动性混凝土等。

（六）掺化学外加剂的混凝土施工方法

在混凝土中按水泥重量的百分比数加入适当的单一或复合的化学掺剂，可使混凝土的水化作用能在负温环境中正常地进行（抗冻作用），使混凝土早期强度获得迅速增长（早强作用），且使混凝土的用水量减少（减水作用），从而在满足冬期施工工程质量的条件下，大大简化了施工操作工艺，节省了能源和附加设施，降低了工程造价。这是冬期混凝土施工中很有发展前途的方法。

目前，混凝土冬期施工常用的外加剂有：

防冻剂：氯化钙、氯化钠、亚硝酸盐、硝酸盐、碳酸盐、尿素等；

早强剂：氯化钠、氯化钙、硫酸钠、三乙醇胺、硝酸盐、亚硝酸盐、尿素等；

阻锈剂：亚硝酸钠、重铬酸钾等；

减水剂：木质素磺酸盐类、多环芳香族磺酸盐类、多元醇类、水溶性树脂磺酸盐类等；

引气剂：松香类树脂、烷基苯磺酸盐类、脂肪醇类、木质素磺酸盐类等。

用两种和两种以上的复合外加剂可以获得多种效能，在我国常用的复合剂有：亚硝酸钠和硫酸钠复合剂、NC 早强剂及 MS-F 早强型减水剂。

1. 掺氯盐混凝土　该混凝土是指用氯盐溶液配制的混凝土。它一般情况下适用于温度 -5℃ ~ -10℃（混凝土的设计冰点温度）。与蓄热法结合综合应用时，也可以用于 -20℃的外界气温。

防冻剂的掺量以水泥重量的百分率表示。计量误差不得大于防冻剂的 ±2%，由于氯盐对钢筋有锈蚀作用，其掺量限值见表 9-8。在无筋混凝土中，用热材料拌制时，氯盐掺量不得大于水泥重量的 3%；用冷材料拌制时，氯盐掺量不得大于拌和水重量的 15%。

但在下列情况下，不得在钢筋混凝土中掺用氯盐：

(1) 在高湿度空气环境中使用的结构（排出大量蒸汽的车间、澡堂、洗衣房和经常处于空气相对湿度大于 80% 的房间以及有顶盖的钢筋混凝土蓄水池等）；

(2) 处于水位升降部位的结构：

表 9-8　氯盐在钢筋混凝土中的掺量限值

氯盐名称 / 钢筋种类	掺量限制（按水泥重%）	
	氯　化　钠	氯　化　钙
冷拔低碳钢丝	0.5	0.5
3 号钢	0.7	1.0
20 锰硅	0.7	1.0

注：氯盐含量超过表中数值时，应加入等量的亚硝酸钠阻锈剂。

(3) 露天结构或经常受水淋的结构；

(4) 有镀锌钢材或铝铁相接触部位的结构，以及有外露钢筋预埋件而无防护措施的结构；

(5) 与含有酸、碱或硫酸盐等侵蚀性介质相接触的结构；

(6) 使用过程中经常处于环境温度为 60℃以上的结构；

(7) 使用冷拉钢筋或冷拔低碳钢丝的结构；

(8) 薄壁结构、中或重级工作制吊车梁、屋架，落锤或锻锤基础等结构；

(9) 电解车间和直接靠近直流电源的结构；

(10) 直接靠近高压电源（发电站、变电所）的结构；

(11) 预应力钢筋混凝土结构。

冷混凝土必须振捣密实，且不宜用蒸汽养护；为防止钢筋锈蚀，应同时加入水泥重量2%的亚硝酸钠阻锈剂，钢筋保护层不小于3cm。

2. 负温混凝土　负温混凝土是指在拌合物中加入按一定配方的负温防冻外加剂，排除单掺氯盐的化学外加剂。拌制时水预先加热，必要时砂子也加热，使混凝土出机时具有一定的零上温度。混凝土浇筑后不再加热，仅作保护性覆盖以防止风雪侵袭。为抵御寒流或夜间气温聚降，可根据结构特点适当保温。混凝土本身温度与环境大气温度基本一致。混凝土的温度在昼夜间波动较小，可视为日平均气温。混凝土在负温条件下硬化。

（1）负温混凝土中的外加剂：由于氯盐（氯化钠、氯化钙）对钢筋有锈蚀作用，所以在钢筋混凝土工程和预应力钢筋混凝土工程中使用受到限制。在钢筋混凝土工程和预应力混凝土工程中可参用无氯盐的外加剂。此类外加剂根据其在冬期混凝土工程中作用可分为：

抗冻剂——能显著降低混凝土中液相的冰点，促使水和水泥在负温下能进行水化反应，在一定时间内获得预期强度的外加剂。

早强剂——采用加速水泥硬化速度，使之快硬早强，在混凝土内温度降低到零下之前已达到临界强度。

引气剂——在混凝土中引入无数微细气泡，这些气泡能缓冲拌合水结冰时产生的体积膨胀的破坏作用。

减水剂——在不影响混凝土和易性的情况下具有减少用水量，提高混凝土强度和耐久性的作用。

阻锈剂——减轻或阻止混凝土中金属预埋件锈蚀作用，能在金属表面形成一层氧化膜，阻止金属的电化学腐蚀反应，阻止钢铁的锈蚀。

我国应用的混凝土负温防冻外加剂的品种很多，但就其成分组合来说，有下面三种类型：

A. 防冻组分 + 早强组分 + 减水组分；

B. 防冻组分 + 早强组分 + 引气组分 + 减水组分；

C. 防冻组分 + 早强组分 + 引气组分 + 减水组分 + 阻锈组分。

选择抗冻剂设计方案时，要求外加剂对钢筋无锈蚀作用；对混凝土的性能无影响；早期强度高；后期强度不损失。

（2）负温混凝土施工要点：

A. 配制高抗冻性的混凝土，宜优先使用硅酸盐水泥和普通硅酸盐水泥，水泥标号不宜低于425号，禁止使用高铝水泥（铝酸三钙含量超过6%）。

B. 防冻剂的掺量应根据混凝土的使用温度（指掺防冻剂混凝土的浇筑现象5～7d内的最低温度）。其常用掺量按表9-9选取。

C. 在配制防冻剂前应测定其有效成分、水分及不溶物等含量，应按有效固形物配制成规定浓度的溶液。防冻剂配制成溶液使用时，应注意其共溶性；氯化钙、硝酸钙、亚硝酸钙等溶液不可和硫酸钠溶液混合，减水剂和引气剂不可和氯化钙溶液混合，均应分别配制溶液。

对氯化钙与引气或引气减水剂复合的配方，搅拌投料时，应先加入钙盐溶液，出机前加入引气剂和减水剂。对钙盐与硫酸钠复合的配方，搅拌投料时，应先加入钙盐溶液，搅拌一定时间后，再投入硫酸盐溶液，并延长搅拌时间。

表 9-9　防冻剂的常用掺量

规定温度（℃）	常用掺量（%）	备　　注
-5	4	1. 复合防冻剂掺量包括各组份量之和
-10	7	2. $CaCl_2$、NaCl 单独使用，可用在 -5℃时以上
-15	10	3. $NaNO_2$ 可用在 -10℃时以上
-20	15	4. 硝酸盐可用在 -10℃时以上
		5. 早强剂、减水剂、引气剂均计算在防冻剂中

注：规定温度是指掺防冻剂混凝土内部的最低温度。

在配制溶液时，如发现溶液中有结晶析出和沉淀时，应提高溶液温度，待其完全溶解后使用。

D. 负温混凝土的搅拌与浇筑必须设专人配制和掌握防冻剂，严格执行规定的掺量。搅拌时间依据混凝土各组份的温度差及外加剂的种类和数量而定，应比常温搅拌时间适当延长，但混凝土的出机温度不得低于 7℃。

负温混凝土宜采用随浇筑、随振捣、随覆盖保温的原则连续作业。

E. 负温混凝土要特别注意初期养护，严禁早期受冻，初期养护温度不得低于防冻剂规定的温度，否则应立即采取补救措施。掺氯盐和掺引气剂的混凝土不宜加热养护。混凝土在负温条件下养护，不允许浇水，外露表面必须覆盖。

负温混凝土在规定温度下获得临界强度的最短养护时间见表 9-10。负温混凝土应尽量使整个混凝土养护温度均匀一致，避免产生较大温差。

表 9-10　负温混凝土达到临界强度最短养护时间

防冻剂规定温度（℃）	最短养护时间（d）
-5	5
-10	9
-15	14
-20	25

（七）蒸汽加热养护法

蒸汽加热养护法是在平均气温特别低，构件表面系数较大，养护时间要求很短的条件下，进行混凝土工程冬季施工的最有效方法。但费用较高，且又需要锅炉等设备，一般只当采用蓄热法不能满足要求时才使用。

1. 蒸汽加热养护法的种类　蒸汽加热养护法的分类、特点及适用范围见表 9-11。

2. 蒸汽加热养护法施工要点

(1) 蒸汽应采用低压饱和蒸汽（小于 $0.07N/mm^2$）养护，以保证湿度，防止混凝土表面出现裂缝，加热要均匀，及时排除冷凝水和防止结冰。

(2) 蒸汽养护的混凝土，若采用普通硅酸盐水泥时，则养护温度不得超过 80℃；采用矿渣硅酸盐水泥时，则可提高到 85～95℃。混凝土的升温、降温速度不得超过表 9-12。

(3) 拆模必须待混凝土冷却到 +5℃以后方可进行。如果混凝土与外界空气温度相差超过 20℃时，拆模后的混凝土外露表面部分应暂时选适用的保温材料加以覆盖，以使混凝土表面的冷却过程缓慢进行。完全冷却的混凝土有较高的脆性，所以蒸汽加热养护的混凝土，不得在冷却前，遭受冲击荷载或动力荷载的作用。

表 9-11　蒸汽加热法分类

分　类	特　　　点	适用范围
蒸汽养护室	利用坑道作固定式的蒸汽养护室，温度易控制，施工简便、固定式费用较小，养护时间短、耗汽量大，要注意汽水的排除	常用于预制厂
汽套法	在混凝土模板外，加密闭不透风的套板，模板与套板间距离不超过15cm，从下部通入蒸汽养护混凝土，套内温度可达 30～40℃，分段送汽温度易控制，加热均匀，养护时间短，设备复杂，费用较大	常用于水平构件梁、板等工程
毛管法	在混凝土模板中开成适当的通气槽，蒸汽通过通气槽加热混凝土。用汽少、加热均匀，温度易控制，养护时间短，设备复杂费用大，模板损失较大	常用于垂直结构墙板、柱工程
外部通气法	在混凝土构件内部预留孔道（预埋白铁皮管或放置钢管、橡胶管，施工后可拔出），将蒸汽通入孔道加热混凝土，蒸汽养护结束，将孔道用水泥砂浆填塞，节省蒸汽，温度易控制，费用较低，要注意冷凝水的处理	常用于厚度较大的构件

表 9-12　加热养护混凝土的升降温速度

项　　次	表面系数	升温速度（℃/h）	降温速度（℃/h）
1	≥6	15	10
2	<6	10	5

（4）确定蒸汽加热法加热的延续时间，应考虑下述规定：

为预先确定加热的延续时间，可利用混凝土强度增长曲线，见图 9-3 所示。

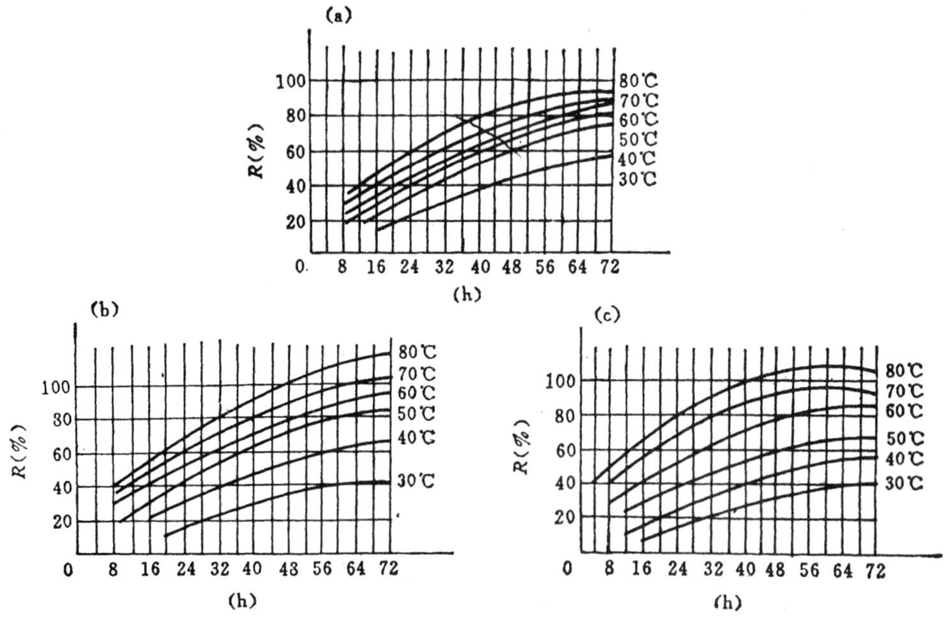

图 9-3　混凝土强度增长曲线图

（a）普通硅酸盐水泥拌制的混凝土；（b）矿渣硅酸盐水泥拌制的混凝土；（c）火山灰硅酸盐水泥拌制的混凝土

在加热表面系数大于15的结构时，应保证在加热结束时达到要求的强度，混凝土在冷却过程中的强度增长不予计算；在加热表面系数小于15的结构时，可以计算结构冷却到+5℃的过程中的强度增长，以缩短加热过程。

（八）电热法

电热法是利用电流通过导体混凝土发出热量加热混凝土。电热法耗电量较大，附加费用较高。电热法分为电极法、电炉法和综合法三种。以电极法较为常用，效果良好。

1. 电极法的分类　电极法常用的有表面电极法、棒形电极法和弦形电极法三种，其特点和适用范围见表9-13。

2. 电极法施工要点

(1) 电极法采用交流电（直流电会使混凝土内水分分解），工作电压宜为50～110V，在无筋结构中和每立方米混凝土中含钢量不大于50kg的结构中，可采用120～220V。

表 9-13　电极法的分类表

分类	特　　　点	适用范围
表面电极法	将电极固定在模板内侧，电极可用6mm的钢筋或宽40～60mm的白铁皮做成。电极的间距：钢筋为20～30cm，白铁皮为10～15cm。表面电极法配极简单，间距易控制	常用于墙、梁及基础等结构上
棒形电极法	电极用6～12mm直径的钢筋断料制成，直接由结构物表面插入或穿过模板孔放入混凝土内，其长度由结构断面而定，棒形电极不易发生短路，但其耗钢量较大	常用于柱、梁及基础等结构上
弦形电极法	电极用6～10mm的钢筋制成，每段长2.5～3m，混凝土浇灌前用绝缘垫块将电极固定在箍筋上，电极端部弯成直角露出模板，弦形电极耗钢量较大	常用于钢筋不多的柱、梁及厚度大于20cm的板和基础等结构上

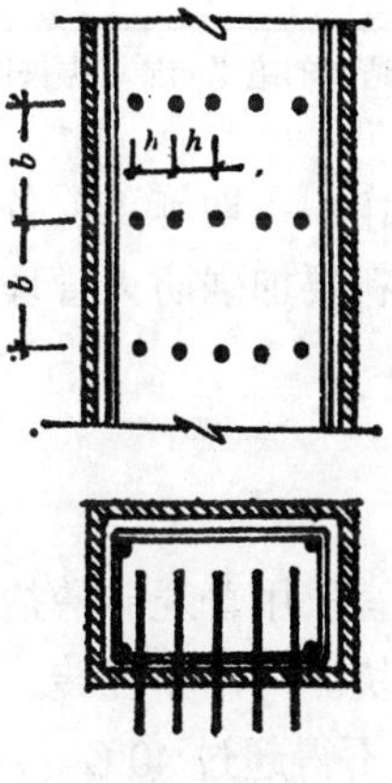

图 9-4　柱内棒形电极布置

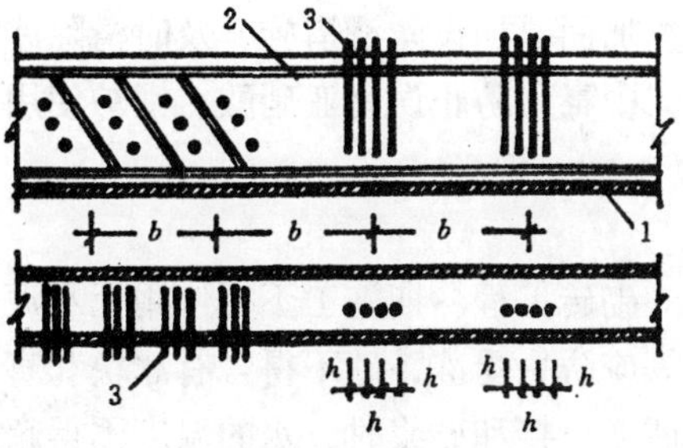

图 9-5　梁内棒形电极布置

1. 模板；2. 钢筋；3. 电极

b. 电极组间距；*h*. 同一相的电极间距

(2) 在柱、梁内棒形电极的设置可参见图9-4和图9-5。其中同极间距 h 和异极间距 b，可由表9-14确定，电极与钢筋的最小距离不得超过表9-15的规定。

(3) 当混凝土浇筑完毕，电极布置妥当后，首先将混凝土的外露表面覆盖，通电后要随时注意观察混凝土表面的温度和湿度，如出现干燥现象，应切断电源用温水湿润混凝土表面，再继续通电养护。

（4）混凝土的升温速度和降温速度应符合表 9-12 规定，施工时可采用调节电压或间断送电的办法来控制。为保证具有不同体型的结构各部分能获得相同的冷却条件，对于薄型结构突出的部位和其它容易冷却的部位，应加强保温措施。

（5）拆模的有关规定同蒸汽养护。

表 9-14

电压（V）	距离（cm）	最大功率（kW/m³）								
		2.5	3	4	5	6	7	8	9	10
51	*b*	39	36	32	28	26	25	23	22	21
	h	15	13	12	10	10	10	8	7	7
65	*b*	51	48	42	37	34	32	30	28	24
	h	14	13	11	10	9	8	8	7	7
87	*b*	71	65	57	51	47	43	41	38	36
	h	13	13	11	10	9	8	8	7	7
106	*b*	89	81	71	69	58	54	51	48	46
	h	14	12	11	9	9	8	7	7	7
220	*b*	192	175	152	146	124	115	108	102	96
	h	13	12	10	9	8	8	7	7	7

注：电压为开始电热加热时使用的电压；

使用单相电时，*b* 值不变，*h* 值减小 10%～15%。

表 9-15 电极与钢筋的最小间距

电压（V）	65	87	108
电极与钢筋的最小距离（cm）	＞5～7	＞8～10	＞12～15

注：配筋密度大，不能保证钢筋与电极间的上表规定的距离时，应隔以适当的绝缘物质，振捣时要避免接触电极及其支架。

冬期施工应做好防火、防寒、防毒、防滑、防爆等工作。冬期施工前各类脚手架要检查加固、加设防滑措施，及时清除冰雪；保温等易燃材料要加强防火管理；防止一氧化碳中毒；防止误食亚硝酸；锅炉使用前要检验合格。

小　　结

砌砖工程冬期施工不得使用无水泥配制的砂浆，水泥宜采用普通硅酸盐水泥；石灰膏等应防止受冻，砂不得含有冰块和直径大于 1cm 的冻结块。可以不浇砖，但应增大砂浆稠度。拌和砂浆时，水的温度不得超过 80℃，砂的温度不得超过 40℃。

砌砖工程的冬期施工应以采用掺盐砂浆法为主。对保温、绝缘、装饰等方面有特殊要求的工程，可采用冻结法或其它方法施工。由于掺盐砂浆在负温条件下强度能继续增长，并与砖有一定的粘结，从而使砌体在解冻期不必采取临时加固措施。冻结法是采用不掺有化学附加剂的普通砂浆进行砌筑的一种施工方法。采用冻结法施工要注意的主要问题是：砌筑砂浆的温度应不低于 10℃，并根据外界气温的变化，砂浆的使用温度也有相应的要求；承重砌体的砂浆当平均气温高于 －20℃时强度等级应提高一级，当气温

低于 -20℃时应提高两级；应采取措施，以保证砌体解冻时的稳定性。

混凝土遭受冻结时具备的抵抗冰胀应力的最低强度被称做混凝土冬期施工的临界强度。混凝土如果在凝结之前遭到冻结，则强度至少要降低 50%，而且难以挽回，严重时使混凝土完全遭到破坏。如果混凝土强度达到设计强度等级的 40%，并不低于 $500N/cm^2$时受冻，就对混凝土强度没有太大的影响，只是强度增长比较缓慢。所以，要防止混凝土早期冻害，其主要措施是：早期增强措施和改善混凝土内部结构。

冬期施工对混凝土材料的选择和加热都有一定的要求，应严格按规定执行。混凝土在运输和浇筑过程中应采取保温、减短运距和装卸次数、清扫模板与钢筋冰雪等，尽量减少混凝土热量损失。

蓄热法是目前混凝土冬期施工中既经济又简易的方法，适于室外平均温度 -15℃以内，表面系数 6～8 的混凝土构件。综合蓄热法不受上述条件的限制。蓄热法要通过热工计算。蒸汽加热法是在平均气温特别低，构件表面系数较大，养护时间要求很短情况下，进行冬期混凝土施工最有效的方法，应采用低压蒸汽养护加热要均匀，及时排除冷水并要防止结冰，最高加热温度和升、降温都要按规定执行。电热法是利用电流通过不良导体混凝土所发出的热量来养护混凝土的一种方法。常用的电极法效果良好。掺化学外加剂由于单掺氯盐对钢筋有腐蚀作用，使用受到限制，负温混凝土采用组合的负温防冻外加剂，有早强、抗冻、减水等作用，在满足冬期施工质量的前提下，简化了施工操作工艺，是很有发展的方法。

复习思考题

1. 砌体工程冬期施工的起止划分规定是什么？
2. 砌体工程冬期施工的一般规定是什么？
3. 掺盐砂浆法的原理、特点及要求？
4. 冻结法施工中应注意哪些问题？
5. 混凝土冬期施工起迄日期的划分依据是什么？
6. 何谓混凝土冬期施工的临界强度？
7. 混凝土强度与冻结关系是什么？
8. 混凝土冬期施工中对材料的选择和加热要求是什么？
9. 蓄热法热工计算的步骤是哪些？
10. 混凝土冬期施工中，常用的外加剂有哪些？其作用是什么？
11. 防止混凝土早期冻害的措施是什么？
12. 简述混凝土蒸汽养护应注意的问题。
13. 什么叫电热养护？它的适用范围和应注意哪些问题？

第十章　工业化建筑体系施工

我国目前采用较多的工业化建筑体系有砌块建筑、大板建筑、框架轻板建筑、滑模建筑、升板建筑等几种类型，基本上是以钢筋混凝土作为结构材料。本章简单介绍大模板和滑升模板工程的施工。

第一节　大模板工程施工

大模板工程是采用大型工具式模板浇筑钢筋混凝土墙体的机械化施工方法。大模板工程内承重墙均采用大模板现浇钢筋混凝土墙体，标准的楼梯、阳台、隔墙一般采用预制构件，外墙大体有三类：现浇（简称“全现浇”）、预制墙板（简称“内浇外板”）、砌砖（简称“内浇外砖”）。

一、大模板的组成与构造

（一）大模板的组成

大模板工程施工工艺的关键在模板，模板要求表面平整，刚度好，装拆方便，零件少。

大模板由面板、加劲肋、竖楞、支撑桁架、稳定机构及附件组成，如图 10-1 所示。

1. 面板　画板直接影响混凝土墙面的浇筑质量，故面板应具有足够的刚度和平整度，尽量减少接缝，一般可用 3 ~ 5mm 厚的钢板或多层胶合板制成。其面板型式有整体和组合式两种，前者需加设加劲肋以增强刚度，后者灵活但拼缝较多。

2. 加劲肋　加劲肋起到固定面板和增大刚度的作用，阻止面板变形并传递混凝土浇筑侧压力。加劲肋可用型钢或冷弯薄壁型钢制作。一般采用［65 槽钢或∟ 65 角钢。肋的间距根据面板大小、厚度、构造方式和墙体厚度不同而定，一般采用 300 ~ 500mm。金属面板与肋可焊接固定；木板或胶合板的面板可用钉子或螺钉将面板与肋固定。

3. 竖楞　竖楞是面板、加劲肋的支撑构件，用以加强模板的整体刚度和承担侧压力，并做为穿墙螺栓的支承点。竖楞要与加劲肋相连接，背后与支撑桁架连系。竖楞一般采用匚 65 或匚 80 槽钢制作，其间距根据模板大小、墙体厚度不同而定，一般采用 1 ~ 1.2m。

4. 支撑机构　支撑机构主要承受风荷载和偶然的水平力，防止模板倾覆。用螺栓或焊接与竖楞连接在一起，以加强模板刚度。每块模板采用 2 ~ 4 榀桁架作支撑机构，也可做搭设操作平台支座，承受施工活荷载，也可以用型钢代替桁架结构。

5. 稳定机构　稳定机构是大模板的重要组成部分。使用时能把作用力传递到地面或楼板上，以保证模板垂直度；在堆放时，以保证模板的稳定性。稳定机构有以下两种：

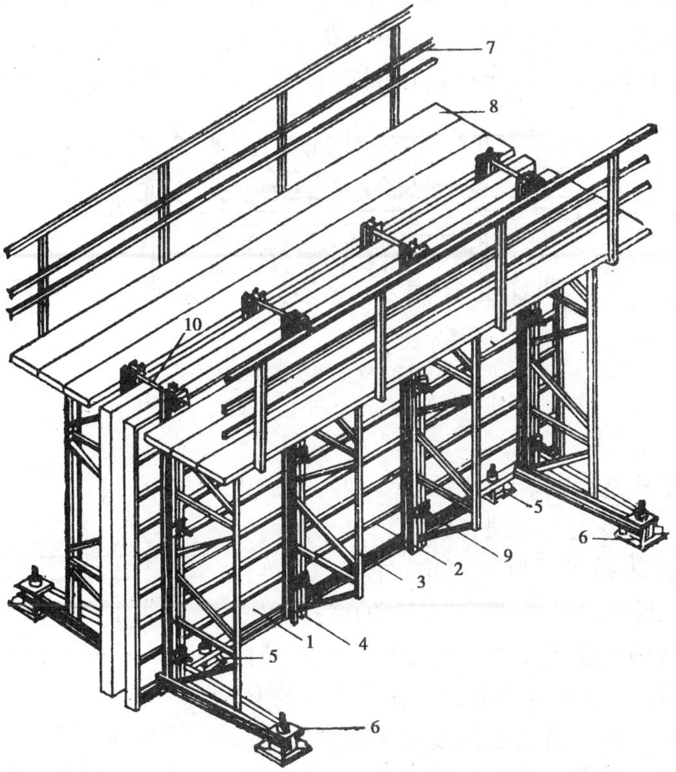

图 10-1　大模板构造示意图

1. 面板；2. 水平加劲肋；3. 支撑桁架；4. 竖楞；

5. 调整水平度的螺旋千斤顶；6. 调整垂直度的螺旋千斤顶；7. 栓杆；8. 脚手板；9. 穿墙螺栓；

10. 固定卡具

（1）带有可调节的斜支撑。斜支撑的一端用地脚螺丝固定在地面或楼面上，另一端固定在模板上。斜支撑装有花篮螺丝，以调节模板的垂直度。这种斜支撑大都用在以型钢代替支撑桁架结构的大模板中。

（2）带有调整用螺旋千斤顶。这种螺旋千斤顶也称调整模板垂直度的调整螺丝，同时可保持模板的稳定性。每块大模板中用两个调整用的螺旋千斤顶，一般固定在模板两侧的桁架底部伸出的支腿上。

6. 附件　附件是大模板不可缺少的组成部分。它有以下几种：

（1）操作平台。可供浇灌混凝土时工人在其上行走和操作之用。操作平台有两种构造，一种是将脚手板直接搁置在桁架的水平弦杆上，在桁架上设有栏杆。这种操作平台工作面小，但投资少，拆装方便。另一种是满堂式操作平台，即在两道横墙之间大模板边框上用角钢连接起来成为搁栅，在其上铺定型的钢平台板，每间一块。这种操作平台操作方便，施工安全，但耗钢量较大。

（2）调水平用的螺旋千斤顶。该千斤顶一般搁置在模板底边框上，每块模板底部两个。

（3）穿墙螺栓与上口卡子。其作用是承受新灌筑混凝土的侧压力并控制模板间距。为了避免混凝土与穿墙螺栓粘结，在穿墙螺栓外部套一根硬塑料管，其长度即墙体厚度。为了拆装方便，穿墙螺栓可以用圆钢制作，端部做成丝扣，用螺帽拧紧，图10-2

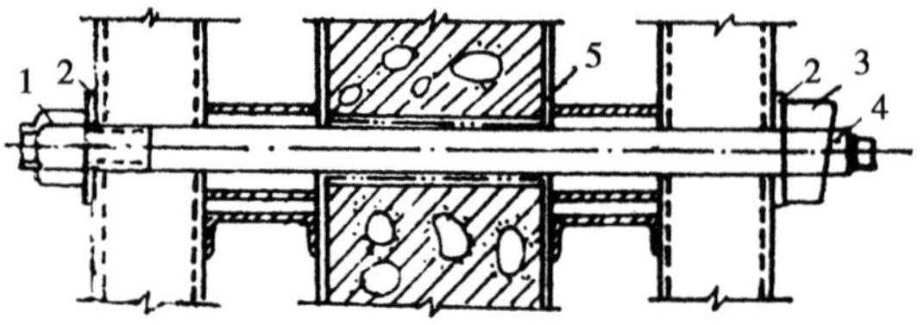

图 10-2　穿墙螺栓联结构造

1. 螺母；2. 垫板；3. 板销；4. 螺杆；5. 套管

为穿墙螺栓联结构造；或者做成抽拔式拉杆，即用钢筋或钢管，一端镦粗、一端开楔形槽口，两端间距按墙厚和墙两边模板总厚度而定。模板安装后，用楔形插销打入槽口内楔紧即可。这种抽拔式拉杆，装拆较易，但墙体厚度改变时，则不能通用。抽拔式拉杆如图 10-3。穿墙螺栓一般设置在大模板的上、中、下三个部位。上穿墙螺栓距模板顶部为 250mm 左右，下穿墙螺栓距模板底部 200mm 左右，有的单位不用上穿墙螺栓，而是用上口卡子，模板组装完成在顶部卡住。图 10-4 为上口卡子。

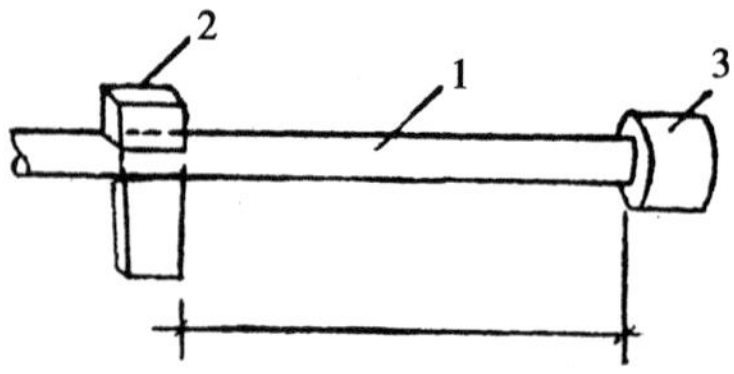

图 10-3　抽拔式拉杆

1. 拉杆；2. 楔形插销；3. 镦粗头

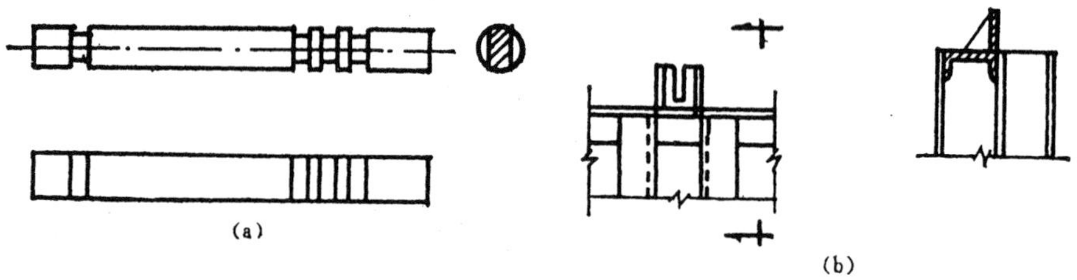

图 10-4　上口卡子

（a）上口卡子；（b）上口卡子支座

（二）大模板的类型与构造

按照模板组合方式不同，大模板可分为平模、小角模、大角模、模数式组合模和筒子模五种类型。

1. 平模　平模是以一个整墙面制作一块模板。板面一般用 4 ~ 5mm 厚钢板。骨架一般用 8 号槽钢，钢板直接焊在横肋上，横肋间距一般为 250 ~ 500mm，竖肋间距要按连接件（穿墙螺栓）的水平间距决定，一般为 1m 左右。在模板背面设钢桁架支撑，上加操作平台，下设底脚螺栓，背面设有上人铁爬梯和木制工具箱。模板单块重量最大约为 1.5t。如图 10-5 所示。

2. 小角模　小角模构造与平模略有不同，在平模两垂直边（即墙的阴角部位）挂上角钢即组成小角模。角模与平模的连接可用合页或螺栓与平模的角钢骨架连接。如图10-6所示。

小角模按一个房间的开间、进深尺寸为一块。通过角模连接纵横墙体模板，使横墙和纵墙能同时浇筑。其平模部分的构造同上述平模。

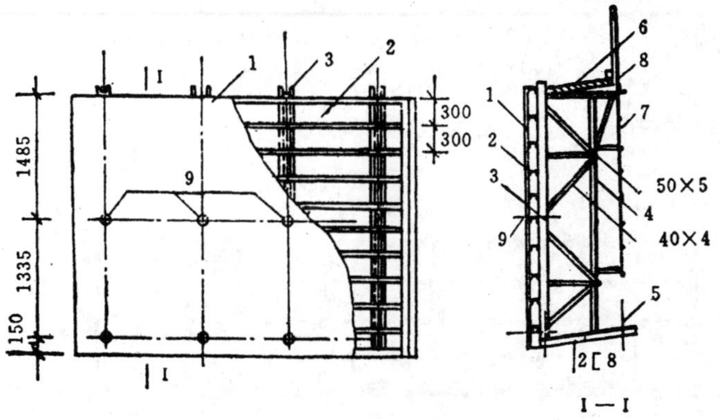

图 10-5　平模构造图

1. 4mm 厚面板；2. ⊏ 8 横肋；3. ⊏ 8 竖肋；4. ∟ 30×5 支撑架；5. 底脚螺栓；6. 操作平台；7. 铁爬梯；8. ∟ 50×5 防护栏杆；9. ϕ22mm 穿墙螺栓

3. 模数式组合大模板　就是以建筑物常用的轴线尺寸作为基础配制模板，再按建筑模数配置少量窄模板，这些窄模板可以用螺栓与基数模板连接而组成不同尺寸的需要，从而减少模板型号和增加模板的通用性。模数式组合大模板是平模和小角模的发展，可以用于纵横墙体同时灌筑。

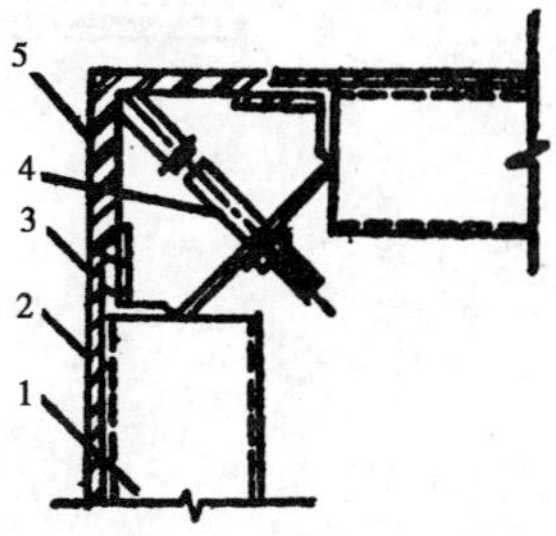

图 10-6　小角模组装示意图

1. ⊏ 8 槽钢；2. 4mm 厚面板；3. ∟ 40×4 角钢；4. M16 螺栓；5. ∟ 100×8 角钢

（1）模板构造。板面为 4mm 钢板，横肋为通长的槽钢⊏ 6.3 和扁钢 63mm×6mm，竖肋为扁钢 63mm×6mm，分段焊于横肋之间，横肋、竖肋均与板面焊接组成板面结构。混凝土侧压力通过板面结构传向竖向主筋（⊏ 6.3），由穿墙螺栓保持受力平衡。由于模板下部的侧压力大，上部小，因此下部横肋较密，直径 ϕ30mm 的穿墙螺栓也主要在中下部各设一道。背面用三角支架维持模板稳定，模板向后倾斜可达55cm。在每道竖向主肋上部都焊接一块支架连接板，支模时，可以挪动支架，避免转角处支架互相干扰。竖向主肋间距一般不超过 1.1m。模数式组合大模板构造如图 10-7 所示。

模板竖向主肋上部焊一三角挂架，架宽 40cm，上搁大平台，每间一块，平台上表面与模板上口平，上有出入孔，靠活动梯子上下，边部模板设挂架防护栏杆，如图 10-8 所示。这种大平台，操作场地比较宽敞，安全，混凝土损耗少，但要增加机械吊装次数。

穿墙螺栓，不是采用两端螺杆螺帽的，而是用一端的螺帽后面焊上一个 ϕ45mm 的钢管保护套，以防止螺杆沾上混凝土，加长螺纹调节墙厚，使穿墙螺栓能适应 160～200mm 的墙厚。另一端用钢销健槽，支拆模板时，只需打卸钢销，调整螺母即可，操作方便。

模板上部改用上口卡子（铁卡）连接，铁卡有三道调节墙厚的槽（图 10-4），支模时按墙厚把铁卡卡入模板铁卡支座内，即可将两侧模板固定。

(2) 模板组合。纵横墙整体浇灌混凝土时，在横墙模板一端焊一根∟ 100×63×6 的角钢，角钢长肢的端部焊一条扁钢 70mm×5mm，一边削成 45°坡，如图 10-9。支模时，角钢压在墙体线上，纵墙模板与扁钢搭接。纵模长度比墙体净距每端短 125mm，依墙体厚度不同可适当调节纵模与扁钢的搭接长度，使模板能适应 160～200mm 的墙体厚度。

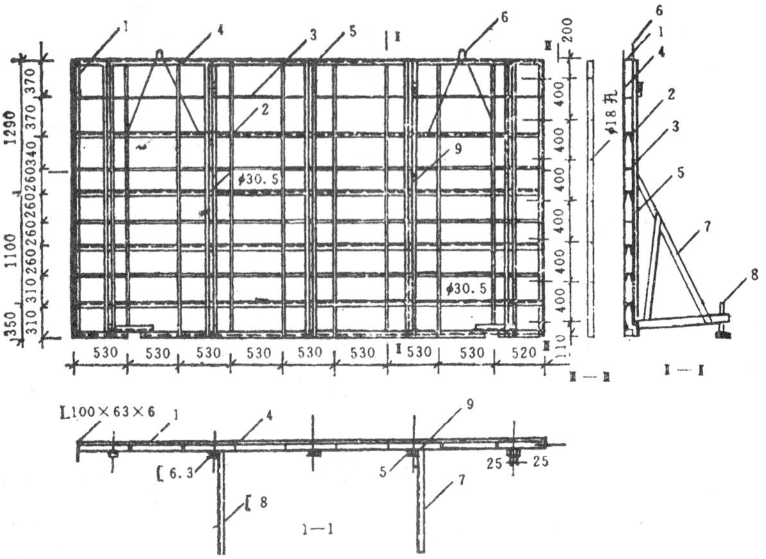

图 10-7　模数式组合模板构造图

1. 面板；2. 横肋⊏ 6.3；3. 横肋 63×3；4. 竖肋；5. 竖向主肋；
6. 吊环；7. 三角支架；8. 底脚螺栓；9. 支架连接板

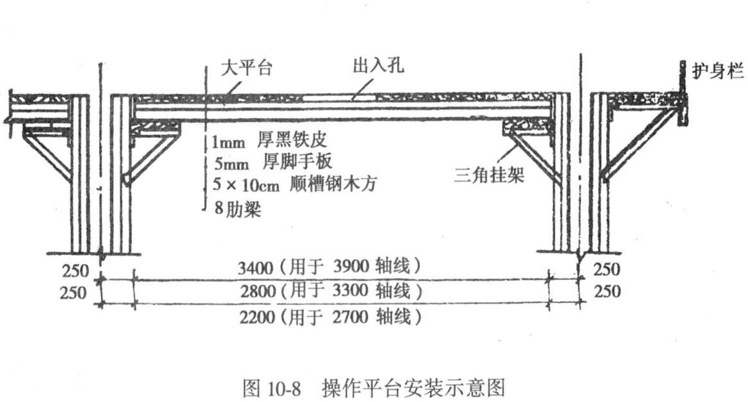

图 10-8　操作平台安装示意图

在纵模的两端和横墙模板的另一端焊一根∟ 63×6 的角钢，角钢外翼缘打通左右螺孔，以备连接窄模数板。为了便于拆模，横墙模板与外墙板之间留有50mm空隙，用∟ 63×6角钢补缝，用顶丝或木楔撑紧，如图10-10所示。

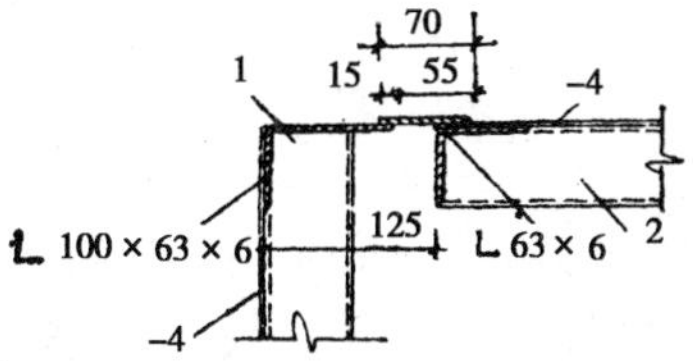

图10-9 纵横墙模板搭接

1. 横墙模板；2. 纵墙模板

纵横墙成“十”字形节点时，横墙模板与纵墙墙体之间的空隙，用4mm钢板压制成90°的角模，两翼为150mm×80mm，上下焊五道加劲肋，用螺栓与角模拉紧，以解决纵横模板的组合，如图9-11所示。

4. 筒子模　筒子模是将原来每个房间内各个墙面独立的大模板用一个中间钢架拼装起来，形成一间“冂”形（外墙面为大型预制壁板）模板，以达到整间吊装加快施工速度的目的。它是平模、角模施工实践的发展。

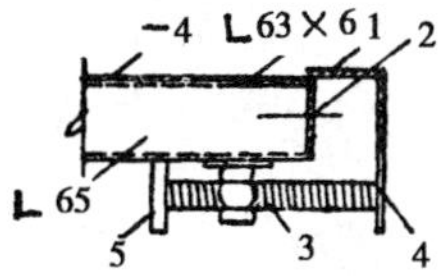

图10-10 角模安装

1. ∟ 63×6角模；2. 连接螺孔；3. M25方牙顶丝；4. 顶板；5. 手轮

筒子模的中间钢架由角柱、上横杆、下横杆、斜撑焊接而成。所用材料分别为：角柱用∟ 100×10角钢，上横杆∟ 80×8角钢，下横杆8号槽钢，斜撑∟ 60×6角钢。模板面板采用4mm厚钢板，竖肋用6.5号槽钢，间距为22～30cm；横肋为8号槽钢，间距为1m左右。竖肋与面板焊接，然后竖肋与横肋焊接。如图10-12所示。

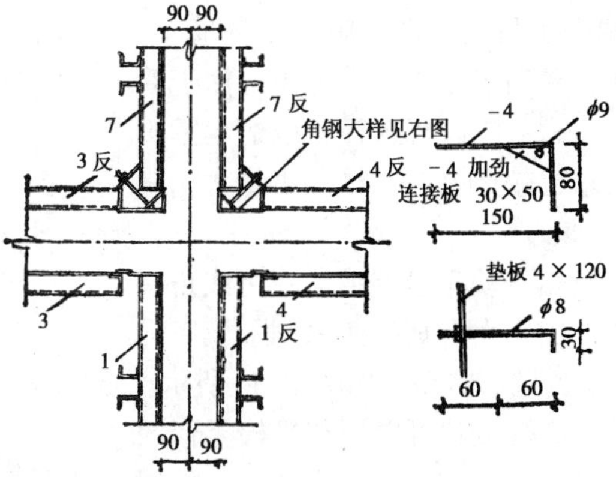

图10-11 “十”字形接点安装图

每块墙面模板用两付挂轴悬挂在钢架角柱上（如图10-13所示）。另设4根花篮螺丝和两付支杆（如图10-14所示）与钢架联系，以固定模板与钢架的相对位置。

每间模板还设有内外角模各两付，与钢模用螺栓、顶丝或插销连接。开间、进深有变化时，在其间可以按模数拼装一条模板，以增加模板的适应性。角柱下端各设有一个底脚螺栓和微调滚轮，用来调整高度、垂直度，以便准确就位。钢架上面满铺木板组成操作平台并留有出入孔。施工时，用穿墙螺栓将相邻的筒子模联系起来，灌筑墙体混凝土。

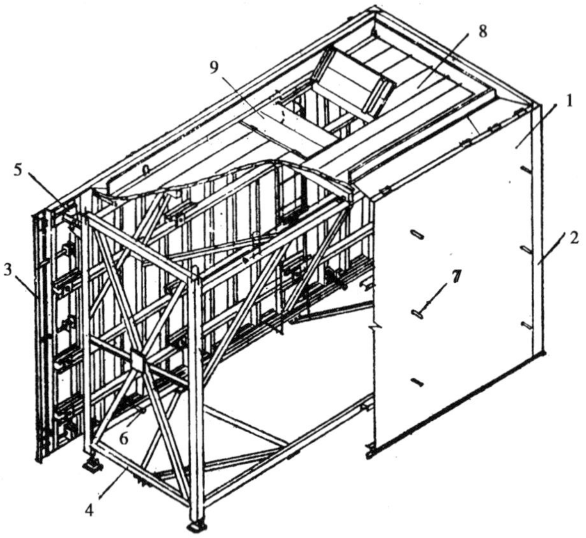

图 10-12　筒子模
1. 模板；2. 内角模；3. 外内模；4. 钢架；5. 挂轴；
6. 支杆；7. 穿墙螺栓；8. 操作平台；9. 出入孔

与平模或角模相比，筒子模每个房间的支模或拆模均可一次完成，因而减少了吊装次数，施工工艺简单，操作安全，减少落地灰，有利于冬季施工保温。由于筒子模重量大（一般为 4～5t），所以要选择相应的起重机械；模板的制作精度要求比较严格，机械加工量大，制作较困难。

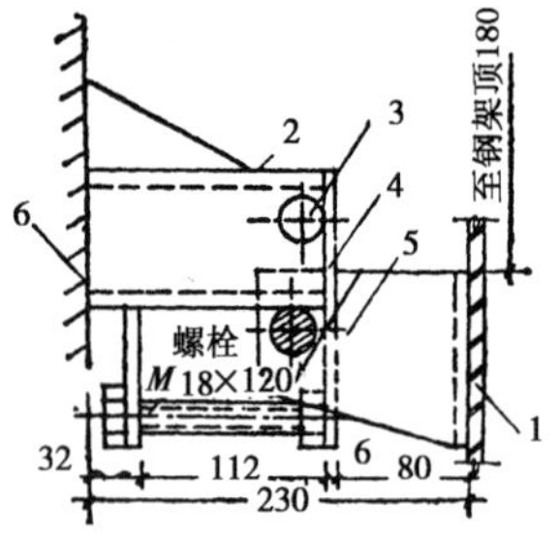

图 10-13　挂轴
1. 钢架角柱；2. 挂轴；3. 撬拨孔；4. 钢板；5. 挂轴架；6. 大模板

5. 大角模　大角模是由两块平模组成。在组成角模的两块平模连接部分装上四个大合页，使一侧平模以另一侧平模为支点，以合页为圆心转动，如图 10-15 所示。

当一侧脱开后，另一侧模板就可以用与平模类似的方法脱模。合页的位置要满足以合页的轴为圆心的作用半径（这个半径应小于模板总厚度），上下合页要同轴。

大角模的开启装置是由斜撑与花篮螺丝组成。斜撑是由两根∟ 90×9 角钢叠合而成，花篮螺丝与斜撑近似垂直。利用花篮螺丝的功能特点，使之组成为三点铰接的活动支撑。根据力学原理，这种垂直于三点铰接斜撑的花篮螺丝，能够用较小的力获得较大的水平分力去推动或拉动模板。当花篮螺丝放松，使两角钢叠合成一直线时，角模即可达到 90°，插活动销子，就将模板支好。拆模时，先拔掉活动销子，收紧花篮螺丝后，即两角钢组成一折线时，角模两侧内收，板面与混凝土墙脱离。

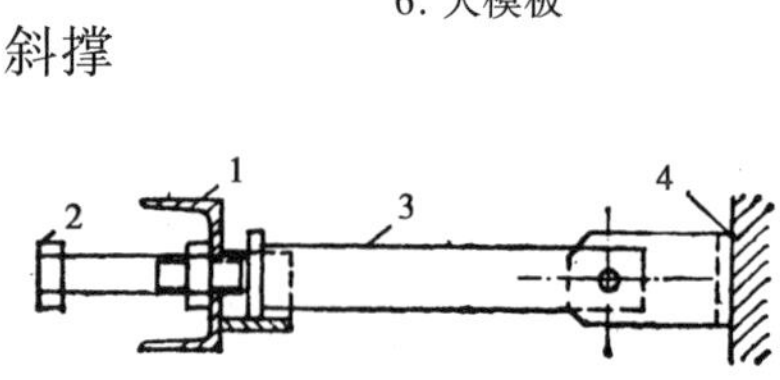

图 10-14　支杆
1. 钢架下横杆；2. 顶丝；3. 支杆；4. 大模板

二、大模板的选型布置及尺寸确定

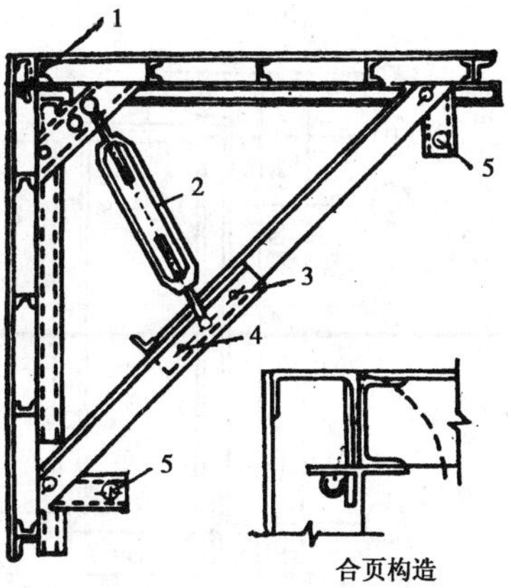

图 10-15　大角模构造示意图

1. 合页；2. 花篮螺丝；

3、4. 固定销子；5. 调整用螺旋千斤顶

（一）大模板型式的选择及平面布置

选择大模板型式应根据不同的工程对象、现场施工条件和施工工艺进行比较确定，要考虑以下几个问题：

（1）要和建筑物的设计要求和结构布置相适应；

（2）要和当地的施工条件和物资资源条件相适应；

（3）施工要求墙面平整，不再抹灰，减少修补；

（4）大模板要求便于安装和拆卸，便于划分合理的流水段。在施工流水过程中，大模板应尽量减少落地存放和修理，以减少起吊次数；

（5）大模板的型号要少，连接件要简单，通用性要强，

（6）大模板本身必须满足刚度要求。使各部分杆件受力合理，不能有显著变形；

（7）合理选用钢材规格，减少用钢量；

（8）大模板摆放时，模板本身必须稳定，支撑要简便、迅速、可靠，面板的平整度和垂直度易于调整和控制。

当采用不同的大模板施工方法时，其采用的大模板方案和平面布置也有所不同。现将几种大模板方案和平面布置简述如下：

1. 平模方案　平模方案也就是无角模方案，它适用于内墙和外墙分开现浇或外墙和内纵墙采用预制墙板的大模板建筑施工。

平模方案特点是：能够较好地保证墙面的平整度和墙角方整；所有模板接缝均在纵墙和横墙交接的阴角处，便于接缝处理；模板加工量较少，周转次数较多，模板基本上不落地；模板装拆方便。但是平模施工的纵横墙必须分开灌筑混凝土，施工缝多，房间整体刚度没有角模方案施工好，安排施工顺序比较麻烦。平模方案的模板组合平面布置如图 10-16 所示。

从图 10-16 可见，内横墙和山墙均采用平模施工，平模拼缝设在纵横墙交接处，横墙平模接缝即使不平整，由于纵墙板在横墙浇筑混凝土之后安装，可以遮住拼缝处，并不影响房间内墙角的方正和墙面美观。平模拼接构造如图 10-17 所示。

山墙的外模（1 外、2 外）和楼梯间的内模（10、11）的一端带有角钢，便于转角处理，带有角钢的平模构造如图 10-18 所示。

由图 10-16 可见，由于山墙和楼梯间采用了现浇混凝土，使模板型号增加，一个单元内的模板型号为 16 种，共 38 块，所用的模板型号和规格详见表 10-1。

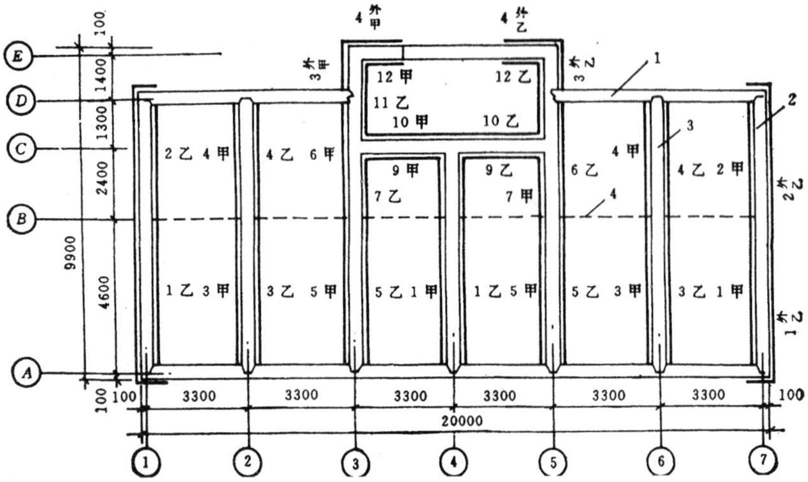

图 10-16 平模方案的模板组合平面布置图

1. 预制墙板；2. 山墙现浇混凝土；

3. 内横墙现浇混凝土；4. 待安装隔墙板

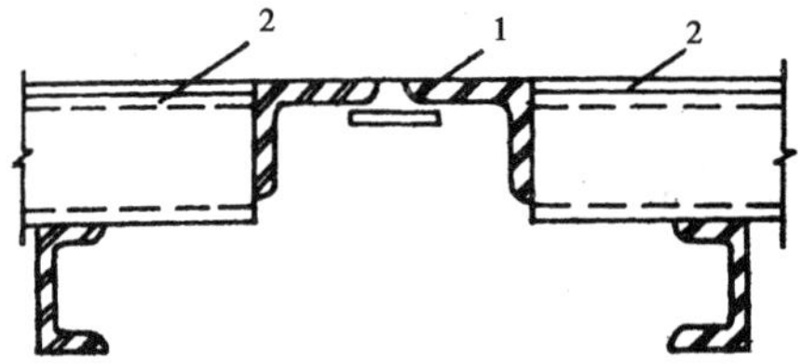

图 10-17 平模拼接构造

1.40×10 钢板焊在一边角钢上；2. 平模；

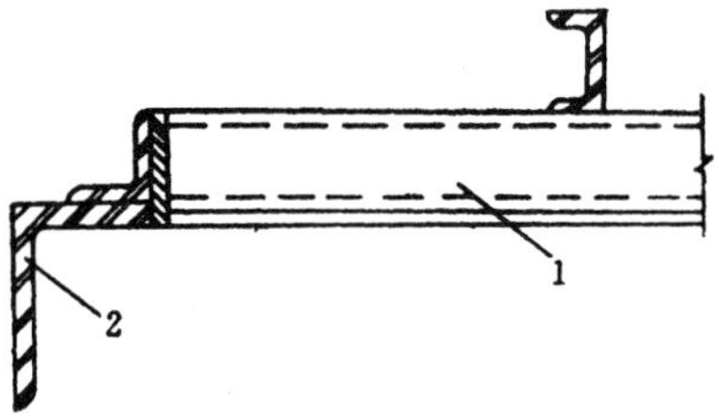

图 10-18 端部带有角钢的山墙外模

1. 平模；2. ∟ 160×100×12 角钢（端部刨平）；

表 10-1

模板型号	规格（mm）	重量（kg）	数量（块）	备 注
1甲 1乙	4550×2670	862	4	1、2、3号模板尺寸相同,但板面上留孔不同
2甲 2乙	3550×2670	678	2	
3甲 3乙	4550×2670	862	4	
4甲 4乙	3550×2670	678	4	
5甲 5乙	4550×2670	862	4	
6甲 6乙	3550×2670	683	2	
7甲 7乙	2270×2670	525	2	
8甲 8乙	2270×2670	525	2	
9甲 9乙	2840×2670	578	2	
10甲 10乙	3220×2670	618	2	
11甲 11乙	2370×2670	517	2	
12甲 12乙	1520×2670	310	2	
1外甲 1外乙	4800×2850	964	1	
2外甲 2外乙	3800×2850	791	1	
3外甲 3外乙	1320×2850	329	2	
4外甲 4外乙	1360×2850	438	2	
	合 计	10220	38	

2. 大角模方案　当建筑物进深尺寸较大，而开间尺寸不大的长方形房间，采用内外墙现浇施工时，可采用大角模方案。大角模与平模方案不同之处为房间四墙角采用大角模组合而成，自成一个封闭体系。对于长方形房间采用大角模后，不足部分配以小平模组合的方案。外模可用平模或采用预制墙板。大角模方案的主要特点是：大角模能自身稳定，装拆比较方便，墙体阴角方正，施工质量好，每个房间四面墙体同时浇筑混凝土，使结构整体刚度和抗震性能好。但是，大角模本身加工较复杂，运输较麻烦，角模拼装节点在弯矩最大处，若中间加一小平模，在平面上不易调整，容易错缝，墙面修补工作量大。大角模组合平面布置如图 10-19 所示。

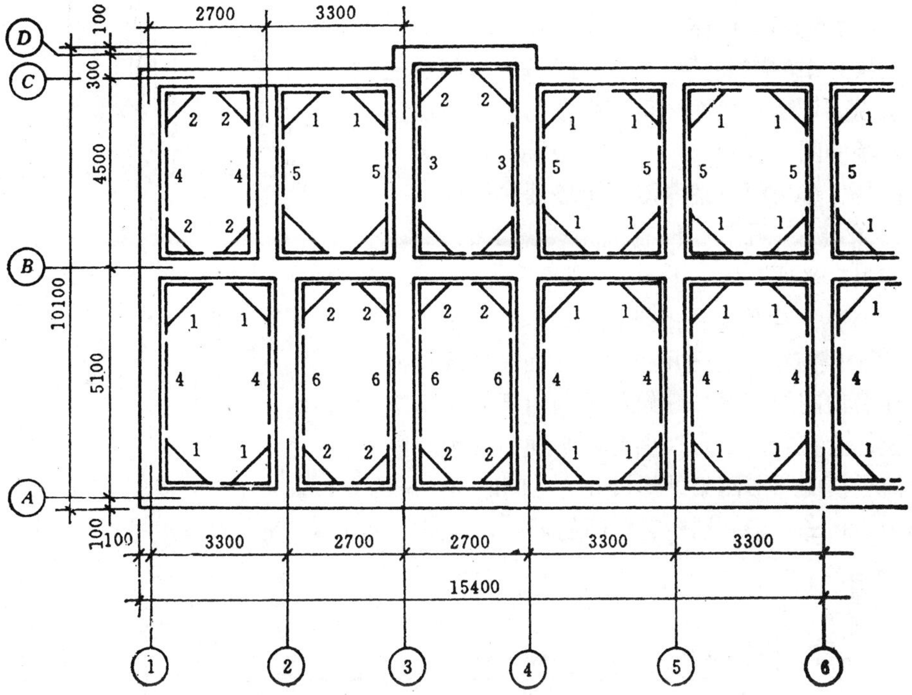

图 10-19　某住宅一个单元大角模方案内模布置图

1、2. 角模；3、4、5、6. 平模

图 10-19 可见，其内模有大角模和平模两种型式。开间方向两个大角模对接，拼缝在墙的中间，进深方向采用两个大角模，中间加一个平模调整尺寸的办法解决。由图 10-19 可知，该平面组合布置方案的一个单元内的模板型号仅为 6 种，共 66 块，如表 10-2。

表 10-2

模板类别	规　格（mm）	重　量（kg）	数　量（块）
①号角模	1575×3000	1108	28
②号角模	1275×3000	931	16
③号平模	2100×3000	807	2
④号平模	1800×3000	732	9
⑤号平模	1200×3000	560	7
⑥号平模	2400×3000	890	4
合　　计			66

为了保温起见，该方案的外模不是采用钢制的大模板，而是采用加气混凝土条板做外模，通过横木楞、竖木楞用穿墙螺栓与内模拉结固定。混凝土灌筑后，与加气混凝土条板形成复合的墙体，即可保温。

加气混凝土条板做外模的构造如图 10-20 所示。

3. 小角模方案　小角模方案基本上是以平模为主，转角处采用∟ 100 × 10 的小角模。每个房间的内模仍为一个封闭支模体系。

小角模方案的主要特点是：对于每个房间也能同时灌筑纵、横墙；墙面平整，小墙角和大面墙接缝处不在墙中间，较容易受补；模板装拆比较灵活方便。但是，小角模方案灌混凝土墙面接缝多（一个房间 8 条缝），阴角也没有大角模施工的平整。小角模的组合平面布置如图 10-21 所示。

表 10-3 为一个施工段的模板数量。

4. 筒子模方案　它适用于内墙三面墙体现浇混凝土、外墙预制的大模板建筑施工。由于筒子模三面有模板，上有操作平台，因此其平面布置为隔间布置。筒子模的⊓形刚架外形尺寸为房间净尺寸减去 600mm，刚架外皮到混凝土墙里皮的距离为 300mm。当一层所有房间的墙体施工完后，可用吊车将筒子模吊到上层楼面继续施工。

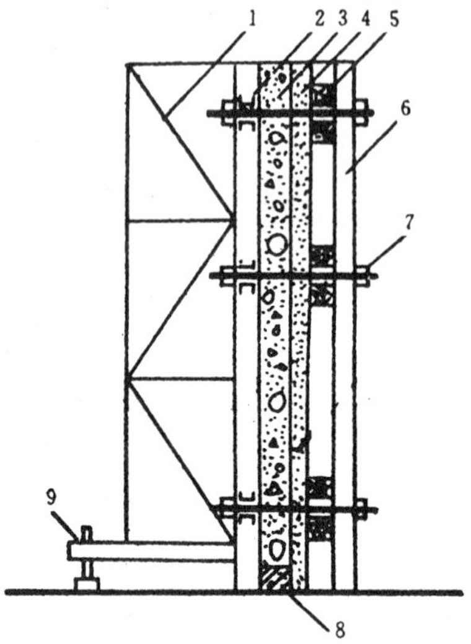

图 10-20　加气混凝土条板做外模示意图

1. 支撑桁架；2. 内模；3. 现浇混凝土；4. 加气混凝土板；5. 水平木楞；6. 竖木楞；7. 穿墙螺；8. 导墙；9. 螺旋千斤顶

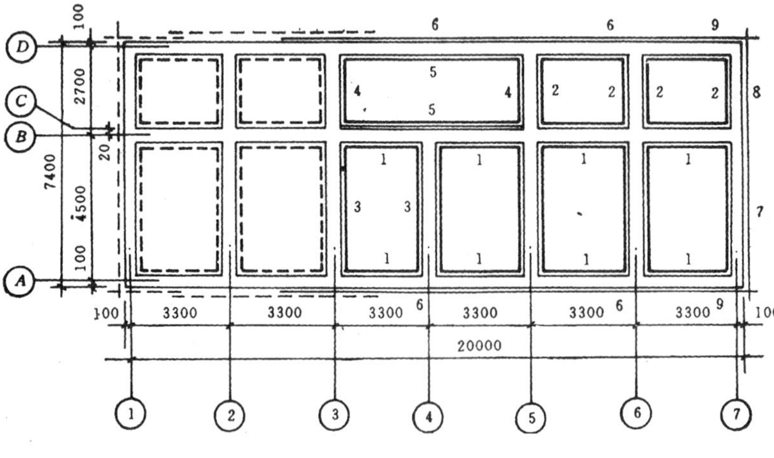

图 10-21　某住宅小角模方案模板平面布置图

1、2、3、4、5. 为内平模；6、7、8、9. 为外平模

（二）大模板尺寸的确定

大模板建筑的开间、进深和层高等设计尺寸是确定大模板尺寸的主要依据，除此之

外，尚需按照模板的类型、施工工艺、通用性、拼接方式以及模板和墙体厚度等因素全面考虑，才能确定适当的大模板平面尺寸。下面是几种大模板的平面尺寸的确定：

表 10-3

模板型号		规格（mm）	重量（kg）	数量
内模板	1	2750×3000	536	12
	2	2180×3000	446	4
	3	3890×3000	796	8
	4	2080×3000	427	2
	5	6050×3000	1120	2
	角模	200×3000	180	28
外模板	6	6490×3300	1410	4
	7	4700×3300	1030	1
	8	2900×3300	643	1
	9	1770×3300	400	2
	外角模	200×3300	178	2
合计			7166	66

1. 平面模板　纵横墙平模高度 $H=$ 层高 H_i- 楼板厚度 $d-20$mm（楼板不平和座浆）

纵墙平模长度 $L=$ 开间轴线尺寸 $-$ 墙厚 $d-20\sim40$mm（考虑模板安装及墙厚变化余量）

横墙平模长度 $L=$ 进深轴线尺寸 $-$ 墙厚 $d-10$mm（余量）

2. 组合模板　模板高度 $H=$ 层高 H_i-（墙厚 $+3$cm）

横墙模板长度 $L=$ 进深轴线尺寸 $-$（墙厚 $+5$cm）

纵墙模板长度 $L=$ 开间轴线尺寸 $-$（墙厚 $+25$cm）

式中：5cm——补缝角模的间隙；

25cm——横墙模板面与纵墙模板端面的距离；

3cm——模板板底找平砂浆厚 2cm，楼板底面坐浆 1cm。

3. 大角模模板　大角模肢长 $L=\frac{1}{2}$房间净宽 -5mm

大角模高度 $H=$ 层高 H_i-（楼板厚度 $+20$mm）

三、大模板建筑的施工

（一）现浇内墙预制外墙板大模板建筑施工

1. 施工程序　采用平模施工时，施工顺序要求先横墙后纵墙，为了加强纵横墙连接的整体性，一般可以采用图 10-22 所示的方法，即在先浇灌的横墙上预留三个宽为纵墙厚度，高为 300mm 左右的洞。在浇灌纵墙时，每个洞内穿 4ϕ8 钢筋与纵墙的钢筋混凝土浇筑在一起，其它工序见图 10-23。

2. 技术要求和操作要点

(1) 放线抄平。放线抄平包括轴线、墙身线、模板就位线（如图 10-24）、门口、隔墙、阳台位置线以及找平水准线等工作。

安装大模板之前，应将轴线从标准轴线桩引到外墙上口，再引至楼板作为轴线的依据；同时弹出门口、隔墙、阳台等安装位置线。大模板吊出之后，应复核隔墙及门口位置线，并在纵横墙体上弹出隔墙垂直位置线，楼层以上 50cm 线和上层楼板板底以下的 10cm 线，作为安装楼板找平的依据；在墙顶面弹出安装楼板分板线。

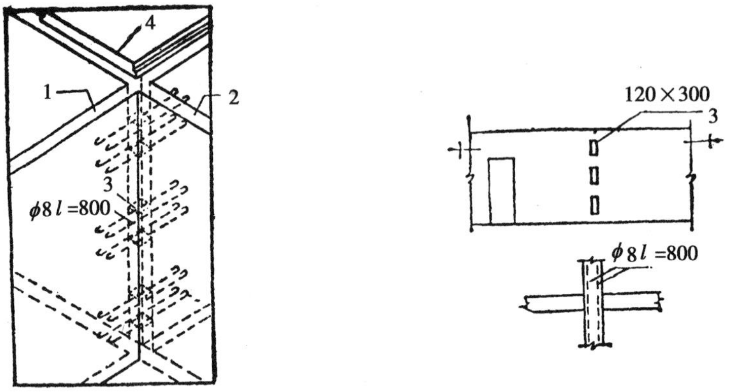

图 10-22　纵横内墙连接节点

1. 纵墙；2. 横墙；3. 洞口；4. 楼板

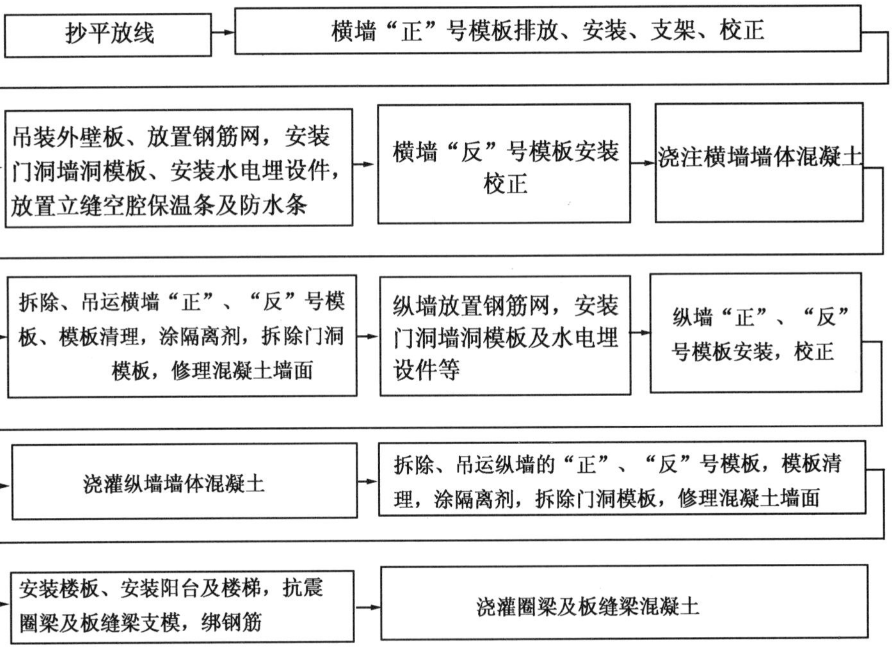

图 10-23　平模施工程序（标准层）

（2）支模前的模板处理。模板运到现场后要清点数量、型号、清除表面锈蚀和焊渣，用环氧树脂腻子嵌缝，在模板背面涂刷两道防锈漆，并用醒目字体在模板背面注明编号。每一道墙的两块模板用相同数字编号，以“正”、“反”号加以区别，以便支模时对号入座。板面要打磨干净，擦去粉尘，涂刷隔离剂。支模前应吊入施工现场进行试组装，发现不合适之处可以及时修理。

(3) 支模。先将“正”号模板吊入按墙身线就位，调整底脚螺栓和用“双十字”靠尺（图 10-25）使模板正、侧两个方向达到垂直。靠近板面的两个底脚螺栓主要调整标高和侧面垂直，后边的两个底脚螺栓主要是调整板面垂直。吊入“反”号模板按模板就位线就位，校正与“正”号模板基本相同。当模板基本调好后，即穿好穿墙螺栓等固定零件。墙体厚度由两块模板中间的穿墙螺栓套管控制，套管长度应小于墙厚 2mm。各穿墙螺栓的拧紧程度要均匀适当，以防拧紧螺栓时将模板顶成凹坑。

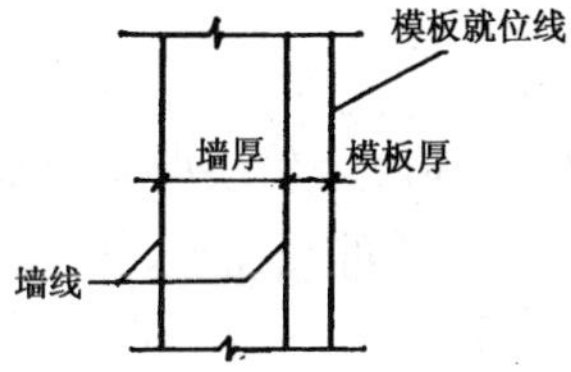

图 10-24　模板就位线

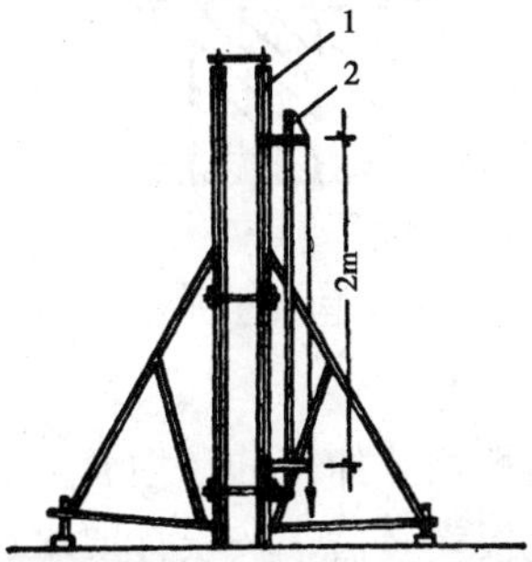

图 10-25　“双十字”靠尺

1. 大模板；2. 双十字靠尺

(4) 立门口。门口以先立口作法较好，有利于减少门洞上角部裂缝。若门口的设计位置固定，则可在模板上打眼，用螺栓固定门口比较简便（如图 10-26a）。如果门口设计位置不固定，则可在钢筋网片绑完后，按设计位置将门口钉上钉子与钢筋网片焊在一起固定（如图 10-26b）。门口中部均需加三道支撑，前后两面（或一面）各钉一木框（用 5×5 木方），使门框侧边与墙厚相同。拆模时拆掉木方和木框。这样立的门口比较牢固。要注意在浇灌混凝土时，两侧混凝土的浇灌高度要大致相等并不超过 50cm，两侧同时轻轻振捣，防止将门口挤歪。

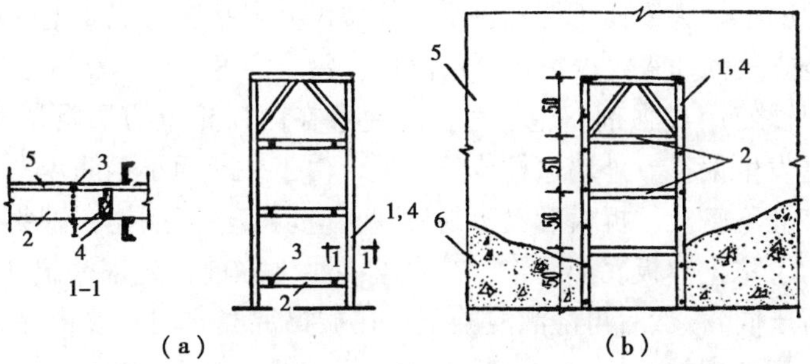

图 10-26　门口先立口示意图

1. 门框；2. 木方；3. 螺栓；4. 木框；5. 大模板；6. 混凝土

(5) 钢筋绑扎。吊装钢筋网片要防止变形，位置要准确，用砂浆垫块保证钢筋的保护层。墙体上部伸出的钢筋要防止位移，以免影响安装楼板。

预制圆孔板的锚固筋是保证楼板整体性的关键，安装楼板后，必须将锚固筋整理好，并绑上一根 ф10 的附加筋（图 10-27），以加强其整体性。

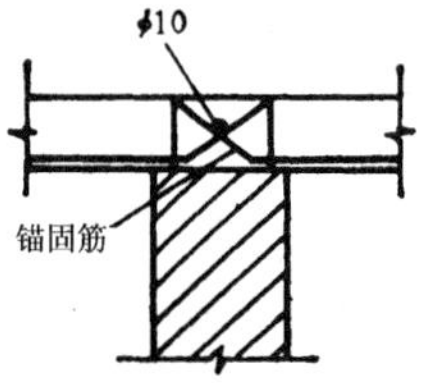

图 10-27

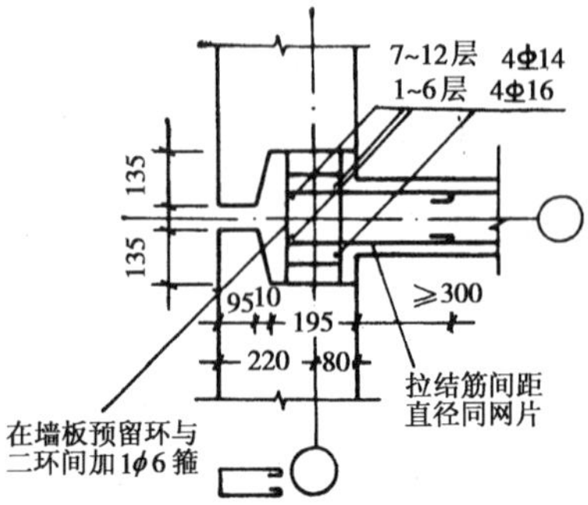

图 10-28

外墙板两侧伸出的预埋套环，必须在墙板吊装前预整理好，吊装时不得碰弯。相邻两块墙板安装后，按设计要求放入小柱立筋，并与墙板套环绑扎在一起（图 10-28）。

基础或地下室的墙板、顶板施工时，应特别注意与上层外墙板焊接的描固钢筋的位置，并保证锚固钢筋有足够的长度（9cm），钢筋绑扎完毕后，必须进行隐蔽工程验收。

（6）电气埋设件的安装。安装在墙上的小型塑料盒可用机螺丝拧固在大模板上，拆模前卸掉机螺丝。软塑料充气电线管可以绑在钢筋网片上，在素混凝土墙中，要求模板面固定并注意不使其发生死弯。

（7）外墙板的安装。内墙模板安装完毕后，开始吊装外墙板。墙板吊装就位以模板侧缘为准，校正垂直度；然后，用花篮螺栓与大模板的吊环固定，下部键槽内连接钢筋要随吊随焊接，并保证有 9cm 的焊缝长度。吊装时墙板下的坐灰要平实。如果坐灰不实，尤其当外侧不实时，造成板重心外移，当拆除花篮卡具后，因墙板外倾力矩作用，使处于低强度状态的混凝土内墙受到剪力作用而易产生裂缝。所以，如果板下坐铺的灰浆不饱满，应补塞灰浆。如果已产生裂缝，则应以压力灌注环氧树脂胶填粘补强。

（8）浇灌混凝土。为了便于振捣密实，使墙面光滑平整，混凝土的塌落度一般采用 7～8cm。采用 ф50 软轴插入式振捣棒分层浇捣，每层高度 50～100cm 之间。为了尽量缩短拆模时间，可以使用早强剂。施工时，应注意在门口正上方下混凝土，两侧同时振捣，以避免门框发生偏移。外墙边柱或角柱处，由于柱断面小钢筋较密，不能插入振捣样，容易发生浇灌不密实，拆模后又不易发现，应切实注意插捣，以免影响内外墙的整体连接强度。为了防止模板底部漏浆，在浇灌混凝土之前，先铺一道 3～5cm 的水泥素浆（标号与混凝土同），然后再浇灌混凝土。在振捣混凝土时，要由专人检查模板，防止模板变形发生意外事故。

（9）拆模。混凝土强度达到 $1N/mm^2$ 后，即可拆模。拆模顺序是：拆除全部穿墙螺栓，拉杆及花篮卡具，再拆除补缝钢管或木方，卸掉埋设件的定位螺丝和其它附件。然后将每块模板的四个底脚螺栓稍稍升起，使模板在脱离墙面之前应有少许的平行下滑量，然后再升起后面的两个底脚螺栓，使模板自动倾斜脱离墙面，然后将模板吊起。应注意切勿使模板撞击外墙板，以免刚脱模的混凝土墙受到破坏或出现裂缝。拆模后将穿墙螺栓的钢管打出，对墙面、墙角不平处以及螺栓孔等，应及时修补。

(10) 混凝土墙面装修。大模板施工的内墙面不再进行抹灰（门、窗口、阴阳角需做处理），只需刮腻子喷浆即可。刮腻子前，应先用滑石粉腻子堵墙面气孔、水泡，其配合比为滑石粉∶石膏∶羟甲基纤维素∶聚醋酸乙烯乳液 = 100∶20 ~ 30∶2.5∶2 ~ 3。然后刮腻子两道，腻子配合比为滑石粉∶大白粉∶羟甲基纤维素∶聚醋酸乙烯乳液 = 100∶40∶0.5 ~ 1∶10 ~ 20，最后喷两道浆。

（二）内墙现浇外墙砌砖大模板建筑施工

内墙现浇外墙砌砖的大模板建筑，具有造价低，就地取材等优点。从目前物资条件看，砖在今后一定时期内仍将是一种重要的墙体材料。抗震试验表明，用于多层结构也是可行的。

1. 施工程序　施工程序如图 10-29。

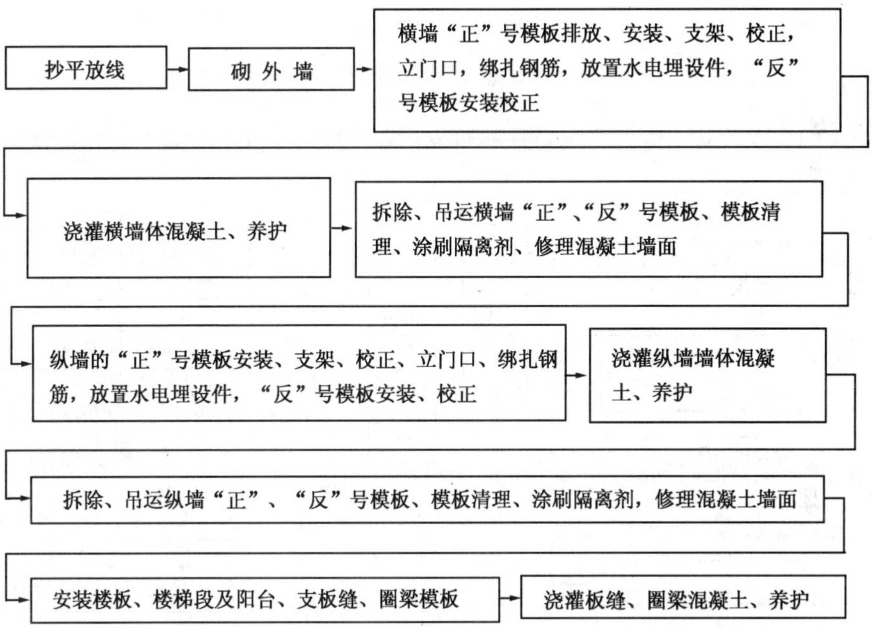

图 10-29　内浇外砌大模板施工程序

2. 技术要求　大模板现浇混凝土技术要求同前述，外墙体砌筑技术要求同第三章砌砖工程。

墙体砌筑时必须正确留出缺口，并按规定设拉结筋。砖外墙与现浇内墙的联结处理见图 10-30。

（三）内外墙全现浇大模板建筑

内外墙全现浇大模板体系，以现浇外墙代替预制外墙板，加强了结构整体性，减少了外墙板加工环节。但要相应解决好现浇外墙的材料和保温隔热要求、模板制作及混凝土收缩等问题。

1. 施工程序　内外墙全现浇的大模工艺按外墙模板型式不同，分为悬挑式外模和外承式外模两种施工方法。

（1）采用悬挑式外模时的施工程序见图 10-31。

（2）采用外承式外模时的施工程序见图 10-32。

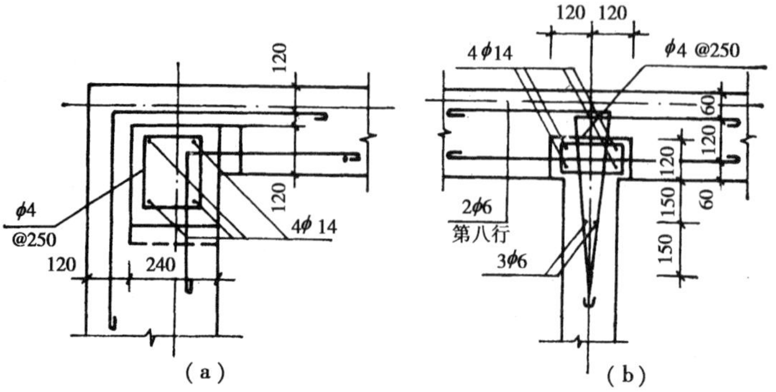

图 10-30　砖外墙节点

(a) 外墙转角节点；(b) 内外墙交接节点

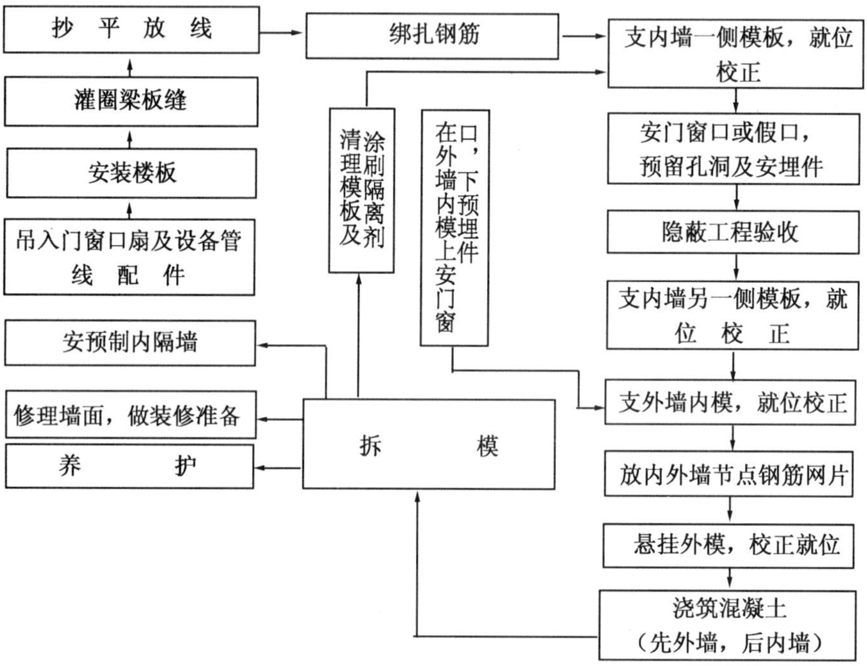

图 10-31　悬挂式外模施工程序

2. 材料的选择　外墙混凝土的骨料可以采用陶粒、浮石等轻骨料，以提高外墙保温隔热性能。亦可采用普通砂石，如内外墙采用相同的混凝土，内外墙施工可同时进行。

3. 外墙支模　外墙的内侧模板与内墙模板一样，支承在楼板上。外侧模板有两种支设方法。

当采用悬挑式外模板施工时，支模顺序为：先安装内墙模板，再安装外墙内模，然后将外模板通过内模上端的悬臂梁直接悬挂在内模板上。悬臂梁可采用一根 8 号槽钢焊在外侧模板的上口横肋上，内外墙模板之间用两道对销螺栓拉紧，下部靠在下层外墙混凝土壁，见图 10-33。

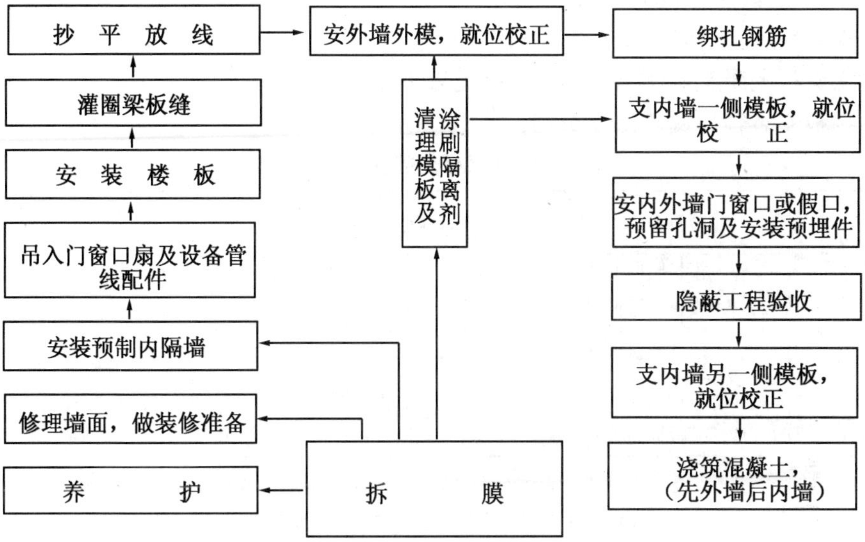

图 10-32 外承式外模施工程序

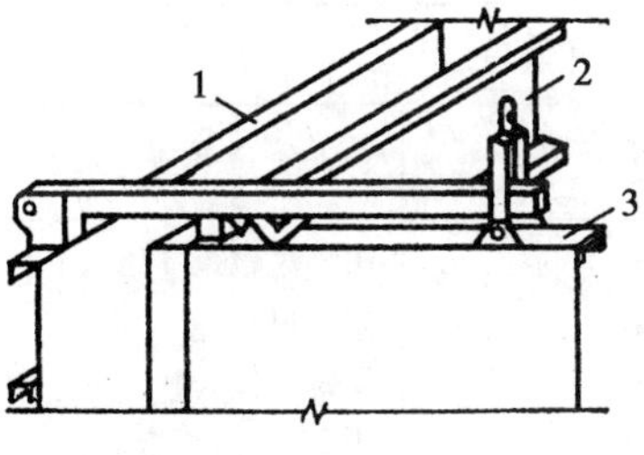

图 10-33 悬挑式外模

1. 外墙外模；2. 外墙内模；3. 内墙模板

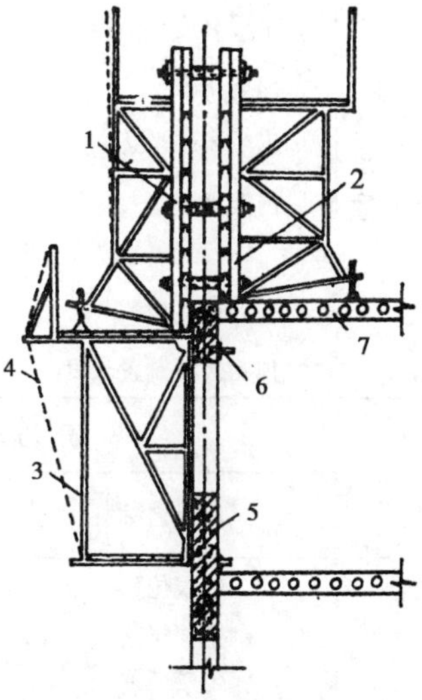

图 10-34 外承式外模

1. 外墙外模；2. 外墙内模；3. 外承架；4. 安全网；5. 现浇外墙；6. 穿墙卡具；7. 楼板

当采用外承式外模板时，可先将外墙外模板安装在下层混凝土外墙面上挑出的支架上，见图 10-34。支承架可做成三角架，用 L 形螺栓通过下一层外墙预留孔挂在外墙上。

为保证安全，要设防护栏杆和安全网。

四、大模板建筑施工的质量与安全技术

（一）大模板建筑施工的质量标准

1. 大模板支模质量检查标准见表 10-4。

2. 大模板混凝土墙体施工容许偏差见表 10-5。

3. 墙板安装容许偏差见表 10-6。

表 10-4 大模板支模质量检查标准

项　次	项目名称	容许偏差（mm）	检查方法
1	模板竖向偏差	3	用 2m 靠尺检查
2	模板位置偏差	2	用尺检查
3	墙体上口宽度	+2 0	
4	模板标高偏差	±10	

表 10-5 大模板混凝土墙体质量检查标准

项　次	项　目	容许偏差（mm）	检查方法
1	大角垂直	20	用经纬仪检查
2	楼层高度	±10	用钢尺检查
3	全楼高度	±20	用钢尺检查
4	内墙垂直	5	用 2m 靠尺检查
5	内墙表面平整	5	用 2m 靠尺检查
6	内墙厚度	+2 0	用尺在销孔处检查
7	内墙轴线位移	10	用尺检查
8	预制楼板搁置长度	±10	用尺检查

表 10-6 预制外墙板安装容许偏差

项　次	项目名称	容许偏差（mm）	检查方法
1	轴线位移	10	用钢尺检查
2	楼层层高	±10	用钢尺检查
3	全楼高度	±20	用钢尺检查
4	墙面垂直	5	用 2m 靠尺检查
5	板缝垂直	5	用 2m 靠尺检查
6	墙板拼缝高差	±5	用靠尺和塞尺检查
7	洞口偏移	8	吊线检查

（二）大模板施工安全技术

大模板建筑施工中应遵守以下安全规定：

1. 大模板和预制构件　应按施工组织设计的规定分区堆放，各区之间保持一定距

离。存放场地必须平整夯实，不得存放在松土和坑洼不平的地方。

2. 大模板存放，必须将地脚螺栓提上去，使自稳角成为 20～30°，应用拉杆连接绑牢。存放在楼层时，须在大模板横梁上挂钢丝绳或花篮螺栓，钩在楼板吊钩或墙体钢筋上（图 10-35）。

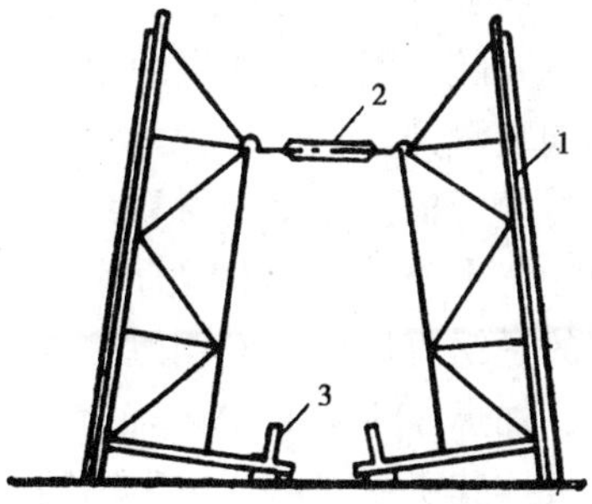

图 10-35　大模板堆放示意图
1. 大模板；2. 花篮螺栓；3. 调垂直用螺旋千斤顶

3. 外墙壁板、内墙隔板应放置在金属插放架内，下端垫通长木方，两侧用木楔楔紧。插架的高度应为构件高度 3/4 以上，上面要搭设 50cm 宽的走道和上下梯道，便于操作。

4. 模板安装和拆除时，指挥、挂钩和安装人员应经常检查吊环，对筒子模要预先调整重心。起吊时应用卡环和安全吊钩，不得斜吊。严禁操作人员随模板起落。

5. 大模板安装时，应对号就位。单面模板就位后，用钢筋三角支架插入板面螺栓眼上支撑牢固。双面模板就位后，用拉杆和螺栓固定。未就位固定前不得摘钩。

6. 各种预制构件安装必须按施工顺序对号就位，应保持垂直稳起。就位后，立即将构件的拉杆和支撑焊牢或锚固，方可摘钩。禁止站在外墙板边沿探身推拉构件。

7. 外墙为砖砌体，内墙浇筑混凝土前，必须将外墙加固，防止墙体外涨。在拆除时，禁止把加固材料悬挂在墙体上和直接下扔。

8. 阳台板安装就位必须逐层支设临时支柱，连续支顶不得少于三层，并应与墙体拉结牢固。阳台板顶留的拉结筋与圈梁钢筋应及时焊接。

9. 阳台栏板和楼梯栏杆，应随楼层安装。如不能及时安装，必须在外侧搭设防护栏杆。

10. 当风力为 6 级时，仅容许吊装 1～2 层楼板、模板。风力超过 6 级，应停止吊运。

第二节　液压滑升模板工程施工

液压滑升模板工程是整体浇筑混凝土结构的一种机械化施工方法。它是按照建筑结构平面形状，组装成一定高度的模板系统，利用液压提升设备，不断提升模板，上边浇筑混凝土而下边随即脱模，连续浇筑成混凝土墙体。

液压滑升模板工程的中心设备是模板系统、操作平台系统、提升机具和液压控制系统。主要的施工过程是分层进行钢筋混凝土施工、模板的提升和墙面处理，以及楼板的浇筑或安装。其中关键技术是结构浇筑的水平和垂直度的控制与调整。

一、液压滑升模板的组成

液压滑升模板由模板系统、操作平台系统、支承杆和液压系统等基本部分组成。如图 10-36 所示。

（一）模板系统

模板系统主要包括模板、围圈和提升架等几部分。

1. 模板　模板是悬挂在内外围圈上，沿着所施工的混凝土结构截面的周界组配，并随着混凝土的浇灌由液压千斤顶带动向上滑升。

模板根据其使用材料不同，可分为钢模板、木模板和钢木混合模板三种。最常用的是钢模板，一般用厚度 2～3mm 的钢板，加焊 30×4 或 40×4 的角钢肋条制成。模板按其所在部位及作用不同，可分为内模板、外模板、堵头模板以及阶梯形变截面处的衬模、圆形变截面结构中的收分模板等。部分模板的型式与构造见图 10-37、图 10-38、图 10-39、图 10-40 所示。

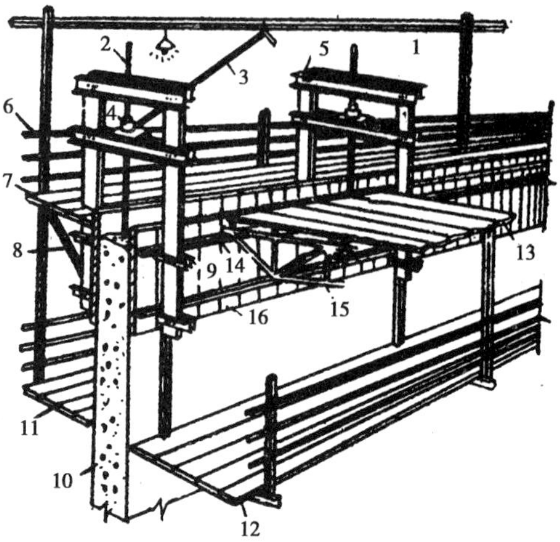

图 10-36　滑升模板的组成

1. 支架；2. 支承杆；3. 油管；4. 千斤顶；5. 提升架；6. 栏杆；7. 外平台；8. 外挑架；9. 收分装置；10. 混凝土墙；11. 外吊平台；12. 内吊平台；13. 内平台；14. 上围圈；15. 桁架；16. 模板

模板的高度主要取决于滑升速度和混凝土达到出模强度所需的时间，一般采用 1 000～1 200mm，若滑升速度较快或气温较低地区，模板的高度可稍高些，为 1 400～1 600mm。为了便于浇灌混凝土，防止外溅，对于厚度较薄的结构，其外侧模板可比内侧模板高 100～200mm。模板的宽度以使用方便为主，可根据建筑的形状、尺寸和安装能力来确定，常用模板宽度为 150～500mm。

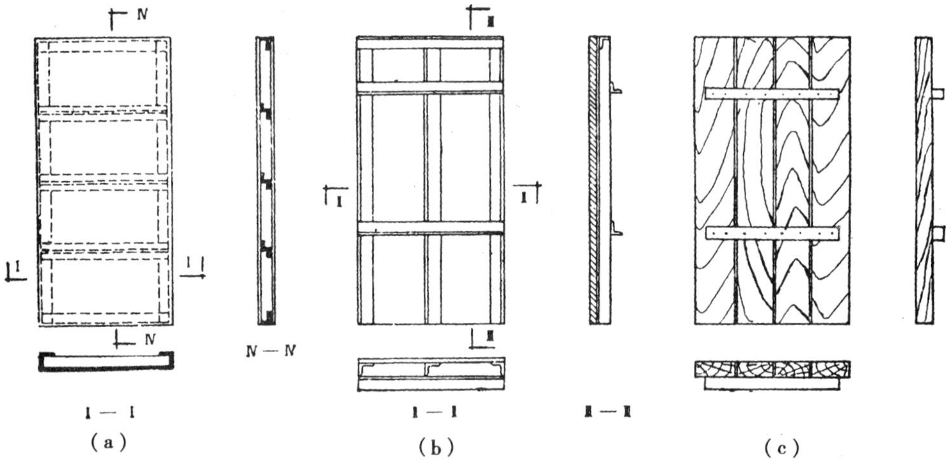

图 10-37　模板示意图

(a) 冷弯成型钢模板；(b) 角钢肋条钢模板；(c) 木模板

2. 围圈　为了固定模板，沿模板高度方向设置上下两道围圈，用以承受模板在提升时的垂直荷载及浇筑混凝土时产生的水平荷载。围圈固定在千斤顶架立柱的支托上，通过支托把荷载传给千斤顶。

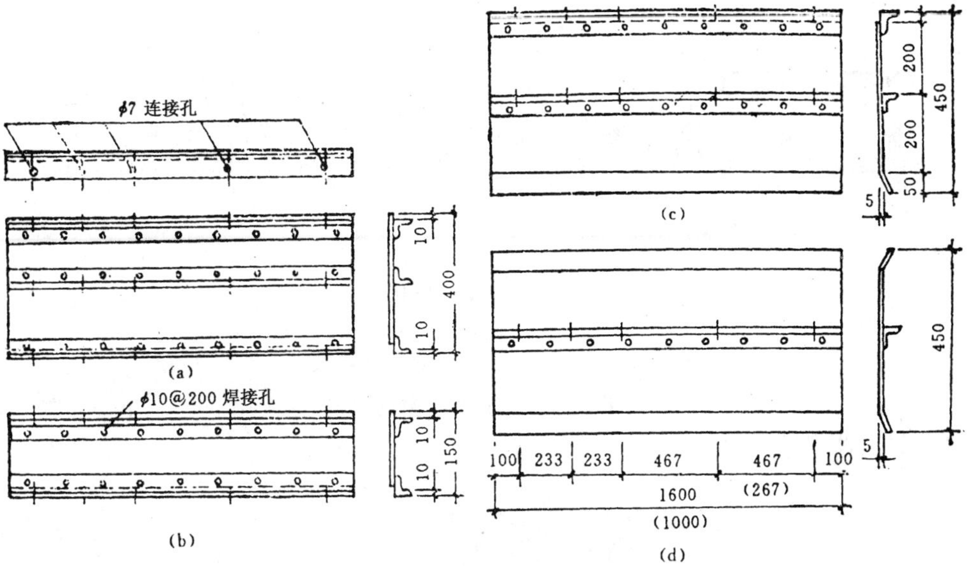

图 10-38 用于烟囱及筒仓结构的模板构造

(a) 固定模板；(b) 活动模板；(c) 单侧收分模板；(d) 双侧收分模板

围圈一般用角钢或槽钢制作，其截面根据计算决定，常见的有 75×6 角钢或 8 号槽钢。上下围圈的间距一般为 500～700mm，上围圈距模板上口的距离不宜大于 250mm。当提升架间距大于 2.5m 或操作平台的承重骨架直接支承在围圈上时，围圈宜设计成桁架式，如图 10-41。

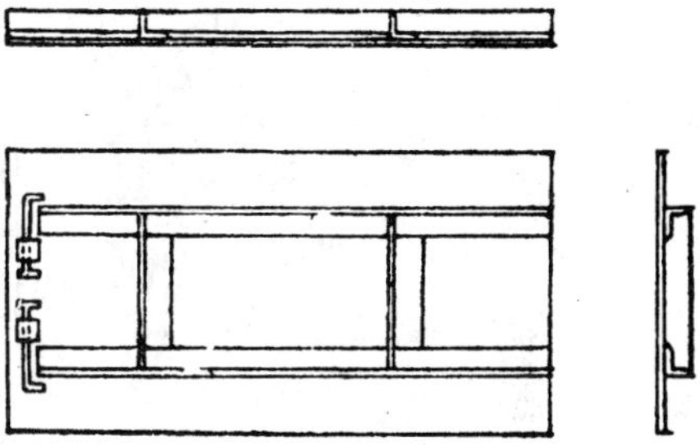

图 10-39 建筑物的堵头模板

3. 提升架（千斤顶架、门架） 提升架是用来固定围圈的几何形状、尺寸，同时承担模板和操作平台的全部荷载，并传递给爬杆，随

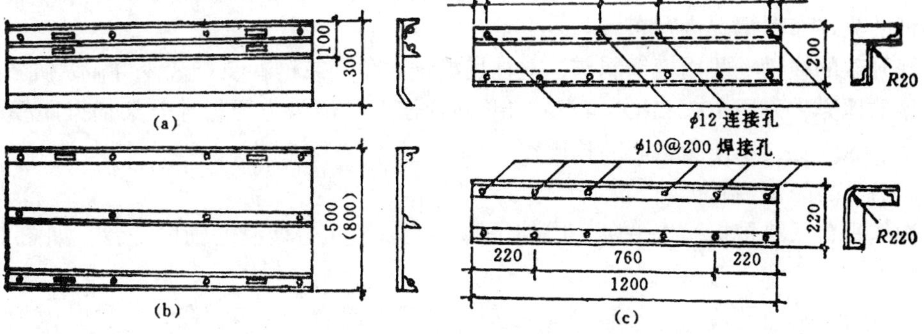

图 10-40 用于框架、民用建筑及方形贮仓结构的模板

(a) 收分模板；(b) 定型模板；(c) 整体角模板

千斤顶向上滑升。

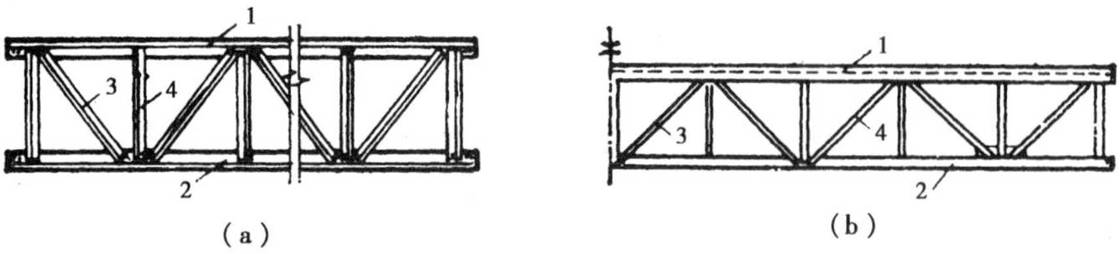

图 10-41 围圈桁架构造

(a) 螺栓连接；(b) 焊接

1. 上围圈；2. 下围圈；3. 斜腹杆；4. 直腹杆

提升架型式有单横梁“П”形架，双横梁“幵”形架以及单立柱“┏”形架。图 10-42 为目前使用较广的钳形提升架 。

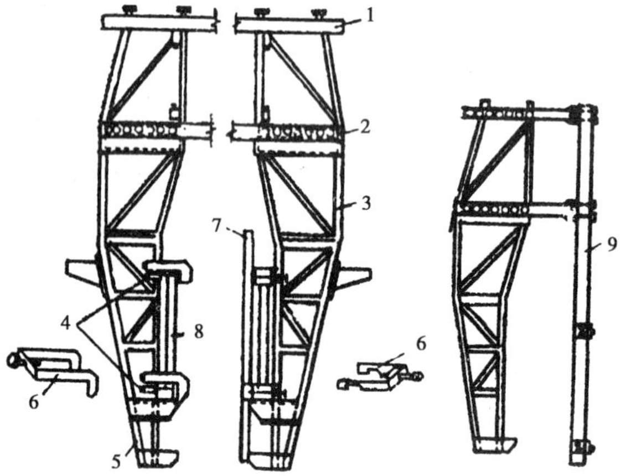

图 10-42 提升架构造示意图

1. 上横梁；2. 下横梁；3. 立柱；4. 顶紧螺栓；5. 接长脚；

6. 扣件；7. 滑模模板；8. 围圈；9. 直腿方钢

提升架的平面布置，应根据结构形状、断面尺寸、操作平台荷载、围圈的刚度等因素确定。对于筒仓和板壁结构，提升架的间距一般为 1.5～2.5m；对于框架结构，应根据爬杆的具体布置情况进行布置。

提升架的横梁一般用槽钢制作，立柱用槽钢、角钢或钢管制作。转角和纵横墙体十字交接的地方，采用 100×100×4～6 方形钢管作立柱最为方便。提升架横梁距模板顶不宜小于 500mm，以便于钢筋绑扎操作。

(二) 操作平台系统

操作平台系统包括操作平台、内外吊脚手架以及某些增设的辅助平台，如图 10-43 所示。

1. 操作平台（工作台） 操作平台是提供绑扎钢筋、浇筑混凝土、提升模板等的施工人员的操作场所。也是混凝土中转、存放钢筋等材料以及放置振捣器、液压控制台、电焊机等机械设备的场所。

操作平台按其搭设部位分内操作平台和外操作平台。内操作平台由承重桁架（或梁）与楞木、铺板组成。承重桁架（或梁）的两端可支承在提升架的立柱上，也可通过托架支承在上下围圈上。外操作平台悬挑在混凝土外墙面外侧，通常由三角挑架与楞木、铺板等组成。三角挑架同样可以支承在提升架立柱上，或支承在上下围圈上。

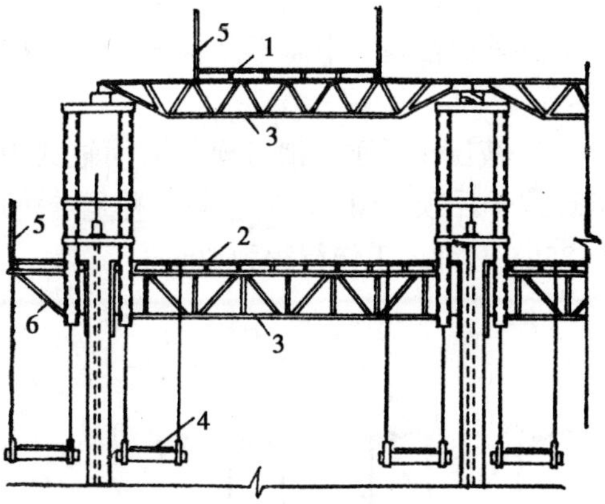

图 10-43 操作平台构造

1. 上辅助平台；2. 主操作平台；3. 承重桁架；4. 吊脚手架；5. 防护拦杆；6. 三角挑架

根据楼板的施工工艺的不同要求，可将操作平台板做成固定或活动两种式样。图 10-44 为活动式平台板操作平台。

操作平台的桁架、挑三角架应尽量采用钢材制作。外操作平台的外挑宽度不宜大于 1 000mm，并应在其外侧设置防护拦杆。

2. 内外吊脚手架（吊架） 吊架悬挂在操作平台的下面，供调整和拆除模板，检查混凝土质量以及修饰混凝土表面等操作之用。

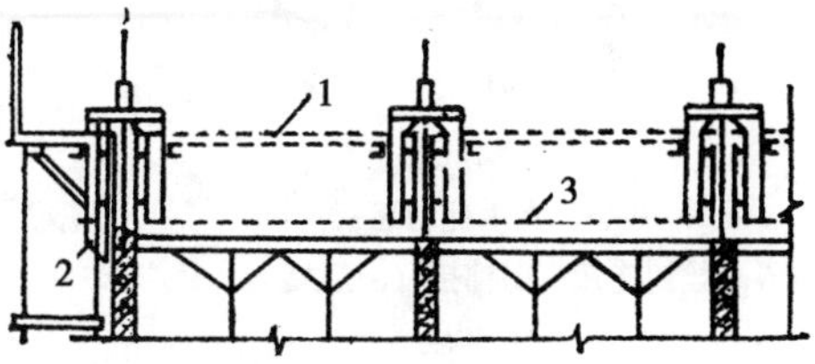

图 10-44 活动平台板操作台

1. 活动平台板；2. 外墙提升架接长腿；3. 现浇楼板

吊脚手架主要由吊杆、横梁、脚手板、防护拦杆等组成。吊杆上端通过螺栓悬吊于挑三角架或提升架的立柱上，下端与横梁连接。吊杆可采用直径不小于 16mm 的圆钢或 50×4 的扁钢制作。横梁可采用角钢制作。

（三）液压系统

液压系统包括提升机具和液压控制系统两部分。提升机具主要是支承杆和液压千斤顶。液压控制系统由油泵、控制与调节阀、油管和其它辅助装置组成。

1. 支承杆（爬杆） 爬杆一端埋置于所施工结构的混凝土中，一端穿过千斤顶芯孔，作为液压千斤顶的支承杆，承受施工过程中的全部荷载。千斤顶沿支承杆爬升。

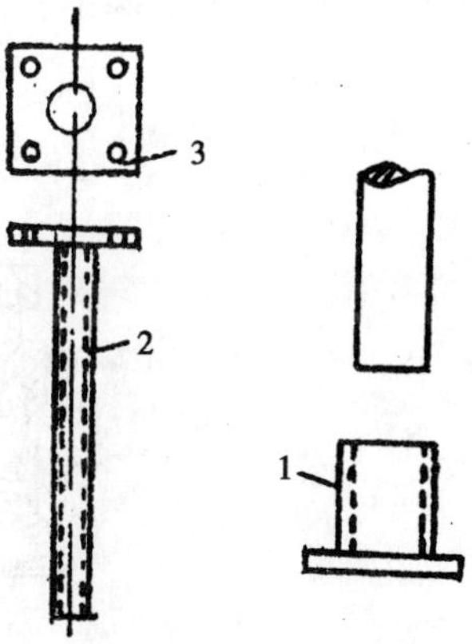

图 10-45 工具式支承杆的套管和钢靴

1. 钢靴；2. 套管；3. 底座

支承杆按使用情况分为工具式和非工具式两种。工具式支承杆在使用时，应在提升架横梁下设置内径比支承杆直径大 2～5mm 的套管，其长度应到模板下缘。在支承杆的底部还应设置钢靴（图 10-45），以便最后拔出支承杆。非工具式支承杆直接浇筑在混凝土中。

支承杆的直径是根据所承担的重量决定，钢筋支承杆的外形要与千斤顶型号相适应。卡珠式千斤顶采用Ⅰ级圆钢，卡块式千斤顶可采用螺纹钢。支承杆的长度宜为 3～5m，第一批插入千斤顶的支承杆其长度不得少于四种，每种长度相差 50cm，以便使支承杆的接头错开。

支承杆在施工中需不断接长，其连接形式有丝扣连接、榫接和剖口焊接等，如图10-46。

2. 液压千斤顶 滑升模板采用缸式液压穿心式千斤顶，目前有两种型号，一种是卡珠式千斤顶（图 10-47），另一种是卡块式千斤顶（图 10-49）。千斤顶的起重量为 30kN 和 35kN 两种，工作行程为 30mm。

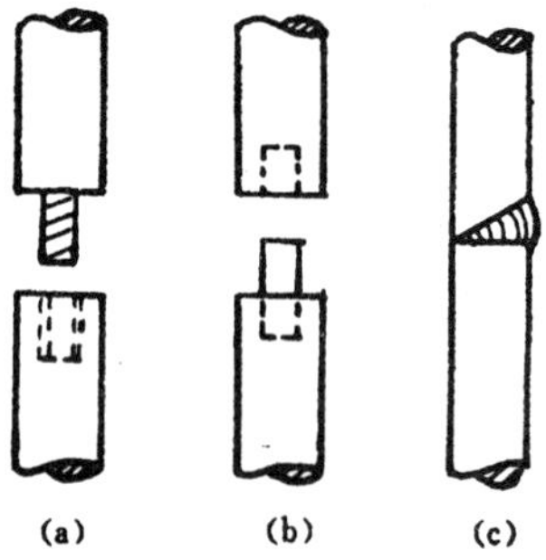

图 10-46 支承杆的连接
(a)丝扣连接；(b)榫接；(c)焊接

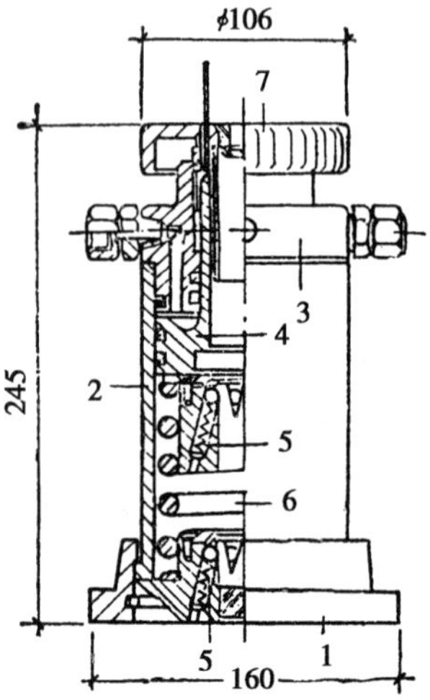

图 10-47 卡珠式液压千斤顶
1. 底座；2. 缸筒；3. 缸盖；4. 活塞；
5. 上、下卡头；6. 排油弹簧；
7. 行程调整帽；8. 油嘴

千斤顶工作时，先将支承杆插入千斤顶中心孔内，然后开启油泵，油液从千斤顶进油口注入油缸（图 13-48a），在缸筒、缸盖和油塞间加压，下压活塞，但由于上卡头与支承杆锁紧，故活塞不能下行。上压缸盖，此时下卡头打开，在油压作用下整个缸体被

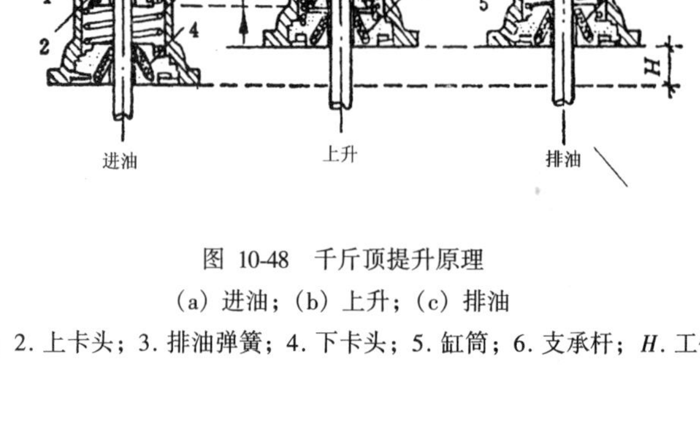

图 10-48 千斤顶提升原理
(a) 进油；(b) 上升；(c) 排油
1. 活塞；2. 上卡头；3. 排油弹簧；4. 下卡头；5. 缸筒；6. 支承杆；*H*. 工作行程

举起（图 13-48b）。当上升到上、下卡头互相顶紧时，完成一个工作行程（30mm），此时排油弹簧处于压缩状态。回油时油压解除，排油弹簧回弹，在其压力作用下，下卡头与支承杆锁紧，把上卡 头与活塞向上举起，油液从油口排出油缸，完成复位过程（图 10-48c），千斤顶结束了一次爬升循环。如此循环下去，千斤顶就沿支承杆不断上升。

卡块式液压千斤顶的爬升原理与上述卡珠式千斤顶相仿，不同的是其卡 头采用楔块，它是用四瓣楔块来锁固支承杆，不仅能爬圆钢筋，而且能爬螺纹钢筋。

3. 液压控制系统　液压控制系统由液压控制台和油路系统组成。

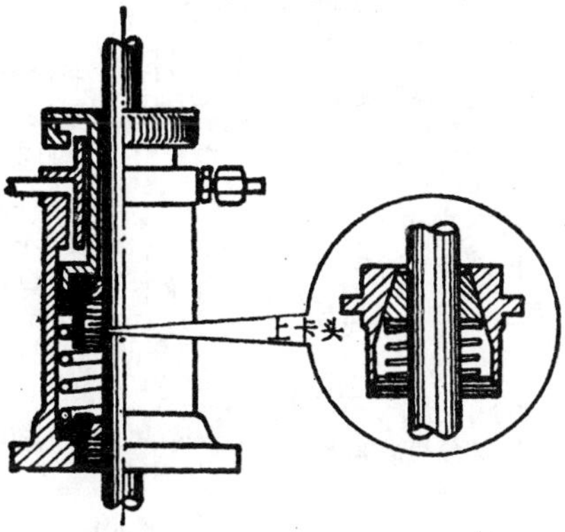

图 10-49　卡块式液压千斤顶

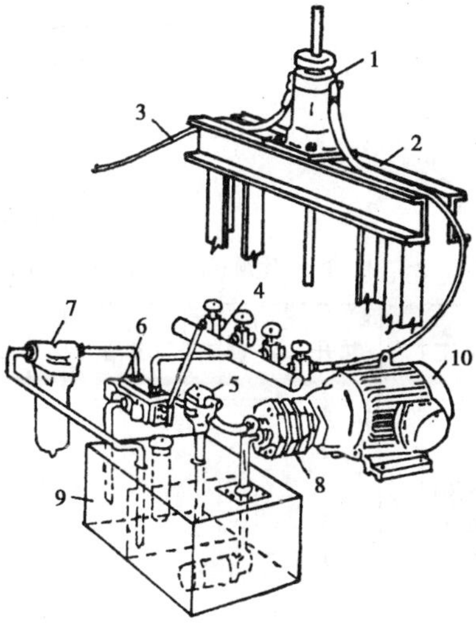

图 10-50　液压传动示意图

1. 千斤顶；2. 提升架；3. 油管；
4. 液压分配器；5. 溢流器；6. 换向阀；
7. 滤油器；8. 油泵；9. 油箱；10. 电动机

液压控制台主要由电动机、油泵、换向阀、溢流阀、液压分配器和油箱等组成（图 10-50）。液压控制台工作时，电动机带动油泵运转，将油箱中的油液通过溢流阀控制压力后，经换向阀输送到液压分配器，然后经油管将油液输入千斤顶，使千斤顶工作。当活塞走满行程之后，换向阀变换油液流向，千斤顶的油液从输油管、液压分配器，经换向阀返回油箱。这样的过程称为液压传动。每个工作循环可使千斤顶带动模板系统爬升一个行程。液压控制台按操作形式不同，可分为手动、电动和自动控制等形式。

油路系统是连接控制台到千斤顶使油液通行工作的通路。主要由油管、管接头、液压分配器、截止阀等元器件组成。油管一般采用高压无缝钢管及高压橡胶管两种。耐压力应大于油泵压力的 25%，主油管的内径一般选用 10～19mm，分油管的内径一般选用 6～10mm。油路布置一般采用从液压控制台通过主油管到分油器，从分油器经分油管到支分油器，再从支分油器经油管到千斤顶，如图 10-51。

二、滑升模板施工

滑模施工工艺过程包括：滑升模板组装，绑扎钢筋，埋设件安装及门窗洞口留设、浇筑混凝土、模板滑升、施工精度控制与纠偏、楼板的浇筑或吊装等。其施工程序如图

10-52。

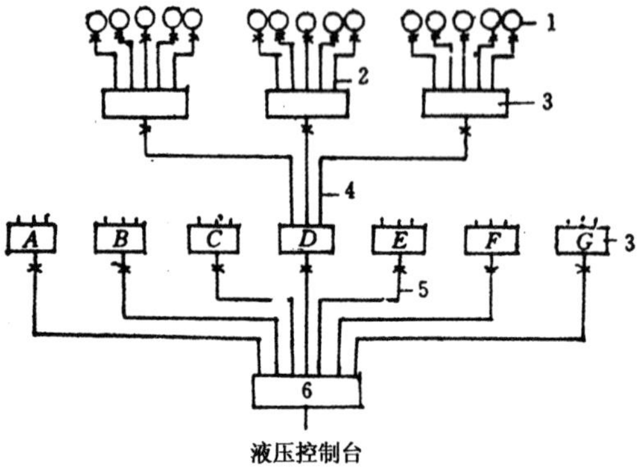

图 10-51 油路布置示意图

1. 千斤顶；2. 支油管；3. 分油器；4. 分油管；5. 主油管；6. 控制台总分油器

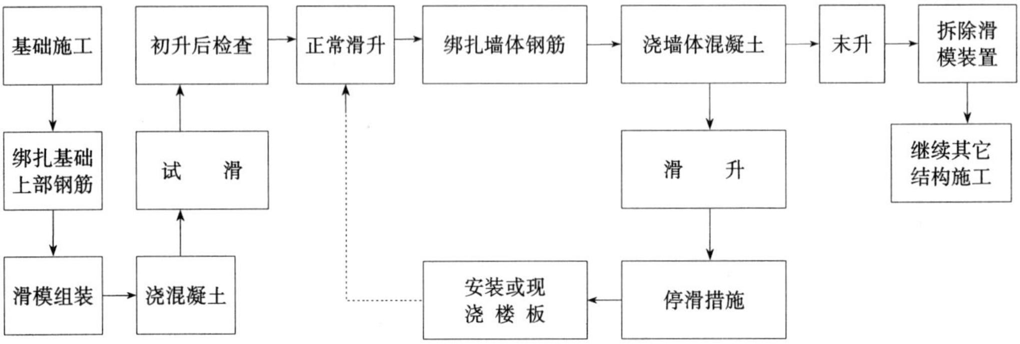

图 10-52 滑模施工程序

（一）滑模组装

1. 组装的准备工作　滑模组装前必须做好工具、材料和现场准备。其中现场准备主要包括：清理现场，除去浮动的混凝土残渣；理直钢筋并洗净钢筋和基础的泥土；弹出各结构中心线、截面轮廓线和提升架、门窗位置线等；把主要轴线引至适当的地点，设立垂直控制点；备齐模板成套部件，经质量检查合格后，按不同规格型号和安装顺序分别妥善堆放。

2. 组装顺序　滑模组装顺序见图 10-53。

3. 滑模组装要点

（1）搭设临时组装平台，安装垂直运输机械。

（2）安装提升架：提升架底面标高以基础表面最高点为准，偏低处用木垫块垫起至同一水平面上，符合要求后，用支撑或辅助架将其固定。

（3）安装围圈：安装顺序是先内后外，先上后下，逐一用螺栓与提升架相连。

（4）绑扎垂直钢筋和模板高度范围内的水平钢筋。

（5）安装内外模板，顺序是先内后外，注意模板下口的锥度，模板在安装前应在内表面涂刷机油，以减少滑升时的摩阻力。

（6）安装操作平台的桁架（梁）、支撑，铺设平台板，平台板与模板交接处宜做成斜角。

(7) 安装外挑三角架与铺板。

(8) 安装提升设备并检查其运转情况：总体试压的试验压力一般不宜小于 10N/mm^2，并作 5 次循环，详细检查直至各部件不渗油、工作正常。

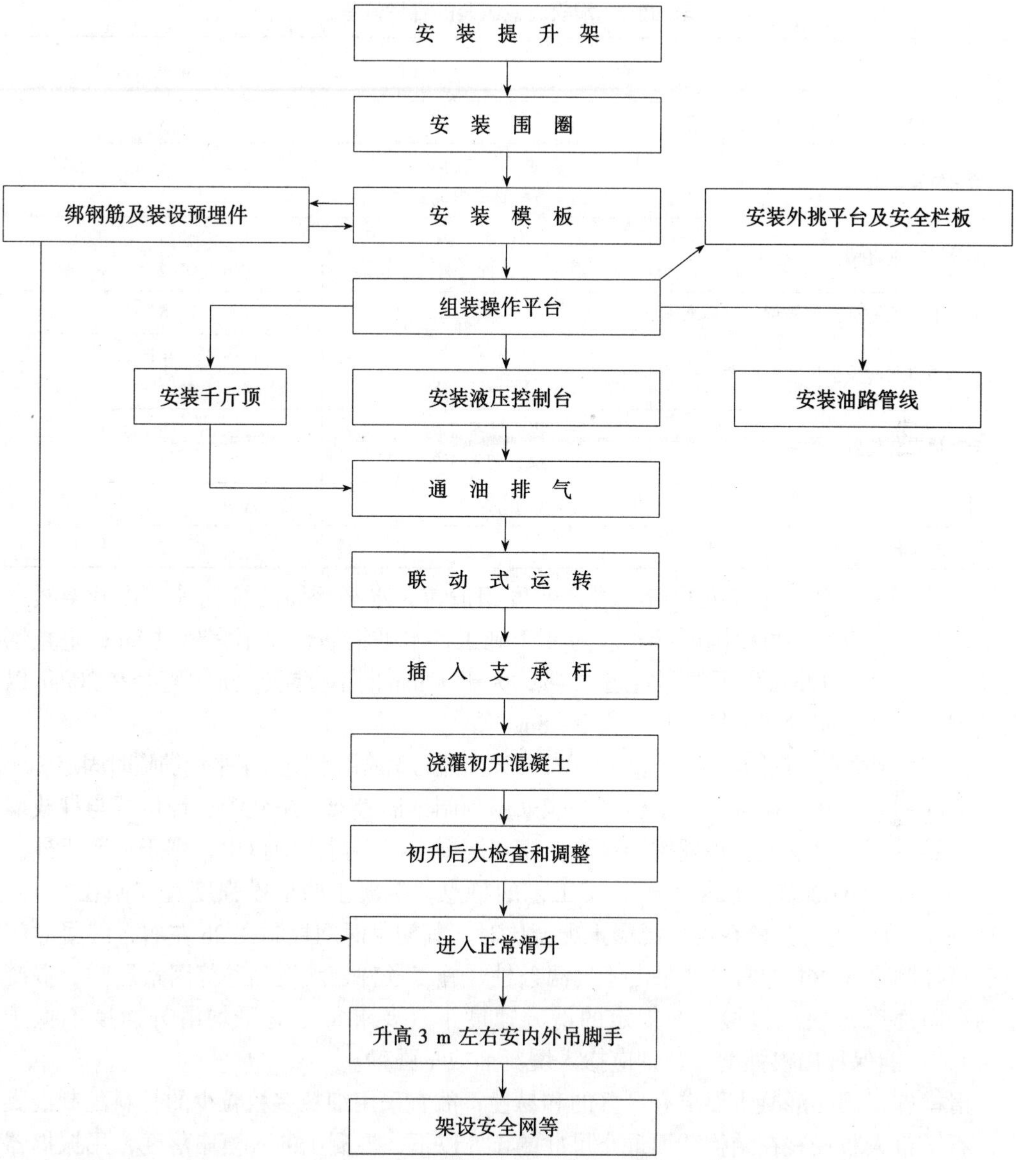

图 10-53 滑模装置的组装顺序图

(9) 安装支承杆：第一批支承杆要在液压系统排气充油空载试运转后才能安装，长度不得少于四种，且应间隔布置，并在支承杆下端垫小块钢板；工具式支承杆下端应套以钢靴，套管下端必须包扎，避免水泥浆进入。

(10) 滑离地面一定高度后，安装内外吊脚手架及安全网。组装完毕后按表 10-7 规定检查质量。

(二) 滑模施工过程

滑模的施工特点是连续滑升，不断施工。其中绑扎钢筋、灌筑混凝土、提升模板这三个工序是相互衔接，重复循环地连续作业，各工种必须紧密配合，其它工作需要穿插进行，如检查与控制中心线与垂直度；调整千斤顶的升差；接长支承杆；预埋铁件；预留孔洞、修补混凝土表面等。

表 10-7　滑模装置组装的容许偏差

内　　容		容许偏差（mm）
模板结构轴线与相应结构轴线位置		3
围圈位置偏差	水平方向	3
	垂直方向	3
提升架的垂直偏差	平面内	3
	平面外	2
安放千斤顶的提升架横梁相对标高偏差		5
考虑倾斜度后模板尺寸的偏差	上口	-1
	下口	+2
千斤顶安装位置的偏差	提升架平面内	5
	提升架平面外	5
圆模直径、方模边长的偏差		5
相邻两块模板平面平整偏差		2

1. 钢筋的绑扎　钢筋绑扎应与滑升速度相适应。水平钢筋的绑扎是在提升架横梁以下进行，垂直钢筋可以随时接长。为便于施工，水平钢筋长度不宜超过 8m；垂直钢筋长度，直径在 12mm 以下的不宜超过 4m，大于 12mm 的不宜超过 6m，直径在 20mm 以上的钢筋，为了减少接头量，长度为 6～8m。

为了固定垂直钢筋的相互位置，可对提升架上部的钢筋用钢箍或水平钢筋临时固定。

梁的钢筋绑扎往往费时较多，最好能采用预制钢筋骨架，吊装到设计位置与柱或墙连接，然后灌筑混凝土。预埋钢筋接头，需在混凝土滑出后立即抠出，露于混凝土外。

2. 混凝土的灌筑　根据滑模施工工艺的特点，混凝土的出模强度宜控制在 0.1～0.3N/mm^2 范围内。为此在设计混凝土配合比时，其初凝时间控制在 2h 左右，终凝时间一般可控制在 4～6h 左右。如果由于气温条件、施工条件、水泥品种等因素影响，混凝土的凝固速度过快或过慢，在规定的滑升速度下（要求每小时平均滑升速度不低于 10cm），不能保证出模强度时，则应掺入缓凝剂或早强剂。

滑模施工用的混凝土要求有良好的和易性，故宜采用细粒多粗粒少的骨料配制混凝土，石子最大粒径宜在结构截面最小尺寸的 1/8 以下，混凝土的入模塌落度，用振捣器时，取 4～6cm，人工捣固时，可取 8～10cm。在不多用水泥，不降低混凝土强度的前提下，尽量选用较大的塌落度，为此，最好在混凝土中掺入减水剂。

混凝灌筑时，必须严格遵守分段分层交圈浇筑方法，做到各段在同一时间内浇完同一层混凝土，分层的厚度为 20cm 左右。每层表面高度应保持在模板上口以下 5cm 左右，并留出最上一层水平钢筋，作为继续绑钢筋的依据。

在灌筑混凝土同时，应随时清理粘在模板内表面的砂浆或混凝土，以免结硬，增加滑升摩阻力，影响表面光滑。千斤顶或油管接头处滴在混凝土或钢筋上的油应清除干净，并立即采取措施防止其渗漏。

滑模施工是浇灌混凝土和提升模板交错进行，整个过程可以分为初浇初升，随浇随升和末浇末升三个施工阶段。初浇阶段混凝土的浇灌高度一般为 60～70cm，分 2～3 层灌筑，必须在混凝土初凝前完成；随浇随升阶段，以正常浇灌速度，按每次约 20cm 为一层分层浇筑；当混凝土灌筑至距设计标高 1m 左右时，即到末升阶段，此时混凝土灌筑速度应逐渐放慢，对模板进行准确的抄平和找正工作，最好将余下的混凝土一次浇平。

3. 模板的滑升　模板的滑升相应地可分为初升、正常滑升和末升三个阶段。在准备初升时，应先进行试升，即在混凝土初浇完毕后约 3～4h，将所有千斤顶同时试升约 5cm，观察混凝土的凝固情况，判断混凝土能否脱模，提升时间是否适宜。如果混凝土尚未达到出模强度，则出模后混凝土会塌落；反之滑升迟了，则混凝土将会与模板粘结，造成滑升困难，易产生水平裂缝，甚至造成模板提升不动的事故。如试升滑出的混凝土用手按时有指纹，但砂浆不粘手，指甲划过有痕，且滑升时能耳闻“沙沙”声，则说明可以初升，将模板升高 15～20cm，此时对模板整个系统进行全面检查调整，然后转入正常滑升阶段。

正常滑升时，模板的提升速度初期稍慢于混凝土灌筑速度。当混凝土表面距模板上口约 10cm 时，便可按正常速度滑升，即混凝土每浇灌一层（约 20cm），模板滑升一层。正常滑升时，每次滑升的间隔时间，不宜超过 1h。在滑升过程中，要注意千斤顶的同步情况，尽量减少升差。

模板末升是配合混凝土末浇进行的，其滑升速度比正常滑升稍慢。混凝土末浇完后，尚应继续滑升，直至模板与混凝土脱离不致被粘住为止。

4. 支承杆接长　工具式支承杆接长是在千斤顶以上 5～10cm 处，以丝扣连接；非工具式支承杆接长，是在原支承杆顶端进入千斤顶下卡头时，将新支承杆插入千斤顶穿心孔中，互相顶牢，待接头滑出后进行帮条焊接。如采用剖口焊，亦可在千斤顶上部 5～10cm 处进行。支承杆的切断必须采用气割，而不能采用机械切割。

5. 滑升过程中操作平台水平度的观测与控制

（1）水准仪抄平。在滑升过程中，于每根支承杆上，每隔 1m 测一标高作为滑升中控制千斤顶标高的依据。

（2）水准管测量。在每个提升架上装一个水准透明指示管，管上标有油漆刻度，各水管用软管与中心水箱连通，水准指示管的“0”位在安装时需用水准仪抄成一致高度，灌水后，由于水的流动性，当千斤顶出现高差时，即能相应地在水准管刻度上反映出来。

要求各千斤顶的标高差最大不得大于 40mm，相邻两个提升架上千斤顶标高差不得大于 20mm。如发现超过上述数值时，可依最高的一个千斤顶为准，将其它各千斤顶升至同样高度。

由于技术的发展，观测和控制操作平台水平度的方式也逐步向自动控制方向发展，如有液压截流限位阀，自整角机同步指示装置，激光发射装置，电子数控自动调平仪等。

6. 建筑物垂直度的观测　建筑物垂直度的容许偏差为其总高度的 1/1 000，并不应大于 50mm。常用的观测方法是吊线锤法和经纬仪观测法。

吊线锤法：是在操作平台上对应于建筑物中心点和四角预定点用铅丝吊挂重约15～25kg 的线锤，铅丝绕在小摇车上，随滑升，随放线，使线锤对准建筑物底部预先设置的中心点和预定点，测量建筑物的偏差和扭转程度，如遇大风天气，可将线锤置于水中以减少摇摆。

经纬仪观测法：是利用经纬仪，根据地面所设的控制桩（结构中心线桩）与建筑物上所画出的对应标点进行测量，观察两点间是否垂直。

目前，许多工程已应用激光准直仪等来测量建筑物的垂直偏差。

7. 混凝土的表面修饰和养护　混凝土表面修饰，是在混凝土出模后立即进行。一般情况下，只须用铁抹子将表面抹压平整，修整好棱角，或再涂刷一层纯水泥浆，便可得到良好效果。如混凝土表面很平整，就不必抹压。

滑出的混凝土当呈现发白干燥状态时，应进行洒水养护，洒水次数随气温而定。还可以采用薄膜养护的方法，即当混凝土出模后，随手原浆抹平，然后用成膜材料（氯乙烯—偏氯乙烯共聚乳液，用 10% 的磷酸三钠中和，使 pH 值达到 7—8），以农药喷雾器在外露的混凝土表面均匀喷涂两遍即可。喷涂薄膜养护不适用于后做粉刷的混凝土面层上。

8. 施工中的停滑措施和施工缝的处理　滑模施工要求三班连续作业，一般情况下不得随意留施工缝，如遇大风大雨或其它原因需要暂停施工时，应有专人控制液压控制装置，使千斤顶仍每隔 1h 提升一次（每次一个千斤顶行程），直至混凝土与模板不会粘结为止。

如停歇时间超过 2h，要进行施工缝处理，处理方法与一般施工缝相同。

9. 埋设件和预孔洞的留设　滑模施工时，许多埋设件和门窗、孔洞等是随着混凝土的灌筑和滑升而逐步安设的，为保证其位置正确和避免遗漏，施工前应绘制埋设件和门窗预留孔等平面图，标明型号、标高、尺寸、位置和数量。施工时，应有专人负责处理，采取按图销号的办法逐步安设、检查。

埋设件的埋设必须牢固，一般是将它焊在建筑物的结构主筋上，待模板滑过后，立即清除表现附着的灰浆，使其外露。

门窗洞的留设，应事先做好衬模（图 10-54），其尺寸宜比设计尺寸大 20～30mm，而厚度应比滑升模板上口小 5～10mm。安设时可用钢筋或木方将其固定。灌混凝土时应在衬模两侧同时进行，以免受力不均而移向一侧。

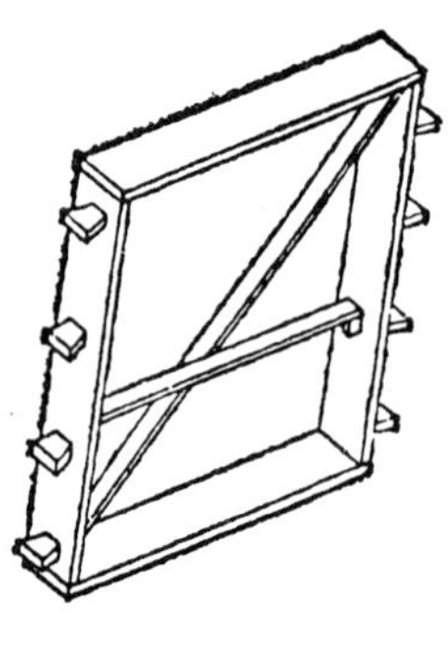

图 10-54　门窗、洞口衬模示意图

预留孔洞的留设可采用木盒，其尺寸宜比设计尺寸大 50～100mm，四边稍有倾斜，以利取出，其厚度应比模板上口小约 5～10mm。

10. 模板的拆除　模板滑到顶后，应对所有设备进行一次检查，凡能立即拆除的即行拆除，以减轻平台负荷。对暂时不能拆除的部件（如螺栓、千斤顶等），应进行保养，待混凝达到拆模强度后，再将滑升模板未拆除部分拆除。模板的拆除顺序，一般是先拆除液压控制台和管路，然后拆除模板、围圈、吊脚手、操作平台、千斤顶及提升架等。具体拆除方法可根据结构特点及垂直运输设备条件而定。例如可以各部件单独拆除；亦可将模板和围圈、提升架等分段整体拆除。

(三) 楼板施工

目前，滑模建筑的楼板施工有逐层空滑楼板并进施工工艺、先滑墙体楼板跟进施工工艺及先滑墙体楼板降模施工工艺三种。

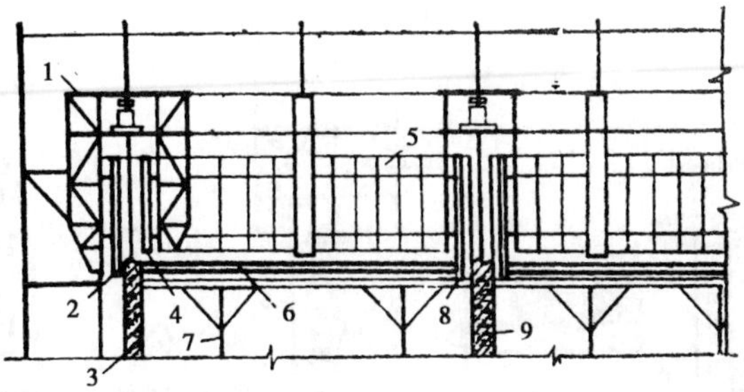

图 10-55 模板滑空示意图

1. 加长腿钳形提升架；2. 加长的外墙模板；3. 混凝土外墙；4. 外墙内模板；5. 内墙模板；6. 现浇楼板底模板；7. 顶撑；8. 加长阴角模；9. 内墙混凝土

1. 逐层空滑楼板并进施工工艺　当每层墙体滑升至上一层楼板底标高位置，即停止墙体混凝土浇灌，待混凝土达到 5 ~ 25N/cm^2 的脱模强度后，将模板连续提升，直至墙体混凝土脱膜。再向上空滑至模板下口与墙体上皮脱空一段高度位置为止（脱空高度根据楼板的厚度而定）。然后将操作平台的活动平台板吊开，进行现浇楼板支模，绑扎钢筋与浇灌混凝土或进行预制楼板吊装等工序。如此逐层进行。

2. 先滑墙体楼板跟进施工工艺　墙体连续滑升数层后，即可自下而上地进行插入楼板施工。一般需在操作平台上设置活动平台板。楼板施工时，先将操作平台的活动平台板揭开，吊入模板、钢筋、混凝土等材料或吊装预制楼板。现浇楼板的施工也可在外墙窗口设受料悬挑平台，将楼板施工所用模板、材料由平台运入房间，再用水推车运至施工地点。

采用这种方法施工，墙体滑升至每层楼板标高时，沿墙体间隔一定距离要留预留孔洞，一般情况下，孔洞的宽度为 200 ~ 400mm，孔洞的高度为楼板的厚度或按板厚上下各加大 50mm。

3. 先滑墙体楼板降模施工工艺　此法仅限于现浇楼板。当墙体连续滑升到顶或滑升至 10 层左右高度后（每层楼板标高处均需留设预留孔洞），将事先在底层按每个房间组装好的楼板模板，用卷扬机或其它提升机具提升到要求的高度，再用吊杆悬吊在墙体预留的孔洞中。然后进行该层楼板施工。待楼板混凝土达到拆模强度要求时，把悬吊模板的吊杆接长，将模板降至下一层楼板位置，进行下一层楼板施工。按此程序，自上而下，直至完成全部楼板的施工，降至底层。

三、滑模施工质量控制与安全技术

(一) 质量控制

滑模施工常见的质量问题有：支承杆弯曲，混凝土开裂或出裙（俗称穿裙现象）、漏浆，建筑物偏斜、扭转等，必须分析产生问题的原因，制定和采取有效的技术措施，进行严格的质量控制，来防止或纠正上述现象产生。

1. 支承杆弯曲　造成支承杆弯曲的原因大致有支承杆本身不直；自由长度太大；操作平台荷载不均以及模板滑升遇阻而硬性提升等。

要防止支承杆弯曲，可采取事先在支承杆脱空长度处进行加固的措施。加固形式见图 10-56。

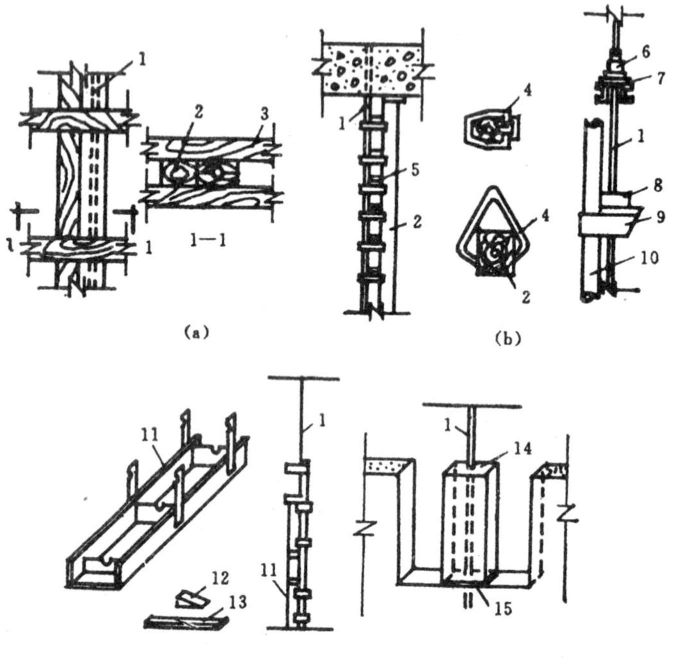

图 10-56　支承杆的加固

1. 支承杆；2. 木方；3. 横夹木；4. 钢筋箍；5. 垫木；
6. 千斤顶；7. 提升架横梁；8. 传力夹具；9. 传力牛腿；10. 圆钢管；
11. 半只柱盒；12. 楔块；13. 挡板；14. 假柱；15. 夹层

若支承杆已发生弯曲，对发生在混凝土上部支承杆弯曲现象，可按图 10-57（c）、(d)、(e) 的方法纠正；对发生在混凝土内部的支承杆弯曲，则应先卸去弯曲支承杆上的荷载，然后将弯曲处的混凝土挖去，露出支承杆，按图 10-57（a）、(b) 所示方法进行纠正。

2. 混凝土的质量问题

(1) 混凝土的水平裂缝。主要是由于模板安装没有锥度或产生反锥度；滑升速度慢，混凝土与模板粘在一起；滑升模板严重倾斜等。

防止的办法是及时纠正模板的倾斜状况；加快滑升速度。如果由于气温过高，混凝土凝结快，滑升速度无法与其相适应，应调整混凝土的配合比或加入缓凝剂，以控制混凝土的凝结速度。

对混凝土表面出现的一般细微裂缝，可采用人工压抹方法，对断裂性裂缝，应彻底处理。小于0.2mm裂缝，采用化学催浆法修补；大于0.2mm裂缝，应分段凿开裂缝，清理混凝土表面，重新支模浇混凝土修补。

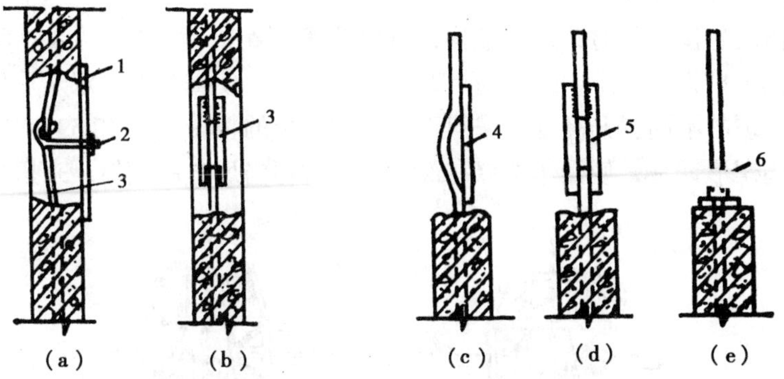

图 10-57 支承杆的纠正

(a) 弯曲不大时；(b) 弯曲严重时；(c) 弯曲不大时；(d) 弯曲很大时；(e) 弯曲既长又严重时

1. 钢板；2. ϕ20带钩螺栓；3. ϕ22钢筋；4. ϕ25钢筋；5. ϕ22钢筋；6. 钢靴

(2) 出裙及漏浆。当模板一次滑升过高；每层混凝土灌筑太高；模板倾斜度太大；或由于振捣混凝土的侧压力太大，而模板刚度又不够时，造成穿裙或漏浆。

防止办法是加强模板刚度，调整模板的倾斜度，控制模板每次提升的高度。

如果出裙现象不严重，可不作处理，反之，应凿除出裙部分混凝土，表面用与混凝土同品种水泥砂浆抹面，再用水刷子带毛。

3. 建筑物偏斜（滑升中心水平位移） 主要由于千斤顶不同步，使操作平台倾斜；操作平台上荷载不均匀，造成操作平台倾斜；风力及外力影响等几方面因素造成中心位移。

预防办法是在滑升前应调试好千斤顶的同步爬升，并在施工中控制千斤顶行程一致。严格操作平台上静活荷载的布置，十分注意千斤顶的合理布置和油路的正确设计。

在没有条件采取全自控纠偏时，必须重视滑升中的频繁检查和纠偏，具体方法主要有两种：

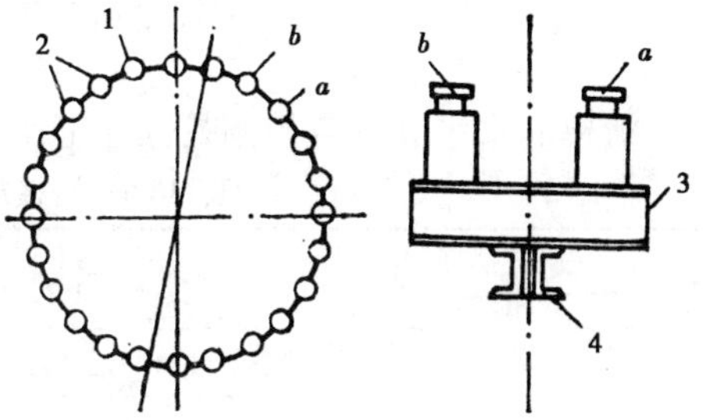

图 10-58 倒链及撑杆纠偏示意图

1. 纠偏方向；2. 操作平台；3. 支顶托座；4. 钢丝绳；5. 千斤顶；6. 纠偏撑杆；7. 倒链；8. 滚轮；9. 隔天出模混凝土；10. 提升架；11. 支承杆

(1) 平台倾斜法。其纠偏原理主要利用抬高操作平台一侧的高度，使操作平台产生有控制的，定值的、由高到低的、带方向性的倾斜度，利用操作平台倾斜后产生的水平分力，推动模板体系向设计轴线方向移动。

(2) 顶轮纠偏法。用已滑出模板下口并具有一定强度的混凝土墙作为支点，通过拉紧连接撑杆和提升架的倒链，产生一个外力，在滑升过程中，逐步顶移模板或平台，就能达到纠偏的目的（图10-58）。

4. 建筑物扭转 建筑物扭转除了与建筑物偏移有相同原因外，混凝土浇筑方式和程序不合理，也是主要原因之一。

控制方法除与预防偏移相同办法外，还应在混凝土浇筑时，有计划地变换浇筑方向，防止冲击模板和操作平台。

当建筑物发生扭转，对圆筒形结构，可沿圆筒等距离地布置4~8对双千斤顶，将两个千斤顶置于槽钢挑梁上，挑梁与提升架横梁相接，使提升架由双千斤顶担承，通过调节两个千斤顶的不同提升高度，来纠正平台和模板的扭转（图10-59）；另一种方法在千斤顶下加垫楔形铁片，使操作平台在继续滑升过程向反方向倾斜，来扭转偏差。

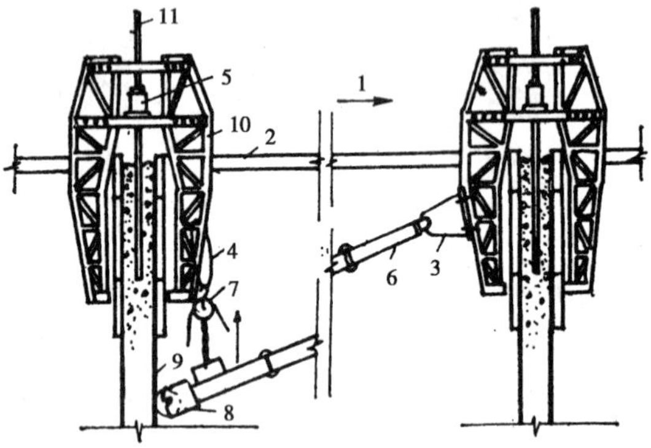

图 10-59 双千斤顶纠正扭转

1. 单千斤顶；2. 双千斤顶；3. 挑梁；

4. 提升架横梁

滑模的水平和垂直控制是保证工作质量的关键。滑模施工的容许偏差见表10-8。

表 10-8 滑模施工工程结构的容许偏差

项目			容许偏差（mm）
轴线间的相对位移			5
圆形筒壁结构	直径偏差		该截面筒壁直径的1% 并不得超过±40
标高	每层 全高		±10 ±30
垂直度	每层	层高小于或等于5m 层高大于5m	5 层高的0.1%
	全高	高度小于10m 高度大于或等于10m	10 高度的0.1%，并不得大于50
墙、柱、梁、壁截面尺寸偏差			+10 -5
表面平整 （2m靠尺检查）	抹灰 不抹灰		8 5
门窗洞口及预留洞口的位置偏差			15
预埋件位置偏差			20

（二）安全技术

滑模施工中的安全技术工作，除应遵照一般土建施工安全操作规程外，尚应根据滑模特点，施工前制定一套系列安全操作注意事项或具体安全措施，并在施工中严格做到以下几点：

1. 建筑物基底四周及运输通道上，必要时应搭建防护棚，以防高空坠物伤人。建筑物四周应划出安全禁区，其宽度一般应为建筑物高度的1/10。在禁区边缘设置安全标志。

2. 操作平台应经常保持清洁。拆下的模板及废钢筋头等，必须及时运到地面。

3. 操作平台上的备用材料及设备，必须严格按照施工设计规定的位置和数量进行布置，不得随意变动。

4. 操作平台四周（包括上辅助平台及吊脚手架），均应设置护栏或安全围网，栏杆高度不得低于1.2m。

5. 操作平台的铺板接缝必须紧密，以防落物伤人。

6. 必须设置供操作人员上下的可靠楼梯，不得用临时直梯代替。不能设楼梯时，应设置由专人管理的、安全可靠的上人装置（如附着式电梯或上人罐笼等）。

7. 操作平台与卷扬机房、起重机司机处，必须建立通讯联络信号和必要的联络制度。

8. 操作平台上应设置避雷装置。避雷针及操作平台上的电动设施，均应设置接地装置。

9. 操作平台上应备有消防器材，以防高空失火。

0. 采用降模施工楼板时，各吊点应增设保险钢丝绳。

11. 夜间施工必须有足够照明。平台照明设施，应采用低压安全灯。滑模施工应备有不间断电源。

12. 施工中如遇大雨及六级以上大风时，必须停止作业并采取停滑措施，保护好平台上所有设备，以防损坏。

13. 模板拆除应均衡对称地进行。对已拆除的模板构件，必须及时用起重机械运至地面，严禁任意抛下。

小　结

大模板工程施工就是以一种大型的定型模板，其尺寸一般与楼层高度和开间尺寸相适应，并配以相应的施工机械，通过合理的施工组织，以工业化生产方式在现场浇筑钢筋混凝土墙体。

大模板工程由于外墙作法不同，低层多采用砌筑砖墙（内浇外砌），中高层则采用预制外墙板（内浇外板）或现浇钢筋混凝土外墙（全现浇），故其施工工艺流程略有不同。图10-60是一种综合性工艺流程。

大模板工程施工任务是大型模板的选型、准备、安装与拆除；墙体钢筋绑扎和节点、洞口部位加筋；外墙板安装或外墙砌筑；内墙体和构造柱节点及圈梁的浇筑；楼板、楼梯和阳台的安装等。

大模板的选型有平模方案、大角模方案、小角模方案、筒子模方案等，应根据不同的工程对象、现场施工条件和施工工艺进行比较确定。

大模板安装前应进行编号，每道墙的两片模板取同一数码，标明“正”、“反”号以便区别。模板表面锈污清除后涂刷隔离剂，防止与混凝土粘结。进行墙位弹线和抹砂浆找平层等准备工作。大模板吊装顺序取决于模板类型，墙体模板先就位“正”号模板，待门口和钢筋、电线暗管安装合格后，再就位“反”号模板加以封闭。随即对模板进行调平、调直并加以固定，锁紧穿墙螺栓。内墙模板固定后方准安装外墙挂板。墙体混凝土浇筑前，应先铺 3～5cm 厚与混凝土配比相同的水泥砂浆，墙体混凝土应分层浇筑，每层厚 50～100cm 之间，一个楼层分 3～4 浇灌层，不留施工缝，保证各浇灌层形成一体。振捣时，不得有漏振或过振现象，达到墙体密实墙面光滑平整。混凝土强度达到 $1N/mm^2$ 后方可拆模，拆模时应先剥离后起吊，预先全部抽出穿墙螺栓，起吊模板时严禁碰撞墙身。拆模后应及时洒水养护，常温下不少于 3d。当混凝土强度达到 $4N/mm^2$ 以后，即可进行吊装楼板。

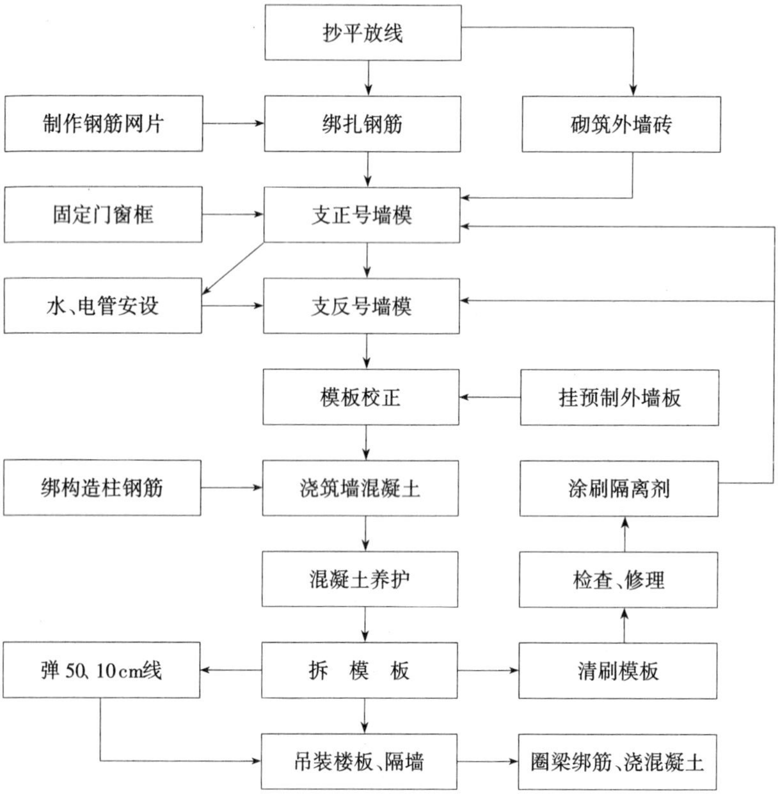

图 10-60 一个楼层施工工艺流程图

液压滑升模板施工是一种连续施工方法。它是按照建筑物的平面布置，将液压滑模装置（模板、提升架、操作平台、支承杆及液压千斤顶等）安装就位、液压千斤顶在支承杆上爬杆、带动提升架、模板、操作平台随之一起上升，从而连续不断在模板内分层浇筑混凝土和绑扎钢筋。

液压滑模装置由模板系统、操作平台系统和液压滑升系统三部分组成。其中，模板系统包括模板、围圈和提升架等，其主要作用是使混凝得以成型。操作平台系统是施工操作场所，包括操作平台、辅助平台和内外吊脚手架等。滑升系统是滑升的动力，包括支承杆、液压控制台和油路布置等。

液压滑升模板施工工艺过程包括：滑升模板装置的组装，绑扎钢筋，埋设件安装及门窗洞口的留设，浇筑混凝土，模板的滑升，施工精度控制与纠偏，楼板的浇筑与吊装。

滑模施工中绑扎钢筋、灌筑混凝土、提升模三个工序是互相衔接，重复循环地连续作业。钢筋的绑扎时间和要求，应符合滑模装置的构造与特点。混凝土的浇筑必须执行分层交圈均匀浇灌的制度。分层厚度一般以 20~30cm 为宜。分段浇灌时，应对称浇灌，做到各段在同一时间内浇完同一层混凝土，并有计划地、匀称地变换混凝土的浇灌方向，以防结构物的倾斜与扭转。模板滑升过程可分为初升、正常滑升和末升三个阶段。在滑升过程中，要特别注意千斤顶的同步问题。滑模建筑的楼板施工有逐层空滑楼板并进、先滑墙体楼板跟进和先滑墙体楼板降模三种施工工艺。液压滑模施工中要十分重视平台的水平度和建筑物垂直度的观察与控制。

升板工程施工是先进行基础施工，然后在施工现场预制钢筋混凝土柱（如柱过长，难于吊装时，可用升提法或升滑法现浇柱），待钢筋混凝土柱安装后进行底层地坪施工，并在地坪（胎模）上就地重叠浇筑钢筋混凝土楼板和屋面板。当楼板和屋面板的混凝土达到设计强度时，以钢筋混凝土柱为承重导杆架，利用升板机将屋面板和楼板逐层提升到设计标高位置，加以固定，形成板柱节点。最后，进行各层围护结构施工和装饰工程的施工，形成整体钢筋混凝土结构。

复习思考题

1. 什么是大模板工程施工？
2. 大模板一般由哪几部分组成？各组成部分构造要求是什么？
3. 大模板有哪些类型？
4. 大模板的平面组合形式通常有哪几种？
5. 大模板安装前的准备及模板安装的基本要求是什么？
6. 大模板在堆放、吊装和组装就位时应注意哪些问题？
7. 大模板拆除应注意哪些问题？
8. 大模板建筑在绑扎钢筋和灌筑混凝土方面应注意哪些问题？
9. 什么是液压滑升模板工程施工？
10. 液压滑升模板由哪些系统组成？模板系统由几部分组成？各部分的作用和构造要求是什么？
11. 液压穿心式千斤顶沿支承杆爬升的原理及爬升过程是什么？
12. 液压滑升模板组装的顺序？
13. 液压滑升模板工程施工的基本工艺过程包括哪些施工过程？
14. 液压滑模施工中对混凝土要求是什么？
15. 液压滑模施工中混凝土的浇筑与模板的滑升关系是什么？
16. 滑模施工中影响建筑物垂直度和水平度的主要因素有哪些？如何防止和纠正？
17. 在滑模施工中如出现支承杆弯曲和混凝土质量事故，怎样根据不同情况进行处理？